Pioniere des Flugdieselmotors

Hugo Junkers
1859–1935

Otto Mader
1880–1944

Pioniere des Strahltriebwerks

Ernst Heinkel
1888–1958

Pabst von Ohain
geb. 1911

Hellmuth Walter
geb. 1900

Anselm Franz
geb. 1900

Hermann Oestrich
1903–1973

Kyrill von Gersdorff/Kurt Grasmann · Flugmotoren und Strahltriebwerke

Die deutsche Luftfahrt

Buchreihe über die Entwicklungsgeschichte der deutschen Luftfahrttechnik

Herausgegeben von Dr. Theodor Benecke in Zusammenarbeit mit dem Deutschen Museum (München), dem Bundesverband der Deutschen Luft- und Raumfahrtindustrie e. V. (Bonn–Bad Godesberg) und der Deutschen Gesellschaft für Luft- und Raumfahrt e. V. (Köln)

Kyrill von Gersdorff
Kurt Grasmann

Flugmotoren und Strahltriebwerke

Entwicklungsgeschichte der deutschen Luftfahrtantriebe von den Anfängen bis zu den europäischen Gemeinschaftsentwicklungen

unter Mitarbeit von Karl Prestel und Helmut Schubert

375 Bilder und Zeichnungen, 12 Farbtafeln, 31 Tabellen, Zeittafel, Karte der Herstellerwerke und ausführliches Literaturverzeichnis

Bernard & Graefe Verlag München

Die Abbildung auf dem Schutzumschlag (Titelseite) zeigt das Turbostrahltriebwerk RB. 199 der Turbo Union; die Fotos der Rückseite zeigen eine Auswahl deutscher Flugzeuge.

Das vordere Vorsatz zeigt die Pioniere des Flugmotoren- und Strahltriebwerkbaues, das hintere Vorsatz beinhaltet eine Karte der Herstellerwerke.

Bildnachweis:
Deutsches Museum, Sondersammlung (153), AiResearch (3), Bosch (2), Brandner (3), Daimler-Benz (30), Dornier (1), General Electric (1), Grob (1), Heinkel (5), Hülsen (13), König (1), KHD (6), Limbach (3), Lycoming (1), MAN (4), Maybach (1), MTU (43), Nowarra (8), Pierburg/Wickrath (1), Rheinflug (2), SEPR (3), Siemens (7), SNECMA (8), Solo (1), Turboméca (2), Ziegler (2), Zündapp/Sengfelder (2), Verfasser (19).

Mit freundlicher Genehmigung der Verlage:
Walter de Gruyter, S. 46, 89 (2x), 91, 118 r.u., 119 (2x), 129 l.o., F. II (2x); Markus Verlag (Vorsatz vorne) (2x); E. S. Mittler & Sohn, S. 155 (2x); R. A. Müller, S. 125; R. C. Schmidt, S. 35, 41, 164 (2x), 166 r., 174; Springer (Wien), S. 178; VEB Verlag Technik, S. 236 u.; VDI Verlag, S. 215 (2x), 216; Westdeutscher Verlag, S. 205 o.

Zeichnungen: Th. Lässig (19), MTU (3), M. Hackner (Vorsatz hinten)

Umfang: 303 Seiten + XII Seiten Farbtafeln

Lithos: Repro GmbH, Landshut
Satz, Druck und Bindung: Sulzberg-Druck GmbH, Sulzberg im Allgäu
Printed in Germany

ISBN 3-7637-5272-2

Inhalt

Tabellenverzeichnis

Farbtafelverzeichnis

Vorwort

Historische und technische Darstellungen des Flugwesens stellen fast immer das Luftfahrzeug in seinen vielfältigen Ausführungsformen, in seinen Leistungen und Erfolgen in den Vordergrund. Das Triebwerk, eigentlich das »Herz« des Flugzeugs, wird dabei meist nebensächlich erwähnt. Dieses Buch will erstmalig die Gesamtentwicklung deutscher Luftfahrtantriebe geschlossen beschreiben und ihren starken Einfluß auf den Fortschritt der Luftfahrt würdigen. Es beginnt um die Jahrhundertwende bei den Luftschiffmotoren und führt über die stürmischen Perioden zweier Weltkriege vom Flugmotor bis zu den Turbotriebwerken mit den heutigen internationalen Gemeinschaftsprogrammen. Auf die hochentwickelte Gerätetechnik konnte aus Platzgründen nur in wenigen Beispielen eingegangen werden.

Seitdem der Mensch ans Fliegen dachte, beschäftigte ihn auch das Antriebsproblem, sei es um einen Ballon lenkbar zu machen oder um rascher auf Flügeln durch die Luft zu gleiten. Eine brauchbare Lösung brachte erst die Erfindung des leichten Verbrennungsmotors 1883 durch Nicolaus Otto und Eugen Langen. In diesen fast 100 Jahren hat jetzt das Turbotriebwerk den Kolbenmotor weitgehend abgelöst. Die sprunghafte Entwicklung der Leistung und Wirtschaftlichkeit des Flugantriebs hat zu einem beispiellosen Aufschwung der Luftfahrt, zur Jumbo-Aera und mehrfachen Schallgeschwindigkeit geführt. Seine Zuverlässigkeit, oberstes Gesetz der Luftfahrt, ist zur Selbstverständlichkeit geworden. Dahinter stehen aber – für den Nichtfachmann unsichtbar – bedeutende Ingenieurleistungen sowie Erfahrungen von Theoretikern ebenso wie von Praktikern mehrerer Generationen. Ihnen besonders ist dieses Werk gewidmet.

Deutsche Flugmotoren mitsamt ihrer Ausrüstung waren oft Spitzenprodukte auf dem höchsten Stand der internationalen Technik. Die Entwicklung des Gasturbinen-Flugtriebwerks in Deutschland hat frühzeitig und ohne Kenntnis der gleichzeitig im Ausland anlaufenden Arbeiten zum Erstflug eines Strahlflugzeugs geführt und so ein neues Zeitalter der Luftfahrt eingeleitet. Die für militärische Zwecke gebauten Strahltriebwerke bildeten nach 1945 die Grundlage für erfolgreiche ausländische Entwicklungen. Dazu haben deutsche Triebwerkfachleute mit ihrem Können und ihren Erfahrungen wesentliche Beiträge geleistet. Von den früheren deutschen Flugmotorenwerken sind nur noch wenige übrig geblieben und jetzt durch Fusionen zusammengefaßt. Mit den Kenntnissen modernster Technologien sind sie heute vollwertige Partner für europäische und transatlantische Kooperationen.

Beim Zustandekommen dieses Buches haben in dankenswerter Weise über hundert Fachleute des deutschen Motorenbaues durch Interviews, Beiträge, Angaben, Hinweise, Unterlagen und Textdurchsicht mitgewirkt. Oft war es schwierig, falsche Angaben nach vielen Jahren richtig zu stellen, Unklarheiten zu bereinigen oder Daten wenig bekannter Muster zu ermitteln.

Wesentliche Unterlagen für das Buch fanden die Verfasser in der Sondersammlung des Deutschen Museums und in den Firmenarchiven von Daimler-Benz und MTU, sowie der Adlerwerke, Bosch, Klöckner-Humboldt-Deutz, MAN, Siemens und dem Historischen Archiv der DVL. Besonderer Dank gilt den mitwirkenden deutschen Ingenieuren im Ausland, den Herren Dr. Bentele, B. Bruckmann, S. Decher, Dr. Franz, Prof. von der Nüll, Dr. von Ohain, H. Schelp, W. Stein, W. Syring sowie den Österreichern F. Brandner, Dr. Hagen und Prof. Wagner. Wertvolle Hinweise kamen von Dr. Baist, H. Beauvais, Dr. Bock, H. Cronmüller, O. Cuno, H. Deinhard, Dr. Denkmeier, Ch. Dietrich, K. Dietrich, H. J. Ebert, Dr. Eckert, W. Eisenlohr, G. Ewald, F. Fensterer, H. Fischer, J. Fleeth, Prof. Friedrich, O. Fuchs, W. Gundermann, W. Hartenstein, B. Hülsen, K. B. Kindermann, F. Kirch, R. Klein, Prof. Knörnschild, Dr. Köhler, D. König, Prof. Kollmann, W. Kramme, E. Kruska, B. Lange, G. von Langsdorff, P. Limbach, H. Luther, Prof. Münzberg, H. Nachtrieb, Prof. Nallinger, Dr. Pabst, G. Pohl, A. Privat, H. J. Reuß, A. Sapper, Prof. Scherenberg, C. und H. Schif, W. K. Schmidt, H. Schneider, E. Schnell, B. Schuldt, G. Sengfelder, C. K. Soestmeyer, W. Staege, H. Stoll, E. Warsitz, Dr. von Weiher, H. Wolff, W. Zuerl. Ihnen allen sei für ihre Mitarbeit und Unterstützung sehr gedankt.

München, im Herbst 1980 — Kyrill von Gersdorff, Kurt Grasmann

Anfänge des Flugmotors

Es begann mit dem Luftschiff

Die Entwicklung des Luftfahrzeugmotors begann Mitte des 19. Jahrhunderts mit dem Versuch, den bemannten Freiballon manövrierfähiger und lenkbar zu machen. Dampf- und Elektroantriebe konnten wegen ihrer geringen Leistung bei hohem Gewicht nicht befriedigen. Den ersten Luftfahrzeugmotor – und damit den ersten spezifischen Fahrzeugmotor überhaupt – entwickelte der deutsche Ingenieur Paul Haenlein aus Mainz seit 1865 für sein Pralluftschiff, mit dem er im Dezember 1872 erfolgreiche Versuche anstellt, dann jedoch aus Geldmangel vorzeitig abbricht. Der Haenlein-Motor besaß vier horizontalliegende Zylinder in »Boxer«-Bauart und war mit Leuchtgas betrieben, das dem Traggas entnommen wurde. Bei 19,2 l Hubvolumen hatte er 2,7 kW (3,6 PS) Dauerleistung, verbrauchte dabei 6,5 m^3 Gas/h und wog 233 kg trocken. Bei geringstem Gewicht war er der stärkste Motor dieser Zeit. Erst als Nikolaus Otto und Eugen Langen den Viertaktmotor mit flüssigem Kraftstoff erfunden und Gottlieb Daimler daraus 1883 den raschlaufenden leichten Benzinmotor für Fahrzeuge entwickelt hatte, waren die prinzipiellen Voraussetzungen auch für die Motorisierung der Luftfahrt geschaffen.

Daimler 1888 bis 1913

G. Daimler, der schon frühzeitig weitere Anwendungsmöglichkeiten für seine Motoren nicht nur im Fahrzeug- und Schiffbau suchte, stellte mehrfach Motoren für Luftschiff-Versuche zur Verfügung. Diese Versuche scheiterten nicht nur an verfehlten Luftschiffkonstruktionen, sondern auch an den spezifischen Anforderungen, denen die Motoren noch nicht gewachsen waren. Der erste Versuch wurde im Spätsommer 1888 mit einem der ersten Daimler-Motoren im Luftschiff von Dr. Hermann Wölfert unternommen. Die Leistung dieses Einzylindermotors von kaum 1,5 kW (2 PS) reichte jedoch nicht aus. Auch die Anstrengungen, durch Zusammenschalten mehrerer Motoren die Leistung zu steigern, brachten keinen Erfolg. Von der Motorenseite her ergab sich erst 1896 ein Fortschritt, als Daimler einen 5 kW (7 PS)-Zweizylinder an Wölfert und einen 9,5 kW (12,9 PS)-Vierzylinder an David Schwarz liefern konnte. Das kleine Pralluftschiff von Wölfert – vermutlich Opfer der Zündungs-Heizflamme – explodierte 1897, wobei Dr. Wölfert und sein Mechaniker den Tod fanden. Das Aluminium-

Zeppelin-Luftschiff LZ 2 (1905) auf dem Bodensee. Typisch ist die Anordnung der beiden 66 kW (90 PS)-Daimler H4L-Motoren in je einer wartbaren Motorgondel. Dabei treibt jeder Motor zwei Propeller über Schrägwellen und Winkelgetriebe an.

Starrluftschiff von Schwarz wurde ebenfalls 1897 bei seiner Erstfahrt zerstört.
Die ersten brauchbaren Luftschiffmotoren entstanden über die gesteigerten Anforderungen des Autobaues. Es waren die Vierzylinder-Reihenmotoren von Daimler, die erstmals mit Magnet-Abreißzündung im ersten Zeppelin-Luftschiff von 1900 wie auch im französischen Lebaudy-Pralluftschiff von 1902 eingebaut waren. Neben der zunehmenden Betriebssicherheit war die Entwicklung der Leistung und der Leistungsmasse für den Erfolg entscheidend. Die Daimler-Luftschiffmotoren wurden bis 1906 durchweg von Wilhelm Maybach entworfen. Der entscheidende Wurf gelang Maybach kurz nach der Jahrhundertwende mit seinem 26 kW (35 PS)-Mercedes-Motor von ca. 8 kg/kW (6 kg/PS), mit dem er sowohl im Auto- wie im Luftschiffbau den Durchbruch schaffte. Während der erste 1898 an Zeppelin gelieferte 12 kW (16 PS)-Daimler Typ NL1 28 kg/kW (20 kg/PS) wog, erzielte 1905/06 der 66 kW (90 PS)-Typ H4L für die zweimotorigen Zeppeline LZ 2 und 3 schon 5,7 kg/kW (4,2 kg/PS) und 1910 der 100 kW (140 PS) Typ J4L mit obengesteuerten Ventilen und Bosch-Hochspannungskerzenzündung für die zwei- bzw. dreimotorigen Passagierzeppeline LZ 6 und 7 etwa 4 kg/kW (3 kg/PS). Auf dieser Grundlage ist die gewaltige Leistungssteigerung der deutschen Luftschiffe von Parseval, Groß-Basenach, Zeppelin und Schütte-Lanz zu erklären, die fast 10 Jahre lang mit der stetigen Weiterentwicklung der Daimler-Motoren verbunden war. Nach W. Maybachs Ausscheiden im Herbst 1906 setzte G. Daimlers ältester Sohn Paul unter Verwendung seiner Rennwagenerfahrungen die Konstruktion der Daimlermotoren erfolgreich fort. Seinen stärksten Luftschiffmotor entwickelte P. Daimler für den Schütte-Lanz SL 1 (1910), den 32 l Reihen-Achtzylinder Typ J8L von 175 kW (240 PS), der durch Hintereinanderschaltung von zwei aus dem J4L abgeleiteten Vierzylinder-Motoren entstand. Er besaß zwei Einlaßventile, Doppelvergaser sowie Doppelzündung mit zwei Zündkerzen und lag mit seinem Gewicht von 3 kg/kW (2,2 kg/PS) und Verbrauch von 300 g/kWh (220 g/PSh) günstig. 1913 entstand der letzte Daimler-Luftschiffmotor, der 20 l-Sechszylinder-Typ L 1676 mit 150 kW (200 PS) und 2,9 kg/kW (2,1 kg/PS) Gewicht. Inzwischen hatten die Auftraggeber jedoch ihre Beschaffung auf die Maybachmotoren konzentriert.

Zunehmende Entwicklungsaktivität

Auch in Frankreich waren vor allem bei Panhard & Levassor, Clement-Bayard, Chenu und Danset-Gillet erfolgreiche Luftschiffmotoren entstanden. Doch legten die Franzosen besonderen Wert auf niedriges Baugewicht, während das Ziel der deutschen Entwicklung für die Luftschiffe vor allem große Betriebssicherheit bei hoher Dauerleistung bis zu 24 Stunden Betrieb und sparsamer Verbrauch war, daneben bald auch eine einfache Reparaturmöglichkeit während der Fahrt mit Bordmitteln.

Der von W. Maybach entwickelte Daimler NL1-Motor, von dem je ein Stück in den beiden Gondeln des 1. Zeppelin-Luftschiffes LZ 1 eingebaut war (4,4 l, 12 kW, erste Fahrt 1900). Über das gesonderte kräftige Kegelradgetriebe mit Vorwärts- und Rückwärtsgang wurden jeweils zwei Propeller durch Gelenkwellen angetrieben. Dieser Motor befindet sich im Deutschen Museum.

Schon LZ 3 und LZ 4 hatten 1907/08 Fahrten bis zu 8- und 12stündiger Dauer durchgeführt. Die Motorluftschiff-Studiengesellschaft (MLStG) stellte deshalb bereits 1908 im Preisausschreiben für einen neuen deutschen Luftschiffmotor die Forderungen nach dem geringsten »Einheitsgewicht«, das auch den Kühler mit Kühlstoffmenge sowie das Tankgewicht mit einem Kraftstoffvorrat für 10stündigen – in der zweiten Ausschreibung sogar 15stündigen – Dauerbetrieb einschloß. Daher legte man in Deutschland schon frühzeitig besonderen Wert auf die thermodynamische Güte des Luftfahrzeugmotors.
Man erreichte schon 1912 Verbrauchswerte von 300g/kWh (220 g/PSh), obwohl die damaligen Kraftstoffe nur eine Verdichtung bis etwa 3,5 zuließen.
Neben den beiden Firmen Daimler und Maybach begannen weitere deutsche Automobil- und Motorenwerke die Entwicklung von Luftschiffmotoren, jedoch ohne nachhaltigen Erfolg. Die Süddeutsche Automobilfabrik (später Benz-Gaggenau) hatte schon 1907 zur zeitweisen Ausrüstung des »M«-Militärluftschiffes einen 22 kW (30 PS)-Vierzylindermotor mit Aluguß für Zylinder und Kühlmantel, Gußeisen-Laufbuchsen und obengesteuerten Ventilen geliefert. Argus frisierte einen seiner Vierzylinder-Rennbootsmotoren um und lieferte diesen 1907 mit 52 kW (70 PS) Leistung bei 800 min^{-1} und dem relativ hohen Gewicht von 370 kg für das französische Luftschiff »Ville de Paris« und baute in ähnlicher Weise 1906/07 noch einige Motoren. Bei den Wettbewerben der MLStG 1908 und 1909 war neben Daimler auch die Neue Automobilgesellschaft (NAG), als AEG-Tochterfirma, mit ihrem 90 kW (120 PS)-Sechszylinder erfolgreich, der 12,5 kg/kW (9,3 kg/PS) »Einheits«-Gewicht bei 350 kg Konstruktionsgewicht und einem Verbrauch von 380 g/kWh (280 g/PSh) besaß. Die Bauweise mit in den Gußeisenzylinderköpfen eingeschraubten Stahllaufbuchsen und durch Stoßstangen obengesteuerten Ventilen war fortschrittlich. Doch ergab die Erprobung in zweimotorigen Parseval-Luftschiffen ab 1909 erhebliche Störungen durch Vibrationen. Ebenso blieben Baumuster von Luftschiffmotoren der Fahrzeugfabrik Eisenach (Dixi), Adlerwerke u.a. im Versuchsstadium stecken.
Für die kleineren halbstarren Militärluftschiffe M I und M II (zweimotorig) sowie M III (viermotorig) beschaffte die preußische Militärverwaltung 63 kW (85 PS)-Körting-Motoren. Die Firma Körting hatte schon 1887 gleichzeitig mit Daimler die Entwicklung eines »Ballonmotors« von 3 kW (4 PS) bei 250 min^{-1} begonnen, dessen beide Zylinder unter 120° gegeneinander und nach unten geneigt waren. Ergebnisse darüber sind jedoch nicht bekannt. Die 20 Jahre später entwickelten Vierzylinder erzielten nach einigen Verbesserungen 63 kW (85 PS) Höchstleistung bei 1400 min^{-1} mit einem Trockengewicht von 207 kg und 330 g/kWh (240 g/PSh) Verbrauch. Ihre Bauart als Achtzylinder mit zwei 90° geneigte Zylinderreihen und Gabelpleuel war in Deutschland neu. Diese Körting-Motoren liefen in Dauerfahrten bis zu 16 Stunden, allerdings meist stark gedrosselt. Motorlieferungen an Österreich, Rußland und Japan folgten. Für das nächste größere Luftschiff M IV forderte 1911 das Luftschiffer-Bataillon Motoren von 130 kW (180 PS) Höchstleistung. Körting baute daraufhin einen Sechszylinder-Reihenmotor von 28,5 l Hubraum, der 151 kW (206 PS) bei 1000 min^{-1} leistete. Jedoch zeigten sich bei der Erprobung im Luftschiff schwere Schäden infolge ungenügender Gehäusesteifigkeit. Da sich sowohl das Heer wie die Marine bereits auf die zuverlässigeren Maybach-Motoren festgelegt hatte, stellte Körting wie Daimler und die anderen erwähnten Firmen den Bau von Luftschiffmotoren ein.

Maybach 1909 bis 1911

Inzwischen hatte Graf Zeppelin gemeinsam mit Wilhelm Maybach im März 1909 die Luftfahrzeug-Motoren GmbH als Tochtergesellschaft des Luftschiffbau Zeppelin gegründet, die 1912 zum Motorenbau Friedrichshafen und 1918 zum weltberühmten Maybach-Motorenbau umbenannt wird. Der Geschäftsführer und Konstrukteur Karl Maybach, Sohn des Mitbegründers, ging bei seinem ersten Luftschiffmotor aufgrund der eigenen Erfahrungen mit Rennmotoren sofort zur Sechszylinder-Reihenbauart über, die bald bis zur Mitte der 20er Jahre überhaupt zur Standardform deutscher Flugmotoren wurde. Innerhalb von 7 Monaten schuf K. Maybach den Typ AZ mit einer Leistung von 110 kW (150 PS). Da eine Austauschbarkeit von Ventilen, Zylinder und Kolben während der Fahrt verlangt war, wählte er Einzelzylinder mit je zwei stehenden Einlaß- und Auslaßventilen, in zwei seitlichen gegenüberliegenden Taschen des Kopfes angebracht. Erstmalig war auch ein schwimmerloser Spritzdüsenvergaser nach Maybach-Patent verwendet und dann bei allen Luftschiffmotoren angebaut. Der 20,5 l-AZ-Motor wurde 1910 im LZ 6 erprobt und dann in den dreimotorigen LZ 9, 10 und 12 erfolgreich eingesetzt. Die wachsende Größe und Geschwindigkeit der Zeppeline erforderte auch immer größere Antriebsleistungen. Deshalb wurde der AZ-Motor 1912 durch konstruktive Verbesserungen auf 132 kW (180 PS) gebracht, und gleichzeitig der Verbrauch auf 300 g/kWh (225 g/PSh) gesenkt. So waren bis 1913 acht Zeppeline sowie mehrere Parsevals und der Schütte-Lanz SL 2 ausgerüstet.

Maybach im neuen Werk, 1912 bis 1919

Im neuerrichteten Friedrichshafener Werk begann K. Maybach 1912/13 sofort damit, aus dem AZ-Typ den 22,9 l CX-Motor mit vergrößertem Hub, gesteigerter Drehzahl von 1300 min^{-1} und auf 4,8 erhöhter Verdichtung zu entwickeln, der 155 kW (210 PS) leistete, 305 g/kWh (225

Der erste von K. Maybach bei der Luftfahrzeug-Motoren GmbH entwickelte Sechszylinder-Luftschiffmotor Typ AZ mit je 2 in seitlichen Körben stehenden Ein- und Außlaßventilen und je einem Maybachvergaser an beiden Enden der Ansaugleitung. Er war eingebaut in den Zeppelinen LZ 9, 10 und 12 (20,5 l, 110 bis 130 kW, erste Fahrt 1909).

Zum Anlassen des Maybach-Luftschiffmotors AZ wurden der Auspufftopf *n* mit der Leitung *o* durch Drehschieber verschlossen und die Ein- sowie Auslaßventile *a* und *b* mittels Rohrwellen *p* angehoben. Danach füllte man die Zylinder durch die Handpumpe *m* mit zündfähigem Gemisch und betätigte die Hand-Anlaßzündung. Nach der Zündung wurden sofort mit dem Anlaßhebel *q* die Ventile und die Auspuffleitung freigegeben. ▼

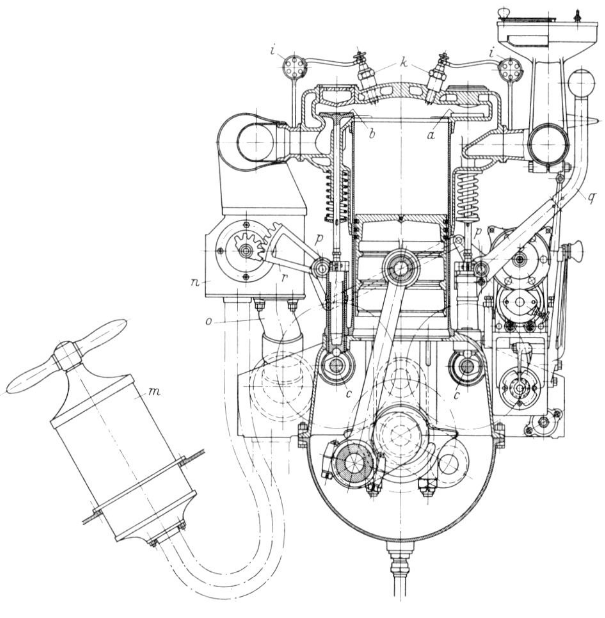

g/PSh) verbrauchte und 410 kg wog. Dieser wurde dann bis 1915 (LZ 47) in etwa 28 drei- und viermotorigen Zeppelinen zum militärischen Einsatz eingebaut. 1915 entstand der größere und im Aufbau stark abweichende 19,1 l-HSLu-Sechszylinder von 175 kW (240 PS), der in größter Stückzahl bis 1917 eingesetzt wurde, und zwar in allen 50 weiteren vier- bis sechsmotorigen Zeppelinen bis LZ 97. Unter Verzicht auf die Auswechselbarkeit von Ventilen und Zylindern während der Fahrt konnte jetzt K. Maybach eine besonders fortschrittliche Bauart für den HSLu-Typ wählen, nämlich hängende Ventile – je zwei für Einlaß und drei für Auslaß –, mit Stoßstangensteuerung. Der günstige Brennraum ließ recht hohe Verdichtung von 5,4 zu, so daß der Verbrauch sogar auf 270 g/kWh (200 g/PSh) sank. Das Gewicht lag mit 365 kg besonders niedrig. Anfängliche Schmierungsprobleme wurden dadurch behoben, daß man zur Kühlung die Ansaugluft durch das Kurbelgehäuse leitete.

Wegen zu hoher Verluste verzichtete das Heer seit Frühjahr 1917 ganz auf den Einsatz von Zeppelinen, während die Marine ihn auf die Seeaufklärung und Spezialaufgaben beschränkte. Damit sank auch der Bedarf an Luftschiffmotoren erheblich, so daß Maybach seine Entwicklung fast ganz auf Flugzeugmotoren konzentrierte. Die feindliche Abwehr machte Einsatzhöhen von 6000 m und damit Motoren von größerer Höhenleistung erforderlich. Daher wurde in den 14 letzten fünf- bis siebenmotorigen Militärluftschiffen ebenso wie in den beiden 1919 nachfolgenden dreimotorigen Verkehrszeppelinen LZ 120 und LZ 121 der als »Höhenmotor« für Flugzeuge entwickelte und dort beschriebene Mb IVa-Typ eingebaut. Von diesem unterschied sich der Luftschiffmotor Mb IVaL durch eine selbständige Abstellvorrichtung, die mittels Ölhydraulik beim Überschreiten

Luftschiffmotoren von 1899 bis 1938

Hersteller		Daimler	Daimler	Maybach	Maybach	Daimler-Benz	Daimler-Benz
Muster		NL1	4J4L	AZ	VL1 (VL2)	DB 602	MB 508
Baujahr		1899	1908	1909	1923 (1928)	1936	1938
Bauart		Vierzylinder in Reihe	Vierzylinder in Reihe	Reihen-Sechszyl., 4 Ventile	60°V-12 Zyl., 3 Ventile	50°V–16 Zyl.-Vierventiler	Diesel,
Kühlung		Wasser	Wasser	Wasser	Wasser	Wasser	Wasser
Bohrung x Hub	mm	100x140	175x165	160x170	140x180	175x230	165x210
Gesamthubraum	l	4,4	15,9	20,5	33,4	88,5	72,0
Verdichtung (OZ)					5,8 (7,0)	16	18
Lader		—	—	—	—	—	einstufig
Propeller-Untersetzung		getrennt	getrennt	getrennt	getrennt	0,5	0,5
Abmessungen Länge	mm				1950	2690	2520
Breite	mm				930	1345	1256
Höhe	mm				970	1015	1000
Trockenmasse	kg	325	470	462	940	2000	1400
Startleistung	kW (PS)		100 (139)	132 (180)	310 (420)	885 (1200)	885 (1200)
	min^{-1}		1200		1400	1600	1650
Max. Dauerleistung	kW (PS)	12 (16)	90 (125)	110 (150)	290 (400)	660 (900)	670 (910)
	min^{-1}	700	1100	1200	1400	1400	1400
Min. spez. Verbrauch	g/kWh (g/PSh)	545 (400)		280 (210)	270 (200)	228 (168)	223 (164)
Einheitsmasse	kg/kW (kg/PS)	28 (20)	4,6 (3,4)	3,5 (2,56)	3,2 (2,35)	2,27 (1,67)	1,60 (1,17)
Hubraumleistung	kW/l (PS/l)	2,6 (3,6)	6,4 (8,7)	6,5 (8,8)	8,8 (12,0)	10,0 (13,5)	12,3 (16,7)
Bemerkungen		Im zweimot. LZ 1	Im LZ 6 (zweimot.) und LZ 7 (dreimot.)	Leistung auf 132kW(180PS) gesteigert. Im LZ10 bis LZ16 eingebaut (dreimotorig)	VL1 in LZ 126 VL2: 430 kW (580 PS) bei 1600 min^{-1} in LZ127 (fünfmotorig)	auch als LOF 6 bezeichnet. In LZ 129 und 130 (viermot.) eingebaut	für LZ 131 bestimmt. 1940 gestoppt

von 1600 min^{-1} sowie auch bei mangelndem Öldruck die Kraftstoffzufuhr unterbrach, durch ein Schwungrad – wie bei allen Luftschiffmotoren zur Schonung des Propellergetriebes und der Motorgondelstruktur – mit Ventilatorschaufeln zur Belüftung des Triebwerks und Einbauraums, und durch die Kraftstoffspareinrichtung, eine Handverstellung des Kraftstoffregulierschiebers mittels Mikrometerschraube. Mit dieser wurde der Kraftstoff bei Dauerfahrt in der Höhe soweit gedrosselt, daß der Motor gerade noch ruhig lief.

Die große Zeit der Verkehrsluftschiffe

Nach dem Ersten Weltkrieg widmete sich Maybach mit großem Erfolg der Herstellung von Einbaumotoren für Transportfahrzeuge und Boote sowie der berühmten Sechs- und Zwölfzylinderwagen internationaler Luxusklasse. Für den 1924 an die USA abgelieferten fünfmotorigen Zeppelin LZ 126 »Los Angeles« schuf K. Maybach dann einen völlig neuen 33,4 l-Zwölfzylindermotor in 60° V-Anordnung. Dieser Typ VL 1 leistete 300 kW (400 PS) bei 1400 min^{-1} und wog 3,2 kg/kW (2,35 kg/PS). Erstmalig war der Motor umsteuerbar, so daß das bisher übliche Umschaltgetriebe in der Gondel entfiel. Aufgrund der guten Betriebsergebnisse entstand daraus in gleicher Bauweise mit denselben Zylinderabmessungen der VL 2 mit 430 kW (580 PS) bei 1600 min^{-1} zum Einbau in den fünfmotorigen LZ 127 »Graf Zeppelin« (1928). Dieser Motor konnte während der Fahrt wahlweise mit Benzin oder mit »Blaugas« – einem Kohlen-Wasserstoffgemisch – betrieben werden. Da Blaugas gleiches spezifisches Gewicht wie Luft aufweist, erleichtert es das Ballastproblem des Luftschiffes gegenüber dem sonst für den Kraftstoffverbrauch während der Fahrt notwendigen Gewichtsausgleich. Allerdings wurde dieses Verfahren später durch den Übergang zum Dieselmotor abgelöst. Bei einer Langstreckenfahrt führte der gleichzeitige Ausfall von vier der fünf Motoren durch Kurbelwellenbruch beinahe zur Katastrophe.

Hierzu schreibt [v. Schiller 1966]:

»Zwischen den Motoren und Propellern hatte man Schwanzwellen mit Kupplungen eingeschaltet, um Böenstöße abzufangen. Diese Kupplungen machten ein Geräusch und erschienen uns reichlich weich. Wir verstärkten sie deshalb. Hierauf waren die Geräusche verschwunden, doch auch der gewünschte Zweck der Kupplungen fortgefallen. Die Schwingungen des Systems hatten sich so unmittelbar auf die Motoren übertragen und die Brüche hervorgerufen.«

Eingehende Untersuchungen der Ursachen im Werk und bei der Deutschen Versuchsanstalt für Luftfahrt (DVL) führten zu grundsätzlich neuen Erkenntnissen über die Dauerermüdungsfestigkeit schnellaufender Triebwerksteile, da die Fahrtdauer teilweise bis 120 Stunden betrug.

Für den Antrieb der beiden letzten und größten viermotorigen Zeppeline LZ 129 und 130 (Erstfahrt 1936 und 1937) wurde der Dieselmotor wegen seiner größeren Wirtschaftlichkeit und Brandsicherheit gewählt. Angebote von Daimler-Benz und MAN für einen Typ von 750 bis 900 kW (1 000 bis 1 200 PS) bei 1 000 min^{-1} mit 2,7–4 kg/kW (2–3 kg/PS) lagen 1931 vor. Der von Pielstick konstruierte MAN-Versuchsmotor L7Z 19/30, ein 60 l-Siebenzylinder in stehender Bauart mit schlitzgesteuerter MAN-Umkehrspülung, erfüllte zwar 1932 bereits die Leistung und andere wesentliche Anforderungen in Prüfstandsläufen, besaß aber noch keine ausreichende Betriebssicherheit. Daher erhielt Daimler-Benz 1933 – nach 22jähriger Unterbrechung – den Entwicklungsauftrag. Unter der Leitung des früheren Benz-Flugmotoren-Chefkonstrukteurs A. Berger entstand der DB 602 (Werksbezeichnung LOF 6) von 885 kW (1 200 PS) bei 1 600 min^{-1} mit einem 1:2 untersetzten Farman-Propellergetriebe. In 16-Zylinder-Bauart mit 50° V-Winkel ausgeführt, wog er 2 000 kg und hatte einen niedrigsten Verbrauch von 225 g/kWh (165 g/PSh). Diese vierventiligen DB 602-Motoren bewährten sich in etwa 3 000 Betriebsstunden der beiden letzten Luftschiffe – vor allem bei den rund 60 Nord- und Südamerika-Fahrten des LZ 129 – hervorragend. Für den LZ 131, dessen Aufbau durch die Reichsregierung 1940 im ersten Bauabschnitt gestoppt wurde, befand sich ein leichterer Daimler-Benz-Dieselmotor gleicher Leistung im Anfangsstadium der Entwicklung. Dieser MB 808 besaß zwar gleichen Grundaufbau, hatte aber einen 20% geringeren Hubraum als der DB 602. Mittels einstufigem Schleudergebläse sollte 4000 m Volldruckhöhe erzielt werden. Geliefert wurden acht DB 602 und zwei Reservemotoren, die z. T. später als Schnellbootsmotoren MB 502 verwendet worden sind.

Abschluß

Damit endet die über 50jährige Entwicklungsgeschichte der deutschen Luftschiffmotoren. Sie können in der ersten Phase Nutzen aus den Erfahrungen von Automobil- und

Oben: Einbau des 33,4 l-430 kW-Maybach VL 2 in der hinteren Gondel des fünfmotorigen LZ 127 »Graf Zeppelin«. Lagerung der Propellerwelle mit Kupplung gesondert vom Motor in der Gondel, die während der Fahrt zur Wartung und Reparatur begehbar war und eine Kabine für den Motorenwart besaß (Erstfahrt 1928).

Unten: Der Daimler-Benz 16-Zylinder-Vorkammer-Dieselmotor DB 602 für die viermotorigen Zeppeline LZ 129 »Hindenburg« und LZ 130. Er hatte vier Ventile je Zylinder, rollengelagerte Kurbelwelle und Pleuel, angeflanschtes Propeller-Planetengetriebe und umsteuerbare Drehrichtung durch verschiebbare Nockenwelle. Für sehr niedrige Leistung konnte er mit nur acht Zylindern bei 300 min^{-1} betrieben werden (88,5 l, 885 kW, Erstfahrt 1936).

Bootsmotoren ziehen und erreichen etwa ab 1910, auch aus internationaler Sicht, einen Höchststand. Konstruktive und betriebliche Erfahrungen des Luftschiffmotors – besonders der Daimler- und Maybachtypen – befruchten die beginnende Entwicklung des deutschen Flugmotors. Bis zur Mitte des Ersten Weltkriegs tragen Erfahrungen des Luftschiffmotors zum technischen Stand unserer Flugmotoren manches bei: die formsteife Sechszylinder-Reihenbauart von hoher Leistung und niedrigem Verbrauch mit drei bis vier obengesteuerten Ventilen, der Vergaser mit Gemisch-Verarmung, der in Bodennähe gedrosselte »Höhenmotor«, Propeller-Getriebe usw. Seine Betriebsbedingungen unterscheiden sich in verschiedener Hinsicht sehr vom Flugmotor, in der Motoraufhängung an einer besonders weichen Struktur, in seiner Umsteuerbarkeit, der Überwachung und Bedienung durch Motorenwarte während der Fahrt und in seinem umfangreichen Einbauraum.

Die letzte Phase zwischen beiden Weltkriegen bis 1940 weist bemerkenswerte Einzelentwicklungen von Maybach und Daimler-Benz in 12- und 16-Zylinder-V-Form bis zum Dieselmotor von 900 kW (1200 PS) Leistung auf, aus denen später vor allem der Schiffs- und Eisenbahn-Motorenbau Nutzen zieht.

Vorläufer der Flugmotoren bis 1913

Während Deutschland im Bau von Luftschiffmotoren schon 1900 eine führende Rolle spielt, beginnt die Entwicklung brauchbarer Flugzeugmotoren hier erst fünf Jahre später als im Ausland. Die spektakulären Dauerfahrten der Zeppeline haben seitens der amtlichen Stellen eine Fehleinschätzung der Verwendungsmöglichkeit von Flugzeugen gegenüber dem Luftschiff zur Folge. Inzwischen benutzten die Gebrüder Wright schon 1903 für ihre ersten Flüge einen selbstentwickelten leichten 3,4 l-Vierzylindermotor von 9 kW (12 PS) und trieben auch die Flugmotorenentwicklung weiter voran. Ab 1906 übernimmt dann Frankreich die internationale Führung mit seiner aufblühenden Flugzeug- und Flugmotorenindustrie. In Deutschland tritt erst durch die persönliche Initiative des Mannheimer Industriellen Dr. Karl Lanz ein Umschwung ein. Der von ihm 1908 ausgesetzte »Lanz-Preis der Lüfte« für den Erstflug eines deutschen Flugzeugs mit deutschem Motor über 1000 m in geschlossener Bahn wird am 30. Oktober 1909 durch Hans Grade gewonnen. Dieser verwendet einen selbstkonstruierten luftgekühlten Vierzylinder-Zweitaktmotor in 90° V-Form von 1,4 l und etwa 12 kW (16 PS). Grade baut dann bis etwa 1914 noch eine Reihe ähnlicher leichter Zweitakt-Flugmotoren von 22 kW (30 PS) bis zu 75 kW (100 PS) mit vier und acht Zylindern, die damals zwischen 11000 und 18000 Mark kosten. Ihr Einbau bleibt aber wegen der niedrigen Leistung und des hohen Verbrauchs – vielleicht auch infolge von Kühlproblemen – auf etwa 70 Grade-Leichtflugzeuge für Schulung und Sport beschränkt. Daneben befassen sich bis zum Ersten Weltkrieg weitere deutsche Firmen – offenbar durch den Anzani-Motor angeregt – mit dem Bau von luft- und wassergekühlten Viertaktmotoren (Haacke, RAW, Delfosse, Escher, Hilz, Riedl, Volt, Wunderlich u.a.), bleiben aber ohne nachhaltigen Erfolg.

Die Autoindustrie wird aktiv: Argus, Daimler und NAG

Angeregt durch weitere private Spenden und durch Wettbewerbsausschreibungen von Industrie, Wirtschaft, Zeitungsverlagen u.a. – wohl auch durch die Kanal-Überquerung Bleriot's beeindruckt – beginnen nun namhafte Hersteller von Automobil- und Bootsmotoren die Flugmotorenentwicklung, obwohl die militärische Seite bis 1910/11 praktisch kein Interesse an deutschen Motoren zeigt. So bringt 1909 die Argus-Motoren GmbH ihren ersten vom Automotor entwickelten wassergekühlten 6,3 l-Flugmotor in Vierzylinder-Reihenanordnung heraus, der 38 kW (52 PS) bei 1200 min^{-1} leistet und 120 kg wiegt. Er hat paarweise gegossene Zylinder sowie seitlich stehende Ventile mit automatischen Einlaßventilen – sogen. »Flatterven-

Einer der ersten Grade-Kleinflugmotoren, ein luftgekühlter Zweitakter mit »Benzineinspritzung«. Dieses im Deutschen Museum ausgestellte Exemplar stammt aus dem Flugzeug, mit dem H. Grade 1909 den »Lanz-Preis« gewann (1,4 l, ca. 12 kW, Baujahr 1909). ▶

Einbau des Sechszylinders Argus As II in der »Stahltaube« von Jeannin (11 l, 90 kW bei 1400 min^{-1}, 1913).

Der erste Daimler-Flugzeugmotor C4F mit obenliegender Nokkenwelle, die von einer vor dem Motor liegenden ungekapselten »Königswelle« – Vertikalwelle mit je einem Kegelradsatz am unteren und oberen Ende – angetrieben war (9,3 l, 75 kW bei 1375 min^{-1}, 1911).

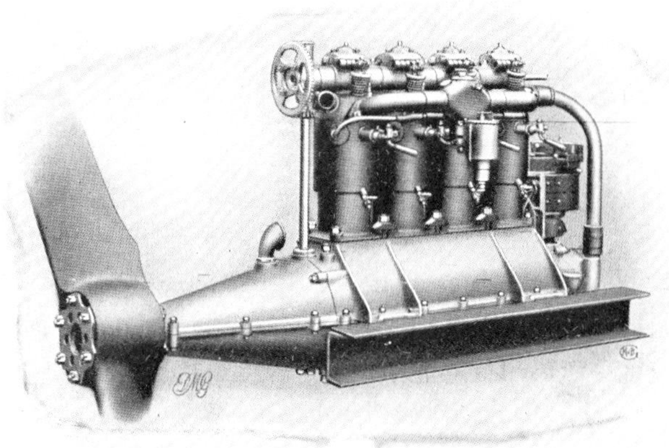

tile« – und bewährt sich 1910/11 in mehreren Flugzeugen, auch durch erfolgreiche Wettbewerbs- und Rekordflüge. Auf Anforderung der Preussischen Heeresverwaltung (PrHV), die sich schließlich interessiert zeigt, entwickelt Argus 1910 einen stärkeren 6,9 l-Vierzylinder mit stoßstangengesteuerten »hängenden« Ventilen von zunächst 53 kW (72 PS) bei 1350 min^{-1}. Durch ein Aluminium-Kurbelgehäuse ist das Gewicht auf etwa 2,3 kg/kW (1,7 kg/PS) gesenkt worden. Im März 1911 erscheint bereits ein 66 kW (90 PS)-Argus-Motor in gleicher Bauart mit 25% größerem Hubvolumen von 8,7 l, der 1912 durch Drehzahlsteigerung als erster deutscher Flugmotor auf 75 kW (100 PS) gebracht wird. Die ursprünglich angewendete Tauch- (Spritzöl)-Schmierung muß durch die Pumpen-Druckschmierung ersetzt werden. Im übrigen bewähren sich diese Argus-Vierzylinder sowohl im Heeresdienst gegenüber den Gnôme-Umlaufmotoren wie auch z. B. bei der Pilotenausbildung sehr gut, so daß sie wegen ihrer Zuverlässigkeit bald in vielen deutschen und auch ausländischen Flugzeugen Verwendung finden, u. a. im russischen Viermotoren-Riesenflugzeug von Sikorsky. Die militärische Seite empfiehlt jedoch nun die Sechszylinder-Bauform für Leistungen über 55 kW (75 PS) wegen ihrer besseren Laufruhe, besonders »bei Ausfall eines Zylinders«.

Die Firma Daimler hatte schon um 1900 dem Österreicher Kress für seine allerdings erfolglosen Motorflugversuche einen 5,9 l-Vierzylinder von 24 kW (33 PS) – den Umbau eines Automotors – geliefert. Außerdem bietet Daimler seinen Luftschiffmotor J 4 L von 1908 wenig später der Versuchsabteilung der Verkehrstruppen (VAV) mit geringen Änderungen als 15,9 l-Flugmotor J 4 F mit 100 kW (135 PS) an, doch lehnt diese wegen zu hoher Leistung ab. Daraufhin wird als erster echter Flugmotor 1908/09 unter der Leitung von P. Daimler der Typ D 4 F entwickelt, ein wassergekühlter 5,4 l-Vierzylinder-Reihenmotor von 44 kW (59 PS) und 3,1 kg/kW (2,3 kg/PS) Gewicht, der paarweise gegossene Zylinder und bereits hängende Ventile aufweist. Von 1903 an tragen alle Daimler-Flugmotoren wie die Kraftwagen den Beinamen Mercedes. Der 5,4 l-D 4 F wird bis 1912 in mehreren Flugzeugtypen von Albatros, Otto u. a. eingebaut. Ihm folgte 1910/11 in gleicher Bauart mit vergrößerter Bohrung der 6,4 l-Typ E 4 F von 47 kW (64 PS) mit geringerem Gewicht von 2,6 kg/kW (1,9 kg/PS). Dieser Motor bewährt sich u. a. in der Rumpler »Taube«, die auch in mehreren Wettbewerben unter Führung von Hellmut Hirth erfolgreich war. 1911 erschien ein weiterer Vierzylinder C 4 F mit auf 9,3 l vergrößertem Hubraum und 75 kW (100 PS) Leistung. Er besitzt erstmals hängende Ventile und obenliegende Nokkenwelle mit Königswellenantrieb auf der Motorrückseite. Diese Anordnung wurde dann ab 1913 für alle Mercedes-Motoren typisch. Daneben befaßte sich P. Daimler seit 1911 mit der Entwicklung des ersten deutschen Sechszylinder-Reihenmotors, der als 9,5 l-Typ E 6 F vom E 4 F abgeleitet ist – allerdings eine obenliegende Nockenwelle wie beim C 4 F aufweist und 75 kW (100 PS) bei 1350 min^{-1} abgibt. Die Ansaugluft ist zur Motorkühlung durch das Kurbelgehäuse geführt, wie trotz Füllungseinbuße auch bei anderen Firmen, um außerdem Gemischvorwärmung und verbesserte Gemischverteilung zu erzielen. Mit diesem Motor in seinem Rumpler-Eindecker gewinnt H. Hirth 1912 bedeutende Wettflüge.

Neben Argus und Daimler gehört auch die NAG zu den ältesten deutschen Flugmotorenherstellern. 1909 wurde dort zunächst der Lizenzbau des 4 l-Vierzylinder-Wright-Motors von 24 kW (33 PS) aufgenommen. Wegen der niedrigen Leistung und des sehr hohen Verbrauchs bringt die NAG dann Anfang 1911 als Eigenentwicklung den 4,4 l-Vierzylinder-

F 2 von 38 kW (52 PS) bei der relativ hohen Drehzahl von 1 600 min^{-1} mit 320 g/kWh (235 g/PSh) Verbrauch und 3,1 kg/kW (2,3 kg/PS) Gewicht heraus. Auf Anforderung der PrHV wird schon Mitte 1911 der stärkere »F 3« in gleicher Bauart, aber mit größerem Hubraum von 9,2 l entwickelt, der 68 kW (92 PS) leistet und mit 2,5 kg/kW (1,8 kg/PS) erheblich leichter ist.

Andere Firmen folgen

Zu erwähnen ist die Firma Jastram, die bereits um 1909 mit ihrem wassergekühlten Reihenmotor Flugversuche machte, dessen sechs Zylinder erstmalig hängend angeordnet waren. Rumpler brachte 1910 seinen 6,9 l-Achtzylinder-»Aeolus«-Motor in 90° V-Form von 40 kW (55 PS) heraus, der ebenso erfolglos blieb. Körting hatte schon um 1903/04 einen normalen Vierzylindermotor von 22 kW (30 PS) für einen Jatho-Doppeldecker geliefert. 1908/09 experimentierte man mit einem 5,5 l-31 kW (42 PS)-Vierzylinder, der »wechselgesteuert« war, d.h. hängende Einlaß- und stehende Auslaßventile besaß, und vom erwähnten V 8-Luftschiffmotor abstammte. Er wurde in einigen Flugzeugen verwendet. Ferner machte Körting Versuche mit einem kleineren 9,6 l-V8-Flugmotor von 40 kW (55 PS) bei 1 500 min^{-1}. Dieser hatte ein 1:2 Untersetzungsgetriebe, das gleichzeitig die Propellerwelle und die Nockenwelle antrieb. Diese patentierte Konstruktion wird später von Renault erfolgreich aufgenommen.

Um 1911/12 begannen die Gustav Otto-Werke unter Leitung von Nikolaus Otto's Sohn Gustav mit der Entwicklung von je zwei Vier- bzw. Sechszylinder-AGO-Motoren mit 37 und 75 kW bzw. 50 und 110 kW (50 und 100 PS bzw. 70 und 150 PS). Dort befand sich auch ein 130 kW (180 PS)-V8-Motor in Erprobung, als das Werk Ende 1915 an die Bayerischen Flugzeugwerke überging. Doch gelangt kein Muster zur Serienreife. Das Flugwerk Deutschland – die späteren Rapp Motoren-Werke – bauen 1912/13 einen 75 kW (100 PS) Vierzylinder und 110 kW (150 PS)-Sechszylinder.

Die Kaiserpreis-Wettbewerbe 1913 und 1914

Doch noch immer zeigen sich militärische Stellen an der Entwicklung deutscher Flugmotoren kaum interssiert. So können für Heereslieferungen Ende 1911 nur die drei bereits erwähnten Firmen herangezogen werden. Eine Wende tritt erst ein, als im April 1912 auf Anregung des als Pilot ebenso wie als Rennfahrer begeisterten Prinz Heinrich von Preussen die Ausschreibung des »Kaiser-Preises für den besten deutschen Flugmotor« verkündet wird. Zugelassen werden allerdings nur Motoren bis 85 kW (115 PS) und 1 350 min^{-1}. Bewertet wird nach dem niedrigsten »Einheitsgewicht«, das neben dem »Konstruktionsgewicht« des trokkenen Motors auch den Kühler mit Kühlstoff sowie die bei siebenstündigem Dauerlauf verbrauchte Kraftstoffmenge einschließt und auf einen Wert von 8 kg/kW (6 kg/PS) begrenzt wird. Dauerläufe von insgesamt 60 Stunden sind vorgesehen. Die neugegründete Deutsche Versuchsanstalt für Luftfahrt (DVL) erhält den Auftrag für die Prüfvorschrift, die Erstellung der Versuchsanlagen und die Versuchsdurchführung. Sofort setzt bei der Motoren- und Maschinenindustrie rege Entwicklungstätigkeit ein. Bis zum Meldeschluß werden von 26 Bewerbern 43 Motoren angeliefert, darunter fünf luftgekühlte Umlaufmotoren. Nur 17 Motoren erfüllen die Prüfvoraussetzungen. Die Prüfungen beginnen am 1. Oktober 1912.

Ergebnis des ersten Wettbewerbs

Den 1. Preis im Kaiserpreis-Wettbewerb (KPrW) erhält bei der Verkündigung im Januar 1913 der 9,6 l-»FX«-Vierzylinder, von A. Berger als der erste spezielle Flugmotor der Firma Benz konstruiert. Vorher hatte das zu Benz gehörende Werk Gaggenau 1908 einen 60 kW (80 PS)-Vierzylinder-Flugmotor angeboten. Der siegreiche FX-Motor von 77 kW (105 PS) bei 1 350 min^{-1} hat aufgrund des günstigen Trockengewichtes von 2 kg/kW (1,5 kg/PS) und anderer-

Der beim ersten Kaiserpreis-Wettbewerb 1913 siegreiche Benz-Typ FX mit hängenden Ventilen und Stoßstangensteuerung, die Erstkonstruktion von A. Berger (9,6 l, 77 kW bei 1350 min^{-1}, 1912).

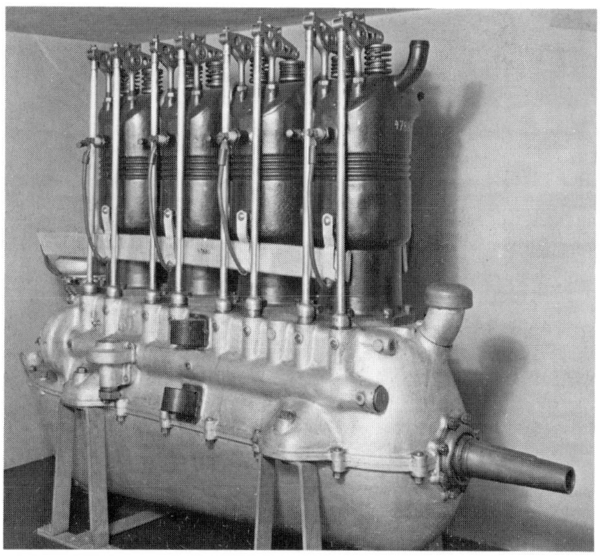

seits seines günstigen Verbrauchs von 285 g/kWh (210 g/PSh) mit einem »Einheitsgewicht« von 4,5 kg/kW (3,55 kg/PS) gewonnen. Sein konstruktiver Aufbau wird kennzeichnend für die folgenden bekannten Benz-Sechszylindertypen des Ersten Weltkriegs: Einzeln stehende Zylinder aus dünnwandigem Grauguß mit aufgeschweißten Stahlblech-Kühlmänteln, je ein Einlaß- und Auslaßventil, Stoßstangen-Steuerung mit hängenden Ventilen, gehäusegelagerte Nockenwelle, Aluminium-Kurbelgehäuse in Lagermittelebene geteilt und Lagerdeckel am Gehäuseoberteil befestigt, zwei Einzelmagnete am Motorende und zwei Zündkerzenreihen. Damit kann Benz eine besonders erfolgreiche Flugmotorenentwicklung beginnen, die in einer ständigen, sehr fruchtbaren Konkurrenz zum Hause Daimler steht.
Die Firma Daimler, die sogar mit sieben Motortypen den Wettbewerb bestritt, erhält für ihren 7,2 l-Sechszylindermotor DF 80 von 66 kW (90 PS) bei 1400 min^{-1} den 2. Preis mit 325 g/kWh (240 g/PSh) Verbrauch sowie 2,3 kg/kW (1,7 kg/PS) Trocken- bzw. 5,0 kg/kW (3,7 kg/PS) Einheitsgewicht. Der DF 80 besitzt in Abweichung von der Benz-Bauart erstmals die typischen Konstruktionsmerkmale der folgenden Mercedes-Sechszylinder des Ersten Weltkriegs: Je ein Einlaß- und Auslaßventil, Steuerung durch obenliegende Nockenwelle mit Königswellenantrieb, Doppelvergaser, Stahl-Zylinder und Zylinderkopf aus Stahl mit Kühlmantel aus Stahlbech paarweise autogen zusammengeschweißt.
Dadurch lassen sich Gewichtsverminderung und bessere Kühlwasserführung gegenüber den vom Automotor stammenden Gußzylindern erzielen. Die Mercedes-Stahlzylinder-Bauweise bewährt sich so gut, daß sie bald auch im Ausland, z. B. von Renault, Rolls-Royce und später von Liberty übernommen wird. Außerdem erhält Daimler den 4. Preis für seinen 6,3 l-Vierzylinder E 4 uF (Fh 1244) von 52 kW (70 PS) bei 1400 min^{-1}. Seine Konstruktion mit hängenden Zylindern und Propeller-Getriebe ist unter Mitwirkung des späteren BMW-Chefkonstrukteurs A. Friz vom E4F abgeleitet. Durch die hängende Bauart und das obenliegende Getriebe kann der Anbau eines größeren, langsamlaufenden Propellers – ohne Erhöhung des Fahrgestells – und auch bessere Pilotensicht erreicht werden. Das Getriebe besitzt bereits eine hohe Propellerwelle mit freier Durchschuß-Möglichkeit! Die hängende Anordnung kann allerdings trotz mehrfacher Versuche wegen der Schmierungsprobleme u. a. im Ersten Weltkrieg nicht zur Einsatzreife gebracht werden.
Weitere Preise erhalten zwei bereits erwähnte 75 kW (100 PS)-Vierzylindermotoren ähnlicher Bauart mit Stoßstangen-Steuerung, der Typ F 3 der NAG den 3. und der große Argus den 5. Preis. Alle beteiligten luftgekühlten Umlaufmotoren bleiben wegen ihres großen Einheitsgewichtes, verursacht durch hohen Verbrauch von 500 g/kWh (370 g/PSh) und darüber, außerhalb der Wertung. Ohnehin kann von diesen nur ein 37 kW (50 PS)-BMFW-Siebenzylinder den ersten Sieben-Stunden-Lauf störungsfrei beenden. Unter den ausgeschiedenen befanden sich auch die 37 und 52 kW (50 und 70 PS)-Siebenzylinder-Motoren der Firma Schwade. Diese hatte als erstes deutsches Werk 1909 die Entwicklung von Umlaufmotoren nach eigener »Stahlherz«-Konstruktion – ähnlich dem Gnôme – begonnen – darunter auch einen 150 kW (200 PS)-18-Zylinder-Doppelstern – und 1912 mehrere Siebenzylinder-Motoren der Fliegertruppe zur Erprobung geliefert, die aber wegen häufiger Ausfälle bald abgebrochen wurde.

Erfahrungen und zweiter Wettbewerb

Bei der militärischen Flugerprobung der im 1. KPrW ausgezeichneten wassergekühlten Motoren treten am Benz-Motor wie auch bei anderen preisgekrönten Vierzylindern schwere Schäden ein, die auf sehr starke Vibrationen zurückzuführen sind. Da bei solchen vierzylindrigen Reihenmotoren über 75 kW (100 PS) nach dem damaligen Stand der Technik keine befriedigende Laufruhe erreichbar scheint, fordert nun die Fliegertruppe von Benz und den anderen Firmen generell die Sechszylinder-Reihenbauweise, die dann bis zum Kriegsende Standardform des deutschen Flugmotors bleibt.
Aus allen diesen Erfahrungen entsteht Ende 1913 die Ausschreibung für den 2. Kaiserpreis-Wettbewerb. Auch hier begrenzt das Heer noch immer die Leistungsforderung auf

◀ Der erste Daimler-Motor mit hängenden Zylindern und obenliegendem Propellergetriebe. Dieser Typ E4uF errang beim Kaiserpreis-Wettbewerb 1913 den 4. Platz (6,3 l, 52 kW bei 1400 min^{-1}, 1912).

90 kW (125 PS), die Marine dagegen auf 150 kW (200 PS). Das Meldeergebnis von 15 Werken mit 35 Motortypen – darunter neun Umlaufmotoren – ist ausgezeichnet. Obwohl der Wettbewerb infolge des Kriegsbeginns nicht mehr zur Austragung kommt, bilden die nun in Entwicklung genommenen wasser- und luftgekühlten Motoren die Grundlage für das gesamte Motorenprogramm in der ersten Kriegshälfte.
Inzwischen erhält die Heeres-Luftfahrt im Oktober 1913 endlich eine selbständige Organisation, unterteilt in die Inspektion der Fliegertruppen (Idflieg) und der Luftschiffertruppen (Iluft). Major Siegert als Leiter der Idflieg empfiehlt schon Anfang 1914 in einer Denkschrift ein weitsichtiges Entwicklungsprogramm unter Verwendung von Motoren bis zu 150 kW (200 PS) und schlägt auch leichte taktische Einsitzer mit 60 kW (80 PS)-Umlaufmotoren vor, Vorläufer der Jagdflugzeuge.
Nach der mißglückten Truppenerprobung des FX-Motors entwickelt Benz in kurzer Zeit einen 110 kW (150 PS)-Sechszylinder von 14,3 l, der in FX-Bauart mit dessen Hub- und Bohrungswerten durch Hinzufügen von zwei Zylindern entsteht. Parallel zu diesem FF-Typ (später militärisch: Bz III) bringt Benz zwei weitere nur in den Abmessungen kleinere Sechszylinder heraus, den 7,9 l – 75 kW (100 PS)-Bz I sowie den 10 l – 80 kW (110 PS)-Bz II. Die günstigen Erfahrungen, welche die Truppe schon im 1. Halbjahr 1914 mit den Benz-Sechszylindern sammelt, veranlassen das Kriegsministerium, nun auch die Firma Benz ständig zur Motorenlieferung heranzuziehen.
Daimler bringt seinen DF 80-Sechszylinder aus dem 1. Kaiserpreis-Wettbewerb mit vergrößerter Bohrung als 9,5 l-DF 100 bzw. DI auf 75 kW (100 PS) und leitet daraus bei gleicher Bauart die stärkeren 90 kW (120 PS)-D II – und 120 kW (160 PS)-D III-Typen ab, von denen der D II noch im Sommer 1914 seine Werksprüfläufe abschließt.
Argus begann zwar schon 1912 neben seinen bewährten Vierzylindern die Entwicklung eines 9,6 l-Sechszylinders von 75 kW (100 PS), der auch in Hub und Bohrung dem er-

Flugmotoren bis 1914

Hersteller		Grade	Argus	Daimler	Benz	Benz	Daimler
Muster			As I	D4F	FX	Bz III	Mercedes D III
Baujahr		1908	1909	1909	1912/13	1914	1914
Bauart		90°V-Vierzyl., Zweitakt	Vierzylinder, in Reihe	Vierzylinder, in Reihe	Vierzylinder, in Reihe	Sechszylinder, in Reihe	Sechszyl., in Reihe, obenlg. Nockenw.
Kühlung		Luft	Wasser	Wasser	Wasser	Wasser	Wasser
Bohrung x Hub	mm	70x85	140x140	110x140	130x180	130x180	140x160
Gesamthubraum	l	1,4	8,7	5,4	9,6	14,3	14,8
Verdichtung (OZ)						4,7	4,8
Trockenmasse	kg	40	170	125	155	270	265
Startleistung	kW (PS) min^{-1}			44 (59) 1400	77 (105) 1350	120 (165) 1400	125 (170) 1450
Max. Dauerleistung	kW (PS) min^{-1}	ca. 12 (16) 1600	66 (90) 1300	37 (50) 1200	75 (100) 1300	110 (150) 1400	120 (160) 1400
Min. spez. Verbrauch	g/kWh (g/PSh)		325 (240)	320 (235)	285 (210)	310 (230)	325 (240)
Einheitsmasse	kg/kW (kg/PS)	3,3 (2,5)	2,6 (1,9)	3,4 (2,5)	2,2 (1,6)	2,2 (1,6)	2,2 (1,6)
Hubraumleistung	kW/l (PS/l)	ca. 8 (11,5)	7,6 (10,3)	6,8 (9,2)	8,0 (10,9)	8,4 (11,5)	8,2 (11,2)
Bemerkungen		Gewinner des »Lanz-Preis der Lüfte« (1909)	ca. 80 Stück gebaut (1909–11)	Erster Daimler Flugmotor, in vielen Typen 1909–12 eingebaut	Erster Preis im Ersten Kaiserpreis-Wettbewerb 1913	Standardmotoren für die meisten Militärflugzeuge 1913–15	

wähnten 53 kW (72 PS)-Motor entsprach. Dieser kann aber beim 1. KPrW nicht gut abschneiden; außerdem versagt er bei der Truppenerprobung, so daß Idflieg im Dezember 1913 Argus vorläufig von weiteren Motorlieferungen ausschließt.

Einige weitere Firmen bringen bis 1914 Einzelstücke von wassergekühlten Reihenmotoren heraus, bleiben aber ebenso ohne nachhaltigen Erfolg, darunter Escher, Fahrzeugwerke Eisenach (Dixi), Jaenisch, Kieling & Pulver, Opel, Rheinische Aerowerke, Schröter (Delicia), Stoewer und Wunderlich. Ebenso experimentiert man in der Zeit bis 1914 in vielen Werken ohne größere Erfolge mit luftgekühlten Umlaufmotoren, so bei den Bayerischen Motoren- und Flugzeugwerken (BMFW), Bräuer, Bucherer, Delfosse, Hoffmann (Rotor), Horch (Novus), Kieling & Pulver, Strack, Volt, Windhoff u. a.

Die Anfänge der Zündanlage

Die erfolgreiche Anfangsentwicklung des Flugmotors ist mit der Bosch-Magnetzündung verbunden. Beginnend mit der Glührohrzündung, wie sie noch der Daimlermotor für Wölfert (1897) besaß, trug der NL1-Motor im ersten Zeppelin bereits die Bosch-Niederspannungszündung mit Abschnapper. 1902 erzielte dann Honold bei Bosch durch seine Hochspannungszündung von hoher Leistung und Zuverlässigkeit den Durchbruch.

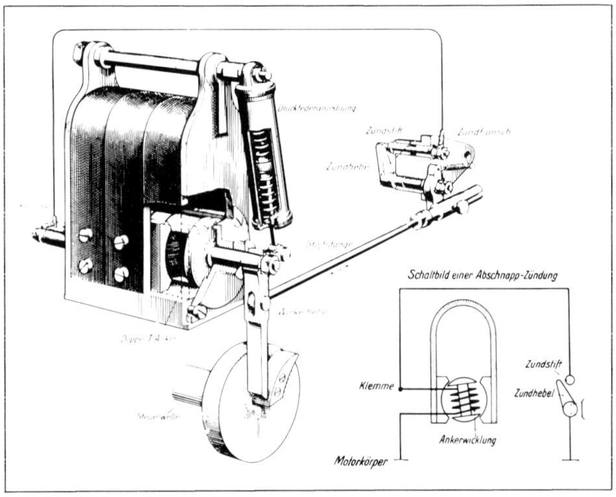

◀ Bei der Bosch-Niederspannungs-Abschnappzündung (1887) wurde der Doppel-T-Anker durch einen Daumen der Steuerwelle abgelenkt und beim Zurückschnellen unter Federdruck ein Strom hoher Spannung induziert. Gleichzeitig trennte die Stoßstange die Verbindung zwischen Zündhebel und Zündstift im Verdichtungsraum und erzeugte den Abreißfunken. Die Daimler-NL 1-Motoren des LZ 1 besaßen ein ähnliches Zündsystem (1899), wobei Anker und Polschuh feststanden und eine pendelnde Hülse angebracht war, um höhere Zündfrequenzen zu erzielen.

Der Bosch-Zündmagnet ZH6 (1915/16) gehörte zur Standardausrüstung der Sechszylindermotoren des Ersten Weltkrieges. Hier drehten sich Anker sowie Kondensator und Unterbrecher mit 1,5-facher Kurbelwellendrehzahl und trieben mit dreifacher Untersetzung den darüberliegenden Verteiler an. Zur Zündverstellung wurden das Unterbrechergehäuse und gleichzeitig die damit verbundene Hülse zwischen Anker und Polschuh verdreht. Diese Hülse verlängert die Polschuhe, damit sie sich stets in der günstigsten Lage befinden.
▼

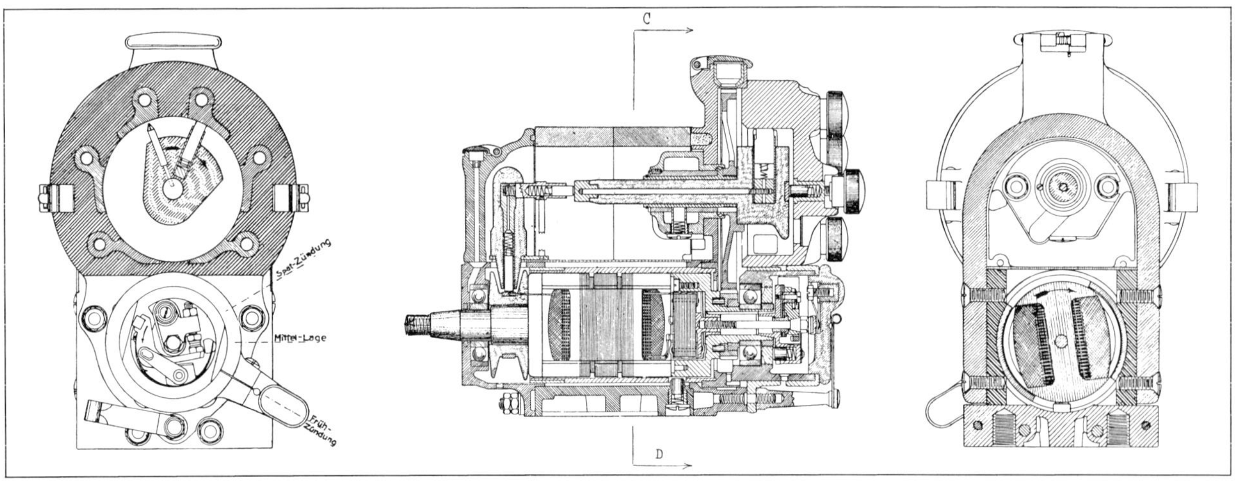

Flugmotoren des Ersten Weltkrieges

Reifmachung 1914/15

Bei der Mobilmachung am 1. August 1914 stehen auf deutscher Seite nur etwa 200 unbewaffnete Flugzeuge zahlreicher Hersteller zur Verfügung, davon über die Hälfte als »Taube«-Eindecker, der Rest zweisitzige Doppeldecker (militärische Bezeichnung: A- und B-Typ). Eingebaut sind hauptsächlich wassergekühlte Reihenmotoren, Daimler Vierzylinder und der 75 kW (100 PS)-Sechszylinder D I sowie 75 kW (100 PS)-Argus-Vierzylinder, ferner eine kleine Zahl der 60 kW (80 PS)-Umlaufmotoren von Gnôme oder des Lizenzbaues U 0 von Oberursel.
Die Tauben der »A«-Kategorie hatten sich in den ersten Kriegsmonaten als militärisch wenig geeignet erwiesen. Andererseits waren die für Beobachtungsaufgaben eingesetzten »B«-Doppeldecker durch zunehmende Bodenabwehr gezwungen, größere Höhen von 2000 bis 3000 m – statt vorher 80–1200 m – aufzusuchen. Außerdem steigen die Nutzlastforderungen durch Kameras, FT-Anlagen und Kleinbomben rasch an. Der beginnende Stellungskrieg an der Westfront beeinflußt die Flugzeug- und Motorenentwicklung. Ab Herbst 1914 werden in B-Flugzeugen zunehmend leistungsstärkere Motoren wie der 90 kW (120 PS)-Daimler Mercedes-Sechszylinder D II und der 80 kW (110 PS)-Benz-Sechszylinder Bz II neben dem 75 kW (100 PS)-Mercedes D I verwendet. Diese neuen Motorenmuster, bereits 1914 aus den 75 kW (100 PS)-Typen bei gleichem Aufbau durch 20% Hubraumvergrößerung abgeleitet, erweisen sich als sehr zuverlässig.
Der zunehmende Einsatz französischer Flugzeuge mit MG-Bewaffnung führt im Frühjahr 1915 zur völligen Luftüberlegenheit des Gegners und damit zu einem Tiefstand der Fliegertruppe. Im Rahmen der Reorganisation der Fliegerwaffe unter der neuen Leitung von Thomsen als Feldflugchef und Siegert als Inspekteur der Fliegertruppen werden, statt wie bisher auf das B-Einheitsflugzeug zu setzen, nach und nach durch Spezifikationen verschiedene Gattungen der Frontflugzeuge geschaffen. Auf der Motorenseite rächt sich die kurzsichtige Beschaffungsplanung der Heeresverwaltung als Hauptkunde, obwohl das Reichs-Marineamt schon lange 150 kW (200 PS)-Motoren für ihre Seeflugzeuge verlangt. Als im Frühsommer 1915 dringend eine große Zahl von Motoren mindestens der Leistungsklasse III für die neuen schweren Flugzeuge der C- und zweimotorigen G-Klasse mit einer Flugmasse von 1500 bzw. 3000 kg gebraucht werden, können zunächst nur Benz und Daimler stärkere Einheiten in kleiner Stückzahl liefern. Beide Firmen hatten ihre bewährten Muster Bz II und D II bei gleichgehaltenem Aufbau auf etwa 15 l Hubraum vergrößert und

Oben: Die typische Benz-Ausführung des Reihen-Sechszylinders mit im Gehäuse gelagerter Nockenwelle und Stoßstangensteuerung zeigt dieser Typ Bz III, von dem etwa 3000 Stück hergestellt wurden (14,3 l, max. 120 kW bei 1400 min^{-1}, 1914/15).

Unten: Einbau des 120 kW Mercedes D III im Aufklärer Rumpler Ru CI mit Stirnkühler im Baldachin (14,8 l, max. 125 kW bei 1450 min^{-1}, 1914/15).

so in kurzer Zeit den 110 kW (150 PS) Bz III sowie den 120 kW (160 PS) D III geschaffen. Weitere Klasse III-Motoren stehen 1915 bei Argus, Deutsche Motorenbau-Gesellschaft, Maybach und Rapp in Entwicklung. Argus hatte zwar schon im Sommer 1914 einige 110 und 150 kW (150 und 200 PS)-Sechszylinder an die Marine geleifert, die sich aber nicht bewährten. Deshalb konzentriert sich das Werk auf die Entwicklung des verbesserten 130 kW (180 PS) As III. Auch hierbei gibt es starke Verzögerungen und Rückschläge.

Militärische Kennzeichen im Ersten Weltkrieg

Die militärische Bezeichnung der *Motorenmuster* erfolgte durch Firmen-Kurzzeichen in Buchstaben (Tabelle) und eine römische Ziffer für die Leistungskategorie (Tabelle), dahinter die Abweichungen vom Grundmuster in kleinen Buchstaben fortlaufend (Sonder-Buchstaben s = Stahlzylinder, ü = überverdichtet, v = überbemessen).

Motorenbezeichnungen

Ad	Adler	Kg	Körting
As	Argus	Mana	MAN Augsburg
Bus	Basse & Selve	Mb	Maybach
Bz	Benz	Nag	NAG
C	Conrad	O	Opel
D	Daimler	Rie	Riedinger
Dz	Deutz	Rp	Rapp
Goe	Gandenberger'sche Maschinenfabrik Georg Goebel	Sh	Siemens & Halske
		St	Stöwer
		U, UR	Oberursel

Leistungskategorien

0	Leistung	unter	60 kW	(80 PS)
I	Leistung		60–75 kW	(80–100 PS)
II	Leistung		75–110 kW	(100–150 PS)
III	Leistung		110–150 kW	(150–200 PS)
IV	Leistung		150–220 kW	(200–300 PS)
V	Leistung		220–300 kW	(300–400 PS)
VI	Leistung		300–370 kW	(400–500 PS)
VII	Leistung	über	370 kW	(500 PS)

Verwendungskategorien der Heeresflugzeuge

Gattung	Bezeichnung	Sitze	Einsatz
A	Militär-Taube (Eindecker)	1–2	1914–15
B	Militär-Doppeldecker	2	1914–15
C	Aufklärer (z. T. als Kampfflugzeug)	2	ab 1915
CL	Schlachtflugzeug	2	ab 1917
E	Jagd-Eindecker	1	1915–16
D	Jagd-Doppeldecker	1	ab 1916
Dr	Jagd-Dreidecker	1	ab 1917
J	Infanterieflugzeug	2	ab 1917
G	Großflugzeug, zweimotorig	3–4	ab 1915
R	Riesenflugzeug, 3 bis 8 Motoren	8–10	ab 1916
N	Nachtbomber, einmotorig	2	ab 1918

Der Umlaufmotor wird serienreif

Unter dem Eindruck der Leistung und Beweglichkeit des französischen Morane Saulnier-Eindeckers hatte Fokker im April 1914 seinen ähnlichen verspannten M5-Eindecker ebenfalls mit einem Gnôme-Umlaufmotor herausgebracht, dessen Lizenzbau schon durch die Motorenwerke Oberursel vorbereitet wurde. Seitdem blieb die erfolgreiche Entwicklungsarbeit von Fokker jahrelang mit den Bemühungen von Oberursel um den Umlaufmotor verbunden, und 1917 übernimmt Fokker sogar die Aktienmajorität dieses Werks. Hierzu bemerkt Fokker in seiner Biografie [Fokker-Gould, 1933]:

»Die Mercedes- und die Bayerischen Motorenwerke gliederten sich während des Krieges selbst Flugzeugfabriken an. Das bedeutet, daß sie nach dem Krieg sich vielleicht weigern würden, Konkurrenten mit ihren Motoren zu beliefern. Daher erwarb ich eine maßgebende Beteiligung an den Oberurseler Motorenwerken, die damals Gnôme- und Le Rhône-Rotationsmotoren herstellten. Im Jahre 1917 entwickelten Ingenieure dieser Fabrik einen Motor, der etwas dem Hispano-Suiza ähnelte. Nachdem ich 4 Millionen Mark in dieser Fabrik angelegt hatte, saß ich in ihrer Leitung bis Kriegsende.«

◀ Der Siebenzylinder-Rotationsmotor Oberursel-Gnôme U 0 im Fokker Einsitzer M5, Vorläufer der ersten Jagdflugzeuge der »E«-Kategorie (11,8 l, 60 kW bei 1200 min^{-1}, 1913/14).

Als im Frühjahr 1915 die Moranes mit ihrem starr eingebauten MG sehr hohe Abschußerfolge erzielen, bringt Fokker innerhalb weniger Wochen einen ähnlichen Einsitzer mit MG und Synchronisiereinrichtung heraus. Mit diesem leichten Fokker E I – dem ersten deutschen Jagdflugzeug – und dem ähnlichen Pfalz-Einsitzer kann vom Spätsommer 1915 an die deutsche Luftüberlegenheit im Zusammenwirken mit den bewaffneten C-Aufklärern wieder hergestellt werden. Im E I ist der 60 kW (80 PS)-U 0-Umlaufmotor von Oberursel eingebaut, der als Lizenzbau des Gnôme auch dessen Leistung und Zuverlässigkeit erreicht. Für diese leichten Einsitzer von nur etwa 650 kg Flugmasse war der luftgekühlte Motor durch sein niedriges Gesamtgewicht überlegen. Durch die Bauweise mit umlaufendem Zylinderstern – seit 1909 von den Gebrüdern Séguin bei Gnôme zur Serienreife gebracht – sollten vor allem die Kühlungsprobleme erleichtert werden. Seitdem versuchten auch mehrere deutsche Firmen, wie z.B. Schwade »Stahlherz«, ähnliche Eigenentwicklungen. Weil diese nicht konkurrenzfähig sind, kann bei Kriegsbeginn nur Oberursel aufgrund seiner Gnôme-Lizenz Lieferaufträge erhalten. Trotz systematischer Verbesserung der Leistung und des Verbrauchs durch Oberursel bleiben die generellen Nachteile der Gnôme-Bauart:

Die Drehzahlen und der Hubraum sind beschränkt durch die stark anwachsenden Massenkräfte und Kreiselmomente, die eine Manövrierbarkeit des Flugzeugs erheblich beeinträchtigen. Die hohen Strömungswiderstände infolge des langen Ansaugwegs durch die Kurbelwelle, das Gehäuse sowie das automatische Saugventil im Kolbenboden, und auch die damit verbundene Gemischaufheizung führen zu großen Füllungsverlusten, die sich mit der Flughöhe zunehmend auswirken. Die Ventilationsverluste der rotierenden Zylinder betragen bereits bei der Nenndrehzahl von 1200 min^{-1} 12 bis 15 % der Motorleistung. Die erforderliche Innenkühlung setzt ein reiches Gemisch voraus und führt zu hohem Kraftstoffverbrauch bis über 470 g/kWh (350 g/PSh). Schmierstoffprobleme qualitativer und quantitativer Art treten auf. Beim damaligen Stand der Schmierstofftechnik waren alle Umlaufmotoren wegen der Ölverdünnungsgefahr durch die Kraftstoffeinwirkung im Kurbelgehäuse auf hochwertiges Rhizinusöl angewiesen, einen ausgesprochenen »Sparstoff«. Dieses Problem war durch den hohen Ölverbrauch noch erschwert, da viel Öl infolge der Fliehkräfte in den Brennraum und durch das Auslaßventil ins Freie gedrückt wird. Infolge des abnehmenden Ladungsdruckes und der Wirkung des automatischen Saugventils entstehen außerdem bei Drosselung starke »Rückschläge« ins Kurbelgehäuse. Wegen dieser sehr schlechten Regelfähigkeit des Umlaufmotors muß zur Drehzahlverringerung die Zündung mittels eines auf dem Steuerknüppel angebrachten Druckknopfschalters unterbrochen werden.

Trotz dieser großen Nachteile der Gnôme-Bauart werden Umlaufmotore wegen ihres Gewichtsvorteils für die leichten E-Einsitzer dringend benötigt. So entwickelt Oberursel aus dem 60 kW (80 PS)-Siebenzylinder-U 0 zunächst mit gleichen Zylindern den Doppelstern-14-Zylinder U III von 110 kW (150 PS). Da die meisten Piloten aber diesen Motor wegen der Verschlechterung des Flugzeugverhaltens infolge zu großer Kreiselkräfte ablehnen, wird der 70 kW (95 PS)-Neunzylinder U I zum Hauptprogramm. Bessere Leistungs- und Verbrauchswerte erreicht Oberursel erst, als man 1916 die Entwicklung neuer Typen in der Le Rhône-Bauart mit zwangsgesteuertem Einlaßventil aufnimmt.
In Frankreich beginnt man 1912, den Gnôme-Motor zum »Monosoupape« weiterzuentwickeln. Statt durch das störanfällige selbsttätige Einlaßventil im Kolben saugt dieser durch vom Kolben gesteuerte Schlitze des Zylinderschafts ein übersättigtes Gemisch aus dem Kurbelgehäuse. Die übrige Verbrennungsluft strömt durch das Auspuffventil in den Zylinder, um es zu kühlen und Fehlzündungen im Kurbelgehäuse zu vermeiden. Diese Bauart wird von Oberursel nicht aufgegriffen. Sie setzt sich auch gegenüber den Le Rhône- und Clerget-Umlauf-Motoren mit Zweiventil-Kopf nicht durch.

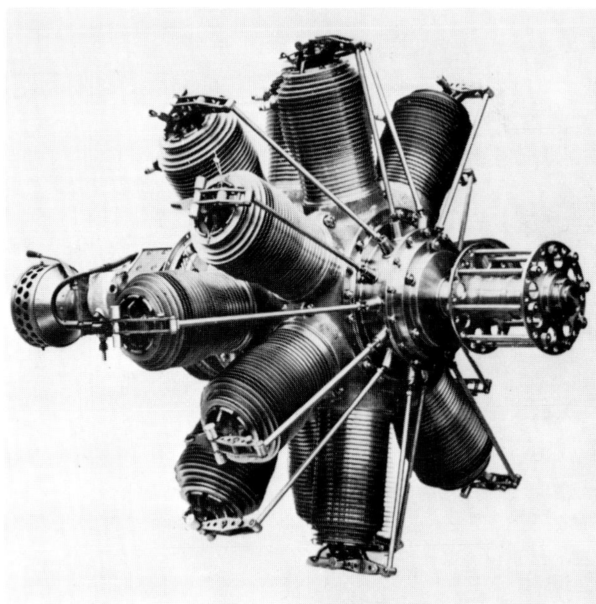

Der vom U 0 bei gleichen Bohrungs- und Hubwerten abgeleitete erste Oberursel 14-Zylinder-Doppelstern-Rotationsmotor U III, dessen Fertigung wegen Kühlungsschwierigkeiten und übermäßiger Kreiselkräfte bald eingestellt wurde (23,6 l, max. 115 kW bei 1200 min^{-1}, 1,4 kg/kW, 1914/15). ▶

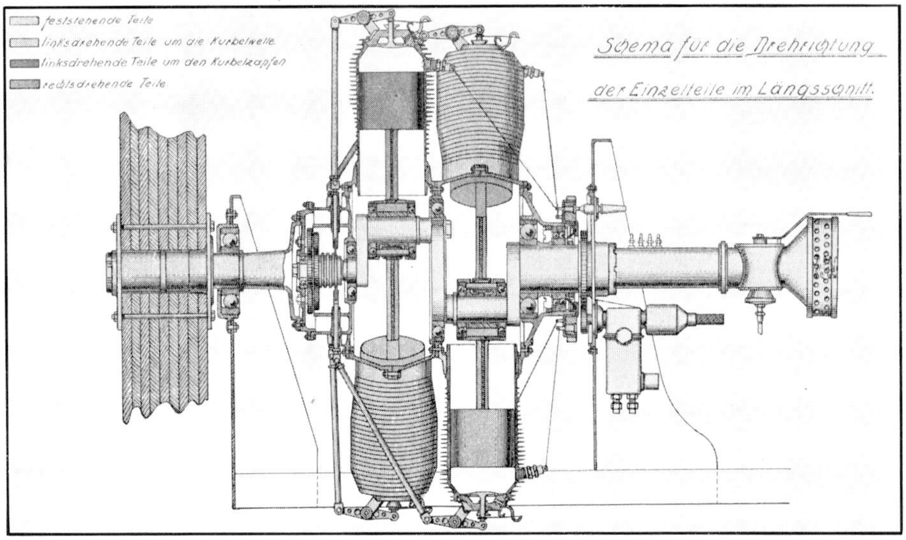

Der Oberursel 14-Zylinder-Doppelstern-Umlaufmotor in zeitgenössischer Schnittzeichnung. Am hinteren Kurbelzapfen (rechts) sind die Aufhängescheibe des Motors sowie die Vergaserdrossel mit Flammenrückschlaggitter und Ölpumpe mit Antrieb sichtbar (1914/15).

Weiterentwicklung 1915/16

Der andauernde Stellungskrieg 1915/16 bringt weiter gesteigerte Anforderungen an Nutzlast und Einsatzhöhe für die C-Flugzeuge und damit auch für die Leistung der »Standmotoren«, so genannt im Gegensatz zum Umlaufmotor. Bislang konnten hauptsächlich die Bz III- und D III-Muster die Frontanforderungen erfüllen. Inzwischen entwickelt Daimler aus dem D III in gleicher Bauart mit zwei zusätzlichen Zylindern den Reihen-Achtzylinder D IV von 160 kW (220 PS) bei 1400 min^{-1}, der im Dezember 1915 die Bauarten-Prüfung (Ba-Prüfung) besteht. Der D IV ist der erste deutsche Serien-Flugmotor mit Propellergetriebe, wird aber auch ohne Getriebe eingesetzt. Ab Frühjahr 1916 findet er in den erfolgreichen C V-Mehrzweckflugzeugen von Albatros und LVG Verwendung, und zwar mit übergroßem Propeller von über 3 m Durchmesser (normal 2,70 m). Dadurch, verbunden mit der niedrigen Propellerdrehzahl von 910 min^{-1} können diese Flugzeuge von keinem Feindflugzeug »übersteigen« werden. Doch führt die große Baulänge des D IV zu Problemen in der Gehäusesteifigkeit und der Schwingungsfestigkeit der Kurbelwelle. Daher stellt Daimler den Bau des D IV nach Lieferung von 429 Stück zugunsten einer Weiterentwicklung des Reihen-Sechszylinders bald ein.

Inzwischen überarbeitet Benz bereits seinen Bz III konstruktiv völlig und bringt ihn als Bz IV von 150 kW (200 PS) im Februar 1916 durch die Ba-Prüfung. Neben einem 30% größeren Hubvolumen unterscheidet er sich vom Vorgänger grundsätzlich durch die Anwendung von je zwei Einlaß- und Auslaßventilen als »Vierventiler« sowie zwei Nockenwellen zur Füllungssteigerung und zwei Vergasern zur besseren Gemischverteilung. Der Bz IV-Motor erweist sich im Einsatz als besonders zuverlässig. Über 6400 Stück werden insgesamt gebaut. Mit Aluminiumkolben und anderen Modifikationen erfüllt er im Februar 1917 die Ba-Prüfung mit 175 kW (235 PS) und 300 g/kWh (220 g/PSh) Verbrauch. Ab Herbst 1917 sind alle Bz IV mit Alu-Kolben eigener Fertigung ausgerüstet.

Anfang 1916 beginnt auch Daimler eine ähnliche Überarbeitung seines D III. Er verwendet dabei wie Benz einen Vierventilkopf, bleibt aber bei einem Vergaser. Dieser ist hinter dem letzten Zylinder angebracht, um geringe Baubreite und gute Sichtverhältnisse für den Piloten zu erreichen. Als Nachteile ergeben sich ungleichmäßige Gemischverteilung und erhöhter Verbrauch, so daß eine Beheizung des Ansaugrohres erforderlich ist. Dieser neue D IVa-Motor* von 190 kW (260 PS) Nennleistung absolviert die Ba-Prüfung im Juni 1916. Die Motoren Bz IV und D IVa besitzen nach Forderung der Idflieg erstmalig einheitliche Anschlußmaße für die Motoraufhängung.

Ein weiterer Vierventiler-Reihen-Sechszylinder von 135 kW (185 PS) besteht im Februar 1916 die Ba-Prüfung, der C III der Deutschen Motorenbau-Gesellschaft. Unter der Konstruktionsleitung von Robert Conrad waren dort schon für den 1. KPrW 1913 zwei Versuchsmotoren gebaut worden. Für den 2. KPrW hatte Conrad einen 135 kW (180 PS)-Sechszylinder vorbereitet, aus dem dann mit vergrößerter Bohrung der 135 kW (185 PS)-C III entsteht. Die vier Ventile werden wie beim D IVa mit obenliegender Nockenwelle und Königswellenantrieb betätigt. Die Bauweise der Stahlzylinder mit aufgeschweißten Stahlblechkühlmänteln

* Manchmal fälschlich als D IV bezeichnet.

Der Benz Bz IV war neben dem Mercedes D IIIa der im Fronteinsatz am besten bewährte Motortyp, der in zahlreichen Flugzeugmustern der C-Kategorie sowie in J- und zweimotorigen G-Flugzeugen Verwendung fand. Zur Füllungsverbesserung hatte er je 2 Ein- und Auslaßventile mit 2 Nockenwellen, außerdem 2 Vergaser, denen vorgewärmte Luft durch die hohlen Gehäusetraversen der Kurbelwellenlager zugeführt wurde (18,8 l, max. 170 kW bei 1420 min^{-1}, 1915). ▶

Typischer Einbau des Bz IV im DFW Aufklärer C V (1916/17) mit aerodynamischen Verbesserungen durch den mit der Motorhaube gestrakten Propellerspinner, die zusätzliche Zylinderverkleidung, die Stromform der Auspuffanlage vom »Nashorn«-Typ und die seitlichen »Ohrenkühler«. ▶

Einbau von D IVa-Motoren im AEG-Großflugzeug G IV (1916/17) mit Stirnkühlern. Durch die Stauhutzen beiderseits des Rumpfes wurde die Ansaugluft den Motoren unter etwas erhöhtem Druck zugeführt (21,7 l, max. 200 kW bei 1500 min^{-1}). ▼

ähnelt den Mercedes-Motoren. Aus Kapazitätsgründen übernimmt die NAG die Fertigung, vorher überarbeitet sie den Conrad-Motor. Als C III Nag von 155 kW (210 PS) erfüllt er im November 1916 die Ba-Prüfung. Er wird dann in kleiner Stückzahl eingesetzt, doch neigt er häufig zu Störungen.
Maybach liefert neben Luftschiffmotoren schon 1914/15 einzelne daraus entstandene Sechszylinder-Flugmotoren für Flugboote und Schwimmerflugzeuge der Marine. Zunächst wird der für den 2. KPrW entwickelte 120 kW (160 PS)-12,7 l-Vierventiler Typ DW mit besonders niedrigem Verbrauch von 270 g/kWh (200 g/PSh) gebaut. Er hat wie die Luftschiffmotoren einzelnstehende Stahlzylinder mit aufgeschraubten Gußeisenköpfen, je zwei hängende Einlaß- und Auslaßventile. Stoßstangensteuerung mit zwei Nockenwellen, zwei Maybach-Vergaser und Doppel-Magnetzündung. Als erster Maybach-Flugmotor kommt der DW in einigen von Ernst Heinkel entworfenen Marineflugzeugen zum Einsatz.
Ihm folgt der verbesserte Typ IR (auch als Mb III bezeichnet) gleicher Leistung und 1915 der neue zunächst als Luftschiffmotor entwickelte 19,1 l-HS (auch Mb IV genannt) mit 180 kW (240 PS). Er findet bei der Marine sowie auch in einigen Heeresflugzeugen Verwendung und bildet später die Grundlage für den erfolgreichen »Höhenmotor« Mb IVa.
Die aus dem Flugwerk Deutschland hervorgegangenen Rapp-Motorenwerke arbeiteten bereits seit 1914 an einem 110 kW (150 PS)-Sechszylinder Rp III, außerdem noch an einem 105 kW (145 PS)-V8-Motor Rp II sowie an einem 215 kW (290 PS)-V 12, dem Rp IV. Ein Auftrag der Fliegertruppe scheitert, weil weder der Rp III die Ba-Prüfung besteht noch die anderen Entwicklungen Fortschritte erzielen. Nur bei der Marine und bei den österreichischen Seefliegern werden einzelne Rapp-Motoren eingesetzt, befriedigen dort aber kaum.
Der zunehmende Einsatz von Umlaufmotoren in den E-Jagdeinsitzern und ab Herbst 1916 auch teilweise in Jagd-Doppeldeckern der neuen D-Klasse zeigt ihre Schwächen. Besonders das automatische Einlaßventil im Kolbenboden hat infolge hoher thermischer und mechanischer Beanspruchung nur eine sehr kurze Lebensdauer von etwa zehn Stunden. Außerdem macht sich die besonders schlechte Höhenleistung der Oberurseler Gnôme-Motoren immer ungünstiger bemerkbar. Denn der Gegner setzt ab Anfang 1916 die wesentlich leistungsfähigeren Motoren von Le Rhône und Clerget mit voll zwangsgesteuerten Ventilen ein. Da die stärkeren 110 kW (150 PS)-U III-Doppelstern-Umlaufmotoren von den meisten Piloten abgelehnt werden, schlägt Idflieg der Industrie eine Neuentwicklung in Le Rhône-Bauart vor. Weitere Probleme entstehen bei den Umlaufmotoren durch zunehmenden Mangel an geeigneten Schmierstoffen. Vom bewährten Rhizinusöl stand nur noch der Rest eines bei Kriegsbeginn erbeuteten 1200 t-Lagervorrats zur Verfügung. Versuche mit Ersatzölen befriedigen zunächst nicht.

Neue Standmotoren 1916/17

Die schweren Kämpfe um Verdun und an der Somme lassen 1916 den Verbrauch an Kriegsmaterial enorm ansteigen. Bei Verdun werden im Frühjahr 1916 erstmals Kampfgeschwader von C-Flugzeugen eingesetzt, um die Infanterie durch massiertes MG-Feuer zu unterstützen. Seit Mitte 1916 geht die Luftüberlegenheit wieder an den Gegner über, der leistungsfähigere Flugzeuge in viel größerer Anzahl besitzt. Von der obersten Heeresleitung wird im August ein Fabrikationsplan aufgestellt – das »Hindenburg-Programm« –, der eine Verdopplung der monatlichen Lieferungen an Flugzeugen auf 1000 und Flugmotoren auf 1500 Stück innerhalb eines Jahres vorsieht. Dazu werden durch Idflieg auch in größerem Maße Nachbaufirmen eingeschaltet. Zu diesem Zeitpunkt sind an der West- und Ostfront 910 C-Typen sowie 210 D- und 24 G-Flugzeuge im Einsatz. Zusammen mit der Frontreserve von 425 Flugzeugen stehen dort rund 1600 Flugzeuge zur Verfügung. Der Gegner ist drei- bis vierfach überlegen. Bei den Flugmotoren besteht ein rasch wachsender Bedarf, besonders der Leistungsklasse III und IV. Nicht nur die leistungsfähigeren C-Flugzeuge, sondern auch die neuen D-Jagddoppeldecker von Albatros und Halberstadt erfordern Motoren von 150 bis 190 kW (200 bis 260 PS). Diese verdrängen bald die E-Flugzeuge, weil ihre wassergekühlten Reihenmotoren bessere Leistungen – vor allem in der Höhe –, größere Betriebssicherheit und geringeren Verschleiß als die Umlaufmotoren aufweisen.
Daimler überarbeitet im 2. Halbjahr 1916 sein D III-Muster aufgrund der Fronterfahrungen in vielen Konstruktionsdetails, ohne die Leistung wesentlich zu erhöhen. Von diesem D IIIa-Motor, der im Dezember 1916 die Ba-Prüfung erfüllt, werden insgesamt 12000 Stück hergestellt, die größte Anzahl aller deutschen Flugmotoren des Ersten Weltkriegs. Idflieg ebenso wie das Reichs-Marineamt bezeichnen diesen D IIIa sowie den Bz IV als ihre bestbewährten Motorenmuster. Später bringt Benz als Weiterentwicklung seines Bz III unter Verwendung eines Vierventilkopfes und mit Gußeisenzylinderköpfen verschraubter Stahlzylinder den 15,2 l-135 kW (185 PS)-Bz IIIa heraus, der bei Hubvergrößerung mit 155 kW (210 PS) Höchstleistung eine hohe Literleistung von 10 kW/l (14 PS/l) und sehr günstigen Verbrauch von 280 g/kWh (206 g/PSh) aufweist. Wegen anfänglicher thermischer Probleme besteht er aber erst im August 1917 die Ba-Prüfung. Zur Erprobung wird er in einigen C- und D-Flugzeugen eingesetzt und daneben zum Höhenmotor weiterentwickelt.
Nach der Umorganisation der Luftstreitkräfte im Oktober 1916 beginnt die Aufstellung von Jagdstaffeln (Jasta) mit D I-, D II- und D III-Flugzeugen, ab Anfang 1917 auch zu Jagdgeschwadern zusammengefaßt. Den zunehmenden Motorenbedarf können Benz und Daimler allein nicht mehr decken. Im Januar 1916 brachte Argus endlich seinen 15,9 l-

Der Mercedes D IIIa, ein in vielen kleineren Details verbesserter D III, der mit rd. 12000 Stück die höchste Produktionsziffer aller deutscher Motoren des Ersten Weltkriegs erreichte. Auch hier wurde die Ansaugluft durch das Gehäuse dem Vergaser zugeführt (14,8 l, max. 130 kW bei 1450 min^{-1}, 1916/17).

Der MAN-Typ Mana III mit obenliegender Nockenwelle und Königswelle wurde mit Überverdichtung – später mit 21,6 l Hubraum überbemessen – in kleiner Serie gefertigt. Links oben ist der Hebel zum Verschieben der Nockenwelle beim Anlassen sichtbar. Damit kommen Hilfs-Anlaßnocken zum Tragen, die beim Verdichtungshub kurzzeitig öffnen (15,7 l, max. 130 kW bei 1400 min^{-1}, 1917/18).

As III mit 130 kW (180 PS) bei 1400 min^{-1} durch die Ba-Prüfung. Im Einsatz treten aber zunehmend Störungen durch Überhitzungsschäden u. a. auf. Daher muß der Fronteinsatz aller mit As III ausgerüsteten Flugzeuge stark eingeschränkt werden. Inzwischen war aber die Fertigung in großem Umfang angelaufen, da das Kriegsministerium entgegen den Warnungen von Idflieg bereits an fünf Firmen größere Nachbauaufträge erteilt hatte (Deutz, Güldner, MAN, Opel, Stoewer). So entstehen in der ohnehin kritischen Liefersituation der Klasse III-Motoren zusätzlich schwerwiegende Beschaffungseinbrüche, bis Ende 1917 der As III-Motor nach nochmaligen Verbesserungen von den Lieferfirmen einsatzreif gemacht wird.

Erfolgreich verläuft dagegen die Flugmotorenentwicklung bei der MAN. Während sich das MAN-Werk Nürnberg nur auf den Nachbau von As III- und später Mb IVa-Motoren beschränkt, betreibt das Werk Augsburg ab 1916 auch Eigenentwicklungen. Schon im Juni 1917 kann der 15,7 l-Sechszylinder Mana III mit 130 kW (175 PS) bei 1400 min^{-1} nach kürzester Entwicklungszeit ohne jede Störung die Ba-Prüfung erfüllen. Seine Bauart entspricht etwa den Mercedes-Motoren. Er ist mit Aluminiumkolben eigener Fertigung ausgerüstet. Der Mana III kann jedoch nur in beschränkter Zahl für Schulflugzeuge der Bayerischen Flugzeugwerke geliefert werden. 1917/18 kommt es zu Weiterentwicklungen mit Überverdichtung und Überbemessung.

Neue Umlaufmotoren bis 1916/17

Um mit den leistungsgesteigerten gegnerischen Umlaufmotoren mithalten zu können, nimmt Idflieg im April 1916 Verhandlungen mit sieben Motorenherstellern zum Nachbau des französischen Le Rhône-Motors auf, dessen Entwicklung bereits 1912 begann. In der Bauart unterscheidet er sich vom Gnôme besonders durch die Zwangssteuerung auch der im Zylinderkopf sitzenden Einlaßventile. Damit wird verbesserte Füllung und Leistung, niedrigerer Verbrauch und geringere Reparaturanfälligkeit erzielt. Benz und Daimler nehmen diese Neuentwicklung auf, stellen sie jedoch bald wieder ein. Oberursel dagegen kann unter der technischen Leitung von Machenheimer mit dem Konstruktionschef Freyse bereits im Dezember 1916 an Idflieg den Anlauf der Fertigung melden. Ihr neuer 15,1 l-90 kW (120 PS)-Neunzylinder-Umlaufmotor vom Typ UR II erfüllt – mit Aluminiumkolben ausgestattet – im Juni 1917 die Ba-Prüfung. Die Grundüberholungszeit ist von zehn auf 30 Stunden erhöht. Erhebliche Entwicklungsarbeit wird in diesem Jahr von Oberursel auf die Erprobung von Ersatzölen für das äußerst knappe Rhizinusöl verwendet. Während Rhizinus im Kraftstoff unlöslich ist, werden neue Schmierstoffe gesucht, die unter Benzineinwirkung schmierfähig bleiben, wie es bei den heutigen Zweitakterölen der Fall ist.

Schließlich können alle Umlaufmotoren auf einen neuen Schmierstoff eingestellt werden, eine Mischung von Voltol (aus Rüböl bzw. Fischtran) mit Mineralöl-Raffinat. Allerdings treten im Winter Startprobleme infolge seiner hohen Viskosität auf.

Der UR II bewährt sich von 1917 an in mehreren Jagdeinsitzertypen, so im bekannten Fokker Dr I-Dreidecker (v. Richthofen). Er wird auch von der Rhemag in Lizenz gebaut. Ende 1916 nimmt Oberursel außerdem in gleicher Bauart – unabhängig von Le Rhône und früher – den stärkeren 18,4 l-Elfzylinder Typ UR III von 105 kW (145 PS) bei 1200 min^{-1} in Entwicklung und bringt ihn schon im April 1917 über die Ba-Prüfung. Als Oberursel die geforderten Lieferzahlen nicht erreicht, werden in Schweden gekaufte Thulin-Motoren (Lizenz Le Rhône) sowie erbeutete Original-Le Rhône und Clerget bei Fokker eingebaut.

Auch die Gandenbergersche Maschinenfabrik Goebel, bei der Georg Hoffman als Konstrukteur arbeitete, hatte schon für den 2. KPrW einen Siebenzylinder-15,7 l-Umlaufmotor von 75 kW (100 PS) bei 1180 min^{-1} entwickelt. Seine Bauart ähnelte dem Oberursel-Gnôme U I, doch wurde das im Kolbenboden befindliche automatische Einlaßventil zur Fül-

Flugmotoren des Ersten Weltkrieges

Hersteller		Oberursel	Oberursel	Siemens & Halske	Benz	Daimler	Basse & Selve
Muster		U I	UR IIa (UR IIIa)	Sh IIIa	Bz IV	D IIIa	Bus IVa (Bus Vü)
Baujahr		1915/16	1917	1917/18	1915	1916	1917 (1918)
Bauart		Neunzylinder, Stern-Rotation	Neunzylinder, (Elfzylinder) Stern-Rotation	Elfzyl.-Stern, Gegenläufer	Sechszyl.-Reihe, Vierventiler	Sechzyl.-Reihe Obenl. Nockenw.	Sechszyl.-Reihe, Vierventiler
Kühlung		Luft	Luft	Luft	Wasser	Wasser	Wasser
Bohrung x Hub	mm	124x150	112x170	124x140	145x190	140x160	160x200 (165x200)
Gesamthubraum	l	16,3	15,1 (18,4)	18,6	18,8	14,8	24,0 (25,7)
Verdichtung (OZ)			6,0	6,0	5,0	4,6	5,6 (6,3)
Propeller-Untersetzung		—	—	—	—	—	—
Trockenmasse	kg	145	135 (170)	198	370	268	415 (456)
Startleistung	kW (PS)	80 (110)	105 (140)	150 (200)		130 (180)	220 (300)
	min^{-1}	1200	1320	1000		1450	1450
Max. Dauerleistung	kW (PS)	70 (95)	90 (120)	120 (160)	170 (230)	120 (160)	200 (275)
in der	min^{-1}	1200	1200	900	1400	1400	1400
Vollgashöhe	m	0	1800	3700	0	0	1800
Min. spez. Verbrauch	g/kWh (g/PSh)	435 (320)	435 (320)	370 (270)	310 (228)	300 (220)	340 (250)
Einheitsmasse	kg/kW (kg/PS)	1,8 (1,32)	1,3 (1,0)	1,3 (1,0)	2,2 (1,6)	2,0 (1,5)	1,9 (1,4)
Hubraumleistung	kW/l (PS/l)	4,9 (6,7)	7,0 (9,3)	8,0 (10,8)	9,0 (12,2)	9.0 (12,2)	9,2 (12,5)
Bemerkungen		In vielen E-Typen (Fokker, Pfalz)	In Fokker D VI, Dr I, Pfalz D VI u. a. UR IIIa 120 kW (160 PS) bei 1300 min^{-1}	In verschiedenen D-Typen (Pfalz, SSW u.a.)	In verschiedenen C-, G- und J-Flugzeugen	In D-Flugzeugen v. Albatros, Pfalz u. a.	Höhenmotoren für R-Flugzeuge Bus Vü 260 kW (350 PS) bei 1450 min^{-1}

lungsverbesserung durch eine Nase am Pleuelauge mitgesteuert. Dieser Goe II-Motor wird wegen ständiger Defekte erst nach dreijähriger Entwicklungsdauer im Februar 1917 durch die Ba-Prüfung gebracht und dann in geringer Stückzahl eingesetzt. Im Herbst 1916 beginnt Goebel die Entwicklung eines Neunzylindermotors von 120 kW (160 PS), eines überbemessenen Höhenmotors.
Siemens & Halske (S & H) hatte 1912 den Flugmotorenbau mit der Entwicklung eines Neunzylinder-11,9 l-Umlaufmotors für den 2. KPrW aufgenommen. Als Sh I mit 75 kW (100 PS) Leistung wird er im Oktober 1915 zur Ba-Prüfung angeliefert, versagt jedoch dabei infolge von Ventil- und Kolbenringschäden. Doch ist es Siemens damit gelungen, erstmals einen gegenläufigen Umlaufmotor in eine praktisch brauchbare Form als Flugtriebwerk zu bringen. Bei diesem »Gegenläufer« rotiert die Kurbelwelle entgegengesetzt mit gleicher Drehzahl zum Zylinderstern, und zwar mittels eines im ruhenden Gehäuseteil gelagerten 1:1 untersetzten Kegelradgetriebes. So lassen sich – trotz der gleichen leistungswirksamen Relativdrehzahl wie beim normalen Umlaufmotor – die absoluten Drehzahlen des Zylindersterns und Propellers auf die Hälfte reduzieren. Dadurch werden

Benz	Maybach	Benz	BMW	Benz	Daimler	MAN
Bz IIIb (Bz IIIbv)	Mb IVa	Bz IIIavü	BMW IIIa	Bz VIv	D VI	Mana V
1917 (1918)	1916/17	1916/17	1917	1917/18	1916/18	1918
90°V-Achtzyl.,	Sechszyl.-Reihe,	Sechszyl.-Reihe	Sechszyl.-Reihe,	60°V-12-Zyl.,	W-18-Zyl.,	72°V-10-Zyl.,
Dreiventiler	Vierventiler	Vierventiler	Obenl. Nockenw.	Vierventiler	Obenl. Nockenw.	Obenl. Nockenw., Vierventiler
Wasser	Wasser	Wasser	Wasser	Wasser	Wasser	Wasser
125x140 (135x140)	165x180	140x190	150x180	155x200	140x160	175x190
13,7 (16,0)	23,0	17,6	19,0	45,5	44,3	45,6
5,5 (6,2)	6,0	5,5	6,5	5,5	4,7	
0,79 (0,66)	—	—	—	0,55	—	—
271 (281)	403	289	285	746	742	600
155 (210) 1800	205 (280) 1500	145 (195) 1400	166 (226) 1400	445 (600) 1400	380 (520) 1440	270 (370) 1420
145 (195) 1700 0	185 (250) 1400 2500	150 (200) 1400 1800	140 (190) 1400 3200	375 (510) 1400 1800	370 (500) 1400 0	270 (370) 4000
305 (225)	290 (215)	310 (227)	250 (185)		290 (215)	285 (210)
1,8 (1,3) 11,3 (15,3)	1,95 (1,45) 9,0 (12,1)	1,9 (1,45) 8,5 (11,3)	1,7 (1,25) 8,7 (11,9)	1,7 (1,25) 9,8 (13,2)	1,9 (1,42) 8,7 (11,8)	2,2 (1,6) 5,9 (8,1)
In D-Flugzeugen von Albatros u. a. Bz IIIbv mit 200 kW (275 PS) bei 2000 min^{-1}, 185 kW in 2400 m	Für C-, G- und R-Flugzeuge; Höhenmotor	für D-Flugzeuge; Höhenmotor	für D-Flugzeuge; wie Fokker D VII u. a. Höhenmotor	für R-Flugzeuge Höhenmotor	für R-Flugzeuge	für R-Flugzeuge Höhenmotor

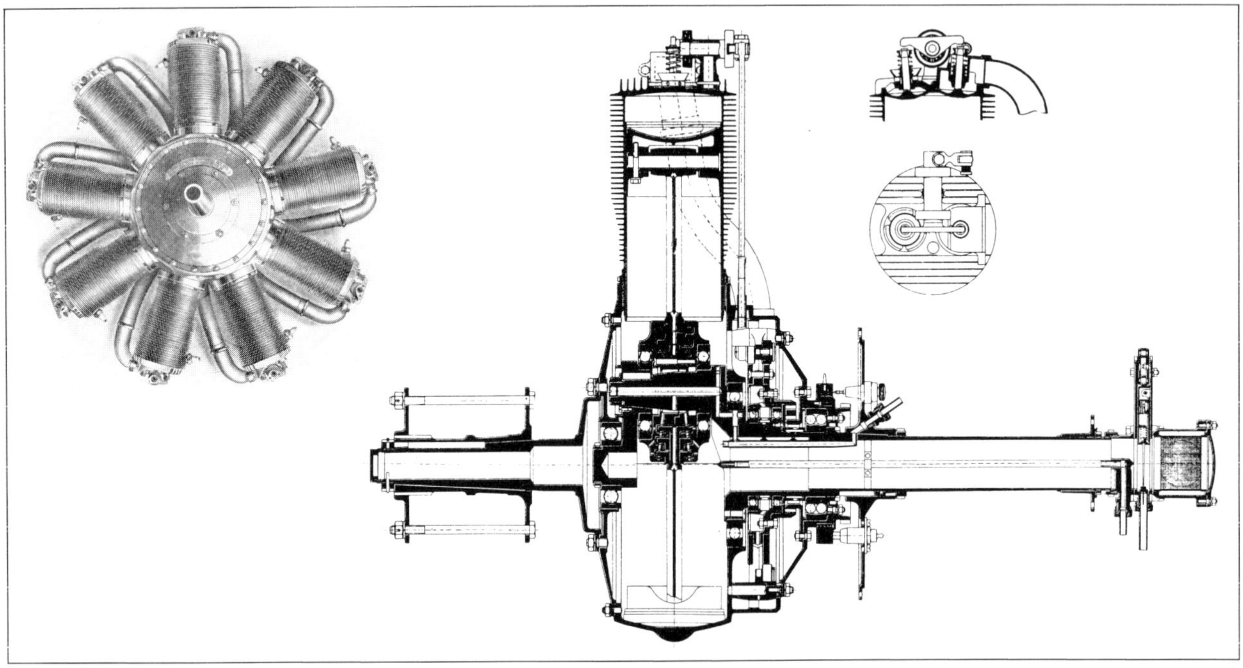

Der Oberursel Umlauf-Neunzylinder UR II – ebenso wie der Elfzylinder UR III – ähneln der Le Rhône-Bauart. Die Ansaugleitungen sind zwischen den Zylindern zum Kopf geführt. Von je einer Fünfnockenscheibe wird der Hub der Ein- bzw. Auslaßventile über einen doppelarmigen Rollenhebel, die gemeinsame Stoßstange und den zweiarmigen Kipphebel betätigt (15,1 bzw 18,4 l, max. 105 bzw. 120 kW bei 1300 min^{-1}, 1916/17).

die Kreiselwirkung minimal, der Propeller-Wirkungsgrad stark verbessert und der Ventilationsverlust wesentlich verringert, allerdings unter Einbuße an Kühlwirkung.

Die Steuerung des Sh I ähnelt dem Gnôme, doch wird das Einlaßventil im Kolben durch eine Nase des Pleuels wie beim Goe II mitgesteuert. Ein stärkerer S & H-Gegenläufer Sh II von 80 kW (110 PS) schafft 1916 trotz mehrfacher Versuche die Ba-Prüfung nicht. Die Entwicklung eines Doppelsternmotors aus dem Sh I scheitert an Kühlungsproblemen. Siemens konzentriert dann seine Arbeit auf den Höhenmotor Sh III, daneben wird die Höhenleistung des Sh II durch Höherverdichtung verbessert.

Großmotoren bis 1917

Hellmut Hirth hatte bereits 1913 ein viermotoriges Atlantik-Passagierflugzeug projektiert und 1914 die Unterstützung von Graf Zeppelin und der Firma Bosch gefunden. Daraus entstehen dann die Riesenflugzeuge des zum Zeppelin-Konzern gehörenden Versuchsbau Gotha-Ost, später Zeppelin Staaken. Schon bei den ersten Projekten zeigt sich der Mangel an geeigneten »Großflugmotoren«. Die Heeresleitung hält aber noch in den ersten Kriegsmonaten solche starken Motoren für unnötig. Erst der Stellungskrieg führt zur Einsicht über die Bedeutung der Bombenangriffe. Daher beginnt Idflieg Anfang 1915 mit der Industrie über zweimotorige Großflugzeug-Projekte (G-Klasse) und auch über vielmotorige Riesenflugzeuge (R-Klasse) zu verhandeln.

Basse & Selve arbeitet dann seit Herbst 1915 im Auftrag der Idflieg an einem starken Sechszylinder der 220 kW (300 PS)-Klasse. Es sei bemerkt, daß B & S seit 1906 eine führende Rolle in der Fertigung von Aluminiumkolben für Kraftfahrzeugmotoren spielte. Beim 1. KPrW bestand schon ein 33 kW (45 PS)-Vierzylinder von B & S, mit Leichtmetallkolben bestückt, die Prüfläufe, genügte aber noch nicht den Gewichtsanforderungen. Militärische Stellen lehnten dann allerdings lange Zeit den Leichtmetallkolben – wohl wegen thermischer und Schmierungsprobleme – ab. Zum 2. KPrW meldete B & S einen fortschrittlichen 11,8 l-Sechszylinder von 105 kW (145 PS). Er besaß obenliegende Nokkenwelle mit Königswelle, die Zylinderblöcke waren aus Alu-Guß mit eingezogenen Stahllaufbüchsen. Sein Gewicht lag mit 1,9 kg/kW (1,4 kg/PS) sehr günstig. Mangels Heeresaufträgen mußte dann B & S die Flugmotorenentwicklung zeitweise einstellen.

Ende 1915 erhält B & S einen Idflieg-Auftrag für einen 220 kW (300 PS)-Sechszylinder. Daraus entsteht zunächst der 20 l-Bus IV mit 190 kW (260 PS). Er besitzt Einzel-Stahlzylinder mit aufgeschraubten Gußeisen-Köpfen und Stahlblech-Kühlmantel, zunächst Kolben aus Aluminiumguß, später Alu-Preßkolben sowie 2 Einlaß- und Auslaßventile, schräg angeordnet mit obenliegender Nockenwelle und Königswelle wie beim ersten Sechszylinder. Doch muß die Ba-Prüfung 1916/17 wegen zahlreicher Störungen mehrfach abgebrochen werden, so daß B & S schließlich zu einer völligen Überarbeitung unter Vergrößerung der Bohrung veranlaßt wird. So kann der 22,7 l Bus IV im Oktober 1917 schließlich die Ba-Prüfung mit 205 kW (278 PS) absolvieren. Von ihm werden 330 Stück (für G-, R-Flugzeuge u. a.) gebaut. Er wird außerdem mit nochmals vergrößerter Bohrung zum Höhenmotor Bus IVa von 220 kW (300 PS) Höchstleistung weiterentwickelt. Mit diesen Leistungen und Hubräumen von 22,7 bzw. 24 l sind die Bus IV bzw. IVa-Motoren die stärksten serienmäßigen Reihensechszylinder-Motoren des Ersten Weltkriegs. Sie markieren gleichzeitig die damalige Leistungsgrenze dieser Flugmotoren-Bauart. Im Versuch steht bei Kriegsende außerdem der nochmals auf 25,6 l vergrößerte Höhenmotor Bus Vü mit 260 kW (350 PS) Höchstleistung.

Es fehlen Motoren für die Groß- und Riesenflugzeuge

Im Frühjahr 1917 muß das Heer den Einsatz von Luftschiffen infolge enormer Verluste einstellen, und die Marine beschränkt ihn zunehmend auf die Fernaufklärung. Nun gehen die Aufgaben des strategischen Bombenkriegs ganz auf die G- und R-Flugzeuge über. Die massierten Einsätze von Bomberverbänden an der Westfront, bis weit in das gegnerische Hinterland hinein nach London und Südengland, führen ab 1917 zu immer leistungsfähigeren Typen zweimotoriger G-Großflugzeuge von AEG, Friedrichshafen, Gotha, sowie vielmotoriger R-Riesenflugzeuge von Zeppelin-Staaken, Siemens-Schuckert u. a. Dabei wird auch der Mangel an geeigneten 220 bis 370 kW (300 bis 500 PS)-Motoren der Klassen V und VI für Dauerbetrieb von sechs bis zehn Stunden immer deutlicher. Die begrenzte Entwicklungskapazität der Motorenindustrie ist aber mit der Leistungssteigerung ihrer Standardtypen der Klasse III und IV und der Schnellläufer-Entwicklung stark beansprucht. So geht es mit der Bereitstellung von Großmotoren nur schleppend voran.

Bei Benz hatte A. Berger schon im August 1914 die Arbeit an einem 12-Zylinder-Motor in V-Bauart begonnen, der durch »Verdopplung« des 80 kW (110 PS)-Bz II entstand und ein Propellergetriebe hatte. Dieser Typ DV erzielt im März 1915 in einem zehnstündigen Vollastlauf 180 kW (240 PS) bei 1400 min^{-1}. Doch lehnt Idflieg mit der Bemerkung: »Stachelschwein!« diesen Motor wegen »zu großer Sperrigkeit« ab. Im Herbst 1915 werden aber fünf Firmen nachdrücklich zur Schaffung von 370 bis 440 kW (500 bis 600 PS)-Motoren der Einheitsbauart als Reihen-Sechszylinder aufgefordert, als die fortschreitende Entwicklung der R-Flugzeuge das Fehlen geeigneter Großflugmotoren offenlegt. Infolge der vorhersehbaren Kühlungs- und Festigkeitsprobleme müssen alle Firmen diese befohlene Fehlentwicklung eines »Mammut«-Sechszylinders nach monatelangen Versuchsarbeiten aufgeben. Allein bei Daimler führen sie schließlich zu einem riesigen 480 kW (650 PS)-Motor mit 250 mm Hub (!) und 65 l-Hubraum, der sich nur noch in Tanks einbauen läßt. Benz und Daimler beginnen im Herbst 1915 auf eigenes Risiko mit der Entwicklung von V-Motoren für die Klasse VI. Diesen stimmt aber Idflieg erst zu, nachdem 1916 günstige Versuchsergebnisse an erbeuteten französischen luft- und wassergekühlten Renault-Motoren in V-Bauart vorliegen. Doch sind zwei Entwicklungsjahre nutzlos vertan, die sich wegen der zunehmenden Fertigungsengpässe nicht mehr einholen lassen.
Benz hatte für die Entwicklung eines 370 kW (500 PS)-12-Zylinders Bz VI in V-Bauart Zylinder und Steuerung des Bz IV verwendet. Ein Getriebe war zunächst nicht vorgesehen. Er muß jedoch zugunsten anderer Aufgaben zurückgestellt werden, obwohl die Ba-Prüfung schon im April 1916 beginnt und der Serienbau bereits angelaufen ist. Erst 1917/18

Als erstes deutsches Großtriebwerk legte dieser Benz-Zwölfzylinder-Getriebemotor Typ DV schon im März 1915 Vollastläufe erfolgreich ab. Er wurde aber durch die militärische Abnahme als zu »sperrig« und kompliziert abgelehnt (20,3 l, 180 kW bei 1400 min^{-1}). ▶

werden die Arbeiten am Bz VI, nun als Höhenmotor ausgelegt, weitergeführt. Gleichzeitig läuft die Entwicklung von zwei kleineren Zwölfzylinder-Höhenmotoren mit Getriebe der Leistungsklasse V an.
Auch bei Daimler werden die Versuche an dem 40 l-18-Zylinder-Großmotor in W-Bauart, die schon Ende 1915 begannen, immer wieder zugunsten der vordringlichen Muster D IIIa und D IVa unterbrochen. Dieser 370 kW (500 PS) D VI ist erst gegen Kriegsende soweit, daß er im Dezember 1918 die Ba-Prüfung besteht.
Ein weiterer 330 kW (450 PS)-Großmotor der 12-Zylinder-V-Bauart mit Getriebe wurde Mitte 1916 durch Mannesmann-Mulag in Arbeit genommen. Als die Abnahmeprüfung im Herbst 1918 mißglückt, stellt man die Arbeiten ein. Seit etwa Ende 1917 befassen sich auch BMW, MAN und Maybach mit der Entwicklung von 220 bis 370 kW (300 bis 500 PS)-Höhenmotoren. Diese Muster kommen aber nicht mehr zu taktischem Einsatz und Serienlieferung.

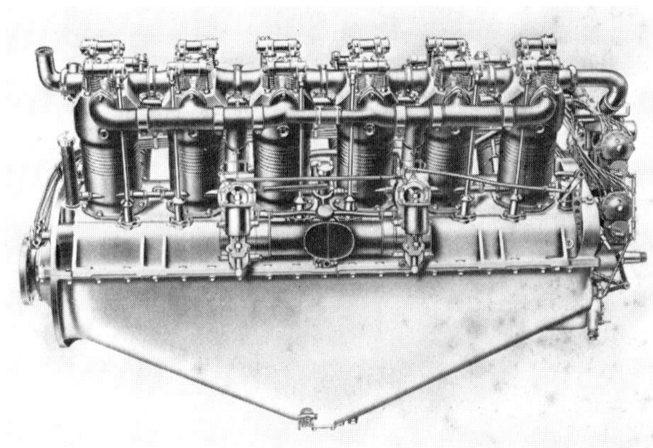

Die »Schnelläufer« ab 1916

Zu Beginn der Schlacht an der Somme im Juni 1916 macht der Gegner neben zahlenmäßiger Übermacht auch seinen Leistungsvorsprung und seine Luftüberlegenheit mit neuen Jagdflugzeugen des Typs Spad überraschend deutlich. Als Hauptursache entdeckt man auf deutscher Seite bald die Vorzüge des eingebauten brandneuen Hispano Suiza-Motors. Mit diesem sensationellen Achtzylinder in V-Form von zunächst 110 kW (150 PS) Leistung bringt der im Bau von Rennmotoren sehr erfahrene Konstrukteur Birkight erstmals den neuen Typ des leichten schnellaufenden Hochleistungs-Flugmotors heraus. Die kompakte steife Bauweise der acht Zylinder in zwei V-förmig angeordneten Zylinderblöcken mit entsprechenden Zylinderkopf-Reihen ermöglicht ohne kritische Schwingungsprobleme höhere Drehzahlen, die sich mit einem Propeller-Getriebe voll ausnutzen lassen. Weitgehende Verwendung von Aluminium für Kurbelgehäuse, Kolben sowie Zylinder mit dünnwandigen Stahlbüchsen und Zylinderköpfe mit eingeschraubten Stahlböden verringern das Baugewicht erheblich. Die Steuerung arbeitet mit Königswellen, die Nockenwellen betätigen ohne Kipphebel direkt die Ventilstößel. Prüfstandmessungen an Beutemotoren zeigen bald, daß der Hispano V8 für Drehzahlen über 2000 min^{-1} und mit Getriebe ausgelegt ist. Nach Behebung schwieriger Getriebeprobleme kommt er ab Frühjahr 1917 als 150 kW (200 PS)-Motor mit Getriebeuntersetzung von 0,6 bis 0,75 zum Einsatz. Er wird dann mit großen Stückzahlen von 4500/20300 Stück ohne/mit Getriebe durch 14 Werke in Frankreich, England und den USA gebaut. Seine Trockenmasse von 181 kg bzw. 217 kg mit Getriebe ist ausnehmend niedrig. Zu erwähnen ist noch die völlige öldichte Kapselung des Ventilantriebs, die sich bei deutschen Flugmotoren erst Anfang der 30er Jahre durchsetzt. Mit 4,9 Verdichtung liegt der Verbrauch von 340 g/kWh (250 g/PSh) recht hoch. Besonders störanfällig bleiben lange Zeit die Auspuffventile durch Überhitzungserscheinungen. Daneben hatten die Franzosen seit der Vorkriegszeit, die Engländer seit Kriegsbeginn weitere fortschrittliche 150 bis 220 kW (200 bis 300 PS)-Motoren mit

Oben: Die Entwicklung des Zwölfzylinders Bz VI verzögerte sich aufgrund militärischer Prioritäten immer wieder, bis er im Mai 1918 als überbemessener Höhenmotor Bz VIv die Bauartenprüfung ablegte und als einziger Motor seiner Leistungsklasse einsatzfähig war (45 l, max. 375 kW bei 1500 min^{-1} in 1400 m, 1916/18).

Unten: Der Daimler-Mercedes 18-Zylinder D VI in W-Form verzögerte sich in der Entwicklung aufgrund anderer Prioritäten, bis er im Dezember 1918 die Bauartenprüfung ablegte und nicht mehr zum Einsatz kam (44,3 l, 380 kW bei 1440 min^{-1}, 1916/18).

acht bis zwölf Zylindern in Entwicklung, teils wassergekühlt in V- und Sternbauart, teils luftgekühlt in V-Form, die zunehmend neben dem Hispano frontreif werden.
Nun zeigen sich die Folgen einer kurzsichtigen »Motoren-Politik« der militärischen Seite, die über viele Jahre Hochleistungsmotoren geeigneter Bauart ablehnte. Bei einer damals erforderlichen Entwicklungszeit von 1½ bis 2 Jahren bis zur Frontreife und bei den außerdem wachsenden Engpässen ist es für den Serienbau bereits zu spät.
Im Oktober 1916 fühlt Idflieg aufgrund der Prüfstandsversuche an erbeuteten Hispano-Motoren sich endlich veranlaßt, zunächst die Firmen Benz, Daimler, Adler und Körting mit der Entwicklung eines dem Hispano ähnlichen Schnellläufers als leichten Getriebemotor für die D-Jagdeinsitzer zu beauftragen. Bei 2000 bis 2200 min^{-1} soll er 135 bis 145 kW (185 bis 200 PS) abgeben und eine Getriebeuntersetzung von etwa 0,5 haben, Einzelzylinderbauweise wird empfohlen. Etwas später erhalten noch Argus, Basse & Selve, Oberursel sowie Opel die gleiche Aufgabe.

Entwicklung bei Benz und Daimler

A. Berger kommt am schnellsten voran und kann mit dem Benz Bz IIIb ohne Getriebe (spätere Bezeichnung Bz IIIc) schon im September 1917 eine vorläufige Ba-Prüfung bei einer Leistung von 150 kW (205 PS) und 1700 min^{-1} ablegen. Das Planetengetriebe ist erst im Februar 1918 soweit, daß die ersten Bz IIIb-Getriebemotoren ausgeliefert werden können. Der Bz IIIb hat drei Ventile mit zwei Einlaßventilen, durch Stoßstangen von einer zentralen Nockenwelle betätigt. Es werden Alu-Kolben in Einzelzylindern aus Stahl mit aufgeschraubten Gußeisenköpfen und angeschweißten Kühlmänteln verwendet. Die Trockenmase ist mit 271 kg relativ günstig. Eine Gewichtssenkung durch Aluminium-Blockbauweise – wie beim Hispano – war für den deutschen Flugmotorenbau damals wegen der knappen Alu-Produktion nicht möglich. Sie reichte nicht einmal für die allgemeine Einführung der Alu-Kolben. Bei 5,5 Verdichtung liegt der Verbrauch mit 305 g/kWh (225 g/PSh) recht günstig. Der Bz IIIb wird vor Kriegsende zum Höhenmotor Bz IIIbv weiterentwickelt. Insgesamt werden rd. 180 Stück Bz IIIb bzw. IIIc ausgeliefert. Er bleibt der einzige deutsche Schnelläufer, der fast die Frontreife erreicht.
Die Entwicklung des entsprechenden V8-Musters von Daimler, des D IIIb, verzögert sich durch den breit ausgelegten Einsatzbereich, wobei mehrmals Änderungen von Hub und Bohrung und auch Getriebeumbauten vorgenommen werden. So können mit dem D IIIb bis Kriegsende nur wenige Versuchsflüge, z. B. im Prototyp des neuen Daimler-Jagdeinsitzers D I stattfinden. Mit 12 l Hubvolumen ist der D IIIb etwas kleiner als der Bz IIIb. Seine Leistung beträgt nach Werksangabe 150 kW (200 PS) bei 1950 min^{-1}, die Verdichtung 6,0. Das Getriebe ist 0,5 untersetzt. Mit 285 kg ist er etwas schwerer als der Bz IIIb. Der Aufbau der Einzel-

Oben: Die Auslieferung des Benz-V8-Schnelläufers Bz III b verzögerte sich durch Getriebeprobleme u. a. bis 1918. In der Zwischenzeit wurde er zum 16,0 l-Höhenmotor weiterentwickelt, der als Typ Bz III bv max. 185 kW bei 2000 min^{-1} in 2400 m leistete. Beide Muster kamen vereinzelt noch zum Einsatz (13,7 l, max. 155 kW bei 1800 min^{-1}, 1917/18).

Unten: Die kurze und gedrungene Bauart des Bz III b wirkte sich auf die Gesamtformgebung der Jagdflugzeuge vorteilhaft aus, wie das Beispiel der Albatros D VII zeigt (1918).

zylinder und der Ventilsteuerung entsprechen der üblichen Mercedes-Konstruktion. Im übrigen konzentrierte sich Daimler in dieser Phase mehr auf die Abwandlung der Standard-Sechszylinder zu Höhenmotoren, um seine Lieferkapazität am besten auszunutzen.

Weitere Entwicklungen

Körting scheitert bei der Entwicklung seines 10,6 l-V8-Schnelläufers-Kg III von 148 kW (195 PS), der die Ba-Prüfung zweimal infolge schwerer Lagerschäden nicht besteht, wahrscheinlich wegen fehlender hochwertiger Werk- und Schmierstoffe.

Auch Adler muß bei seinem Achtzylinder-Schnelläufer Ad IV mit Werkstoffproblemen kämpfen. Zunächst mit Alu-Zylinderblöcken und -köpfen – ähnlich dem Hispano – geplant, wird er schließlich aus Beschaffungsgründen mit einzelnen Stahlzylindern ausgeführt und leistet 170 kW (225 PS). Er hat zwei unter etwa 10° zueinander stehende Zylinderreihen mit zwei gegenläufigen Kurbelwellen, die auf ein gemeinsames 0,5 untersetztes Stirnrad arbeiten. Trotz dieses Aufwandes ist die Masse mit 260 kg vergleichsweise niedrig. Die fast parallelen Zylinderreihen ergeben aerodynamisch günstige Einbaubedingungen und gute Sichtverhältnisse für den Piloten. Der Ad IV soll sich auch durch große Laufruhe ausgezeichnet haben. Seine Flugerprobung fand nicht mehr statt, doch waren die Vorbereitungen für den Serienbau von zunächst 600 Stück angelaufen. Die Adlerwerke begannen auch Versuche mit Heißkühlung zur Widerstandsverringerung und mit Ladern zur Steigerung der Höhenleistung. Einige weitere Schnelläufer-Projekte kamen über Werksläufe nicht mehr hinaus:

Der 15 l-Argus As IV von 180 kW (240 PS), der 12,6 l-Oberursel U IV (Konstruktion Dr. Becker TH Berlin) von 180 kW (240 PS) sowie der 12,2 l-Opel-Neunzylinder mit drei Reihen in W-Form von 150 kW (200 PS). Der 13,1 l-Basse und Selve-Bus IIIb kam nicht mehr zu Prüfstandsläufen:

Das Schnelläuferprogramm ist generell mißglückt, weil die militärische Führung die Bedeutung solcher Hochleistungsmotoren zu spät erkannte, so daß diese schwierigen Projekte nicht mehr zur Frontreife gelangten. Die Motorenmasse geriet zu hoch, weil es u. a. an Aluminium mangelte. Die Leistungsauslegung war überholt, weil der Gegner 1918 bereits stärkere Motoren einsetzte. Außerdem blokkierte und zersplitterte dieses Riesenprogramm wertvolle Entwicklungskapazität von 8 Firmen, also fast aller Motorenhersteller.

Motorenengpaß 1916/17

Nach den schweren Kämpfen an der Westfront 1916 führt das Hindenburgprogramm zwar bei der Flugmotorenindustrie zu einer erheblichen Produktionssteigerung, doch steigt der Motorenbedarf noch rascher, weil zu den wachsenden Stückzahlen der bisherigen Flugzeugtypen weitere Spezialgattungen hinzukommen. Neben verbesserten C- und D-Maschinen werden zur Infanterie-Unterstützung erstmals im Frühjahr 1917 die gepanzerten J-Infanterieflugzeuge von Albatros, AEG und etwas später der besonders erfolgreiche J I-Doppeldecker von Junkers eingesetzt, die durchweg den 150 kW (200 PS)-Bz IV-Motor tragen.

Die deutsche Antwort auf den Kriegseintritt der USA im April 1917 ist das »Amerika-Programm«, das durch straffe Konzentration aller Kräfte der Industrie und Wirtschaft die Rüstungsanstrengungen nochmals steigert. Dazu tritt im Juni 1917 ein Idflieg-Plan in Kraft, der nochmalige Verdoppelung der Monatsrate von Flugzeugen und Flugmotoren auf 2 000 bzw. 2 500 Stück vorsieht. Bei allen Firmen werden Typenbereinigungen vorgenommen und Sparstoffprogramme sowie Dringlichkeitsstufen für Werkstoffe und Betriebsstoffe eingeführt.

Aufgrund der Erfahrungen mit den Infanterieflugzeugen der J-Klasse entsteht im Sommer 1917 das schnelle CL-Schlachtflugzeug, ausgestattet mit Motoren der Leistungsklasse III und IV. Trotz vorübergehender deutscher Erfolge zeigen sich die alliierten Luftstreitkräfte 1917 auch qualitativ – vor allem dank stärkerer Motoren – überlegen. Daher wird die Forderung des Heeres nach D-Jagdeinsitzern mit besserer Steig- und Höhenleistung immer dringlicher. Die Schaffung völlig neuer Hochleistungsmotoren kann bei mindestens zweijähriger Entwicklungsdauer höchstens längerfristige Entlastung bringen. Es ist das Verdienst der Motorenindustrie, in dieser Notlage durch systematische Weiterentwicklung mit dem überbemessenen und überverdichteten Höhenmotor eine kurzfristig wirksame Lösung zu schaffen.

◀ Der Daimler-Mercedes D IIIb stand am Ende des Ersten Weltkriegs noch in der Flugerprobung und kam nicht mehr zum Einsatz (12 l, max. 150 kW bei 1950 min^{-1}, 1917/18).

Der Höhenmotor aus der Not geboren

»Überverdichtung« und »Überbemessung«

Der höhenabhängige starke Leistungsabfall infolge der verringerten Luftdichte kann dadurch verringert werden, daß der Motor ein größeres Verdichtungsverhältnis (»Überverdichtung«) und evtl. außerdem ein größeres Hubvolumen (»Überbemessung«) erhält, im übrigen aber konstruktiv unverändert bleibt. Bis zu einer vorgeschriebenen »Vollgashöhe« bleibt seine Leistung gedrosselt, um thermische und mechanische Überlastung zu verhindern. Dies kann durch eine lösbare Begrenzung des Gashebelausschlags erfolgen, die der Pilot erst oberhalb der Vollgashöhe oder stufenweise betätigen darf. Dieses einfache Verfahren war schon vor dem Krieg von Junkers (Patent 30007 von 1916) und auch von A. Berger vorgeschlagen worden. Damals lehnte die militärische Seite ab, weil solche komplizierte Gashebelbedienung für den Piloten »unzumutbar« sei.
Erst im August 1916 beauftragt Idflieg die Firmen Benz und Daimler, einige ihrer Standard-Reihensechszylinder mit überhöhten Kolben für 5,1 bis 5,8 Verdichtung – statt bisher 4,5 bis 4,8 – sowie gleichzeitig mit verbesserten Vergasern auszurüsten und diese unter Höhenbedingungen zu erproben. Bei Benz wird außerdem ein fahrbarer Motorprüfstand zur Verwendung auf der Schneeberg-Bahn (Niederösterreich) in wechselnden Höhen bis 1600 m bestellt.

Maybach gibt neuen Anstoß

Im gleichen Monat läuft bereits auf dem Werksprüfstand von Maybach der neue Höhenmotor Mb IVa von 23 l Hubraum, dessen Entwicklung schon im Frühjahr 1916 begann. Unter Verwendung fast aller Teile des HS-(Mb IV)-Reihensechszylinders ist bei gleichgehaltenen Außenabmessungen die Bohrung auf 165 mm vergrößert, also das Hubvolumen um 20% *»überbemessen«*, und die Ladung von 5,5 auf 6,1 *»überverdichtet«*. Für die Höhenversuche baut Maybach 1916/17 auf dem Wendelstein in 1800 m Höhe einen festen Motorprüfstand auf und beginnt dort im Frühsommer 1917 die Versuche. Hier gibt der Mb IVa noch in 1800 m mit 185 kW (250 PS) die Bodenleistung des Grundmusters ab. Am Boden leistet er kurzzeitig bis zu 205 kW (280 PS). Die Dauerleistung am Boden muß allerdings für störungsfreien Betrieb auf 180 kW (245 PS) gedrosselt werden. Damit stellt der Maybach-Mb IVa den ersten serienmäßigen überbemessenen und überverdichteten Höhenflugmotor dar. Er ist u. a. in Rumpler Langstrecken-Aufklärern Ru C VI und C VII eingesetzt, die sich durch gute Höhenleistung bis über 6000 m auszeichnen, sowie in verschiedenen G- und R-Flugzeugen. Für den Einbau in Jagdflugzeuge eignet er sich wegen seiner Größe wenig.
Die auf dem Schneeberg an Bz IV-Motoren gleichzeitig vorgenommenen Höhenversuche mit Überverdichtung durch überhöhte Grauguß- sowie Aluminiumkolben verlaufen ebenfalls erfolgreich. Daher erweitert Idflieg im Laufe des Jahres 1917 die Überverdichtungs-Versuche auf die meisten anderen Muster. Die Industrie, angeregt durch die günstigen Ergebnisse des Mb IVa, bringt dazu überbemessene Hö-

Oben: K. Maybach brachte mit dem Mb IVa erstmalig einen überbemessenen und überverdichteten Höhenmotor heraus. Seine Leistung mußte bis 2500 m Flughöhe gedrosselt werden, ließ sich aber kurzzeitig auf über 200 kW steigern. Je eine Nockenwelle betätigte auf der rechten und linken Motorseite 2 Einlaß- bzw. Auslaßventile durch Stoßstangen. An beiden Enden der Ansaugleitung saß je ein Maybach-Vergaser ohne Schwimmer. Das Kurbelgehäuse wies beiderseits Öffnungen zur Staubelüftung mit Kühlluft auf (23 l, max. 235 kW bei 1600 min^{-1} in 2500 m, 1916/17).

Unten: Die Staaken R XIVa mit fünf Maybach Mb IVa-Motoren war eines der letzten R-Flugzeuge (Fluggewicht 14,5 t, Baujahr 1918).

henmotoren mit Überverdichtung heraus, von den Grundmustern unter geringen konstruktiven Änderungen abgeleitet. Neuentwicklungen von Motoren – wie z.B. die »Schnelläufer« – werden 1917/18 bereits als »Höhenmotoren« ausgelegt, kommen jedoch meist nicht mehr zum Einsatz. In der laufenden Serienfertigung wie auch z.T. bei der Grundüberholung der meisten Muster wird auf 5,5 bis 5,8 Verdichtung umgestellt. So entsteht der Bz IIIaü und der Bz IVsü mit Bodenleistungen von 135 und 160 kW (185 und 225 PS) – letzterer bei gleichzeitiger Einführung der Stahlzylinderkonstruktion des Bz IIIa und einer »sparstoffarmen« Kurbelwelle mit 0,4% Ni (statt 4%) – sowie der D IIIaü und IVaü, ferner der Bus IVü sowie der Mana IIIü. Obwohl sich Aluminiumkolben vor allem bei Benz sehr bewähren, erfolgt wegen zunehmender Rohstoffknappheit bei Daimler u.a. keine Umstellung der Serie. Daneben beginnt rasch der Serienanlauf dieser Motoren mit vergrößerter Zylinderbohrung, also der »überbemessenen« Typen, unter Höherverdichtung (Bz IIIavü, D IIIavü, Bus IVaü, Mana IIIv). Für die überverdichteten Motoren legt Idflieg einheitlich eine Leistungsdrosselung bis 2000 m fest. Der Gashebel erhält einen Anschlag, der vom Piloten erst oberhalb dieser Höhe mittels Knopfdruck gelöst werden darf. In Bodennähe haben also die überverdichteten Motoren geringere Leistung als die Ausgangsmuster, die überbemessenen etwa deren Leistung. Die Marine verzichtet meist auf die Höherverdichtung, weil die Höchstleistung beim Wasserstart wichtiger als die Höhenleistung ist.

Die Bergprüfstände befriedigen bald nicht mehr, vor allem wegen zu niedriger Höhe und störender Witterungseinflüsse. Deshalb werden in Adlershof von der Flugzeugmeisterei, in Friedrichshafen bei Maybach sowie beim Luftschiffbau Zeppelin einfache Höhenprüfstände für Untersuchungen bis 10 km errichtet.

Der BMW IIIa setzt sich durch

Bei den Rapp-Motorenwerken tritt im Januar 1917 der frühere Daimler-Konstrukteur Max Friz ein und beginnt mit dem Entwurf eines überbemessenen 19,1 l-Sechszylinders in Konkurrenz zu Benz und Daimler. Im September 1917 läuft dieser BMW IIIa bereits auf dem Prüfstand. Inzwischen ist Rapp ausgeschieden und das Werk im Juli 1917 in Bayerische Motoren-Werke (BMW) umbenannt. Trotzdem die Entwicklung der Rapp-Typen Rp III, eines 130 kW (175 PS)-Sechszylinders und Rp IVa eines 190 kW (260 PS)-V 12 eingestellt werden muß, gelingt es der neuen Geschäftsführung unter F. J. Popp aber im Oktober, die von Idflieg bereits beschlossene Umstellung des Werks auf Lizenzfertigung zu verhindern und den neuen Idflieg-Leiter Wagenführ vom BMW IIIa-Höhenmotor zu überzeugen. BMW erhält einen Auftrag für 600 Stück und kann für die Serienfertigung einen neuen Produktionskomplex in München-Oberwiesenfeld (heute Süddeutsche Bremsen) errichten. Das Entwicklungsprogramm des BMW IIIa wird rasch und ohne Rückschlag abgewickelt: Im November 1917

Ein besonders fortschrittlicher Höhenmotor des 1. Weltkrieges war der BMW IIIa (1917/18).

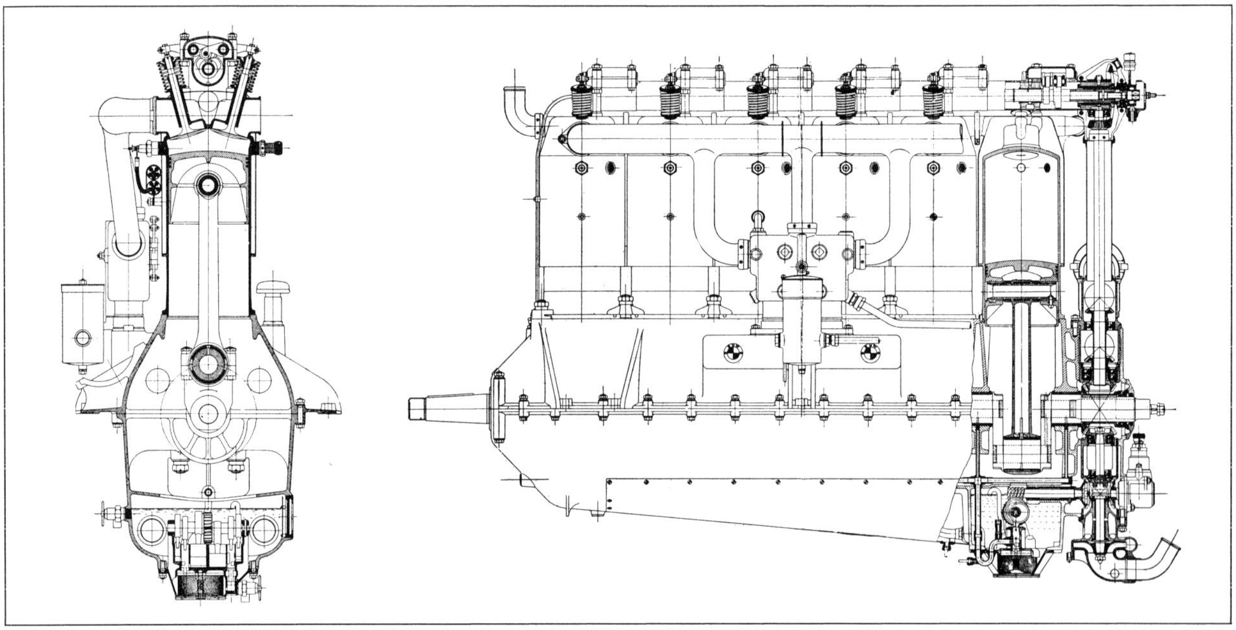

schon ein 75 Std.-Werksprüflauf, im April 1918 die Ba-Prüfung mit 137 kW (186 PS) bei 1360 min^{-1} und 166 kW (226 PS) bei 1400 min^{-1} als Vollgas-Kurzleistung bei sehr günstigem Verbrauch von 265 g/kWh (196 g/PSh) durch den BMW-Höhenvergaser. Im Mai 1918 – 12 Monate nach Konstruktionsbeginn – stehen die ersten 13 Fokker D VII an der Front. Beim 1. Jagdflieger-Vergleichsfliegen schneidet Anfang 1918 die Albatros D Va, als einzige von 28 Flugzeugen mit BMW IIIa ausgerüstet, in der Steigleistung hervorragend ab. Im 2. Wettbewerb (Sommer 1918) zeigen die Fokker D VII und Pfalz D XII ihre Leistungsüberlegenheit mit BMW IIIa. Schließlich tragen beim letzten Vergleich im Oktober 1918 neun der insgesamt 15 Jagdflugzeuge den BMW IIIa. Dort ist er der einzige wassergekühlte Motor, seine Flugleistungen sollen nur noch mit den besten Umlaufmotoren Sh III, UR III und Goe III verglichen werden. Gegenüber diesen erhöht sich die Flugmasse um rd. 20% auf 850 bis 900 kg. Mit BMW IIIa erzielen auch C- und CL-Flugzeuge erhebliche Leistungsverbesserungen. Der Serienbau läuft bei BMW im Februar 1918 an und steigert sich bis auf 150 Stück/Monat. Opel als Nachbaufirma beginnt im Juni 1918 – 3 Monate nach Erhalt der Zeichnungen (!) – mit der Lieferung und erreicht bis zu 140 Stück/Monat. So schnellt BMW unter dem Popp-Management und der erfolgreichen Technik-Leitung von Friz in 20 Monaten zum drittgrößten Flugmotorenwerk mit 3500 Mann Belegschaft empor (Stand bei Rapp Ende 1915: 370 Mann). Über 700 Stück BMW IIIa können bis Kriegsende ausgeliefert werden. So schließt der Höhenmotor BMW IIIa vor allem beim Jagdflugzeug vorübergehend die Leistungslücke, die der »Schnelläufer« durch zu späten Entwicklungsbeginn sowie zu niedrige Leistungsauslegung, der Umlaufmotor durch seine unlösbaren dynamischen und Kühlungsprobleme sowie die schwierigen Schmierungs- und Verschleißfragen schufen. »Sein einziger Nachteil ist seine allzu späte Geburt«, urteilte Udet.
Daneben entwickelt Friz ab Frühjahr 1918 drei weitere Motormuster. So entsteht der kleine 10,8 l-BMW II mit 90 kW (120 PS) und der BMW IV aus dem IIIa mit 20% größerem Hubvolumen und einer Dauerleistung von 150 kW (200 PS) bis 4000 m Höhe. Damit stellt Zeno Diemer noch im Juni 1919 mit einer DFW C VII den Höhenrekord von 9620 m auf. Ein weiterer Höhenrekord des ersten Junkers-Verkehrsflugzeugs F 13 folgt im September, mit acht Personen werden 6750 m Höhe erreicht. Der Bau eines V-Zwölfzylinder-BMW V durch Verdopplung des IV muß bei Kriegsende abgebrochen werden.

Große Höhenmotoren

In der Klasse III und IV löst der 31,2 l-Daimler D IVb den D IVa bei gleicher Bodenleistung mit 43% Hubraumvergrößerung und 6,0 Verdichtung ab, ferner der wohl als Konkurrenz zum BMW IIIa – mit gleichem Hub- und Bohrungswert – gedachte D IIIc den D IIIavü. Argus bringt mit obenliegender Nockenwelle den Vierventiler As IIIa von 7% größerem Hubraum noch im November 1918 durch die Ba-Prüfung. MAN arbeitet am Mana IIIv mit 38% vergrößertem Hubraum und 135 kW (185 PS), der in einer Pfalz XII dem BMW IIIa bis 7000 m gleichwertig ist, und Benz am 15,4 l Bz IIIbv mit 12% Volumenzuwachs.

Durch Einbau des BMW III a wurde der Fokker D VII 1918 zu einem in Steig- und Höhenleistung unübertroffenen und vom Gegner besonders respektierten Jagdeinsitzer.

Aus dem 220 kW (300 PS) Bus IVa mit 7% Hubraumvergrößerung entsteht der 25,6 l-260 kW (350 PS) Bus Vü mit 12% Zuwachs. Beide stellen neben dem D IVb die größten Sechszylinder-Flugmotoren des Ersten Weltkriegs dar. Die noch größeren Muster, der Fünfventiler 45 l-Maybach Mb VI mit etwa 370 kW (500 PS) ebenso wie der erwähnte 65 l-Daimler F 235256 mit 480 kW (650 PS) sind zum Flugzeugeinbau unbrauchbar.
In der Klasse V bringt die MAN ihren Ende 1917 begonnenen 46 l-Zehnzylinder-Höhenmotor Mana V mit 270 kW (370 PS) Leistung bis 4000 m im Herbst 1918 noch zu Prüfstandsläufen. Die Zylinder sind mit 72°-V-Winkel angeordnet, wie beim Mana III als Stahl-Einzelzylinder aus einem Stück mit dem Kopf, zwei Einlaß- und zwei Auslaßventile mit obenliegenden Nockenwellen und 2 Königswellen entsprechend Mana III, Gabelpleuel, Alu-Kolben. Vier Pallas-Vergaser in einem Gehäuse zwischen den Zylinderreihen. Trockenmasse ca. 600 kg, Verbrauch etwa 285 g/kWh (210 g/PSh).
Die beiden bis Kriegsende fertiggestellten Motoren müssen abgeliefert werden. [Gilles] sagt dazu: »Die MAN hatte somit in zwei Jahren unter den erschwerenden Umständen des Krieges ihre Flugmotorenentwicklung auf einen Stand gebracht, der einen Vergleich mit den ältesten Flugmotorenwerken zuließ«.
Bei Benz kommt im Mai 1918 der auf 45 l vergrößerte Bz VIv zur Abnahme, durch Probleme des 0,55 untersetzten

Der MAN-Zehnzylinder-Höhenmotor Mana V mit den unter 72° V-Winkel angeordneten Zylindern war für 4000 m Vollgashöhe ausgelegt. Er hatte je zwei Ein- und Auslaßventile mit gleicher Steuerung wie der Mana III, eine eben gekröpfte Kurbelwelle mit Gegengewichten, Gabelpleuel – das äußere auf dem Fuß des inneren gelagert – und Aluminiumkolben. Die vier in gemeinsamem Gehäuse vereinigten Vergaser befanden sich zwischen den Zylinderreihen (45,6 l, max. 270 kW bei 1420 min^{-1} in 0 m und bis 4000 m, 1918).

getrennten ZF-Stirnradgetriebes verzögert. Mit 370 kW (500 PS) Nennleistung bei 1 400 min^{-1} gibt er kurzfristig bis 445 kW (600 PS) bei 1 500 min^{-1} ab. Eine der bei Aviatik gebauten viermotorigen 1 100 kW (1 500 PS)-Staaken-R VI mit je einem Bz VIv (Druckpropeller) und Bz IV (Zugpropeller) in beiden Gondeln kommt noch im Oktober 1918 zum Fliegen. Damit bleibt der Bz VIv der größte damals geflogene deutsche Motor. Daneben nimmt Benz im Sommer 1918 zwei kleinere V-12-Zylinder-Getriebemotoren in Werkserprobung. Der 33 l-BzV wird im September 1918 mit 235 kW (320 PS) Boden-Dauerleistung bei 2 kg/kW (1,5 kg/PS) abgenommen und hält diese Leistung bis 3000 m. Eine auf 34 l vergrößerte Version ist nicht mehr gelaufen. Parallel dazu wird mit höheren Drehzahlen der kleinere Bz Vb von 26 l in Anlehnung an den V 8-Schnelläufer-Bz IIIb gebaut und mit 220 kW (300 PS) Bodendauerleistung bei 1 800 min^{-1} und 1,9 kg/kW (1,4 kg/PS) werkserprobt. Am Prüfstand werden mit Überverdichtung bis 295 kW (400 PS) Höchstleistung bei 2 000 min^{-1} erzielt und 305 kW (415 PS) bis 2 400 m gehalten. Beide Motoren haben zwei Auslaßventile und das gleiche 0,66 untersetzte Planetengetriebe des Bz IIIb. Auch Maybach führt noch in der größten Klasse Versuchsläufe mit seinem Mb VII durch. Zwei Mb IVa sind ähnlich dem Adler-Schnelläufer mit leichter V-Stellung von etwa 15° in gemeinsamem Kurbelgehäuse vereinigt. Die beiden gegenläufigen Kurbelwellen wirken über Ritzel 0,53 untersetzt auf die Propellerwelle. Eine Bodenleistung von rd. 370 kW (500 PS) wird erreicht und bis 2 500 m angestrebt. Kurbelwellen- und Gehäuse-Schäden an mehreren Versuchsmotoren behindern aber die Dauererprobung bis zum Kriegsende.

Weil diese großen Höhenmotoren von BMW, Daimler, MAN und Maybach nicht rechtzeitig einsatzfähig werden, sind die 1917/18 entstehenden vergrößerten R-Flugzeuge von 16 to Flugmasse und bis 1 350 kW (1 800 PS) Gesamtleistung zu sehr komplizierten Triebwerksanlagen gezwungen. Dabei müssen bis zu acht Motoren mit aufwendigen Sammel- und Umlenkgetrieben, vielen Kupplungen und Fernwellen, zusammengefaßt werden, wie bei der R VIII der SSW u.a.

Der Siemens-Gegenläufer, Fortschritte und Rückschläge

Gleichzeitig sind auch die Firmen Siemens & Halske, Goebel und Oberursel stark mit der Verbesserung der schwachen Höhenleistung ihrer Umlaufmotoren beschäftigt.

Der Sh II wird wegen seiner gegenüber dem UR II geringeren Leistung überverdichtet und läuft so ab Ende 1917 in Serie, erreicht aber bis Kriegsende nur eine kleine Stückzahl. Um die erheblich steigenden Höhenleistungsanforderungen der Jagdeinsitzer zu erfüllen, konzentriert sich S & H unter Franz Dinslage ab Herbst 1916 auf die Entwicklung des 18,6 l-Neunzylinder-Gegenläufers Sh IIIa von 120 kW (160 PS) bei 900 min^{-1}. Wie beim Le Rhône ist auch das Einlaßventil im Zylinderkopf zwangsgesteuert. Der Propeller ist mit dem Gehäuse – nicht mit der Kurbelwelle, wie beim Sh II – verbunden. Der Sh IIIa ist als Höhenmotor mit »Überbemessung« entworfen und wird z. T. mit »Überverdichtung« geliefert. Im August 1917 erreicht ein SSW-D III-Jagdeinsitzer mit dem Sh IIIa sehr gute Steigleistungen mit 7 000 m in 36 Minuten. Nach Vergleichsflügen mit Reihenmotoren und vermutlich auch aus Kapazitätsgründen wird im Herbst 1917 beschlossen, die Jagdflugzeuge weitgehend mit Umlaufmotoren auszurüsten. Anschließend erhalten Siemens und die Nachbaufirma Rhemag Aufträge für 2 500 Sh IIIa. Für den Großserienbau kauft Siemens die Deutsche Motorenbau-Gesellschaft auf. Ebenso vergrößert Rhemag im Mai 1917 die Fertigungskapazität durch Erwerb der Union-Werke von Benz. Sogar mit Oberursel werden Nachbauverhandlungen geführt. Die Serienlieferung mit einer geplanten Monatsrate bis 100 (bei S & H) und 50 Stück (bei Rhemag) innerhalb von sechs Monaten beginnt im Februar 1918, obwohl bei der Ba-Prüfung im Oktober 1917 und bei den folgenden Änderungsprüfungen nach 30 Stunden viele Schäden an Ventilen, Kolbenringen, Kegelrädern, Kurbel-

Durch dieses Kegelradgetriebe wurde die Gegenrotation von Zylinderstern und Kurbelwelle des Sh III a erzeugt. Es stützte sich dabei gegen den feststehenden Teil des Gehäuses mit Motorträger ab.

Siemens & Halske brachte 1917 den Typ Sh III a als »Gegenläufer« heraus, bei dem die Kurbelwelle entgegengesetzt mit gleicher Drehzahl zum Zylinderstern rotierte. Als einer der leistungsfähigsten Umlaufmotoren erzielte er in Bodennähe kurzfristig etwa 150 kW bei 1000 min^{-1}. ▶

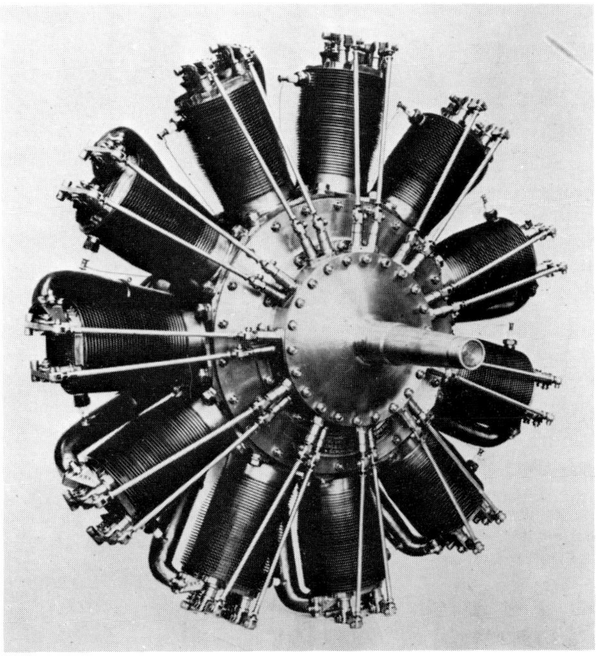

Der Schnitt des Sh III a zeigt u. a. die Steuerung der Ein- und Auslaßventile durch die vor den Zylindern angeordneten Stoßstangen, das Hauptpleuel mit den Nebenpleueln und die Kurbelwelle mit Gegengewichten.

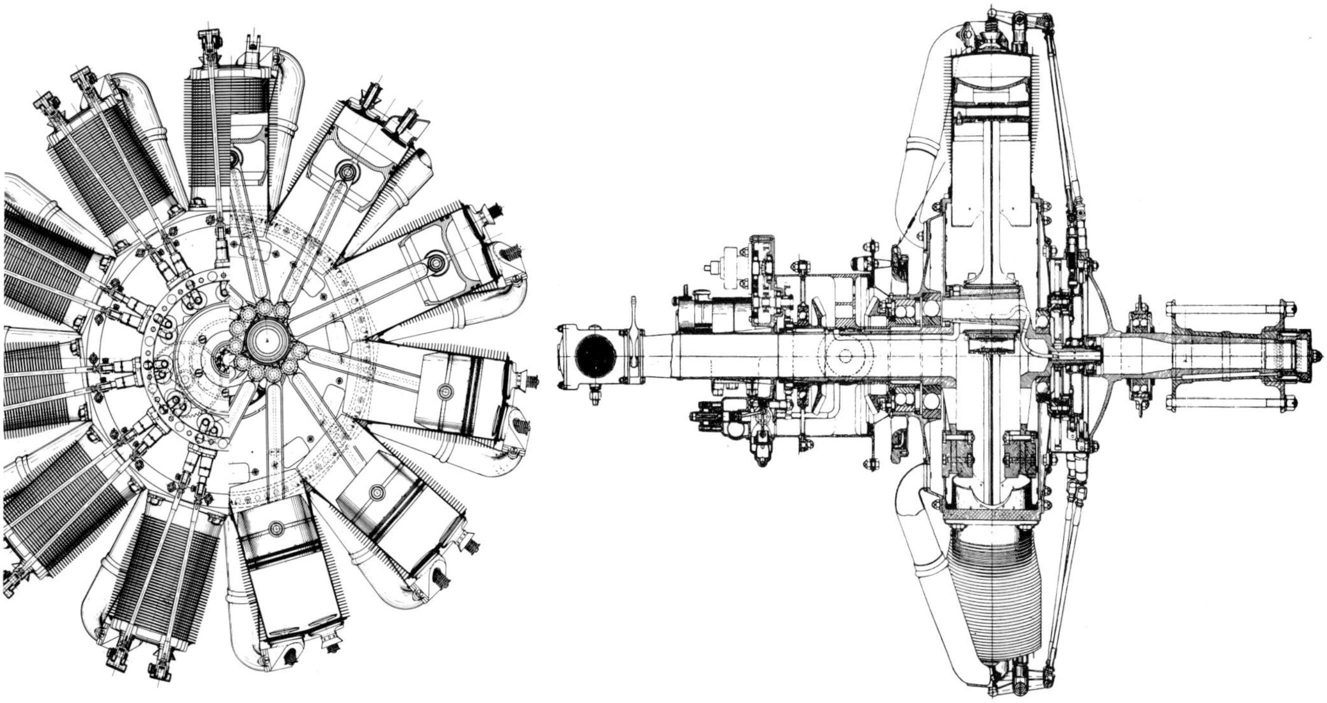

gehäuse u. a. auftreten. Auch bei der Truppenerprobung mit 41 SSW-D III-Flugzeugen zeigen sich ähnliche Schäden, vor allem Kolbenprobleme bereits nach sieben bis zehn Stunden. Da die Rhemag-Sh IIIa im März 1918 bei der Ba-Prüfung weniger Anstände ergeben als das S & H-Original, werden diese freigegeben, die Motoren aus der S & H-Fertigung im Mai 1918 für den Fronteinsatz gesperrt und alle SSW-D III-Truppenmaschinen auf Rhemag-Sh IIIa umgerüstet. Trotzdem gelingt es bis zum Kriegsende nicht, den Sh IIIa ausreichend frontreif zu machen. Dadurch entstehen bei den Umlaufmotoren ähnlich schwerwiegende Beschaffungsengpässe wie bei den Reihenmotoren durch die As III-Probleme. Siemens bemüht sich bis zum Kriegsende um die Reifmachung durch Verbesserung der Betriebssicherheit und gleichzeitig der Leistungsfähigkeit. Die Höhenleistung kann durch vergrößerte Ventil- und Ansaugquerschnitte und durch Höherverdichten auf 5,0 – offenbar aber ohne Überbemessung der Zylinder – auf 150 kW (200 PS) bei 1 000 min^{-1} in 2 000 m bzw. 120 kW (160 PS) in 3 700 m gesteigert werden. Am Boden werden 120 kW (160 PS) bei 900 min^{-1} und eine Kurzleistung bis 150 kW (200 PS) erreicht. Daraus ergibt sich eine Leistungsmasse von 1,33 kg/kW (0,98 kg/PS), neben dem Goe III der günstigste Wert aller deutscher Flugmotoren. Der Verbrauch sinkt auf 365 g/kWh (270 g/PSh). Diese leistungsgesteigerte Version des Sh IIIa erweist sich bei den Vergleichsflügen der Jagdflugzeuge dem UR IIIa und Goe III im Steigverhalten als gleichwertig. Im September 1918 werden 8 000 m in 35 min. erreicht. Die Rhemag beginnt kurz vor Kriegsende Sh IIIa-Flugversuche mit zwei gegenläufigen Propellern.

Goebel- und Oberursel-Umlauf-Höhenmotoren

Im April 1918 bringt Goebel den überbemessenen Neunzylinder Goe III zur Serienlieferung. Die Ba-Prüfung besteht er im Mai mit 120 kW (160 PS) Dauerleistung bei 1 150 min^{-1}, der Kurzleistung von 150 kW (200 PS) bei 1 250 min^{-1}, und 120 kW (160 PS) in 2 100 m. So ist der Goe III mit 27 l Hubraum nicht nur der größte überhaupt eingesetzte Umlaufmotor, sondern mit 1,24 kg/kW (0,91 kg/PS) auch der leichteste deutsche Flugmotor des 1. Weltkrieges geblieben. Sein Verbrauch beträgt 435 g/kWh (320 PSh). Bei den Vergleichsflügen erzielen verschiedene Jagdflugzeuge mit dem Goe III sehr gute Steigzeiten. 229 Motoren werden ausgeliefert, ein großer Teil für Fokker-Jagdeinsitzer. Die Bauart mit halbgesteuertem Einlaßventil im Kolben entspricht dem Goe II. Bei Kriegsende hat Goebel den noch größeren Neunzylinder Goe IV mit 29 l Hubraum und etwa 170 kW (230 PS) in Arbeit. Die im Kopf liegenden Ein- und Auslaßventile sind zwangsgesteuert. Im Gehäuse ist der Kurbeltriebraum durch eine Zwischenwand von der Ansaugkammer getrennt. Durch Abschirmung gegen die heißen Öldämpfe und Verringerung der Gemischaufheizung bewirkt diese sogenannte »Gemischkammer« eine Füllungsverbesserung.

Auch Oberursel beginnt Anfang 1918 Versuche am UR III sowie UR II mit Gemischkammer, die zu einer Leistungssteigerung von rd. 7,5 bzw. 3,7 kW (10 bzw. 5 PS) führen. Nach Werksangaben beträgt nun bei 5,0 Verdichtung für den UR IIIa bzw. UR IIa die Dauerleistung am Boden 107 bzw. 85 kW (145 bzw. 115 PS) bei 1 200 min^{-1} und in 1 500 bzw. 1800 m 105 bzw. 90 kW (145 bzw. 120 PS) bei 1300 bzw. 1 320 min^{-1}. Vermutlich sind diese Typen nicht mehr zum Einsatz gelangt. Auch die Arbeiten an je einem größeren Neun- und Elf-Zylinder von etwa 120 bzw. 150 kW (165 bzw. 200 PS) Bodenleistung kamen nicht mehr zum Tragen. Damit hatte aber der Umlaufmotor durch seine großen thermischen, dynamischen und seine zahlreichen kleineren Probleme generell die Leistungsgrenze erreicht und war nicht weiter entwicklungsfähig. Daß dies nicht früher erkannt wurde, blieb ein folgenschwerer Fehler der militärischen Entwicklungsplanung.

Anfänge der Aufladung

Aufgrund der drückenden Leistungsüberlegenheit französischer Jäger wollte Idflieg im Herbst 1916 bei Benz die Entwicklung eines »Gemischladers« veranlassen. Dort zog man aber die kurzfristigeren Arbeiten zur Überverdichtung und Überbemessung vor. Paul Daimler dagegen begann zu dieser Zeit Aufladeversuche am D IIIa und D IIIav mit einem Kapselgebläse. Nach einigen Flügen im Herbst 1916 wurden diese Versuche aber erst Ende 1917 intensiviert. 1918 kommt es noch zu einigen Versuchsflügen des aufgeladenen D IIIav mit Kapselgebläse und zu Prüfstandsversuchen am aufgeladenen Schnelläufer D IIIb.

Idflieg stellt Mitte 1917 unter Leitung des Gebläsefachmannes W. Noack eine Sondergruppe für die Entwicklung von Kreiselladern und Ladermotoren auf. Über ihre erfolgreiche Arbeit wird an späterer Stelle berichtet.

Zweitaktmotoren

Einige besondere Motorenbauarten stehen bei Kriegsende noch im Anfangsstadium der Entwicklung.

Junkers hatte schon 1914 Versuche an einem Vierzylinder-Doppelkolben-Zweitakt-Leichtmotor MO 3 von 150 kW (200 PS) mit Direkteinspritzung von Gasöl und Selbstzündung im Diesel-Verfahren begonnen und bald Unterstützung der Militärluftfahrt zur Schaffung einer 370 kW (500 PS)-Einheit gefunden. Als Hauptvorteile sieht man die Eignung für große spezifische Leistungen mit hohen Mitteldrücken und Drehzahlen sowie für niedrigen Verbrauch, bedingt durch das Zweitaktverfahren mit hoher Verdichtung, das Fehlen der Ventile, die gesteuerte Direkteinspritzung und die geringeren Wandverluste infolge Fortfalls des Zylinderkopfes, sowie ferner das integrierte Propellergetriebe. 1916/17 läuft als zweiter Leichtmotor der Sechszylinder FO 2 von 17 l Hubraum und etwa 350 kW (475 PS) bei 1800 min^{-1}, der etwa 780 kg wiegt. Er besitzt schon ein durchgehendes Leichtmetallgehäuse und dünnwandige Stahllaufbüchsen, Leichtmetallkolben und durch »Pendelflüssigkeit« (!) gekühlte Kolbenböden. Er arbeitet als Ottomotor mit Direkteinspritzung von Benzin oder Benzol und Fremdzündung. Als Lizenzbau von Linke-Hofmann findet er 1918 für Torpedo-Schnellboote Verwendung. Seine Anwendung als Flugmotor sah Junkers vor allem im Flügeleinbau bei dickem Profil, zumal er durch seine Bauhöhe für Einmotorenflugzeuge ungeeignet war. Ein im Juni 1918 erteilter Auftrag auf fünf 370 kW (500 PS)-Flugmotoren, für die Junkers 2 kg/kW (1,5 kg/PS) Höchstgewicht und 340 g/kWh (250 g/PSh) Verbrauch garantiert, kommt nicht mehr zur Auslieferung.

An einem Doppelkolben-Zweitaktflugmotor völlig anderer Bauart arbeitete H. Hirth seit 1915 mit zwei bis drei Mann in seiner kleinen Versuchswerkstatt. Nach Vorversuchen an kleineren luft- und wassergekühlten Zweitakt-Sternmotoren erhält er im Oktober 1917 einen Entwicklungsauftrag für einen 12 l-Flugmotor, der 270 kW (350 PS) bei 2400 min^{-1} leisten soll. Je zwei der wassergekühlten Zylinder sind mit gemeinsamen U-förmigem Brennraum als Doppelzylinder zusammengefaßt, zwei Sterne mit je vier solcher Doppelzylinder liegen hintereinander. Ein ZF-Umlaufgetriebe reduziert die Propellerdrehzahl auf 1250 min^{-1}. Gleichzeitig erprobt H. Hirth seinen »Auspuff-Propeller«, durch dessen hohle Nabe und Stahlblätter die Abgase strömen und an den Blattspitzen austreten. Damit soll die Abgasenergie ausgenutzt, die Spülung verbessert und auch Schalldämpfung erzielt werden. 230 kW (310 PS) werden kurzzeitig erreicht, dabei treten Schäden an Kurbelwelle und Pleueln auf. Bei Kriegsende werden die Arbeiten abgebrochen. Inzwischen hat Benz Motor und Baurecht gekauft, führt aber das Projekt nicht mehr fort.

Einen Auftrag für einen wassergekühlten Zweitakt-Gegenkolbenmotor nach Vorschlag von Prof. Tuckermann erhält Anfang 1918 die K. Lindström A.G. Die 12-Zylinder-Bauart ist in drei nebeneinander angeordneten Vierzylinderreihen mit gemeinsamer vierfach gekröpfter Kurbelwelle ausgeführt. Von den drei jeweils nebeneinanderliegenden Zylindern zünden nur die beiden äußeren mit Zündkerzen und bringen dann den inneren Zylinder durch Verbindungskanäle zur Entzündung. Der im Januar 1918 in Auftrag gegebene 19 l-Motor war für eine Leistung von 370 kW (500 PS) bei 2400 min^{-1} und 0,95 kg/kW (0,7 kg/PS) geplant, konnte aber nicht mehr fertiggestellt werden.

Bei Junkers wurde 1918 an diesem 370 kW-Sechszylinder-Zweitakt-Gegenkolbenmotor mit Gleichstromspülung und Benzineinspritzung gearbeitet, eine Weiterentwicklung des Schnellbootmotors FO 2. Beide Kurbelwellen waren durch Stirnräder – wie bei den späteren Flug-Dieselmotoren der 20er Jahre – gekoppelt, die gleichzeitig das Propellergetriebe bildeten. Diese aussichtsreichen Arbeiten mußten infolge des Kriegsendes zunächst abgebrochen werden.

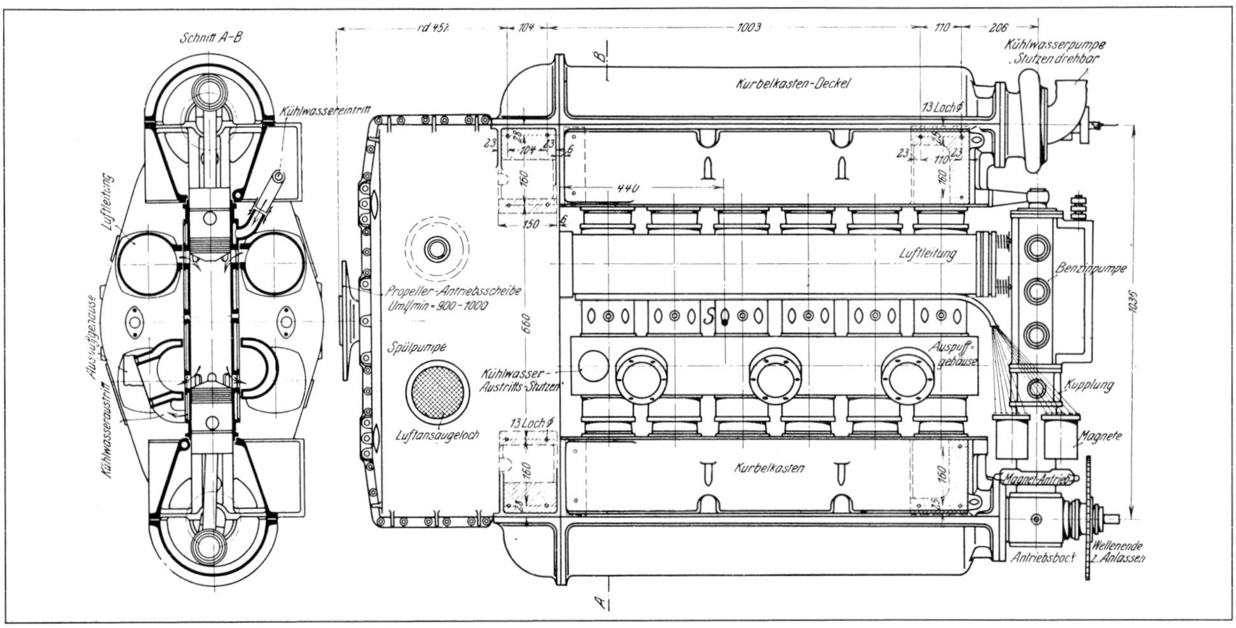

Flugmotorenentwicklung von 1919 bis 1945

Nach Kriegsende mußten an die Allierten über 4 000 Flugmotoren ausgeliefert werden, über 25 000 wurden zerstört. Einige Herstellerwerke konnten noch etwa 2 500 Motoren an das neutrale europäische Ausland verkaufen. Dem Luftfahrtindustriellen Antony Fokker gelang es 1919, unter abenteuerlichen Umständen in 60 Eisenbahnwaggons viel Material darunter auch halbfertige Flugzeuge und über 400 Motoren aus seinem Werk in Schwerin nach Holland zu transportieren.

Durch den Versailler Vertrag war die Herstellung und Einfuhr von Flugzeugen aller Art verboten worden. Erst die »Begriffsbestimmungen« vom 5. Mai 1922 – mit den Begrenzungen auf eine Fluggeschwindigkeit von 170 km/h, eine Steighöhe von 4 000 m und eine Nutzlast von 600 kg – ermöglichten wieder die Entwicklung von Sportflugzeugen und kleinen Verkehrsflugzeugen.

Die Aufstellung einer Luftwaffe war verboten, nur für einige Verkehrsflugzeuge durften Ersatzmotoren in Deutschland verbleiben. Durch das auf der Botschafterkonferenz in Paris am 21. Mai 1926 unterzeichnete Luftfahrtabkommen wurden dann fast alle Beschränkungen des Vertrages von Versailles aufgehoben, doch blieb bis Ende 1930 der Bau von Militärflugzeugen verboten. Mehrere deutsche Flugzeughersteller, vor allem Junkers, Heinkel, Dornier und Rohrbach sind in dieser Zeit auf verschiedene Art im Ausland tätig geworden.

Beim Reichswehrministerium und bei den Entwicklungsreferaten des Heereswaffenamtes begannen bereits 1925 Vorarbeiten und ab 1927 konkrete Planungen für den Aufbau einer neuen deutschen Luftwaffe. Man forderte Geschwindigkeiten von 220 km/h für Bomber, 250 km/h für Aufklärer und 350 km/h für Jäger. Die neuen Militärflugzeuge, die 1931 in wenigen Exemplaren zur Verfügung standen, verwendeten als Flugmotoren den Siemens Sh 22 oder den BMW VI. Die Aufgabenstellung vom Mai 1927 sah die Entwicklung von wasser- und luftgekühlten Flugmotoren mit niedrigem Gewicht (unter 0,5 kg/PS) bis 2 000 PS, sowie von Vorverdichtungsanlagen und Verstellpropellern zur Ermöglichung des Höhenfluges über 10 000 m Höhe vor. Beim Heereswaffenamt und der Marineleitung entstanden 1929 Ausschreibungen für Flugmotoren mit hängender Zylinderanordnung* in der Hubraumgröße von 20 und 30 l. Die zuständigen Sachbearbeiter waren Helmut Sachse und Wolfram Eisenlohr.**

Von den insgesamt 30 Flugmotorenwerken des Ersten Weltkrieges hatten in den zwanziger Jahren nur fünf die Entwicklung und Produktion wieder aufnehmen können. Für die in Serie gefertigten Junkers-Verkehrsflugzeuge fehlte es bald an geeigneten Motoren, so daß dieses Werk bereits 1923 begann die Motorenmuster L 2 und L 5 zu bauen. Die Bayerischen Motorenwerke nahmen erst 1924 mit der Weiterentwicklung ihrer flüssigkeitsgekühlten Sechs-Zylinder-Reihenmotoren aus dem ersten Weltkrieg und später mit einer Pratt & Whitney-Lizenz den Flugmotorenbau wieder auf. Siemens & Halske begann mit Sportflugmotoren und dann mit dem Lizenzbau des Gnôme Jupiter. Argus und Hirth fingen mit Vier-Zylinder-Motoren in hängender Bauweise für Sportflugzeuge an.

Für das erste Luftrüstungsprogramm standen 1933 die Reihenmotoren BMW VI, Jumo 210 und DB 600, die Sternmotoren SAM 22 und BMW 132, sowie für die Schul- und Übungsflugzeuge die Muster HM 60 und Sh 14 A zur Verfügung. Sportflugveranstaltungen, Zuverlässigkeits- und Leistungswettbewerbe hatten die Entwicklung von Flugmotoren der Leistungsklasse bis 250 PS (180 kW) stark gefördert, außerdem wurde in großem Umfange Fluggerät für die vormilitärische Ausbildung gebraucht.

Der Aufbau der deutschen Luftwaffe ging mit schnellen Schritten voran. Kurz nachdem das Reichsluftfahrtministerium (RLM) im Mai 1933 gebildet worden war, stellte Staatssekretär Milch das sogenannte Risiko-Programm mit 4 000 Flugzeugen auf, die bis Ende September 1935 geliefert werden sollten. Unter diesem Termindruck konzentrierte sich die Flugmotorenindustrie auf die fertig entwickelten und schon in Serie angelaufenen Baumuster wie BMW VI, SAM 22, BMW 132, in geringerem Umfang auch auf den Dieselflugmotor Jumo 205, sowie Argus As 10 C und Siemens Sh 14 A. Mit Übernahme des Technischen Amtes im RLM durch Ernst Udet (1936) und durch die fast unbeschränkt verfügbaren Mittel sind eine Vielzahl von neuen Entwicklungen begonnen worden. Zu Anfang des Zweiten

* Georg Madelung hatte schon 1918 bei der Flugzeugmeisterei die Entwicklung von Motoren mit hängenden Zylindern in A-Form empfohlen.

** Wolfram Eisenlohr schreibt dazu in einem Brief vom 8.4.1980: »Die hängende Bauart verlangten wir, weil der Motor oben dadurch viel schmaler war und die Sicht bei einmotorigen Maschinen erheblich verbessert wurde. Der tiefer liegende Auspuff ergab beim Nachtflug besonderen Vorteil.«

Weltkrieges waren in den Frontflugzeugen überwiegend die Motorenmuster BMW 132, Bramo 323, Jumo 210, Jumo 211, DB 601 eingebaut. Die erste Phase der Neuentwicklungen hatte ihren Abschluß gefunden. Mit den in Großserie laufenden Motoren war ein anerkannt hoher Entwicklungsstand erreicht, der nach Ansicht des Technischen Amtes und der militärischen Stellen zunächst eine ausreichende Überlegenheit sicherstellte.
Im Verlaufe der Luftschlacht über England zeigten sich jedoch recht deutlich Leistungsschwächen der deutschen Flugzeuge. Forderungen nach höherer Geschwindigkeit, größerer Flughöhe und Reichweite führten zu neuen Flugzeugprogrammen, die auch bald die Motorenentwicklungen beeinflußten. Ein »Entwicklungsstopp« wirkte verzögernd, der 1940 unter dem Begriff »Nur was 1941 verfügbar wird, interessiert, bzw. alles ist einzustellen, was länger als 6 Monate bis zum Serienanlauf benötigt« befohlen worden war. Die technischen Stellen des RLM bemühten sich jedoch, die Entwicklung bei der Industrie nicht zu bremsen. Formell kam der Befehl erst im Januar 1942 zur Aufhebung. So wurden zum Teil Flugzeugmuster weiterproduziert, die technisch schon überholt waren. Bedingt durch die Kriegslage und die Anforderungen der verschiedenen Kriegsschauplätze waren zahlreiche Typen und Varianten gleichzeitig in Fertigung. Die Produktionsprogramme des RLM waren oft nur von kurzer Dauer. Mit zunehmend kritisch werdender Kriegslage wurde improvisiert, Schwerpunkte kurzfristig verschoben und vielfach unrealistisch geplant. Starke Auswirkungen hatte der Mangel an wichtigen Rohstoffen wie Kupfer, Zinn, Molybdän und Chrom. Auch die Aluminiumproduktion deckte den hohen Bedarf nur ungenügend.

Bis zum März 1944 konnten die Flugmotorenwerke ihre Produktionszahlen im wesentlichen erfüllen. Engpässe gab es 1943 bei Kurbelwellenrohlingen und der Kugellagerfertigung nach schweren Luftangriffen. Das Produktionsprogramm des Jahres 1944 konzentrierte sich auf die Motoren BMW 801, DB 601, 603, 605 und 610 sowie Jumo 211 und 213, die jeweils in mehreren Werken in Großserie gefertigt wurden. Die Industrie brachte ab 1942 Motoren mit verbesserten einstufigen Ladern heraus, während Zweistufenlader erst ab 1944 verzögert folgten. Dagegen konnte sich die Abgasturboaufladung nicht durchsetzen. Besonders Werkstoffbeschaffungsengpässe hemmten die Einführung. Zwar begannen BMW, Daimler-Benz und Hirth, zum Teil in Zusammenarbeit mit der DVL solche Entwicklungen, doch kam es nur in Einzelfällen zu einer Serienfertigung.
Die deutsche Flugmotorenentwicklung in den fünfeinhalb Kriegsjahren ist – neben der allgemeinen Einführung der Direkteinspritzung bei allen Großflugmotoren als Grundlage der Leistungssteigerung und Verbrauchssenkung – durch modifizierte und neue Konstruktionen sowie Einsatzverbesserungen gekennzeichnet. Die wesentlichen Entwicklungsschritte lassen sich wie folgt zusammenfassen:

Maßnahmen zur Leistungssteigerung:
- ☐ Hubraumvergrößerung durch Vergrößerung der Bohrung
- ☐ Lineare Vergrößerung nach dem »Storchschnabelprinzip«
- ☐ Gesamtüberarbeitung für Drehzahl- und Ladedruckerhöhung
- ☐ Verbesserung der Überdruckkühlung
- ☐ Teilweise Umstellung auf höhere Oktanzahl

Maßnahmen zur Verbesserung der Höhenleistung:
- ☐ Abgasschubdüsen bei allen Hochleistungsmotoren
- ☐ Zweistufige Laderbauart mit zwei, später auch drei Gängen
- ☐ Kombination von Abgasturbolader mit Getriebelader

Kurzzeit-Leistungssteigerungen:
- ☐ Methanol-Wasser-Einspritzung (MW 50)
- ☐ Einspritzung eines Sauerstoffträgers (GM 1)

Neue Motorkonzepte für höhere Leistungsklassen:
- ☐ Doppelmotoren aus zwei in Serie laufenden Einzelmotoren
- ☐ Vermehrung der Zylinderzahl unter Beibehaltung der Bauform
- ☐ Vermehrung der Zylinderzahl mit neuer Anordnung

Einsatz-Verbesserungen:
- ☐ Einhebel-Leistungssteuerung mit vollautomatischer Regelung
- ☐ Schnellwechsel- und Einheitstriebwerke zur Verkürzung der Standzeit und Verminderung der Bereitstellung von Ersatztriebwerken.
- ☐ Flammenvernichteranlagen für den Nachteinsatz
- ☐ Kaltstartverfahren zur Anlaßerleichterung bei Kälte

In den Jahren vor dem Kriege hatte das RLM grundsätzlich und konsequent bei Entwicklungsaufgaben Parallelaufträge vergeben und bis zum Ende durchgeführt. Bei der durch den Krieg notwendig gewordenen Beschränkung versuchte man mit wenigen Grundtypen mehrere Aufgaben zu lösen. Es mußten einige Muster vor Abschluß der Entwicklung abgesetzt werden, wenn zwei Firmen die gleiche Aufgabe hatten und bei einer Firma der Erfolg abzusehen war. Die sich schnell entwickelnden Strahltriebwerke eigneten sich in vielen Fällen besser als die vorher angelaufenen Motorenmuster. Besonders in den letzten Kriegsjahren war gegenüber dem Ausland das deutsche Entwicklungspotential wesentlich kleiner.

Siemens/Bramo- und BMW-Flugmotoren

von Karl Prestel

Die Firma Siemens & Halske AG hatte in ihrem Blockwerk in Siemensstadt/Berlin schon 1907 die Entwicklung von Benzinmotoren und 1912 schließlich auch die von luftgekühlten Flugmotoren aufgenommen. Am Ende des Ersten

Weltkrieges wurden die bis dahin gebauten Umlaufmotoren Sh 1, Sh 2, Sh 3 aufgegeben und bei der Wiederaufnahme des Flugmotorenbaues mit der Entwicklung »feststehender« luftgekühlter Sternmotoren begonnen. Diese Umstellung brachte Kühlungsschwierigkeiten und Lagerprobleme. Um die oben geschlossene Stahlzylinderbuchse herum wurde ein Aluminium-Rippenmantel gegossen, der anfänglich oft aufriß oder schlechten Wärmedurchgang hatte. Als die Probleme behoben und der Wärmeübergang zwischen Stahl und Aluminiummantel gesichert waren, konnten mit einer Hubraumleistung von 8,6 kW/l (11,7 PS/l) bei einem Verbrauch von 367 g/kWh (270 g/PSh) zufriedenstellende Ergebnisse erzielt werden. Kurbeltrieb und Steuerung waren kugelgelagert, um die Erwärmung der Kurbelwellenzapfen und des Schmieröls herabzusetzen. Für die Lagerung der Ventil-Kipphebel und Ventile wurden Tempergußkörbe auf die Zylinder aufgesetzt.

Vom Sh 4 zum Sh 14 A

Aus dieser Entwicklung und durch Abstimmung mit Junkers über die erforderlichen Leistungsgrößen entstand 1921 der erste 4,7 l Fünfzylinder-Sternmotor Sh 4 mit einer Leistung von 43 kW (58 PS). Mit gleichen Abmessungen und grundsätzlich gleicher Bauart schlossen sich bis 1923 der Siebenzylinder Sh 5 von 56 kW (76 PS) und der Neunzylinder Sh 6 von 74 kW (100 PS) an.
Die ersten Sh 4-Versuchsmotoren waren nur mit einer Zündkerze je Zylinder und einem Zündapparat ausgerüstet. Aufgrund der Flugerfahrungen wurden von nun an alle weiteren Motoren mit zwei getrennten Zündsystemen, also zwei Zündmagneten und zwei Satz Zündkerzen versehen. Beim Motor Sh 4 genügte noch ein Vergaser. Zur Steigerung der Betriebssicherheit und für bessere Gemischverteilung ging man ab dem Sh 5 auf zwei Vergaser über.
In langen Überlandflügen hatten diese drei Motorenmuster ihre Betriebstüchtigkeit nachgewiesen, bei Wettbewerben waren sie überlegen. Von allen deutschen Flugzeugfabriken wurden sie eingebaut, z. B. in mehreren Junkers-Flugzeugmustern sowie in der Dornier Libelle. Der Sh 4 und der Sh 5 sind in Schweden, Spanien und in der UdSSR nachgebaut worden.
Daneben wandelte Siemens 1923 seinen für Mabeco gebauten Motorradmotor »Superior«, einen luftgekühlten Zweizylinder in V-Form, zu einem Kleinflugmotor für Leichtflugzeuge mit Untersetzungsgetriebe um. Mit 0,76 l Hubraum leistete er bei 4000 min^{-1} bis 14,7 kW (20 PS).
Höhere Ansprüche hinsichtlich Leistung und Zuverlässigkeit der größeren Motoren machten eine Umgestaltung des Sh 4-Zylinders notwendig. Verbesserungsbedürftig war vor

Neben dem 5-Zylinder-Sternmotor Sh 4 baute Siemens mit den gleichen Grundelementen auch den Sh 5 (7-Zylinder) und Sh 6 (9-Zylinder).

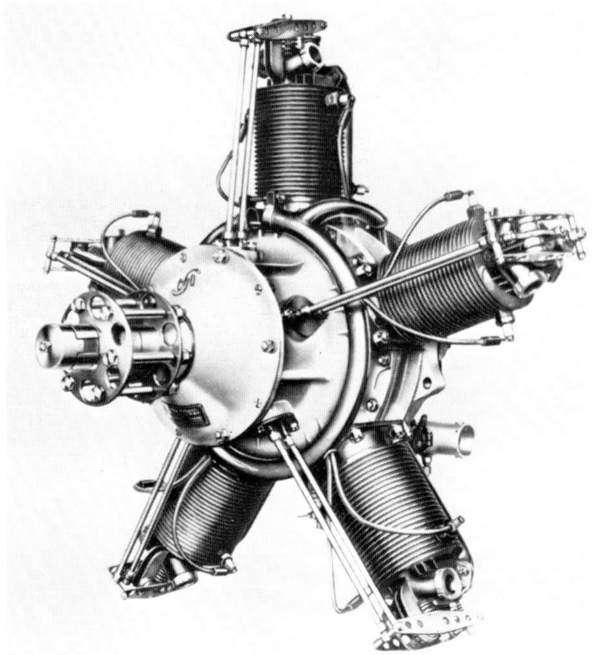

Der Siemens Sh 12 war der stärkste der verbesserten Fertigungsreihe, zu der der Sh 10 (5-Zylinder) und Sh 11 (7-Zylinder) gehörten.

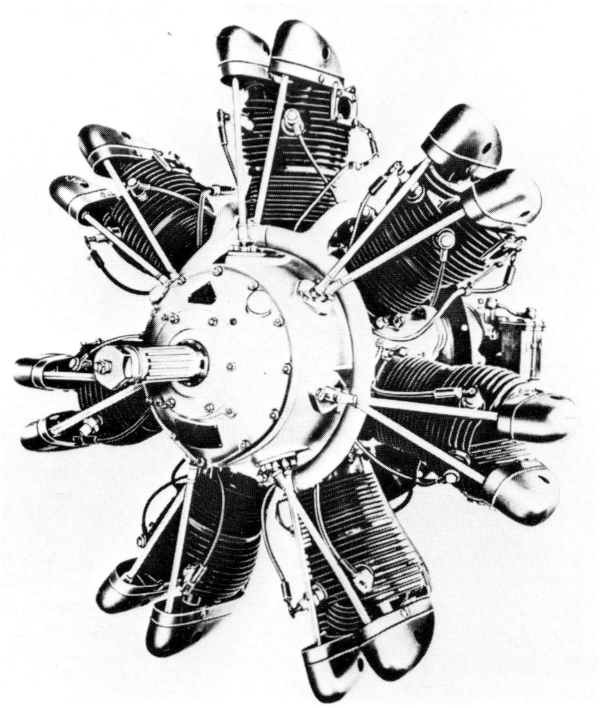

Der Siemens Sh 14 A, in über 3 000 Stück viele Jahre in Serie gebaut, hatte stärkere Verrippung und leistete 118 kW (160 PS).

Eine erfolgreiche Neuentwicklung stellt der Sh 22, später SAM 22 B bzw. Bramo 322, dar, von dem über 2 000 Stück gebaut wurden. Erstmals kam ein Radiallader zur Anwendung.

Durch den Lizenzbau des Gnôme Jupiter-Sternmotors begann die Firma Siemens ab 1927 Erfahrungen mit stärkeren Flugmotoren zu sammeln.

Die Siemens-Entwicklung schloß der Bramo 323 Fafnir mit Zweiganglader und Benzineinspritzung von 735 kW (1 000 PS) ab.

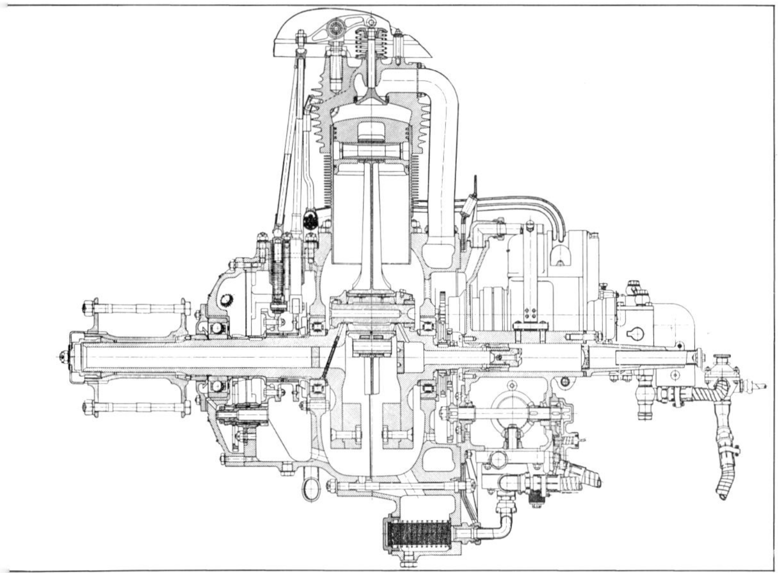

Der erfolgreichste und wohl auch bekannteste Siemens-Flugmotor war der Sh 14 A, auch mit Bramo 14 A oder 314 bezeichnet, der in zahlreichen deutschen Sport-, Reise- und Schulflugzeugen eingebaut war. Rund 50 Jahre nach seiner Entwicklung fliegen immer noch einige Oldtimerflugzeuge mit diesem Motor.

Einbau des Siemens Sh 14 A im Schul- und Sportflugzeug Focke-Wulf Fw 44 Stieglitz. Der Motor ist hier bereits teilweise verkleidet, nur die Zylinder stehen zur Kühlung frei im Luftstrom.

allem die Wärmeabfuhr im Bereich des Zylinderkopfes und die Wärmeableitung zu Stellen niedrigerer Temperatur durch reichlich bemessene Fließquerschnitte.
Diese Entwicklung führte zur Trennung zwischen Zylinder und Zylinderkopf. Die Zylinderlaufbüchse aus Stahl wurde mit Kühlrippen hergestellt und der stärker verrippte Zylinderkopf aus Leichtmetallguß tief über die Laufbüchse heruntergezogen. Dadurch ließen sich höhere Verdichtungen zur Verbesserung des thermischen Wirkungsgrades anwenden. Der halbkugelige Verbrennungsraum begünstigte die Gemischbildung und trug zusammen mit der höheren Verdichtung zur Absenkung des Brennstoffverbrauchs bei. Ab 1925 fanden nur noch Zylinder dieser Art Verwendung.
Mit diesem neuen Zylinder der bisherigen Abmessungen wurden 1925 die entsprechenden Fünf-, Sieben- und Neunzylinder-Motoren Sh 10, Sh 11 und Sh 12 entwickelt. Bereits die ersten Versuche zeigten einen bedeutenden Fortschritt der Kühlverhältnisse. Die Überholungsperiode wurde von 10 bis 20 auf 50 bis 60 Stunden gesteigert. Der erste Fünfzylinder-Versuchsmotor Sh 10 erreichte über 300 Laufstunden. Alle drei Motoren legten im Herbst 1926 die Typenprüfung bei der DVL in Berlin-Adlershof in 150 Stundenläufen unter Vollast ab und erhielten die Musterzulassung. Auf Wunsch des Siemens-Blockwerkes lief der Neunzylinder-Motor Sh 12 nochmals 150 Stunden unter amtlicher Aufsicht, also 300 Stunden Gesamtlaufzeit. Bei gleichen Zylinderabmessungen war eine Leistungssteigerung um ca. 13%, eine Verbrauchssenkung um ca. 15% erzielt und die Temperaturen des Auslaßventils von 800 auf 600° C herabgesetzt.
Von 1925 bis 1927 wurden 16 Stück des Sh 10 gebaut und außer an deutsche Flugzeugwerke nach Ungarn und Amerika, u. a. für das Luftschiff Goodyear Puritan geliefert. In der gleichen Zeit wurden 220 Stück des Sh 11 hergestellt. Abnehmer waren deutsche Flugzeugwerke, z. B. Udet für seinen Flamingo. Von 1925 bis 1930 wurden 520 Stück des Sh 12 an deutsche Firmen sowie nach Mexiko, Ungarn, Japan, USA, Finnland, UdSSR, Lettland und Jugoslawien geliefert. In Ungarn wurde er außerdem in Lizenz gebaut.
Als Weiterentwicklung wurden 1927 einige Sh 11 mit 105 mm Bohrung als Versuchsmotoren Sh 11a erprobt. Dadurch entstanden 1928 aus dem Sh 10 und dem Sh 11 der Fünfzylinder Sh 13 mit 59 kW (80 PS) bei 1 700 min^{-1}, sowie der Siebenzylinder Sh 14 mit 81 kW (110 PS). 1928 bis 1930 wurden 90 Sh 13 und 165 Sh 14 ausgeliefert. Besonders der Sh 14 hat sich gut in Schulflugzeugen im In- und Ausland bewährt, daneben auch in den zweimotorigen Focke-Wulf »Ente«-Flugzeugen. Durch Drehzahlerhöhung entstand aus dem Sh 13 der Fünfzylinder-Sh 13 a mit 65 kW (88 PS) bei 1 900 min^{-1} und aus dem Sh 14 der Siebenzylinder-Sh 14 A mit 110 kW (150 PS) bei Verdichtung 5,3 bzw. 118 kW (160 PS) bei Verdichtung 6 und Drehzahl 2 200 min^{-1}. Zusätzlich

war beim Sh 14 A die Zylinderbohrung auf 108 mm vergrößert. Für diese höheren Belastungen waren ab dem Sh 13 a die Hauptpleuel verstärkt, mit Weißmetall-Gleitlager versehen und eine Hochdruckschmierung eingeführt. Durch ein Kurbelgehäuse aus Elektron wurde das Gewicht des Sh 13 a auf 105 kg gegenüber dem Sh 13 mit 117 kg herabgesetzt. 1930 wurden ca. 90 Sh 13 a ausgeliefert. Der Siebenzylinder-Sh 14 A erhielt vergrößerte Kühlrippen, zwei Vergaser, zwei Zündsysteme und Druckluftanlasser. Über 3000 Stück wurden ausgeliefert. Er war ab 1932 einer der meistverwendeten und zuverlässigsten deutschen Flugmotoren der kleineren Leistungsklasse. Verwendung fand er für Sport-, Schul- und Reiseflugzeuge z.B. von Focke-Wulf, Klemm, Messerschmitt, Heinkel und Bücker. Eine Sonderausführung Sh 14 B mit Abtrieb auf der Rückseite war vorgesehen für den Antrieb von Trag- und Hubschrauber-Rotoren, z.B. für Focke-Achgelis FW 61-Hubschrauber. Der Motor Sh 14 A wurde nach 1934 infolge der Umbenennung in Siemens-Apparate- und Maschinenbau GmbH auch mit SAM 314 bezeichnet.

Der Weg über die Jupiter-Lizenz

Die einschränkenden Bestimmungen nach dem Ersten Weltkrieg waren 1926 gefallen. Es durften wieder alle Größen von Flugzeugen und Flugmotoren gebaut werden. Um die inzwischen im Ausland mit großen luftgekühlten Sternmotoren gesammelten Erfahrungen rasch aufholen zu können, erwarb Siemens von Gnôme & Rhône die Nachbaulizenz des bewährten englischen Neunzylinder-Bristol-Jupiter. Er hatte einen Hubraum von 28,6 l und erreichte bei 2100 min^{-1} und 6,3 Verdichtung eine Leistung von 390 kW (530 PS). Er wurde mit und ohne Kegelrad-Getriebe und der Verdichtung 5,3 oder 6,3 geliefert. Etwa 25 Motoren ohne Getriebe und ca. 66 mit Getriebe erhielten die Deutsche Lufthansa für Junkers-Verkehrsflugzeuge, Focke-Wulf für die Möve, Dornier für Flugboote, z.B. den zweimotorigen Wal und den viermotorigen Superwal, weitere 30 Stück gingen an Rußland für Heinkel-Flugzeuge. Auch Dornier führte mit der Do X mit 12 Motoren in Tandemanordnung von insgesamt 4410 kW (6000 PS) anfangs ihre Versuchsflüge mit Jupiter-Motoren aus. Später mußten sie durch ausländische Motoren ersetzt werden, weil aus Gewichtsgründen eine höhere Leistung benötigt wurde.
Zu dieser Zeit wurde im Forschungslaboratorium des Siemens-Blockwerkes die Frage der Luftkühlung von Motorenzylindern wissenschaftlich untersucht, insbesondere bis zu welchen Zylinderleistungen die Luftkühlung noch ausreichende Betriebssicherheit gewährleisten würde. Im Jahre 1928 löste man den Flugmotorenbau vom Blockwerk und brachte ihn als selbständiges Flugmotorenwerk in Berlin-Spandau unter. Regierungsbaumeister a.D. Becker blieb weiterhin Leiter des Flugmotorenbaues.

Aufgrund der Erfahrungen mit den Sh-Motoren begann man neben dem Bau der Jupiter-Motoren die Eigenentwicklung großer luftgekühlter Flugmotoren. Es entstand der Sh 20 als der erste deutsche Neunzylinder-Sternmotor großer Leistung, mit einem Hubraum von 31,5 l auch der stärkste. Er wurde ohne und mit Untersetzungsgetriebe geliefert und leistete 400 kW (540 PS), der Sh 20 bei einer Drehzahl 1800 min^{-1} und der Sh 20 U mit Untersetzungsgetriebe bei 1840 min^{-1}. Der Verbrauch von 325 g/kWh (240 g/PSh) stand keinem damaligen luftgekühlten Motor nach. Anfang 1930 legte er die Musterprüfung ab. Die Beurteilung der DVL war: »Ruhiger Lauf, geeignet für Dauerbeanspruchung, bemerkenswerte Unempfindlichkeit gegen hohe Außentemperaturen, auch im Orient.« Der Motor wurde in vielen Flügen erprobt, einmal im Heinkel-Motor-Erprobungsträger HD 41 b mit 175 Stunden Flugzeit, die ersten 125 Stunden bei 330 kW (450 PS) Dauerbelastung, die letzten 50 Stunden bis zu 370 kW (500 PS). Weitere Flugerprobungsabschnitte bestanden in je 100 Stunden Flugzeit auf zwei W 34-Flugzeugen. Die letzten 100 Stunden wurden für Vorführungen im Ausland benützt z.B. in Paris, Amsterdam, Konstantinopel (Istanbul), Athen und Stockholm. Bis Anfang 1932 wurden ca. 30 Motoren ohne und zehn mit Getriebe gebaut.
Als Sh 21-Motor wurde ein Siebenzylinder-Sternmotor mit den Zylinderabmessungen des Sh 20 und 330/295 kW (450/400 PS) Leistung in Angriff genommen. Der weiterentwickelte Sh 22 löste dann den Jupiter-Motor nach dem Vertragsablauf mit Gnôme & Rhône im Frühjahr 1932 ab. Becker schreibt in seiner Siemens & Halske-Entwicklungsgeschichte:

»Der Sh 22 besitzt den gleichen Zylinder-Durchmesser und Hub wie der Sh 20 und ist aus den gleichen Grundelementen aufgebaut. Er wird von vornherein mit Untersetzungsgetriebe von 0,62 und Gebläse gebaut. Er enthält im Gegensatz zum Sh 20, dessen Kurbelgehäuse aus Duralumin geschmiedet ist, ein im gleichen Gesenk geschmiedetes Kurbelgehäuse aus dem deutschen Baustoff Elektron, wodurch eine wesentliche Gewichtsverminderung erreicht wird. Auch hier hat das Flugmotorenwerk Pionierarbeit geleistet, da gesenkgeschmiedete Kurbelgehäuse aus Elektron bisher auch im Ausland noch nicht gebaut worden sind. Der Motor erfährt eine Drehzahlsteigerung von 1800 auf 2200 min^{-1}.«

Wegen der Leistungssteigerung erhielt er anstelle gegossener Zylinderköpfe mit zwei Ventilen einen im Gesenk geschmiedeten Zylinderkopf aus Duralumin mit zwei Auslaß- und einem Einlaßventil. Nach Messungen der TH Aachen war damit eine bessere Belüftung und eine Verminderung des Stirnwiderstandes verbunden. Der Motor erhielt einen Stoßstangenausgleich, eine verstärkte Kurbelwelle und ein Mitteldruckgebläse für konstante Leistung bis 1200 m.
Bei einem verbesserten Sh 22 sollte durch ein zusätzliches Farman-Rateau-Gebläse die Leistung bis 5500 m konstant gehalten werden. Einzylinderversuche waren erfolgverspre-

chend. Prüfstandsversuche versprachen bei 2000 min^{-1} 415 kW (600 PS) Leistung, also eine 10%ige Verbesserung. Sein Gewicht betrug mit Getriebe 450 kg. Eine weitere Verbesserung stellt der Sh 22 B mit 480 kW (650 PS) bei 2100/2000 min^{-1} und 5,2 Verdichtung sowie 315 g/kWh (230 g/PSh) Verbrauch dar. Als 1934 das Flugmotorenwerk in eine selbständige Gesellschaft, die »Siemens-Apparate- und Maschinenbau GmbH« (SAM) umgewandelt wurde, bekamen die Motoren den Namen SAM. Mit dem für dieses Werk vorgesehenen RLM-Nummernkreis wurde nun der Sh 22 B zum SAM 322 B.
Bei den weiterentwickelten SAM 322 H und J wurden die Drehzahlen auf 2330 min^{-1} und die Verdichtung auf 6,4 heraufgesetzt. Der SAM 322 H2 (Baureihe 2) erreichte damit 525 kW (715 PS).
Von den Sh 22, SAM 22- bzw. SAM 322-Motoren wurden über 2000 Stück gebaut. Dornier, Heinkel, Henschel und Junkers verwendeten ihn für Verkehrs- und Transportflugzeuge, Nah- und See-Aufklärer und Mehrzweckflugzeuge.

Aus Siemens wird Bramo

Der SAM 322 H2 ist als Vorentwicklungsmotor für den Bramo 323 Fafnir anzusehen. Die Bezeichnung Bramo entstand, als die Siemens-Apparate- und Maschinenbau GmbH 1936 vom Konzern gelöst und zum selbständigen Unternehmen »Brandenburgische Motorenwerke GmbH«, genannt Bramo, umgewandelt wurde. In diese Zeit fällt die Entwicklung des Bramo 323 »Fafnir«. Alle langjährigen Erfahrungen bis zum SAM 322 H2 wurden in ihm verwertet. Bereits 1937 ging er in die Serienfertigung. Im September 1943 wurde seine Weiterentwicklung und Herstellung abgebrochen.
Obwohl von Anfang an als Einspritzmotor ausgelegt, wurde er als Bramo 323 M und J zuerst mit Vergasern ausgestattet und in dieser Ausführung auf dem Pariser-Aero-Salon 1938 ausgestellt.
Die Varianten Bramo 323 C, D, M und T waren Bodenmotoren mit der Laderübersetzung 9,52, die Bramo 323 A-, B-,

Siemens- und Bramo-Flugmotoren von 1921 bis 1938

Hersteller		Siemens & Halske					
Muster		Sh 4	Sh 5	Sh 6	Sh 10	Sh 11	Sh 12
Baujahr		1921	1923	1923	1925	1925	1925
Bauart		5-Zylinder Sternmotor	7-Zylinder Sternmotor	9-Zylinder Sternmotor	5-Zylinder Sternmotor	7-Zylinder Sternmotor	9-Zylinder Sternmotor
Kühlung		Luft	Luft	Luft	Luft	Luft	Luft
Bohrung x Hub	mm	100x120	100x120	100x120	100x120	100x120	100x120
Gesamthubraum	l	4,7	6,6	8,5	4,7	6,6	8,5
Verdichtung		4,7	4,7	4,7	5,6	5,6	5,6
Lader							
Propeller-Untersetzung							
Abmessungen Länge	mm	810	810	810	810	810	810
Breite	mm	1000	1000	1000	1000	1000	1000
Höhe	mm	1000	1000	1000	1000	1000	1000
Trockenmasse	kg	102	124	145	117	148	173
Startleistung	kW (PS)	45 (62)	62 (85)	81 (110)	52 (70)	71 (96)	92 (125)
	min^{-1}	1600	1600	1600	1750	1750	1750
Max. Dauerleistung	kW (PS)	43 (58)	56 (76)	73 (100)	44 (60)	62 (84)	82 (108)
am Boden	min^{-1}	1500	1500	1500	1500	1500	1500
	g/kWh (gPSh)	367 (270)	367 (270)	356 (262)	299 (220)	313 (230)	313 (230)
Einheitsmasse	kg/kW (kg/PS)	2,24 (1,65)	1,98 (1,46)	1,79 (1,32)	2,25 (1,67)	2,08 (1,54)	1,88 (1,38)
Hubraumleistung	kW/l (PS/l)	9,7 (13,2)	9,5 (12,9)	9,5 (12,9)	10,75 (14,55)	10,75 (14,55)	10,82 (14,71)
Bemerkungen		Stückzahl: 70	Stückzahl: 110	Stückzahl: 10	Stückzahl: 16	Stückzahl: 220	Stückzahl: 520

J-, Q-Höhenmotoren mit der Laderübersetzung 11,4. Mit Zweigang-Einstufen-Ladern (Übersetzungen 9,6 und 12,4) waren die Baureihen Bramo P, R, S, N ausgerüstet und der N- sowie der R-Motor mit Methanol-Wasser-Einspritzung versehen. An den Bramo 323 S waren Rückstoß- und Mischdüsen (Flammenvernichter) angebaut.
Schließlich gab es noch die Triebwerksanlagen Bramo 323 TA und 323 TB, in die der 323 R/2 bzw. der 323 S eingebaut waren. Zylinderabmessungen und Hubraum waren bei allen Motoren gleich groß. Die Höhenmotoren hatten 660 kW (900 PS), die Bodenmotoren mit Zweiganglader 735 kW (1000 PS) Startleistung, die durch zusätzliche MW 50-Einspritzung auf 880 kW (1 200 PS) gesteigert wurde. Die Bramo 323 A und D besaßen ein Untersetzungsgetriebe von 0,62 und die Ausführungen B und C von 0,71. Mit der Benzin-Einspritzung konnte durch gleichmäßigere Gemischverteilung 5 bis 10 % Leistungssteigerung erreicht werden. Weitere Vorteile waren ein etwas niedrigerer Verbrauch, die Verwendung höhersiedender Kraftstoffe und die Unabhängigkeit von der Fluglage. Ohne erhebliche Kraftstoffverluste konnte die Restgas-Ausspülung verbessert und durch geeignete Ventilüberschneidungszeiten eine Innenkühlung mit Frischluft erreicht werden.
Die Steigerung der thermischen Belastung zwang zur verstärkten Zylinderkühlung. Durch die Erforschung der günstigsten Rippenzahl und Form sowie durch bessere Fertigungsverfahren konnte die Wärmeabfuhr wesentlich gesteigert und bei gleichem Hubraum im Laufe von vier Jahren die gesamte Kühloberfläche des Zylinders von 1,2 auf 2,2 m^2 vergrößert werden.
Die Laderschaltung beim Bramo 323 mit den beiden abbremsbaren innenverzahnten Trommeln, von denen immer eine mittels Bremsband festgehalten wird, hat sich bewährt, ebenso seine Einhebelsteuerung zur Bedienungserleichterung als Vorläufer des Kommandogerätes am BMW 801. Er wurde vielfach eingesetzt, z. B. in den Do 24-Seenot-Flugzeugen, im Fw 200 Aufklärer und Fernbomber sowie im Hs 126 Nahaufklärer. Eine weitere Version war der 660 kW

Hersteller		Siemens – SAM – Bramo					
Muster		Sh 13a	Sh 14A	Jupiter	Sh 20/U	Sh 22 B SAM 322 B	Bramo 323 P Fafnir
Baujahr		1928	1931	1927	1927	1932	1938
Bauart		5-Zylinder Sternmotor	7-Zylinder Sternmotor	9-Zylinder Sternmotor	9-Zylinder Sternmotor	9-Zylinder Sternmotor	9-Zylinder Sternmotor
Kühlung		Luft	Luft	Luft	Luft	Luft	Luft
Bohrung x Hub	mm	105x120	108x120	146x190	154x188	154x160	154x160
Gesamthubraum	l	5,2	7,7	28,6	31,5	26,8	26,8
Verdichtung		5,2	6,0	6,3	5,6	5,2	6,4
Lader					Eingang	Eingang	Zweigang
Propeller-Untersetzung				0,5	0,5	0,62	0,62
Abmessungen Länge	mm	858	936		1182/1423	1285	1415
Breite	mm	1006	1008		1458	1324	1388
Höhe	mm	1006	1008		1458		1388
Trockenmasse	kg	105	135	370/426	415/475	490	580
Startleistung	kW (PS)	65 (88)	118 (160)	390 (530)	397 (540)	478 (650)	735 (1000)
	min^{-1}	1900	2200	2100	1840	2100	2500
Max. Dauerleistung	kW (PS)	55 (75)	94 (128)	346 (470)	330 (450)	382 (520)	485 (660)
am Boden	min^{-1}	1800	2025	1900	1740	2000	2100
	g/kWh (g/PSh)	326 (240)	326 (240)	306 (225)	326 (240)	313 (230)	292 (215)
Einheitsmasse	kg/kW (kg/PS)	1,62 (1,19)	1,14 (0,84)	1,09 (0,80)	1,19 (0,88)	1,03 (0,75)	0,79 (0,58)
Hubraumleistung	kW/l (PS/l)	12,5 (16,9)	15,3 (20,8)	13,6 (18,5)	12,6 (17,1)	17,8 (24,3)	27,4 (37,3)
Bemerkungen		Stückzahl: 90	Stückzahl: 3000	Stückzahl: 131	Stückzahl: 33	Stückzahl: 2000	

Aufklärungsflugzeuge Henschel Hs 126 mit Bramo 323 Fafnir. Der Sternmotor ist mit einer NACA-Haube verkleidet und besitzt Spreizklappen zur Regelung der Kühlung.

(900 PS) Bramo 301, ebenfalls ein Einspritzmotor mit Sondergetriebe für den Rotorantrieb von Hubschraubern und zusätzlichem Kühlgebläse. Von Focke-Achgelis wurde er im Hubschrauber FA 223 E eingebaut. Der Antrieb der an seitlichen Auslegern laufenden zwei Rotoren mit Kraftübertragungsteilen und Rotorgetriebe wurde ebenfalls von Bramo entwickelt. 1940 erfolgte der Erstflug, 1942 der Serienauftrag. Von der geplanten größeren Serie konnten wegen der Kriegsereignisse nur etwa 20 Stück fertiggestellt werden.
1935/36 wollte Bramo zwei neue kleinere Motoren als Nachfolgemuster des Sh 14 A auf den Markt bringen. Der Sh 25 (auch Bramo 325) sollte bei 105/116 mm Bohrung/Hub und 7 l Hubraum mit 2275 min^{-1} 130 kW (175 PS) leisten. Es wurden nur einige Versuchsmotoren im Fw 44 J-Stieglitz erprobt. Außerdem arbeitete man 1935 am Projekt Sh 28, ebenfalls ein Siebenzylinder-Sternmotor mit Lader und Untersetzungsgetriebe. Mit 11 Liter Hubraum und 126/126 mm Bohrung/Hub sollte er 220 kW (300 PS) bei 2400 min^{-1} abgeben.
Als zur weiteren Leistungssteigerung größere Zylinderzahlen nicht mehr in einem Stern unterzubringen waren, entstand der 14-Zylinder-Doppelsternmotor Bramo 329 (auch Sh 29), dessen Entwicklung aber bald abgebrochen wurde. Er hatte 40,2 l Hubraum und 154 mm Hub sowie Bohrung. Mit Zweigang-Einstufenlader und Untersetzungsgetriebe ausgerüstet, leistete er am Boden 1100 kW (1500 PS) bei 2600 min^{-1}. Er war der letzte der luftgekühlten Sternmotoren in Eigenentwicklung der Brandenburgischen Motorenwerke.

1933 entstand die Versuchskonstruktion eines luftgekühlten 12 Zylinder-V-Reihenmotor mit hängenden Zylindern und Kühlgebläse. Dieser Sh 24 hatte 130 mm Bohrung, 150 mm Hub und 23,9 l Hubraum. Er war für 460 kW (625 PS) bei 2400 min^{-1} ausgelegt. Der Einbau einer Motorkanone war vorgesehen.
1939 wurden die Brandenburgischen Motorenwerke von der BMW übernommen. Aus den früheren SAM-, dann Bramo-Werken wurde die BMW-Flugmotorenwerke Brandenburg GmbH. Diesem Umstand ist es zuzuschreiben, daß in der Literatur gleiche Motoren mit verschiedenen Firmenabkürzungen bezeichnet werden.

Die Flugdiesel von Siemens und BMW

Um das Jahr 1930 war man sehr an Flugdieselmotoren interessiert. Wegen der niedrigen Verbräuche hoffte man größere Reichweiten und durch die Selbstzündung größere Höhen zu erreichen. Bei Benzinmotoren bestand damals in großen Höhen die Gefahr von Zündaussetzern, weil das ganze Zündsystem dem Außendruck ausgesetzt war. Die Hauptprobleme bestanden in einer guten Gemischbildung, besonders bei Aufladung, sowie in der höheren thermischen und mechanischen Belastung des Kolbens, der Kolbenringe und des gesamten Brennraumes.
Siemens und BMW beschäftigten sich neben anderen Firmen mit Dieselflugmotoren, Siemens ab ca. 1929, BMW ab ca. 1931. Sie beschritten dabei verschiedene Wege.

Der Siemens-Versuchsmotor war ein luftgekühlter Vierzylinder-Zweitakter in Sternbauart mit Direkteinspritzung und Gebläse. Aus dem Vergasermotor Sh 12 mit 100 mm Bohrung und 120 mm Hub abgeleitet und mit 3,8 l Hubraum erhielt er die Bezeichnung R 12 (R = Rohölmotor) und später Sh 26. Nach einem Einzylinderversuch von mehreren hundert Stunden wurden anschließend drei Motoren gebaut. Eine Dauerleistung von 48 kW (65 PS) bei 1650 min^{-1} und eine Spitzenleistung von 55–59 kW (75–80 PS) bei 1750 min^{-1} entsprechend einer Hubraum-Leistung von 15,5 kW/l (21 PS/l) konnte nachgewiesen werden. Der Verbrauch lag bei 271 g/kWh (200 g/PSh) gegenüber 313–326 g/kWh (230–240 g/PSh) des entsprechenden Viertakt-Vergasermotors Sh 13 a. Das Motorgewicht betrug 95 kg gegenüber dem Sh 13a mit 105 kg. Ein Versuchsmotor wurde in einer Klemm L-26 erprobt. Die Musterprüfung war für 1932 vorgesehen. Anfang 1933 ging in gleicher Bauart der Vierzylinder-Sternmotor Sh 27 als leistungsstärkerer und verbesserter Sh 26 in Erprobung. Mit 154 mm Bohrung, 188 mm Hub und 8 l Hubraum erbrachte er 118 kW (160 PS) Spitzenleistung bei 2000 min^{-1}.

1932 wurde ein weiterer Einzylinder-Versuchsmotor als Grundlage für den geplanten luftgekühlten Neunzylinder-Zweitakt-Diesel-Sternmotor R 20 erprobt, der auch für Direkteinspritzung und mit Spülgebläse ausgelegt war. Der R 20 hatte die Zylinderabmessungen des Sh 20, d.h. 154 mm Bohrung, 188 mm Hub und 31,5 l Hubraum. Das geschmiedete Leichtmetall-Kurbelgehäuse wurde vom Sh 20 übernommen. Für Spülung und Füllung der Zylinder wurde ein Farman-Rateau-Gebläse erprobt. Gleichzeitig untersuchte man ein Gebläse nach Patenten von Professor Betz, Göttingen, die im Besitz des Siemens-Konzern waren. Von diesem Axialgebläse erwartete man einen besseren Wirkungsgrad als bei den vorhandenen Turbo-Gebläsen. Für den R 20 war ein Gebläsedruck von 1,3 bar abs. vorgesehen. Bei diesem Motor lagen die Hauptschwierigkeiten in der thermischen Beherrschung des Kolbens. Über die Siemens-Dieselmotoren ist nichts weiteres bekannt geworden. Einerseits waren wohl die wachsenden Leistungsforderungen mit Luftkühlung sehr schwer zu erfüllen und die aufgewendete Entwicklungszeit und Intensität zu klein, andererseits hatten die Arbeiten der Fa. Junkers bereits zum Erfolg geführt.

Im Gegensatz dazu wählte BMW für seinen Flugdieselmotor das Viertaktprinzip mit dem Lanova-Verfahren nach der Erfindung von Dr.-Ing. E. h. Franz Lang. Sein wesentliches Merkmal ist der Luftspeicher. In diesen wird ein Teil der auf ca. 35 bar verdichteten Luft hineingedrückt, die dann während der Einspritzung zu Beginn der Expansion gegen den Brennstoffstrahl ausbläst. Dadurch wird eine gute Vermischung und eine weichere Verbrennung als bei der Direkteinspritzung erzielt. Die ersten Versuche wurden an flüssigkeitsgekühlten Einzylinder-Versuchsmotoren vorgenommen, die mit fremdangetriebenem Gebläse aufgeladen waren.

Ein Vierzylinder-Zweitakt-Dieselflugmotor mit Kraftstoffeinspritzung und einem Kapselgebläse wurde von Siemens 1929/30 unter der Bezeichnung R 12 gebaut und auch im Fluge erprobt. Seine Leistung betrug 60 kW (80 PS).

Die Versuche an den BMW XIV-Einzylindermotoren mit 2,9 l, 3 l und 3,8 l Hubraum waren erfolgversprechend. Bei dem 3 l-Zylinder konnte durch Aufladung auf 1,27 bzw. auf 1,5 bar abs. die Literleistung auf 14,3 (19,5) bzw. 22 kW/l (30 PS/l) bei 2200–2250 min^{-1} gesteigert werden gegenüber 10,7 kW/l (14,6 PS/l) beim nicht aufgeladenen Motor. Die günstigen Ergebnisse führten zum Bau von zwei luftgekühlten und einem flüssigkeitsgekühlten Sternmortor mit der Bezeichnung BMW 114, denen beiden der BMW 132 A mit Lader zu Grunde lag. Beim flüssigkeitsgekühlten Motor wurden sechs kleine Kühler zwischen die Zylinder eingebaut. Der erste der luftgekühlten Motoren besaß neun einzelne Einspritzpumpen, der zweite eine Blockpumpe mit neun Pumpenelementen. Im fünf Minuten Vollastbetrieb erreichte er 456 kW (620 PS) bei 2050 min^{-1} und einem Verbrauch von 266 g/kWh (196 g/PSh). Der zugehörige Ladedruck betrug 1,2 bar abs, die Hubraumleistung 16,2 kW/l (22 PS/l) und der mittlere Kolbendruck 9,5 bar. Als Dauerleistung wurden 375 kW (510 PS) bei 1930 min^{-1} und einem Verbrauch von 224–231 g/kWh (165–170 g/PSh) gemessen.

Der flüssigkeitsgekühlte Neunzylinder-Sternmotor erzielte bei einer Aufladung von 1,175 bar abs. (1,175 ata) 460 kW

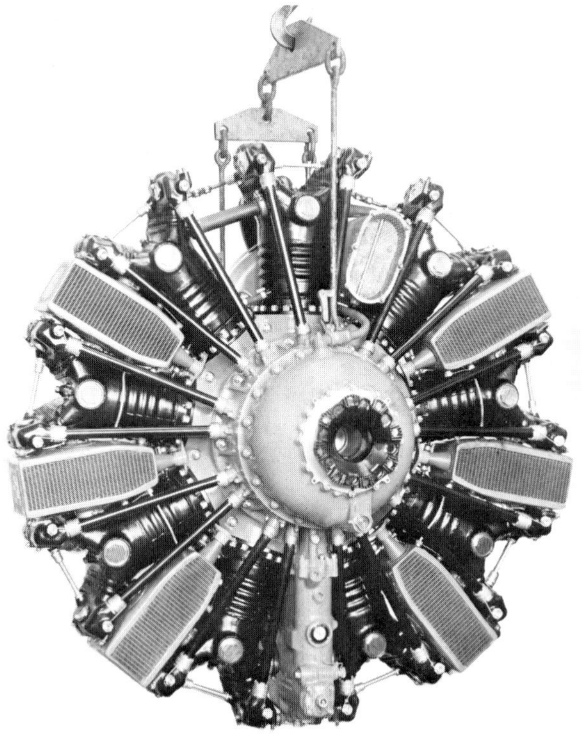

Auf der Basis des 132 A begann BMW 1936 mit der Entwicklung eines Dieselflugmotors, BMW 114, der nach dem Lanova-Viertakt-Dieselverfahren arbeitete. Wegen der hohen thermischen Beanspruchung mußte auf Wasserkühlung übergegangen werden, wobei die Einzelkühler zwischen den Zylindern angeordnet waren.

Das Lanova-Verfahren arbeitete mit einem Luftspeicher, in den das Dieselöl mit hohem Druck eingespritzt wurde.

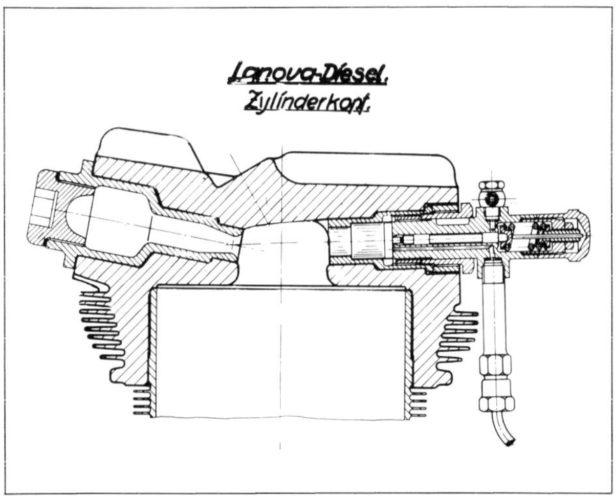

(625 PS) bei 2050 min^{-1} und einem Verbrauch von 265–272 g/kWh (195–200 g/PSh). Dabei betrugen die Literleistung 16,5 kW/l (22,5 PS/l) und der mittlere Kolbendruck 9,1 bar. Durch verschiedene Verbesserungen wurden noch günstigere Werte erhalten.

Die Hauptschwierigkeiten beim luftgekühlten Sternmotor waren angebrannte Stellen im Luftspeicher und im Zylinderkopf sowie festsitzende Kolbenringe und Düsennadeln der Einspritzdüsen, dagegen beim flüssigkeitsgekühlten Motor das Reißen der Wassermäntel und das Ausbrennen der Luftspeichermündungen.

Weitere Schwierigkeiten ergaben sich daraus, daß infolge der Nebenpleuelanlenkung nicht alle Kolben nach gleichem Kurbelwinkel von 40° im oberen Totpunkt stehen. Da die genaue Einstellung der Voreinspritzung Voraussetzung für einen optimalen Verbrennungsablauf ist, konnte dieser nur näherungsweise eingestellt werden. Bei der Block-Einspritzpumpe wirkten sich die verschieden langen Einspritzleitungen ebenfalls auf den Einspritzbeginn aus. Die Länge der Einspritzleitungen führte bei dem Einspritzdruck von ca. 120 bar wegen ihrer Elastizität zum Nachspritzen. Bei längerer Entwicklungszeit wären jedoch diese Probleme wohl lösbar gewesen.

Die vorstehenden Angaben sind zum größten Teil entnommen dem Bericht über die BMW-Lanova-Flugdieselmotoren-Entwicklung von Prof. Dr.-Ing. W. Kamm der TH-Stuttgart vom 28. März 1938, seinerzeit Technischer Berater der BMW. Prof. Kamm kam zu dem Schluß, daß bei BMW ein Entwicklungsstand erreicht wurde, der die Grundlage zum Bau eines betriebssicheren und leistungsfähigen Diesel-Sternmotors, insbesonders für Langstreckenflüge, darstellt.

Durch die technologischen Fortschritte bei der Herstellung von Kühlrippen wurden inzwischen Zylinder für bedeutend höhere Wärmebelastungen geschaffen, die auch Dieselmotoren hätten zugute kommen können. Von der Entwicklung der Vergaserkraftstoffe mit hohen Oktanzahlen, die höhere Verdichtung und niedrigeren Verbrauch zuließen, profitierte jedoch nur der Benzinmotor. Als man gelernt hatte, das gesamte Zündungssystem zu kapseln und unter Ladedruck zu setzen, war die Zündung für große Höhen gesichert. Der Dieselmotor hatte an Attraktivität verloren und wurde aufgegeben. Ab 1937 stellte BMW die Arbeiten am Flugdieselmotor ein.

Bei Siemens erfolgte die Entwicklung der Flugdieselmotoren unter dem Leiter des Siemens-Flugmotorenwerkes Bekker. Bei BMW wurde diese Entwicklung von Dr. Kurt Löhner geleitet.

Die Luftgekühlten von BMW bis 1938

BMW beschritt auf zwei Wegen den Bau luftgekühlter Sternmotoren, für die Sportfliegerei als Eigenentwicklung und für größere Leistungen als Lizenzfertigung.

In der kleinen Klasse wurde 1929 mit der Auslegung eines Fünfzylinder-Sternmotors begonnen, der 37 kW (50 PS) leistete. Von diesem BMW X sind nur Versuchsmotoren gebaut worden. Die ersten in der Versuchswerkstätte hergestellten Motoren nahmen sofort am Europa-Rundflug 1930 teil und bewährten sich bei Ziel- und Fernflügen. Sie waren vereinzelt in Sport- und Schulflugzeuge, z. B. Klemm L 25a und Messerschmitt M 23b eingebaut. Der verbesserte und verstärkte 2,9 l-BMW Xa leistete mit 5,7 Verdichtung 50 kW (68 PS) bei 2300 min^{-1}. Erstlauf, Musterprüfung und Beginn der Serienfertigung erfolgten 1931. Allerdings wurde nur eine kleine Stückzahl gebaut. Im Entwurfsstadium blieb der auf 90 kW (120 PS) ausgelegte BMW XI, eine Neunzylinder-Ausführung des BMW Xa. Die Entwicklung von kleinen Flugmotoren wurde 1932 eingestellt.

Die großen BMW-Sternmotoren bis 1938

1928 erwarb BMW von Pratt & Whitney die Lizenz zur Herstellung des luftgekühlten Neunzylinder-Sternmotors »Hornet A«. Bei einem Hubvolumen von 27,7 l konnte dieser ohne Getriebe mit 385 kW (525 PS) und mit Getriebe mit 375 kW (510 PS) geliefert werden. Nachdem Pratt & Whitney den weiter entwickelten Hornet B herausgebracht hatte, erwarb BMW 1933 die Hersteller-Lizenz dieses Motors für Zentral-Europa. Nach Lieferung von 150 Originalmotoren, die zum Einbau in die Ju 52 durch die DLH bestimmt waren, wurde der Hornet B in das Bauprogramm der BMW aufgenommen. Gleichzeitig lief ein eigener Neunzylinder-Versuchsmotor, der BMW 128, in der Erprobung. Im gleichen Jahr 1933 erschien auch der BMW 132 auf dem Markt.
Durch die Einführung der Entwicklungsfortschritte entstand eine Vielzahl von Baureihen des BMW 132: Vergaserausführungen: BMW 132 A, D, E, H, L. Einspritzausführungen: BMW 132 F, J, K, M, N, und zwar als Bodenmotor: BMW 132 A, E, H, K, L, M und als Höhenmotor: BMW 132 D, F, J, N.
Die Bodenmotoren waren ohne oder mit Propellergetriebe ausgerüstet, die Höhenmotoren nur mit Getriebe.
In diese Baureihen wurden dann je nach Anforderungen und dem Stande der Entwicklung weitere Änderungen aufgenommen, z. B. am Getriebe, an der Laderausführung, an der Kühlung u. a. Während der BMW 132 A am Boden eine Startleistung von 485 kW (660 PS) abgab – 535 kW (725 PS) werden als nicht zugelassenes Höhenleistungsäquivalent, bzw. später als 1 min erhöhte zulässige Kurzleistung bezeichnet – brachten die Baureihen BMW 132 P, Q, R, S 880 kW (1 200 PS), also eine Leistungserhöhung um mindestens 66% bei gleichem Hubraum von 27,7 l. Für die höheren mechanischen und thermischen Belastungen mußten die Bauteile angepaßt werden.
Die Leistungssteigerung wird durch Erhöhung des Luftdurchsatzes erreicht, bei gleichbleibendem Hubraum also durch Erhöhung der Drehzahl und des Ladedruckes durch Einführung eines Einstufen-Mehrgang-Laders und Vergrößerung der Ventilquerschnitte. Nach der Erfahrung können mit 1 kg/s Luftdurchsatz etwa 740 kW (1 000 PS) erzielt werden. Beim 132 P, Q, R, S wurde die Drehzahl auf 2 600 min^{-1} erhöht gegenüber 2050 min^{-1} beim 132 A. Der maximale Ladedruck stieg von 1,13 bar abs beim 132 A auf 1,34, beim 132 DC 1 und auf ca. 1,50 bar abs bei 132 P, Q, R und S. Zur Druckerhöhung wurden entweder der Laderraddurchmesser oder die Übersetzung des Antriebes vergrößert. So betrug der Durchmesser des Laderrades beim A und E-Motor 175 mm, beim D, G, H, L und F-Motor 250 mm, bei den J, K, M und N-Motoren 252 mm. Die Übersetzung des Laderantriebes war je nach Laderraddurchmesser und Boden- oder Höhenmotor verschieden.
Für die Aufnahme der höheren mechanischen Belastungen führte man z. B. verbesserte Werkstoffe ein. Ab dem BMW 132 C wurde der Kurbeltrieb verstärkt, ab dem BMW 132 L die zweiteilige Kurbelwelle nochmals und zur sicheren Aufnahme der Wechselbeanspruchungen beide Hälften mit einer Preßkegelverbindung zusammengesetzt. Die größeren Belastungen verlangten aber auch die Verwendung druckfesterer und wärmebeständigerer Schmierstoffe und den Anschluß der Ventilschwinghebellager an die Umlaufschmierung.
Höhere Wärmebelastung erforderte stärkere Wärmeabfuhr durch die Luftkühlung, die Vergrößerung der Kühlfläche, die Zwangsführung der Kühlluft an und zwischen den Kühlrippen und Abdichtung von Spalten. Mittels der äußeren Verkleidung, der Motorhaube bzw. des Townendringes wurde ein Stauraum vor der Zylinderebene gebildet. Der durch die Luftströmung erzeugte Staudruck ließ sich durch »Kühlblätter« der Luftschraube, oder – wie später beim BMW 801 – durch ein Lüfterrad erhöhen. Der Kühlluftdurchsatz konnte durch Spreizklappen am Ende der Motorhaube geregelt werden. Stellen, an denen Leitbleche angebaut wurden, lassen vorherige Kolbenfresser vermuten. Die Vergrößerung der Kühlfläche erfolgte zuerst durch Erhöhung der Kühlrippen am Zylinder und Zylinderkopf (ab dem 132 DA1) und ab dem 132 L durch eine vergrößerte Anzahl dünnerer Kühlrippen an beiden Teilen, ein technologischer Fortschritt in der Stahlbearbeitung und Leichtmetall-Gießtechnik. Der Zylinderkopf erhielt am Auslaß besonders hohe Kühlrippen, an der Einlaßpartie dagegen keine. Das Auslaßventil war zur besseren Wärmeabführung natriumgefüllt.
Für die 132er-Motoren mit Untersetzung verwendete man bis zum BMW 132 F das vom BMW 6 her bekannte BMW-Farman-Kegelradgetriebe. Erst bei den Motoren BMW 132 J und K wurde ein eigenentwickeltes zweistufiges Stirnradgetriebe verwendet das bei den Motoren M und N durch ein leichteres einstufiges ersetzt wurde. Der Übergang zur Benzineinspritzung war wie beim BMW 106 problemloser als bei BMW 116 und 117. Durch Strömungsversuche wurde

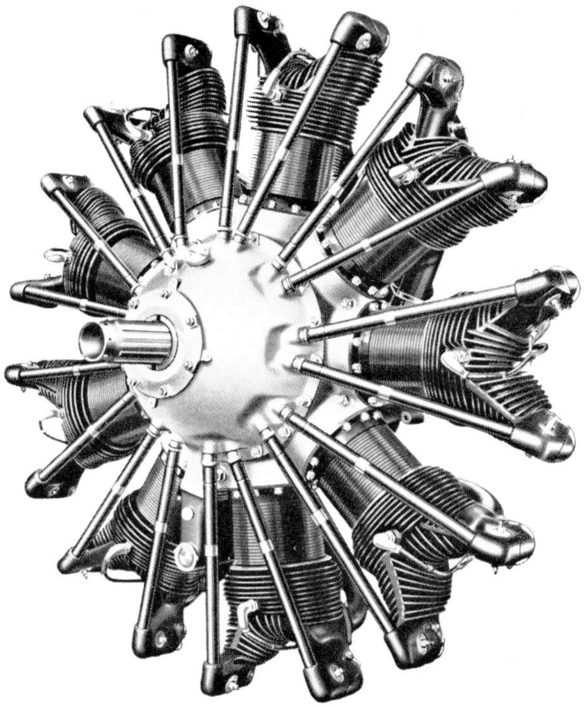

▲
Mit dem BMW 132 A von zunächst 485 kW (660 PS) begann die Entwicklungsreihe des »132«, den die verstärkte Verrippung äußerlich vom Hornet unterscheidet. Er wurde von 1933 bis 1944 in einer sehr großen Stückzahl gebaut. Hauptkennwerte: 27,7 l Hubraum, 1,40 m Durchmesser.

Oben links: BMW begann den Bau von luftgekühlten Sternmotoren der Leistungsklasse von 370 kW (500 PS) mit dem Lizenzbau des amerikanischen Pratt & Whitney Hornet, der auch in einigen Ju 52 der Lufthansa zum Einbau kam.

Gegenüberstellung der Zylinder des Hornet-Nachbaues und des ▶ BMW 132 A. Die Leistungssteigerung von 20 auf 26 PS/l war nur durch die wesentlich stärkere Verrippung möglich.

◀ Die letzten Ausführungen des BMW 132 in den Baureihen M und N hatten Benzineinspritzung und gaben eine Startleistung von 710 kW (970 PS) ab. Zur Ausnutzung des Flugstaues trat die Ansaugluft durch zwei Rohre zwischen den oberen Zylindern ein.

der Grund in der Ausführung des Brennraumes gefunden. Die Zylinder des 116 und 117 hatten einen scheibenförmigen Brennraum mit zwei, die des 106 und 132 einen annähernd halbkugeligen mit einem Einlaßventil. In diesem Fall erzeugte die Strömung beim Ansaugen in der Querschnittsebene des Zylinders zwei entgegengesetzt drehende Wirbel, die den ganzen Zylinder erfassen und so eine gute Gemischbildung verursachen. Demgegenüber entstehen beim scheibenförmigen Brennraum mit zwei Ventilen beim Ansaugen nur unter den beiden Ventilen stehende Wirbel in Längsrichtung des Zylinders. Der übrige Zylinderinhalt nimmt nur wenig an der Durchmischung teil. Das verschlechtert die Gemischbildung. Entsprechend unterschiedlich waren die Brennstoff-Verbrauchswerte. Durch die Absetzung der BMW 116 und 117 vom Programm erledigte sich dieses Problem.

Der BMW 132 B als Bodenmotor mit Untersetzungsgetriebe wurde nicht ausgeführt. Ebenso blieb der Höhenmotor BMW 132 DB auf dem Reißbrett. Eine sparstoffreie Ausführung des BMW 132 wurde als BMW 134 in einem Versuchsmotor erprobt. Die Baureihen BMW 132 P, Q, R, S sollten eine neue Serie mit einem Einstufen-Zweiganglager einleiten, die Motoren P und R rechtsdrehend und die Motoren Q und S linksdrehend. Diese neue Serie sollte die Bezeichnung BMW 136 erhalten. Sie wurde jedoch nicht weiterentwickelt, wahrscheinlich weil noch höhere Lei-

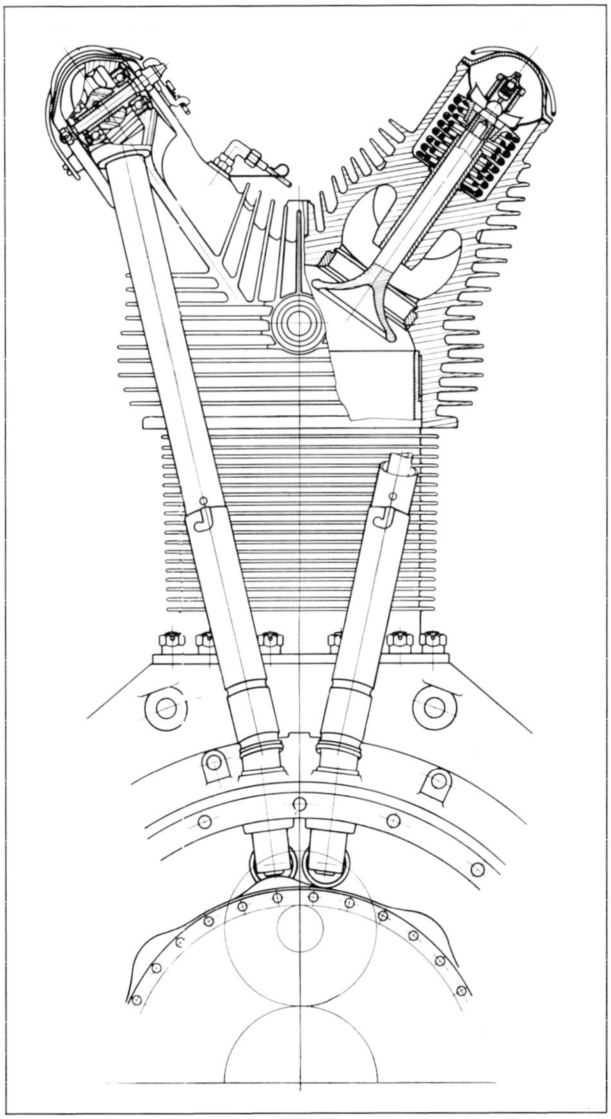

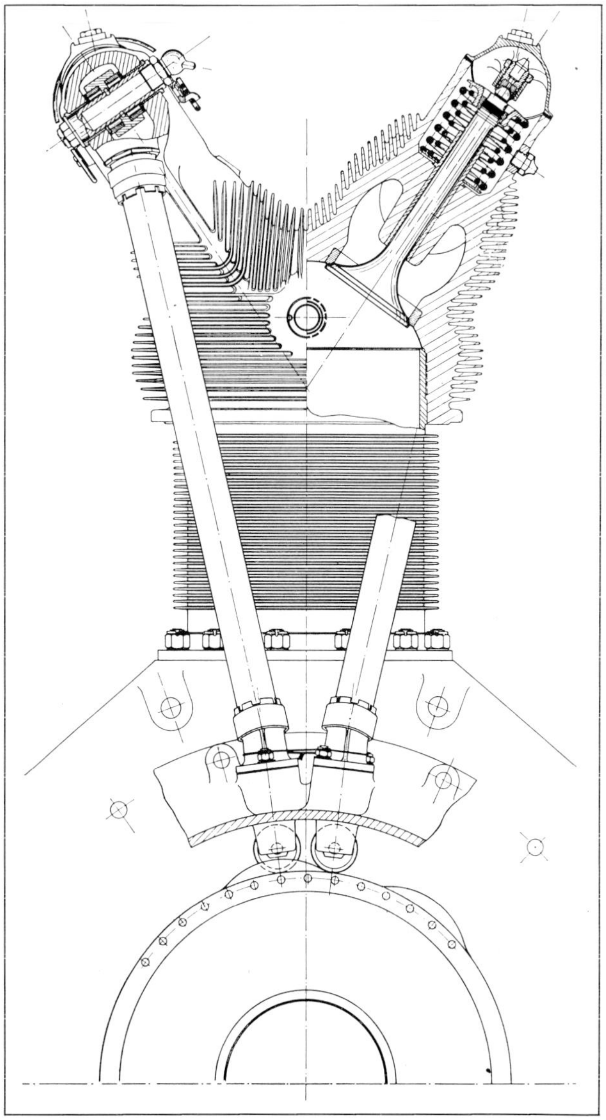

stungsforderungen schließlich zum 14-Zylinder-Doppelsternmotor führten. Den BMW 132 in allen Varianten wählten sehr viele Firmen, wie z. B. Arado, Blohm & Voss, Dornier, Focke-Wulf, Heinkel, Henschel und Junkers für ihre Flugzeugmuster. Als Vergasermotor wurde er für den Luftverkehr und die Luftwaffe verwendet, als Einspritzmotor nur für die Luftwaffe. Er wurde in Kampf-, Sturzkampf-, Torpedo-, Borderkundungs-, Mehrzweck-, Aufklärungs-, Langstrecken-, Verkehrs- und Großraum-Flugzeugen eingesetzt. Besonders zu erwähnen sind die 1938 durchgeführten Flüge, der erste Linien-Fernflug ohne Zwischenlandung mit der Focke-Wulf FW 200 Condor von Berlin nach New York, dann die Flüge von Berlin nach Kairo und von Berlin nach Tokio. Die Junkers Ju 52 mit BMW 132 eröffnete den Streckendienst von München nach Rom und andere Strecken. Sie wurde an viele europäische und amerikanische Luftfahrtgesellschaften verkauft, auch an die deutsch-russische Deruluft und an die Eurasia in China. Die Leistung von 880 kW (1 200 PS) die beim BWM 132 schließlich erreicht werden konnten, reichte den militärischen Anforderungen nicht mehr aus. Daher wurde BMW gezwungen, auf höhere Zylinderzahlen überzugehen. Dies führte dann zum 14-Zylinder-Doppelsternmotor BMW 139, der als Einspritzmotor ausgelegt war. In dieser Neuentwicklung wurden die zahlrei-

Luftgekühlte BMW-Motoren von 1931 bis 1944

Muster		BMW Xa	BMW-Hornet	BMW 132 K	BMW 801 A, C	BMW 801 D	BMW 801 E, S	BMW 801 J
Baujahr		1931	1929	1940	1941	1941/45	1943	1943/44
Bauart		5-Zylinder Sternmotor,	9-Zylinder Sternmotor,	9-Zylinder Sternmotor,	14-Zylinder Doppelstern	14-Zylinder Doppelstern	14-Zylinder Doppelstern	14-Zylinder Doppelstern
Kühlung		Luft	Luft	Luft	Luft	Luft	Luft	Luft
Bohrung x Hub	mm	90x90	155,6x161,9	155,5x162	156x156	156x156	156x156	156x156
Gesamthubraum	l	2,92	27,7	27,7	41,8	41,8	41,8	41,8
Verdichtung OZ		5,7	5,0	6,5 (87)	6,5 (87)	7,2 (95)	7,2 (95)	7,2 (95)
Lader				Eingang	Zweigang	Zweigang	Zweigang	Zweigang + Abgasturbo
Propeller-Untersetzung			ohne /0,5	0,72	0,54	0,54	0,54	0,54
Abmessungen Länge	mm		1116	1249	2006	2006	2044	2420
∅	mm		1390	1380	1290	1290	1290	1290
Trockenmasse	kg	73	355	525	1010	1010	1015	1380
Startleistung	kW (PS)	50 (68)	385 (525)	610 (830)	1175 (1600)	1270 (1730)	1470 (2000)	1330 (1810)
	min^{-1}	2300	1900	2250	2700	2700	2700	2700
	bar. abs.			1,2	1,29	1,42	1,62	1,55
Steig- und	kW (PS)			510 (690)	1015 (1380)	1100 (1500)	1100 (1500)	1100 (1500)
Kampfleistung	min^{-1}			2100	2400	2400	2500	2400
Volldruckhöhe	m			1800	4600	5300	5650	11 500
Min. Spez. Verbrauch	g/kWh (g/PSh)		313 (230)	292 (215)	279 (205)	272 (200)	265 (195)	260 (190)
Einheitsmasse	kg/kW (kg/PS)	1,46 (1,07)	0,92 (0,68)	0,74 (0,55)	0,86 (0,63)	0,79 (0,58)	0,69 (0,51	1,04 (0,76)
Hubraumleistung	kW/l (PS/l)	17,0 (23,4)	13,9 (18,9)	25,5 (35)	28,1 (38,3)	30,5 (41,4)	35,2 (47,8)	31,8 (43,3)
Bemerkungen		Kl 26, M 31	Auch mit Unters. Getr. Ju 52/3m	Notleistung 710 kW (960 PS) Ar 196 He 114	Fw 190 A Do 217	Fw 190 A Ju 290	Notleistung 1620 kW (2200 PS) für BMW 801 S	Höhenmotor Ju 388

chen Erfahrungen des BMW 132 verwertet. Der Motor erhielt den vom BMW 132 P, Q, R, S bekannten Einstufen-Zweiganglader. Erstmals wurde ein Lüfterrad zur Verbesserung der Luftkühlung vorgesehen. Bei einem Zylinderdurchmesser von 155,5 mm Bohrung, 155 mm Hub und 41,2 l Hubraum erreichte er bei 2700 min^{-1} 1100 kW (1500 PS). Die Dauerleistung von 845 kW (1150 PS) konnte bei 2000 min^{-1} bis auf 5400 m Höhe gehalten werden. Dabei betrug der Verbrauch 306 g/kWh (225 g/PSh). Der BMW 139 wurde 1936 konstruiert, zu Ostern 1937 war er auf dem Prüfstand. Neun Versuchsmotoren wurden mit Erfolg erprobt. Am 30. 09. 1938 wurde die Entwicklung des BMW 139 bei der Übernahme von Bramo abgebrochen. Schon 1937 begannen Entwicklungsarbeiten zu einem 18-Zylinder-Doppelsternmotor BMW 140 von 1470 kW (2000 PS) Leistung, die jedoch im Herbst des gleichen Jahres wieder eingestellt wurde. Zu dieser Zeit kam Helmuth Sachse vom RLM zu BMW nach München und übernahm die Entwicklungsleitung. In diesem Bereich war Dr. Löhner Chef der Vorentwicklung, Duckstein der Leiter der Konstruktion, Dr. Rolf Amman Chef der Versuchsabteilung.

Die Flüssigkeitsgekühlten von BMW bis 1938

Am Ende des Ersten Weltkriegs ist BMW durch den berühmten BMW IIIa in die Reihe führender Flugmotorenhersteller aufgestiegen. Dieser Erfolg sollte bei BMW zur Ausgangsbasis aller späteren Entwicklungen auf dem Gebiet der Flugmotoren werden.
Trotz der einschneidenden Vorschriften nach dem Ende des Ersten Weltkrieges mußte BMW auf Befehl der Entente den Motor BMW IIIa noch bis zum Februar 1919 produzieren. Insgesamt wurden 734 Motoren hergestellt. Mit seiner 1918 begonnenen Weiterentwicklung, dem BMW IV konnte noch 1919 ein Höhenweltrekord aufgestellt werden. Nach 1919 wurde der Flugmotorenbau zunächst vollständig eingestellt. Zwischen den Motoren BMW IIIa und BMW IV entstanden 1918 noch zwei Versuchsmotoren ohne Musterbezeichnung, ein Sechszylinder mit 180 mm Bohrung und Hub für eine Leistung von 295 kW (400 PS) sowie ein 12-Zylinder-V-Motor für 265 kW (360 PS) durch Verdoppelung des BMW IVa. Beide blieben aber Versuchsausführungen zum Studium ihres Betriebs-Verhaltens.
Nach 1919 verlegten sich die vom Flugmotorenbau her durch den Chefkonstrukteur Max Friz bestens geschulten Konstrukteure und Entwicklungsingenieure auf Boots- und Motorrad-Motoren und vollständige Motorräder, und bald gelangte BMW besonders auf dem Motorradgebiet wieder zu Weltruhm. 1922 setzten die BMW ihre alte Flugmotorentradition wieder fort. Zuert wurde eine kleine Stückzahl des BMW IIIa gefertigt. Danach konnte der BMW IV wieder in das Fertigungsprogramm aufgenommen, weiterentwickelt und 1924 als BMW IVa mit der Reihenfertigung begonnen werden. Dabei erhielt er am hinteren Kurbelwellenende einen Schwingungsdämpfer.

Oben: Standardmotor des Verkehrs- und Transportflugzeuges Junkers Ju 52 /3m war der BMW 132. Zur Verbesserung der Kühlung und Verminderung des Widerstandes hatten die Mittelmotoren einen sogenannten Townendring, die Außenmotoren NACA-Hauben, jeweils stirnseitig mit verstellbaren Kühlschlitzen. Die einstellbaren Junkers-Ganzmetall-Propeller besaßen bereits das breite Kühlblatt.

Unten: Mehrere Junkers F 13-Verkehrsflugzeuge der Lufthansa waren mit BMW III und IV ausgerüstet. Die Auspuffanlage dieser F 13, die zuerst 1920 im Junkers-Luftverkehr flog, war mit einem Wärmetauscher für die Kabinenheizung versehen.

Der BMW IVa wurde in großen Stückzahlen gefertigt und von Albatros, Arado, Caspar, Dornier, Fokker, Heinkel, Junkers, Rohrbach und anderen verwendet. Außerdem wurden mit ihm fünf Weltrekorde im Jahre 1926 und 17 Weltrekorde 1927 erflogen. 1928 benutzte die Firma Lorenzen diesen Motor zur Entwicklung von Abgas-Turboladern für konstante Leistung bis 6000 m Höhe. 1929/30 wurden auch die ersten Versuche mit Heißkühlung durchgeführt. In der Tschechoslowakei baute ihn die Firma Walter nach. Der Sechszylinder BMW V bildet den ersten Versuch einer Neuentwicklung für einen gemeinsamen Leichtmetall-Wassermantel mit gemeinsamen Leichtmetallkopf, allerdings noch mit Einzelzylinder. Wie beim BMW IIIa war die Nockenwelle oben angeordnet. Jeder Zylinder hatte ein Einlaß- und ein Auslaßventil. 1927 bestand der BMW V die Musterprüfung, wurde aber nur in geringer Stückzahl gefertigt. Die mit dem BMW V begonnene Neuentwicklung wurde mit dem Va fortgesetzt. Beide hatten gleichen konstruktiven Aufbau, doch war man beim BMW Va wieder auf die früheren Zylinderabmessungen, 160 mm Bohrung und 190 mm Hub, zurückgegangen. Er wurde mit den Verdichtungsverhältnissen 5,5, 6,0 und 7,3 und entsprechend unterschiedlichen Leistungen geliefert. Der BMW Va besaß zwei Vergaser, Druckluftanlasser und zuletzt auch einen Schwingungsdämpfer. Er wurde in Japan nachgebaut und 1928 auf dem Pariser Aero-Salon ausgestellt. Eingebaut war er u. a. in den Flugzeugmustern Rohrbach »Roland«, und Heinkel HD 22.

Vom BMW VI bis zum BMW IX

Zur weiteren Leistungssteigerung ging man auf die doppelte Zylinderzahl in V-förmiger Anordnung über. So entstand der BMW VI als Verdoppelung des BMW IV bei gleichen Zylinderabmessungen. Beim BMW VI sind beide Reihen im Winkel von 60° angeordnet. Die Flüssigkeitskühlung erfolgt entweder mit Wasser oder mit Äthylen-Glykol als sogenannte Heißkühlung. Eine anfängliche Version des BMW VI mit 5,5 Verdichtung wurde nicht weiter verfolgt. Der getriebelose Motor hatte die Bezeichnung BMW VI, mit Untersetzungsgetriebe BMW VI U. Durch zusätzliches »Z« sind Muster mit Zenithvergaser gekennzeichnet. 1924 wurde die Konstruktion des BMW VI begonnen, 1925 kamen die ersten Motoren aus der Fertigung, im Februar 1926 war die Musterprüfung bestanden, 1928 erschien der BMW VI auf der ILA in Berlin und auf dem Pariser Aero-Salon. Die Gesellschaft für Verkehrstechnik verwendete den BMW VIU in ihrem Propeller-Triebwagen, mit dem die Reichsbahn 1930 bei Versuchsfahrten eine Geschwindigkeit von 182 km/h erreichte. Die Baureihen 6 bis 9 waren nur mit Zenithvergasern ausgerüstet, die Baureihen 6 und 8 mit Wasser- und die Baureihen 7 und 9 mit Heißkühlung. Die Baureihen 8 und 9 mit Trockensumpf-Umlaufschmierung liefen Ende 1935 aus. Als letzte Ausführung entstand der BMW VId, ähnlich allen anderen Ausführungen, jedoch mit 7,3 Verdichtung, ohne Getriebe und mit Heißkühlung. Er wurde bei Büssing nachgebaut und fast ausschließlich für die Dornier Do 17E und F verwendet. BMW VI-Motoren sind in der Tschechoslowakei, in Japan und in der UdSSR nachgebaut worden.

Der BMW VI wurde in zahlreichen Land- und Wasserflugzeugen eingebaut, u. a. für Vermessungs-, Bord-, Übungs-, Jagd-, Mehrzweck- und Transportflugzeuge, auch im Post- und Frachtdienst sowie in Verkehrsmaschinen.

Nach der Musterprüfung 1926 flog Mittelholzer 1926/27 mit der Dornier Do Merkur, einem bewährten einmotorigen

Oben: Der BMW VI zählt zu den erfolgreichsten und meistgebauten BMW-Flugmotoren, er kam in zahlreichen Verkehrs- und Militärflugzeugen zum Einbau. Nach Japan und Rußland wurden Lizenzen vergeben. Hauptdaten: Hubraum 47 l, Startleistung 550 kW (750 PS).

Unten: Das Schnellverkehrsflugzeug Heinkel He 70, das 1932 erstmals flog, verwendete BMW VI-Motoren mit Glykolkühlung. Die höheren Betriebstemperaturen bis 120°C ermöglichten einen kleineren Kühler, der bei der He 70 teilweise einziehbar war.

Verkehrsflugzeug für sechs bis acht Reisende, nach Kapstadt. 1928 wurden acht Weltrekorde erzielt, sieben mit der Heinkel He 9 und einer mit der Rohrbach-Romar. Dornier Wal-Flugboote mit BMW VI führten bereits einen regelmäßigen Flugverkehr zu den Kanarischen Inseln durch. Wolfgang von Gronau überquerte 1930 den Nordatlantik in einem Wal-Flugboot mit zwei BMW VI-Motoren. Im März 1930 war der 100. Motor ausgeliefert worden.
Die Bayerischen Motorenwerke hatten mit dem zuverlässigen und unempfindlichen BMW VI einen vollen Erfolg erzielt. Er bildete die Grundlage der Anfangsentwicklung des deutschen Luftverkehrs und der Luftwaffe. Als letzter »überbemessener und überverdichteter Höhenmotor« stellt er das ausgereifte Endglied der älteren flüssigkeitsgekühlten Reihenbauweise mit einzelstehenden Zylindern dar. BMW arbeitete einerseits an der Weiterentwicklung zur Leistungssteigerung der Grundkonzeption wie der des BMW VI, und andererseits an einer beträchtlichen Leistungssteigerung durch neue Konzeptionen. Zum ersten Schritt gehören die Motoren BMW VI aU, BMW VIIa und BMW VIIaUK, BMW IXa und BMW IXaU, dazwischen als Studie der BMW VIIIU.
Schon 1928 begannen Versuche zur Leistungssteigerung an einem Motor mit den Zylinder-Abmessungen des BMW VI, der mit etwas niedrigeren Drehzahlen etwas höhere Leistungen erreichte und die Musterbezeichnung BMW VIIa,

Flüssigkeitsgekühlte BMW-Motoren von 1924 – 1926

Muster		BMW IVa	BMW V	BMW Va	BMW Va	BMW VI	BMW VI U
Baujahr		1924	1926	1926	1926	1925	1925
Bauart		6-Zylinder-Reihenmotor	6-Zylinder-Reihenmotor	6-Zylinder-Reihenmotor	6-Zylinder-Reihenmotor	12-Zylinder-V-Form stehend	12-Zylinder-V-Form stehend
Kühlung		Wasser	Wasser	Wasser	Wasser	Flüssigkeit	Flüssigkeit
Bohrung x Hub	mm	160x190	165x190	160x190	160x190	160x190	160x190
Gesamthubraum	l	22,9	24,4	22,9	22,9	46,9	46,9
Verdichtung	(OZ)	6	7,3	6,0	7,3	6,0 (80)	7,3 (87)
Lader							
Propeller-Untersetzung						ohne/0,62	ohne/0,62
Abmessungen Länge	mm	1550	1795	1795	1795	2036[1]	1837[1]
Breite	mm	500	635	635	635	859	859
Höhe	mm	1020	1133	1133	1133	1103	1103
Trockenmasse	kg	285	ca. 317	317	317	510[2]	546[2]
Startleistung	kW (PS)	220 (300)	302 (410)	280 (380)	291 (395)	508 (690)	552 (750)
	1/min	1650	1650	1650	1650	1650	1700
	bar abs.						
Max. Dauerleistung	kW (PS)	184 (250)	236 (320)	236 (320)	236 (320)	427 (580)	430 (585)
am Boden	1/min	1450	1520	1560	1560	1530	1530
Vollgashöhe	m	3500	0	0	0	1000	1000
Min. Spez. Verbrauch	g/kWh (g/PSh)	258 (190)				306 (225)	306 (225)
Einheitsmasse	kg/kW (kg/PS)	1,29 (0,95)	1,05 (0,77)	1,13 (0,834)	1,09 (0,803)	1,00 (0,74)	0,99 (0,73)
Hubraumleistung	kW/l (PS/l)	9,64 (13,10)	12,4 (17)	12,23 (16,59)	12,71 (17,25)	10,83 (14,71)	11,77 (15,99)
Bemerkungen		mit Schwingungsdämpfer				siehe Text: Gewichtsvergleich	[1] ohne Nabe [2] mit Elektrongehäuse

Mit einem Dornier Wal-Flugboot führte Wolfgang von Gronau 1931 und 1932 Fernflüge nach USA und um die Welt durch. Die Wal-Flugboote verwendeten hauptsächlich BMW VI, VI U oder VIIa-Motoren von 550 kW (750 PS).

Bereits 1933 kamen mit einem BMW VI (neue Bezeichnung BMW 106) Versuche mit direkter Benzineinspritzung auf dem Prüfstand zur Durchführung. Dabei wurden Höchstleistungen bis 590 kW (800 PS) und niedrigste Verbrauchswerte von 258 g/kWh (190 g/PSh) gemessen.

mit Getriebe BMW VIIaU, erhielt. Er erreichte eine Startleistung von 480 kW (655 PS) bei 5,5 Verdichtung, 505 kW (685 PS) bei 6,0 und 555 kW (755 PS) bei 7,3, jeweils mit 1650 min^{-1}. Nur wenige dieser Motoren wurden in die Ju-52 eingebaut. Mit zwei 7,3 verdichteten BMW VIIa überflog von Gronau im »Wal« 1931 zum zweiten Mal den Nordatlantik und führte 1932 mit der gleichen Maschine einen sensationellen Weltflug durch, bei dem er 44800 km in 234 Stunden reiner Flugzeit zurücklegte. Die Getriebe-Ausführung BMW VIIaU mit 6,0 Verdichtung kam im Juni 1930 durch die Musterprüfung. Bei seinem neuartigen BMW-Farman-Getriebe wurde der Axialdruck des Sonnenrades nicht mehr vom Gehäuse aufgenommen, sondern über ein Kugellager auf die Welle übertragen. Dadurch konnte der Zahneingriff zwischen Sonnenrad und Satellitenrädern vor dem Einbau eingestellt werden und blieb unabhängig von der Abnutzung des Luftschraubendrucklagers. Auch von diesem Motor sind nur geringe Stückzahlen gebaut worden. Am BMW VIIaUK wurden 1931 erstmals Aufladungsversuche mit einem Rateau-Höhengebläse durchgeführt. Daraus entstand als Weiterentwicklung des BMW VIIa der erste BMW-Ladermotor, der BMW IX bzw. BMW IXaU. Der damals als »Gemischbläser« bezeichnete Lader ermöglichte eine Drehzahlsteigerung, die zu 590 kW (800 PS) Startleistung bei 1780 min^{-1} und 440 kW (600 PS) Dauerbelastung bei 1615 min^{-1} führte. Die Motoren hatten vorneliegende Nockenwellenantriebe und Magnete. Der BMW IX war der Prototyp, der BMW IXa nur ein Versuchsmotor. Die Gemischversorgung hinter dem Lader erfolgte mit je einer Leitung zu jeder Zylinderreihe. Wegen auftretender Druckunterschiede und ungleicher Zylinderfüllungen wurde beim BMW IXaU-Motor mit Untersetzungsgetriebe das Gemisch durch einen gemeinsamen Gebläseaustrittsstutzen gefördert und erst danach auf die Zylinderreihen aufgeteilt. Dieser Motor bestand 1930 die Musterprüfung und erschien im gleichen Jahr auf dem Pariser Salon. Er wurde nur in geringer Stückzahl gefertigt und in Japan nachgebaut. Der BMW VIIIU war ein reiner Versuchsmotor mit 160 mm Bohrung und 180 mm Hub. Das Besondere war der um 10 mm verringerte Hub und die mit Leichtmetallköpfen versehenen einzelstehenden Zylinder. Er diente 1928–30 zur Erprobung von Konstruktions-Einzelheiten bei verschiedenen Hüben und Verdichtungen.

Während der BMW VI noch in Serienfertigung lief, versuchte BMW als zweiten Schritt neue Konzeptionen für flüssigkeitsgekühlte Motoren. 1931/32 wurde der BMW XII, ein hängender 12-Zylinder-V-Motor für 920 kW (1250 PS) und der BMW XV in gleicher Bauart für 440 kW (600 PS) entworfen. Beide Motoren wurden aber nicht gebaut. Mit dem Wiederaufbau der Luftwaffe ab 1933 wurden die Motorbezeichnungen einheitlich vom RLM vorgeschrieben. BMW erhielt dabei die Einhunderter-Nummernreihe. Der noch in Serie laufende BMW VI hieß nunmehr BMW 106 A ohne Getriebe und BMW 106 D mit Getriebe. 1933 wurde

mit diesem erstmals bei BMW die schon seit dem Ersten Weltkrieg bekannte Benzin-Einspritzung untersucht. Dabei wählte BMW die Direkt-Einspritzung in den Zylinder, ähnlich wie beim Dieselmotor. Im Gegensatz zum Dieselmotor wurde der Einspritz-Vorgang in den Ansaughub verlegt, in dessen Verlauf die Gemischbildung vollzogen werden muß. Dabei ergab der BMW 106-Zylinder keine besonderen Probleme. Mit Leistungen ähnlich dem BMW IX lag der Verbrauch ca. 10 bis 15% niedriger.
Die Konzeption modernerer Reihenmotoren verlangte die hängende Zylinderanordnung, die Möglichkeit der Heißkühlung und außerdem Benzineinspritzung. Für die Steigerung der Hubraumleistung durch höhere Drehzahlen – und damit auch Kolbengeschwindigkeiten – mußten die Ventilquerschnitte vergrößert und Aufladung insbesondere für Höhenleistungen vorgesehen werden. Dabei ging man von einem 20 l – sowie von einem 30 l – Hubraum-Motor aus. Bei BMW waren entsprechende konstruktive Vorstudien bereits mit den Entwürfen des BMW XII für die 30-Liter-Klasse und des BMW XV für die 20-Liter-Klasse erfolgt. Durchkonstruiert und in einigen Stücken gefertigt wurden diese Motoren mit der Musterbezeichnung BMW 112 bzw. BMW 115. Beide Motoren hatten das gleiche Getriebe. Der BMW 115 war als leichter See-Flugmotor, der BMW 112 als Mehrzweck-Muster gedacht. Die endgültige Ausführung der 30-Liter-Klasse sollte der BMW 117, der 20-Liter-Motor der BMW 116 werden. Beide Motoren hatten gleichen Aufbau mit hängenden Einzelzylindern in 60° V-Form, aufgeschweißten Kühlmänteln, gemeinsamem Zylinderkopf, Höhenlader, zwei Ansaugschächten beiderseits des Motors,

Flüssigkeitsgekühlte BMW-Motoren von 1930 – 1936

Muster		BMW IXaU	BMW 106A/D	BMW VIII U	BMW VIIaU	BMW 117	BMW 116
Baujahr		1930	1933	1928	1929	1934/36	1936
Bauart		12-Zylinder- V-Form stehen	12-Zylinder- V-Form stehend	6-Zylinder- Reihenmotor	12-Zylinder- V-Form stehend	12-Zylinder- V-Form hängend	12-Zylinder- V-Form hängend
Kühlung		Wasser	Flüssigkeit	Wasser	Wasser	Flüssigkeit	Flüssigkeit
Bohrung x Hub	mm	160x190	160x190	160x180	160x190	155,6x158	130x130
Gesamthubraum	l	46,9	46,9	21,7	46,9	36	20,76
Verdichtung	(OZ)	7,3 (87)	7,3 (87)	7,3 (87)	7,3 (87)	6,5	6,5
Lader		Eingang				Eingang	Eingang
Propeller-Untersetzung		ohne/0,5	ohne/0,62	0,5	ohne/0,62	0,5	0,52
Abmessungen Länge	mm		1810		2025	1808	1637
Breite	mm		859		846	740	740
Höhe	mm		1114		1045	985	915
Trockenmasse	kg	615/650[1]	540/575[1]	365	615	525	470
Startleistung	kW (PS)	589 (800)	589 (800)	390 (530)	552 (750)	810 (1100)	552 (750)
	1/min	1780	1755	2400	1650	2580	3000
	bar abs.						
Max. Dauerleistung	kW (PS)	442 (600)	397 (540)	294 (400)	441 (600)	669 (905)	456 (620)
am Boden	1/min	1615	1550	2230	1530	2320	2700
Volldruckhöhe	m		0	0	0	3800	3000
Min. Spez. Verbrauch	g/kWh (g/PSh)		258 (190)		306 (225)		
Einheitsmasse	kg/kW (kg/PS)	1,04/1,1 (0,77/0,81)[1]	0,92/0,98 (0,66/0,72)	0,94 (0,67)	1,11 (0,82)	0,648 (0,48)	0,851 (0,63)
Hubraumleistung	kW/l (PS/l)	12,6 (17,6)	12,6 (17,6)	17,97 (24,4)	11,77 (15,99)	22,5 (31)	26,60 (36,1)
Bemerkungen		[1]kleinere Werte ohne Getriebe	Einspritzung			nur Versuchsmotoren	Freigabe für Serienbau

je zwei Ein- und Auslaßventile und einen scheibenförmigen Verbrennungsraum. Der BMW 117 wurde nur als Versuchsmotor mit Benzineinspritzung gebaut. Der Vergasermotor BMW 116 legte die Musterprüfung 1936 ab und wurde für die Serienfertigung freigegeben. Als BMW 116 A und B sollte er mit Benzineinspritzung ausgerüstet werden und der 116 B auch Glykolkühlung erhalten. Außerdem sollte der 116 A mit einem Zweistufenlader 650 kW (880 PS) Startleistung und 565 kW (770 PS) Dauerleistung bis 4000 m erreichen.
Trotz der aussichtsreichen Vorhaben mußte BMW aufgrund einer RLM-Entscheidung zur Jahreswende 1936/37 Entwicklung und Bau von flüssigkeitsgekühlten Motoren einstellen. Ein Grund dafür war, daß die 1928 in Entwicklung und Fertigung genommenen luftgekühlten Flugmotoren die Werkskapazität bereits auslasteten. Für den Serienbau eines flüssigkeitsgekühlten Musters war also zunächst kein Platz. Außerdem hatten sich die Firmen Daimler-Benz und Junkers auf den Bau flüssigkeitsgekühlter Motoren spezialisiert.

BMW-Entwicklungen nach 1938

Zur Steigerung der Leistungsfähigkeit der Serienfertigungen beider Firmen und auch in Voraussicht der dann im Juni 1939 erfolgenden Übernahme der Bramo durch BMW wurde im Herbst 1938 zwischen BMW und Bramo ein Entwicklungsgemeinschaftsvertrag geschlossen. Als Folge wurden ab 30. September 1938 alle laufenden Motorenentwicklungen abgebrochen, z.B. der BMW 139 und Bramo 329. Nach dem Zusammenschluß Mitte 1939 erfolgte eine Umbenennung der Brandenburgischen Motorenwerke in BMW-Flugmotorenwerke Brandenburg GmbH sowie die Zusammenfassung der Entwicklungsbereiche unter Leitung der BMW-Flugmotorenbau GmbH München und zwar in folgender Form: Entwicklung luftgekühlter Flugmotoren in München unter Sachse und in Berlin-Spandau unter Bruckmann, Entwicklung von Strahltriebwerken unter Dr. Oestrich, von Raketenantrieben unter von Zborowski, Gesamtentwicklungsleitung durch Direktor Wolff. Serienmotoren liefen unter der früheren Bezeichnung weiter, für neue Entwicklungen war der Nummernkreis 800 vorgeschrieben. Die zwei Entwicklungsbereiche für luftgekühlte Flugmotoren erhielten getrennte Aufgaben: Der Bereich Berlin-Spandau die Weiterentwicklung des Neunzylinder-Sternmotors, der Bereich München den 14-Zylinder-Doppelsternmotor.
Mit den Erfahrungen des BMW 132 und des Bramo 323 wurde 1940 der Neunzylinder BMW 800 in Angriff genommen. Bei der endgültigen Zusammenlegung dieser beiden Entwicklungsbereiche nach München wurde er 1942 aufgegeben.
Der BMW 800, von dem nur Versuchsmotoren gebaut wurden, hatte bei 29,8 l Hubraum 880 kW (1200 PS). Es ist bekannt, daß bei der DVL ein BMW 800 mit Schiebersteuerung erprobt wurde.

Der erste deutsche Doppelsternmotor BMW 801

Das Schwergewicht der Entwicklung bildete der neue 14-Zylinder-Doppelsternmotor BMW 801, bei dem man die Erfahrungen der Vorläufer BMW 139 und Bramo 329 nutzen konnte.
Die Konstruktion des BMW 801 erfolgte ab Oktober 1938 unter Leitung von Dipl.-Ing. Duckstein. Schon im April 1939 lief der erste Versuchsmotor auf dem Prüfstand. Obwohl noch nicht fertig entwickelt, wurde bereits im Dezember 1939 die Freigabe für die Serienfertigung erteilt, so daß Mitte 1940 die ersten Serienflugmotoren an die Flugzeugindustrie geliefert werden konnten. Der Abschluß der Entwicklung des serienreifen BMW 801 A fällt auf Mitte 1942. Für die Weiterentwicklung des BMW 801 kam erschwerend und zeitverzögernd hinzu, daß das RLM nun die Lieferung von kompletten Motoranlagen (M) und Triebwerken (T) forderte. Der nackte Motor mit allen Geräten sowie der Druckbelüftung mit Lüfter, Leitblechen und Abdichtungsringen mußte zur Motoranlage ergänzt werden, die eine aerodynamische Verkleidung mit allem Zubehör bis Anschlußebene des Motors am Einbaugerüst einschloß. Beim Triebwerk kamen dann noch Einbaugerüst und Abgasanlage hinzu, jedoch nicht die Luftschraube.

◀ Auch BMW beteiligte sich an der Entwicklungsaufgabe der 20- und 30-l-Flugmotoren in hängender V-Bauform. Neben einigen Versuchsausführungen wurde der BMW 116 fertig entwickelt und legte 1936 seine Musterprüfung ab. Von diesem Motor mit 550 kW (750 PS) gab es eine Vergaser- und eine Einspritzausführung.

Wegen Zuliefer-Verzögerungen wurde die erste Motoranlage erst am 12. Mai 1942 fertiggestellt. Vollständige Triebwerke konnten erst ab Mitte 1944 geliefert werden. Die Bezeichnung der verschiedenen 801-Baumuster benötigt fast das ganze Alphabet. Von 22 benannten Baumustern wurden elf mit unterschiedlicher Dauer serienmäßig hergestellt, vier nur als Versuchsmotoren, sieben kamen über das Projektstadium nicht hinaus. Bis zum Abbruch durch das Kriegsende waren schätzungsweise 21 000 BMW 801 gebaut worden, doch läßt die Ermittlung eher eine etwas höhere Gesamtzahl vermuten.

Die auffallendste Neuerung für einen luftgekühlten Doppelsternmotor war das vor dem Motor laufende Lüfterrad, mit dem der gesamte Luftbedarf des Motors gedeckt und die Kühlung, insbesondere im Steigflug, sichergestellt wurde. Der Lüfter drückt die Luft in den sogenannten Stauraum, der durch die Motorhaube und die Luftleitbleche an den Zylindern, die zwischen den Zylindern und gegen die Motorhaube abgedichtet sind, gebildet wird. Aus dem Stauraum, in dem durch diese »Druckbelüftung« ein Überdruck aufgebaut ist, wird die Ladeluft des Motors und die Kühlluft für die Zylinder und Ölkühler entnommen. Ein Teil der Kühlluft strömt durch die Luftleitbleche eng an den Kühlrippen vorbei, tritt auf der Zylinder-Rückseite aus und gelangt schließlich aus der Motorhaube über einen verstellbaren Drosselring ins Freie. Ähnlich strömt Kühlluft – jedoch entgegen der Flugrichtung – zu den Ölkühlern in der Haubennase und tritt auch über einen Drosselring aus, den verstellbaren »Nasenspaltring«. Die verstellbaren Drosselringe ermöglichen die Regelung der Zylinder- und Öltemperaturen. Die aus dem Stauraum entnommene Ladeluft wird durch zwei Kanäle den Ansaugkrümmern und dem Einströmgehäuse mit den Drosselklappen zugeführt. Federbelastete Warmluftklappen öffnen sich bei Vereisung der davor angeordneten Siebgitter selbsttätig.

Das erste Funktionsschema des Kommandogerätes wurde von Prestel aufgezeichnet. Die geniale Konstruktion stammt von Leibach. 1939 trug der BMW-Entwicklungsdirektor Sachse vor Vertretern des RLM und der Industrie im UFA-Palast Berlin darüber erstmalig vor. Zur Begründung für das Kommandogerät stellte Prestel 1941 in einem Bericht die Frage: Was macht ein Pilot, wenn er alle Funktionen einzeln verstellt, dazu bei einer mehrmotorigen Maschine, falls er plötzlich gezwungen wird, einen anderen Betriebszustand einzustellen. Die Antwort kann nur sein: einen Fehler.

Der BMW 801 A mit 41,8 l Hubraum leistete 1175 kW (1600 PS) bei einer Verdichtung von 6,5 und 87 Oktan-Benzin. Nach der RLM-Einteilung war der BMW 801 A für Kampfflugzeuge vorgesehen, z. B. für die Dornier Do 217 und Blohm & Voß BV 141.

Für zweimotorige Kampfflugzeuge wurde die Baureihe BMW 801 B mit linkslaufendem Propeller-Getriebe herausgebracht. Bis auf das Umkehrgetriebe war der 801 B vollkommen gleich dem rechtslaufenden BMW 801 A. Die Flugerprobung ergab, daß auf die Forderung nach verschiedener Propeller-Drehrichtung zugunsten eines einzigen Motorbaumusters verzichtet werden konnte. Deshalb wurde der BMW 801 B aufgegeben.

Der erste aus dem 801 A entstandene Jägermotor BMW 801 C hatte bereits eine hydraulische Luftschraubenregelung mit Sturzflughebel für Sturzflugbremsung und handbetätigter elektrischer Segelstellung. Zur speziellen Verwendung für

Oben: Mit Konstruktionsbeginn im Jahre 1938 entstand der Doppelstern-Flugmotor BMW 801, der eine Reihe von technischen Neuerungen in sich vereinigte. Kennzeichnend für diesen Motor ist das vom Motor angetriebene Kühlgebläse und die sehr sorgfältig ausgebildete Kühlluftführung mit den entsprechend geformten Leitblechen. Hauptkennwerte: 14 Zylinder, Hubraum 41,8 l, Durchmesser 1,30 m. Startleistung anfangs 1175 kW (1600 PS).

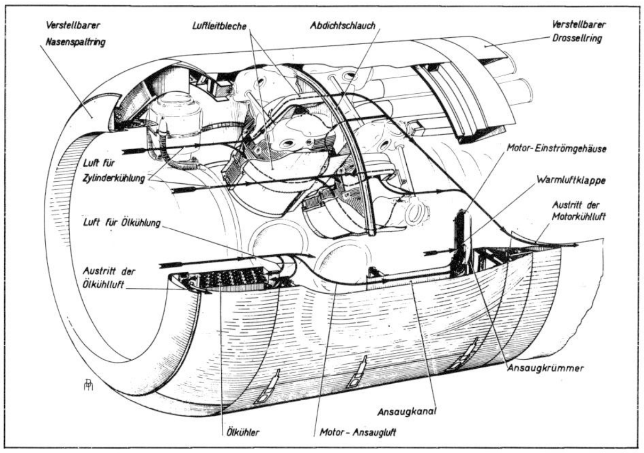

Unten: Die innere Luftführung, mit Verstellringen im Eintritt und im Austritt, bezog auch die Ansaugluft und den von rückwärts durchströmten Ölkühler mit ein.

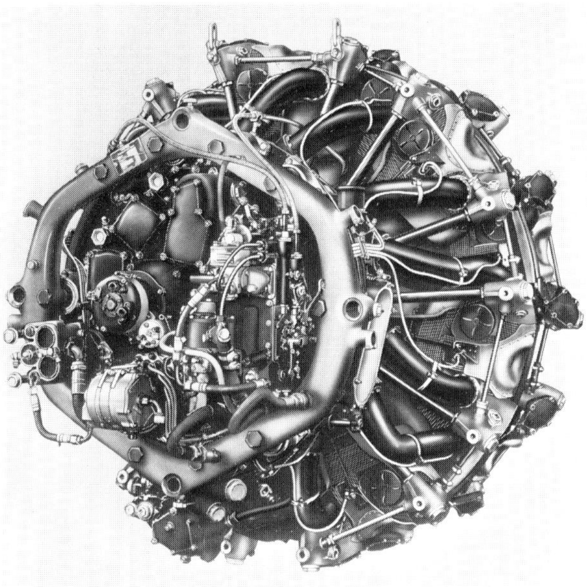

Rückseite des BMW 801 mit dem speziell an die Motorgeräte angepaßten Tragring. Alle BMW 801 hatten eine Deckel-Einspritzpumpe und ein neuentwickeltes Kommandogerät mit Einhebelbedienung.

Jagdflugzeuge erhielt er angepaßte Kopfleitbleche und Druckbelüftung für festeingebaute Waffen. Er wurde in die Fw 190 eingebaut.
Während der Entwicklung der Grundbaureihen BMW 801 und 801 C erkannte man um 1940/41 die Notwendigkeit einer Weiterentwicklung gesteigerter Höhenleistung. Deshalb wurden folgende Baureihen mit Einstufen-Dreigang-Lader geplant:

□ BMW 801 D, auf der Basis des BMW 801 C, mit 87 OZ-Kraftstoff für Jagdflugzeuge
□ BMW 801 G, wie BMW 801 D, jedoch mit rechtslaufendem Getriebe, mit 87 OZ für Kampfflugzeuge
□ BMW 801 H, wie BMW 801 D, jedoch mit linkslaufendem Getriebe, mit 87 OZ für Kampfflugzeuge
□ BMW 801 L, wie BMW 801 G, jedoch mit höherer Verdichtung und 95 OZ.

Endtermin dieser Entwicklung sollte der 31. Juli 1942 sein. Doch schon 1941 mußte diese Entwicklung eines Dreigang-Laders wegen dringender anderer Aufgaben wieder eingestellt werden. Die freigewordenen Motorbezeichnungen wurden für andere Ausführungsformen verwendet.
Mit BMW 801 L wurde nun der BMW 801 A mit voll-hydraulischer Drehzahlregelung bezeichnet. Die Segelstellung erfolgte in jedem Fall durch elektrische Verstellung. Beiden Motoren BMW 801 A und L wurden nur als Motoranlagen BMW 801 MA bzw. ML für Kampfflugzeuge geliefert.
Die Weiterentwicklung ab Juni 1942 diente der Erhöhung der Betriebssicherheit, Verminderung des Fertigungsaufwandes und Änderung von Fertigungsverfahren infolge von Engpässen, teilweise Umstellung von Aluminium auf Stahl, sowie für volle Arktis- und Tropentauglichkeit und Erleichterung der Wartung.
Ab 1944 wurde der 801 L zur Triebwerksanlage 801 TL mit Anbaugerüst und Abgasanlage ergänzt. Die Serientriebwerksanlagen BMW 801 TL war außerdem tropenfest, mit Heizung und festgestelltem Kühlluft-Austritts-Drosselring ausgeführt.
Die Bezeichnung BMW 801 H wurde auf den mit linkslaufendem Getriebe ausgerüsteten 801 L übertragen, der zunächst für die Motoranlage BMW 801 MH geplant, aber erst 1944 mit der Triebwerksanlage BMW 801 TH verwendet wurde. Bei diesem hatte die Motorhaube zwei Ansaugschächte, BMW-Rippenrohr-Ölkühler und einen Vorder- und Mittelpanzer. Zur kurzzeitigen Leistungssteigerung war eine Sonderstoff-Zusatzeinspritzung mit Steuerung vom Kommandogerät vorgesehen. Die für die Fw 190 vorgesehene Triebwerksanlage BMW 801 TH wurde bis zur Serienreife entwickelt, zur Serienfertigung kam es nicht mehr. Nach Aufgabe der Muster BMW 801 D und G mit Dreigang-Ladern wurden 1941 unter gleicher Bezeichnung Motoren für höhere Leistungen entwickelt, gekennzeichnet durch geänderte Laderübersetzungen und höherer Verdichtung bei 95 OZ-Kraftstoff. Damit konnte 1270 kW (1730 PS) Startleistung bei 2700 min^{-1} und 1,39 bar abs Ladedruck gegenüber 1,29 bar abs beim BMW 801 A erreicht werden. Die Volldruckhöhe für die Steigleistung lag bei 5700 m.

◀ Die Jäger und Jagdbomber Focke-Wulf Fw 190 verwendeten vorwiegend BMW 801 D-Motoren mit 1270 kW (1730 PS). Die seitlichen Ausbuchtungen der Motorverkleidung ergeben sich aus den innenliegenden Ansaugschächten.

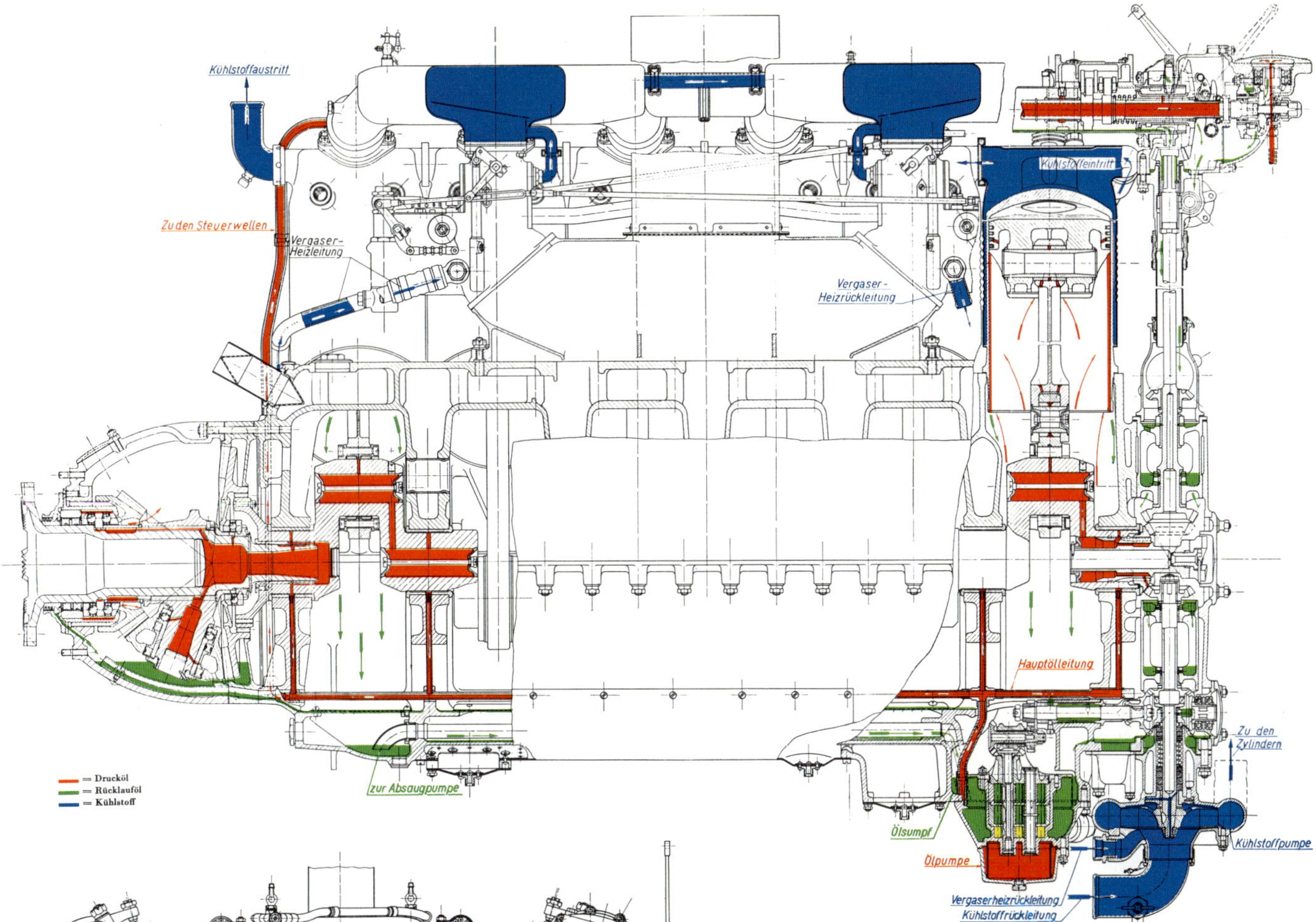

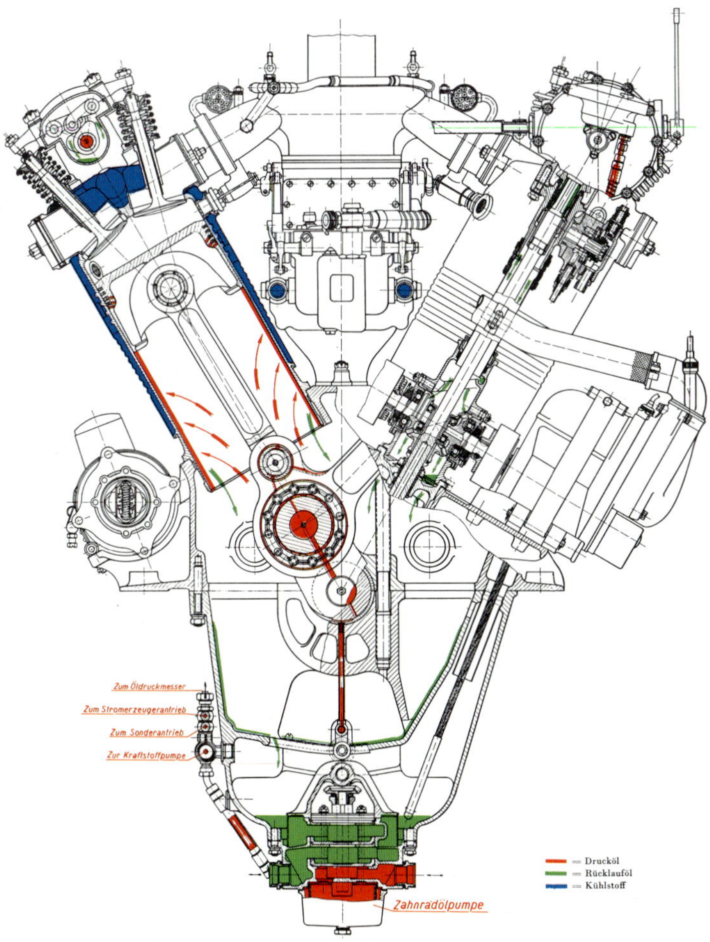

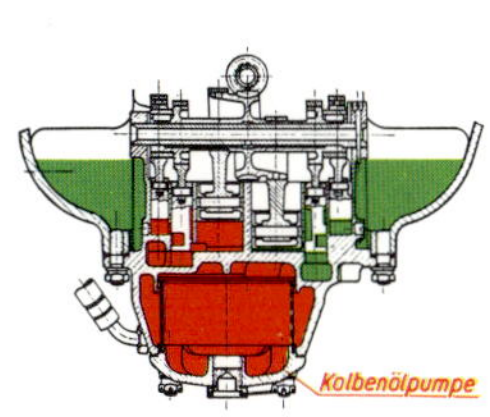

Längs- und Querschnitt des wassergekühlten 12-Zylinder-V-Motors BMW VI mit dem Schmierstoffkreislauf.

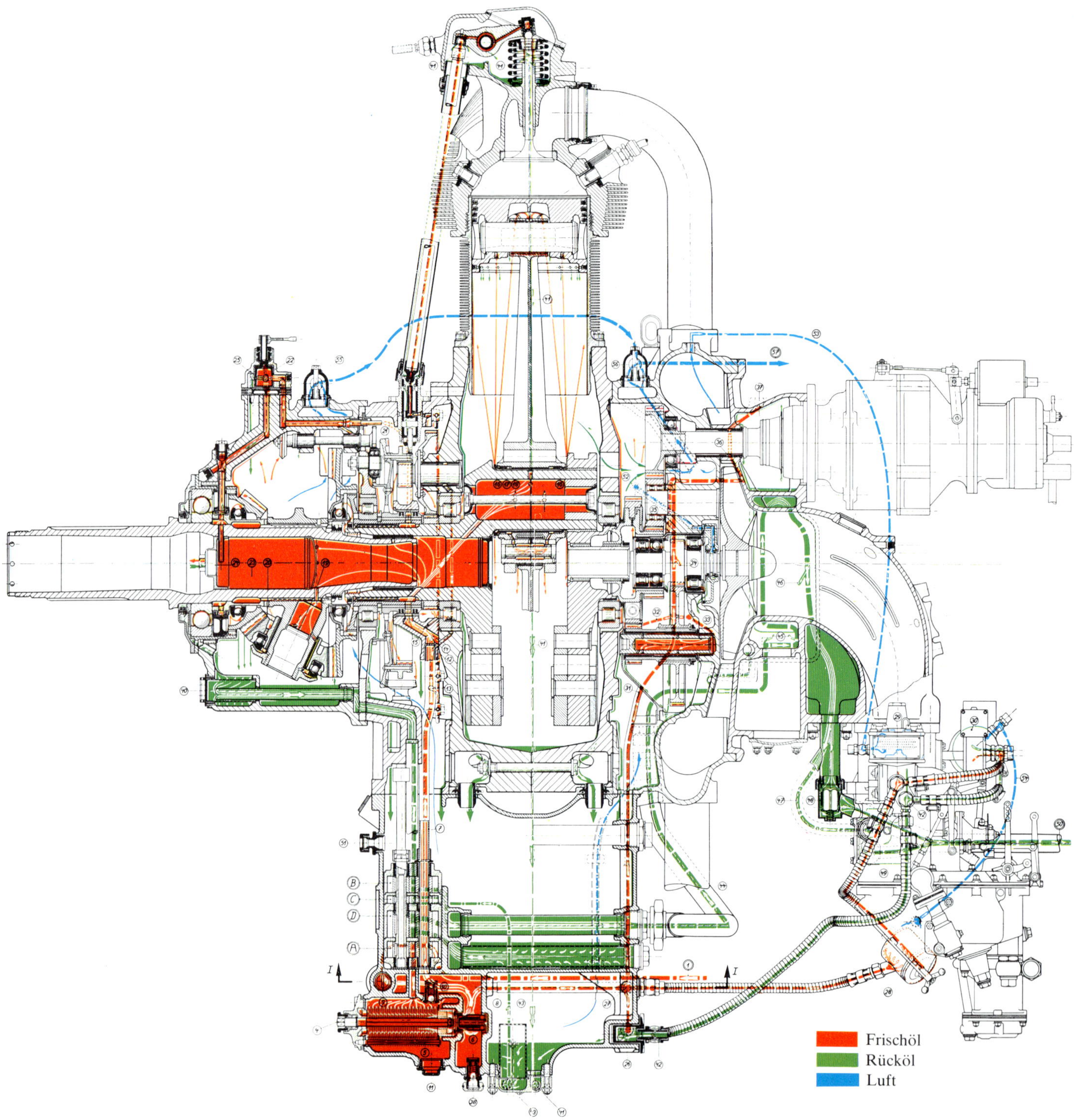

Schmierstoffkreislauf des Neun-Zylinder-Sternmotors BMW 132 Dc mit Saugvergaser und einstufigem Eingangslader.

Längsschnitt des 12-Zylinder-Junkers-Vergaserflugmotors Jumo 210 in hängender V-Bauart.

Längsschnitt des Junkers Sechs-Zylinder-Zweitakt-Dieselflugmotors Jumo 205 mit gegenläufigen Kolben und Spülgebläse.

Zahntriebe am Motor BMW 801 (Untersetzung zur Kurbelwellendrehzahl).

1 Luftschraubenantrieb (0,54)
2 Antrieb der Zündmagneten (0,5)
3 Steuerungsantriebe vorne (0,125)
4 Waffengeberantrieb (0,54)
5 Drehzahlmesserantrieb (0,5)
6 Ölpumpenantrieb für Kommandogerät (1,0)
7 Einspritzpumenantrieb (0,166)
8 Kraftstoff-Förderpumpenantrieb (1,25)
9 Ölpumpenantrieb (1,09)
10 Antrieb für Luftpresser und Stromerzeuger (2,22)
11 Steuerungsantrieb hinten (1,25)
12 Ölabsaugepumpenantrieb (0,98)
13 Lüfterantrieb (1,72)
14 Luftschraubenreglerantrieb (1,036)
15 Luftschraubenverstellgetriebe am Motor (Verstellgerät zu Verstellhülse 88 : 1)

Insgesamt sind 21000 BMW 801-Flugmotoren von Anfang 1940 bis Kriegsende gebaut worden. Die Produktionsspitze lag Anfang des Jahres 1944 mit 1000 Motoren pro Monat.

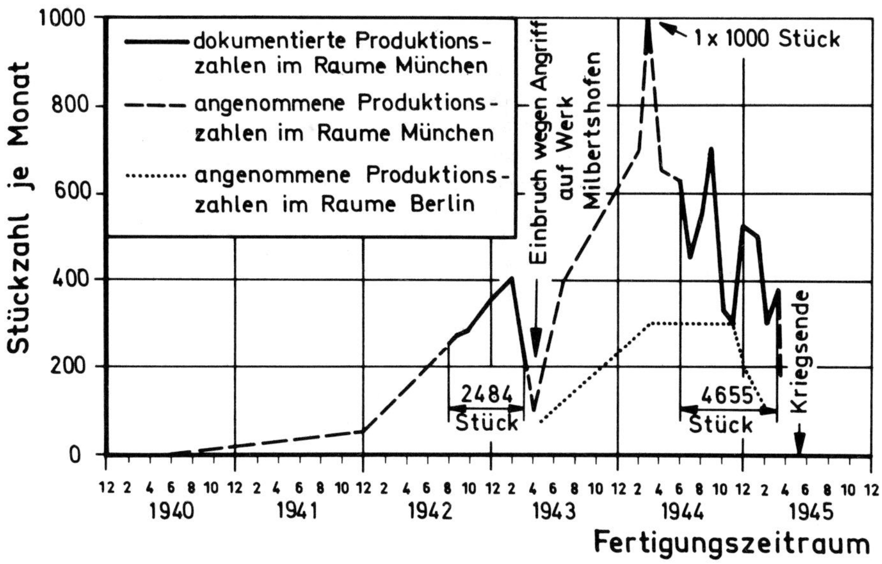

Der Motor BMW 801 G entsprach dem 801 D, war jedoch für Kampfflugzeuge vorgesehen und gehörte zur Triebwerksanlage 801 TP. Wie die Triebwerksanlage TL war sie tropenfest und mit endgültigen Flammenvernichtern ausgerüstet.
In die gleiche Klasse gehören die BMW 801 U und 801 W, die 1944 zur Serienfertigung kamen. Der BMW 801 U gehörte zum Lieferumfang der Triebwerksanlage 801 TU, die von BMW in die Serienfertigung für Focke-Wulf Jagdflugzeuge eingeführt wurde.
Die Geschichte des BMW 801-»Heimatstoffmotors« begann, als bereits eine längere Kriegsdauer abzusehen war. Zu diesem Zeitpunkt wurden Versuche angestellt, um schwer beschaffbare Legierungsbestandteile durch einheimische zu ersetzen. Im Januar 1941 lag folgendes Ergebnis vor: Insgesamt können 687 Bauteile auf einheimische Werkstoffe umgestellt und davon 280 ohne Erprobung in die Fertigung übernommen werden. 460 Teile sind von molybdänhaltigem in molybdänfreien Stahl zu ändern. An 227 Teilen waren 80 kg Kupfer, 20 kg Nickel, 3 kg Zinn und 0,5 kg Cadmium einzusparen bzw. zu ersetzen.
Die immer dringenderen Forderungen nach höheren Leistungen gingen in zwei Richtungen, erstens zur Leistungssteigerung der Bodenmotoren mit genügender Leistungsreserve für mittlere Höhen und zweitens zu ausgesprochenen Höhenmotoren mit Reserven für große Höhen.

Weiterentwicklung des BMW 801 für mittlere Höhen

Bei diesen Motoren wurde die Startleistung von mindestens 1470 kW (2000 PS) gefordert. Der entsprechend neu zu entwickelnde leistungsgesteigerte Motor wurde abgeleitet vom BMW 801 D und führte die Bezeichnung 801 E (V). Die Leistungserhöhung von ca. 1250 auf 1470 kW (von 1700 auf 2000 PS) bei gleichem Hubraum machte eine Reihe von Verbesserungen notwendig.
Zunächst wurde der Lader aerodynamisch verfeinert und eine höhere Drehzahl für den Bodengang gewählt. Den Ladedruck für die Fünfminuten-Startleistung erhöhte man auf 1,62 bar abs. Wegen der höheren thermischen und mechanischen Belastungen mußte ein verbesserter Kolben und ein im Kokillenguß hergestellter Zylinderkopf entwickelt werden. Für die größeren mechanischen Belastungen mußten auch die Getriebe verbessert und das Ölsystem durch Einbau einer Entschäumungszentrifuge sicherer gestaltet werden. Der BMW 801 E (V) erreichte eine Startleistung von 1470 kW (2000 PS) bei einer Drehzahl von 2700 min^{-1} und 1,62 bar abs Ladedruck. Mit gleichem Ladedruck und gleicher Drehzahl konnten 1257 kW (1710 PS) bis zu 5650 m gehalten werden. Die Volldruckhöhe bei Dauerleistung lag zwischen 7000 und 8000 m. Im Juli und August 1942 wurden mit dem Motor mehrere 100-Stunden-Läufe nach Musterprüfbedingungen durchgeführt und ein Fünf- sowie Zehn-Stunden-Lauf mit 1618 kW (2200 PS) und des weiteren fünf Minuten mit 1691 kW (2300 PS) ebenfalls störungsfrei überstanden. Dabei zeigte der 801 E (V) noch Reserven. Er wurde 1942 zur Serienfertigung freigegeben. Die zugehörige Triebwerksanlage des 801 E (V) war der entwikkelte BMW 801 TG mit Flammenvernichtern. Für die Kampfflugzeuge Ju 88 und Ju 188 vorgesehen, sollte die Lieferung 1943 begonnen werden. Dazu kam es aber nicht, es wurden nur Versuchsanlagen gebaut. Als gleichwertiger Motor für die Fw 190 wurde der BMW 801 E mit der Triebwerksanlage 801 TH in die Fertigung übernommen. Er glich dem 801 E (V), war aber für die Jagdflugzeuge mit dem

BMW-Rippenrohrkühler ausgestattet. Die immer fühlbareren Kriegseinwirkungen führten zu Verzögerungen, so daß Motor und Triebwerksanlage nicht mehr zur Fertigung kamen. Nur Versuchsmotoren waren bis Kriegsende vorhanden.

Um die durch Verzögerng des 801 E bzw. 801 TH entstandene Lücke in der Lieferung von 2000 PS-Motoren zu überbrücken, entstand als Zwischenbaumuster zwischen dem 801 D und 801 E der BMW 801 S mit der 1470 kW (2000 PS) Grundleistung, der mit der Triebwerksanlage BMW 801 TS ausgeliefert wurde. Ab 1945 durfte er mit 1620 kW (2200 PS) Notleistung betrieben werden. Er besaß gleiche Laderübersetzungen wie der 801 E, Lader mit Vorsatzläufer und Zylinder aus Kokillenguß wie der 801 E. Die Leistungsdaten entsprachen dem 801 E. Die Triebwerksanlage ähnelt dem BMW 801 TU. Bedingt durch den Kriegsverlauf ist die BMW 801 TS die letzte in Serie hergestellte Anlage. Sie wurde in die Fw 190 eingebaut.

1945 wurde noch ein Versuch zur weiteren Leistungssteigerung unternommen. Aus dem BMW 801 E wurde der 801 F, eine neue Baureihe mit vielen Verbesserungen wie z.B.: Verstärkung der Kurbelwelle, Gegengewichte mit Schwingungsdämpfern, vergrößerte Einlaß- und Auslaßventile bei größerem Ventilhub und geänderten Steuerzeiten, vergrößerter Einspritzpumpe, verbesserter Lufteinlauf über Außenhutzen vor Flügelnase, nochmalige Erhöhung der Laderübersetzungen, verbesserte Innen- und Außenaerodynamik der zugehörigen Triebwerksanlage 801 TF. Die Anbaumöglichkeit eines zusätzlichen Abgasturboladers war gleichzeitig vorgesehen. Als Startleistung wurden 1765 kW (2400 PS) und als Kampf-Leistung 1620 kW (2200 PS) gefahren. Die Volldruckhöhe war wie beim 801 E mit 7000 bis 8000 m vorgesehen. Am Prüfstand konnte die Leistung sogar auf 1910 kW (2600 PS) gesteigert werden. Die Prüfstands- und Flugversuche verliefen erfolgversprechend. Der 801 F sollte mit der Triebwerksanlage BMW 801 TF in den Jäger TA 152 eingebaut werden, wobei Focke-Wulf zur Verbesserung der Zellenschwerpunktslage eine Verlängerung der Triebwerksanlage um 250 mm vorschrieb. Die äußeren Umstände zwangen zur Aufgabe dieses fortschrittlichen Motors.

Entwicklung der Höhenmotoren

Die Überlegungen zur Entwicklung der Höhenmotoren gehen auf das Jahr 1937 zurück. Man erkannte die Notwendigkeit eines Zusatzladers für Höhen bis 12000 m, der zweckmäßigerweise durch eine Abgasturbine angetrieben werden sollte. Diese wurde in der BMW-Vorentwicklung unter Dr. K. Löhner von Dr. Müller-Berner entwickelt. 1937 begannen die Arbeiten an luftgekühlten Turbinenschaufeln für die Abgasturbine. 1939/40 entstand der Turbolader. Der Grundmotor BMW 801 D mit dem neuen Turbolader wurde als Gesamtheit zum BMW 801 J. 1943 war er so weit entwickelt und in Versuchsläufen und -flügen mit der Ju 88 D geprüft worden, daß er in Serie gefertigt und den Flugzeugherstellern zur Verfügung gestellt werden konnte. Der Turbolader bestand im wesentlichen aus einem zweimal gelagerten Läufer, Turbinenrad auf der einen Seite und Laderrad auf der anderen Seite freifliegend angeordnet, mit gepreßten Turbinenhohlschaufeln. Die Drehzahl war 22000 min^{-1}, die Umfangsgeschwindigkeit 376 m/s. Der Lader war mit einem Vorsatzläufer versehen. Er sollte an einem 1470 kW (2000 PS) Motor angebaut werden können und 12000 m Volldruckhöhe bringen. Die Ladeluft von Motor- und Turbolader wurde in vierringförmig angeordneten Ladeluftendkühlern gekühlt und über einen Ladeluftsammler den Zylindern zugeführt. Durch eine Doppelhaube mit einer Vergrößerung des Außendurchmessers auf 1440 mm konnten geordnete und übersehbare Strömungsverhältnisse geschaffen werden. Ein wesentlicher Teil der Entwicklung betraf eine einfache und brauchbare Turbinenregelung, abgestimmt auf die BMW 801-Regelung mit Kommandogerät. Die Maximaldrehzahl des Motors wurde auf 2650 min^{-1} festgelegt. Bei dieser Drehzahl kam er am Boden auf eine Startleistung von 1330 kW (1810 PS) und in 11500 m auf eine Maximalleistung von 1090 kW (1485 PS). Da der BMW 801 J nur als Studienobjekt für Höhenmotoren gedacht war, wurde er in dieser Form zunächst nicht weiter verfolgt. Gleichzeitig mit dem 801 J war eine Baureihe 801 K geplant, die aber nicht zur Ausführung kam.

1943/44 entstanden mehrere Projekte für weitere Höhenmotoren. Zunächst wurden die Motoren BMW 801 M mit Triebwerksanlage BMW 801 TM und BMW 801 N mit Triebwerksanlage BMW 801 TN projektiert. Beide waren auf dem BMW 801 E aufgebaut, also mit einer Bodenleistung von 1470 kW (2000 PS), und besaßen neue Abgasturbolader. Die Triebwerksanlage BMW 801 TM sollte für Höhenkampfflugzeuge und die BMW 801 TN für Höhenjagdflugzeuge eingesetzt werden. Jedoch war zur Entwicklung eines neuen Turboladers keine Zeit vorhanden. Deshalb versuchte man den Turbolader des 801 J an einem 801 E also auch mit 1470 kW (2000 PS) Bodenleistung, anzubauen unter der Motorbezeichnung BMW 801 Q bzw. als Triebwerksanlage BMW 801 TQ 1 für Höhenkampfflugzeuge und BMW 801 TQ 2 für Höhenjagdflugzeuge. Über Vorversuche kam man dabei nicht hinaus. Alle vier Projekte, BMW 801 TM, TN, TQ 1 und TQ 2 wurden 1944 wieder aufgegeben. 1943 wurde die Entwicklung eines Höhenmotors BMW 801 Ds begonnen. Er sollte auf einem leistungsgesteigerten 801 D-Motor mit 1470 (2000 PS) Bodenleistung und einem Abgasturbolader aufgebaut und außerdem voll tropen- und arktistauglich sein. Bei Kriegsende war die Entwicklung noch nicht abgeschlossen.

Die interessante Entwicklung eines Höhenmotors für die Volldruckhöhe von 11000 m ohne Abgasturbolader sollte zu einem ganz neuen Baumuster BMW 805 führen. Aber

1943 war bereits deutlich, daß hierfür keine Fertigungsmöglichkeiten bestanden. Dies zwang zu einer Triebwerksanlage, bei der möglichst viele Ideen des BMW 805 mit möglichst vielen Teilen des 801 verwirklicht werden konnten. Der Motor hieß BMW 801 R, die ursprünglich für den BMW 805 vorgesehene Triebwerksanlage BMW 801 TR. Vom BMW 801 E wurden die Zylinderköpfe, der Kurbeltrieb und andere Teile übernommen. Neu war der Lader mit zwei Stufen und für jede Stufe mit zwei Gängen, ein Zwei-Stufen-Vierganglader. Für die Ladeluft waren Zwischen- und Endkühler vorgesehen. Das Lüfterrad bekam einen vorgeschalteten, höhenabhängig kontinuierlich geregelten Verstelleitapparat. Die Triebwerksanlage wurde weiter aerodynamisch verbessert. Eine vollautomatische Kühlluftregelung mittels Spreizklappen steuerte die Kühldruckdifferenzen, die vorher nach Flugparametern für festgelegte Zylinderkopftemperaturen ausgelegt waren. Das Kommandogerät entsprach der 801 D-Ausführung, war aber zur Kühlluftregelung erweitert. Außerdem war eine Regelanlage für Alkohol-Wassereinspritzung unterhalb und GM 1-Einspritzung oberhalb der Volldruckhöhe angebracht. Der Motor war für 1470 kW (2000 PS) Bodenleistung bei 2700 min^{-1} und eine Höhenleistung bei der gleichen Drehzahl von 1030 kW (1400 PS) in 11000 m Höhe ausgelegt. Konstruktiv war er werkstattreif durchgearbeitet. Auch dieser Motor wurde 1944 zu den Akten gelegt. Dafür sprachen einerseits Kapazitätsgründe, und andererseits konnte der Bedarf in dieser Leistungsklasse zeitiger durch die Motoren Jumo 213 und DB 603 gedeckt werden.

Als 1945 plötzlich doch ein Höhenmotor gebraucht wurde, mußte man auf das »Studienobjekt« BMW 801 J zurückgreifen. Dieser wurde noch in einer O-Serie als BMW 801 TJ-O-Triebwerksanlage, jedoch mit Handregelung des Turboladers, gebaut. Er sollte dann mit automatischer Turboladerregelung durch das Kommandogerät als BMW 801 TJ-1 in die Serienproduktion übernommen werden, zu der es jedoch nicht mehr kam.

Vom BMW 802 bis zum 805

Neben den geschilderten Entwicklungen in Verbindung mit dem BMW 801 liefen auch Entwicklungsarbeiten für ganz neue und größere Motoren. Schon 1939 wurde der luftgekühlte 18-Zylinder-Doppelsternmotor BMW 802 projektiert. Bis zu seiner Streichung aus dem Entwicklungsprogramm Mitte 1942 waren einige Versuchsmotoren gebaut. Durch gleichzeitige Entwicklung der Verkleidung war es möglich, die ganze Triebwerksanlage sowohl außen wie innen für geringsten Luftwiderstand auszulegen. Der Raum hinter dem Lüfter wurde als Diffusor ausgebildet, aus dem der vor dem Motor angeordnete Zweistufenlader mit je zwei

Baureihenübersicht BMW 801

A	1175 kW (1600 PS)	rechtsdrehend, elektrische Luftschrauben-Verstellung, Serien-Motoranlage MA 1939–43
B	1175 kW (1600 PS)	linksdrehend, sonst wie A und MA, Serie eingestellt
C	1175 kW (1600 PS)	wie A, mit hydraulischer Luftschrauben-Regelung
D	1175 kW (1600 PS)	Projekt mit Einstufen-Dreiganglader
D2	1270 kW (1730 PS)	Serienmotoranlagen MG 1941–45, höhere Verdichtung, Kraftstoff C3
DS	1470 kW (2000 PS)	Projekt mit Turbolader für Triebwerksanlage TM
E	1470 kW (2000 PS)	Versuchsmotor, ähnlich D2, für Triebwerksanlage TG und TH
F	1765 kW (2400 PS)	verbesserter Versuchsmotor E für Triebwerksanlage TF
G	1270 kW (1730 PS)	wie D2, Serien-Bombertriebwerksanlagen TL und TP, 1941–45
H	1175 kW (1600 PS)	Projekt wie A, mit schnellaufendem Linksgetriebe
J	1330 kW (1810 PS)	wie D2, mit Turbolader, Nullserientriebwerks-Anlage TJ0, nur Projekt
K		Projekt, nicht ausgearbeitet
L	1175 kW (1600 PS)	wie A, mit hydraulischer Luftschrauben-Regelung, Motoranlage ML, Serie 1939–43
	1270 kW (1730 PS)	mit neuem Rechtsgetriebe, Serientriebwerk TL, ab 1944
M	1470 kW (2000 PS)	Projekt wie DS, mit neuem Turbolader, Triebwerk TM
N	1470 kW (2000 PS)	Projekt wie E, mit neuem Turbolader, Triebwerk TN
Q	1470 kW (2000 PS)	Projekt wie J, für Triebwerksanlage TQ
R	1470 kW (2000 PS)	Projekt wie E, mit Zweistufen-Vierganglader, Triebwerk TR
S	1620 kW (2200 PS)	wie E, mit Notleistung, Serienjägertriebwerk TS, 1944–45
U	1270 kW (1730 PS)	wie D2, Serienjägertriebwerk TU, 1944–45
W	1270 kW (1730 PS)	Sonderausführung (Siehe G) der Triebwerksanlage TP
Heimstoff-motor	(1600 PS)	Versuchsmotor zur Einsparung von Legierungswerkstoffen

Erklärungen:
Nackter Motor (z. B. BMW 801 C): Motor mit allen Geräten, einschl. Luftschraubenverstellgetriebe, mit Lüfter, Leitblechen und Abdichtungsringen für die Druckbelüftung.
Motoranlage (z. B. BMW 801 MA): Nackter Motor mit vollkommener aerodynamischer Verkleidung einschl. allem Zubehör bis vor die Anschlußebene des Motors am Einbaugerüst.
Triebwerksanlage (z. B. BMW 801 TF): Motoranlage mit Einbaugerüst und Abgasanlage
Einheitstriebwerk: Triebwerksanlage mit genormten Anschlußstellen sowohl am Einbaugerüst als auch am Zellen-Brandschott, verwendbar für verschiedene Flugzeugtypen verschiedener Hersteller.

▲ In der Junkers Ju 388 kam der Abgasturboladermotor BMW 801 J in beschränkten Umfang gegen Ende des Krieges zum Einsatz. Äußeres Kennzeichen ist das obenliegende Abgasrohr, das direkt an den Abgasturbolader angeschlossen war.

◀ Die Abgasturboladerausführung BMW 801 TJ als Höhenmotor mit 11 000 m Volldruckhöhe für Höhenaufklärer und Nachtjäger Junkers Ju 388 stellte den Schluß der 801-Entwicklung dar. Vom Normalmotor unterschied sich diese Triebwerksanlage durch den hinten oben angeordneten BMW-Abgasturbolader und die vier segmentartigen Ladeluftkühler.

Gängen auf kürzestem Wege die Ladeluft entnehmen konnte. Zwischen Laderaustritt und Zylindereintritt waren neun Endkühler geschaltet. Überlegungen zur Kühlluftregelung durch Verstellung eines Ringspaltes wurden angestellt, ebenso für eine Luftschraube mit innerer Umlaufhaube zur Verringerung der Strömungsstörungen durch die Blattfüße. Alle Einlaßventile waren auf der Vorderseite, alle Auslaßventile auf der Hinterseite der Zylinder angebracht. Für jede Ventilart wurde eine Nockenscheibe vorgesehen, die über ein Planetengetriebe gegeneinander verstellbar waren, so daß die Ventilüberschneidungen geändert werden konnten – kleine für Anlassen sowie Leerlauf und große bei hohen Leistungen. Schwierigkeiten ergaben sich bei der Kühlung auf der Auslaßseite der Zylinder. Der vor dem Motor angeordnete Lader bewährte sich zwar, aber die Montage des Propellergetriebes war schwierig. Mit Dreigang-Einstufenlader wurden Leistungen bis 1 800 kW (2 450 PS) bei 2 600 min^{-1} erreicht. Mit einer erfolgreichen Weiterentwicklung wären im Vergleich zum BMW 801 Maximalleistungen von 2 060 bis 2 130 kW (2 800 bis 2 900 PS) erreichbar gewesen. Eine zusätzlich angebaute Abgasturbine sollte ihre Leistung direkt an die Kurbelwelle abgeben.

Um rechtzeitig einen Motor der Leistungsklasse von 2 900 bis 3 700 kW (4 000 bis 5 000 PS) bereitzustellen, wurden bereits 1939 Studienarbeiten durchgeführt und im Sommer des gleichen Jahres Entwicklungsarbeiten begonnen. Dieser Motor BMW 803 A wurde als Doppelmotor aus zwei 14-Zylinder-Stern-Einspritzmotoren ausgelegt. Wegen der vier hintereinander liegenden Zylindersterne ging man auf Flüssigkeitskühlung über. Die Ladeluft wurde zuerst von einem

▲
Der 18-Zylinder-Doppelsternmotor BMW 802 war zwar schon 1939 projektiert, aber zu einer Serienfertigung kam es nicht mehr. Auf dem Prüfstand erreichte er Leistungen bis 1 800 kW (2 450 PS). Hauptkennwerte: 18 Zylinder, Hubraum 63 l, Trockenmasse 1 780 kg, Durchmesser 1,50 m.

Zur 4 000 PS (2 940 kW)-Leistungsklasse zählte der 28-Zylinder-Vierfachsternmotor BMW 803, der jedoch im Gegensatz zum 801 und 802 flüssigkeitsgekühlt war. Von diesem 84 l-Motor sind nur wenige Versuchsausführungen gebaut worden. ▶

Der schematische Schnitt der Motoranlage des BMW 802 zeigt die sorgfältige Gestaltung der inneren und äußeren Aerodynamik. Die Gesamtlänge vom Lufteintritt bis zum Brandschott beträgt 2,40 m. ▼

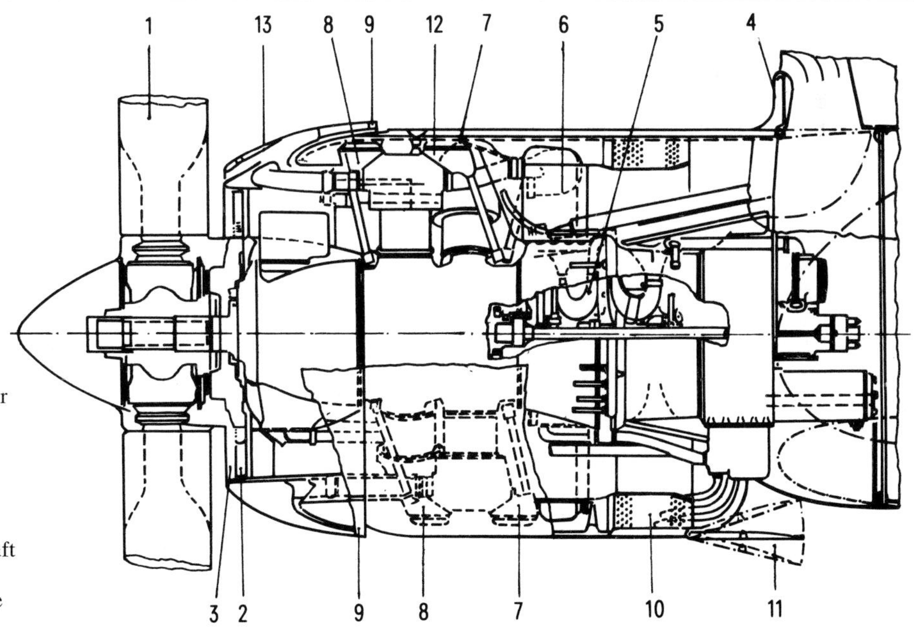

1 Propeller
2 Lüfterrad
3 Kühllufteintritt
4 Ladelufteintritt
5 Zweistufen-Vierganglader
6 Ladeluftsammler
7 Einlaßventile
8 Auslaßventile
9 Abgasaustritt
10 Ölkühler
11 Spreizklappen für Kühlluft
12 Klappe für Ölkühler
13 feststehende Motorhaube

◀ Bei BMW wurden, wie auch bei den anderen Motorenfirmen, zahlreiche Varianten, Sonderausführungen und Zukunftstriebwerke untersucht. So hatten z. B. die Projekte P-8010 und 8013 umlaufende Propellerhauben mit regelbaren Lufteintritten und vor dem Zylinderstern angeordnete Zweistufenlader. Die Gesamtlänge der Triebwerksgondel betrug bei diesen Entwürfen etwa 3,30 m, der Durchmesser 1,45 m. ▼

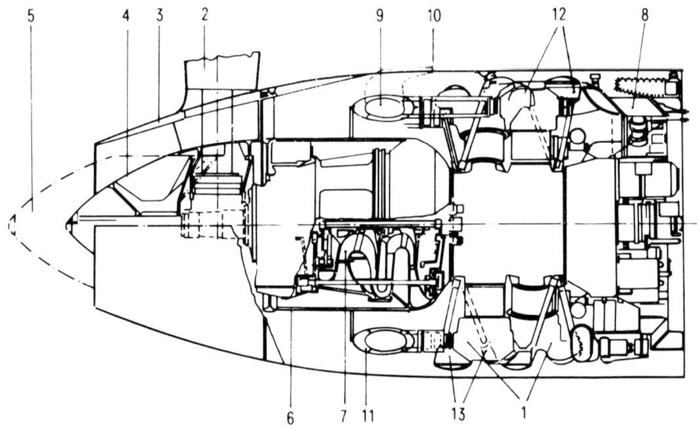

1 18-Zyl.-Doppelsternmotor
2 Propeller
3 äußere umlaufende Haube
4 innere umlaufende Haube
5 Regelpilz für Eintrittsquerschnitt
6 Ansaugfilter
7 Zweistufen-Viergang-Lader
8 Ladeluft-Endkühler
9 Abgassammler
10 Abgasaustritt
11 Lufterhitzer
12 Einlaßventile
13 Auslaßventile

Zweistufen-Vierganglader, später von einem Einstufen-Dreiganglader aufgeladen. Die beiden Teilmotoren waren wahlweise abschaltbar. Die Leistung wurde auf zwei gegenläufige Dreiblatt-Schrauben übertragen, die vordere über ein Umlaufgetriebe, die hintere über ein Vorgelege gleicher Untersetzung. Bohrung und Hub entsprechen denen des BMW 801, der Hubraum betrug 83,6 l. Bei 2800 min^{-1} sollte der Motor 2940 kW (4000 PS) und bei 3000 min^{-1} mit Zusatzeinspritzung 3310 kW (4500 PS) leisten. Wegen anderer größerer Dringlichkeiten konnte die Entwicklung des BMW 803 A nicht mit Nachdruck vorangetrieben werden. Trotzdem hatte er einen Entwicklungsstand erreicht, daß Mitte 1944 eine Nullserie mit Lieferbeginn ab Mai 1945 in Auftrag gegeben wurde. Vorgesehen waren diese Motoren für das Großflugboot-Projekt BV-P200. Zusätzlich wurde an einer anderen Version dieses Motors mit Schiebersteuerung, dem BMW 803 T, gearbeitet. Die Schieber wurden noch an Einzylindern erprobt.

Im September 1941 wurde der BMW 804 als 14-Zylinder-Doppelstern-Einspritzmotor mit 45,5 l Hubraum geplant. Im ersten Entwicklungsstadium sollten 1470 kW (2000 PS) erreicht werden. Mit einem Einstufen-Dreiganglader wurde eine Volldruckhöhe von 7000 bis 8000 m und mit einem Zweistufen-Vierganglader eine solche von 12000 m erwartet. Dieses Projekt mußte 1942 gestrichen werden.

Als die Leistung der Motoren BMW 801 D und S über 8000 m Höhe nicht mehr ausreichte, erfolgte eine neue Auslegung als BMW 805 auf 1765 kW (2400 PS) mit 12000 m Volldruckhöhe. Dieser Motor war wie der BMW 801 aufgebaut, hatte aber folgende Verbesserungen: Neuer Zylinderkopf

mit größeren Ventilen und vergrößertem Ventilhub, größere Gaswechselquerschnitte durch geänderte Steuerzeiten, hydraulischer Ventilspielausgleich, neugestalteter Kurbeltrieb für Drehzahlen bis 2900 min^{-1}, Kurbelwelle mit Schwingungsdämpfer, Lüfter mit starrem Laufrad und verstellbarem Eintrittsleitapparat, als Höhenmotor Zweistufen-Grenzlader mit vier Gängen sowie Zwischen- und Endkühlung der Ladeluft. Der BMW 805 mußte 1944 auch aufgegeben werden. Viele Teile wurden daraufhin für den Motor BMW 801 R bzw. die Triebwerksanlage BMW 801 TR übernommen.
Von den zahlreichen Projekten, die in dem Entwicklungszeitraum von 1939 bis 1945 untersucht wurden, ist eine Aufstellung vom April 1942 erhalten geblieben. In ihr sind 33 Projekte unter den Nummern P 8000 bis P 8032 zusammengefaßt. Viele dieser Projekte verfolgten das Ziel, die Aerodynamik der ganzen Triebwerksanlage außen und innen zu verbessern. Dieses führte zur Idee einer mit der Luftschraube umlaufenden Doppelhaube mit oder ohne Verstellpilz. Andere Projekte beinhalteten Änderungen von Laderübersetzungen oder Laderausführungen, auch mit Turbolader oder mit auf die Motorwelle arbeitenden Abgasturbinen. Weitere Projekte untersuchten den günstigsten Weg für die Ladeluft, wodurch Projekte mit den vor dem Zylinderstern liegenden Ladern entstanden. Weiterhin wurden verschiedene Anordnungen von Ladeluftzwischen- und -endkühlern, Dralldrossel, Gegenlaufgetriebe, Fernantriebe und Drehschiebersteuerung untersucht.
Rückblickend betrachtet war es sicherlich bedauerlich, daß die vielen neuartigen Ideen in den Konzeptionen der BMW 802, 803, 804 und 805 nicht mehr verwirklicht werden konnten. Aber auch bei BMW war das Zeitalter der Turbinen-Luftstrahltriebwerke bereits angebrochen.

Die Entwicklung der Junkers-Flugmotoren

Die Junkers-Vergasermotoren bis zum L5

Der erste Junkers-Flugmotor, ein luftgekühlter Sechszylinder-Reihenmotor von zunächst 55 kW (75 PS), wurde ab 1919 entwickelt, kam 1920 auf den Prüfstand und flog 1925 in den Junkers-Sportflugzeugen T 26 und T 29. Der L 1 besaß eine Zwangskühlung mit einem großen Lüfterrad, das direkt von der Kurbelwelle angetrieben wurde. Mit dem von 5,2 auf 6,6 l vergrößerten Gesamthubraum konnte die Startleistung beim L 1 bis auf 62 kW (85 PS) gesteigert werden. Nur geringe Stückzahlen sind gebaut worden. Am Deutschen-Rundflug 1925 nahm eine Junkers T 29 teil, die mit einem Junkers-Doppelflügel versehen war.
Der L 1-Motor entstand in der Zeit des Bauverbotes bzw. im Rahmen der Begriffsbestimmungen des Versailler Vertrages.

Der erste Junkers Flugmotor L 1 war ein luftgekühlter Reihenmotor mit Kühlgebläse. Er leistete anfangs 55 kW (75 PS), später 62 kW (85 PS) und war nur in einigen wenigen Junkers-Sportflugzeugen eingebaut.

Die Wahl der Luftkühlung bei diesem Reihenmotor, mehrere Jahre vor den Argus- und Hirth-Motoren, steht im Zusammenhang mit den Arbeiten von Professor Hugo Junkers über den Wärmeübergang bei Gasbadeöfen und Untersuchungen, die er in seiner Forschungsanstalt in Aachen durchführte. Dort wurden im Windkanal neben systematischen Tragflügelprofilmessungen auch Grundlagen für Schaufelprofile von Lüftern und Gebläsen erarbeitet.
Eine zweite Motorenentwicklung begann 1923 bei Junkers, als für das in Serie gebaute Verkehrsflugzeug Junkers F 13 nicht mehr genügend Motoren aus den Restbeständen des ersten Weltkrieges zur Verfügung standen. Der Bau von Viertakt-Vergaser-Flugmotoren lag ursprünglich nicht im Arbeitsprogramm von Professor Junkers, doch war schon 1922 der Mangel an Motoren so groß, daß kaum zwei oder drei F 13 den gleichen Motor hatten. Da die anderen deutschen Motorenwerke, soweit sie noch existierten, die Fertigung von Flugmotoren unter dem Druck der Bestimmungen des Versailler Vertrages und wegen der ungewissen Wirtschaftslage eingestellt hatten, entschloß sich Professor Junkers, in seinen eigenen Betrieben Vergaserflugmotoren der 200 PS-Klasse zu bauen. In den Junkers-Werkstätten waren bereits Ersatzteile für BMW-Motoren gefertigt worden, so daß es nahe lag, sich bei der Neuentwicklung an diese bewährte Bauform anzulehnen. Die Bayerischen Motorenwerke in München, zu dieser Zeit am Flugmotorenbau nicht interessiert, hatten gegen ein »Nachempfinden« der BMW

IIIa (Hub und Bohrung gleich mit Junkers L 2) und BMW IV (gleich mit L 5) nichts einzuwenden.
Die seit 1915 ruhende »Junkers Motorenbau GmbH« wurde 1923 wieder aktiviert und übernahm die Weiterentwicklung der stationären Dieselmotoren zu Flugmotoren sowie die Entwicklung und Herstellung von Vergaser-Flugmotoren für den eigenen Bedarf, d. h. zum Einbau in Junkers Flugzeugen. Da die Baubeschränkung zu dieser Zeit nur Motoren bis 147 kW (200 PS) ohne Aufladung erlaubte, entstand unter Leitung von Otto Mader der Junkers L 2, ein wassergekühlter stehender Reihenmotor von 19 l Hubraum mit anfangs 143 kW (195 PS). Der L 2 erhielt 1924 seine Musterzulassung und wurde ab 1925 serienmäßig mit Stückzahlen bis zu 60 im Monat hauptsächlich für die F 13 gebaut. Der Motor konnte im Laufe der Zeit mehrfach verbessert werden, er hatte in der letzten Ausführung eine Startleistung von 195 kW (265 PS). Auch die dreimotorigen Verkehrsflugzeuge G 23 (1924) und G 24 (1925) verwendeten L 2-Motoren. Nach der Lockerung der Begriffsbestimmungen wurde die Entwicklung eines 220 kW (300 PS)-Motors mit der Bezeichnung L 5 aufgenommen. Dieser 23-l-Motor lief 1924 in Dessau auf dem Prüfstand und erhielt im August 1925 mit 228 kW (310 PS) seine Zulassung. Der Junkers L 5 zählte über viele Jahre zu den zuverlässigsten deutschen Flugmotoren. Aus einer Lufthansa-Statistik geht hervor, daß die Betriebszeiten bis zur Grundüberholung der L 5-Motoren im Jahre 1931 durchschnittlich 375 Stunden betrugen. In Schweden hat man in einigen Fällen bis zu 600 Stunden erreicht. Für das Betriebsjahr 1932 wurden 2953 Flugstunden bis zu einer Notlandung ermittelt, ein Wert, der

◄ Der Junkers L 5 mit 310 PS (220 kW) Startleistung folgte in der Entwicklung auf den L 2, als die geänderten Begriffsbestimmungen Motoren dieser Leistung erlaubten. Über ein Jahrzehnt in Serie gebaut, war der Junkers L 5 einer der bekanntesten und zuverlässigsten deutschen Flugmotoren seiner Zeit.

Schema des Kühl- und Schmierstoffkreislaufes des L 5. Der Ölsumpf im Unterteil des Kurbelgehäuses war gleichzeitig Ölbehälter. Eine vierfache Kolbenpumpe förderte das Öl. Die Wasserpumpe wurde mittels Fettpresse von Hand geschmiert.
▼

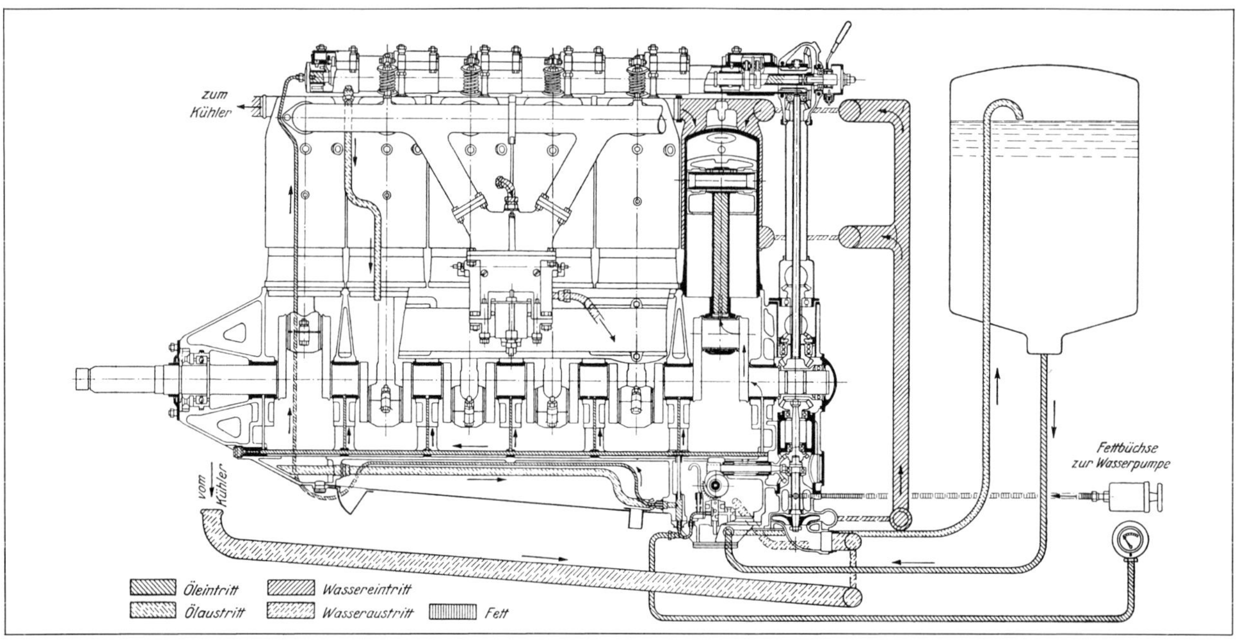

dreimal höher lag als der anderer Motoren im Lufthansa-Einsatz. Weit über Tausend L 5-Motoren sind gebaut worden. Im Bauprogramm 1934 waren noch 269 Motoren eingeplant.
Außer den Verkehrsflugzeugen F 13 und den Frachtflugzeugen W 33 sind die Junkers G 24, G 31, A 20 und A 35 sowie die in Schweden gebauten Muster K 30, K 39 und R 42 mit L 5-Motoren ausgerüstet worden.
Besonders bewährt haben sich L 5-Motoren in den Jahren 1927/28 bei den W 33-Dauerflügen (22 h 11 min, 52 h 22 min und 65 h 25 min) als Vorerprobung für den von Flugkapitän Hermann Köhl lange im voraus geplanten Atlantikflug in Ost-West-Richtung. Die W 33 »Bremen« (D-1167) verwendete einen leistungsgesteigerten L 5-Motor mit erhöhter Verdichtung. Durch eine besondere Drosseleinrichtung am SUM-Vergaser, mit der sich die Zusatzluft entsprechend der Belastung und der Flughöhe optimieren ließ, konnte ein Minimalverbrauch von 295 g/kWh (217 g/PSh) erreicht werden. Der Motor der »Bremen« war besonders sorgfältig vorbereitet worden. Dieses bezog sich einmal auf eine eingehende Rissekontrolle von Kurbelwelle, Nockenwelle und der Ventile, zum anderen waren die Ventilfedern verstärkt, womit die Eigenschwingungszahl um 50% höher lag. Bei der Zündanlage wurde ein Bosch-Magnet mit verbesserter elastischer Kupplung und ein schweizerisches Scintilla-Magnet verwendet. Die L 2- und L 5-Motoren waren baulich sehr ähnlich. Der L 5 hatte auf der Propellerseite ein zusätzliches Rollenlager zur »Aufnahme der durch mangelhaft ausgewuchteten Propeller entstehenden Fliehkräfte« [Betriebshandbuch 1924]. Das Gehäuseunterteil besaß innen längslaufende Kühlrippen, die mit einem Blechmantel abgedeckt waren. Durch den so entstandenen Hohlraum wurde die Verbrennungsluft angesaugt, womit auf einen Ölkühler verzichtet werden konnte. Nachdem mehrfach Kurbelwellenbrüche und Risse an den Motorvorbauten aufgetreten waren, erhielt der L 5 ab der Baureihe G einen ölhydraulischen Schwingungsdämpfer am hinteren Kurbelwellenende. Als Dämpfungsmittel diente der Motorschmierstoff, der sich im Betrieb durch schmale Spalten zwischen den Schaufeln des Dämpferrades und dem Gehäuse hindurchpressen mußte. Eine eingebaute Kuppelfeder begrenzte beim Anlassen oder bei plötzlichen Drehzahländerungen die Bewegung des Dämpfers. Durch den Schwingungsdämpfer war es möglich, die Betriebsdrehzahl der L 5-Motoren von 1500 auf 1650 und später 1900 min^{-1} zu erhöhen und die Leistung bis auf 312 kW (425 PS) zu steigern. Um den Motor leichter von Hand durchdrehen zu können, besaß der L 2 und L 5, wie die meisten größeren Flugmotoren dieser Zeit, einen Dekompressionshebel, der durch Verschieben der Nockenwelle Entlüftungsnocken zum Eingriff brachte. Dadurch blieben die Auslaßventile länger geöffnet und bewirkten eine Reduzierung der Verdichtung. Um nach dem Ausschalten der Zündung Selbstzündungen des heißen Motors zu verhindern, konnte dieser Hebel, der bei der F 13 oben aus der Motorenverkleidung herausragte, betätigt, d.h. nach rechts gedreht werden.
Die ersten L 2- und L 5-Motoren verwendeten zum Anlassen nur Anlaßmagnete mit Handkurbel, d.h. der Motor mußte mit der Luftschraube von Hand durchgedreht werden bis genügend zündfähiges Gemisch in dem Zylinder vorhanden war. Durch schnelles Kurbeln am Anlaßmagneten

Oben: Die Langstreckenversion der Junkers W 33, zu denen auch die »Bremen« (D – 1167) und »Europa» gehörten, hatten einen geschlossenen Führerraum und mehrere Kraftstoffzusatzbehälter im Rumpf. Mit einer theoretischen Reichweite von 8080 km betrug die maximale Flugzeit rund 53 Stunden. Über einen Gummischlauch mit Trichter und eine fest verlegte Verbindungsleitung zum Kühler konnte im Fluge Kühlwasser nachgefüllt werden.

Unten: Eine Sonderausführung des L 88a mit 800 PS Startleistung war in den beiden Großflugzeugen Junkers G 38 eingebaut. Der Motor hatte ein Untersetzungsgetriebe mit drei Stirnrädern, eine Flüssigkeitskupplung mit Schwingungsdämpfer und Ölkühler, sowie eine Fernwelle von 1,20 m Länge. Der L 88a war der stärkste deutsche Flugmotor seiner Zeit.

wurde dann der Zündstrom erzeugt. Im Luftverkehrseinsatz ging man bald zu Druckluftanlassern über, bei denen die Preßluft aus Druckflaschen über ein Druckminderventil entnommen wurde. Später kamen wie bei allen anderen größeren Motoren Handkurbel-Schwungkraftanlasser zur Anwendung. Die L 5-Motoren wurden mit unterschiedlichen Verdichtungsverhältnissen gebaut (5,0, 5,5, 6,0 und 7,0) wobei die Ausführungen mit hohen Verdichtungen ein Benzin-Benzol-Gemisch (50:50) verwendeten. Mit einer Verdichtungserhöhung von 0,5 verbesserte sich die Startleistung bei gleichbleibender Drehzahl um etwa 10 PS. L 5-Motoren waren in Junkers W 33-Frachtflugzeugen der Lufthansa und W 33-Übungs- und Verbindungsflugzeugen der Luftwaffe bis in den zweiten Weltkrieg hinein im Einsatz. Zur Verwendung kam meist der L 5 G mit 275 kW (375 PS), für den Kraftstoff von 80 Oktan genügte.

Die ersten 12-Zylinder V-Motoren von Junkers

Im Jahre 1927 entstand durch Verdoppelung des L 5 ein 12-Zylinder-V-Motor L 55 mit einer Startleistung von 440 kW (600 PS) bis 515 kW (700 PS) je nach Verdichtung. Der L 55 kam 1927 in einer in Schweden gebauten Junkers K 39 als Höhenmotor mit 5000 m Volldruckhöhe zur Erprobung. Es folgte als Weiterentwicklung des L 5 zunächst der L 8 in ähnlicher Bauart, jedoch mit Untersetzungsgetriebe und höherer Drehzahl, der 1929 zur Verdoppelung, d. h. zum L 88, einem V-Motor mit 588 kW (800 PS) Startleistung führte. Der L 88 kam zuerst als Bodenmotor und später mit verschiedenen Ladern als Höhenmotor ab 1931 in dem Höhenversuchsflugzeug Junkers Ju 49 zur Verwendung. Dieses Flugzeug erreichte mehrmals Höhen über 10000 m und 1935 sogar 12600 m. Das im Auftrage der Deutschen Versuchsanstalt für Luftfahrt (DVL) entwickelte Höhenflugzeug besaß erstmals eine Druckkabine für die zweiköpfige Besatzung. Die Luft für die Kabine wurde dem zweistufigen Lader des Motors entnommen und über einen Zwischenkühler, der unter dem Rumpf angebracht war, der Kabine zugeführt. Die Erfahrungen aus den Entwicklungsarbeiten und der Erprobung der Ju 49 waren für die Firma Junkers von großem Wert, als zu Anfang des Zweiten Weltkrieges der Höhenaufklärer Ju 86 P entstand.

Der L 88a-Motor ohne Lader, aber mit Untersetzungsgetriebe und Fernwelle, kam im viermotorigen Großflugzeug Junkers G 38, das am 6. November 1929 zum Erstflug startete, zum Einbau. Die erste G 38 »Deutschland« (D-2000) hatte zunächst außen zwei L 8 und innen zwei L 88-Motoren. Die zweite G 38, getauft auf den Namen »Generalfeldmarschall von Hindenburg« (D-2500), erhielt 1932 vier L 88a von je 588 kW (800 PS) Startleistung. Zur Entlastung des Flugzeugführers erfolgte die Motorenüberwachung durch einen »Maschinisten« für den im hinteren Teil des »Bedienungsraumes« eine Schalttafel mit den Triebwerksüberwachungsinstrumenten, den Kraftstoffvorratsanzeigern sowie die Preßluftanlaßventile usw. zusammengefaßt waren. Die Druckluft zum Anlassen sowie zum Ein- und Ausfahren der Kühler lieferte ein Junkers-Freikolbenkompressor FK 40.

Bei diesen Motoren wurden Fernwellen von 1,20 m Länge verwendet, die sich im Betrieb gut bewährten. Im Gegensatz zu den sehr schweren überdimensionierten Wellen der Riesenflugzeuge des Ersten Weltkrieges verwendete Junkers leichte dünnwandige Rohre, deren kritischer Drehzahlbereich unterhalb der Betriebsdrehzahl lag und zusätzlich eine eigens dafür entwickelte Flüssigkeitskupplung, die auch als Schwingungsdämpfer wirkte. Die Kupplung sollte Überdrehmomente, die beim Anlassen, bei Aussetzen einzelner Zylinder oder im Resonanzbereich von Drehschwingungen auftraten, von der Verbindungswelle durch Rutschen der Kupplung fernhalten. Die recht aufwendige Flüssigkeitskupplung mit eigenem Ölsystem und Ölkühler war vor dem Untersetzungsgetriebe angeordnet. Das Getriebe mit einem Untersetzungsverhältnis von 0,51 verwendete wegen der großen Abmessungen der Kupplung drei Stirnräder, d. h. ein kleineres Rad saß seitlich versetzt zwischen den beiden großen Stirnrädern, so daß die Drehrichtung von Kurbelwelle und Propeller gleich waren.

Beide G 38-Großflugzeuge erhielten 1934 Junkers-Dieselflugmotoren vom Typ Jumo 4 von je 550 kW (750 PS) und blieben bis 1936 bzw. 1941 im Einsatz.

Ein neues Konzept – der Jumo 210

Über die Entwicklung der Junkers-Hochleistungs-Ottomotoren schrieb Dr. Lichte 1968:

»Die allgemeinen Forderungen nach maximaler Leistung bei kleinem Luftwiderstand und geringem Motorgewicht bedeutet motorseitig Aufladung, Schnelläufigkeit und somit Vergrößerung der Zylinderzahl bei kleinem Einzelhubraum. Durch Fortschritte in der allgemeinen Werkstoffentwicklung und die Arbeiten der Junkers-Werkstofforschung hatte auch die Bauteilgestaltung einen tiefgreifenden Wandel erfahren. Die Begriffe wie Starrheit, Festigkeit und Genauigkeit wurden ergänzt durch Wechselfestigkeit, Elastizität der Teile und zulässige Spiele, durch Schwingungen und ihre Bekämpfung. Die Anwendung und Vollausnutzung hochwertiger legierter Werkstoffe mit 100 kg/mm^2 Festigkeit und mehr erforderte eine klare Kenntnis der Betriebsspannungen.«

»Mit diesen, auf völlig neuer Grundlage stehenden Gesamtkenntnissen, die nur wenige Mitarbeiter in ihrer Auswirkung voll übersehen konnten, wurde im Jahre 1931 die Entwicklung des 20-Liter-Motors Jumo 210 unter der Leitung des ersten Mitarbeiters von Professor Junkers, Otto Mader, begonnen. Die Bauart war gekennzeichnet durch 12-Zylinder-V-Motor mit unter 60° hängenden Zylindern, mit Vorverdichtung durch Radialverdichter, angetrieben über ein automatisches Schaltgetriebe, mit Untersetzungsgetriebe für die Luftschraube, mit Benzineinspritzung, vollautomatischer Gemischregelung und für Anwendung der Heißkühlung. Die Konstruktion war im Grundsätzlichen der Übergang zur elastischen Bauweise im elementaren wie thermischen Aufbau (Kurbelgehäuse, Zylinderkopf, Laufbüchse, Zuganker).«

Der Jumo 210 entstand in Eigeninitiative der Firma Junkers als Neukonstruktion, wobei die hängende Bauart nach Abstimmung mit den Projektingenieuren der Flugzeughersteller zur Verbesserung der Sichtverhältnisse an einmotorigen Militärflugzeugen und zur Erleichterung der Wartung am Boden gewählt wurde. Der Gesamthubraum von 20 l entsprach einer vom Reichswehrministerium vorgeschlagenen Flugmotorenkategorie. Das Stirnraduntersetzungsgetriebe war für den Einbau einer durch die Propellernabe schießenden Motorkanone ausgebildet.

Für den Jumo 210, intern zunächst als L 10 bezeichnet, führte Professor Mader 1931 eine Reihe von Vorstudien durch, die unter dem Tarnnamen »Mehrzweckmotor« liefen. Man entschloß sich sehr bald zu der hängenden Anordnung der Zylinder des 20 l-Motors mit 600 PS Ausgangslei-

Junkers-Vergasermotoren von 1925 – 1932

Muster		L 1a	L 2	L 5	L 55	L 8	L 88 (L 88a)
Baujahr		1925	1924	1925	1928	1929	1930 (1932)
Bauart		6-Zylinder in Reihe, stehend	6-Zylinder in Reihe, stehend	6-Zylinder in Reihe, stehend	12-Zylinder V-Form stehend	6-Zylinder in Reihe, stehend	12-Zylinder V-Form, stehend
Kühlung		Gebläsek.	Wasser	Wasser	Wasser	Wasser	Wasser
Bohrung x Hub	mm	100x120	150x180	160x190	160x190	160x190	160x190
Gesamthubraum	l	5,65	19,0	22,9	45,8	22,9	45,8
Verdichtung	(OZ)	5,0	6,0	5,5	5,5	5,5	5,8
Lader					zweistufig hydraul. Kupplung		einstufig mit hydraul. Kupplung
Propeller-Untersetzung						0,5	0,51
Abmessungen Länge	mm	1115	1540	1750	2207	1750	1630
Breite	mm	700	625	560	840	560	950
Höhe	mm	800	1163	1265	1273	1275	1190
Trockenmasse	kg	130	290	315	650	420	794
Startleistung	kW (PS)	65 (85)	170 (230)	230 (310)	480 (650)	310 (420)	590 (800)
	min^{-1}	1850	1550	1500	1520	2100	1850
	bar abs.						
Max. Dauerleistung	kW (PS)	50 (70)	140 (195)	205 (280)		255 (350)	
am Boden	min^{-1}					1850	
Volldruckhöhe	m	0	0	0	5000	0	0 5800
Min. spez. Verbrauch	g/kWh (g/PSh)	350 (260)	313 (230)	313 (230)	313 (230)	313 (230)	320 (235)
Einheitsmasse	kg/kW (kg/PS)	2,20 (1,63)	1,72 (1,26)	1,38 (1,02)	1,36 (1,0)	1,36 (1,0)	1,60 (1,18)
Hubraumleistung	km/l (PS/l)	10,4 (14,2)	8,9 (12,1)	9,9 (13,5)	10,4 14,2)	13,5 (18,3)	12,8 (17,5)
Bemerkungen		T 19 T 26 T 29	L 2a : 265 PS F 13 A 20	L 5 (1928): 360 PS L 5G: 375 bis 425 PS. Verd. bis 7,0 F 13 W 33 G 24	In 5000 m ca. 385 kW (525 PS)	G 38	auch mit Fernwelle L 88a: In JU 49 mit Höhenlader 515 kW (700 PS) in 5800 m G 38

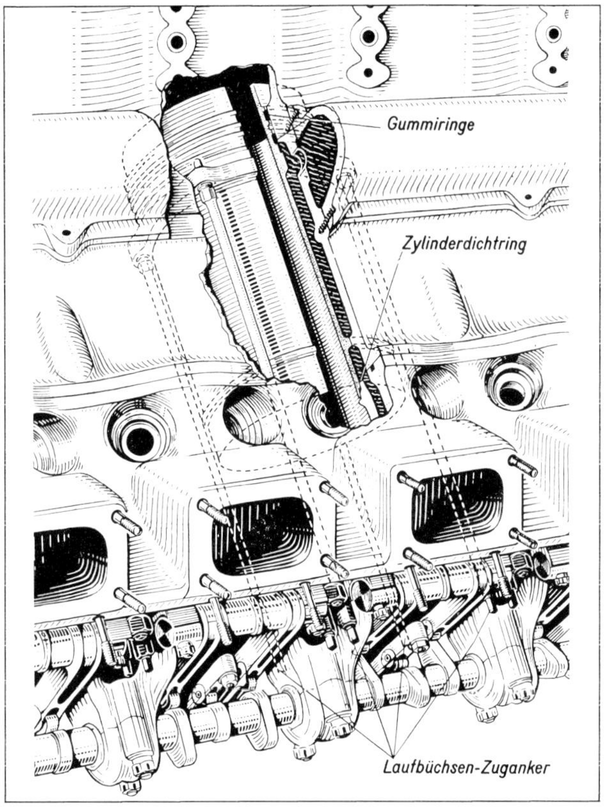

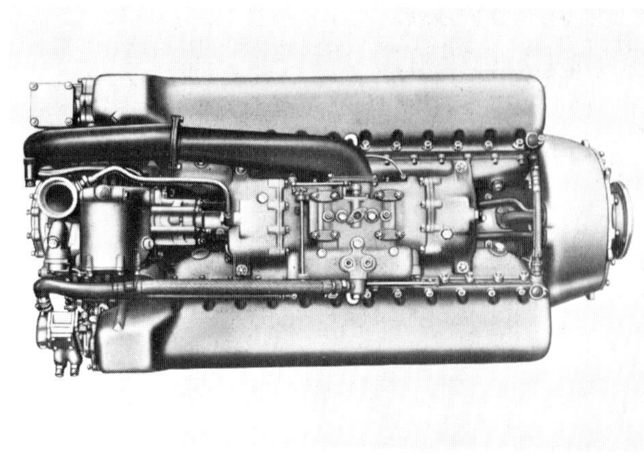

Motorunterseite des Jumo 210 D mit Vierfach-Sum-Vergaser, der als Druckvergaser arbeitete. Zum Vergaser führte auf der einen Seite die Kraftstoffleitung, auf der anderen die Ladeluftleitung.

◀ Die für alle Junkers-Flugmotoren mit hängenden Zylindern typische Konstruktion, bestehend aus wassergekühlten Zylinderköpfen, sehr dünnen nassen Laufbüchsen und Zugankern, wurde erstmals beim Jumo 210 verwendet. Am Kurbelgehäuse befanden sich Kontrollöcher für die Laufbüchsendichtungen. Zwischen den beiden Gummiringen war ein Ringnut eingedreht, in der sich bei Undichtwerden Kühlstoff ansammelte, der durch das Kontrolloch nach außen abtropfen konnte.

stung. Als der erste Versuchsmotor am 24. Oktober 1932 auf den Prüfstand kam. leistete er nur 450 PS. Nach verschiedenen Änderungen und unter Verwendung von zwei Doppelvergasern des L 5 konnte dann die Nennleistung erreicht und im Oktober 1933 durch einen 10-Stundenlauf bestätigt werden. Im März 1934 kam die Musterprüfung zum Abschluß und am 5. Juli 1934 startete eine Junkers W 33 als Flugerprobungsträger mit einem Jumo 210 von 500 kW (680 PS). Zuerst wurde die Baureihe 210 A mit Bodenlader und Vergaser für das Jagdflugzeug Messerschmitt Bf 109 gebaut. Es folgte dann bald danach für die Serie der Bf 109 B die Baureihe 210 D mit Zweigang-Höhenlader (2700 m Gleichdruckhöhe). Die ersten Bf 109 B erhielt 1937 das Richthofen-Geschwader, das im Sommer des gleichen Jahres nach Spanien verlegte, und im Rahmen der Legion Condor am spanischen Bürgerkrieg teilnahm. Die Erfahrungen in diesem Fronteinsatz waren für die weitere Entwicklung von Flugzeug und Motor von erheblicher Bedeutung.
Unter Leitung von Dr. Lichte, der 1932 zu Junkers gekommen war, begann 1935 die Entwicklung einer Benzin-Einspritzanlage mit vollautomatischem Ladedruckregler für den Jumo 210. Damit war es möglich, die Startleistung des Jumo 210 G auf 730 PS zu erhöhen. Beim Flugmeeting in Dübendorf/Schweiz im Sommer 1937 konnte eine BF 109 (D-IPLU), bereits mit Einspritzmotoren ausgerüstet, eine beachtliche Überlegenheit gegenüber ausländischen Jagdflugzeugen demonstrieren.
Der Jumo 210 G war der erste Serienflugmotor in der Welt mit direkter Benzineinspritzung und automatischer Gemischregelung. Alle Teile dieser Anlage waren bei Junkers entwickelt worden und wurden in eigenen Betrieben hergestellt. Aus militärischen Gründen blieb die Benzin-Direkteinspritzung bei deutschen Otto-Flugmotoren lange Zeit geheim. So hatten z.B. die Bf 109 D-Jagdflugzeuge, die 1939 an die Schweiz geliefert wurden, noch Vergasermotoren der Baureihe 210 D.
Der Entwicklungsschritt gegenüber den Junkers L 5-Motoren war in jeder Hinsicht bemerkenswert. Durch ein kleineres Hub-Bohrungsverhältnis und eine Kurbelwelle mit Gegengewichten konnte die Drehzahl auf 2700 min^{-1} gesteigert werden. Der Füllungsgrad der Zylinder ließ sich mit je zwei Einlaßventilen je Zylinder und dem Lader erheblich verbessern. Durch das Stirnrad-Untersetzungsgetriebe (0,57 oder 0,63) blieb die Luftschraubendrehzahl im Bereich günstiger Wirkungsgrade. Die Leistungserhöhung ließ sich auch an der Steigerung der Hubraumleistung (L 5 G und 210 G) von 18,5 auf 37,5 PS/1 und der Verminderung der Einheitsmasse von 0,81 und 0,61 kg/PS erkennen.

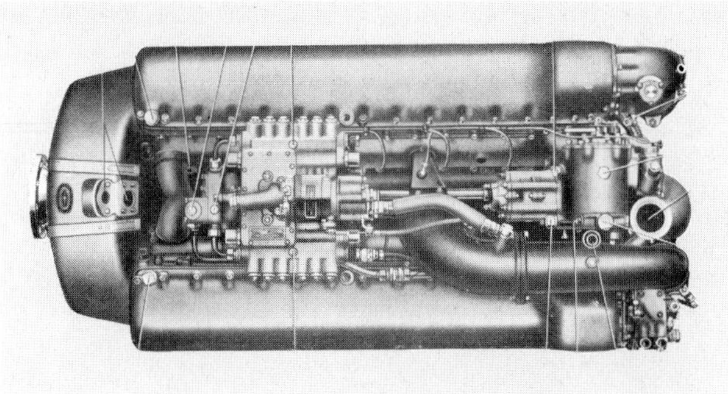

▲
Motorunterseite des Jumo 210 G mit der Einspritzanlage. Die Einspritzpumpe wurde über eine Verbindungswelle vom Apparatteil aus angetrieben, die Ladeluft gelangte direkt zu den Zylindern. Der erste G-Motor flog im Frühjahr 1937 in der Bf 109 V 7, die der B0-Serie entsprach. Zum Serieneinbau kam der 210 G in die Baureihen B2 und C0 bis 3 der Bf 109.

Oben: Die Baureihen A, B und C des Jumo 210 hatten im Gegensatz zu späteren Baureihen ein stärker verripptes Kurbelgehäuse als äußerliches Kennzeichen. Der erste Flug eines Jumo 210 mit 610 PS erfolgte im Januar 1934 in einer Junkers W 33. ▶

Die Baureihen F und J des Jumo 211, die in sehr großen Stückzahlen ab 1941 gebaut wurden, brachten eine Verbesserung der Startleistung gegenüber den vorhergehenden Baureihen von 1200 auf 1340 bzw. 1420 PS. Eine Reihe von konstruktiven Änderungen an der Kurbelwelle, an den Haupt- und Pleuellagern sowie beim Lader ermöglichte die Steigerung der Drehzahl und des Ladedruckes. Die Baureihen J 1 und J 2 waren zusätzlich mit einem Ladeluftkühler ausgestattet. ▶

Jumo 210-Motoren, vorwiegend die Baureihen D und G, wurden in zahlreichen Flugzeugmustern, teils zur Erprobung, teils in Serien, eingebaut, so die Typen Arado Ar 68, Focke Wulf FW 159, Heinkel He 112, Junkers Ju 87 A, Messerschmitt Bf 109 B, C, D und Bf 110 A. Die Gesamtzahl aller von 1934 bis 1938 gebauten Jumo 210-Motoren betrug etwa 6500 Stück.

Der 35-Liter-Motor Jumo 211

Mit der Forderung auf mehr Zuladung, höherer Geschwindigkeit und größerer Reichweiten für die nächsten Baureihen der Muster Ju 87, Me 109 und Me 110 mußten Motoren mit Leistungen von über 735 kW (1000 PS) zur Verfügung stehen. Diese Leistungssteigerung war nur mit größerem Hubraum zu erzielen. Unter dem Zeitdruck des dringenden Bedarfes im Rahmen der angelaufenen deutschen Luftrüstung vergab 1934 das RLM den Entwicklungsauftrag für den Jumo 211, noch bevor der Jumo 210 seine Musterprüfung abgeschlossen hatte. Maßgebend waren dabei auch die bis dahin vorliegenden guten Prüfstands- und Flugerprobungsergebnisse.
Der Jumo 211 entstand unter Leitung von Dr. Neugebauer im wesentlichen als Storchschnabelvergrößerung des 210 mit einem Gesamthubraum von 35 Litern. Der erste Versuchsmotor mit 880 PS Startleistung hatte noch einen Vierfach-Vergaser. Es erfolgte jedoch sehr schnell die Umstellung auf Einspritzung, bei der die Erfahrungen beim Jumo 210 G bzw. der Dieselmotoren Jumo 204 und 205 mit verwendet werden konnten. Da der Auftraggeber ein Motorgewicht von 500 kg bei 1000 PS Startleistung gefordert hatte, mußten umfangreiche Gewichtserleichterungsaktionen mit nochmaliger Anpassung an die inzwischen erhöhte Leistung von 1200 PS durchgeführt werden. Die erste Serienausführung des Jumo 211 A kam ab Spätsommer 1937 mit 735 kW (1000 PS) und später dann mit 790 kW (1075 PS)

und 805 kW (1 100 PS) Startleistung zur Auslieferung. Die letzten Ausführungen mit Ladeluftkühler Jumo 211 P hatten 1 100 kW (1 500 PS). Der Jumo 211 wurde in verschiedenen Ausführungen und Baureihen von 1938 bis 1944 mit insgesamt 68 248 Stück gebaut. Die Großserienfertigung lief in den Junkers-Betrieben in Magdeburg, Leipzig und Köthen sowie in Lizenzwerken in Stettin und Mulde. Die höchsten monatlichen Ausbringungszahlen konnten im Herbst 1942 mit 1 700 Motoren erreicht werden. Der Jumo 211 ist damit der deutsche Flugmotor mit der größten Stückzahl.
Der Jumo 211 war der Standardmotor der Flugzeugmuster Heinkel He 11 E, F und H, Junkers Ju 87 B und D sowie Junkers Ju 88 A, C, D und P. Die Entwicklung des sogenannten »Einheitstriebwerkes«, auch Motoranlage genannt, ist eng mit dem Jumo 211 und der Ju 88 verbunden.
Zu Rekord- und Demonstationszwecken wurde die Ju 88 V 5 ohne militärische Einbauten mit einem aerodynamischen günstigerem Rumpfvorderteil versehen und erhielt zwei Einspritzmotoren Jumo 211 B von je 880 kW (1 200 PS). Mit diesem Flugzeug konnte am 19. März 1939 ein neuer Weltrekord mit 2 000 kg Nutzlast über 1 000 km Flugstrecke mit 517 km/h Geschwindigkeit aufgestellt werden.
Die Einspritzanlage des Jumo 211 wurde in der deutschen und bald danach auch in der ausländischen Fachpresse ab

◀ Einbau des Jumo 211 D mit 1200 PS im »Stuka« Junkers Ju 87 B. Unter dem Motor war der Kühlstoffkühler, oberhalb der Ölkühler angeordnet. Die Serienauslieferung der Baureihe Ju 87 B begann 1938.

Erst der dritte Prototyp Ju 88 V 3 flog am 13. September 1939 mit Jumo 211 A. Mit Ausnahme einiger weniger Sonderausführungen verwendeten alle Ju 88-Kampfflugzeuge Junkers-Motoren der Baureihe Jumo 211 B, G, F und J, nur die Nachtjäger Ju 88 G hatten wegen des erhöhten Fluggewichtes die stärkeren Jumo 213 mit 1750 PS. Die Serienauslieferung der Ju 88 A begann 1939. ▼

Herbst 1938 erwähnt ohne dabei auf Einzelheiten einzugehen. In Prospektblättern des gleichen Jahres wird ein Jumo 211 C beschreiben, aber ohne Hinweis auf eine Einspritzpumpe. Auch in deutschen Typenbüchern der Jahre 1939/40 ist der 211 noch als Vergasermotor aufgeführt.
Als am 28. Oktober 1939, also kurz nach Beginn des Zweiten Weltkrieges, eine Heinkel He 111 H-5 in der Nähe von Edinburgh abgeschossen wurde und nur wenig beschädigt landete, ließ das Ministery of Air das Flugzeug und den Motor eingehend untersuchen. Einer der Jumo 211 A-Einspritzmotoren kam zur Zerlegung, der andere zur Firma Rolls Royce auf den Prüfstand. Die englische Fachpresse (Flight und Aeroplane) hatten Zugang zu den Untersuchungsergebnissen und berichteten im Januar 1940 unter der Überschrift »Das Geheimnis des deutschen Einspritzsystemes wird offengelegt«:

»Die beiden besonders interessanten Punkte sind die Einspritzpumpe als Ersatz für den Vergaser und die schußsicheren Tanks. Die Werkstattarbeit am ganzen Motor ist ausgezeichnet. Die Einspritzpumpe kann man allerdings nur mit dem Wort kompliziert (winded = verschlängelt) bezeichnen. Das Herz des Motors sind die Einspritzpumpe und ein sehr geschickter, von der Luftdichte betätigter Regler, der die Einspritzmenge nach Flughöhe und Ansaugdruck festlegt.«

Alle Jumo 211-Motoren hatten Stirnrad-Untersetzungsgetriebe mit unterschiedlichen Untersetzungsverhältnissen, jedoch keine Durchschußmöglichkeit für eine Motorkanone. Die von Dr. Lichte entwickelte Einspritzanlage wurde durch Ladedruckregler, Drehzahlregler und automatischer Laderumschaltung und ab 1940 mit einem Verbrauchsmeßgerät ergänzt. Diese Regeleinrichtungen dienten einerseits zur Entlastung der Piloten und verhinderten zum anderen

Junkers-Flugmotoren Jumo 210 und 211

Muster		210 A	210 Da/Ea	210 G	211 B/D	211 F	211 N
Baujahr		1935	1936	1937			
Bauart		12-Zylinder-V-Form, hängend	12-Zylinder-V-Form, hängend	12-Zylinder-V-Form, hängend	12-Zylinder-V-Form, hängend	12-Zylinder-V-Form, hängend	12-Zylinder-V-Form, hängend
Kühlung		Wasser	Wasser	Wasser	Wasser	Wasser+Glykol	Wasser+Glykol
Bohrung x Hub	mm	124x136	124x136	124x136	150x165	150x165	150x165
Gesamthubraum	l	19,7	19,7	19,7	35,0	35,0	35,0
Verdichtung	(OZ)	7,3 (87)	7,3 (87)	6,5 (87)	6,5 (87)	6,5 (87)	6,5 (87)
Lader		Eingang	Zweigang	Zweigang	Zweigang	Zweigang	Zweigang
Propeller-Untersetzung		0,57	0,57/0,63	0,57	0,60/0,65	0,55	0,55
Abmessungen Länge	mm	1478	1790	1478	2173	2173	2176
Breite	mm	686	1050	688	804	804	804
Höhe	mm	960	1185	1014	1053	1053	1059
Trockenmasse	kg		442	445	660	720	720
Startleistung	kW (PS)	500 (680)	530 (720)	535 (730)	880 (1200)	985 (1340)	1065 (1450)
	min^{-1}	2700	2700	2700	2400	2600	2600
	bar abs.	1,23	1,27	1,27	1,32	1,37	1,42
Steig- und	kW (PS)			490 (670)	680 (930)	780 (1060)	
Kampfleistung	min^{-1}			2600	2300	2400	
Volldruckhöhe	m			3800	5200	5300	
Min. spez. Verbrauch	g/kWh (g/PSh)	319 (235)	319 (235)	294 (216)		279 (205)	281 (207)
Einheitsmasse	kg/kW (kg/PS)		0,83 (0,61)	0,83 (0,61)	0,75 (0,55)	0,73 (0,54)	0,68 (0,50)
Hubraumleistung	kW/l (PS/l)	25,3 (34,5)	26,8 (36,5)	27,3 (37,1)	25,2 (34,3)	28,1 (38,29)	30,4 (41,4)
Bemerkungen		Bodenlader Ar 68	Serie Ju 87 Me 109 Me 110	Einspritzung Serie Me 109 Ju 87	He 111 Ju 87 Ju 88	211 J: mit Ladeluftkühler, 1420 PS Startleistung	211 P: mit Ladeluftkühler 1500 PS Startleistung

eine Überlastung der Motoren. Durch das geschlossene ausgebildete Laderad (ab der Baureihe F/J) konnten die Spaltverluste verringert und damit höhere Gleichdruckhöhen bzw. bessere Wirkungsgrade erreicht werden.
Die Baureihen A bis H hatten eine geschlossene Druckkühlanlage, mit der am Boden Wassertemperaturen von 95°C zulässig waren. Im Winter wurde als Frostschutz Glykol dem Wasser zugemischt. Ab der Baureihe F kam eine Überdruckkühlung ähnlich dem Daimler-Benz-System zur Verwendung. Dadurch wurde es möglich, die Maximaltemperatur am Boden auf 115°C zu erhöhen und in 10000 m Höhe noch 85°C zuzulassen.
Bei der Preßwasserkühlung standen Haupt- und Nebenstrom nur über die Wasserpumpe in Verbindung. Der Druck im System, durch ein Sicherheitsventil auf 0,98 bar begrenzt, reichte aus, um die Dampfblasentwicklung zu verhindern. An der Saugseite der Hauptstromwasserpumpe saß ein Entlüfter, der die Luft- und Dampfblasen abschied und über die Nebenstrom-Rücklaufleitung zum Vorratsbehälter leitete. Die Preßwasserkühlung mit den erhöhten Kühlstofftemperaturen (115°C, später sogar 120°C) ermöglichte eine beträchtliche Verkleinerung der Kühler, da durch die größere Differenz zwischen Außenluft und Kühlmittel eine größere Wärmemenge bei gleichem Kühlervolumen abgeführt werden konnte.
Beim Jumo 211 traten einige größere Schwierigkeiten auf, die besonders in den letzten Kriegsjahren im direkten Zusammenhang mit der Verknappung hochwertiger Werkstoffe standen. Kurbelwellenbrüche machten Verstärkungen und Änderungen erforderlich. Für weitere Leistungssteigerungen kamen verbesserte Kurbelwellen mit geänderten Gegengewichten, verstärkten Pleuelstangen und Lager zur Anwendung. Die Drehzahl konnte dann von 2400 auf 2600 min^{-1} erhöht werden. Die Startleistung stieg bei den Serienmotoren von 880 kW (1200 PS) beim 211 B auf 985 kW (1340 PS), beim 211 F und beim 211 J auf 1040 kW (1420 PS).
Einsatz- und werkstoffbedingt war die Lebensdauer der Jumo 210- und 211-Motoren nach heutigen Begriffen recht niedrig. Im rauhen Fronteinsatz wurde meist die vorgesehene Grundüberholungszeit von 200 Betriebsstunden nicht erreicht.
Flugzeuge mit Jumo 211-Motoren flogen auch noch nach dem Zweiten Weltkrieg. In die in Spanien in Lizenz gebauten Heinkel He 111 (CASA 2111) wurden aus Deutschland gelieferte Jumo 211, bis der Vorratsbestand aufgebraucht war, verwendet. Später kamen dann englische Rolls Royce Merlin-Motoren zum Einbau. Eine größere Anzahl von Jumo 211 F-Motoren, die ursprünglich für die He 111 H-Zellen vorgesehen waren, blieben bei Kriegsende in der Tschechoslowakei liegen und konnten anstelle von DB 605 für die Me 109 G 14, als Avia S 199 in den Jahren 1946 bis 1949 von Avia und Letov in Serie gefertigt, eingebaut werden. Einige dieser Flugzeuge sind nach Israel verkauft worden und kamen 1948 im Luftkampf gegen ägyptische Spitfire zum Einsatz.

Baureihenunterschiede Jumo 211 A bis J

(Auszug aus JFM Druckschrift vom 15.7.1942)

A–1	735 kW	(1000 PS)	Drehzahl 2200 min^{-1}, Ladedruck 1,18 bar, Trockenmasse 615 kg
A–2	880 kW	(1200 PS)	Drehzahl 2300 min, $^{-1}$ Ladedruck 1,35 bar, Untersetzung 0,65
A–3	735 kW	(1000 PS)	Verstärkte Kurbelwelle und Kolbenbolzen
B–1	880 kW	(1200 PS)	Verstärkte Schwinghebel, andere Zündkerzenanordnung, verstärkter Laderantrieb
D–1	880 kW	(1200 PS)	andere Untersetzung
G–1	880 kW	(1200 PS)	Verstärkte Kurbelgehäuse und Kurbelwelle, größere Hauptlager, verstärkte Auslaßventile
H–1	880 kW	(1200 PS)	andere Untersetzung
F–1	990 kW	(1350 PS)	Kurbelwelle mit sechs Gegengewichten, Stiftschrauben am Getriebe verstärkt, Zugankergewinde gerollt, andere Laderübersetzung, höhere Drehzahl
J–1	1040 kW	(1420 PS)	mit Ladeluftkühler
F–2	990 kW	(1350 PS)	Kurbelwelle mit acht Gegengewichten, Lager mit harter Bleibronze, verstärkte Pleuelstangen
J–2	1040 kW	(1420 PS)	Drehzahl 2600 min^{-1}, Ladedruck 1,37 bar, Trockenmasse 720 kg, Untersetzung 0,55

Der Hochleistungsmotor Jumo 213

Als Spitzenprodukt der deutschen Flugmotorenentwicklung gilt der Jumo 213, für den Dr. Lichte von Anfang an verantwortlich war. Die Baureihe 213 E hatte eine Start- und Notleistung von 1540 kW (2100 PS) bei MW-50-Einspritzung. Mit 35 Liter Gesamthubraum wurde somit die Literleistung von 60 PS/l und einer Einheitsmasse von 0,41 kg/PS erreicht.
Über 9000 Jumo 213 sind von Mitte 1942 bis Kriegsende ausgeliefert worden. Außerhalb des Herstellungs- und Rüstungsbereiches ist dieser Hochleistungsmotor nur wenig bekannt. Der Jumo 213 hatte die gleichen Zylinderabmes-

sungen wie der 211 und auch den gleichen Gesamtaufbau, er unterschied sich jedoch in einigen wesentlichen Bauteilen und in der Drehzahl, die gegenüber dem Jumo 211 von 2600 min^{-1} auf 3250 min^{-1} erhöht wurde. Nach Auffassung von Dr. Lichte war der Jumo 213 die »Reinschrift dieser Bauart« und auf »höchste thermische und mechanische Belastungsharmonie« abgestimmt. Nach einer relativ kurzen Entwicklungszeit und nach fünf 100-Stunden-Vollgasläufen mit 1750 PS erteilte das RLM die Serienfreigabe für den Jumo 213. Viele Flugzeugentwicklungen der letzten Kriegsjahre waren auf diesen Motor ausgerichtet. Die Serienausbringung erreichte jedoch erst 1944 größere Stückzahlen, so daß vielfach bei den Prototypen der Flugzeuge auf andere Motorenmuster ausgewichen werden mußte.

Abweichend vom Jumo 211 waren bei den Jägermotoren 213 C und E die Geräteantriebe und die Ölzuführung zum Verstellpropeller so angeordnet, daß ein Motortunnel für den Waffeneinbau frei war. Wegen der hohen Drehzahl hatte das Stirnraduntersetzungsgetriebe ein Untersetzungsverhältnis von 0,48. Die zulässige Betriebstemperatur für die unter Druck stehende Preßwasser-Kühlstoffanlage, in der ein Wasser-Glykol-Gemisch verwendet wurde, betrug maximal 120°C. Die Schmierstoffwärme wurde über einen Wärmetauscher an den Kühlstoff abgeführt. Der einstufige Lader mit geschlossenem Laufrad besaß ein automatisch schaltendes Zweiganggetriebe, die Ausführung E und F sogar einen Zweistufenlader mit Dreiganggetriebe. Die Volldruckhöhen dieser hochgezüchteten Gebläse betrugen 6000 bzw. 9600 m.

Beim Zweiganggetriebe erfolgte die automatische Umschaltung in Flughöhen zwischen 2700 und 3000 m. Durch eine Handschaltung konnte für den Sparflug eine Umschaltung auf Bodenlader oberhalb der automatischen Schalthöhe vorgenommen werden. Ein Nebenauslaß am Lader ließ bei geschlossener Drossel und hoher Motordrehzahl einen Teil der geförderten Luftmenge ins Freie abströmen, um Überhitzungen des Laderlaufrades zu verhüten. An der Ansaugseite des Laders war eine Füllungsdrossel (Dralldrossel) angebaut, die vom Motorbediengerät in Abhängigkeit von der Stellung des Leistungshebels verstellt wurde.

Der Jumo 213 wurde über das von Junkers entwickelte Motor-Bediengerät (MBG) mit Einhebelbedienung geregelt. Die dabei verwendete Füllungsregelung war neuartig und brachte eine bemerkenswerte Bedienungs- und Überwachungsvereinfachung. Im Flugbetrieb wurde nur nach der Drehzahl, d.h. 3250 min^{-1} für den Start, 3000 min^{-1} für den Steigflug und 2.100 min^{-1} bis 2700 min^{-1} für den Reiseflug geflogen. Zur Kontrolle diente eine Kraftstoffverbrauchsanzeige. Ein Ladedruckmesser war vorhanden, diente aber nur zur Kontrolle beim Abbremsen oder zur Einstellung nach einem Wechsel von Reglergeräten.

Der Jumo 213 A-1 hatte eine normale Startleistung von 1285 kW (1750 PS). Durch einen Rüstsatz konnte mit erhöhtem Ladedruck bis zu Flughöhen von 5000 m eine Notleistung von 1395 kW (1900 PS) entnommen werden. Eine weitere Leistungssteigerung war durch den Einbau einer »Sonderstoff-Anlage« für Methanol-Wasser-Einspritzung (MW-50) auf 1540 kW (2100 PS) möglich. Die Ladedruckerhöhung betrug dabei + 0,28 bar, die Entnahmezeit war auf zehn Minuten begrenzt, dann mußten fünf Minuten Normalbelastung folgen. Der WM-Behälter in der Focke Wulf 190 D-9 hatte 115 Liter Inhalt und reichte für 40 Minuten Betrieb bei »Sondernotleistung«. Für Leistungssteigerungen oberhalb der Volldruckhöhe war eine GM-1* Anlage bestimmt, die bei den mit 213 E ausgerüsteten Höhenjägern zur Anwendung kam.

Der Junkers Jumo 213 A-1 wurde ab 1943 in Serie gebaut und kam in den Flugzeugmustern Focke-Wulf Fw 190 D, Junkers Ju 88 G6 und Ju 188 zum Einbau. Seine normale Start- und Notleistung betrug 1750 PS bei 3250 min^{-1}, sie konnte durch Wasser-Methanol-Einspritzung auf 2100 PS erhöht werden.

Der Jumo 213 wurde nur als Triebwerksanlage geliefert, wobei man zwischen dem »Jägertriebwerk« für Fw 190 D und Ta 152 und dem »Triebwerk für zweimotorige Flugzeuge«, d.h. für Ju 88, Ju 188, Ta 154 und He 219 unterschied. Diese beiden Triebwerksanlagen hatten unterschiedliche Anschlüsse am Brandschott, am Generatorantrieb und den Waffengebern sowie andere Motorenverkleidungen.

Das Jäger-Triebwerk mit Jumo 213 A-1 und Junkers-Verstell-Luftschraube VS 111 wog im Lieferumfang 1350 kg und umfaßte zusätzlich zum Motor das Triebwerksgerüst, die Kühlstoffkühler mit Panzerung, Kühlstoff-Temperaturregelung mit verstellbaren Spreizklappen, Abgasrückstoßdüsen, Warmluftzuleitung für Waffenheizung und die Geber für Temperatur- und Druckanzeiger. Die Triebwerksanlage für zweimotorige Flugzeuge entsprach dem sogenannten Einheitstriebwerk mit genormten Anschlüssen, war also austauschbar z.B. gegen ein Einheitstriebwerk mit DB 603. Abweichend vom Jägertriebwerk waren hierbei u.a. die Warmluftentnahme für Kabinenheizung, die Flügelenteisung sowie der Generatorenantrieb für 3000 W enthalten.

* GM 1 ist die Kurzbezeichnung für die Einspritzung des Sauerstoffträgers Stickoxydul.

▲ Der Höhenjäger Focke-Wulf Ta 152 H, ausgerüstet mit dem Jumo 213 E von 1750 PS sowie Zusatzanlagen für MW-50 und GM 1 zur Leistungssteigerung, war zu Kriegsende das schnellste deutsche einmotorige Jagdflugzeug. In 12500 m Höhe hatte die Ta 152 H eine Höchstgeschwindigkeit von 760 km/h. Von der H-0-Serie wurden nur 34 Flugzeuge gebaut.

◀ Dr.-Ing. August Lichte (1902–1978) bekam 1934 bei Junkers als erste Aufgabe die Kraftstoffeinspritzung und Regelung der Flugmotoren Jumo 210 und 211 übertragen. Für den Jumo 213 entwickelte er eine neuartige Füllungsregelung mit Einhebelbedienung.
Nach dem Kriege hat Dr. Lichte die Firma Junkers Flugzeug- und Motorenwerke wieder entstehen lassen. Der Erfolg blieb ihm jedoch versagt.

Erprobt, aber nicht in Serie gebaut, wurde ein 213 B, für den C 3-Kraftstoff mit 95 Oktan vorgesehen war. Durch erhöhte Verdichtung konnte die normale Startleistung auf 1470 kW (2000 PS) bei 3200 min^{-1} gesteigert werden. Der 213 C unterschied sich vom 213 A nur durch die Anbaumöglichkeit eines Waffengebers und den hohlen Wellentunnel für den Einbau einer Motorkanone.
In der Entwicklung folgte ein 213 E O und ein EB mit C 3-Kraftstoff, zweistufigem Dreiganglader und Ladeluftkühler. Die Startleistung betrug 1375 kW (1870 PS) bzw. 1470 kW (2000 PS) bei 3250 min^{-1}. Wegen der Schwierigkeit der Kraftstoffversorgung in den Kriegsjahren 1944/45 wurde der E O bald durch den E 1 mit 87 Oktan-Kraftstoff und 1285 kW (1750 PS) in der Serienfertigung abgelöst. Dieser Höhenmotor mit einer Volldruckhöhe von 9800 m hatte einen zweistufigen Lader mit automatischem Dreigangschaltgetriebe und einen Ladeluftkühler für 30%ige Rückkühlung. Die Kühlung des Schmierstoffes und der Ladeluft erfolgte über Wärmetauscher mit Kühlstoff. Durch die Methanol-Wasser-Einspritzung konnte die Start- und Notleistung um ca. 220 kW (300 PS) erhöht werden, der Verbrauch von MW 50 betrug dabei 150 l/h. Für die Leistungssteigerungen oberhalb der Volldruckhöhe kam GM 1 zur Anwendung. Die Leistungssteigerung betrug dabei bis 295 kW (400 PS), der Verbrauch war gestuft mit 60, 100 und 150 g/s. Jumo 213 E 1-Motoren kamen 1944/45 noch in den Höhenjägern Focke-Wulf Ta 152 H, im schweren Jäger Ta 152 B, im Nachtjäger Ta 154, Junkers Ju 88 G 7 sowie in den Kampfflugzeugen Heinkel He 111, H 21 und H 28 zum Einbau.
Nicht mehr zur Serienauslieferung kam der 213 F, ein Höhenmotor ähnlich dem E 1, für den jedoch Leistungssteigerungen oberhalb der Volldruckhöhe mit MW-Einspritzung

Leistungs- und Verbrauchskurven des Jumo 213 E mit Zweistufen-Dreiganglader. Eingetragen ist auch die Flugstauausnutzung bis 750 km/h sowie die Mehrleistung mit GM 1-Einspritzung von 100 bzw. 150 g/s.

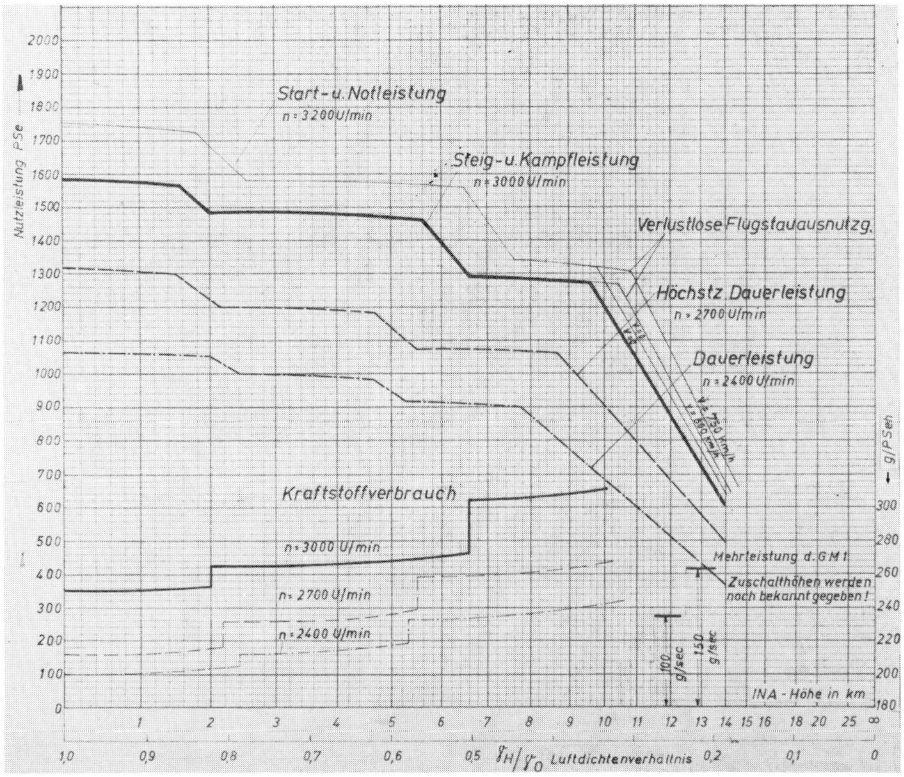

vorgesehen waren. Die Sondernotleistung des 213 F betrug 1505 kW (2050 PS). In Entwicklung waren bei Kriegsende ein 213 J mit vier Ventilen je Zylinder, der eine Sondernotleistung von 1645 kW (2240 PS) haben sollte. Im Projekt blieb ein 213 T mit Abgasturbolader.

Neben den hohen Leistungen beim Start und in der Höhe zeichnen sich die Jumo 213-Motoren auch durch sehr niedrigen spezifischen Kraftstoffverbrauch im Reiseflug aus, Werte zwischen 195 und 200 g/PSh wurden bei 2000 min^{-1} erreicht.

Ohne Zweifel war der Jumo 213 E als Endstufe der 12-Zylinder-Flugmotoren von Junkers ein Meisterwerk der deutschen Triebwerksentwicklung des Zweiten Weltkrieges.

Nach Ende des Zweiten Weltkrieges begann in Frankreich eine Flugmotorenentwicklung unter Verwendung von Jumo 213-Motorenteilen, die in größerer Anzahl aufgefunden worden waren. Bei der staatlichen Luftfahrtfirma Arsenal de l'Aéronautique in Chatillon-sous Bagneux (Seine) wurden zunächst einige Jumo 213 A-Motoren auf dem Prüfstand gefahren. Dann entstand ein 24-Zylinder H-Motor mit 2650 kW (3600 PS) unter Verwendung von Zylinderblöcken, Steuerungsteilen, Kolben, Pleuel, Kurbelwelle, Einspritzung und Lader des Jumo 213, aber mit neuen Gehäusen. Zwei hintereinander angeordnete »24 H«-Motoren sollten Einheiten von 5300 kW (7200 PS) ergeben, die für ein viermotoriges Langstreckenflugboot von 140 t Abflugmasse vorgesehen waren. Dieses Projekt wurde nicht verwirklicht und diese Motorenentwicklung bei Arsenal 1950 eingestellt.

Baureihenübersicht Junkers Jumo 213

A-1	1285 kW	(1750 PS)	Zweiganglader, Serie August 1944
AG	1395 kW	(1900 PS)	Sonderausführung
B-O	1470 kW	(2000 PS)	C3-Kraftstoff
C-O	1285 kW	(1750 PS)	für Motorkanoneneinbau
C-1	1285 kW	(1750 PS)	Serienausführung, Sept., 1944
E-O	1375 kW	(1870 PS)	Höhenmotor, C3-Kraftstoff
E-1	1285 kW	(1750 PS)	Höhenmotor, Serienausführung 1944
EB	1470 kW	(2000 PS)	Sonderausführung
F	1505 kW	(2050 PS)	Höhenmotor, nur auf dem Prüfstand
J	1645 kW	(2240 PS)	Projekt mit 4 Ventilen
T	1285 kW	(1750 PS)	Projekt mit Abgasturbolader
S	1665 kW	(2400 PS)	Projekt für niedrige Volldruckhöhe

Einheitstriebwerke Jumo 213

(Stand Dez. 1944)

9-8213 B-2	Motor 213 A-1, Bombertriebwerk für Ju 88 u. 188
9-8213 E-1	Motor 213 AG-1, Jägertriebwerk für Fw 190 D9
9-8213 D-1	Motor 213 E-1, Bombertriebwerk für Ju 88 u. 388
9-8213 FE-1	Motor 213 E-1, Jägertriebwerk für Ta 152 E
9-8213 FH-1	Motor 213 E-1, Jägertriebwerk für Ta 152 H
9-8213 H	Motor 213 F-1, Jägertriebwerk für Fw 190 D 11/12

Der Reihen-Sternmotor Jumo 222

Die Entwicklung des 24-Zylinder-Ottomotors Jumo 222 war direkt mit dem Projekt des »Bomber B« verbunden, der die Nachfolge der Kampfflugzeuge Ju 88 und He 111 antreten sollte. Im Gegensatz zur englisch-amerikanischen Auffassung forderte das Reichsluftfahrtministerium ein zweimotoriges Flugzeug mit Motoren von je 1470 kW (2000 PS), steigerungsfähig bis 1840 kW (2500 PS). In dieser Leistungsklasse existierten in Deutschland im Jahre 1939 nur zwei Flugmotoren, die gerade erst auf dem Prüfstand liefen, der Daimler-Benz-Doppelmotor DB 606 und der Junkers-Reihen-Sternmotor Jumo 222.

Bei Junkers waren bereits 1936 auf Veranlassung von Professor Otto Mader im Entwurfsbüro von Kurt Erfurth Voruntersuchungen für Flugmotoren der Leistungsklasse von 1320 kW (1800 PS) begonnen worden. Man projektierte verschiedene V- und H-Bauformen, ohne sich für eine bestimmte Bauweise festzulegen. Auf der Basis dieser Studien erteilte das RLM im Mai 1937 der Firma Junkers einen Entwicklungsauftrag für einen flüssigkeitsgekühlten 24-Zylinder-Ottomotor mit einer Startleistung von 1395 kW (1900 PS) mit Rechts- und Linkslauf.

Am 1. April 1937 kam Dipl.-Ing. Ferdinand Brandner von der Firma Deutz zu Junkers und erhielt als »Außenseiter« von Professor Mader den Auftrag, als Leiter einer neu zu bildenden Abteilung den 24-Zylindermotor zu entwickeln. Im Juni 1937 lag das endgültige Konzept für einen Reihen-Sternmotor mit sechs Reihen von je vier Zylindern vor. Als Auslegungsleistung für diesen Motor, der ab April 1938 die Bezeichnung Jumo 222 trug, legte man 1470 kW (2000 PS) fest. Die Konstruktionsarbeiten begannen im Sommer 1937. Nach Einzylinderversuchen und einem Versuchsstern von sechs Zylindern lief am 24. 4. 1939 der erste Vollmotor auf dem Prüfstand. Nach einer Reihe von Änderungen konnte die Auslegungsleistung von 1340 kW (2000 PS) im März 1940 nachgewiesen werden.

Mitte 1939 hatte das Reichsluftfahrtministerium die Ausschreibung für die »Bomber B« herausgegeben und drei Flugzeugfirmen mit der Entwicklung von Prototypen beauftragt. Dornier beteiligte sich mit dem Muster Do 317, Fokke-Wulf mit der FW 191 und Junkers mit dem Typ Ju 288. Da bei Junkers auf umfangreiche Vorarbeiten und vorhandene Baugruppen der Ju 88 zurückgegriffen werden konnte, lief die unter der Leitung von Prof. Heinrich Hertel stehende Entwicklung und die Fertigung der ersten Ju 288 recht schnell. Bereits Ende Januar 1941 war der erste Prototyp fertig, aber nicht die zum Einbau vorgesehenen Jumo 222-Motoren. Es mußte für mehrere Prototypen der Ju 288 auf Doppelsternmotoren BMW 801 ausgewichen werden.

Nachdem der Jumo 222 ab November 1940 in einem fliegenden Prüfstand, einer dafür umgebauten Ju 52, zur Erprobung kam und im April 1941 einen ersten 100-Stundenlauf mit 1340 kW (2000 PS) beendete, glaubte das RLM, daß der Motor bald serienreif sein würde und beschloß die Planung einer Großserie mit dem Ziel des Auslieferungsbeginns ab August 1942. Speziell dafür wurde das »Flugmotorenwerk Ostmark« in Wiener-Neudorf bei Mödling gebaut, das in der Lage sein sollte, 1000 Jumo 222 pro Monat zu produzieren.

Bei den Jumo 222-Motoren traten jedoch eine Reihe von größeren Schwierigkeiten auf, die zu einer erheblichen Entwicklungsverzögerung führten. Die hauptsächlichen Störungen waren Korrossionserscheinungen, Schwingungen und Lagerschäden. Mit mehr als eineinhalb Jahren Verspätung konnte am 8. Oktober 1941 die erste Ju 288 V 5 mit Jumo 222 starten.

Aufgrund militärischer Forderungen wurden größere Änderungen an der Ju 288 vorgenommen, so erhöhte man die Besatzung von drei auf vier Mann, verstärkte die Bewaffnung, vergrößerte die Zuladung und bewirkte damit ein wesentlich

◀ Beim 24-Zylinder-Stern-Reihenmotor Jumo 222 waren zwischen den Zylinderblöcken abwechselnd eine der drei Einspritzpumpen und die Ladeluftleitungen bzw. Abgasstutzen von zwei Zylinderreihen angeordnet.

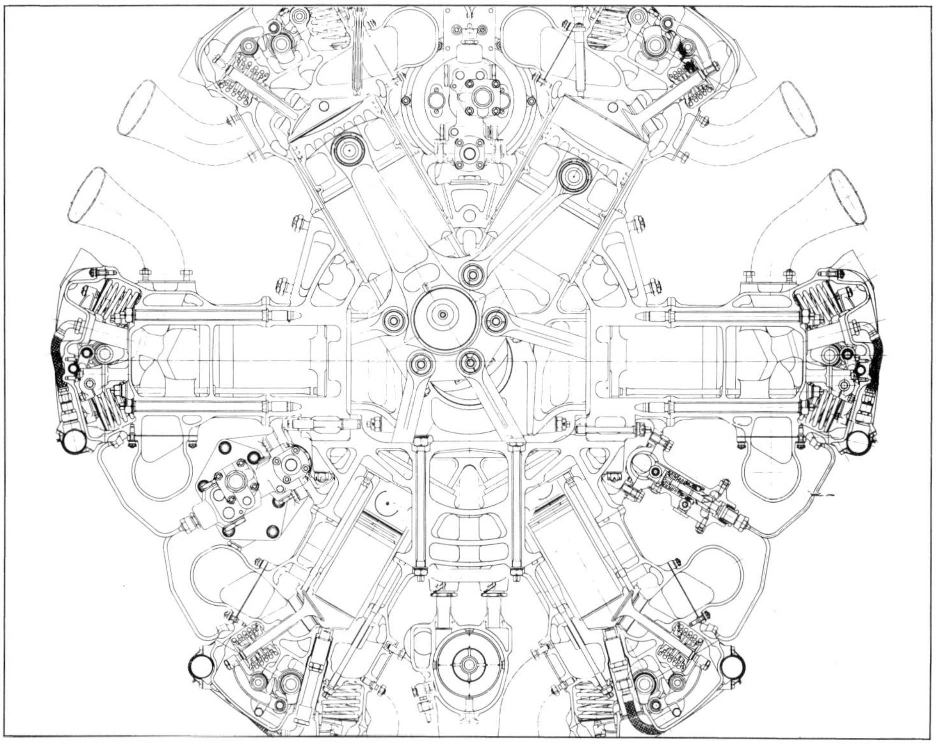

Die Querschnittzeichnung des 24-Zylinder-Reihen-Sternmotors Jumo 222 zeigt die kompakte Bauweise des ursprünglich für eine Startleistung von 2 000 PS ausgelegten Motors, der das Triebwerk des »Bombers B« werden sollte.

höheres Startgewicht. Damit reichte jedoch die Startleistung von 1 340 kW (2 000 PS) je Motor nicht mehr aus, es wurden 1 840 kW (2 500 PS) kurzfristig gefordert. Da zu dieser Zeit die in den V-Mustern eingebauten Jumo 222 teilweise noch nicht die volle Leistung erreichten und immer wieder Störungen auftraten, bildeten sich beim Auftraggeber mehr und mehr negative Auffassungen. Ziemlich überraschend für die Firma Junkers wurde dann in der RLM-Sitzung vom 24. 12. 1941 der Jumo 222 vom Serienprogramm abgesetzt. Das Ostmark-Werk mußte die Produktionsplanung kurzfristig auf Daimler-Benz DB 603 umstellen.

Kurz bevor der Jumo 222 abgesetzt wurde, hatten die ersten Prüfstandsmotoren bei mehreren angesetzten 100-Stundenläufen erst zwei Läufe voll durchgestanden. Die Betriebsreife für die Ausführung mit 1 340 kW (2 000 PS) Startleistung war nach Ansicht des RLM noch nicht erbracht. Von seiten der Firma Junkers wurde mit allen zur Verfügung stehenden Mitteln versucht, den 222 fertig zu entwickeln und schnellstmöglich serienreif zu machen.

An den verbesserten Versuchsmotoren (V 100 und 115) traten erneut Lagerschäden auf, die dann von Januar bis März 1942 sogar zu einer Unterbrechung der Prüfstandsläufe führten. Bei der Festlegung der Reihen-Sternbauart war man sich darüber klar, daß das geteilte Hauptpleuel mit fünf angelegten Nebenpleuelstangen und deren Lager das schwierigste Bauteil war. Durch Hinterdrehen der Lagerauflagefläche konnten Druckspitzen abgefangen werden. Eingehende Untersuchungen und Versuche betrafen die Zündfolge, um Schwingungen zu vermeiden und einen ruhigen Lauf zu erzielen. Aus Rohstoffmangel hatte das RLM nach den ersten Kriegsjahren für die Bleibronzelager als Austauschwerkstoffanteil Antinom anstelle von Zinn vorgeschrieben. Bei den hohen Beanspruchungen, die am Jumo 222 auftraten, kam es über viele Monate immer wieder zu Lagerschäden und Kolbenfressern. Erst als auf entschiedenes Drängen von Dr. Wichell, einem erfahrenen Metallurgen, wieder ausreichend Zinn für die Gleitlager zur Verfügung standen, war dieses Problem gelöst. Bei der Bekämpfung der Lagerschäden hatte sich auch gezeigt, daß bei hohen Lagerbelastungen schwefelhaltige Öle bessere Schmiereigenschaften hatten als synthetisch erzeugte Öle. Als Kühlsystem hatte der Jumo 222 die Preßwasserkühlung, die sich beim Jumo 211 und später beim 213 sehr bewährt hatte und die Betriebstemperaturen bis maximal 120° C ermöglichte. Bei den Versuchsmotoren traten Dampfblasen an verschiedenen Stellen der Zylinderköpfe auf.

Beim Neuentwurf des Jumo 222 hatte man auch in starkem Maße auf eine einfache arbeitsstundensparende Fertigung hin konstruiert. So war das Kurbelgehäuse zum Beispiel teilbar und die Kurbelwelle so gekröpft, daß sie in einer Ebene geschmiedet werden konnte. Das Untersetzungsgetriebe war ein Stöckicht-Planetengetriebe bei dem der fest-

stehende Zahnkranz kardanisch aufgehängt war und die Verbindung zwischen Kurbelwelle und Getriebe über einen sich selbst zentrierenden Knüppel erfolgte. Da Motoren mit Rechts- und Linkslauf gefordert waren, führte man die Getriebe so aus, daß beim rechtsdrehenden Motor der Außenkranz fest am Gehäuse und beim linksdrehenden die Achse des Zwischenrades fest angebracht waren. Die beiden Getriebevarianten hatten ein unterschiedliches Gewicht von 40 kg. Die Hilfsgeräteabtriebe waren so verteilt, daß einzelne Geräte und Reglerteile leicht ausgewechselt werden konnten.
Die Absetzung der Serienfertigung im Dezember 1941 bedeutete für den Jumo 222 jedoch keinen Entwicklungsstop. So konnten die aufgetretenen Störungen mit konstruktiven Änderungen nach und nach beseitigt sowie durch Dauerläufe die Betriebssicherheit verbessert werden. Nachdem feststand, daß eine Startleistung von 2 500 PS benötigt würde, entschloß man sich durch Vergrößerung der Bohrung (von 135 auf 140 mm) den Gesamthubraum von 46,6 auf 49,85 Liter zu vergrößern. Daneben begannen die Vorarbeiten für eine Höhenmotorvariante. Es entstand die Baureihe 3 des Jumo 222 A/B mit 1 840 kW (2 500 PS) Startleistung und einem Zweiganglader mit 6 400 m Volldruckhöhe, der in kleiner Stückzahl gebaut wurde und zur Flugerprobung in mehreren Ju 52 und Ju 288 kam. Im Laufe der weiteren Entwicklungen konnte am 26. Mai 1942 eine Leistung von 3 000 PS auf dem Prüfstand gefahren werden. Im gleichen Monat flog die Junkers Ju 288 V 9 mit Motoren der Baureihe 3.
Nach den Schwierigkeiten der Daimler-Benz-Doppelmotoren (DB 606 und 610) in den Kampfflugzeugen Heinkel He 177, sah das RLM wieder die Serienfertigung des verbesserten Jumo 222 für den Bomber Ju 288 B vor. Am 5. August 1942 erfolgte der Beschluß für eine Serienfertigung in Prag mit dem Termin vom Oktober 1944 als Beginn der Auslieferung.
Beim Jumo hatte inzwischen der 12-Zylinder-V-Motor Jumo 213 die erste Priorität erhalten und damit Werkstätten und Prüfstände voll belegt. Durch den erneuten Serienbeschluß des Jumo 222 traten eine Reihe von Schwierigkeiten auf, die durch den Mangel an verschiedenen Werkstoffen und durch kriegsbedingte Verzögerungen zusätzlich verschärft wurden.
Anfang Dezember 1942 konnte ein 100-Stundenlauf des 222 A/B, Br. 3 mit 1 840 kW (2 500 PS) Startleistung zufriedenstellend abgeschlossen werden, der eine Bestätigung bzw. Vorbedingung für den Serienlauf darstellte.
Aufgrund der Kriegslage kam es im Sommer 1943 zur Streichung des »Bomber B«-Programmes, also auch der Ju 288 B und des Jumo 222. Das Jäger-Programm, bei dem in verstärktem Maße der Jumo 213 gebraucht wurde, hatte wieder absoluten Vorrang. Nach schweren Bombenangriffen auf Dessau im April 1944 mußten die Jumo 222-Fertigung und die Entwicklungsbüros nach Oberursel verlegt werden.
Inzwischen wurde für weiterlaufende Flugzeugprojekte wie Ju 388 und Ju 488 eine Startleistung von 2 205 kW (3 000 PS) gefordert. Zunächst konnte die Leistung von 2 130 kW (2 900 PS) mit Methanol-Wasser-Einspritzung erreicht werden. Da die Leistungsreserven voll ausgeschöpft waren, entschloß man sich nochmals zu einer Hubraumvergrößerung. Die neue Ausführung des Jumo 222 c/D mit 55,5 Liter Gesamthubraum war auf 2 205 kW (3 000 PS) ausgelegt und

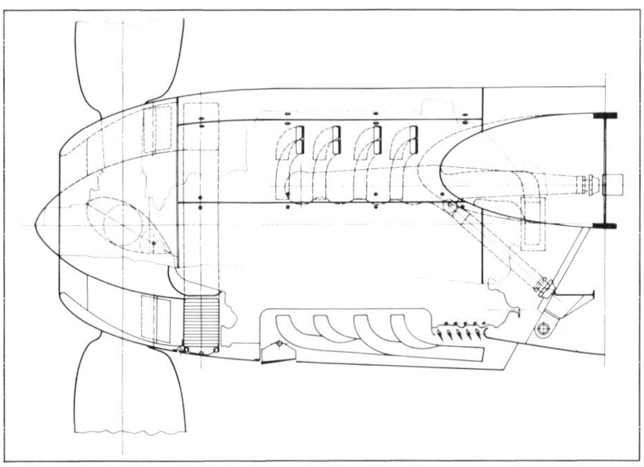

Oben: Einbauskizze des Jumo 222 im Kampfflugzeug Ju 288. Die ringförmig angeordneten Kühlersegmente lagen hinter der zum Luftdurchtritt hohl ausgebildeten Propellerhaube und dem mitlaufenden Kühlgebläse.

Unten: Für die im Programm des »Bombers B« entwickelte Junkers Ju 288 war von Anfang an der Jumo 222 vorgesehen. Jedoch konnte erst die Ju 288 V 5 diese Motoren erhalten und am 8. Oktober 1941 zum Erstflug starten. Die Propellerhaube war so ausgeführt, daß die Kühlluft direkt zu den vor dem Motor ringförmig angeordneten Kühlern geleitet wurde. Ein Serienbau der Ju 288 ist nicht erfolgt.

kam im Juni 1942 auf den Prüfstand. In der Entwicklung wurde verstärkt am Höhenmotor 222 E/F gearbeitet, der erstmals Anfang 1944 lief. Bei einer Startleistung von 2 500 PS hatte dieser 50-Liter-Motor einen Zweistufenlader mit hydraulischer Kupplung, einen Ladeluftkühler mit 35% Rückkühlung und einen Füllungsregler ähnlich wie beim Jumo 213. Als Sondernotleistung mit MW 50 konnten 2 130 kW (2 900 PS) und mit GM 1 in Höhen über 12 000 m eine Leistungserhöhung von etwa 365 kW (500 PS) erwartet werden. Eine Variante mit Abgasturbolader für 10 000 m Volldruckhöhe wurde zusätzlich bearbeitet. Auf dem Höhenprüfstand in Dessau wurden mit der Ausführung E/F Messungen bis 10 000 m, jedoch begrenzt durch die Prüfstandsanlage, durchgeführt. Im Herbst 1944 betrug die Gesamtprobungszeit im Fluge rund 800 Stunden, verteilt auf drei Flugerprobungsträger Ju 52, sechs Ju 288, eine FW 191 und eine He 219. Wenige Monate vor Kriegsende wurde dem Jumo 222 erneut höchste Dringlichkeit zuerkannt, da er außer den in Mißkredit geratenen Daimler-Benz-Doppelmotoren der einzige deutsche Otto-Flugmotor der 2 200

Junkers-Flugmotoren Jumo 213 und 222

Muster		213 A	213EO(213E1)	213 F	222 A/B	222 E/F	222 C/D
Baujahr		1942	1944	1945	1941	1944	1943
Bauart		12-Zylinder-V-Form, hängend	12-Zylinder-V-Form, hängend	12-Zylinder-V-Form, hängend	24-Zylinder-Reihen-Stern	24-Zylinder-Reihen-Stern	24-Zylinder-Reihen-Stern
Kühlung		Wasser+Glykol	Wasser+Glykol	Wasser+Glykol	Wasser+Glykol	Wasser+Glykol	Wasser+Glykol
Bohrung x Hub	mm	150x165	150x165	150x165	135x135	140x135	145x140
Gesamthubraum	l	35,0	35,0	35,0	46,6	49,8	55,5
Verdichtung (OZ)		6,5 (87)	8,5 (100) (6,5), (87)	6,5 (87)	6,5 (87)	6,5 (87)	(100)
Lader		Zweigang	Zweistufen Dreigang	Zweistufen Dreigang	Zweigang	Zweistufen	Zweigang
Propeller-Untersetzung		0,42	0,42		0,37	0,37	0,37
Abmessungen Länge	mm	2266			2208		
Breite	mm	777			1160		
Höhe	mm	980			1160		
Trockenmasse	kg	920	940	885	1084	1370	1180
Startleistung	kW (PS)	1290 (1750)	1370 (1870)	1290 (1750)	1470 (2000)	1840 (2500)	2200 (3000)
	min^{-1}	3250	3200	3250	2900	3000	3100
	bar abs.	1,47			1,42	1,5	
Steig- und	kW (PS)	1030 (1400)	1015 (1380)	955 (1300)	1455 (1980)	1285 (1750)	
Kampfleistung	min^{-1}	2900	3000	3000	2900	2900	
Volldruckhöhe	m	5500	9600	9500	6400	9400	5300
Min. spez. Verbrauch	g/kWh (g/PSh)	274 (202)	258 (190)	272 (200)		(206)	
Einheitsmasse	kg/kW (kg/PS)	70,7 (0,52)	68,0 (0,50)		0,73 (0,54)	0,75 (0,55)	0,53 (0,39)
Hubraumleistung	kW/l (PS/l)	37,2 (50,6)	39,3 (53,5)		31,5 (42,9)	36,9 (50,2)	39,7 (54,0)
Bemerkungen		Mit MW 50: 2100 PS Startleistung Fw 190 Me 309 Ta 152 Ju 188	Mit Ladeluftkühler. E1 ohne Lader luftkühler 1750 PS, mit MW 50 2050 PS Ta 152 Ta 154	Mit MW 50: 2050 PS Startleistung	Erprobung Ju 288	Mit Ladeluftkühler. Mit MW 50 Startleistung 2900 PS	Auch mit Abgasturbolader

kW (3 000 PS)-Klasse war. Zu einer Serienfertigung kam es wegen des Kriegsendes nicht mehr.
Die japanische Luftwaffe interessierte sich stark für das Projekt des Junkers-Langstreckenbombers Ju 488, der vier Jumo 222 erhalten sollte. Im Sommer 1944 kamen darüber die Lizenzverhandlungen zum Abschluß, die auch die Nachbaurechte des Motors umfaßten. Die Unterlagen gelangten jedoch nicht mehr nach Japan.

Kurz bevor die alliierten Truppen den Rhein überschritten, waren auf Veranlassung einiger Junkers-Ingenieure zwei Jumo 222 E-Höhenmotoren in eine Felsenhöhle bei Oberursel eingemauert worden. Diese und einige weitere Jumo 222 kamen zur Untersuchung nach den USA und schließlich zum Air and Space Museum nach Washington. Einer dieser Motoren mit der Bezeichnung 222 E-U2 ist dann nach längeren Bemühungen 1978 dem Deutschen Museum in München überlassen worden.
Als Weiterentwicklung des Jumo 222 bestand ein Projekt eines Motors ähnlicher Bauart mit 36 Zylindern, 70 Liter Hubraum und 2 900 kW bis 3 700 kW (4 000 bis 5 000 PS) Leistung (Jumo 225).

Die Zweitakt-Diesel bis zum Jumo 205

Die zielgerichtete Entwicklung des Zweitakt-Dieselflugmotors für den Luftverkehr begann bei Junkers im Jahre 1922, wobei die Arbeiten der »Versuchsstation« Oechelhäuser und Junkers (1890 bis 1893) mit dem ersten Gegenkolbengasmotor von 73 kW (100 PS) im Jahre 1892 und später dem ersten Dieselmotor M 12 von 147 kW (200 PS) im Jahre 1908 sowie die anschließend verwirklichten verschiedenen Schiffs- und Stationär-Dieselmotoren eine breite Erfahrungsbasis bildeten.
Grundlage für die späteren Arbeiten war das 1907 erteilte Patent von Hugo Junkers mit dem Titel »Junkers-Doppelkolben-Schwerölmotor«. Mit dem Ziel der Herabsetzung des Baugewichtes und der Verringerung des Raumbedarfes entstand 1914 ein Doppelkolbenmotor als Zweiwellenmotor in liegender Bauart mit luftloser Einspritzung, Spiralspülverfahren und Übertragung der Leistung beider Kurbelwellen auf eine Abtriebswelle. Dieser MO 3 von 132 kW (180 PS), dem 1918 der FO 2 von 365 kW (500 PS) folgte, hatte bereits mehrere Merkmale der späteren Dieselflugmotoren und zählte zu seiner Zeit bereits zu den Schnelläufern.

◀ Junkers Schweröl-Versuchsmotor Fo 3 mit fünf Zylindern. Dieser Zweitakt-Gegenkolbenmotor, der im grundsätzlichen Aufbau den späteren Jumo-Dieselflugmotoren schon weitgehend entsprach, diente zur Erprobung verschiedener Bauteile. Er erreichte 1928 eine Leistung von 610 kW (830 PS).

Der Jumo 4 bzw. Fo 4, der später die Bezeichnung Jumo 204 erhielt. Der Motor kam 1928 auf den Prüfstand und erreichte bald 750 PS Startleistung.
▼

Im Zusammenhang mit seinen Großflugzeugprojekten hatte Professor Junkers schon 1917 Entwürfe von Dieselflugmotoren von 735 kW (1 000 PS) ausgearbeitet, die in liegender Anordnung im Flügel eingebaut werden sollten.
Nach einer Reihe von Einzylinderversuchen entstand 1926 ein Fünfzylinder-Gegenkolben-Versuchsmotor FO 3 in stehender Bauweise, der im Aufbau weitgehend den nachfolgenden erfolgreichen Diesel-Flugmotoren entsprach. Die schon bei den ersten Versuchsläufen erreichten Leistungen von 610 kW (825 bis 830 PS) bei einer Drehzahl von 1 200 min^{-1} überraschten, doch war noch ein sehr langer Weg mit vielen Änderungen notwendig, bis der Motor längere Dauerläufe durchstand. Der FO 3 wurde erstmals 1928 auf der Internationalen Luftfahrtausstellung in Berlin gezeigt, wobei er bei der Fachwelt einiges Aufsehen auslöste.
Im Zusammenhang mit dem Junkers-Sportflugzeug A 50 »Junior« wurde 1928 ein luftgekühlter Zweitakt-Dieselmotor von 55 kW (75 PS) bei 1 800 min^{-1} gebaut, der einige konstruktive Besonderheiten besaß. So arbeiten alle sechs Pleuelstangen des Sternmotors auf einem Pleuelstern, d. h. es war kein Hauptpleuel vorhanden. Die Einlaßbohrung wurde durch den Kolben gesteuert, während das im Zylinderkopf hängend angeordnete Auslaßventil, das über eine Stoßstange betätigt wurde, eine große doppelte Blattfeder hatte. Schwierigkeiten traten bei der Kolbenschmierung auf. Der Motor kam 1929 in einer A 50 zur Erprobung, konnte dann aber wegen der Wirtschaftslage nicht mehr weiterverfolgt werden. Nur projektmäßig kam noch ein 365/440 kW (500/600 PS)-Sternmotor mit 12 Zylindern und 1931 ein wassergekühlter Sechszylinder-Zweitakt-Einkolben-Schwerölmotor mit hängenden Zylindern zur Ausarbeitung. Als nächstes entstand der Sechszylinder-Dieselflugmotor FO 4 mit 28,6 Liter Hubraum, aus dem später der Jumo 4 bzw. der Jumo 204 mit 550 kW (750 PS) Startleistung wurde. Der erste Versuchsmotor des FO 4 kam im Januar 1928 auf den Prüfstand. Es vergingen jedoch fast sieben Jahre mühsamer Versuchsarbeit, bis der Jumo 4 soweit betriebssicher war, daß er in ein Verkehrsflugzeug eingebaut werden konnte. Erst die Verwendung eines ungeteilten Feuerringes, der seinerseits durch eine auf den Kolbenboden aufgeschraubte Wärmeschutzplatte vor den heißen Verbrennungsgasen geschützt war, und durch eine besonders sorg-

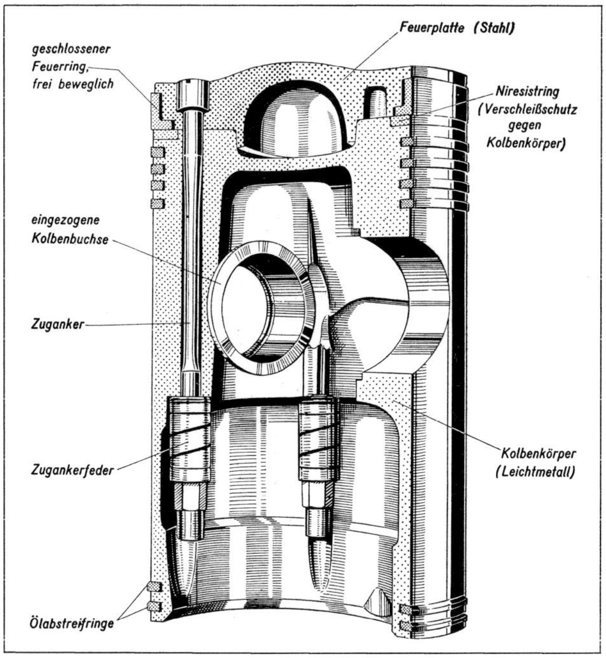

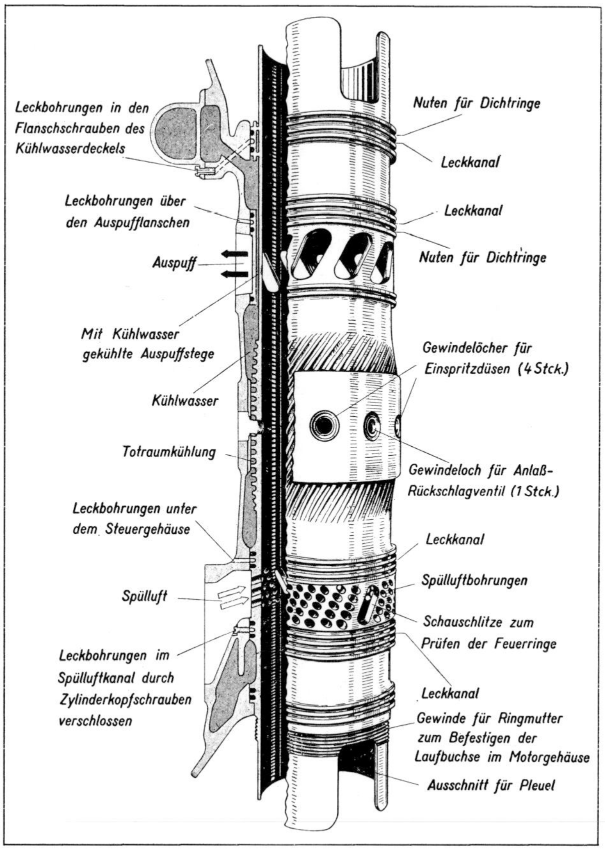

Oben: Der lange Kolben des Jumo 205 hatte als Besonderheit eine Feuerplatte aus Stahl, die mit Zugankern und federnden Elementen am Kolben befestigt war und dazu einen geschlossenen, freibeweglichen Feuerring mit sehr enger Passung gegenüber der Zylinderlaufbüchse.

Unten: Einen besonders großen Entwicklungsaufwand erforderte die Zylinderlaufbüchse mit den Schlitzen, der Kühlung und der Abdichtung zum Kurbelgehäuse. Hohe Anforderungen traten auch bei der Fertigung dieses Bauteiles auf.

fältig ausgeführte Kühlung des Brennraumes konnten die größten Schwierigkeiten überwunden werden.
Über die Wirkung der Spülung der Zylinder berichtete Dr.-Ing. J. Gasterstätt – bis zu seinem Tode im Frühjahr 1937 Leiter der Junkers-Dieselflugmotorenentwicklung – in seinem am 13. Oktober 1936 in Berlin gehaltenen Vortrag:

»Beim Übergang zum kurzhubigen Schnelläufer verschlechterte sich zunächst der Spüleffekt ganz beträchtlich bzw. stieg die erforderliche Spülarbeit gewaltig. Es war viel Versuchsarbeit nötig, um hier wieder zu einem Optimum zu kommen. Dabei half uns die Vorstellung weiter, daß die aus Gründen innigster Gemischbildung erforderliche Rotation der Spülluft für das vollkommene Austreiben der Abgase hinderlich sei. Infolge ihrer Rotation drängt die kalte und daher schwere Frischluft nach außen und läßt in der Mitte des Zylinders einen Kern heißer Abgase zurück. Wir gaben nun den einzelnen Spüllochreihen verschiedene Einblasrichtungen, so daß die beim Abwärtsgang des Kolbens zuletzt freigegebenen Spüllöcher direkt in Richtung auf die Mitte des Zylinders blasen, um so den letzten Gasrest herauszutreiben. Der Erfolg dieser Spülung mit veränderlichem Drall war überraschend gut. Es gelang, nach vorheriger Ermittlung der günstigsten Steuerzeiten, den erforderlichen Spülluftaufwand für günstigste Verbrennung wesentlich zu vermindern.«

Die erste Musterprüfung des Jumo 4 gelang 1929 mit 382 kW (520 PS) und 1931 eine weitere mit 530 kW (720 PS). Kurzzeitig wurden sogar Leistungen von 735 kW (1 000 PS) erreicht. Zur Flugerprobung benutzte man eine Junkers F 24, eine einmotorige Ausführung der G 24, die am 4. Februar 1929, am 70. Geburtstag von Professor Hugo Junkers, mit Flugkapitän Zimmermann am Steuer, zum ersten Mal flog. Die Überlandflüge dieses Flugzeuges wurden immer wieder zu Demonstrationen für den Dieselflugmotor genutzt. Von 1931 an führte die Deutsche Lufthansa mit mehreren einmotorigen Junkers F 24-Frachtflugzeugen eine sich über mehrere Jahre erstreckende Dauererprobung der Jumo 4-Motoren durch.
Einen weiteren Beweis der Betriebssicherheit erbrachten die Jumo 204-Dieselflugmotoren im viermotorigen Großflugzeug Junkers G 38, das in zwei Exemplaren von der Lufthansa im planmäßigen Luftverkehr eingesetzt worden ist. Ein Satz von Austauschmotoren hat sich beim G 38-Einsatz als ausreichend erwiesen. Als Vorteile der Junkers-Schweröl-Flugmotoren wurden die günstigen Brennstoffkosten, der niedrige Verbrauch, die verminderte Brandgefahr und geringere Wartung durch Fortfall der Ventile, der Ventilsteuerung, des Vergasers, der Zündkerzen und Magnete herausgestellt. Lizenzrechte wurden nach England und Frankreich vergeben. Einzelmotoren nach Japan, Rußland und England geliefert. In keinem dieser Länder kam es jedoch zu einem Nachbau.
Da die Bauhöhe und zunächst auch die Leistung des Jumo 204 für mehrmotorige Flugzeuge zu groß war, wurde 1932 mit der Entwicklung eines Flugmotors gleicher Bauart aber kleinerer Abmessungen und höherer Drehzahl begonnen. Es entstand der Jumo 205, der anfangs eine Startleistung von 405 kW (550 PS) und ein Gewicht von 500 kg hatte. Der Jumo 205 wurde insbesondere für die von der Lufthansa bestellten Dornier-Flugboote Do 18 (zweimotorig) und Do 26 (viermotorig) entwickelt, die zur Postbeförderung auf den Nord- und Südatlantikstrecken zum Einsatz kamen.
Bereits im Frühjahr 1933 konnte der Jumo 205 die Musterprüfung mit 440 kW (600 PS) erfolgreich abschließen. Bald danach begann die Erprobung bei der Lufthansa in einer Focke-Wulf »Möwe«, ab 1934 in einer dreimotorigen Ju 52, der einige Monate später eine zweite folgte und ab 1935 zusätzlich in mehreren Ju 86. Die Lufthansa hatte von Anfang an der Entwicklung des Schwerölflugmotors großes Inter-

Oben: Jumo 205 in der Serienausführung mit 600 PS Startleistung.

Unten: Der Jumo 205 Zweitakt-Dieselflugmotor mit Gegenkolben war der einzige Dieselflugmotor der Welt, der in größeren Stückzahlen in Serie gebaut worden ist. Er kam sowohl in deutschen Verkehrs- wie in Militärflugzeugen zum Einbau. (Deutsches Museum, München).

esse entgegengebracht, sie sah in diesem sparsamen Flugmotor das geeignete Triebwerk für den Luftverkehr auf langen Strecken. Dem Einsatz der Jumo-Dieselflugmotoren im Linienverkehr ist die schnelle Erreichung der vollen Betriebssicherheit in erster Linie zu verdanken. Im Jahre 1937 flogen bereits 21 Flugzeuge der Lufthansa mit Dieselmotoren, ihr Anteil mit über 9000 Betriebsstunden betrug 7% der Gesamtflugleistung. Im Atlantik-Postdienst waren alle Dornier Do 18- und Do 26-Flugboote und die viermotorigen Schwimmflugzeuge Blohm & Voss BV 139 mit Jumo 205-Motoren ausgerüstet.
Durch Langstreckenflüge wurden immer wieder die Zuverlässigkeit und der geringe Kraftstoffverbrauch des Junkers-Dieselflugmotors Jumo 205 demonstriert. So flog 1936 eine Ju 86 im Direktflug von Dessau nach Bathurst/Gambia (5800 km) und zurück. Mit einem Fernflug über 22000 km wurde eine Ju 86 im Jahre 1937 nach Melbourne/Australien überführt. Und schließlich stellte 1938 ein Do 18 mit 8392 km in rund 43 Stunden Flugzeit einen Langsteckenrekord für Wasserflugzeuge auf. Im Reiseflug hatten die Jumo 205-Motoren einen spezifischen Kraftstoffverbrauch von 218 bis 231 g/kWh (160 bis 170 g/PSh), bei Langstreckenrekordflügen wurden sogar 211 g/kWh (155 g/PSh gemessen.
Im Einsatz bei der Lufthansa erreichten die Jumo 205-Motoren meist 250 Betriebsstunden zwischen den Überholungen und stellten für das gut geschulte Fachpersonal keine besonderen Probleme. Bei der Luftwaffe, also im militärischen Einsatz, war das Betriebsverhalten nicht so günstig. Es traten häufig Störungen auf, die zum vorzeitigen Austausch der Motoren führten. Im Gegensatz zum Langstreckendienst über See, bei dem lange mit gleichbleibender Drehzahl in niedrigen Höhen geflogen wurde, vertrugen die Jumo 205-Motoren den Drehzahlwechsel, wie er bei Verbandsflug oder im Kampfeinsatz gefordert wurde, weniger gut. Auch machte der Höheneinsatz anfangs Schwierigkeiten. Ein starker Leistungsabfall der Motoren in Höhen über 5000 m konnte erst nach langen Untersuchungen geklärt und beseitigt werden.
Die ersten Jumo 5-Motoren kamen mit einer Startleistung von 404 kW (550 PS) zum Einbau. Die Serienausführungen des 1934 umbenannten Jumo 205 hatten in den Ausführungen bis D eine Startleistung von 440 kW (600 PS) und unterschieden sich durch die Anschlußmöglichkeiten für verschiedene Verstellpropeller bzw. eine Fernwelle. Die Baureihe D hatte ein verbessertes Spülgebläse und verschiedene weitere Änderungen. Ab der Baureihe 4 wurde das Überdruck-Kühlsystem so ausgeführt, daß die höchstzulässigen Wassertemperaturen in Bodennähe 94°C betragen konnten. Beim Jumo 205 D wurde 1939 eine erhöhte Kurzleistung, zeitlich begrenzt auf eine Minute, mit 647 kW (880 PS) bei einer Drehzahl von 2800 min^{-1} freigegeben. Die letzten Ausführungen Jumo 205 E und G hatten eine Startleistung von 515 kW (700 PS) bei 2500 min^{-1}. Die größten Stückzahlen wurden von der Ausführung C 4 gebaut, die serienmäßig bei den Bombern Ju 86, den Fernaufklärungsflugbooten Blohm & Voss BV 138 und bei den Flugbooten Do 18 zum Einbau kamen.

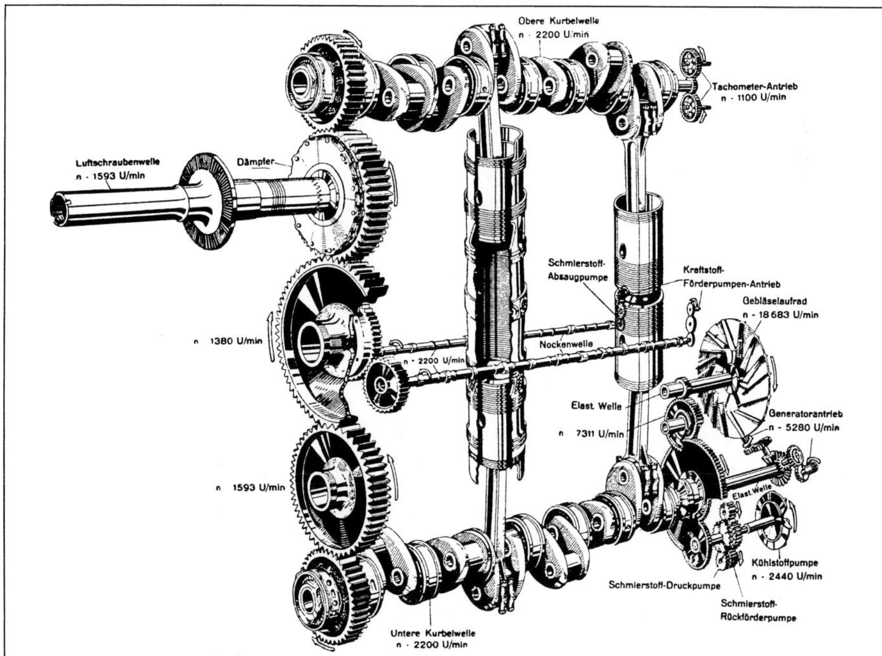

Kurbeltrieb mit Untersetzungsgetriebe, Antrieb des Gebläselaufrades und der Geräte des Jumo 205. Der Abtrieb konnte auch vom mittleren Zwischenrad mit anderem Drehsinn erfolgen.

Der Jumo 205 war und blieb der einzige Dieselflugmotor in der Welt, der die volle Betriebssicherheit erreichte und in Serien gebaut wurde. Insgesamt sind etwas über 900 Junkers-Dieselflugmotoren hergestellt worden.
Die Entwicklungsleistung der Junkers-Ingenieure, die diesen Motor in jahrelanger Arbeit zur Reife brachten, mögen einige Zahlen unterstreichen. Beim Jumo 205 mit 440 kW (600 PS) bei 2 200 min^{-1} betrug das Verdichtungsverhältnis 1 : 17, der Verdichtungsenddruck 60 bar bei einer Temperatur von 600 bis 700° C, der Höchstdruck bei der Verbrennung 100 bar und die höchste Gastemperatur rund 1 400° C. Eingespritzt wurde das Gasöl mit einem Druck von über 550 bar in einer Zeit von weniger als 1/500 Sekunde. Bei der Endstufe der Entwicklung des 16,6-Liter-Motors, dem Jumo 207 C mit einer Kurzleistung von (735 kW (1 000 PS) bei 3 000 min^{-1}, wurde eine Hubraumleistung von 60 PS/l, eine mittlere Kolbengeschwindigkeit von 16 m/s, eine Leistungsmasse von 0,78 kg/PS sowie eine Volldruckhöhe von 12 000 m erreicht.
Vor dem Anlassen mußte mittels einer Handpumpe der ganze Schmierstoffkreislauf unter Druck gesetzt werden. So wurde sichergestellt, daß die hochbelasteten Lager gleich mit Öl versorgt wurden. Zum Anlassen wurde vorzugsweise Druckluft (40 bis 80 bar) oder ein elektrisch angetriebener Schwungkraftanlasser benutzt. Verschiedentlich kamen auch Patronenanlasser zur Anwendung. Aus einer elektrisch gezündeten Pulverpatrone strömten Verbrennungsgase mit hohem Druck (etwa 150 bar) über eine Verbindungsleitung zu einem Kolben, der über eine Gewindespindel den Motor durchdrehte. Zur Erleichterung des Anspringens wurde Zündöl mit 25% Äther, 50% Motorschmierstoff und 25% Gasöl, in den Spülkanal eingespritzt oder mit der Anlaßpreßluft eingeblasen.

Vom Jumo 206 bis zum 224

Auf den Jumo 205-Dieselflugmotor, der weltweit bekannt wurde, folgten die weniger bekannten Baumuster Jumo 206, 207, 208 und 223 sowie die Projekte 218 und 224. Alle hatten die gleichen Grundelemente und arbeiteten als Zweitakt-Gegenkolben-Dieselmotoren mit Spülgebläse sowie als Höhenmotoren mit vorgeschalteten Abgasturboladern und Zwischenkühlern.
Von einer direkten Weiterentwicklung des Jumo 205, dem Jumo 206 mit 35 Liter Gesamthubraum und 882 kW (1 200 PS) Startleistung sind nur wenige Versuchsmotoren gebaut worden.
Zu hohem militärischen Ansehen kam ab 1939 der Höhenmotor Jumo 207, der über die Forderung entstand, Bildaufklärung in sehr großen Höhen, d. h. oberhalb der Gipfelhöhe gegnerischer Jagdflugzeuge und außerhalb des Wirkungsbereiches der Flugabwehrgeschütze zu fliegen. Der Entwicklungsauftrag für den Höhenaufklärer Ju 86 P wurde im Herbst 1939 an die Firma Junkers gegeben. Bereits am 17. September 1940 konnte die vertraglich festgelegte Flughöhe von 10 000 m vom Prototyp dieses Flugzeugs erreicht werden. Gute Voraussetzungen für diese schnelle Entwicklung waren die Erfahrungen von Junkers mit den Höhenversuchsflugzeugen Ju 49 (1931) und EF 61 (1937). Im Rahmen firmeneigener Bemühungen um den Höhenmotor waren schon 1932 beim Dieselflugmotor Jumo 205 Versuche mit Aufladung durch vorgeschaltete Abgasturbinen begonnen worden. Die im Vergleich zu Otto-Motoren bedeutend niedrigere Temperatur der Abgase (500 bis 550° C) machte bei der Verwendung von Abgasturboladern von Anfang an keine nennenswerten Schwierigkeiten. Bei der ersten Versuchsausführung wurde der Lader zur Erzeugung des Spüldruckes in Bodennähe über ein Differentialgetriebe vom Motor angetrieben. Mit zunehmender Flughöhe gab dann die Turbine ihre Leistung an das Getriebe und bewirkte eine Drehzahlsteigerung des Laders. Die nächsten Schritte führten zur zweistufigen Anordnung mit getrennten Abgasturboladern als erste Stufe und mechanisch angetriebenem Spülgebläse als zweite. Die Höhenflugzeuge Ju 86 P konnten bei Flugzeiten bis zu fünf Stunden über 12 000 m erreichen und waren zunächst unbewaffnet, da sie keine Jagdabwehr zu fürchten brauchten. Sehr überraschend wurde dann eine Ju 86 P nördlich von Kairo von einer Spitfire V in 12 800 m abgeschossen und stürzte ins Mittelmeer. Bald danach folgten zwei weiter Abschüsse in den bisher als sicher angenommenen Flughöhen. Die Ju 86 mußte vorübergehend aus dem Fronteinsatz zurückgenommen werden.
Aus der Ju 86 P entstand eine Ju 86 R mit vergrößerter Tragfläche (Spannweite 32 m statt 22,5 m) und der Jumo 207 A wurde durch den verbesserten Jumo 207 B ersetzt. Die Flugdauer der neuen Ausführung mit der Bezeichnung Ju 86 P betrug damit rund sieben Stunden. Die Gipfelhöhe erhöhte sich nun auf 14 000 m und konnte durch verschiedene Verbesserungen nach und nach auf fast 15 000 m gesteigert werden. Insgesamt sind 40 Höhenaufklärer Ju 86 P und R von 1940 bis 1944 auf den verschiedensten Kriegsschauplätzen eingesetzt worden.
Auf den Jumo 207 A mit 647 kW (880 PS) Startleistung und 10 000 m Volldruckhöhe folgte ab 1941 der Jumo 207 B mit 12 000 m. Durch kurzzeitige Drehzahlsteigerung auf 3 000 min^{-1} konnte dann eine Startleistung von 735 kW (1 000 PS) entnommen werden. Zusatzeinrichtungen mit Einspritzung von Methanol-Wasser zur Leistungserhöhung in niedrigen Höhen und GM 1 oberhalb der Volldruckhöhe wurden auf dem Prüfstand und im Flug erprobt. Diese verbesserten Baureihen Jumo 207 C mit 735 kW (1 000 PS) und 207 D bzw. E mit vergrößertem Hubraum (von 16,6 auf 25,5 Liter) und 882 kW (1 200 PS) Startleistungen kamen nicht mehr zum Fronteinsatz. Auf dem Prüfstand absolvierte ein 207 D noch kurz vor Kriegsende einen 10-Stunden-Dauerlauf mit 2 000 PS bei Methanol-Wasser-Einspritzung. Als Spitzenwert konnte im November 1944 mit MW-80-Einspritzung 1625 kW (2210 PS) bei 3200 min^{-1} gemessen werden.

Höhenflugmotoren Jumo 207 mit Abgasturbolader und Ladeluftkühler wurden in den Höhenaufklärern Junkers Ju 86 P und R eingebaut.

Die Höhenaufklärer Junkers Ju 86 P und R mit Jumo 207 A bzw. B kamen ab 1940 zum Fronteinsatz und erreichten nach verschiedenen Änderungen am Triebwerk und an der Zelle Einsatzhöhen zwischen 14 000 und 15 000 m.

Der Jumo 223 war ein Zweitakt-Gegenkolben-Dieselmotor mit 24 Zylindern und vier Kurbelwellen, ein sogenannter »Viereckmotor« mit 1470 kW (2200 PS) Startleistung. Die erste Entwicklungsstufe war auf eine Volldruckhöhe von 5000 m, die zweite auf 10 000 m ausgelegt.

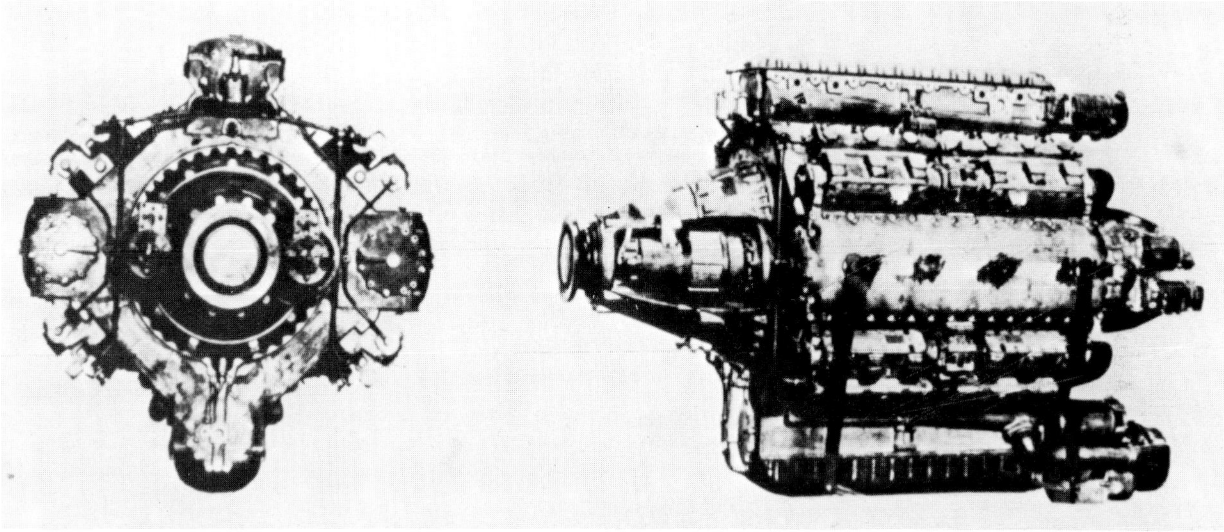

Von dem vergrößerten Jumo 208 (25,5 l) wurden nur wenige Versuchsausführungen gebaut. Nach einer kurzen Flugerprobung als Mittelmotor einer Ju 52 mußte das Entwicklungsprogramm wegen anderer Dringlichkeiten gestoppt werden. Für die Variante Ju 86 R 3 bestand die Absicht, die beiden Jumo 207 B durch eine im Rumpf eingebaute Höhenladerzentrale Daimler-Benz 605 T auf größere Volldruckhöhe zu bringen. Ein Jumo 218 existierte als gekuppelter Doppelmotor, zusammengesetzt aus zwei 208, nur auf dem Papier.

Professor Hugo Junkers vertrat viele Jahre hindurch den Standpunkt, daß ein Bedarf für einen im Verbrauch sparsamen Großflugmotor vorhanden sei, der in den Flügel eines großen Verkehrsflugzeuges eingebaut, genügend stark sein müßte, um mit vier Triebwerken auszukommen. Mit diesen Gedanken begannen bei der Firma Junkers die Vorentwicklungsarbeiten am sogenannten Viereckmotor, dem Jumo 223, die jedoch wegen dringender militärischer Aufträge mit Verzögerungen abliefen und 1942 praktisch zum Stillstand kamen. Der Jumo 223 war ein 24-Zylinder-Dieselmotor mit vier Kurbelwellen, gegenläufigen Kolben und einem Untersetzungsgetriebe für gegenläufigen Doppelpropeller. Von vorne gesehen hatte er die Bauform eines auf der Spitze stehenden Quadrates. Bei einem Gesamthubraum von 24 Liter wurden Hub und Bohrung kleiner als beim Jumo 205 gewählt. Es entstand so ein Schnelläufer mit einer Kurbelwellendrehzahl von 4400 min^{-1}. Die erste Ausführung erreichte auf dem Prüfstand eine Startleistung von 1835 kW (2500 PS). Seine Weiterentwicklungen mit Abgasturbolader, Volldruckhöhe von 10000 m und 1835 kW (2500 PS) Startleistung blieben im Planungsstadium. Gleiches gilt auch für den Jumo 224 mit 73 l Hubraum in ähnlicher Bauart, der Startleistungen von 2645, 2940 und 3330 kW (3600, 4000 und 4400 PS) haben sollte. In der Höhenversion waren vier Abgasturbolader für eine Leistung von 2130 kW (2900 PS) in 12000 m vorgesehen.

Durch das Ende des Zweiten Weltkrieges sind alle diese Entwicklungen mit einer Ausnahme zum Stillstand gekommen. Nur in Großbritannien wurden Junkers-Dieselmotoren in Dreiecksform unter der Bezeichnung »Deltic« von der Firma Napier weiterentwickelt. In Schnellbooten kam ein 18-Zylinder-Motor mit 2425 kW (3300 PS) und in Lokomotiven der britischen Staatsbahn Motoren von 1210 kW (1650 PS) zur Verwendung.
Junkers-Mitarbeiter, die maßgebend unter der Leitung von Prof. Otto Mader an der Flugmotorenentwicklung mitgewirkt haben waren u.a.: Dr. Bielitz (Festigkeit und Schwingungen), Ferdinand Brandner (Entwicklungsleitung Jumo 222), Kurt Erfurth (Zünderflugmotoren), Dr. Gasterstätt (Dieselflugmotoren), Manfred Gerlach (Prüfleiter – Diesel), Dr. Lichte (zuletzt Entwicklungsleitung Jumo 211 und 213), Dr. Scheibe (stellv. Leiter des Otto Mader-Werkes).

Junkers-Dieselflugmotoren Jumo 204-223

Muster		204	205 A/B	205 D	207 A	208	223
Baujahr		1931	1933	1940	1939	1939	1940
Bauart		6-Zylinder-Doppelkolben, stehend	6-Zylinder-Doppelkolben, stehend	6-Zylinder-Doppelkolben, stehend	6-Zylinder-Doppelkolben, stehend	6-Zylinder-Doppelkolben, stehend	24-Zylinder-Doppelkolben, Vierwellen,
Kühlung		Wasser	Wasser	Wasser	Wasser	Wasser	Wasser
Bohrung x Hub	mm	120x2x210	105x2x160	105x2x160	105x2x160	130x2x160	80x2x120
Gesamthubraum	l	28,6	16,6	16,6	16,6	25,5	29,0
Verdichtung (OZ)		17,0 (D)	17,0 (D)	18,0 (D)	18,0 (D)	17,0 (D)	17,0 (D)
Lader		Spülgebläse	Spülgebläse	Spülgebläse	Spülgebläse +Abgasturbol.	Zweiganglader +Abgasturbol.	Spülgebläse +Abgasturbol.
Propeller-Untersetzung		0,61	0,61/0,63	0,63	0,63	0,40/0,49	0,26
Abmessungen Länge	mm	1457	1943	2263	2173	1060	2370
Breite	mm	510	600	645	730	886	1240
Höhe	mm	1514	1325	1271	1369	1436	1367
Trockenmasse	kg	750	520	595	805		1400
Startleistung	kW (PS)	550 (750)	440 (600)	645 (880)	645 (880)	110 (1500)	1835 (2500)
	min^{-1}	1700	2200	2800	2800	2800	4400
Steig- und	kW (PS)		395 (540)	550 (750)	550 (750)	810 (1100)	
Kampfleistung	min^{-1}		2200	2500	2500	2800	
Volldruckhöhe	m	0	0	0	10000	10000	5000
Min. spez. Verbrauch	g/kWh (g/PSh)	218 (160)	218 (160)	218 (160)	231 (170)	218 (160)	
Einheitsmasse	kg/kW (kg/PS)	1,36 (1,0)	1,18 (0,87)	0,93 (0,68)	1,24 (0,91)		0,87 (0,64)
Hubraumleistung	kW/l (PS/l)	19,2 (26,2)	26,5 (36,1)	39,0 (53,0)	39,0 (53,0)	43,2 (58,8)	55,6 (75,8)
Bemerkungen D = Dieselkraftstoff (Gasöl)		Kleine Serie F 24 G 38	Serie Ju 86 Ju 52	Serie Do 26 BV 138	Serie Als 207 D mit 1000 PS JU 86 P	Nur Versuch Ju 86 R	Prüfstand, Weiterentw. für 10000 m Volldruckhöhe

Daimler-Benz-Flugmotoren-entwicklung

Der Daimler-Benz DB 600 – ein Vorläufer des DB 601

Der bewährte Einspritzflugmotor DB 601, der ab 1937 in zahlreichen deutschen Militärflugzeugen zum Einbau kam, hatte den Vergasermotor DB 600 als Vorläufer, der seinerseits aus dem Versuchsmotor F 4 entstand. Die Wiederaufnahme der Flugmotorenentwicklung begann bei Daimler-Benz in Stuttgart-Untertürkheim nach dem Ersten Weltkrieg mit dem F 2-Motor, von dem zwei Exemplare von 1927 bis 1932 mit verschiedenen Änderungen auf dem Prüfstand liefen. Der F 2 war eine Konstruktion von A. Berger. Er basierte weitgehend auf den Erfahrungen des vergangenen Weltkrieges. So hatte der F 2, ein wassergekühlter 12-Zylinder-V-Motor von 735 kW (1000 PS), noch Einzelzylinder, aber bereits Leichtmetallzylinderköpfe, einen Lader und Stirnrad-Untersetzungsgetriebe. Ein luftgekühlter F 3-Versuchsmotor ähnlicher Bauart mit Zwangskühlung durch zwei Gebläse wurde nur in einer Versuchsausführung gebaut.

Den Anfang der neuen Daimler-Benz-Motorenreihe mit hängenden Zylindern in V-Form stellte der 30-Liter-Motor F 4 dar, der im Grundaufbau bereits weitgehend dem DB 600 entsprach. Die Größe von 30 Liter Gesamthubraum stammte aus Vorschlägen bzw. Empfehlungen, die das Reichswehrministerium im Jahre 1929 für Motoren zukünftiger Militärflugzeuge gegeben hatte. Die hängende Bauart der V-Motoren entsprach dem Wunsch der Flugzeugprojekteure nach guter Sicht und leichte Zugängigkeit bei der Wartung. Vom 1931 fertiggestellten F 4 liefen zwei Exemplare auf den Prüfständen in Untertürkheim, einer der Motoren absolvierte Ende März 1934 einen 10-Stundenlauf mit 590 kW (800 PS) Startleistung. Als Weiterentwicklung folgte der F 4 A und dann der F 4 B (interne Bezeichnung M 71) als Prototyp des DB 600 mit einem auf 33,9 Liter vergrößerten Gesamthubraum und 735 kW (1000 PS) Startleistung, für den Daimler-Benz 1933 einen Entwicklungs- und Fertigungsauftrag für sechs Motoren vom Reichsverkehrsministerium erhielt.

Der DB 600 war anfangs der einzige leistungsstarke Flugmotor, der für die neu entwickelten deutschen Militärflugzeuge zur Verfügung stand. Ab 1935 und bis Kriegsende war Fritz Nallinger für die gesamte Daimler-Benz-Flugmotorenentwicklung verantwortlich. Die grundlegenden Entwürfe des DB 600 und 601 entstanden auf dem Reißbrett von Dr. Berger. Im Jahre 1933 wurde die Konstruktionsleitung aufgeteilt, Dr. Berger behielt die Vorentwicklungskonstruktion und die Entwicklung des 24-Zylindermotors DB 604, während der neu eingetretene Albert Friedrich zusammen mit seinem Stellvertreter Paul Kollmann die Entwicklung der Motoren DB 601, 603, 605 sowie alle daraus entstandenen Weiterentwicklungen mit ihren Mannschaften durchführten.

Der Vergasermotor DB 600 hatte zunächst 735 kW (1000 PS), später mit Dreidüsenvergaser 770 kW (1050 PS) Startleistung. Er wurde anfangs mit Bodenlader, bald jedoch mit Mitteldrucklader für 4000 m Volldruckhöhe in Serie gebaut und kam ab 1935 in den Flugzeugmustern He 111 B und Bf 109 E sowie in einer Anzahl von Prototypen zum Einbau. Der DB 600 war jedoch nur ein kurzer Übergang zum Ein-

Oben: Der Daimler-Benz DB 600 war eine Vorstufe des DB 601. Der Grundaufbau beider Motoren war gleich, der wesentliche Unterschied bestand in der direkten Benzineinspritzung des DB 601, anstelle des Vergasers. Hauptdaten des DB 600: Hubraum 33,9 l, Startleistung 625 bis 735 kW (850 bis 1000 PS), Trockenmasse 570 kg.

Unten: Daimler-Benz DB 600-Vergaserflugmotoren kamen serienmäßig in den Bombenflugzeugen Heinkel He 111 zum Einbau.

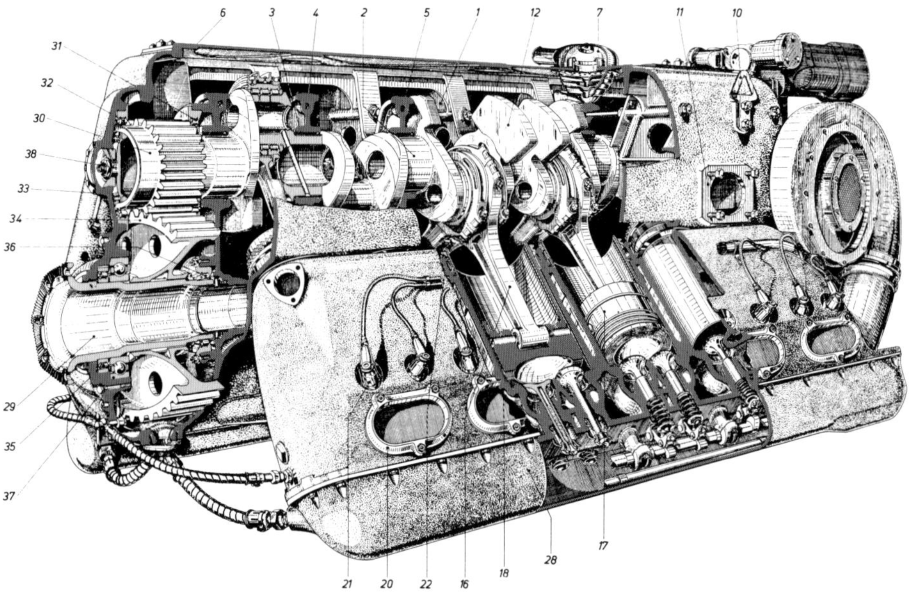

1 Kurbelgehäuse
2 Kurbelwelle
3 Hauptlager
4 Lagerbrücke
5 Schmierstoffkanal
6 Kurbelgehäusedeckel
7 Entlüftung
10 Aufhängeflansch
11 Heißöse
16 Pleuel
17 Kolben
18 Laufbuchse
20 Auspuffflansch
21 Zündkerze
22 Schraubring
28 Zylinderkopfdeckel
29 Propellerwelle
30 Getrieberitzel
31 u. 32 Lager
34 Stirnrad
35, 36 u. 37 Lager
38 Schmierstoffverteiler

Die Perspektivzeichnung läßt schom beim DB 600 die wesentlichsten Merkmale der Bauausführung der Daimler-Benz-Flugmotoren DB 600, 601, 603 und 605 erkennen: 12-Zylinder in V-Form unter 60° hängend, vier Ventile pro Zylinder, Kurbelwelle mit Gegengewichten, übereinandergreifende geteilte Pleuelstangen, Stirnraduntersetzungsgetriebe, hohle Propellerwelle mit Durchschußmöglichkeit für eine Motorkanone, linksseitig angeordneter Radiallader.

spritzmotor DB 601. Nach außen hin wurde wegen der Geheimhaltung der direkten Benzineinspritzung der DB 600 sehr lange herausgestellt. Der schnelle Übergang zur Benzineinspritzung wird durch die Tatsache verdeutlicht, daß der Vergasermotor DB 600 keinen offiziellen 100-Stundenlauf absolvierte, d.h. keine Musterprüfung erfolgte. Insgesamt sind 2281 DB 600 gebaut worden.

Baureihenübersicht Daimler-Benz DB 600

A	735 kW	(1000 PS)	Bodenlader, Serie ab 1934
B	735 kW	(1000 PS)	wie A nur andere Untersetzung
C	625 kW	(850 PS)	Mitteldrucklader, 4000 m Volldruckhöhe
D	625 kW	(850 PS)	wie C, nur andere Untersetzung
E	625 kW	(850 PS)	Versuchsmotor mit Doppellader 7000 m
F	625 kW	(850 PS)	wie E, nur andere Untersetzung
G	700 kW	(950 PS)	Dreidüsenvergaser, Serie ab 1936
H	700 kW	(950 PS)	wie G, nur andere Untersetzung
J	700 kW	(950 PS)	speziell für Hamilton-Verstellpropeller
K	700 kW	(950 PS)	wie J, nur andere Untersetzung

Der Einspritzer DB 601

Von allen Baureihen und Ausführungen des Daimler-Benz DB 601 sind von 1937 bis 1943 über 19000 Stück ausgeliefert worden. Diese Motoren zählten zu den zuverlässigsten und robustesten deutschen Flugmotoren und kamen an allen Fronten zum Einsatz. In überraschend kurzer Zeit wurde die Benzineinspritzung für den DB 601 in enger Zusammenarbeit mit Bosch – ab 1935 unter Leitung von Dr. Hans Scherenberg – betriebsreif entwickelt. Erste Versuche am Einzylinderprüfstand liefen ab März 1934. Der erste Vollmotor, ein F 4 E (M 74), jedoch noch ohne Lader, lief im Mai 1935. Mit Lader wurden im September 1935 bereits 820 kW (1120 PS) erreicht. Ein erster offizieller Abnahmelauf konnte am 9. November 1935 beendet werden. Das RLM erteilte den ersten Auftrag auf 150 Motoren im Februar 1936, noch vor Beginn der Flugerprobung, die ab Juni 1936 in einer als Flugerprobungsträger umgebauten Ju 52 anlief. Der erste DB 601-Motor aus der Serienfabrikation wurde im Werk Genshagen im November 1937 von der Bauaufsicht des RLM abgenommen. Es folgte ein sehr schneller Hochlauf der Serienfertigung. Im Jahre 1938 lieferten die Werke Marienfelde und Genshagen zusammen bereits 1700 Motoren aus. Ab 1939 kamen zwei Lizenzwerke, das Niedersächsische Motorenwerk Braunschweig und die Henschel-Flugmotoren GmbH, Kassel-Altenbauna, hinzu. In den Jahren 1940 und 1941 wurden von diesen vier Werken zusammen in Großserie über 6000 Motoren jährlich gefertigt. Der Stückpreis des Motors wird für 1941 mit 28000,– RM angegeben. Ohne Zubehör und Zulieferteile lag der Arbeitsstundenaufwand bei 2420 Stunden.

Beim internationalen Flugmeeting in Zürich-Dübendorf im Sommer 1937 waren die drei Messerschmitt-Jäger Bf 109, V 10, V 13 und V 14 sowie die einzige teilnehmende Dornier Do 17 mit Daimler-Benz DB 601 A-0-Motoren aus der Vorserie ausgerüstet, die jedoch als DB 600, also als Vergasermotoren, deklariert wurden.

Auf die 0-Serie folgte dann der DB 601 A und Aa mit 735 kW (1000 PS) und 860 kW (1175 PS) Startleistung. Ab der Baureihe B kam dann für den Antrieb des Laders eine stufenlos hydraulisch arbeitende Kupplung zur Einführung, die barometrisch gesteuert wurde. Die Laderdrehzahl nahm mit der Flughöhe zu und erreichte ab der Volldruckhöhe (4000 bzw. 4800 m) den vollen Wert, d.h. etwa 24000 min^{-1}. Damit konnte auf ein Zweigangschaltgetriebe verzichtet werden. Der Verlauf der Leistungskurve über der Höhe hatte nicht das für Schaltlader typische Leistungsloch.

Eine Reihe wesentlicher Verbesserungen sind ab der Baureihe E und F eingeführt worden, die sich nur wie C/D und G/H durch verschiedene Untersetzungen der Getriebe (E: 0,59, F: 0,53) unterschieden. Damit ließ sich auf verschiedene Einbauverhältnisse und Luftschraubendurchmesser Rücksicht nehmen. Für die Baureihen E bis L konnte die Startleistung auf 990 kW (1350 PS) erhöht werden. Das Verstellgetriebe für den VDM-Verstellpropeller wurde im Motor vorne am Untersetzungsgetriebe untergebracht und so in das Ölsystem einbezogen. Neben mehreren Sonderausführungen und der Reihe der Rekordmotoren, über die nachfolgend gesondert berichtet wird, wurde die Baureihe 601 N in der Hauptsache für die Me 109 F in größeren Stückzahlen gebaut. Zuerst als Nachrüstsatz, dann aber auch gleich in der Serie kam bei dieser Baureihe die GM 1-Einspritzung, also Stickoxydul in der Höhe zur Leistungsverbesserung zur Anwendung. Dieses Verfahren wurde ab 1941 in größerem Umfang bei fast allen deutschen Jägern und Zerstörern mit DB- und Jumo-Motoren benutzt und brachte für einen längeren Zeitraum eine deutliche Überlegenheit bei Flügen oberhalb der Volldruckhöhe.

Gegenüber 12-Zylinder-Flugmotoren anderer Hersteller wiesen die DB 601-Motoren eine Anzahl technisch interessanter konstruktiver Einzelheiten auf. Die beiden Leichtmetall-Zylinderblöcke waren so ausgebildet, daß sie zusammen mit den mit Schrumpfsitz eingeschraubten Stahlzylinderbüchsen den Kühlraum bildeten. Die Verbindung zwischen den Zylinderblöcken und dem Kurbelgehäuse erfolgte über die mit Gewinde versehenen Zylinderlaufbüchsen, die mittels Ringmuttern an das Kurbelgehäuse festgezogen wurden. Nockenwellen und Schwinghebel waren so ausgebildet, daß jeder Steuernocken jeweils hintereinander ein Auslaß- und ein Einlaßventil betätigte. In ihrem Mittelteil trugen die Schwinghebel eine Rolle, die auf dem Nocken lief.

Der Ladedruckregler begrenzte unterhalb der Volldruckhöhe den vom Lader erzeugten Überdruck, um zu verhindern, daß die thermischen Belastungsgrenzen des Motors überschritten werden. Für den Start konnte für eine Minute Dauer diese automatische Ladedruckregelung aufgehoben werden, gleichzeitig kam ein Zeitschaltwerk zur Wirkung, das rechtzeitig den Gashebel wieder auf Normalleistung zurückführte.

Die direkte Benzineinspritzung bei den Daimler-Benz- und Jumo-Flugmotoren unterlag einer Geheimhaltung, die erst gelockert wurde, als die Alliierten durch abgeschossene oder notgelandete deutsche Flugzeuge einen Einblick in die deutschen Hochleistungsmotoren erhielten. Am 20. September 1939 wurde die erste Bf 109 E 3 mit DB 601 A über Frankreich abgeschossen und anschließend in Farnborough eingehend untersucht.

Im Mai 1935 begannen die Prüfstandsläufe des Einspritzmotors Daimler-Benz DB 601 (interne Bezeichnung F4E bzw. M 74), von dem zuerst vier Prototypen gebaut wurden. Ein erster 100-Stundenlauf kam am 18. Januar 1936 zum Abschluß.

Vom DB 600 unterscheidet sich der DB 601 im wesentlichen durch die Einspritzpumpe anstelle des Vergasers und die ringförmige Ladeluftleitung, die unsymmetrisch mit dem in Flugrichtung gesehen, links angeordneten Radiallader verbunden ist.

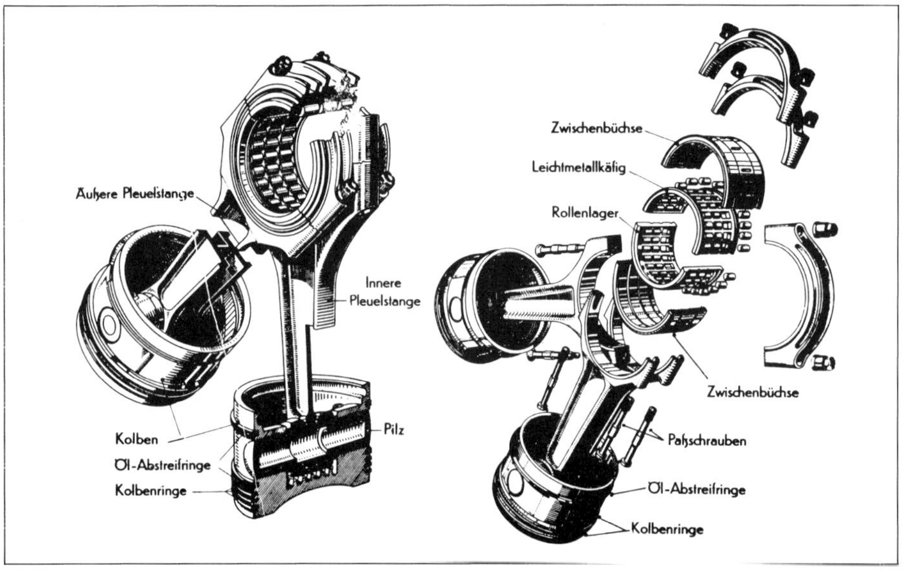

Die geteilten und übereinandergreifenden Pleuelstangen verwenden mehrreihige Rollenlager mit Leichtmetallkäfigen.

Eine erste Veröffentlichung über den DB 601-Flugmotor mit Erwähnung der Einspritzung erschien in Deutschland in der Zeitschrift Luftwissen vom Februar 1942.
Als in der Kölnischen Zeitung vom 8. Oktober 1938 ein Artikel über deutsche »Benzin-Flugmotoren ohne Vergaser« mit Bezug auf Entwicklungen der Firma Junkers erschien, erfolgte ein Protest der Firma Daimler-Benz durch einen Brief von Generaldirektor Kissel an Generalfeldmarschall Milch. Dieser Brief enthielt auch den Hinweis, daß bei Daimler-Benz die Arbeiten an der direkten Benzineinspritzung an Flugmotoren früher als bei Junkers begonnen worden waren.*
Auch an einem Höhenweltrekord waren DB 601 A-Motoren beteiligt, obgleich sie als DB 600 bezeichnet wurden. Flugkapitän Kindermann erreichte im Juni 1939 mit dem zweiten Prototyp des Bombenflugzeuges Junkers Ju 89 V 2 eine Höhe von 9312 m mit 5000 kg Nutzlast und 7242 m mit 10000 kg.
Die Daimler-Benz-Flugmotoren DB 601 A wuden serienmäßig in die Flugzeugmuster Messerschmitt Bf 109E, Bf 110,

* Bei Junkers begann Dr. Lichte 1935 mit der Entwicklung der direkten Benzineinspritzung bei Otto-Flugmotoren. Zu dieser Zeit lief bei Daimler-Benz der Einspritz-Vollmotor F 4 E, der Vorläufer des DB 600/601 auf dem Prüfstand. Bei den Bayerischen Motorenwerken war ein BMW VI mit einer Bosch-Einspritzpumpe bereits 1933 im Versuch. Die allerersten Flugerprobungen erfolgten im Ersten Weltkrieg durch Junkers an einem Daimler-Motor D IV a.

Daimler-Benz-Flugmotoren F2 bis DB 601

Muster		F 2	F 4 (F 4 E)	DB 600 A/B	DB 600 C/D (DB 600 G/H)	DB 601 A/B	DB 601 C/D	DB 601 E/G (D 601 Q/R)*
Baujahr		1927	1931 (1934)	1934	1935 (1936)	1937	1940	1939 (1940)
Bauart		12-Zylinder- V-Form, stehend	12-Zylinder- V-Form, hängend	12-Zylinder- V-Form, hängend	12-Zylinder- V-Form, hängend	12-Zylinder- V-Form, hängend	12-Zylinder- V-Form, hängend	12-Zylinder- V-Form, hängend
Kühlung		Wasser	Wasser	Wasser	Wasser	Wasser	Wasser	Wasser+ Glykol
Bohrung x Hub	mm	165x210	145x150 (150x160)	150x160	150x160	150x160	150x160	150x160
Gesamthubraum	l	53,9	30,0	33,9	33,9	33,9	33,9	33,9
Verdichtung (OZ)		5,8	6,5	6,5 (87)	6,5 (87)	6,9 (87)	7,2 (87)	7,2 (87) (8,5) (100)
Lader		Eingang	Eingang	Eingang	Eingang	Einstufig	Zweistufig	Einstufig
Propeller-Untersetzung		0,51	0,53 (0,65)	0,65/0,53	0,65/0,53	0,65/0,53	0,49/0,53	0,60/0,49
Abmessungen Länge	mm	2423	1740	1720	1720	1852	2363	2304
Breite	mm	980	715	712	712	739	739	739
Höhe	mm	1080	1000	1000	1000	1027	1000	1035
Trockenmasse	kg	850	620 (688)	545	560 (573)	610	685	660
Startleistung	kW (PS)	755 (1030)	585 (800)	735 (1000)	625 (850)	805 (1100)	955 (1300)	990 (1350)
	min^{-1}	1700	2400	2400	2300	2400	2700	2700
	bar abs.					1,37		1,39
Steig- und	kW (PS)				670 (910)	705 (960)	820 (1120)	880 (1200)
Kampfleistung	min^{-1}					2400	2500	2500
Volldruckhöhe	m	4000	4000	0	4000	5000	8000	4900
Min. spez. Verbrauch	g/kWh (g/PSh)	305 (225)	305 (225)	292 (215)	305 (225)	285 (210)	285 (210)	279 (205)
Einheitsmasse	kg/kW (kg/PS)	1,12 (0,82)	1,05 (0,77)	0,73 (0,54)	0,90 (0,66)	0,75 (0,55)	0,72 (0,53)	0,67 (0,49)
Hubraumleistung	kW/l (PS/l)	14,0 (19,1)	19,5 (26,6)	22,8 (31,0)	18,6 (25,4)	23,9 (32,5)	28,2 (38,4)	29,2 (39,8)
Bemerkungen		Mit Vergaser. Nur Prüfstand OF 2 =Diesel-ausführung (1930)	Mit Vergaser. Nur Prüfstand Prototyp des DB 600. F 4 E: Ein-spritzg. Nur Prüfstand. Prototyp des DB 601	Vergaser, Bodenlader Serie	Mit Vergaser und Lade-druckregler, Serie DB 600 G/H: Startleistg. 700 kW (950 PS) Do 17 He 111	Einspritzung, stufenloser hydr. Lader-antrieb. Großserie	Höhentrieb-werk Hs 128	Großserie Q/R: C 3-Kraftst. Startleistung 955 kW (1300 PS). 5600 m Voll-druckhöhe Me 109 F Me 110

* Für die Varianten stehen abweichende Werte in Klammern

Heinkel He 111 P, Dornier Do 215 und Fieseler Fi 167 eingebaut. Die Baureihe 601 E bzw. F waren für die Me 109 F, die Bf 110, Me 210 und Heinkel He 111 P bestimmt. Die letzte Ausführung 601 N erhielten die Me 109 F und die Me 110 E. Zwei zusammengeschaltete DB 601 ergaben das Doppeltriebwerk DB 606 mit 1980 kW (2700 PS). Nachbaulizenzen wurden an die Firma Kawasaki in Japan sowie Fiat und Alfa Romeo in Italien vergeben.

Bei einer im Jahre 1939 durchgeführten Sonderentwicklung konnte mit einem DB 601 L »Sparmotor«, der in mehrfacher Hinsicht zur Erzielung eines extrem niedrigen Verbrauches abgeändert war, ein spezifischer Kraftstoffver-

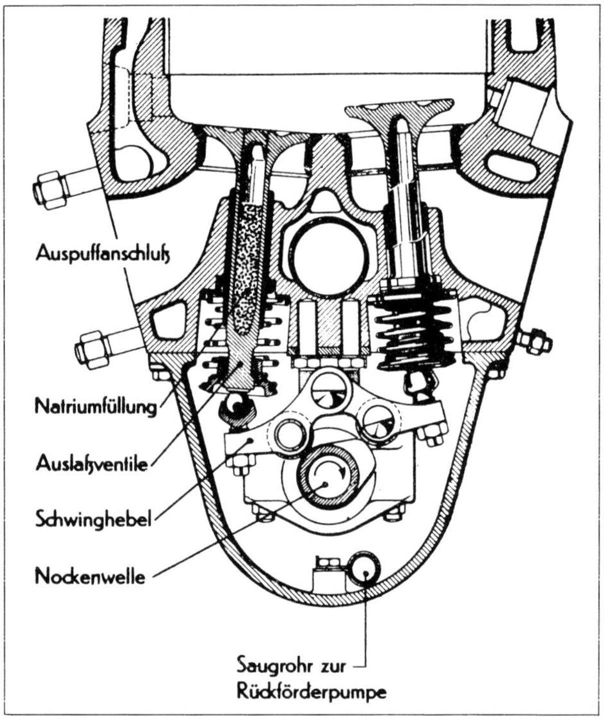

Die Ventilsteuerung des DB 601 ist so ausgebildet, daß ein Nocken nacheinander je ein Auslaß- und ein Einlaßventil betätigt.

Jagdeinsitzer Me (Bf) 109 F trop mit Daimler-Benz DB 601 E-Motor. Das Bild läßt die Kühlstoffkühler unter den Tragflächen, den Ölkühler unter dem Motor und den Lufteintriff zum Lader mit vorgesetztem Sandfilter sowie die Abgasschubdüsen erkennen.

brauch von 224 g/kWh (165 g/PSh) auf dem Prüfstand erreicht und bei der Flugerprobung in einer Heinkel He 118 bestätigt werden. Die gestellte Aufgabe sah einen Spezialmotor für ein Weitstreckenflugzeug vor, an dem sowohl die Lufthansa als auch die Luftwaffe Interesse hatte; außerdem sollten diese Versuche einen Vergleich zum Zweitakt-Dieselmotor von Junkers ermöglichen. Zum Start war eine Leistung von 955 kW (1300 PS) und als Reiseleistung 365 bis 515 kW (500 bis 700 PS) bei einer Gleichdruckhöhe von 3 000 m gefordert. Es war ein Zweistoffbetrieb vorgesehen, d. h. Start- und Steigflug mit C 3-Kraftstoff (100 Oktan) und Reiseflug mit B 4 (87 Oktan). Der Versuchsmotor, ein sonst normaler DB 601-Viertakt-Ottomotor, erhielt einen abschaltbaren Bodenlader und eine erhöhte Verdichtung (8,3/8,5 statt 6,7). Er erreichte bei magerem Gemisch und niedrigen Drehzahlen Verbrauchswerte von 245 g/kWh (180 g/PSh). Die Startleistung betrug 1 065 kW (1 450 PS). Bei weiteren Versuchen ohne Lader und mit Verdampfungskühlung konnten dann im November 1939 die Minimalwerte von 224 g/kWh (165 g/PSh) bei 495 kW (675 PS) und 1 800 min^{-1} gemessen werden.

Die Rekordmotoren

Die Entwicklung der für Rekordzwecke leistungsgesteigerten Daimler-Benz-DB 601-Motoren, die im Zeitraum von 1936 bis 1939 gebaut wurden, ist durch mehrere Fakten ausgelöst worden. Im Rahmen der Jägerausschreibung des RLM, für die der DB 601 zugrundegelegt war, kam es zu einer harten Konkurrenzsituation zwischen der Messerschmitt Bf 109 und der Heinkel He 112. Bei Vergleichsflügen erzielte die Bf 109 leichte Vorteile, desgleichen war zu erkennen, daß der Fertigungsaufwand der Bf 109 niedriger sein würde. Nachdem die deutschen Jäger beim Flugmeeting in Zürich-Dübendorf (Sommer 1937) ihre große Leistungsüberlegenheit gegenüber den teilnehmenden Ausländern gezeigt hatten, wollten sowohl Heinkel als auch Messerschmitt durch aerodynamische Verbesserungen und durch höhere Triebwerksleistungen spektakuläre Rekordleistungen erzielen. Heinkel hoffte auf diese Weise doch noch zu dem großen Jägerauftrag zu kommen. So entstand aus Eigeninitiative die Heinkel He 100, mit der Generalleutnant Udet 1938 Weltrekord über die 100 km-Strecke flog. Heinkel erklärte danach:

»Wir dachten, wie es reine Techniker nun einmal tun, an den Angriff auf den absoluten Geschwindigkeitsrekord und an die Weiterentwicklung der neuen Maschine.«

Professor Messerschmitt hielt 1937 vor der Akademie der Deutschen Luftfahrtforschung in Berlin einen Vortrag, in dem er die Notwendigkeit zur Erforschung des Schnellfluges ein besonderes Flugzeug zu bauen, darlegte. Er erhielt im gleichen Jahr den Entwicklungsauftrag für ein solches Spezialflugzeug, das dann als Weltrekordflugzeug Me 209 R in die Luftfahrtgeschichte eingegangen ist. Das Reichsluftfahrtministerium unterstützte die Bemühungen von Heinkel, Messerschmitt und Daimler-Benz in großzügiger Weise, da die Reichsregierung bemüht war, die Leistungsstärke der jungen deutschen Luftwaffe in jeder nur möglichen Art zu demonstrieren.

Die Entwicklungsreihe der DB-Rekordmotoren begann 1936 mit einer Ladedrucksteigerung und der Verwendung von alkoholhaltigem Kraftstoff. Anstelle von 805 kW (1 100 PS) für eine Minute, die der Serienmotor 601 A-1 abgab, waren 900 kW (1 228 PS) über fünf Minuten verfügbar. Diese Motoren wurden zur Erprobung, jedoch nicht zu Rekordzwecken, in eine He 112 und eine Bf 109 eingebaut. Für das Flugmeeting 1937 in Zürich lieferte Daimler-Benz einen stärkeren Motor, der bei erhöhter Drehzahl eine Startleistung von 1 004 kW (1 366 PS) in der Heinkel He 112 V 4 abgab, die von Udet in Zürich geflogen wurde.

Sowohl Heinkel als auch Messerschmitt drängten nun auf weitere Leistungssteigerungen für Rekordzwecke, um mit ihren aerodynamisch verbesserten Flugzeugen höhere Geschwindigkeiten erreichen zu können. Beide wählten die Oberflächenkühlung, um den Widerstand zu verringern, beide hatten erhebliche Schwierigkeiten mit der Kühlung für den inzwischen auf 1 220 kW (1 660 PS) gesteigerten DB 601 Re III.

Ernst Heinkel schrieb 1953 dazu in seinem Buch »Stürmisches Leben«:

Angesichts von Agellos 709 km/h (Weltrekord 1934 mit Macchi 72 Schwimmerflugzeug und 3 100 PS Fiat-Motor) ... forderte ich von meinem Entwurfsbüro mindestens 750 km/h. ... Als Motor nahmen wir den Daimler-Benz DB 601 an, der in Kürze serienreif sein sollte. Er sollte 805 kW (1 100 PS) leisten, und für Rekordzwecke würde er sich durch entsprechende Kompression und Treibstoffe für kurze Zeit sicherlich auf 1 175 – 1 320 kW (1 600 – 1 800 PS) »hochkitzeln« lassen. Alles andere jedoch mußten wir durch Verbesserung der Zelle, durch weitere Verringerung aller Gewichte, die Verbesserung der Oberflächen, die Verkleinerung der Tragflächen auf ein Minimum, vor allen Dingen aber durch die Ausschaltung des bisherigen Hauptwiderstandes, der bei der He 112 wie bei der Me 109 geblieben war, des an der Motorunterseite hervorragenden Wasser- und Ölkühlers, schaffen. Ich forderte daher an jenem 25. Mai 1937, daß zum erstenmal, nicht nur für ein Serienflugzeug, sondern vor allen Dingen auch für ein Militärflugzeug mit seinen zahlreichen Verletzungsmöglichkeiten, die Oberflächenkühlung den normalen unter dem Motor herausragenden Kühlkörper ersetzen sollte. ...

Die Daimler-Benz-Motoren entwickelten und vertrugen hohe Hitzegrade. Das Kühlwasser im Motor wurde durch verschiedene Maßnahmen unter Druck gesetzt. Es ließ sich dadurch bis auf 120 Grad erhitzen, ohne daß es im Motor selbst Dampf bildete.

Bei Ableiten außerhalb des Motors wurde das Kühlwasser entspannt. Es bildete sich Dampf. In einem Dampfabscheider wurde Wasser und Dampf getrennt, das Wasser wieder dem Motorkreislauf zugeführt und der Dampf in den Flügel geleitet. Der Dampf verwandelte sich dort durch Abkühlung in Wasser, das von Kreiselpumpen wieder dem Motorkreislauf zugeführt wurde. ...

Wenn es auf diese Weise gelang, den normalen Kühler verschwinden zu lassen und dadurch rund 80 km/h Geschwindigkeit zu gewinnen, so stieß unser Bemühen, auch den Ölkühler als Widerstandskörper zu beseitigen, auf außerordentliche Schwierigkeiten ... Wir mußten jedenfalls an einem allerdings kleinen normalen Ölkühler festhalten.«

Die Heinkel He 100 V 2, die mit dem leistungsgesteigerten DB 601 Re II von 1 220 kW (1 660 PS) ausgerüstet war, diente zur Vorbereitung eines Rekordfluges über eine 50 km-Meßstrecke in 4 000 m Höhe. Mit dieser Maschine flog Udet Pfingsten 1938 einen neuen Weltrekord über die 100 km-Strecke mit 634,73 km/h. Er hatte damit den bestehenden Rekord um 80 km/h überboten.

In aller Stille vorbereitet, flog der Messerschmitt Erprobungsflieger, Dr. Wurster, am 11. November 1937 in der Nähe von Augsburg über die 3 km-Meßstrecke in 75 m Höhe mit einer Geschwindigkeit von 611 km/h und übertraf den bestehenden Geschwindigkeitsweltrekord des Ameri-

Mit der Heinkel He 100 V8 (Tarnbezeichnung He 112 U), ausgerüstet mit dem Daimler-Benz-Rekordmotor DB 601 Re V von 2035 kW (2770 PS), erreichte Flugkapitän Dieterle im März 1939 eine Geschwindigkeit von 746 km/h.

Der Geschwindigkeitsweltrekord von Flugkapitän Wendel mit 755 km/h, aufgestellt im April 1939 mit einer Me 209 (Tarnbezeichnung Bf 109 R), wurde mit einem Daimler-Benz-Flugmotor DB 601 Re V von 2035 kW (2770 PS) erflogen.

kaners Hughes um 44 km/h. Die verwendete Bf 109 V-13 hatte den Daimler-Benz-Rekordmotor Re III mit 1220 kW (1660 PS). Dr. Wurster schrieb 1973 darüber im Aerokurier:

Nach dem guten Abschneiden in Travemünde (Vergleichsfliegen Bf 109 und He 112), nach den Siegen in Zürich und nachdem ausreichende Aufträge vorlagen, konnten wir daran denken, den Geschwindigkeitsweltrekord für Landflugzeuge anzugreifen. Ein DB 601 wurde als Rennmotor hochgezüchtet, die Verdichtung stark erhöht. Man verwendete einen Spezialkraftstoff, der geradezu bösartig war, was seine Brandempfindlichkeit und Giftigkeit anging. Es wurden besondere Zündkerzen von Bosch hergestellt. Wir ließen den Motor mit Kerzen von geringerem Wärmegrad hochlaufen, dann wechselten wir diese gegen Zündkerzen mit hohem Wärmegrad aus. Der Motor lief auch mit höherer Drehzahl und so holten wir mehr und mehr Leistung bis zu 1700 PS heraus.... An der Zelle änderten wir nichts, außer einem neuen Spinner und einer verbesserten Kabinenhaube. Das Flugzeug wurde lediglich auf Hochglanz poliert, alle Schlitze wurden zugeklebt, die Landeklappen ließen sich also nicht mehr ausfahren. Alles, worauf man beim Rekordflug verzichten konnte, wurde ausgebaut. ... Der Motor machte 600 Umdrehungen mehr als normal. Das war enorm. Er erreichte 2800 min^{-1}. Erst als ich gelandet war, und die Zeiten vorlagen, wußte ich, daß ich einen Weltrekord geflogen hatte.«

Bei Heinkel wurde nun die He 100 V 3 zum Angriff auf den Geschwindigkeitsweltrekord vorbereitet. Die Maschine ging aber wegen eines verklemmten Fahrwerkes zu Bruch. An ihre Stelle trat die V 8 mit dem auf 2035 kW (2770 PS) gesteigerten Rekordmotor DB 601 Re V. Dieser extrem hochgezüchtete kurzlebige Motor, für den nach Meinung des Herstellers nur eine Lebensdauer von 30 bis 60 Minuten zu erwarten war, verwendete neben dem stark alkoholhaltigen Sonderkraftstoff eine zusätzliche Alkoholeinspritzung vor den Lader. Mit einer Drehzahlsteigerung auf 3100 min^{-1} und einem Ladedruck von 2,1 bar abs konnten für Rekordzwecke in niedrigen Flughöhen für etwa fünf Minuten 2035 kW (2770 PS) abgegeben werden. Die Änderungen an den Rekordmotoren gegenüber Serienmotoren waren verhältnismäßig gering. Es wurden nur andere Steuerzeiten, Spezialzündkerzen, höhere Verdichtungen sowie ein Bodenlader mit verstärkter Laderwelle und Lamellen-Kupplung verwendet, jedoch keine Verstärkungen an Lagern oder am Kurbeltrieb vorgenommen. Damit wurde die Robustheit des DB 601, der sich später tausendfach im Einsatz bewährte, deutlich demonstriert.

Flugkapitän Hans Dieterle erreichte mit der He 100 V 8 auf der 3 km-Meßstrecke bei Oranienburg am 30. März 1939 einen neuen Weltrekord mit 746,60 km/h.

Da das RLM die Bemühungen bei Messerschmitt im gleichen Maße unterstützte, konnte der gleiche Rekordmotor, von dem nur drei Exemplare gebaut worden sind, in der inzwischen fertiggestellten Me 209 V 1 eingebaut werden. Dieses Hochgeschwindigkeits-Versuchsflugzeug hatte sehr entfernte Ähnlichkeit mit der Bf 109. Der Rumpf war sehr klein, der Pilotenraum weit nach hinten gesetzt, die Spannweite betrug nur 7,80 m und die Ausrüstung war auf ein Minimum reduziert. Ein großer Ölkühler war ringförmig zwischen der Propellernabe und dem Motor angeordnet, er erhielt seine Luft durch den Spinner. Der Luftaustritt erfolgte über einen Ringspalt. Der erste Prototyp der Me 209 flog im August 1938 und war zunächst mit einem normalen DB 601 A ausgerüstet. Die 209 V 2 machte während der Erprobung eine Bruchlandung. Die V 1 erhielt inzwischen den Rekordmotor DB 601 V 10 (Re V). Dabei zeigten sich erhebliche Schwierigkeiten mit dem Kühlsystem. Die Flügeloberfläche verzog sich stark, so daß man auf die Rückgewinnung durch Kondensieren des Dampfes im Tragflügel verzichten mußte. Man nahm damit einen erhöhten Kühlwasserverbrauch in Kauf, der dann 9 l/min betrug und zu einer Vergrößerung des Wassertanks auf 450 Liter Inhalt führte.

Nach mehreren Versuchsflügen gelang es Flugkapitän Wendel, am 26. April 1939 bei Augsburg einen neuen Geschwindigkeitsweltrekord von 755,138 km/h, d.h. nur

Baureihenübersicht Daimler-Benz DB 601

A-O	805 kW	(1 100 PS)	Vorserie 1936, Volldruckhöhe 4 000 m
Aa	860 kW	(1 175 PS)	Höhere Startleistung, Verbesserung.
A-1	805 kW	(1 100 PS)	Serie 1937, Volldruckhöhe 4 500 m
Re I	900 kW	(1 228 PS)	Rekordmotor 1936, Bodenlader
Re II	1 005 kW	(1 366 PS)	Rekordmotor 1937, Bodenlader
Re III	1 220 kW	(1 660 PS)	Rekordmotor 1937, Bodenlader
Re IV	1 515 kW	(2 060 PS)	Rekordmotor 1938, Bodenlader
Re V	2 035 kW	(2770 PS)	Weltrekordmotor 1939, Bodenlader
B-O	805 kW	(1 100 PS)	Vorserie 1936, Volldruckhöhe 4 000 m
Ba	860 kW	(1 175 PS)	Serie 1937, Volldruckhöhe 4 000 m
B-1	805 kW	(1 100 PS)	Serie 1937, Volldruckhöhe 4 500 m
C	955 kW	(1 300 PS)	Zweistufenlader, Volldruckhöhe 8 000 m
D	955 kW	(1 300 PS)	wie C, nur andere Untersetzung
E	990 kW	(1 350 PS)	Serie 1939, Volldruckhöhe 4 800 m
F	990 kW	(1 350 PS)	wie E, nur andere Untersetzung
G	90 kW	(1 350 PS)	wie E, nur andere Untersetzungen
H	990 kW	(1 350 PS)	Gewichtsverminderung, konstruktive Änderungen
J	990 kW	(1 350 PS)	wie H, nur andere Untersetzung
K	990 kW	(1 350 PS)	wie H, nur andere Untersetzung
L	990 kW	(1 350 PS)	Bodenlader-Versuchsmotor
M	805 kW	(1 100 PS)	Verminderte Drehzahl, Volldruckhöhe 4 500 m
N	860 kW	(1 175 PS)	C3-Kraftstoff, Volldruckhöhe 4 900 m
P	860 kW	(1 175 PS)	wie N, nur andere Untersetzung
Q	955 kW	(1 300 PS)	C3-Kraftstoff, Volldruckhöhe 5 800 m
R	955 kW	(1 300 PS)	wie Q, nur andere Untersetzung
S	805 kW	(1 100 PS)	B4-Kraftstoff, Volldruckhöhe 7 000 m
T	955 kW	(1 300 PS)	Abgasturbolader, Volldruckhöhe 9 000 m
U	990 kW	(1 350 PS)	ähnlich T, nur andere Untersetzung
W	990 kW	(1 350 PS)	linker Einzelmotor des DB 606
X	990 kW	(1 350 PS)	rechter Einzelmotor des DB 606

9,53 km/h mehr als die He 100, zu erzielen. Dieser Rekord hielt über 30 Jahre und wurde erst am 16. 8. 1969 von einem frisierten amerikanischen Jagdflugzeug Grumman F 8 Bearcat gebrochen.

Bei Heinkel bereitete man sich nun auf einen neuen Weltrekordversuch, vor, da man errechnet hatte, daß die He 100 über dem in rund 450 m hoch gelegenen Flugplatz in Augsburg etwa 13 km/h schneller sein könnte. Das RLM stoppte jedoch weitere Rekordflüge.

Die Endstufe dieser Motorenentwicklung für Rekordzwecke hatte mit 2 035 kW (2 770 PS) Höchstleistung in Bodennähe ohne besondere konstruktive Änderungen sehr hohe spezifische Werte erreicht, die bis zu 150% über denen des Serien-Grundmotors lagen.

Obgleich es sich bei den Daimler-Benz-Rekordmotoren um Spezialentwicklungen mit sehr kurzen Betriebszeiten handelte, war der Erfahrungsgewinn für die späteren, in der Leistung immer wieder gesteigerten Serienmotoren von erheblicher Bedeutung. Das bei diesen Rekordmotoren verwendete Verfahren der Alkoholeinspritzung vor den Lader zur Innenkühlung führte zu der in den letzten Kriegsjahren bei fast allen deutschen Motoren benutzten Methanol-Wasser-Einspritzung (Kurzbezeichnung MW 50) zur Leistungssteigerung unterhalb der Volldruckhöhe.

DB 603 – der große Mercedes-Benz-Flugmotor

Obleich in der Numerierung vor dem DB 605 liegend, folgte der DB 603 erst später in der Serienfertigung. Daimler-Benz hatte den Motor mit 1 030 bis 1 100 kW (1 400 bis 1 500 PS) bereits im Herbst 1936 dem RLM angeboten, aber keinen Auftrag sondern nur ein grundsätzliches Einverständnis zur Entwicklung erhalten. Der DB 603 und auch seine Dieselvariante DB 607 wurden von Anfang an als Flugmotoren entworfen, jedoch wurden dabei die Boots- und Panzermotoren 503 und 507 mit berücksichtigt. Ein 603-Versuchsmotor kam 1939 auf den Prüfstand.* Zwischendurch ließ das RLM (Brief vom 11. März 1937) die Entwicklung des DB 603 stoppen. Die angefallenen Entwicklungskosten wurden abgerechnet und das Einzylinder-Versuchsaggregat von Daimler-Benz gekauft. Die Arbeiten liefen dann auf Firmenkosten weiter. Einen Abschlußbericht über die vorläufigen Entwicklungsergebnisse erhielt das RLM zu Ende 1939. Sogar die Freigabe zum Verkauf an das Ausland wurde vorübergehend in Erwägung gezogen. Anfang 1940 änderte sich jedoch die Situation recht schnell, es wurde

* In den Daimler-Benz Weltrekordwagen sollte 1939 einer der ersten in Entwicklung befindlichen DB 603 eingebaut werden. Der Motor hatte auf dem Prüfstand bereits 2 050 kW (2 800 PS) erreicht, man erwartete eine Steigerungsmöglichkeit bis auf 2 570 kW (3 500 PS).

über den Serienanlauf und die möglichen Auslieferungstermine verhandelt. Am 3. Februar 1940 erfolgte die Auftragsbestätigung für die ersten 120 DB 603-Motoren.
Der DB 603 basierte weitgehend auf dem Grundkonzept des DB 601, der Gesamthubraum betrug jedoch 44,5 Liter gegenüber 33,9 l. Alle Erfahrungen und Verbesserungen des Vorläufers wurden berücksichtigt. Die Hauptunterschiede waren: Je eine Zündkerze auf der Außen- und Innenseite der Zylinder, Motorleistungsregler mit Luftschraubenregler gekoppelt, Druckwasserkühlung mit Betriebstemperaturen bis 115°C, verbesserter Lader mit größeren Volldruckhöhen von 5700 m. Die Verdichtung der beiden Zylinderreihen war unterschiedlich, die linke hatte 7,3 die rechte 7,5, um die durch die unterschiedliche Länge der Ladeluftleitung – bedingt durch den einseitig angeordneten Lader – geringen Ladedruckunterschiede auszugleichen. Da links- und rechtsläufige Motoren gefordert wurden, kam ein neues Planetenraduntersetzungsgetriebe (Bauart Stöckicht) zur Verwendung, bei dem diese Forderung leichter zu realisieren war. Die Motoren DB 603 A, B und C waren linkslaufend auf die Kraftabgabeseite gesehen D, E und F rechtslaufend. Der Serienlauf begann 1941, jedoch konnte die gewünschte Stückzahl nicht schnell genug bereitgestellt werden. Zahlreiche Prototypen und Vorserienflugzeuge warteten auf den DB 603 und erhielten zum Teil andere Motoren zur Erprobung. Ähnlich wie bei DB 605 wurde vom DB 603 immer mehr Leistung in der Höhe verlangt. So entstanden Varianten mit C 3-Kraftstoff von 100 Oktan und höherer Verdichtung, mit Methanol-Wasser-Einspritzung und mit verbesserten Ladern, die einstufig Volldruckhöhen bis zu 7400 m ergaben. Die letzten Serienbaureihen 603 L und N hatten Zweistufenlader, Ladeluftkühler und eine Dralldrossel vor dem Laderad. Die Volldruckhöhen konnten zuletzt auf 9200 m und sogar 11000 m gesteigert werden. Die

Die letzte Serienversion des Daimler-Benz-Motors DB 603 war die Baureihe L mit Zweistufenlader und Dralldrossel. Mit Methanol-Wassereinspritzung betrug die Startleisung 1540 kW (2100 PS).

Die Zerstörer Me 210 waren serienmäßig mit DB 603-Motoren, hier noch nicht in Form der Einheitstriebwerke, ausgerüstet.

Startleistung der DM 603-Motoren betrug bei den Baureihen A bis F zunächst 1285 kW (1750 PS), sie wurde nach und nach auf 1320, 1395 und 1470 kW (1800, 1900 und 2000 PS) – beim G – und dann nochmals mit MW 50-Einspritzung auf 1650 kW (2250 PS) und zuletzt auf 2020 kW (2750 PS) gesteigert. Der DB 603 N und der Abgasturboladermotor 603 U kamen nicht mehr zur Serienfertigung. Insgesamt gab es 36 verschiedene Ausführungen des DB 603, die sich oft nur durch anderen Kraftstoffart oder durch geringfügige Einzelheiten für einen speziellen Einbaufall voneinander unterschieden.

Serienmäßig wurden die Flugzeugmuster Messerschmitt Me 410, Heinkel He 219, Dornier Do 335 und Focke-Wulf Ta 152 mit DB 603-Motoren ausgerüstet. Weiterhin kam der

Daimler-Benz-Rekordmotoren und DB 603

Muster		DB 601 Re III	DB 601 Re IV	DB 601 Re V	DB 603 A/D	DB 603 E (DB 603 G)*	DB 603 L (DB 603 N)*
Baujahr		1937	1938	1939	1942	1943 (1944)	1944
Bauart		12-Zylinder-V-Form, hängend	12-Zylinder-V-Form, hängend	12-Zylinder-V-Form, hängend	12-Zylinder-V-Form, hängend	12-Zylinder-V-Form, hängend	12-Zylinder-V-Form, hängend
Kühlung		Wasser	Wasser	Wasser	Wasser+Glykol	Wasser+Glykol	Wasser+Glykol
Bohrung x Hub	mm	150x160	150x160	150x160	162x180	162x180	162x180
Gesamthubraum	l	33,9	33,9	33,9	44,5	44,5	44,5
Verdichtung (OZ)		8,0 (SK)	8,6 (SK)	8,6 (SK)	7,5/7,3 (87)	7,5/7,3 (87) (8,5/8,3) (100)	7,5/7,3 (87) (8,5/8,3) (100)
Lader		Einstufig	Einstufig	Einstufig	Einstufig	Einstufig	Zweistufig
Propeller-Untersetzung		0,65	0,65	0,65	0,52	0,47 (0,52)	0,52 (0,48)
Abmessungen Länge	mm	1852	1052	1852	2610	2610	2705
Breite	mm	739	739	739	830	830	830
Höhe	mm	1027	1027	1027	1156	1167	1167
Trockenmasse	kg	610	610	610	910	910	975
Startleistung	kW (PS)	1220 (1660)	1515 (2060)	2035 (2770)	1285 (1750)	1320 (1800)	1470 (2000)
	min^{-1}	2650	2980	3100	2700	2700	2700
	bar abs.	1,59	1,75	2,38	1,37	1,45	
Steig- und	kW (PS)				1110 (1510)	1015 (1330)	1110 (1510)
Kampfleistung	min^{-1}				2500	2500	2500
Volldruckhöhe	m				5700	7400	9200
Min. spez. Verbrauch	g/kWh (/PSh)	300 (220)	300 (220)	313 (230)	279 (205)	279 (205)	292 (215)
Einheitsmasse	kg/kW (kg/PS)	0,50 (0,37)	0,40 (0,30)	0,30 (0,22)	0,71 (0,52)	0,69 (0,51)	0,67 (0,49)
Hubraumleistung	kW/l (PS/l)	36,0 (48,9)	44,7 (60,7)	60,9 (81,7)	28,9 (39,3)	29,7 (40,4)	33,0 (44,9)
Bemerkungen SK = Sonder-Kraftstoff mit Alkohol		Sonderkraftstoff. Höhere Verdichtung. Heinkel He 100 V2, Messerschmitt Me 109 V 13	Erhöhte Drehzahl. Alkoholeinspritzung bei Heinkel He 100 V3	Erhöhte Drehzahl und Ladedruck. Weltrekordmotor in He 100 V8 und Me 209 V1	Als A M mit C 3-Kraftstoff und MW-Einspritzg. Startl. 2250 PS (1944)	Vergr. Lader. Auch als Einheitstriebw. E: rechtslaufend Als E M (1944) mit MW–50. Startl. 2250 PS. 603 G: Startleistung 1359 kW (1900 PS) Me 410	Zweistufen-Lader mit Ladeluftkühler, Dralldrossel. Mit MW–50 Startl. 2100 PS 603 N: Startleistung 2020 kW (2750 PS)

* Für die Varianten stehen abweichende Werte in Klammern

603 in folgenden Prototypen oder Vorserienmustern zum Einbau: Messerschmitt Me 209 und Me 309, Blohm & Voss-Flugboot BV 238 und BV 155 (Höhenjäger mit DB 603 U). Eine Sonderausführung 603 T für die Höhenladerzentrale der Do 219 P kam noch kurz zur Erprobung. Für den Bomber Heinkel He 177 entstand aus zwei DB 603 der Doppelmotor DB 613 mit der doppelten Leistung, auf den gesondert eingegangen wird.

Die Entwicklung der Einheits- und Schnellwechseltriebwerke fand mit dem DB 603 und dem Jumo 213 ihren Abschluß. Das 1944 ausgelieferte Einheitstriebwerk für Jäger und Zerstörer trug die Bezeichnung »9-8603 B1« und verwendete den DB 603 a mit 1540 kW (2100 PS) Startleistung. Es war in dem Jäger TA 152 C und vorne in die zweimotorige Do 335 B eingebaut. Die Triebwerksanlage umfaßte den Motor mit der gesamten Kühlanlage, die Auspuffanlage, die Verkleidung und das Verstellgetriebe für die Propeller. Die Heißkühlung war so ausgelegt, daß für das Wasser-Glykol-Gemisch (50:50) eine Temperatur von maximal 125°C als zulässig galt. Die Regeltemperatur betrug am Boden 115°C und in 12000 m Höhe 112°C. Die Kühlergröße war so bemessen, daß in Bodennähe bei Steig- und Kampfleistung noch bei einer Geschwindigkeit von 300 km/h ausreichende Kühlung gesichert blieb.

Für das Kaltstartverfahren im Winter war, wie bei allen deutschen Frontflugmotoren, ein Mischhahn eingebaut, der bei laufendem Motor die Zumischung von Kraftstoff zum Schmierstoff ermöglichte. Für Außentemperaturen um -30°C ergab sich eine maximale Beimischung zu 25%. Als zusätzliche Anlaßhilfe bei sehr großer Kälte konnte Azetylengas drei Sekunden lang von Druckflaschen über ein Reduzierventil eingeblasen werden.

Vom DB 603 sind insgesamt 8758 Motoren hergestellt werden.

Baureihenübersicht Daimler-Benz DB 603

A	1285 kW	(1750 PS)	Einstufenlader, Volldruckhöhe 5700 m
AA	1225 kW	(1670 PS)	Versuchslader, Volldruckhöhe 7300 m
AE	1285 kW	(1750 PS)	mit MW 50-Einspritzung
AM	1655 kW	(2250 PS)	C3-Kraftstoff und MW 50-Einspritzung
AS	1320 kW	(1800 PS)	C3-Kraftstoff, Volldruckhöhe 7400 m
AS	1225 kW	(1670 PS)	B4-Kraftstoff, Serienausführung
B	1285 kW	(1750 PS)	wahlweise links- oder rechtslaufend
C	1285 kW	(1750 PS)	ähnlich F, verlängerte Propellerwelle
D	1285 kW	(1750 PS)	wie A, nur andere Untersetzung
E	1320 kW	(1800 PS)	Verbesserter Lader, Volldruckhöhe 7400 m
EB	1660 kW	(2260 PS)	mit MW 50-Einspritzung
EC	1765 kW	(2400 PS)	C3-Kraftstoff und MW 50-Einspritzung
EM	1655 kW	(2250 PS)	wie EC, jedoch anderen Lader
F	1285 kW	(1750 PS)	wie E, mit eingebautem VDM-Verst. Getriebe
F	1540 kW	(2100 PS)	Letzte Serienausführung, C3-Kraftstoff und MW 50-Einspritzung
G	1395 kW	(1900 PS)	C2- oder C3-Kraftstoff
H	1470 kW	(2000 PS)	wie G, nur andere Untersetzung
J	1470 kW	(2000 PS)	wie G, nur andere Untersetzung
K	1395 kW	(1900 PS)	wie G, nur anderes Getriebe
L	1470 kW	(2000 PS)	Zweistufenlader, Volldruckhöhe 9200 m
LA	1545 kW	(2100 PS)	Zweistufenlader, Volldruckhöhe 11000 m
LM	1545 kW	(2100 PS)	wie L, jedoch mit MW 50-Einspritzung
M	1395 kW	(2000 PS)	wie K, nur andere Untersetzung
MA	1545 kW	(2100 PS)	wie LA, nur anderer Drehsinn
N	2020 kW	(2750 PS)	Größere Konstruktionsänderungen, höhere Drehzahl
NS	2020 kW	(2750 PS)	wie N, jedoch mit Schiebersteuerung
P	2020 kW	(2750 PS)	wie N, jedoch anderer Drehsinn
Q	1655 kW	(2250 PS)	wie EM, Heckmotor für Do 335
R	1330 kW	(1810 PS)	mit Abgasturbolader, Volldruckhöhe 13500 m
S	1285 kW	(1750 PS)	für Höhenzentrale mit DB 605 T
T	1285 kW	(1750 PS)	für Höhenzentrale mit DB 605 T, Basis DB 603 H, Volldruckhöhe 13800 m
U	1330 kW	(1810 PS)	mit Abgasturbolader, Volldruckhöhe 13000 m
W	1285 kW	(1750 PS)	linker Einzelmotor des DB 613 A
X	1285 kW	(1750 PS)	rechter Einzelmotor des DB 613 B
Y	1320 kW	(1800 PS)	linker Einzelmotor des DB 613 C
Z	1320 kW	(1800 PS)	rechter Einzelmotor des DB 613 D

Einheitstriebwerke DB 603

(Stand 1944/45)

9-8603 A	Motor 603 A, Volldruckhöhe 5700 m
9-8603 B	Motor 603 E, Volldruckhöhe 9000 m
9-8603 B-1	Motor 603 LA, Volldruckhöhe 9000 m
9-8603 C	Motor 603 E, Volldruckhöhe 7000 m
9-8603 D	Motor 603 A, Volldruckhöhe 5700 m
9-8603 E	Motor 603 LA, Volldruckhöhe 9200 m
9-8603 F	Motor 603 U, Volldruckhöhe 13000 m
9-8603 G	Motor 603 N, Volldruckhöhe 11000 m

DB 605 – der kleine Mercedes-Benz-Flugmotor

Der im Jahre 1941 entstandene DB 605 war eine direkte leistungsgesteigerte Weiterentwicklung des DB 601 E, jedoch mit einer Zylinderbohrung von 154 statt 150 mm und mit einem Gesamthubraum von 35,7 statt 33,9 l. Die Begrenzung dieser Vergrößerung ergab sich aus den Abmessungen von Kurbelgehäuse, Kurbelwelle und der Zylinderblöcke aufgrund der Forderungen der Austauschbarkeit bzw. der gleichen Einbaubedingungen mit dem DB 601 in den Flugzeugzellen Me 109 und Me 110. Die weiteren Unterschiede waren: gekreuzte Kerzen an der Außenseite der Zylinder, größerer Lader und höhere Drehzahl. Nachdem sich bei der Erprobung in Rechlin die Schwierigkeiten im Schmierstoffkreislauf ergaben, d. h. zu starkes Aufschäumen in der Höhe, gelangte zusätzlich eine Ölschleuder zum Anbau. Anfangs auftretende Kolbenschäden durch Klopfen konnten durch Verchromen der Auspuffventilteller behoben werden. Die Leistungsteigerung wurde neben der Drehzahlerhöhung und bei der Baureihe D und F mit höherem Ladedruck auch durch verlängerte Einlaßöffnungszeiten erreicht. Der mehrfach verbesserte einstufige Lader mit barometrisch gesteuerter hydraulischer Kupplung ergab Volldruckhöhen von 5800 und später 6500 m. Die normale Startleistung der Baureihen A bis C 1085 kW (1475 PS) konnte durch Einspritzung von MW 50 auf 1285 bis 1320 kW (1750 bis 1800 PS) gesteigert werden. Für die Verwendung in den Me 109 G und K-Jagdflugzeugen war auch die GM 1-Anlage für die Leistungssteigerung in der Höhe vorgesehen. Die für die beiden Zylinderreihen unterschiedliche Verdichtung wegen der Ladedruckdifferenzen betrug bei Verwendung von B 4-Kraftstoff (87 OZ) 7,5 und 7,3, bei C 2- oder C 3-Kraftstoff (100 OZ) 8,5 und 8,3. Der Ladedruck konnte bei MW 50-Einspritzung durch die wirksame Innenkühlung bis auf 1,94 bar abs gesteigert werden.

Die verschiedenen Entwicklungsstufen mit gesteigerter Leistung entstanden unter starkem Zeitdruck und der Forderung nach mehr Leistung in größeren Höhen, um die zeit-

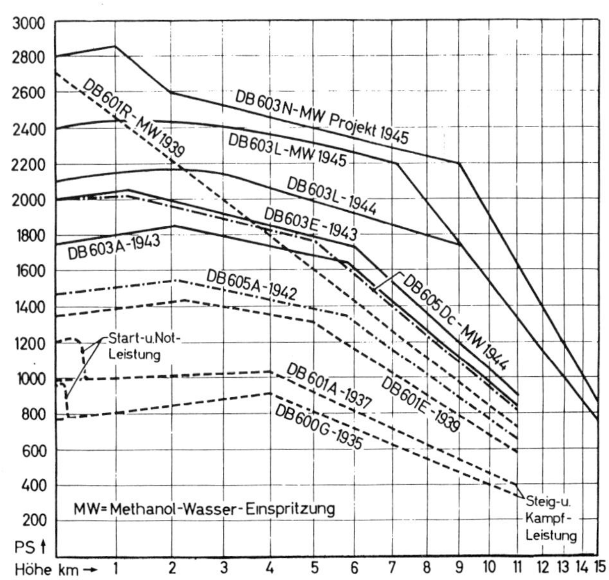

Oben: Als Einheitstriebwerk DB 9-603 B für Jäger und Zerstörer, z. B. Ta 152, Me 210, Me 410 und Do 335 (nur vorderer Motor), wurde der DB 603 ab 1944 mit einer Startleistung von 1540 kW (2100 PS) ausgeliefert. Alle Anschlüsse am Brandschott waren nach einer festgelegten Anordnung vereinheitlicht, so daß diese Triebwerke in sehr kurzer Zeit ausgewechselt werden konnten.

Unten: Vergleichende Darstellung der Höhenleistungskurven (Start- und Notleistung) der Daimler-Benz-Flugmotoren DB 600, 601, 603 und 605 mit verschiedenen Laderausführungen und zum Teil mit Methanol-Wasser- (MW 50)-Einspritzung. Die Volldruckhöhe wurde in der Zeit von 1935 bis 1944 von 4000 m auf 9000 m gesteigert. Die Weltrekordmotoren von 1939 waren Bodenmotoren ohne Ladedruckregler.

Der in über 40 000 Stück gebaute Daimler-Benz DB 605 unterschied sich vom DB 601 in den Abmessungen nur geringfügig. Unterscheidungsmerkmale sind die gekreuzte Anordung der Zündkerzen und der größere Lader. Hauptdaten: Hubraum 35,7 l, Drehzahl 2800 min^{-1}, Startleistung mit C3-Kraftstoff bis 1140 kW (1550 PS), Trockenmasse 700 kg.

Perspektivischer Schnitt des DB 605. Bereits ab der Baureihe E des DB 601 war bei den Daimler-Benz-Motoren das VDM-Luftschrauben-Verstellgetriebe vor dem Untersetzungsgetriebe angeordnet und damit in das Ölsystem des Motors integriert.

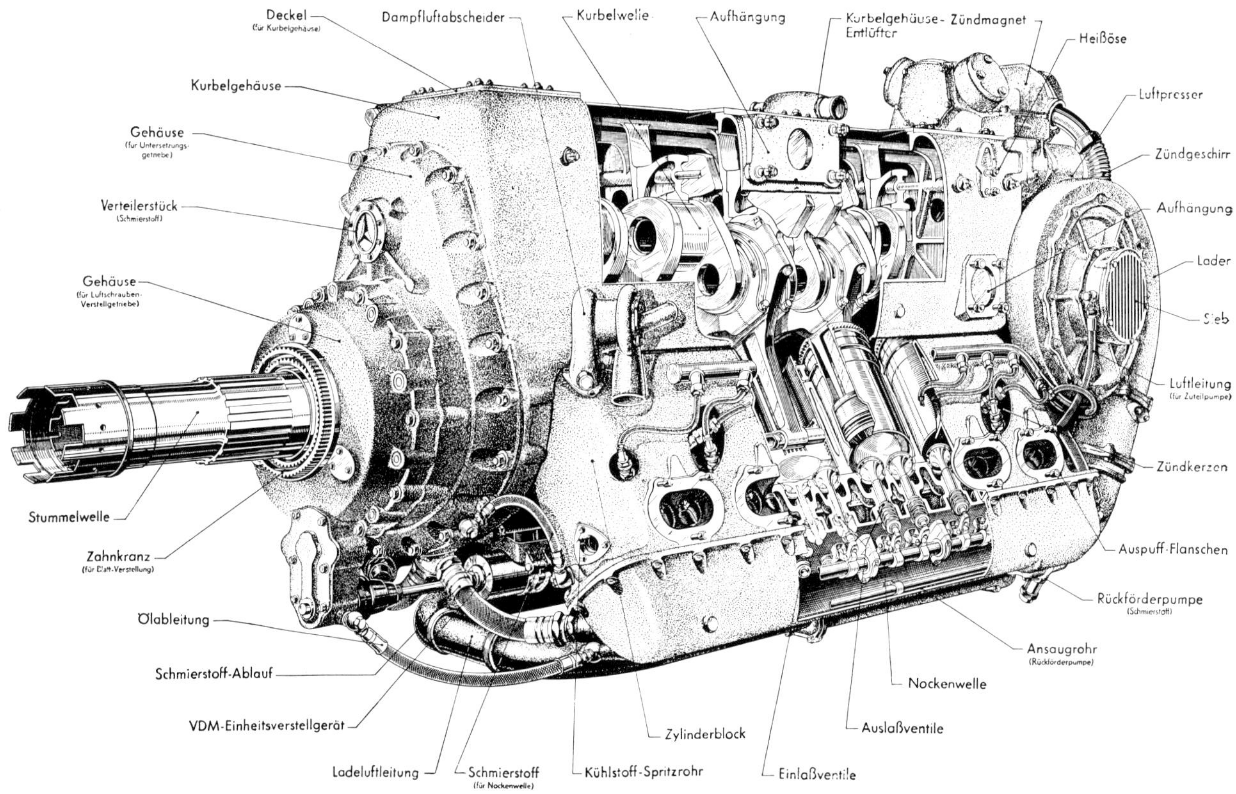

Einbau des DB 605 D mit 1320 kW (1800 PS) Startleistung bei MW-50-Einspritzung in einer Me 109 K, einer der letzten Baureihen dieses Jägers. Wegen des vergrößerten Laders mußte der Motorträger eine besondere Form erhalten.

weise Überlegenheit englischer und später auch amerikanischer Jagdflugzeuge auszugleichen. Zur Verbesserung der Propellerwirkungsgrade bei höheren Geschwindigkeiten in größeren Höhen wurde die Untersetzung der Getriebe von 0,594 auf 0,534 und 0,497 geändert.
Mit dem DB 605 L, der letzten noch kurz vor Kriegsende gefertigten Baureihe mit 1 250 kW (1 700 PS) Startleistung mit MW 50, wurden im April 1945 noch zwei Me 109 K 14 ausgerüstet.
Eine Sonderausführung war der 605 T-Motor, der 1942 speziell für die Höhenladerzentrale (HZ-Anlage) der Höhenkampfflugzeuge Henschel Hs 130 E und Dornier Do 217 P entstand. Der Motor trieb anstelle des Propellers einen vorne direkt angeflanschten großen zweistufigen Verdichter an, der über Zwischenkühler die Ladeluft zu den beiden Flugtriebwerken DB 603 lieferte. Mit dieser Anlage wurden bei der Erprobung Flughöhen von 14 000 m erreicht. Zu einer Serienfertigung kam es nicht mehr.
Aus der Verdopplung von zwei DB 605 A bzw. AS entstand der Doppelmotor DB 610, der im Bomber He 177 serienmäßig eingebaut war.

Insgesamt sind 42 400 DB 605 von 1941 bis 1945 gebaut worden. Nachbaulizenzen gingen nach Italien und Schweden. Italienische Jäger von Reddiane, Macchi und Fiat kamen mit den von Fiat und Alfa Romeo gebauten DB 605 A zum Fronteinsatz. In Schweden lief die Produktion für die Flugzeugmuster B 18 und J 21 bis 1949. Durch die hochwertigen Schwedenstähle und Fertigung ohne Kriegseinfluß erreichten die schwedischen DB 605 beachtlich höhere Betriebsstunden als die deutschen Motoren aus der Kriegszeit.

Baureihenübersicht Daimler-Benz DB 605

A	1 085 kW	(1 475 PS)	Einstufenlader, Volldruckhöhe 5 800 m
AM	1 320 kW	(1 800 PS)	C3-Kraftstoff und MW 50-Einspritzung
AS	1 055 kW	(1 435 PS)	Vergrößerter Lader, Volldruckhöhe 7 800 m
ASB	1 360 kW	(1 850 PS)	B4-Kraftstoff und MW 50 oder C3-Kraftstoff
ASC	1 470 kW	(2 000 PS)	C3-Kraftstoff und MW 50-Einspritzung
ASM	1 320 kW	(1 800 PS)	C3-Kraftstoff und MW 50-Einspritzung
B	1 085 kW	(1 475 PS)	wie A, nur andere Untersetzung
C	1 085 kW	(1 475 PS)	wie A, nur andere Untersetzung
D	1 140 kW	(1 550 PS)	C2- oder C3-Kraftstoff, Volldruckhöhe 6 500 m
E	1 140 kW	(1 550 PS)	wie D, nur andere Untersetzung
F	1 140 kW	(1 550 PS)	wie D, nur andere Untersetzung
L	1 250 kW	(1 700 PS)	Zweistufenlader, Volldruckhöhe 9 600 m
M	1 250 kW	(1 700 PS)	wie L, nur andere Untersetzung
W	1 085 kW	(1 475 PS)	Einzelmotor zum DB 610 A
WS	1 055 kW	(1 435 PS)	Einzelmotor zum DB 610 AS
X	1 085 kW	(1 475 PS)	Einzelmotor zum DB 610 B
XS	1 055 kW	(1 435 PS)	Einzelmotor zum DB 610 BS

Die Doppelmotoren DB 606, 610 und 613

Im Jahre 1936 entwickelten die Gebrüder Günter das Versuchsflugzeug He 119, aus dem nach Vorstellungen von Ernst Heinkel ein unbewaffneter Schnellbomber und Fernaufklärer mit überlegener Geschwindigkeit werden sollte. Da kein geeigneter starker Motor verfügbar war, ging Daimler-Benz auf die Wünsche von Heinkel ein und baute aus zwei DB 601 einen Doppelmotor mit der Bezeichnung DB 606, der die Leistung von anfangs 1725 später 1910 kW (2350 und 2600 PS) auf eine große Luftschraube von 4,30 m Durchmesser abgab. In verschiedener Hinsicht war die He 119 ein ungewöhnliches Flugzeug. Nicht nur, daß der Motor in der Rumpfmitte eingebaut war und über eine Verlängerungswelle den Propeller antrieb, sondern auch, weil eine Oberflächenkühlung unter Verwendung von großen Teilen der Tragfläche angewendet wurde. Die He 119 erreichte eine Höchstgeschwindigkeit von 620 km/h und am 22. November 1937 einen Weltrekord über die 1000 km Strecke mit 504,988 km/h. Die Doppelmotoren in den vier V-Flugzeugen machten keine Schwierigkeiten.

Anfang 1938 wurden die deutschen Flugzeughersteller von RLM aufgefordert, Projekte für einen schweren Langstreckenbomber vorzulegen, dessen Auslegungsdaten noch auf Vorschläge von General Wever, dem ersten Generalstabschef der Luftwaffe, der 1936 mit einer He 70 abstürzte, zurückgingen. Es wurde eine Höchstgeschwindigkeit von 550 km/h in 5500 m Höhe, eine Reichweite von 2000 km mit 1000 kg Bomben gefordert. Im Rahmen dieser Ausschreibung entstand bei Dornier die Do 19, und bei Junkers die Ju 89, die über das Prototypenstadium nicht herauskamen. Beide waren viermotorige Tiefdecker normaler Bauart. Übrig bleib die Heinkel He 177 mit zwei Triebwerken, d.h. sie hatte zwei Daimler-Benz-Doppeltriebwerke DB 606 mit 1980 kW (2700 PS) Startleistung, die jeweils auf eine große Luftschraube arbeiteten. Der Prototyp He 177 V 1 konnte am 19. November 1939 in Rechlin zum Erstflug starten und wurde hinsichtlich seiner Flugeigenschaften gut beurteilt.

Die Heinkel H 177 lief unter der technischen Oberleitung von Prof. Heinrich Hertel, die Projektführung hatte Siegfried Günter. Aus aerodynamischen Gründen, d.h. zur Erreichung der geforderten Fluggeschwindigkeit, in Ermangelung anderer starker Motoren und in guter Erinnerung an die He 119, wählte man die relativ schnell verfügbaren Daimler-Benz-Doppelmotoren, von denen die Einzelmotoren bereits für andere Flugzeugmuster in Serie liefen. Die beiden 12-Zylinder-V-Motoren DB 601, später 605, mit hängenden Zylindern, waren im Winkel von 44° zueinander angeordnet. Sie arbeiteten auf ein gemeinsames Verbindungs- und Untersetzungsgetriebe und von dem aus über eine Verlängerungswelle auf den großen Vierblatt-Propeller. Über Klauenkupplungen, die fernbetätigt wurden, war es möglich, einen einzelnen Motor abzuschalten und auch wieder einzukuppeln. Die Motoren wurden einzeln nacheinander angelassen und eingekuppelt. Bei plötzlichem Drehzahlabfall kuppelte sich der betreffende Motor automatisch ab. Die Ausführungen A und B hatten verschiedenen Drehsinn, das B-Triebwerk war – in Flugrichtung gesehen – linkslaufend und wog wegen der Getriebeunterschiede 40 kg mehr. Der Drehsinn der Einzelmotoren war gleich, sie unterschieden sich jedoch durch den Lader, der wegen der Luftzuführung jeweils außen saß.

Der in der Heinkel He 119 erstmalig und später in der He 177 serienmäßig verwendete Doppelmotor DB 606 bestand aus zwei miteinander über ein Verbindungsgetriebe gekoppelten DB 601 von 1910 bis 1980 kW (2600 PS bis 2700 PS) Startleistung. Die Motoren konnten über ein fernbetätigte Klauenkupplung einzeln ein- und ausgekuppelt werden.

Bei den Daimler-Benz-Doppelmotoren waren die Lader wegen der Luftzuführung und der angestrebten Einbaubreite spiegelbildlich, d.h. jeweils außen angeordnet. In allen übrigen Einzelheiten waren die Motoren gleich.

Beim Fernbomber Heinkel He 177 kamen zwei Daimler-Benz-Doppelmotoren DB 606, später DB 610, die propellerseitig gegenläufig waren, zur Verwendung. Aus Gründen der Schwerpunktlage waren die Motoren sehr dicht am Flügel und unmittelbar vor dem Fahrwerk angeordnet.

Die zahlreichen Abstürze in der Erprobung, häufig mit Bränden verbunden, lastete man meistens den DB 606-Doppelmotoren an, doch waren verschiedenste Gründe die Ursache.* W. Baist, der in Rechlin von 1940 bis 1943 für die Triebwerkserprobung der He 177 verantwortlich war, schreibt darüber im Flieger vom April 1979 u.a.:

»Aus Schwerpunktsrücksichten war der DB 606 in der He 177 so dicht an den Flächenholm gesetzt, daß die Versorgungsleitungen nur mit rechtwinkligen Krümmern angeschlossen werden konnten ... Das aufschäumende Öl kühlte den Motor nicht ausreichend*, es kam zu Kolbenfressern und Pleuelrissen. Sie durchschlugen das Kurbelgehäuse und den zwischen beiden Gehäusen sitzenden Öltank für das Luftschraubengetriebe. Das Öl lief auf die heißen mittleren Abgasstutzen und entzündete sich ... Auch bei der Erprobung ab Mai 1942 gab es laufend Schwierigkeiten. Erst im Herbst 1942 kam eine verbesserte Mustermaschine mit vorverlegtem Triebwerk heraus ...«

Die Triebwerksschwierigkeiten beim DB 606 und zum Teil noch beim DB 610 haben in der Heinkel He 177 nach weit-

* In einer RLM-Statistik vom 18. Dezember 1943 sind 42 Unfälle mit der He 177 erfaßt, davon 24 Totalbrüche. Bei den Ursachen werden acht Brände, davon zwei mit Totalschaden aufgeführt.

* Abhilfe brachte eine von Prof. Nallinger vorgeschlagene Ölschleuder, eine Zentrifuge, mit der aus dem Rücklauföl Luft abgeführt wurde.

gehend übereinstimmenden Meinungen von Fachleuten zwei Hauptgründe gehabt:
1. Unmittelbar hinter dem Triebwerk befand sich das Fahrwerk. Die Auspuffstutzen endeten ohne ein Ablenkblech kurz vor den Fahrwerksbeinen, die jeweils links und rechts in die Flügelunterseite eingezogen wurden. Geringe Leckmengen austretenden Hydrauliköles konnten von den heißen Auspuffgasen entzündet werden.
2. Die Auspuffrohre der inneren Zylinderreihen heizten trotz Belüftung den zwischen den Motoren liegenden Raum auf. Schon eine kleine Undichtigkeit im Öl- oder Kraftstoffsystem konnte zur Entzündung führen, weil lange Zeit hin-

Daimler-Benz-Flugmotoren DB 605 bis DB 613

Muster		DB 605 A-C	DB 605 AS/BS (DB 605 AM/BM)*	DB 605 D-F	DB 606 A/B (DB 606 C/D)*	DB 610 A/B (DB 610 C/D)*	DB 613 A/B (DB 613 C/D)*
Baujahr		1941	1944	1944	1940	1942 (1944)	1941
Bauart		12-Zylinder-V-Form, hängend	12-Zylinder-V-Form, hängend	12-Zylinder-V-Form, hängend	24-Zylinder, hängend, Doppelmotor	24-Zylinder, hängend, Doppelmotor	24-Zylinder, hängend, Doppelmotor
Kühlung		Wasser+Glykol	Wasser+Glykol	Wasser+Glykol	Wasser+Glykol	Wasser+Glykol	Wasser+Glykol
Bohrung x Hub	mm	154x160	154x160	154x160	150x160	160x154	162x180
Gesamthubraum	l	35,7	35,7	35,7	67,8	71,4	89,0
Verdichtung (OZ)		7,5/7,3 (87)	7,5/7,3 (87) (8,5/8,3) (100)	8,5/8,3 (100)	7,2/7,0 (87)	7,5/7,3 (87) (8,5/8,3) (100)	7,5/7,3 (87) (8,5/8,3) (100)
Lader		Einstufig	Einstufig	Einstufig	2x einstufig	2x einstufig	2x einstufig
Propeller-Untersetzung		0,59/0,53/0,49	0,59/0,53	0,59/0,53/0,49	0,41	0,41	0,41
Abmessungen Länge	mm	2304	2304	2304	2082	2082	2224
Breite	mm	762	830	845	1630	1632	1770
Höhe	mm	1050	1050	1050	1050	1057	1135
Trockenmasse	kg	720	730	700	1400/1440	1530/1570	1730/1770
Startleistung	kW (PS)	1085 (1475)	1055 (1435)	1140 (1550)	1985 (2700)	2165 (2950)	2570 (3500)
	min^{-1}	2800	2800	2800	2700	2800	2700
	bar abs.	1,39	1,39	1,39	1,39	1,39	1,45
Steig- und	kW (PS)	920 (1250)	845 (1150)	950 (1290)	1760 (2400)		
Kampfleistung	min^{-1}	2600	2570	2600	2500		
Volldruckhöhe	m	5800	7800	6000	4900	5800	5100
Min. spez. Verbrauch	g/kWh (g/PSh)	279 (205)		272 (200)	279 (205)		
Einheitsmasse	kg/kW (kg/PS)	0,67 (0,49)	0,69 (0,51)	0,61 (0,45)	0,71 (0,52)	0,71 (0,52)	0,67 (0,49)
Hubraumleistung	kW/l (PS/l)	30,3 (41,3)	29,5 (40,2)	31,9 (43,4)	29,2 (39,8)	30,3 (41,3)	28,9 (39,3)
Bemerkungen			Vergrößerter Lader AM/BM: Startl. 1320 kW (1800 PS) 5800 m Volldruckh. As M: 7800 m Voldruckh. Me 109 G	C3-Kraftstoff höhere Verd. L/M: Startleist. 1250 kW (1700 PS) (MW 50) 9600 m Volldruckh. mit Zweistufenlader Me 109 G	A: rechtslaufd. B: linkslaufd. Basis: 601 E C/D: Startleist. 1910 kW (2600 PS) 5600 m Volldruckh. He 119 He 177	A: rechtslaufd. B: linkslaufd. Basis: 605 A C/D: Startleist. 2110 kW (2870 PS) 8500 m Volldruckh. Basis: 605 D	A: rechtslaufd. B: linkslaufd. Basis: 603 G C/D: Startleist. 2940 kW (4000 PS) 6000 m Volldruckh.

* Für die Varianten stehen abweichende Werte in Klammern

Das Versuchsflugzeug Heinkel He 119, das 1937 einen Weltrekord über die 1000-km-Strecke aufstellte, hatte den Daimler-Benz-Doppelmotor DB 606 in der Mitte des Rumpfes eingebaut. Eine nach vorne durch den Besatzungsraum hindurchgehende Verlängerungswelle trieb den Vierblattpropeller an.

Daimler-Benz-Entwicklungsmotoren von 1939-1944

Muster		DB 604 A/B	DB 607	DB 609	DB 621	DB 623	DB 628
Baujahr		1942	1941	1944	1941	1942	1943
Bauart		24-Zylinder-X-Form	12-Zylinder-V-Form hängend	16-Zylinder-V-Form stehend	12-Zylinder-V-Form hängend	12-Zylinder-V-Form hängend	12-Zylinder-V-Form hängend
Kühlung		Wasser	Wasser	Wasser	Wasser	Wasser	Wasser
Bohrung x Hub	mm	135x135	162x180	165x180	154x160	162x180	154x160
Gesamthubraum	l	46,5	44,5	61,5	35,7	44,5	35,7
Verdichtung (OZ)		7,0 (87)	18,0/17,0 (D)	8,5/8,3 (100)	8,5/8,3 (100)	8,5/8,3 (100)	7,5/7,3 (87)
Lader		Zweistufig	Abgasturbolad.	Zweistufig	Abgasturbolad.	Abgasturbolad.	Zweistufig
Propeller-Untersetzung		0,33	0,52		0,59	0,52/0,41	0,59/0,53/0,48
Abmessungen Länge	mm	2585	2495	2935	2158	2680	2754
Breite	mm	885	765	840	760	830	903
Höhe	mm	1068	1000	1180	1037	1167	1227
Trockenmasse	kg	1080	860	1150	970	920	860
Startleistung	kW (PS)	1835 (2500)	1285 (1750)	1955 (2660)	1190 (1620)	1470 (2000)	1175 (1600)
	min^{-1}	3200	2500	2800	2800	2900	2800
	bar abs.	1,4		1,4	1,94	1,47	
Volldruckhöhe	m	5100	5500	8700	13 500	8200	11 600
Min spez. Verbrauch	g/kWh (g/PSh)	272 (200)	224 (165)	279 (205)	292 (215)	292 (215)	292 (215)
Einheitsmasse	kg/kW (kg/PS)	0,59 (0,43)	0,67 (0,49)	0,59 (0,43)	0,82 (0,60)	0,63 (0,46)	0,73 (0,54)
Hubraumleistung	kW/l (PS/l)	39,5 (53,7)	28,7 (39,1)	31,7 (43,2)	33,4 (45,4)	33,0 (44,9)	32,9 (44,8)
Bemerkungen		A: linkslaufend B: rechtslaufend Weiterentw. projektiert bis 3500 PS mit vergr. Hubraum	4-Takt, Vorkammer-Dieselmotor Basis: DB 603 E	Zweistufen-Lader mit Ladeluftkühlg. In stehender oder hängender Bauform	Basis: DB 605 Abgasturbolad. und mech. Lader	Zwei Abgas-turbolader parallel ge-schaltet Basis: DB 603 G	Erste Lader-stufe vor Unters. Getriebe Basis: DB 605

durch das Abdeckblech der Motorverkleidung zu kurz war. Das Problem lag nicht beim Triebwerk sondern beim Einbau.
Bei den gleichen DB 610-Triebwerken hat es in der Junkers Ju 288 keinerlei Schwierigkeiten gegeben.
Bereits im November 1938 hatte Heinkel eine viermotorige Lösung vorgeschlagen, doch das RLM lehnte diese anfangs ab. Später kam es dann doch noch zum Bau einer viermotorigen He 177, die Anfang 1944, mit vier DB 603-Einheitstriebwerken ausgerüstet, in Rechlin erprobt wurde.
Die Doppelmotoren DB 606 A/B mit 1980 kW (2700 PS) kamen in der He 177 A O und A 1, der DB 610 mit 2165 kW (2950 PS) in der He 177 A 3 und A 5 und in der Ju 288 zum Einbau. Der leistungsstärkere DB 613, bestehend aus zwei DB 603, wurde in der He 177 erprobt. Insgesamt sind 1916 Daimler-Benz-Doppelmotoren gebaut worden, d.h.: 820 DB 606, 1070 DB 610 und 26 DB 613.
Nach dem Kriege wurde ein DB 610-Motor in das französische Höhenforschungsflugzeug NC 3021 »Belphégor« eingebaut, das im Juni 1946 zum Erstflug startete.

Daimler-Benz-Entwicklungen DB 604 bis 632

Neben den bekannten und in großen Stückzahlen gebauten Daimler-Benz 12-Zylinder-V-Motoren DB 601, 603 und 605, sowie den daraus zusammengesetzten Doppelmotoren DB 606, 610, 613 wurden in den Jahren von 1939 bis kurz vor Ende des Zweiten Weltkrieges in Stuttgart-Untertürkheim eine Reihe von neuen oder abgeleiteten Motorenmustern mit den Typennummern zwischen 604 und 632 projektiert, konstruiert, gebaut und erprobt. In diesem Nummernkreis sind noch 12 Projekte enthalten, die nur auf dem Reißbrett blieben. Verhältnismäßig wenig ist bisher über diese Baumuster bekannt geworden, die sich in fünf Entwicklungsgruppen einordnen lassen, wobei mit zwei Ausnahmen alle auf den Grundmustern DB 605 (35,7 l Hubraum) und DB 603 (44,5 l) basieren. Diese fünf Gruppen sind:

A. Neuentwicklungen (DB 604, 609, 630)
B. Sonderausführungen (DB 607, 612, 632)
C. Doppelmotoren (DB 606, 610, 613 sowie 615, 619, 620)
D. Motoren mit mehrstufigen Höhenladern (DB 627, 628, 631)
E. Motoren mit Abgasturboladern (DB 621, 622, 623, 624, 625, 626, 629)

Eine bemerkenswerte Neuentwicklung war der 24-Zylinder-Einspritz-Otto-Motor DB 604 mit vier Zylinderreihen in X-Form, der hinsichtlich der Leistungsgröße eine Parallelentwicklung zum Jumo 222 darstellte. Gewählt wurde ein quadratisches Hub-Bohrungsverhältnis (135 × 135 mm) und eine hohe Drehzahl von 3200 min^{-1}. Der erste Versuchsmotor erreichte eine Leistung von 1725 kW (2350 PS). Die Ausführungen A und B unterschieden sich nur durch den Drehsinn, sie hatten eine Startleistung von 1835 kW (2500 PS) und waren mit einem mechanischen Zweistufenlader von 5100 m Volldruckhöhe ausgerüstet. Fünf DB 604-V-Motoren wurden ab 1939 auf dem Prüfstand und in einem Ju 52-Flugerprobungsträger geprüft. Eine projektierte Weiterentwicklung mit vergrößertem Hubraum und mit einem Dreistufenlader kam nicht mehr zur Ausführung. Die Entwicklung des DB 604-Motors mußte 1942 auf Anweisung des RLM abgebrochen werden.
Eine weitere Neuentwicklung, die jedoch in den Zylinderabmessungen auf dem DB 603 aufbaute, war der 16-Zylinder-V-Motor DB 609 von dem im Jahre 1942 der erste Versuchsmotor auf den Prüfstand kam. Er war so konstruiert, daß er mit kleinen Änderungen sowohl stehend als auch hängend eingebaut werden konnte. Durch die acht Zylinder je Block war der Motor relativ lang, aber nur um 267 mm länger als ein normaler DB 603. Durch die Bauweise ergab sich eine lange Kurbelwelle, verbunden mit allen Problemen der Schwingungen. Die Masse des Motors betrug 1150 kg, bezogen auf die Startleistung von 1955 kW (2660 PS) bei 2800 min^{-1} war die Einheitsmasse mit 0,43 kg/PS noch um 15% niedriger als die des normalen DB 603 E-Motors. Eine Leistungssteigerung auf zunächst 2055 kW (2800 PS) und weiterhin auf 2500 kW (3400 PS), und die Ausrüstung mit einem Höhenlader für 12000 m Volldruckhöhe waren zwar projektiert, kamen aber nicht mehr zur Ausführung, da der DB 609 vom Entwicklungsprogramm 1943 abgesetzt wurde.
Eine dritte Entwicklung, die jedoch nicht über die Ent-

◀ Der Daimler-Benz-Flugmotor DB 604 mit 24 Zylindern in X-Form war bis 1942 in Entwicklung. Bei einem Hubraum von 46,5 l und einer Drehzahl von 3200 min^{-1} erreichte er eine Startleistung von 1835 kW (2500 PS). Eine günstige Leistungsmasse von 0,4 kg/PS wurde für die Serienausführung erwartet.

wurfsarbeiten herauskam, war der DB 630, ein 36-Zylinder-Doppel-W-Motor der 4000 PS-Klasse (2940 kW), der von Dr. Berger als optimale Lösung für ein solches Großtriebwerk angesehen wurde. Die Zylinderanordnung unter 40° + 40° + 100° war so vorgesehen, daß der Motor mit einer Kurbelwelle auskam.

Als Sonderausführungen kann man die Motoren DB 607, 612 und 632 bezeichnen, da ihre Hauptbauteile, d.h. der Kurbeltrieb, das Gehäuse und Teile der Zylinder unverändert blieben. Der DB 607 war ein Viertakt-Dieselmotor, der anfangs speziell auf das Interesse der Lufthansa, später jedoch mehr auf militärische Langstreckenflugzeuge hin entwickelt worden ist. Der erste Versuchsmotor lief bereits 1939, jedoch entsprachen die Versuchsmotoren V3 und V4 (1940/41) mehr dem angestrebten Serienzustand. Das Verdichtungsverhältnis betrug 17 bzw. 18, womit die Ladedruckunterschiede des einseitig angeordneten Gebläses kompensiert wurden. Die Startleistung des Dieselmotors auf DB 603-Basis war zunächst mit 1100 kW (1500 PS) angesetzt und sollte auf 1285 kW (1750 PS) bei 2500 min^{-1} erhöht werden. Der Reiseleistungsverbrauch lag bei rund 245

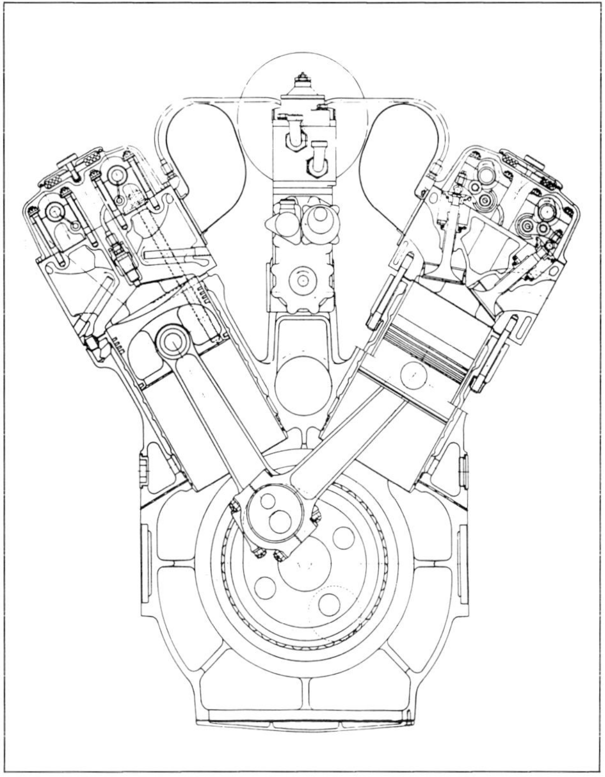

Eine bemerkenswerte Neukonstruktion war der 16-Zylinder-V-Motor DB 609, der in den Jahren 1942/43 entwickelt wurde. Bei einem Hubraum von 61,5 l sollte er zunächst 1955 kW (2660 PS), später 2500 kW (3400 PS) leisten und mit doppeltem Zweistufenlader eine Volldruckhöhe von 12000 m erreichen.

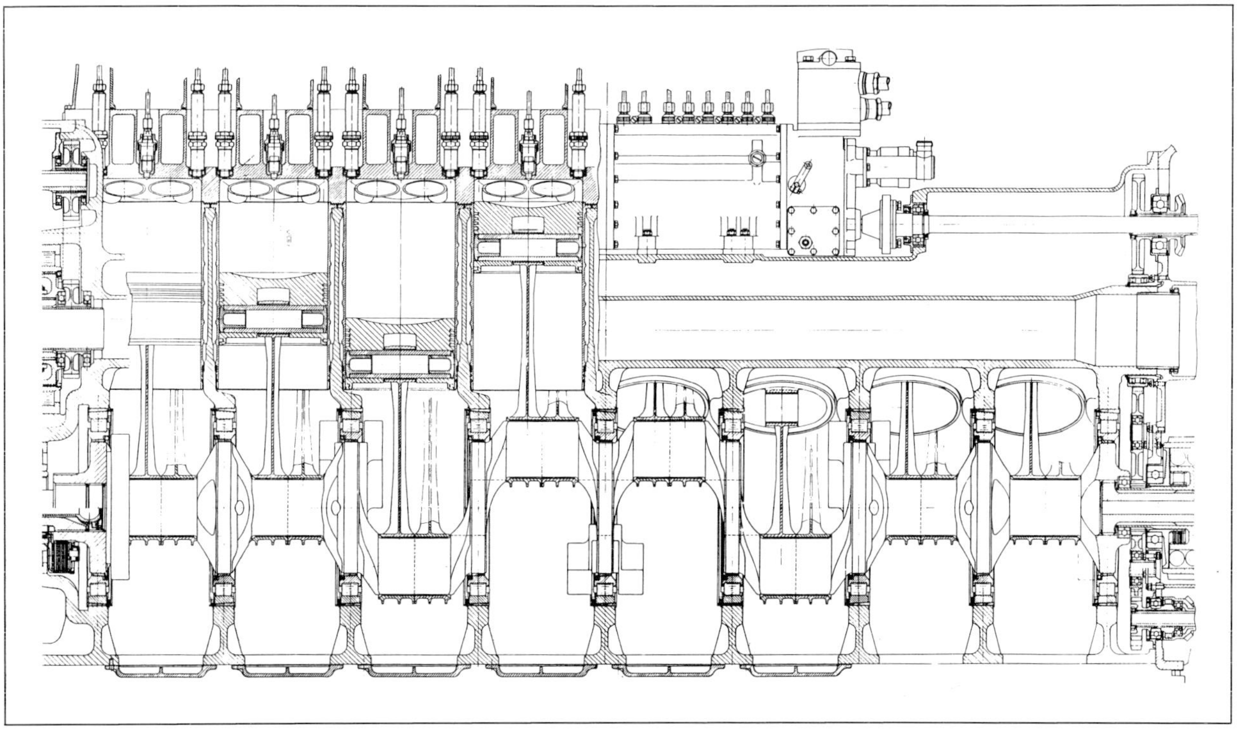

Der DB 627, ein Versuchsmotor auf DB 603-Basis besaß einen zweistufigen doppelseitig angeordneten mechanischen Lader mit Ladeluftkühlung. Die Startleistung betrug 1470 kW (2000 PS), die Volldruckhöhe 11 500 m.

Der DB 628 war ein 1943/44 gebauter Versuchsmotor auf Basis der DB 605 mit zweistufiger Aufladung, wobei die erste Ladestufe vorne am Motor, d.h. vor dem Untersetzungsgetriebe angeordnet war. Mit einer Startleistung von 1175 kW (1600 PS) und einer Volldruckhöhe von 11 600 m erfolgte eine Flugerprobung in einer Bf 109 (V 54).

g/kWh (180 g/PSh). Bei einer Masse von 860 kg ergab sich bei 1 750 PS ein für einen Dieselflugmotor recht günstiger Wert der Einheitsmasse von 0,49 kg/PS. Die Entwicklung wurde 1941 abgebrochen. Der DB 612 war ein DB 601 E-Versuchsmotor mit DVL-Flachschieber. Die Untersuchungen liefen im gleichen Programm, in dem auch bei Junkers und BMW die Schiebersteuerung erprobt wurde.
Der DB 632 blieb ein Projekt, das im Zusammenhang mit der Weiterentwicklung des Me 109-Jagdflugzeuges untersucht und durchkonstruiert worden ist. Die Basis war ein DB 603 N-Motor mit 1765 kW (2400 PS), der seine Leistung über ein Untersetzungsgetriebe von 2,4 d.h. 0,42 auf eine gegenläufige Luftschraube mit 2 × 4 Blätter abgeben sollte. Der Motor entstand im Rahmen des Höhenjägerprogrammes für das Messerschmitt-Projekt P 1091 a mit verlängertem Rumpf und vergrößerter Tragfläche für 17 500 m Gipfelhöhe. Der DB 632 sollte dafür einen mechanischen Zweistufenlader mit einer Volldruckhöhe von 11 000 m erhalten. Das Projekt wurde aus Zeitgründen zugunsten des DB 628 aufgegeben, von dem man annahm, daß es schneller verfügbar sein könnte.

Den Doppelmotoren DB 606, 610, 613, die in Serie gebaut wurden, ist ein eigenes Kapitel gewidmet. Die Baumusterbezeichnungen 615, 619 und 620 bezogen sich auf Doppelmotoren mit anderen Grundmustern, die jedoch nicht zur Ausführung kamen.
Im Bestreben, große Flughöhen zu erzielen, wurden bei Daimler-Benz intensive Forschungen und Versuche am mechanisch angetriebenen Mehrstufenlader verschiedener Ausführung durchgeführt. So bestand z.B. der Versuchsmotor DB 627 aus einem DB 603 G mit zweistufiger Aufladung für 11 500 m Volldruckhöhe, durch zwei Lader, links und rechts hinten am Motor angeordnet. Über Verbindungsleitungen waren die Gebläse hintereinander geschaltet, so daß sich eine zweistufige Aufladung ergab. Eine weitere Variante auf der Basis des DB 605 stellte der DB 628 dar, bei dem die erste Laderstufe vorne am Motor angebracht war und über das Luftschraubenuntersetzungsgetriebe seinen Antrieb erhielt; auch dieser Motor hatte eine Volldruckhöhe von 11 000 m. Die Einbauuntersuchungen wurden in einer Me 109 G-5-Zelle vorgenommen. Die Verbrennungsluft, die zunächst in den vorne sitzenden Lader eintreten

Der DB 624 war ein Versuchsmotor auf DB 603-Basis mit kombinierter Aufladung, d.h. der Zweistufenlader konnte mechanisch über einen Freilauf oder über die Abgasturbine angetrieben werden. Die Volldruckhöhe sollte zwischen 13 000 und 17 000 m betragen. Vorgesehen war ein flüssigkeitsgekühlter Ladeluftkühler.

mußte, wurde durch den Luftschraubenspinner zugeführt, der entsprechend ausgeführt war. Eine Bf 109 V 54 flog mit einem DB 628 von 1 085 kW (1 475 PS) Startleistung im Juni 1943. Obgleich Flughöhen von über 15 000 m erreicht wurden und keine besonderen Schwierigkeiten am Motor auftraten, mußte die Entwicklung im März 1944 abgebrochen werden, weil nach Ansicht des RLM der Motor noch nicht serienreif war und von militärischer Seite die extremen Höhen nicht mehr gefordert wurden. 1945 kam nochmals ein Projekt mit der Bezeichnung DB 631 zur Untersuchung, für das ein dreistufiger mechanisch angetriebener Lader mit Ladeluftkühlern für 17 000 m Volldruckhöhe geplant war. Getrennt vom Motor angeordnete Abgasturbolader im Verbund mit DB 603-Motoren wurden einmal bei Focke-Wulf in einer Fw 190 und zu anderen bei Blohm & Voss im Höhenjäger BV 155 (Me 155) untersucht. In beiden Fällen waren Hirth-Abgasturbolader an der Rumpfunterseite hinter dem Führerraum versenkt eingebaut und über langen Abgas- und Ladeluftleitungen mit dem Motor verbunden. Der Fluggeschwindigkeitsverlust durch den Abgasturbolader-Einbau mit den Ladeluftkühler und den langen Leitungen war beträchtlich, desgleichen war das Gewicht der Anlage recht hoch. Die Fw 190 V 18/U 1-Versuchsmaschine flog mit Hirth-Abgasturbolader TK 9 erstmals in Echterdingen am 25. Januar 1943. Der Erstflug der BV 155 mit TKL 15 fand am 1. September 1944 statt. Vergleichsrechnungen und Vergleichsflüge ergaben höhere Geschwindigkeiten für die Fw 190 D mit Jumo 213 E-Motoren und Abgasschubdüsen, so daß auf eine weitere Verfolgung der vom Motor getrennt eingebauten Abgasturbolader für Höhenjäger verzichtet wurde. Dagegen wurde weiter an Triebwerksanlagen für Kampfflugzeuge mit integriertem Abgasturbolader bei Daimler-Benz unter Leitung von Prof. Leist entwickelt.
Auf der Basis eines DB 603 entstand als reiner Abgasturbolademotor der DB 623 mit zwei parallel geschalteten DBT 306-Turbolader-Aggregaten, die von Daimler-Benz selbst entwickelt worden waren. Der Motor kam eingehend auf dem Prüfstand und im Flugerprobungsträger Ju 52 im praktischen Höhenbetrieb zur Untersuchung.
Unter der Nummer DB 624 lief 1944 ein Projekt mit zweistufiger, kombinierter Aufladung, wobei die erste Stufe aus zwei links und rechts hinten am Motor angebrachten mechanisch über einen Freiluft angetriebenen hintereinandergeschalteten Ladern des DB 603 G bestand. Die zweite Stufe stellte eine über Kegelräder verbundene Abgasturbine dar, die am unteren Geräteträger befestigt war.
Der DB 625 war ein Versuchsmotor auf der Basis des DB 605 mit zwei Daimler-Benz-Turboladern DBT 106, die wie beim DB 623 angeordnet waren. Jede der Turbinen hatte zwei Gaseintritte, wurde also von jeweils 2 × 3 Zylindern beaufschlagt. Der DB 625 wurde ebenfalls im Flugerprobungsträger untersucht und in mehreren Exemplaren gebaut. Seine Startleistung betrug 1290 kW (1755 PS), die ohne Stauausnutzung bis zu einer Volldruckhöhe von 8 700 m annähernd gleich blieb. Als spezielles Jägertriebwerk war dieser Motor für mehrere Höhenjägerprojekte vorgesehen. Er kam in einer Bf 109 G und einer Ju 52/3 m kurzzeitig zur Erprobung.
Ein Motor mit kombinierter Aufladung waren der DB 621 auf DB-605-Basis und der ähnliche DB 622 auf DB 603-Basis, wobei letzterer nur ein Projekt blieb. Der DB 621 kam zur Untersuchung auf dem Höhenprüfstand, aber nicht zur Flugerprobung. Er hatte als erste Aufladungsstufe zwei Abgasturbolader DBT 306, die gleichen wie beim DB 623, die vorne seitlich am Untersetzungsgetriebe angebracht waren. Als zweite Stufe diente der normale mechanischer Lader des DB 605. Im Jahre 1944 wurde vom RLM die Aufgabe gestellt, extreme Höhen mit Abgasturbinenaufladung zu erreichen, wobei Volldruckhöhen zwischen 17 000 und 18 000 m vorgesehen waren. Das entsprechende Projekt lief bei Daimler-Benz unter der Nummer DB 629 und sah einen DB 609-Basismotor mit 16 Zylindern und eine dreistufige Aufladung vor. Es wurden mehrere Varianten untersucht. Mit Kriegsende kamen alle diese Projekte zum Abbruch.

Der Stand der Zündanlagen

Die in den 30er und 40er Jahren gesteigerten Anforderungen vor allem der Ladermotoren führten auch zur ständigen Weiterentwicklung der Bosch-Zündanlagen. Neben zwei getrennten Magnetzündern wurde teilweise ein Doppelzünder angewendet, dessen mechanischer Antrieb für beide Zündsysteme allerdings gemeinsam erfolgte.

Der Bosch-Zündmagnet GE 12 (1937/38) war in Zwölfzylindermotoren, z. B. Jumo 210 und 211, zweifach für Doppelzündung eingebaut. In das Polgehäuse (103) sind die beiden Ankerpolschuhe (128) und – um je 90° versetzt – beide Magnetpolschuhe (102) mit eingepreßten Kobaltstahl-Magneten (101) eingebaut. Der zwischen diesen vier Polschuhen mit 1,5 facher Kurbelwellendrehzahl rotierende Läufer (123) trägt zwei Kraftlinienleitstücke und erzeugt je Umdrehung vier Abrisse des Magnetflusses. Der Verteiler wird über ein Stirnradpaar 0,5 fach untersetzt vom Läufer angetrieben, an dessen Ende der Unterbrechernocken mit vier Höckern angebracht ist. Vier Möglichkeiten der Zündzeitpunktverstellung sind wahlweise vorgesehen: Handverstellung, Selbstverstellung mittels Fliehgewichten, elektrische Verstellung mit je einem Unterbrecher für Früh- bzw. Spätzündung, oder auch für einen vergrößerten Verstellbereich bis etwa 45° ein Kupplungs-Selbstversteller.

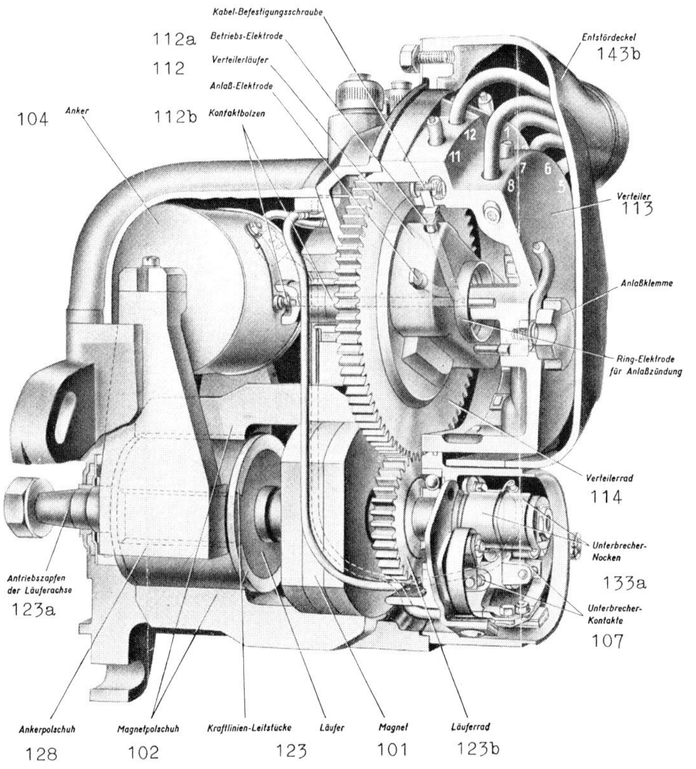

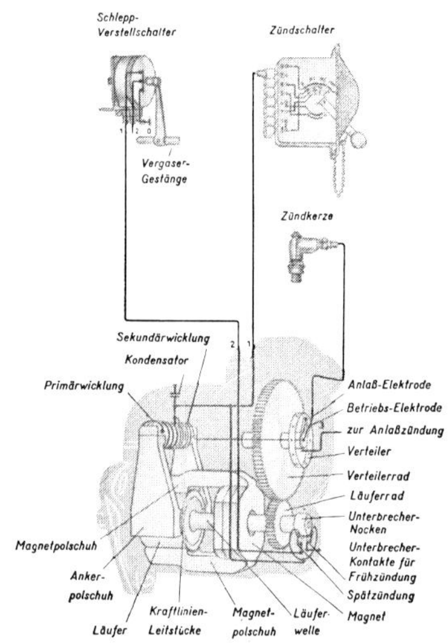

Wirkungsbild

101	= Kobaltstahlmagnet	113a	= Verteilersegment	129a	= Leitung von Primärwicklung zum Kondensator
102	= Magnetpolschuh	113b	= Spitzschrauben zum Befestigen der Kerzenkabel	129e	= Leitung von Kondensator zur Kurzschlußfeder
103	= Gehäuse	114	= Verteilerrad	133a	= Unterbrechernocken
104	= Feststehender Anker	117	= Schutzkabel	134	= Unterbrechergehäuse
104h	= Kontaktplättchen	122	= Klappöler	136a	= Massefelder
105	= Kondensator	123	= Läufer (umlaufende Kraftlinienleitstücke)	143a	= Entstörrahmen
107	= Unterbrecher	123a	= Antriebszapfen	143b	= Entstördeckel
110	= Unterbrecherdeckel	123b	= Läuferrad	1 (2)	= Anschlußklemme für Kurzschlußkabel
112	= Verteilerläufer	123i	= Läuferwelle	3 (A)	= Anschlußklemme für Anlaßzündung
112a	= Betriebselektrode	128	= Ankerpolschuhe		
112b	= Kontaktbolzen	129	= Leitung von Primärwicklung zum Unterbrecher		
112c	= Anlaßelektrode				
112f	= Ringelektrode				
113	= Verteilerscheibe				

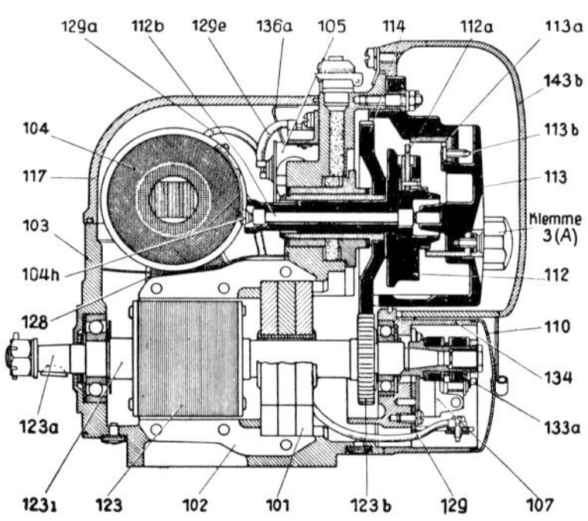

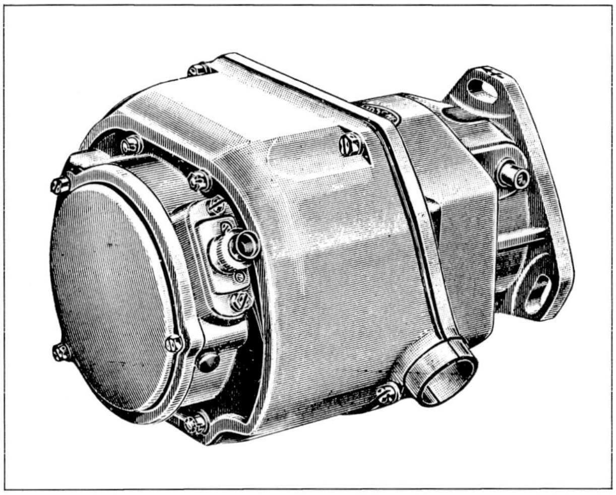

Der Bosch-Zwillings-Zündmagnet ZM12 (1935/36) wurde vielfach verwendet, z. B. in Daimler-Benz DB 601, 603 und 605 sowie Jumo 213. Zwei elektrisch völlig getrennte, im Antrieb vereinigte Zündseiten für Doppelzündung sind aus Gewichts- und Platzgründen in einem Gehäuse zusammengefaßt. Sie bestehen aus je zwei zwischen Polschuhen eingepreßten Magneten aus Aluminium-Nickel-Stahl (101 A/B) von besonders hoher Koerzitivkraft, den Ankern mit Wicklung (104 A/B) und Unterbrechersätzen (107) – sämtlich feststehend – sowie dem gemeinsamen Läufer in Form eines sechsschenkligen Kraftlinienleitstückes. Der Läufer ist gleichzeitig die Welle für den Verteiler und rotiert mit halber Kurbelwellendrehzahl. Zur Zündverstellung wird durch einen Verstellhebel (109) mittels gegensinnigem Steilgewinde die Läuferwelle gegenüber der Artriebsachse (123a) bis um 25° verdreht.

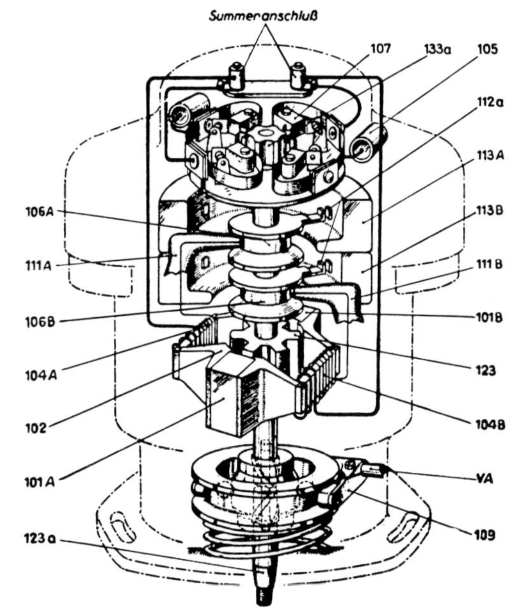

101 A u. B	= Alnistahlmagnete	112a	= Verteilerelektroden
102	= Polschuhe	113 A u. B	= Verteilerbögen
104 a u. B	= Anker	123	= Läufer, umlaufende Kraftlinienleitstücke
105	= Kondensatoren		
106 A u. B	= Schleifringe	123a	= Antriebszapfen
107	= Unterbrecher	133a	= Unterbrechernocken
109	= Verstellhebel	VA	= Verstellachse
111 A u. B	= Stromabnehmer		

Vom Argus As 5 bis zum As 413

Die bis 1912 international renommierte, jedoch im 1. Weltkrieg erfolgsarme Flugmotorenentwicklung der Firma Argus wurde bei Kriegsende völlig eingestellt. Unter der Geschäftsleitung von Dr. Straus übernimmt Argus 1920 die Horch-Werke und entwickelt neue Motortypen für die in Zwickau gebauten Wagen. Hierzu wird 1923 P. Daimler bis zu seinem Ruhestand 1928 verpflichtet und zeichnet u. a. für den ersten deutschen Achtzylinder-Automotor im international bekannten »Horch 8« verantwortlich. Nach Aufhebung der Baubeschränkungen nimmt Argus 1926 die Flugmotorenentwicklung wieder auf. Man beginnt zunächst mit dem As 5, einen wassergekühlten 94 l-24-Zylindermotor der 1 100 kW (1 500 PS)-Klasse mit sechs Reihen zu je vier Zylinder. Seine Entwicklung wird nach einigen Prüfstandsläufen eingestellt, weil das Ministerium kleinere Motoren wünscht. Argus baut dann 1927/28 einige Versuchsmuster eines 16 l-Zwölfzylinders in 60°-V-Form von 480 kW (650 PS). An diesem As 6, den man auch mit hängenden Zylindern anbietet, werden rotierende Gemischverteiler erprobt und – offenbar durch P. Daimlers Einfluß – Aufladeversuche mit Rootsgebläse begonnen. Gegenüber dem BMW VI kann sich jedoch der As 6 nicht durchsetzen. 1927 tritt Dr. Christian als Motorenkonstrukteur ein und arbeitet zunächst an Versuchstypen von luftgekühlten Sternmotoren. Ab 1928 konzentriert sich Argus unter F. Dinslage als Technischer Direktor und Dr. Christian auf die luftgekühlten Motorenklassen der Sport-, Reise- und Schulflugzeuge und wird hier bis 1945 eine der international erfolgreichsten Motorenfirmen ihrer Klasse.

Im Frühjahr 1929 kommt der 6,3 l-59 kW (80 PS)-Vierzylinder As 8 zur Flugerprobung, ein Reihenmotor mit hängenden Zylindern. Durch seinen sehr erfolgreichen Einsatz im Europa-Rundflug 1930 – die neue M 23 der Bayerischen Flugzeugwerke erringt mit dem As 8 die ersten drei Preise – erhält dieser Motor mit seiner fortschrittlichen Bauweise schlagartig internationale Anerkennung. Die Deutsche Allgemeine Zeitung berichtet am 16. 10. 1930 über den Erfolg des As 8:

Dr. M. Christian schuf bei Argus u. a. die sehr erfolgreichen luftgekühlten Baumuster As 8, 10, 410 und 411, die internationale Leistungsmaßstäbe setzten.

»Argus As 8 Spezial im Europa-Rundflug. Daß die Flugzeuge der drei Sieger Morzik, Poß und Notz sämtlich Argusmotore führten, bedeutet nun nicht, daß der Argusmotor über die anderen den Sieg davongetragen hätte. Der Argusmotor zeigt aber Eigenschaften, die von vornherein zu den besten Hoffnungen berechtigten. Es ist ein luftgekühlter Reihenmotor mit vier hängenden Zylindern. Als zum ersten Male, und zwar im Kriege, der Versuch mit hängenden Zylindern gemacht wurde,* waren die Flugzeugführer und Monteure, die damit zu tun hatten, nicht zufrieden, klagten, daß alles verschmiert würde, und glaubten der Anordnung keine Zukunft prophezeien zu können. Inzwischen aber hat die Argus-Motoren-Gesellschaft die Anordnung von hängenden Zylindern in Reihen – im Gegensatz zu der Sternform, die sonst üblich – immer weiter entwickelt. Der Reihenmotor hat den augenfälligen Vorteil, daß er dem Luftwiderstand weniger Fläche bietet, was gerade bei kleinen Flugzeugen für Reise und Sport bedeutsam ist und auch die Formgebung des Rumpfes günstig beeinflussen kann. Durch die Anordnung der hängenden Zylinder, durch die der Argusmotor sich wesentlich von den ausländischen Reihenmotoren unterscheidet, werden eine hohe Luftschraubenlage und gute Sichtverhältnisse erzielt. Es ist klar, daß die stehenden Zylinder die Sicht beeinträchtigen. So hat die englische Fachpresse, nachdem sie im vorigen Jahre in London auf der Olympia zum ersten Male unsere Argusmotoren sah, eine neue Entwicklung des Flugwesens durch sie vorausgesagt. Während 25 Wettbewerber im Laufe des Wettbewerbs ausscheiden mußten und davon 11 wegen Motorschäden und zwar bei langerprobten Motoren, ist nur ein Wettbewerber mit Argusmotor wegen Motorstörung ausgeschieden, konnte aber dann seinen Flug außer Wettbewerb noch fortsetzen. Durchweg ist ein Muster zur Verwendung gekommen, das eine Nenn- oder Dauerleistung von 80 PS und eine zulässige Höchstleistung von 95 PS ausweist mit einer Kurbelwellendrehzahl von durchschnittlich 1470 min^{-1} (bei Drosselleistung: 1410 min^{-1}) bis zu 1750 min^{-1}. Für den Materialverbrauch ergaben sich bei der von der Deutschen Versuchsanstalt für Luftfahrt kürzlich abgeschlossenen Prüfung folgende Zahlen: Brennstoffverbrauch bei Volleistung 212 g/PSh, bei Drosselleistung 236 g/PSh. Ein besonderer Vorteil ist noch die geringe Belästigung durch den Schraubenstrahl im offenen Flugzeug; sie ist auf die höhere Lage der Kurbelwelle und auch auf den infolge der verringerten Drehzahl vergrößerten Luftschraubendurchmesser zurückzuführen. Namentlich aber wird durch die tiefe Lage der Zylinder vermieden, daß die Flugzeuginsassen durch Ölspritzer belästigt werden. Auch stört nicht mehr das Auslaßgeräusch, da das Auslaßsammelrohr unter dem Flugzeugrumpf liegt. Hinzu kommt schließlich ein ruhiger Lauf des Motors ohne Erschütterungen. Daß der Direktor der Werke *Dinslage* immer als Erfinder hingestellt wird, lehnt er selbst ab und verweist mit Recht auf das Zusammenarbeiten im Betriebe hin; auf jeden Fall hat einen wesentlichen Anteil auch der Chefkonstruktuer der Werke Dr. *Christian*.

Nun erlangt die Bauart mit hängenden Zylindern durch ihre Vorteile – sie erlaubt größere Propellerdurchmesser bzw. ein kürzeres Fahrgestell und bessere Sichtverhältnisse – sehr große Verbreitung. Ihre konsequente Anwendung bei allen luftgekühlten Reihenmotoren wie auch bei den wassergekühlten Großmotoren führte zu einer typisch deutschen »Schule« des Flugmotorenbaues bis 1945.
Der As 8 kann unter Drehzahlsteigerung auf immer höhere Leistung gebracht werden. Sie steigt durch laufende Verbesserungen der Kühlung, Ansauganlage u.a. von 59 kW (80 PS) bei 1400 min^{-1} des Grundmusters auf 90 kW (120 PS) bzw. 100 kW (135 PS) für As 8 A bzw. B und 1932/33 bis auf 110 kW (150 PS) bei 2300 min^{-1} für den As 8 R. Vom As 8 werden etwa 800 Stück gebaut.

Der As 10

Aus dem As 8 entsteht 1930 durch »Verdopplung« in hängender 90°-V-Bauart der berühmte 12,7 l-As 10. Seine Leistung von 160 kW (220 PS) steigt 1932 beim As 10 C auf 175 kW (240 PS). Dieses Muster mit 5,9 Verdichtung und vermehrten Kühlrippen ist der wohl international bis 1945 erfolgreichste Motor für Schul-, Sport- und Reiseflugzeuge. Von ihm wurden etwa 15000 Stück gebaut. Der sprichwörtlich zuverlässige Motor war eingebaut in Schulflugzeugen vom robusten Doppeldecker Ar 66 und Go 145 bis zum schnelleren ein- und zweimotorigen Tiefdecker mit Einziehfahrwerk Ar 96 und Fw 58, im beliebten Kunstflugeinsitzer Fw 56 Stößer wie im ersten STOL-Flugzeug Fi 156 Storch und schließlich in der berühmten Reiselimousine Bf 108 Taifun. Seine Grundüberholung erfolgte nach 500 Stunden. Auf dem Pariser Salon 1954 bietet die Firma Salmson den Nachbau des AS 10 C als 8 As-04 mit der etwas erhöhten Startleistung von 190 kW (260 PS) bei 2000 min^{-1} an.
1935 wurde von Argus unter Mitarbeit von Prof. Reißner auch die Entwicklung von automatischen Verstellpropellern begonnen. Bereits die erste Ausführung für den As 10 C bewährt sich ausgezeichnet. 1934 erscheint als leistungsgesteigerte Version der As 10 E mit 200 kW (270 PS) bei 2100

* Erstmals 1909 durch Jastram und 1913 durch Daimler mit dem E4uF.

Elly Beinhorn im schnittigen Heinkel-Sporteinsitzer He 64 mit dem leistungsgesteigerten As 8R, der beim Europa-Rundflug 1932 mit 241 km/h schnellstes und gleichzeitig durch umfassende Landehilfen mit 64 km/h langsamstes Fluzeug des Wettbewerbs war (6,3 l, 110 kW bei 2300 min^{-1}, 1932).

Durch die Erfolge des Argus As 8-Motors setzt sich die Motorbauart mit hängenden Zylindern für Sport- und Reiseflugzeuge durch, die auch das deutsche Konzept der Großmotoren entscheidend beeinflußte (6,3 l, max. 70 kW bei 1600 min^{-1}, 1929). ▶

Unten rechts: Der Argus As 10C zeichnete sich durch seine gedrungene Leichtbauweise wie z. B. das Elektron-Kurbelgehäuse aus. Die Kipphebel für Ein- und Auslaßventil sind auf gemeinsamer Achse mit Nadeln im Kopf gelagert.

Von diesem sehr zuverlässigen Argus-V8-Motor As 10C wurden für Schul- und Reiseflugzeuge etwa 15 000 Stück gebaut. Die Kühlluft strömte aus dem im V-Winkel liegenden Stauraum zwischen den Zylindern an den hier sichtbaren Leitblechen zur Außenseite ab (12,7 l, max. 175 kW bei 2000 min^{-1}, 1934). ▼

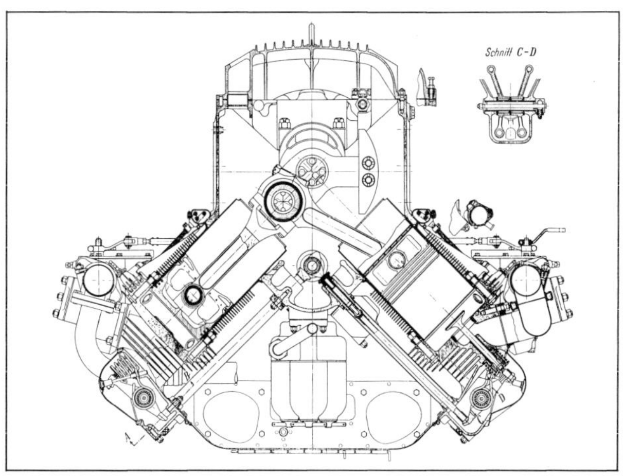

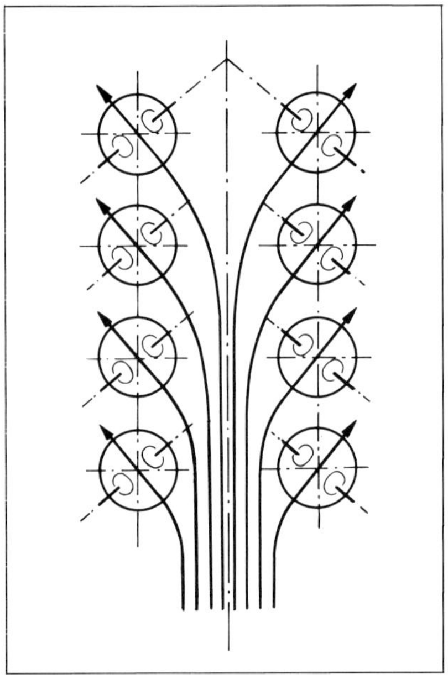

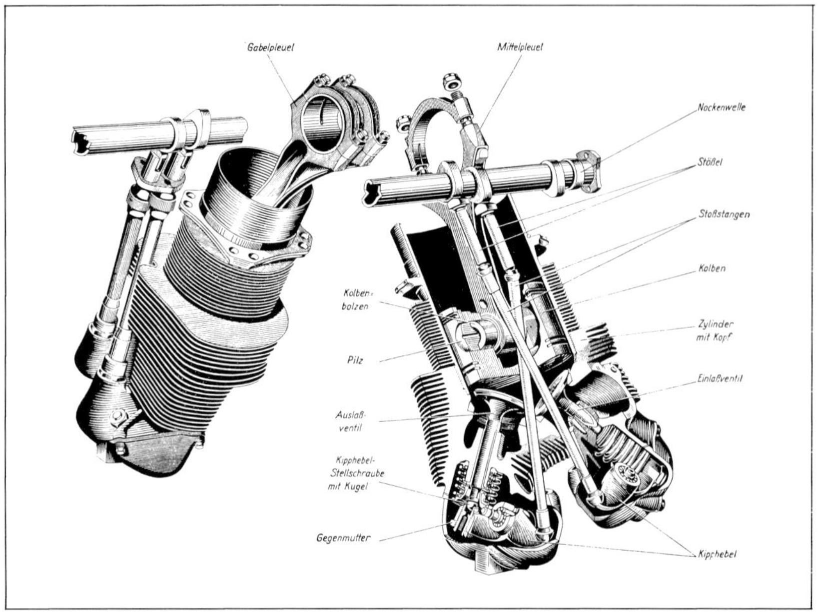

Links: Bei den Argus-Zwölfzylinder-V-Motoren As 410 und 411 ergab die schräggestaffelte Ebene der Ein- und Auslaßventile eine verbesserte Kühlluftströmung, weil die Umkehrung der Ein- und Ausströmung nur je 45° – gegenüber fast 90° bei der Normalausführung – beträgt. Rechts: Die erwähnte Schrägstaffelung der Ventilebenen beim As 410 und 411 wurde durch die gekreuzte Stoßstangenordnung ermöglicht.

min^{-1}. Der 200 kW (270 PS) As 409, ein 1935 verbessertes Muster mit gleichem Hubraum, kommt nicht über das Versuchsstadium. Später gibt es Sonderausführungen des As 10. 1937 entsteht sogar eine mit Radialgebläse aufgeladene Version mit gleichem Hubraum und Aufbau. Dieser As 401, der einen Argus-Hobson-Vergaser mit Regelautomatik für Ladedruck und Höhengemisch aufweist und 200 kW (270 PS) als Kurzleistung in 3 000 m abgibt, gelangt auch nicht zur Serienreife.

Daneben hatte man in dieser Zeitspanne an weitern Versuchsmustern gearbeitet: 1929 an zwei Sternmotoren, dem 4,5 l-75 kW (100 PS)-Dreizylinder As 9 und dem 550 kW (750 PS)-Neuzylinder As 7, 1932/33 auch an zwei Großmotoren, dem 25 l-As 12 C in 16-Zylinder-H-Form von 400 kW (550 PS) sowie dem 20 l-As 15 in Zwölfzylinder-V-Form von 440 kW (600 PS) mit Wasserkühlung, wohl vom As 6 abgeleitet. Außerdem entsteht 1933/34 der kleine As 16, ein 2 l-Vierzylinder Boxer mit 30 kW (40 PS). Seine Bauart mit seitengesteuerten Ventilen ist sicher von den ersten, Anfang der 30er Jahre erschienenen Continental-Motoren beeinflußt, die damals in den USA bereits vielfach eingebaut wurden. Ein Vorteil der seitengesteuerten Ausführung ist beim Boxermotor die geringere Baubreite, die sich jedoch nur bei sehr schmalem Flugzeugrumpf aerodynamisch auswirkt. Für höhere spezifische Leistung und niedrigen Verbrauch ist diese Bauart ungeeignet, weil ihr taschenförmiger Verdichtungsraum keine hohe Verdichtung erlaubt. Mit dem 1933 entwickelten 8,8 l-165 kW (225 PS)-As 17 a, einem aus dem As 8 abgeleiteten Reihen-Sechszylinder in hängender Bauart, sind – neben dem Hirth HM 8 U – beim letzten Europa-Rundflug 1934 drei Typen, darunter die Bf 108 als das schnellste Flugzeug, ausgerüstet. Der As 17 a wie auch der Ladermotor As 17 b (1934) von 210 kW (285 PS) bleiben im Entwicklungsstadium stecken. Aus kühlungs- wie aus schwingungstechnischen Gründen – ganz abgesehen von der Baulänge – ist diese Bauform für moderne luftgekühlte Flugtriebwerke wenig geeignet. Der 6,3 l-100 kW (135 PS)-As 408 von 1935, als hängender Vierzylinder gebaut, war sicher als Konkurrenz zum Hirth HM 504 gedacht. Zwei Typen von Großmotoren kommen auch über erste Prüfstandsläufe nicht hinaus, 1935 der 24 l-735 kW (1 000 PS)-As 412, ein aus dem As 12 C entwickelter 24-Zylinder in H-Form, und 1939 der As 402, ein 16 l-380 kW (520 PS)-Zwölfzylinder in hängender V-Bauart.

As 410 und 411

Inzwischen setzte bei Argus eine aussichtsreichere Entwicklungsarbeit ein. Aufgrund seiner großen Luftkühlungserfahrungen beginnt Dr. Ing. Christian 1936 mit einer ganz neuen Generation von aufgeladenen schnellaufenden Hochlei-

stungsmotoren als Zwölfzylinder in hängender 60°-V-Form. Bei dieser Bauart wird vor allem die Kühlung der beiden langen Zylinderreihen problematisch. Sie kann durch die Mitarbeit von Dr. Gosslau gelöst werden, der sich seit seinem Studium mit der Luftkühlung befaßt und bei Siemens an der Entwicklung des R 12 erfolgreich gearbeitet hatte, des ersten Zweitakt-Dieselmotors in Sternbauart. Außer einer starken Verrippung von Kopf und Zylinder mit kleiner Rippenteilung wendet er erstmalig seine patentierte Schrägstaffelung der Zylinderköpfe an, um ähnlich günstige Kühlverhältnisse wie beim Sternmotor zu erzielen und den »Windschatteneffekt« zu beseitigen. Zur Verringerung der Kühlleistung sind dabei die Zylinderköpfe mit ihrer Einlaß- und Auslaßpartie sowie mit der Verrippung schräg gestaffelt hintereinander angeordnet, so daß die Kühlluftströmung vor und nach dem Zylinder nur um je etwa 45° umgelenkt wird. Neuartig für luftgekühlte V-Motoren war auch die Verschraubung des Zylinders mit dem Zylinderkopf durch langes Feingewinde – Länge rd. 40 % der Bohrung – zur verbesserten Wärmeabfuhr, wie bei Sternmotoren üblich. Diese neuen Argus-Zwölfzylinder in 60°-V-Bauart bewähren sich bis zum Kriegsende für Schulung und Reise ebenso wie beim militärischen Einsatz in der Fw 189 hervorragend. Damit erreicht Argus auch in der Leistungsklasse bis 600 PS eine international führende Rolle.
Als erstes wird 1938 der As 410 mit 340 kW (465 PS) bei 3 100 min^{-1} und 1,4 bar abs Ladedruck herausgebracht. Mit gleichem Hubvolumen wie beim As 10 C ist die Leistung um 94 % gestiegen und das Leistungsgewicht um 15 % gesunken. Der As 410 besitzt Propellergetriebe und Höhenlader mit hohem Gesamtwirkungsgrad von 73 % einschließlich Getriebeverlust, durch den die Höchstdauerleistung von 235 kW (320 PS) bis 3 000 m eingehalten wird. Der niedrigste spezifische Verbrauch liegt mit 260 g/kWh (190 g/PSh) ebenfalls sehr günstig. Für diesen Motor liefert Argus als Standardausrüstung einen automatischen Verstellpropeller mit 2 Drehzahlstufen für Start- und Steigleistung bzw. Dau-

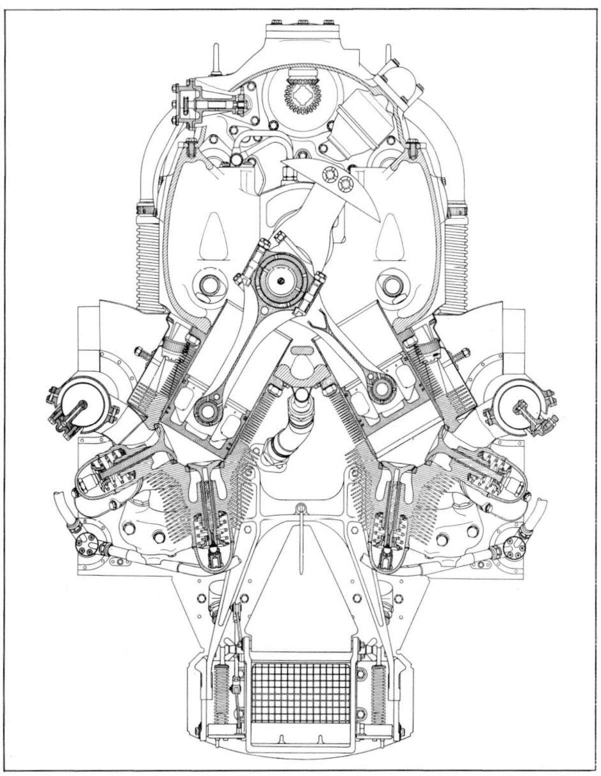

Oben: Der Zwölfzylinder-Ladermotor Argus As 410 mit 60° V-Winkel war mit Propellergetriebe ausgestattet. Mit Hilfe der so gesteigerten Drehzahl erzielte er gegenüber dem As 10C bei gleichem Hubvolumen rd. 100 % größere Bodenleistung mit gleichem Leistungsgewicht ohne Einbuße an Zuverlässigkeit (12 l, max. 340 kW bei 3100 min^{-1}, 1938).

Unten: Durch Ladedruck- und Drehzahlsteigerung wurde die Leistung des As 411 gegenüber dem As 410 um 30 % gesteigert, der konstruktive Aufbau jedoch fast völlig beibehalten. Ein Vergleich mit dem As 10C zeigt u. a. die wesentlich vergrößerte Zylinderverrippung als Folge der 2,5fachen Bodenleistung und bis 2,8fachen Höhenleistung des As 411 (12 l, max. 440 kW bei 3300 min^{-1}, 1939/40).

erleistung. Der As 410 bewährt sich in Baureihen der Flugzeugmuster Ar 96 B, Fw 189, Si 204 A u. a. vor allem durch Laufruhe und hohe Zuverlässigkeit ausgezeichnet.
1939 wird der As 410 unter 25 % Leistungssteigerung durch Ladedruck- und Drehzahlerhöhung zum As 411 weiterentwickelt und nur als Einheitstriebwerk As 411 TA-1 geliefert. Eingebaut ist der As 411 z.B. im Siebel-Kurier- und Übungsflugzeug Si 204 D und im Focke-Wulf-Nahaufklärer Fw 189 F. Bei gleichem Grundaufbau unterscheidet er sich vom As 410 hauptsächlich in folgendem: Zur Verstärkung der Zylinderkopfkühlung ist eine Erhöhung des Kühlluftdruckgefälles mit Hilfe der Abgasenergie erreicht, indem die Kühlluft hinter jedem Zylinder in einzelne als Strahlejektor ausgebildete – an der Triebwerksverkleidung befestigte – Schächte geleitet und durch den Strahl der einmündenden Abgasdüsen beschleunigt wird. So kann ohne erhöhten Kühlwiderstand die Kühlung der hohen spezifischen Leistung des As 411 von 37 kW/l (50 PS/l) angepaßt werden.

Argus- und Hirth-Flugmotoren, 1929-1940

Hersteller		Argus			Hirth		
Muster		As 8 (8R)	As 10C	As 410 A–2 (As 411 A–1)	HM 60 (60R)	HM 508 D (H)	HM 504 A-2 (HM 500 A)
Baujahr		1929/30	1934	1938 (1940)	1931 (1933)	1936/37	1934/35 (1938)
Bauart		Vierzylinder Reihe, hängend	90°V-Achtzyl., hängend	60°V-Zwölfzyl., hängend	Vierzylinder, Reihe, hängend	60°V-Achtzyl., hängend	Vierzylinder, Reihe, hängend
Kühlung		Luft	Luft	Luft	Luft	Luft	Luft
Bohrung x Hub	mm	120x140	120x140	105x115	100 (102)x110	105x115	105x115
Gesamthubraum	l	6,3	12,7	12,0	3,5 (3,6)	8,0	4,0
Verdichtung (OZ)		5,3	5,9	6,4 (87)	5,3 bzw. 5,8 (74)	6,2 bzw. 6,0	6,2
Lader				Eingang-Einstufenlader		Einstuf.-Bodenl.	
Propeller-Untersetzung				0,67 (0,57)		0,67	
Abmessungen Länge	mm	1070	1105	1585 (1735)	840	1290 (1290)	945 (981)
Breite	mm	421	880	660 (770)	390	686 (686)	520 (440)
Höhe	mm	890	718	970 (1017)	690	800 (820)	780 (686)
Trockenmasse	kg	113 (113)	193	315 (375)	82 (84)	208 (205)	104 (107)
Startleistung	kW (PS)	70 (95)	175 (240)	340 (465)	52 (70)	205 (280)	77 (105)
	min^{-1}	1600	2000	3100	2150	3100	2530
Max. Dauerleistung	kW (PS)	60 (80)	160 (220)	280 (380)	48 (65)	187 (255)	63 (85)
in der	min^{-1}	1400	1940	3100	2000	2990	2360
Volldruckhöhe	m	0	0	in 2600 m	0	0	0
Min. spez. Verbrauch	g/kWh (g/PSh)	305 (225)	320 (235)	270 (200)	290 (215)	290 (215)	310 (228)
Einheitsmasse	kg/kW (kg/PS)	1,6 (1,2)	1,1 (0,8)	1,1 (0,8)	1,6 (1,2)	1,0 (0,75)	1,35 (1,0)
Hubraumleistung	kW/l (PS/l)	11,0 (15,0)	14,0 (19,0)	28,5 (38,8)	14,7 (20,0)	25,7 (35,0)	19,3 (26,2)
Bemerkungen		In Klemm- u. Messerschmitt-Flugzg. As 8R: 110 kW (150 PS) bei 2300 min[1]	In Ar 66, Go 145, Fi 156, Fw 58 Bf 108 u.a.	In Ar 96B, Fw 189, Si 204 A u.a. As 411: 445 kW (600 PS) bei 3300 min[1] und 1,8 bar, 360 kW (495 PS) in 2400 m	In He 71, Kl. 35 A, Bü 131 u.a. HM 60 R: 60 kW (80 PS) bei 2400 min[1]	In He 116, Bf 108 u.a HM 508 H: 175 kW (240 PS) bei 3000 min[1] u. 1.05 bar	In Bü 131B, 181 Ar 79 u.a. HM 500 in Bü 181

Die Laderübersetzung ist für den höheren Ladedruck vergrößert. Der von Argus entwickelte Vergaser hat ein durch Schmierstoff beheiztes Gehäuse zur Gemischvorwärmung. Außerdem ist eine Ansaugluftvorwärmung vorhanden, die sich automatisch durch einen Eisfühler einschaltet. Dieser Fühler sitzt im Krümmer der Ansaugleitung zwischen Vergaser und Lader. Die am Vergaser angebauten selbsttätigen Ladedruck- und Gemischregler sind mit der Zündeinstellung und dem Propeller-Regler derart gekoppelt, daß für alle Leistungsstufen die günstigsten Werte der Betriebsgrößen wie Ladedruck, Luftzahl, Drehzahl usw. bei sparsamstem Verbrauch allein mit dem Gashebel gewählt werden. Von den bewährten Argus-Hochleistungstriebwerken As 410 und 411 werden bis zum Kriegsende zusammen 12 000 bis 14 000 Stück geliefert. Nach dem Krieg baut Renault, später bis Anfang der 60er Jahre SNECMA, den As 411 für verschiedene französische Schul- und Übungsflugzeuge nach. Als SNECMA 12 S, ab 1957 als 12 T mit 10% größerer, dem As 411-A 1 entsprechender Höhenleistung werden dort über 3 000 Stück hergestellt.
Zu erwähnen ist noch das Projekt eines großen wassergekühlten 70 l-24-Zylinder-Einspritzmotors von 3 000 kW (4 000 PS) bei 1,6 bar Ladedruck unter der Leitung von Dr. Gosslau. Dieser As 413 war in H-Bauform mit zweistufigem Lader und unter Verwendung von Kurbelwellen, Pleuel, Kolben und Zylinderköpfen des Jumo 213 E aufgebaut und trieb zwei gegenläufige Propeller an.
Der As 413 stand bei Kriegsende vor den Prüfstandsläufen. Damit endet die Geschichte des Argus-Flugmotorenbaues. Sie hat zu Anfang und am Ende Höhepunkte für die deutsche Motorenentwicklung erreicht. Bis 1918/19 hatte die Gesamtproduktion der Argus-Motoren etwa 1 500 Stück in Eigenfertigung und über 2 000 Stück der Nachbaufirmen betragen, danach belief sie sich auf fast 30 000 Stück.

Hirth – Vom Zweitakter zum Baukastenprogramm

Der Name Hellmuth Hirth tauchte hier bereits mehrfach in der Phase des 1. Weltkrieges auf. Von seinem Vater Albert hatte er Erfindungsgeist und technische Begabung geerbt. Mit 24 Jahren erwarb er 1911 den Pilotenschein Nr. 79 und betätigte sich als erfolgreicher Werks- und Wettbewerbsflieger. Durch seine Initiative und seinen Einfluß auf Robert Bosch sowie Graf Zeppelin entsteht das erste deutsche Riesenflugzeug, das er 1915 wie auch weitere selbst einfliegt. In dieser Zeit formen sich seine konstruktiven Ideen zu einem Flugmotor, den er dann baut. Über die weitere Entwicklung schreibt [Heiß]:

Hellmuth Hirth ist schon anfangs des Jahres 1917 von Staaken nach Cannstatt zurückgekehrt. Er hat sich eine kleine »Versuchswerkstatt« eingerichtet, um hier Zweitaktmotoren und Hohlpropeller aus Stahl zu entwickeln ...
Schon im Jahr 1920 nimmt er seine Arbeit an den Zweitaktmotoren mit U-Zylindern wieder auf. Jedoch die Motoren lassen sich nicht so schnell fabrikreif entwickeln. Er versucht die festgelaufene Entwicklung des Flugmotorenbaus auf den Weg logischer Einfachheit zu bringen, indem er den Propeller zu einem Motorteil und die hohlen Blätter zu Auspuffrohren macht, an deren Enden die verbrannten Gase durch die Fliehkraft weggeschleudert werden und Frischgas nachgerissen wird. Die hohe Drehzahl, Umfangs- und Gasgeschwindigkeiten, Coriolis- und Kreiselkräfte, Unzulänglichkeiten der Zündgeräte, Baustoffmängel und dergleichen ... stellen Geduld und Idealismus auf eine harte Probe. Doch nach vielen Versuchen läuft der Motor schließlich einwandfrei. Der Abgasflammenring steht wie ein Phantom in stiller Nacht; nur das Rauschen des Propellers ist zu hören, da ja kein Auspufflärm zustande kommt. Plötzlich zeigt ein großes Werk Interesse für die Neuheit und erbietet sich, den Motor und das Baurecht zu erwerben ... Jenes Werk, das sich den Motor auf Jahrzehnte sicherte, hat ihn nie gebaut ...
Hellmuth kann seine Augen nicht davor verschließen, daß seine kleine Versuchswerkstatt nicht aufrechterhalten werden kann. Ende 1920 hat er sich mit Hermann Mahle geeinigt, der als kaufmännischer Leiter in die neue Firma »Versuchsbau Hellmuth Hirth« eintritt. In dem »Versuchsbau«, einem früheren Viehstall – weshalb neidische böse Zungen behaupten, es werde hier nach wie vor »Mist« fabriziert – wird das Büro eingerichtet ... Der Betrieb ist klein und primitiv. Etwa fünfzehn Köpfe stark ist die Belegschaft. So

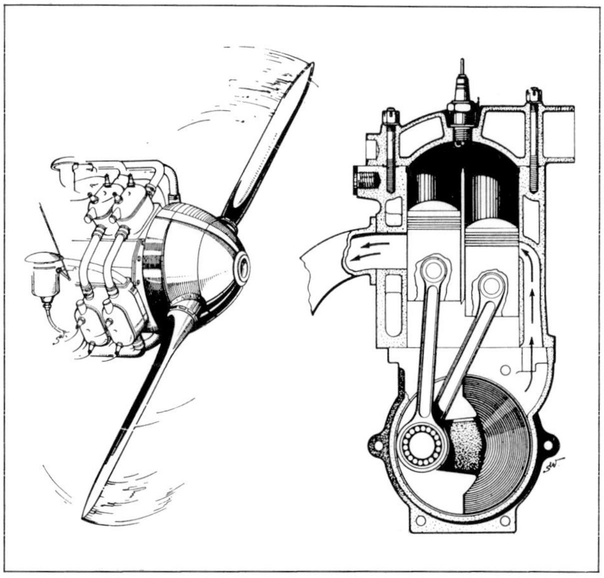

1920 setzte Hellmut Hirth die 1917 begonnene Entwicklung eines ▶ wassergekühlten Sechszylinder-Zweitakt-Doppelsternmotors mit U-förmigen Doppelzylindern fort. Gleichzeitig verwendete er einen hohlen Propeller zur geräuscharmen Abführung der Auspuffgase und zur Spülluftförderung (0,71, 11 kW bei 4000 min^{-1}, 1920/25).

ist das Jahr 1921 angebrochen und Hellmuth hat den Plan gefaßt, Kolben aus Leichtmetall für Verbrennungsmotoren zu fabrizieren. Im Frühjahr 1921 wird von dem Reichsverkehrsministerium ein Wettbewerb für Leichtmetallkolben ausgeschrieben. In dem Wettbewerb erhält Hirth den zweiten und dritten Preis. Noch im gleichen Jahr kann mit den ersten Serienlieferungen an die deutsche Automobilindustrie begonnen werden. Der Mangel an Betriebsmitteln wird dadurch behoben, daß Hirth sich auf Anraten des Professors Gabriel Becker von der Technischen Hochschule Berlin-Charlottenburg, eines der maßgebenden Preisrichter, mit dem anderen Gewinner des Preisausschreibens, der Chemischen Fabrik Griesheim-Elektron, in Verbindung setzt. Am 21. April 1922 wird der »Versuchsbau Hellmuth Hirth« in die »Leichtmetall-Werke G.m.b.H. Stuttgart-Cannstatt« umgewandelt, deren Gesellschafter Hellmuth Hirth und die Chemische Fabrik Griesheim Elektron sind.«

Ebenfalls 1922 gründet sein Vater die Albert Hirth AG (AHAG). Dort werden stirnverzahnte Teile nach seinem Patent von 1919 gefertigt. Sie finden bald im Motoren- und Maschinenbau eine breite Anwendung, so auch bei rollengelagerten Kurbelwellen mit Lagern aus der Norma-Kugellagerfabrik, ebenfalls eine Gründung von A. Hirth. Diese Wellen werden von 1930 an bei allen späteren Hirth-Flugmotoren – daneben z.B. in den berühmten Rennwagen der Auto Union – verwendet. Neben seinen Motorversuchen baut H. Hirth 1923 bis 1925 mehrere Leichtflugzeuge unter weitgehender Verwendung von Elektron, in denen er seine Motoren erprobt. Doch bleiben die Erfolge aus, dagegen können seine selbstgebauten Rennmotorräder mit diesen Motoren manchen Sieg erringen. Auch die Arbeiten, die er 1925 bis 1927 mit K. Löhner zusammen im Auftrag des Verkehrsministeriums an einen Sechszylinder-Doppelkolbendieselmotor durchführt, bringen keinen Erfolg. 1927 verläßt er die Leichtmetallwerke und gründet bald die Hirth Motorenwerke.

◀ Hellmut Hirth, der sich auch als Motorenkonstrukteur einen internationalen Ruf erwarb, vor einer Klemm L25 mit HM60 (1931), ein neben dem in der Bauart ähnlichen Argus As 8 besonders erfolgreicher Motor für kleinere Sport-, Schul- und Reiseflugzeuge (3,5 l, max. 52 kW bei 2150 min^{-1}, 1931).

Der HM 60

Hier geht sein erster Flugmotor, der 3,5 l HM 60 mit 52 kW (70 PS) sofort in Serie, als dieser im Deutschlandflug 1931 hervorragend abschneidet. Äußerlich ähnelt die HM 60-Bauart als Vierzylinder-Reihenmotor mit hängenden Zylindern dem gleichzeitig entstandenen As 8. Die Konstruktion ist aber durch konsequente Anwendung der Wälzlagerung und eine »gebaute«, d.h. aus Einzelteilen mit Hirth-Verzahnung verschraubte Kurbelwelle sowie durch Schmierstoffdosierung gekennzeichnet. Auffallend sind auch das komplizierte Ventilsteuerungssystem sowie die teilweise Entnahme der Ansaugluft aus dem Kurbelgehäuse. Der HM 60 bewährt sich auf Anhieb in mehreren Baureihen der Klemm L 25. Steigende Leistungsanforderungen der Flugzeugfirmen führen sehr bald zum leistungsgesteigerten 3,6 l-HM 60 R von 59 kW (80 PS). Er wird 1933 erstmals im neuentwickelten Heinkel-Kabineneinsitzer He 71 eingebaut, mit dem Elly Beinhorn u.a. ihren aufsehenerregenden 180-Stunden-Alleinflug über Afrika störungsfrei durchführt.

Vom HM 60 unterscheidet er sich außer durch vergrößerte Bohrung und erhöhte Verdichtung u.a. durch Fortfall der Ansaugluftentnahme aus dem Kurbelgehäuse. Der HM 60 R ist besonders in der Klemm L 25 d VII mit großen Stückzahlen und daneben in der Kl 35 A eingebaut. Sowohl der HM 60 wie der HM 60 R bewähren sich vielfach bei den Deutschlandflügen 1934 und 1935. Im Oktober 1936 kann der Tausendste HM 60 R ausgeliefert werden. In der Folge bringen die Hirth-Werke eine Vielzahl von Motorentypen heraus, in denen sich die Einflüsse von Wettbewerben – in harter Konkurrenz mit Argus – ebenso widerspiegeln wie Betriebserfordernisse. So wurde 1932 unter Verwendung von HM 60 R-Bauteilen, wie Zylinder u.a., für den Europa-Rundflug der 7,2 l-HM 150-Achtzylinder in hängender

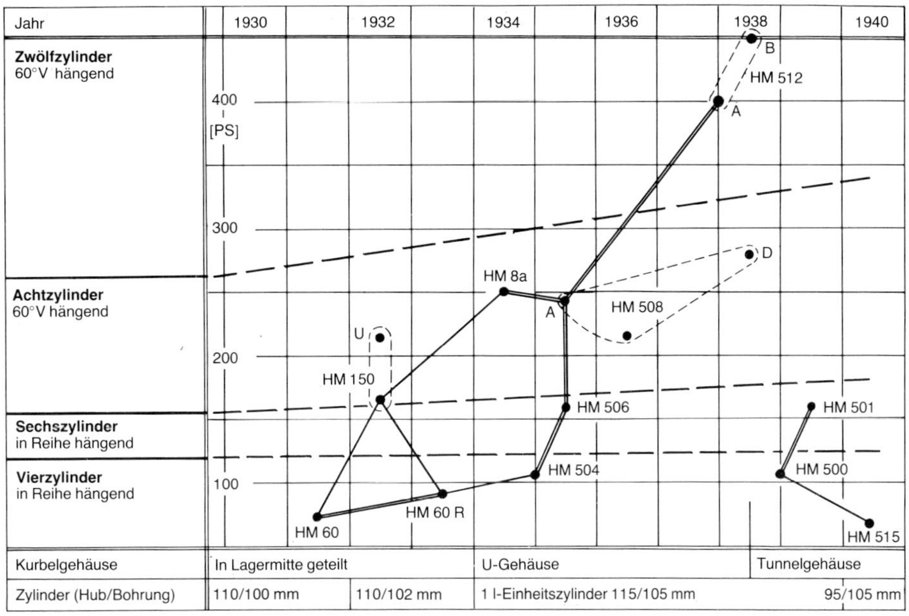

Der Entwicklungsablauf der Hirth-Motorentypen vom HM 60 bis zum HM 515 und vom Vier- bis zum 12-Zylinder ist durch die konsequente Anwendung des Baukastenprinzips gekennzeichnet.

V-Form herausgebracht, den H. Hirth's Bruder Wolf in einer Kl 32 flog. Wie bei allen folgenden Achtzylindern wandte Hirth aus aerodynamischen Gründen 60°-V-Winkel an, obwohl dies gegenüber dem üblichen von 90° größere Ungleichförmigkeit, also eine Verschlechterung der Triebwerksdynamik bringt. Eine Ausführung HM 150 U mit Propellergetriebe wird ebenfalls erprobt, die durch 33%ige Drehzahlerhöhung auf 3 000 min^{-1} zu einer Leistungssteigerung bis 185 kW (250 PS) – gegen 125 kW (170 PS) beim HM 150 – führt.
Für die nun folgende fruchtbare Motorenentwicklung wendet Hirth ein perfektes Baukastensystem auf der Basis von Hirth-Verzahnung und »Einheitszylindern« mit 1 Liter Hubraum an. Als Vorläufer erscheint auf dem Europa-Rundflug 1934 in drei Flugzeugmustern der 8 l-185 kW (250 PS)-Achtzylinder HM 8a mit Propelleruntersetzung, u. a. auch in der BF 108 als schnellster Maschine des Rennens.

Die 500er Typenreihe

Aus diesen Erfahrungen heraus entsteht 1934/35 die Typenreihe der Vier-, Sechs- und Achtzylinder HM 504, 506 und 508 in grundsätzlich gleichem Aufbau von Kurbeltrieb, Zylinder und Steuerung, denen 1937/38 noch der 300 kW (400 PS)-Zwölfzylinder HM 512 folgt. Besonders erfolgreich wird mit einer Stückzahl von etwa 6 000 der 70 kW (105 PS)-Vierzylinder HM 504 A als Nachfolger des HM 60 R und sehr zuverlässiger Standardmotor aller Flugzeugtypen der Anfängerschulung, wie z. B. Bücker 131 B, Klemm Kl 35 B, und auch des kleinen schnellen Arado-Kabinenzweisitzers Ar 79. Durch die Unterteilung der Kurbelwelle mit Hirthverzahnung wird eine konsequente Anwendung der reibungsarmen Wälzlager beim Kurbeltrieb ermöglicht. Weitere gemeinsame Hauptkennzeichen der 4 erwähnten Muster sind Graugußzylinderbüchsen, Leichtmetall-Zylinderköpfe, ungeteilte Pleuelstangen, gekapselte Stoßstangensteuerung und Frischölschmierung. Vom Sechszylinder HM 506 A wird nur eine geringe Stückzahl z. B. für die Bükker 133 B gebaut.
Etwas stärkere Anwendung findet der in vielen Varianten entwickelte Achtzylinder HM 508. Das Ausgangsmuster HM 508 A von 175 kW (240 PS) bei 3 000 min^{-1} hat ein als »Gemischlader« bezeichnetes Radialgebläse und ein Stöckicht-Planetengetriebe mit 0,67 Propeller-Untersetzung. Die Muster HM 508 B, E und F unterscheiden sich vom HM 508 A nur durch geändertes Untersetzungsverhältnis. Sie werden z. B. in der Klemm Kl 36 B und der zweimotorigen Gotha Go 146 eingebaut. Der HM 508 C war eine Sonderausführung mit zwei Pallas-Vergasern, Höhenlader für 2 250 m Nennhöhe und größerer Bodenleistung von 200 kW (270 PS). Damit erzielte 1939 eine Bf 108 internationalen Höhenrekord von 9 025 m. Das Muster HM 508 D kommt durch größere Laderübersetzung von 4,7 auf 205 kW (280 PS) Bodenleistung bei 3 100 min^{-1}. Eingebaut ist er in einigen Heinkel He 116 und Focke-Wulf Fw 58. Das Muster HM 508 H entsteht aus dem 508 A durch einige Verbesserungen bei gleicher Bodenladerübersetzung von 3,9 für 1,03 bar Ladedruck, gleicher Leistung sowie Getriebeuntersetzung und demselben Vergaser Sum 698/Bl. Damit siegt eine zweimotorige Siebel Fh 104 im Italienischen Rundflug

1938, und fliegt im gleichen Jahr die viermotorige Heinkel He 116 einen Langstreckenrekord über 10000 km ohne Nachtanken bei 216 km/h Durchschnitt mit zwei Walter-Raketen als Starthilfe. Der HM 508 J – ebenfalls in der He 116 verwendet – unterscheidet sich vom 508 H nur durch den Anschluß für Verstellpropeller. Trotz dieser Erfolge und Vielzahl von Varianten sowie seines besseren Leistungsgewichts kann sich der HM 508 gegen den etwas schwächeren Argus As 10 C nicht durchsetzen, vielleicht infolge des höheren Bauaufwandes.
Der leistungsstärkste Hirth-Motor, der Zwölfzylinder HM 512, hat wie der HM 508 Planetengetriebe und Lader, der beim HM 512 A 3,8fach und als Höhenlader beim 512 B 9,3fach übersetzt ist. Entsprechend leistet der HM 512 A 295 kW (400 PS), der Höhenmotor HM 512 B 330 kW (450 PS) am Boden und 285 kW (390 PS) in 2300 m mit OZ 87-Kraftstoff. Der »A« hat einen Sum, der »B« zwei Pallas-Vergaser. Gegenüber dem As 410 A, dem er bei etwas geringerem Gewicht in Hubraum, Drehzahl und Bodenleistung entspricht, aber 10% niedrigere Höhenleistung in 3000 m aufweist, kann sich der HM 512 jedoch nicht behaupten.

Typen-Konzentration

Nach dem Tod von H. Hirth 1938 übernimmt Ernst Heinkel 1941 das Werk. Durch den Besitzwechsel erfolgt eine Typenbereinigung unter Konzentration auf den Vierzylinder. Der HM 504 A wurde 1939 durch den HM 500 A abgelöst. Bei demselben Hubraum mit gleichen Einheitszylindern, Kurbeltrieb und Steuerung wie der HM 504 A ausgerüstet, besitzt er ein völlig neues Elektron-Kurbelgehäuse. Es ist in geschlossener, besonders steifer Tunnelbauart und mit fünf hochgezogenen, durchgehenden Lagerwänden sowie eingepreßten Lagerringen für Kurbel- und Nockenwelle ausgeführt. Damit wird die Maschinenfertigungszeit bereits von 1770 auf 945 Minuten verkürzt, bei der Montage ergibt sich eine weitere Ersparnis. Andererseits müssen die Kröpfungen der Kurbelwelle einzeln »eingefädelt« und erst im Gehäuse verschraubt werden, das dabei gleichzeitig als Montagevorrichtung dient.
Der HM 500 A ersetzt den 504 A in der Bücker Bü 181 B, C und D, er wird bis zum Kriegsende gebaut. Nach dem Krieg existieren noch eine größere Anzahl der Bücker mit diesem Motor. Die nun fehlenden Spezial-Montageeinrichtungen für den Einbau der Kurbelwelle machen aber – im Gegensatz zum HM 504 A – die Überholung sehr problematisch.
In der gleichen abgeänderten Gehäuse-Bauart wird 1939 auch ein Sechszylinder angeboten, der HM 501 A von 120 kW (160 PS) bei 2500 min^{-1}. Doch ist er offenbar nicht zum Serienbau gelangt, weil im Krieg kein neues Flugzeugmuster dieser Leistungsklasse erschien.
Als letzter und gleichzeitig kleinster Motor wird 1940 der 3 l-Vierzylinder-HM 515 mit 48 kW (65 PS) Leistung bei 2100 min^{-1} herausgebracht, mustergeprüft und in der Siebel Si 202 C eingebaut, wahrscheinlich aber nur in kleiner Stückzahl. Er ist auch für ein Einheitstriebwerk vorgesehen.

Oben: Der Hirth-Vierzylinder HM 504 besaß ein Elektron-Kurbelgehäuse und eine Kurbelwelle mit Hirth-Verzahnung und Rollenlagerung auch der Pleuel. Etwa 6000 Stück wurden geliefert (4 l, max. 77 kW bei 2530 min^{-1}, 1934/35).

Unten: Einbau des HM 504 im Bücker-Schulflugzeug Bü 131B „Jungmann“ (1937), in dem er sich ebenso ausgezeichnet bewährte wie z. B. in der Klemm Kl 35B und dem schnellen Arado-Kabinenzweisitzer Ar 79.

Die Kurbelwelle des Hirth HM 504 ist aus den einzelnen Kurbelwangen und -zapfen mittels der Hirth-Verzahnung zusammengebaut. So können ungeteilte Rollenlager verwendet werden.

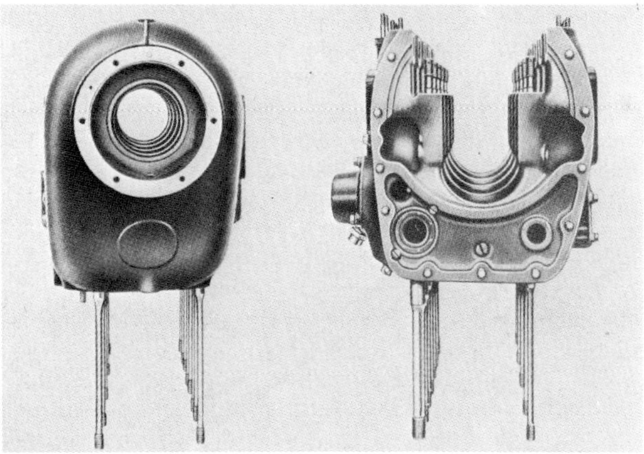

Der bei gleichem Hubraum mit unveränderter Leistung weiterentwickelte HM 500 besitzt gegenüber dem HM 504 (rechts) ein nach oben geschlossenes besonders steifes „Tunnelgehäuse". Deshalb müssen die Hirth-verzahnten Elemente der Kurbelwelle und die Lager nacheinander im Kurbelgehäuse zusammenmontiert werden (1938/39).

Während sich beim HM 504 (rechts) der Ölbehälter im Gehäusedeckel befindet, hat der HM 500 zur besseren Ölkühlung eine Trockensumpfschmierung mit Öltank am Brandschott.

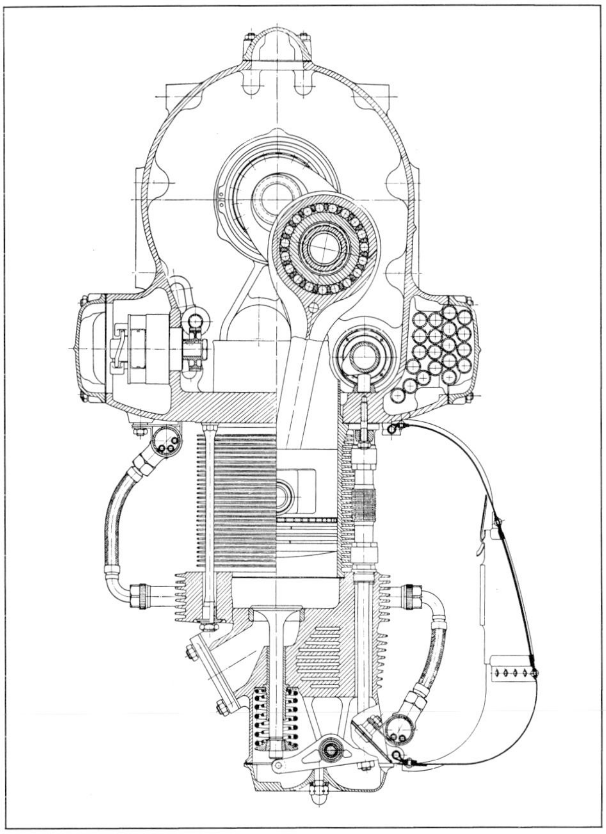

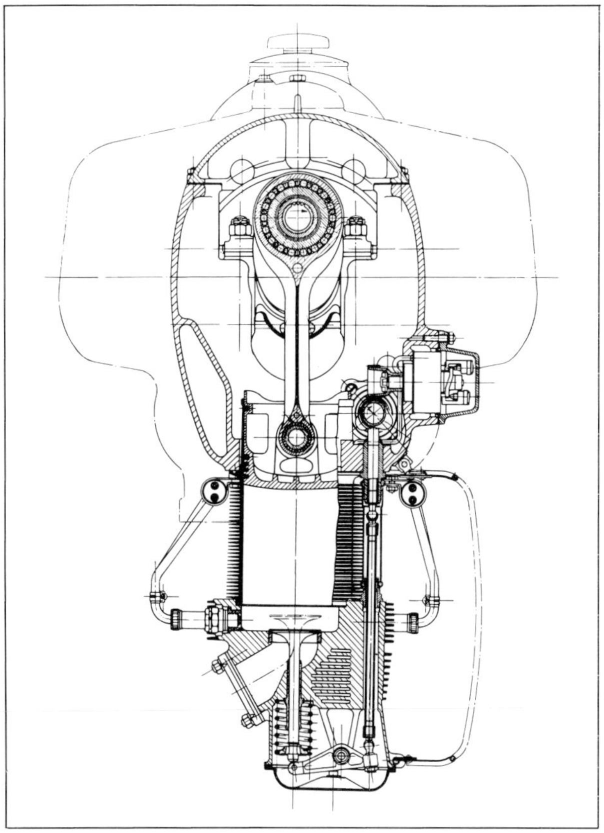

Mit den Motoren der Hirth-Werke und den von Argus, beide in hängender Zylinderanordnung, standen der deutschen Luftfahrt bis 1945 die modernsten Triebwerke der kleinen und mittleren Leistungsklasse zur Verfügung. Dabei hatte der harte technische Wettstreit beide Firmen stark zu ihrer fruchtbaren Entwicklungsarbeit angespornt. Insgesamt dürften etwa 10000 Hirth-Motoren gebaut worden sein. Das 1000. Stück wurde im November 1936 geliefert. Nach dem Krieg stellen die Hirth-Motoren – von Heinkel wieder getrennt und bald nach Benningen übersiedelt – Kleinmotoren für stationäre Anlagen und Fahrzeuge her, darunter auch den Kleinflugmotor Solo-Hirth F 10 A für Motorsegler, bis das Werk 1974 stillgelegt werden muß.

Kleinflugmotoren beleben den Flugsport

Unter diesem Begriff sind Motoren für ein- bis zweisitzige Leichtflugzeuge zu verstehen, also für leichte Sportflugzeuge und Motorsegler. Mit fortschreitender Luftfahrtentwicklung haben sich auch die Leistungs- und Gewichtsanforderungen für Kleinflugmotoren gewandelt. So lagen sie bis zum Ersten Weltkrieg etwa bei 20 bis 30 kW (30 bis 40 PS) und stiegen bis zum Zweiten Weltkireg auf 75 bis 80 kW (100 bis 110 PS), während sie heute schon bis etwa 120 kW (160 PS) gehen. Das entspricht einem Jagdflugzeug des Ersten Weltkrieges.
Mit den ersten Motorseglern entstand 1923/24 ein Bedarf an besonders kleinen und leichten Motoren, häufig als Kleinstflugmotoren bezeichnet. Auch ihre Leistungen, anfangs bei 6 bis 15 kW (8 bis 20 PS), wuchsen bald auf 15 bis 22 kW (20 bis 30 PS) und liegen heute schon bei 33 bis 60 kW (45 bis 80 PS) für den zweisitzigen Motorsegler.
Hans Grade kann als Pionier des deutschen Kleinflugmotors gelten. Ab 1908 baute er Leichtflugzeuge – ihm schwebte damals das »Volksflugzeug« vor –, für die er als Motorenfachmann und Zweitaktspezialist bis zum Ersten Weltkrieg die Flugmotoren selbst entwickelte und fertigte. Es wurden acht Typen von luftgekühlten Zweitaktmotoren in 90° V-Anordnung mit zwei bis acht Zylindern und 9 bis 75 kW (12 bis 100 PS) angeboten. Der Einzelzylinder hatte 0,5 bis 0,9 l Hubraum. Mit Drehzahlen zwischen 1600 und 1800 min^{-1} wurden Leistungen von 6,5 bis 10 kW/l (9 bis 13 PS/l) erzielt. Das Gemisch wird durch ein sogenanntes »Vergaserventil« und die Mischkammer in den Kurbelraum gesaugt, wo in der heute noch üblichen Art die Kolbenunterseite als Spülpumpe arbeitet. Von dort strömt das Gemisch durch einen Spülschlitz in den Zylinder. Durch eine »Führungsleiste« auf dem Kolbenboden wird die Spülwirkung (wie bei den Nasenkolben der 20er Jahre) erhöht. Der Auslaßschlitz liegt dem Spülschlitz gegenüber. Da das Vergaserventil und auch die Motorschmierung lagenunabhängig arbeiten, wurden die Grademotoren teilweise auch mit hängenden Zylindern verwendet. Es dürften über 100 Stück gefertigt worden sein, die ausschließlich in den Gradeflugzeugen bis zum Ersten Weltkrieg eingebaut waren. Um 1910 begann die Firma Haacke die Entwicklung von kleinen luftgekühlten Viertakt-Flugmotoren, von denen acht Typen als Drei- bis Sechszylinder mit 24 bis 90 PS in V-, Fächer- und auch in Sternform in kleinen Stückzahlen bis zum Ersten Weltkrieg hergestellt worden sind.
Beide Firmen, die hier erstmals Kleinflugmotoren in kleiner Serie herstellten, nahmen später ihre Entwicklungsarbeit wieder auf. Schon 1920 begann Haacke als erster deutscher Hersteller wieder mit der Fertigung eines Flugmotors. Als Zweizylinder in Boxerform leistete dieser HFM 2a 25 kW (34 PS) bei 1320 min^{-1} und 2,7 kg/kW (2 kg/PS) Leistungsgewicht. Er war u. a. im ersten deutschen Sportflugzeug der 20er Jahre eingebaut, dem von Hermann und Weyl konstruierten Udet-U 1-Einsitzer. Darüber schreibt Udet am 26. 11. 1921 an seinen Finanzier, den amerikanischen Zeitungsmann Mr. Pohl [Herlin]:

Ich möchte Sie heute kurz unterrichten, was bis dato in der Angelegenheit Kleinflugzeugbau in die Wege geleitet wurde. Als Motor kommt vorerst der 30 PS Haacke in Frage, der mir mit M 16000 offeriert wurde. Ich finde den Preis den heutigen Verhältnissen nach nicht hoch und werde ihn morgen bestellen, um Preiserhöhungen zu vermeiden. Im übrigen scheint der Motor ziemlich verbessert zu sein, denn es wurden mit ihm in letzter Zeit 3800 m Höhe geschafft – eine gute Leistung für 30 PS!... Mitte März spätestens ist Flugzeug No. I flugfertig. Ernst Udet.«

Nachdem Siemens & Halske bei Kriegsende die kostspieligen Arbeiten am gegenläufigen Umlaufmotor abgebrochen hatte, nahm man dort schon 1921 die Entwicklung kleiner luftgekühlter Sternmotoren mit feststehenden Zylindern auf, damals als »Standmotoren« bezeichnet. Durch die starken Luftfahrtbeschränkungen und die wirtschaftliche Notlage war inzwischen die deutsche Segelflugbewegung entstanden, und unter ihrem Einfluß bald eine Reihe von Leichtflugzeuge und Motorsegler mit minimalem Leistungsbedarf, z.B. von Akaflieg Aachen und Darmstadt, Bäumer, Espenlaub, Klemm, Messerschmitt, Udet u. a., den man zunächst mit provisorisch hergerichteten Zweizylinder-Motorradmotoren von 6 bis 15 kW (8 bis 20 PS) deckte.

1924 bis 1929: Beginn des Flugsports

Als ersten in Serie gebauten Kleinstflugmotor bringt Daimler 1924 den luftgekühlten Zweizylinder-Boxermotor mit 0,33 untersetztem Planetengetriebe heraus, den nach [Supf-Klemm] das »Untertürkheimer Konstruktionsbüro unter Leitung seines Chefs Porsche auf Klemms unablässiges Bitten hin konstruiert hatte«. Zunächst mit 0,75 l und 15

▲
Die einsitzige Udet U1 mit dem Haacke HFM 2a war überhaupt die erste deutsche Neukonstruktion eines Sportflugzeuges, die nach dem Ersten Weltkrieg flog (Mai 1922).

In den 20er Jahren erschien als erster Kleinflugmotor der 25 kW ▶ Haacke-Boxermotor HFM 2a, den einige der damaligen Hersteller von Sportflugzeugen einbauten (3,2 l, max. 25 kW bei 1320 min^{-1}, 55 kg, 1920/21).

Unten rechts: Der von F. Porsche auf Drängen von F. Klemm konstruierte vierventilige Daimler-Boxermotor F 7502 kam als erstes Nachkriegsmuster eines Kleinflugmotors mit 217 Stück zu einer gewissen Serienfertigung. Mit einem kräftig dimensionierten 0,33 untersetzten Planetengetriebe erzielte er bei entsprechend hohem Gewicht von 2,7 kg/kW eine vorteilhaft niedrige Propellerdrehzahl (0,9 l, max. 17 kW bei 3000 min^{-1}, 1924/25).

Der Daimler-Kleinflugmotor F 7502 bewährte sich u.a. in der Klemm L 20 im rauhen Schulbetrieb bis in die 30er Jahre.
▼

kW (20 PS) als F 6902, erscheint er 1925 als Mercedes F 7502 – ab 1927 als Mercedes-Benz – mit einem bis 0,9 l vergrößerten Hubraum auf dem Markt. Zur weiteren Leistungssteigerung – insbesondere der Höhenleistung – erhält er als F 7502 b schließlich je zwei Einlaß- und Auslaßventile, wodurch er bis 1 000 m Höhe 16 kW (22 PS) bei 3 000 min^{-1} abgibt. Eingebaut wird er überwiegend in Klemm-Leichtflugzeugen L 20, 21 und 25, bei denen er sich nach anfänglichen Ventilstörungen durch große Zuverlässigkeit im Schulbetrieb ebenso wie bei Langstreckenflügen, z. B. 1928 beim Weltflug von König-Warthausen auf L 20B, auszeichnet. Die Fertigung läuft bis 1936 mit einer Gesamtzahl von 217 Stück.

Vor diesem F 7502 wurden 1919 bei Daimler Versuche mit einem wassergekühlten 22 kW (30 PS)-Vierzylinder F 7024 in Normalbauweise, eine Konstruktion von P. Daimler mit obenliegender Nockenwelle, und 1922 auf Anregung von Prof. Kamm mit einem 0,33 untersetzten und durch Roots-Gebläse aufgeladenen luftgekühlten 0,75 l-Sechszylinder-Zweitakt-Sternmotor F 46 756 mit 16 kW (22 PS) bis 4 000 m Volldruckhöhe bei 4 000 min^{-1} begonnen, nach kurzer Zeit jedoch eingestellt. 1926 bis 1928 nimmt Daimler die Fertigung des bis 1918 bewährten 11 l-D IIa-Vierventiler nochmals auf. Von ihm werden mit 110 kW (150 PS) bei 1 550 min^{-1} sowie nach Verbesserungen als Daimler-Benz D IIb mit von 6 auf 6,3 erhöhter Verdichtung und 117 kW (158 PS) etwa 150 Stück hauptsächlich für größere Sport- und Schulflugzeuge gebaut. In dieser Leistungsklasse hatte übrigens A. Berger bei Benz schon 1922 einen Sechszylinder mit Stirnrad-Propellergetriebe entwickelt, der mit nur 9,7 l Hubraum 120 kW (165 PS) bei 2 000 min^{-1} abgab. Der Bau muß aber nach sechs Versuchsmotoren – wohl aus wirtschaftlichen Gründen – eingestellt werden. Das gleiche Schicksal erleidet der 1926/27 ebenfalls durch A. Berger bei Daimler-Benz entwickelte luftgekühlte 1,5 l-Dreizylinder-Sternmotor mit Planetengetriebe von 25 kW (34 PS) bei 3 000 min^{-1}. Vier Versuchstriebwrke – eins davon durch höhere Verdichtung auf 37 kW (50 PS) gebracht – laufen bis 1932 im Versuch.

Zu erwähnen sind noch die vom Stahlwerk Mark für eigene Flugzeuge in kleiner Stückzahl gebauten Sternmotoren, eine Entwicklung von Prof. H. Baer. Mit 1 l-Einheitszylinder werden dort von 1924 bis 1926 drei Typen hergestellt, der 30 kW (40 PS)-Dreizylinder StM 3, 52 kW (70 PS)-Fünfzylinder StM 5 und 80 kW (110 PS)-Siebenzylinder StM 7, die auch an einigen Flugwettbewerben teilnehmen.

1930 bis 1936: Motorsegler

Das gute Abschneiden deutscher Leichtflugzeuge von Klemm und Messerschmitt bei Europa-Rundflug 1929 gibt auch der Entwicklung neuer Kleinflugmotoren kräftige Impulse. So erscheinen 1930 der 60 kW (80 PS)-Argus As 8 und 1931 der 52 kW (70 PS)-Hirth HM 60 mit den bereits beschriebenen Folgemustern. Siemens folgt 1932 mit dem 110 kW (150 PS) Sh 14a, während die Bayerischen Motorenwerke 1930 ihren Sternmotor BMW X von 37 kW (50 PS) sowie den verbesserten BMW Xa von 44 kW (60 PS) 1931 zu keinen Serienbau bringen. Ab 1933 erleben Motorsegler und Ultra-Leichtflugzeuge einen starken Aufschwung. Eingebaut sind hauptsächlich die mustergeprüften Zweitakt-Kleinstflugmotoren von Köller bzw. Kroeber und DKW. Köller entwickelt 1932 den 0,6 l-Zweizylinder-Boxermotor M 3 mit 13 kW (17 PS) bei 2 700 min^{-1}, der nach einigen Verbesserungen 1933/34 als M 4 bei gleicher Leistung herauskommt und etwa ab 1935 durch die Firma Dr. Kroeber in größerer Stückzahl, hauptsächlich für Motorsegler, gebaut wird. Die Fertigung endet bei Kriegsbeginn. Ein ähnlicher 16 kW (22 PS)-Vierzylinder-Boxer M 5 geht nicht mehr in Serie. Nachdem der wassergekühlte Zweizylinder-Reihenmotor »P« von DKW mit 0,5 bzw. 0,6 l Hubraum und 9 bzw. 10,3 kW (12 bzw. 14 PS) bei 3 000 min^{-1} seit 1928 vereinzelt in Kleinflugzeugen verwendet wird, bringt diese Firma 1934 in gleicher Bauart mit Propellergetriebe den verbesserten und auch mit hängenden Zylindern verwendbaren 15 kW (20 PS)-Typ FL 600 W heraus. Trotz hohen Gewichts von 3,3 kg/kW (2,4 kg/PS) ohne Kühler wird er in verschiedenen Motorsegler- und Leichtflugzeugtypen der zum DKW-Werk gehörenden Firma Erla eingebaut.

◀ Der Köller-Zweitakt-Boxer-Kleinflugmotor M 3 fand ebenso wie der leicht verbesserte und von Kroeber gebaute M 4 (Bild) gleicher Leistung vor dem Zweiten Weltkrieg für die meisten Motorsegler und Kleinflugzeuge Verwendung (0,63 l, max. 13 kW bei 2700 min^{-1}, 1932 bzw. 1935).

1937 bis 1940: Schulung im Vordergrund

Besonders erfolgreich ist Zündapp mit seiner 1937 begonnenen Arbeit an einem kleinen billigen luftgekühlten Vierzylinder-Reihenmotor in hängender Bauart dessen Zylinder und Steuerung auch die Basis eines 350 cm^3-Motorradmusters bilden. Der Typ 9-090 von 32 kW (43 PS) als Vorläufer wird 1938/39 mit zehn Prozent vergrößertem Hubraum von 2,0 l schließlich auf 40 kW (55 PS) bei 2 550 min^{-1} gebracht. Dieser zierliche und mit 1,5 kg/kW (1,1 kg/PS) leichte Typ 9-092 kommt in mehreren Leichtflugzeugen, wie der Erla 5 D, Siebel Si 202 b und der schnellen zweimotorigen Reise-

Klein- und Großflugmotoren von 1924–1943

Hersteller		Daimler	Kroeber	Zündapp	Klöckner-Humboldt-Deutz	MAN	Riedel
Muster		F 7502b	M 4	9–092	Dz 710	Projekt O. Kurtz	RBA/S 10 9–7034 A
Baujahr		1924/25	1934	1937/38	1941/44	1940/42	ca. 1942/43
Bauart		Boxer-Zweizylinder, Vierventiler	Boxer-Zweizylinder, Zweitakt	Vierzylinder, Reihe, hängend	16-Zyl.-Boxer, Zweitakt, Diesel (auch als Otto-Einspr.)	18-Zyl.-W-Zweitakt, Diesel (auch als Otto-Einspr.)	Boxer-Zweizylinder, Zweitakt
Kühlung		Luft	Luft	Luft	Wasser	Wasser	Kühlgebläse
Bohrung x Hub	mm	75x100	75x72	85x88	160x160	132x180	70x35
Gesamthubraum	l	0,88	0,63	2,0	51,5	44,3	0,27
Verdichtung (OZ)		6,0	6,2	6,2 (78)	15		
Lader					Lader	Lader	
Propeller-Untersetzung		0,33			0,37	0,5	(0,21)
Abmessungen Länge	mm	590	550	800	2700		
Breite	mm	775	646	350	1200		
Höhe	mm	470	324	560	900 (1300 m. Abgaslader)		
Trockenmasse	kg	48	28	60	1300 (1450 m. Abgaslader)	1350	16,5
Startleistung	kW (PS)	17 (24)	13 (18)	37 (50)	1320 (1800)	1470 (2000)	7,7 (10,5)
	min^{-1}	3000	2700	2300	2700	ca. 2400	7150
	bar abs.				1,6		
Max. Dauerleistung	kW (PS)	13 (18)	13 (18)	33 (45)	900 (1200)		
in der	min^{-1}	2800	2700	2225	2700		
Volldruckhöhe	m	0	0	0	in 6000	8000 m	0
Min. spez. Verbrauch	g/kWh (g/PSh)	410 (300)	460 (340)	290 (215)	215 (160)	220 (165)	
Einheitsmasse	kg/kW (kg/PS)	2,7 (2,0)	2,1 (1,55)	1,6 (1,2)	1,1 (0,8)	0,9 (0,68)	2,15 (1,57)
Hubraumleistung	kW/l (PS/l)	20 (27,5)	21 (28,5)	18,5 (25,0)	26 (35)	33 (45)	29 (39)
Bemerkungen		In Klemm L 20 und L 25 u. a.	In vielen Motorsegler und Klein-Flugzeugen	Auch als Z 92 bezeichnet; in Bü 180, Siebel Hummel, GO 150	Mit Abgaslader 2200 PS Als Otto- Einspritzer mit BBC-Abgaslader 2700 PS	Auch als Ottomotor mit Direkteinspritzung	Anlaßmotor für TL-Geräte BMW 003 und Jumo 004

▲
◀ Die Serienfertigung dieses leichten und billigen Zündapp-Kleinflugmotors Z 9-092 mit Luftkühlung mußte 1939 kriegsbedingt eingestellt werden, obwohl er in einigen kleinen Reiseflugzeugen seine Leistungsfähigkeit und Zuverlässigkeit bewiesen hatte. Charakteristisch ist die Queranordnung der Einlaß-Auslaß-Achse und der Stoßstangensteuerung mit zwei Nockenwellen (2 l, max. 41 kW bei 2550 min^{-1}, 1938).

Dieser kleine billige Gotha-Kabinenzweisitzer Go 150 mit zwei Zündapp Z 9-092-Motoren erwies sich 1939 bei Wettbewerben und Rekordflügen als sehr leistungsfähig.

maschine Gotha Go 150 zum Einbau. Mit diesem zuverlässigen und leistungsfähigen Kleinmotor können 1939 auch internationale Geschwindigkeits- (187 km/h über 1000 km), Höhen- (8000 m) und Langstreckenrekorde (1915 km) erflogen werden, bevor 1940 die Fertigung kriegsbegründet nach Auslieferung von weit über 200 Stück eingestellt werden muß. Charakteristisch für diesen Motor ist der getrennte Antrieb der Einlaß- und Auslaßventile durch je eine Nockenwelle mit Stoßstangen auf beiden Motorseiten und eine quer zur Motorachse angeordnete Einlaß-Auslaß-Achse des Zylinderkopfes, um u. a. die Kühlbedingungen zu verbessern.
Für seinen leichten Schuleinsitzer Bü 182 nimmt die Firma Bücker 1939/40 die Eigenentwicklung eines kleinen Vierzylinders mit hängenden Zylindern und Königswellensteuerung auf, der 60 kW (80 PS) bei 2500 min^{-1} leistet. Doch stoppen die Kriegsereignisse den Serienbau von Flugzeug und Motor. Zu erwähnen sind noch die kleinen Zweitakter als Boxer-Zweizylinder von Deicke, Schliha und Ursinus, als Vierzylinder von Krautter beim FKFS, sowie in Reihe stehend die Zweizylinder von Krautter beim FKFS, sowie in Reihe stehend die Zweizylinder von Ilo, Seld und der Grade-Vierzylinder, ferner als Viertakter der Horex-Reihen-Vierzylinder und die beiden Fünfzylinder-Sternmotoren von Breuer. Alle diese Motoren kommen aber nicht über das Versuchsstadium hinaus.
Die zwischen den Weltkriegen entwickelten deutschen Klein- und Kleinstflugmotoren waren durch Leistungsfähigkeit, Wirtschaftlichkeit und Zuverlässigkeit entscheidend am großen Erfolg des deutschen Leichtflugzeugs und Motorseglers beteiligt. In einer Vielzahl von luftgekühlten Typen haben sie die zunächst verwendeten kleinen Motorradaggregate und ausländischen Flugmotortypen abgelöst. Der einfache und leichte Boxer-Zweitakter dominierte bis 25 kW (35 PS) Leistung, darüber der wirtschaftliche Viertakter in hängender Reihenbauart oder in Sternanordnung.

Großmotoren in Sonderbauart

Während im Ersten Weltkrieg die aus dem Bedarf der G- und R-Flugzeuge entstandene obere Leistungsklasse (Klasse V bis VII) von Großflugmotoren bei 260 bis 500 kW (350 bis 675 PS) lag, stieg sie im Lauf der 20er Jahre auf 600 bis 750 kW (800 bis 1000 PS) und erreichte 1945 mit 2200 kW (3000 PS) sowie Projekten bis 4400 kW (6000 PS) fast den 10fachen Wert und dabei die Grenze der nutzbaren Baugröße von Kolbenflugmotoren.
1920 brachte Rumpler seinen für diese Zeit fortschrittlichen Entwurf eines 60 l wassergekühlten 750 kW (1000 PS)-Motors an die Öffentlichkeit, der u. a. für sein aufsehenerregendes Projekt eines zehnmotorigen Riesenflugbootes geplant war. Dieses ließ sich damals finanziell ebensowenig verwirklichen wie der Motor. Vier Siebenzylinder-Sterne waren in Reihe hintereinander angeordnet. Bei sehr gedrungener Bauart war besonderer Wert auch auf niedriges Gewicht durch hohe Materialausnutzung und vollkommenen Massenausgleich gelegt. Das Kurbelgehäuse stellte ein Zylinderrohr dar. Vier Hauptpleuel hatten je sechs Anlenkpleuel, Steuerung durch vier zentrale Nockenscheiben, 0,315 zur Kurbelwelle untersetzt. Das Propellergetriebe reduzierte die Motordrehzahl von 2000 min^{-1} auf die Hälfte. Der Außendurchmesser betrug 1210 mm.
In den Jahren 1927 bis 1929 kamen folgende Motoren von 800 PS und darüber zu Prüfstandsläufen, der bereits beschriebene 1100 kW (1500 PS)-Argus As 5 mit 24 Zylindern, als Zwölfzylinder der F2 von Daimler-Benz mit 750 kW (1000 PS) und der luftgekühlte F3 mit 600 kW (800 PS) sowie der etwa gleichstarke Junkers L 88a, der mit der viermotorigen Junkers G 38 im Luftverkehr eingesetzt wurde. Zu erwähnen ist noch der auf 630 kW (850 PS) ausgelegte, von Lindequist entworfene und den Adlerwerken gebaute Zwölfzylinder-Höhenmotor, der diese Leistung bis 10000 m Höhe halten sollte. Je sechs Zylinder waren in zwei Reihen nebeneinander hängend angeordnet. In jedem lief ein Motorkolben und ein damit durch Kolbenstange verbundener Kreuzkopfkolben; ihre Hubräume waren durch einen Zwischenboden getrennt, so daß beide Kolben auch als Verdichter arbeiteten und vier Verdichtungshübe auf jeden Ansaugtakt des Motors erfolgten. Die Vorversuche begannen 1927 mit einem Zweizylinder-Aggregat, 1933 erzielte der etwa 1000 kg wiegende Zwölfzylinder auf dem Werksprüfstand 520 kW (700 PS) bei 1525 min^{-1} und 1,2 bar abs Ladedruck. Dieses zunächst von der Reichsmarineleitung geförderte Projekt wurde 1933 eingestellt, weil das RLM – wahrscheinlich wegen der aufwendigen Bauart – desinteressiert war.

MAN-Zweitakt-Diesel

Bei der MAN entstand 1927 unter Gustav Pielstick ein auf 370 kW (500 PS) ausgelegter doppelwirkender 40 l-Zweitakt-Flugdieselmotor in hängender Sechszylinder-Reihenbauart. Größere Entwicklungsprobleme dieses Typs D6Z 14/22 führten zu einer Umkonstruktion und 1930 schließlich zur Einstellung zugunsten der Schnellbootsmotoren. 1937 begann bei MAN ein neues Entwicklungsteam unter Leitung von Oskar Kurtz, vorher Direktor der Triebwerksabteilung bei der DVL, Vorarbeiten für einen Zweitakt-Dieselflugmotor. Dabei wurde die bei MAN entwickelte Längsspülung, ein Gleichstrom-Spülverfahren mit Einlaßschlitzen im Zylinder und vier Auslaßventilen im Kopf sowie Direkteinspritzung angewendet. Eine Mulde im Kolbenboden verbesserte den Verbrennungsablauf und gleichzeitig die Wärmeabfuhr. Aufgrund der an Einzylindermotoren erzielten guten Ergebnisse von 29 bis 32 kW/l (40 bis 44 PS/l) bis zu 2400 min^{-1} wurden 1940 dem RLM zwei Großmoto-

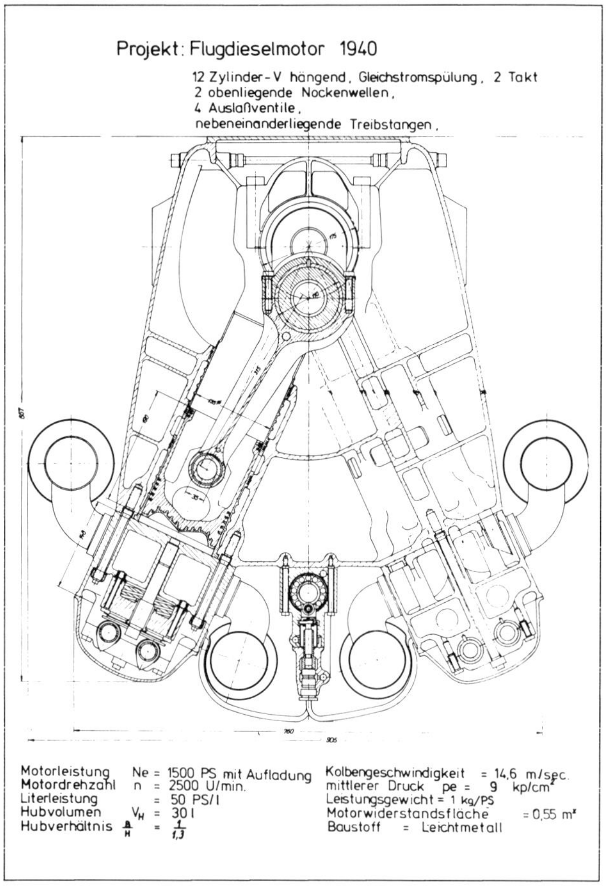

renprojekte angeboten. Es waren ein 1450 kW (2000 PS)-18-Zylindermotor in W-Form sowie alternativ ein Doppelmotor von 1850 kW (2500 PS), bestehend aus zwei V-12-Zylinderaggregaten. Der Zylinderinhalt betrug durchweg 2,6 l bei Hub/Bohrungswerten von 180/135 mm. Bestellt wurde nur ein Versuchsdreizylinder als Teilabschnitt des W-Motors. Kriegsereignisse verzögerten die Entwicklung stark. Schließlich wurde sie 1942 vom RLM gestoppt, da kein militärisches Interesse mehr an Dieselflugmotoren bestand. Bis dahin konnten am Einzylinder von 2,6 l Hubraum bereits 39 kW/l (53 PS/l) und 9,1 kg/cm^2 Mitteldruck bei 2600 min^{-1} erzielt werden. Ferner waren mehrere Lader, u.a. ein Abgasturbolader für 32000 min^{-1} gebaut und vorerprobt worden.

KHD-Schnürle-Zweitaktmotoren

1935 war Klöckner-Humboldt-Deutz (KHD) vom RLM mit Vergleichsversuchen über die Eignung des einfachen schlitzgesteuerten Zweitakters als Flugmotor gegenüber dem Viertaktverfahren beauftragt worden. Unter Leitung von Dr. Schnürle, von dessen Umkehrspül-Patenten KHD gerade die Generallizenz für Flugmotoren erworben hatte, fanden 1935 bis 1939 Vorversuche an Einzylindern von 0,5 bis 0,6 l Hubraum sowie an zwei Dieselflugmotoren in Sternbauart – durchweg mit Luftkühlung – statt. Der erste Sternmotor DZ 700 mit acht Zylindern, 77 kW (105 PS) Leistung bei 2500 min^{-1} und 4 l Hubraum lief 1937. 1938/39 wurde er zur Verringerung des Bauaufwandes durch einen Sechszylinder gleicher Leistung mit 3,8 l Hubraum ersetzt. Beide Typen – für Schulflugzeuge bestimmt – hatten ein mechanisch angetriebenes Spülgebläse, Schnürle-Umkehrspülung, und erreichten auf dem Prüfstand Kurzleistungen bis 118 kW (160 PS) bei 2700 min^{-1}. Sie wurden aber 1940 aufgegeben, da das RLM größere Einheiten von 3000 bis 3700 kW (4000 bis 5000 PS) als Otto-Einspritzmotoren wünschte. Die Entscheidung fällt schließlich auf einen wassergekühlten 16-Zylinder-Boxermotor von 1850 kW (2500 PS) und einen darauf aufgebauten 32-Zylinder in

Oben: Das von O. Kurtz bei MAN geleitete Entwicklungsprogramm von Diesel-Großflugmotoren führte 1940 u.a. zum Entwurf eines aufgeladenen Zwölfzylinder-Zweitakters, in hängender V-Form, der als Doppelmotor weiterenwickelt werden sollte. Das MAN-Gleichstrom-Spülverfahren arbeitete mit Einlaßschlitzen und vier durch obenliegende Nockenwellen gesteuerten Auslaßventilen (30 l, max. 1100 kW bei 2500 min^{-1}, ca. 1500 kg).

Unten: Bei Klöckner-Humboldt-Deutz (KHD) entstand unter Leitung von Dr. Schnürle für Schulflugzeuge ein Zweitakt-Dieselmotor DZ 700 mit Spülgebläse und Umkehrspülung. Nach erfolgreichen Versuchen wurde die Entwicklung 1940 zugunsten der Zweitakt-Großflugmotoren abgebrochen (4 l, max. 118 kW bei 2700 min^{-1}, 235 g/kWh, 1937).

liegender H-Form. Daraufhin wird im KHD-Werk Oberursel 1941 mit großen Investitionen die Zweitakt-Flugmotorenentwicklung nach dem Otto- und Dieselverfahren aufgebaut. Ende 1942 beginnen Prüfstandsläufe mit einem 12-Zylinder-Boxer von 3,2 l Zylindervolumen im Otto-Verfahren als Baugruppenversuch, dabei auch eingehende Arbeiten mit Aufladung durch BBC-Abgasturbine bis zu 1 100 kW (1 500 PS) Leistung. 1943 wird die Flugmotorenent-

Großmotoren in Sonderbauart 1939 bis 1945

				Zylinderzahl/ Hubraum		Startleistung ausgelegt auf		
Anordnung	Bauart	Hersteller	Muster	Zyl.	V_H l	N kW (PS)	bei min^{-1}	Bemerkungen
Einwellentriebwerke								
Boxer	Zweitakt mit Abgaslader	KHD	DZ 710	16	51,5	2000 (2700)	2700	Als 12-Zyl.-Diesel im Versuch
V hängend oder stehend		Daimler-Benz	DB 609	16	61,6	2055 (2800)	2800	Entwurf 1943 abgebrochen
W hängend	Zweitakt-Diesel	MAN		18	44,3	1470 (2000)	ca. 2400	als Dreizylinder im Versuch (auch Diesel)
X		Daimler-Benz	DB 604	24	46,5	1835 (2500)	3200	Versuch 1942 abgebr.
Doppelstern	Luftkühlung	BMW	BMW 802	18	60,0	2060 (2800)	2800	im Versuch
Reihenstern		Junkers	Jumo 222C	24	55,5	2200 (3000)	3100	in Flugerprobung
Reihenstern		Junkers	Jumo 222 G	36	70,0	2900–3700	ca. 3500	Projekt bis 5000 PS
Doppel W liegend	41°Zyl.-Winkel	Daimler-Benz	DB 630	36	88,3	3450 (4700)		Projekt
Zweiwellentriebwerke								
H stehend		Argus	As 403	24	60	1835 (2500)	2800	Projekt
H stehend		Argus	As 404	24	70	2940 (4000)		Projekt
H stehend		Argus	As 413	24	70	2940 (4000)	3500	in Montage
H stehend	Schieberst.	Auto-Union	Au P 240C	24	48	2200 (3000)	3700	Projekt
H liegend	Zweitakt mit Abgast. aus Dz 710	KHD	Dz 720	36	103	2940 (4000)	2200	Projekt, Entwicklung als Schnellbootmotor
Doppel-V häng.	2xDB 601 E	Daimler-Benz	DB 606	24	67,8	1985 (2700)	2700	in Serie für He 177
Doppel-V häng.	2xDB 605A	Daimler-Benz	DB 610	24	71,4	2165 (2950)	2800	in Serie für He 177
Doppel-V häng.	2xDB 603G	Daimler-Benz	DB 613	24	89	2940 (4000)	2700	in Erprobung
Doppel-V häng.	Zweit. Diesel	MAN		24		1835 (2500)	3000	Projekt
Doppel-V häng.	2xDB 609	Daimler-Benz	DB 619	32	123	4400 (6000)	ca. 3400	Projekt
Tandem-V häng.	2xDB 614	Daimler-Benz	DB 615	24	89	3940 (4000)	2700	Projekt für Höhenzentrale (HZ)
Tandem-Doppelstern		BMW	BMW 803	28	83,6	3310 (4500)	3000	mit 2 gegenl. Propellern, in Erprobung
Vierwellentriebwerke								
Quadrat	Zweitakt-	Junkers	Jumo 223	24	29	1835 (2500)	4400	im Versuch
Quadrat	Doppelkolben-Dieselm.	Junkers	Jumo 224	24	73	3230 (4400)	ca. 3000	in Entwicklung
V-Gruppe	Luftkühlung	FKFS	A	48	48	1470 (2000)	ca. 3200	im Versuch (aus HM 512)
V-Gruppe	Luftkühlung	FKFS	B	48	53	2360 (3550)		Projekt
V-Gruppe	Luftkühlung	FKFS	D	48		4400 (6000)		in Montage
Dreiwellentriebwerk								
Dreieck	Zweitakt-Doppelkolben-Dieselmotor	Junkers-Projekt, als 88,3 l-18-Zylinder-Deltic-Motor von Napier für englische Schnellboote (1947) mit 2410 kW (3280 PS) bei 2100 min^{-1} sowie für 22 Diesellokomotiven der Britischen Staatsbahnen (1961) mit 1210 kW (1650) PS bei 1500 min^{-1} hergestellt.						

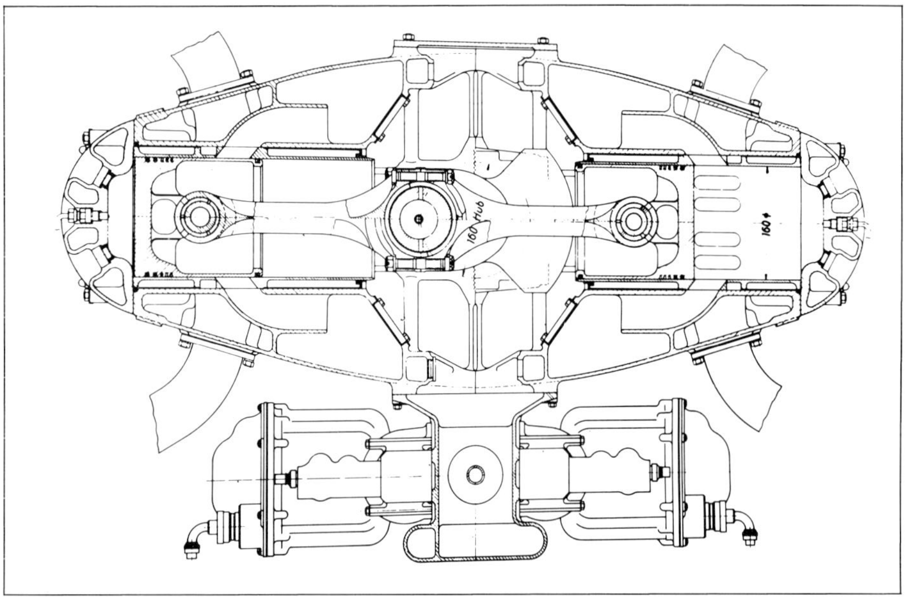

Der von KHD gebaute 16-Zylinder-Boxer-Getriebemotor Dz 710 mit Schnürle-Umkehrspülung wurde mit Direkteinspritzung als Otto- und auch als Dieselmotor erprobt. An der Gehäuseunterseite sind als auswechselbare Baugruppe sämtliche Hilfsgeräte wie Kraftstoff-, Öl- und Wasserpumpe, Lichtmaschine, Anlasser, Regelung u. a. angebracht (52 l, max. 2000 kW bei 2700 min^{-1}, 200 g/kWh, ca. 1942/43).

wicklung zugunsten vordringlicher Arbeiten an luftgekühlten LKW-Diesel-Motoren zurückgestellt, aber 1944 nach dem schnellen und erfolgreichen Ablauf dieser Aufgabe wieder voll aufgenommen. Der 52 l-16-Zylinder-Vollmotor DZ 710 mit gleichen Zylinderabmessungen und 0,4 untersetztem Planetengetriebe muß auf RLM-Wunsch auf Dieselbetrieb umgestellt werden. Er erreicht 150 Laufstunden und Kurzleistungen bis 1 750 kW (2 360 PS) bei 2 700 min^{-1} – entsprechend 34 kW/l (46 PS/l) – sowie Verbräuche von 200 bis 210 g/kWh (150 bis 155 g/PSh), als er bei Kriegsende an die USA abgeliefert werden muß.
Das erwähnte Projekt DZ 720 eines abgeleiteten 32-Zylinder-H-Motors wird 1944 auf Veranlassung der Marine als Schnellbootmotor in Auftrag gegeben.
Durch die rasch von 1 500 kW (2 000 PS) auf 3 000 bis 4 500 kW (4 000 bis 6 000 PS) wachsenden Leistungsforderungen und andererseits infolge mechanisch-thermischer Grenzen des Kolbenmotors haben sich im Zweiten Weltkrieg neue Triebwerksbauarten – z. T. jedoch nur im Projekt – entwickelt.

Kamm-Gruppenmotoren und -ML-Triebwerk

Beim Forschungsinstitut für Kraftfahrwesen und Fahrzeugmotoren der TH Stuttgart (FKFS) unter Leitung von Prof. W. Kamm hatte man Ende der 30er Jahre aufgrund von Analysen über die Leistungsgrenzen des Kolbenflugmotors Entwürfe von 1 500 bis 4 500 kW (2 000 bis 6 000 PS)-Großtriebwerken erstellt, gekennzeichnet durch Zusammenfassung kleinerer Zylindereinheiten in V-Gruppen und deren quadratische Anordnung unter Anwendung der Mehrwellen-Bauweise. Vorgeschlagen wurden 48-Zylinder-»Gruppenmotoren« mit vier 12-Zylinder-V-Teilmotoren. Beim Typ »A« mit 1 400 bis 1 500 kW (1 900 bis 2 000 PS) sind luftgekühlte 1 l-Einzelzylinder verwendet, beim 2 650 kW (3 600 PS)-Typ »C« 1,1 l-Einheiten mit Aufladung durch Axial- oder Radiallader unter Verwendung gegenläufiger Propeller. Schließlich sollte beim Typ »D« mit 1,5 l- oder 2 l-Einheiten die Leistung auf 3 200 kW (4 350 PS) bzw. auf 3 800 bis 4 500 kW (5 200 bis 6 000 PS) gesteigert werden. Die Kurbelwellen geben ihre Leistung auf das gemeinsame zentral angeordnete Propellergetriebe ab. Die Abschaltung von Einzelgruppen durch Freiläufe war zur Erzielung eines wirtschaftlichen Drosselbetriebes vorgesehen. Ein »A«-Prototyp wurde mit Zylindern, Kurbeltrieb und Steuerung des Hirth HM 512 in kurzer Zeit gebaut und von 1942 an intensiv auch auf dem Höhenprüfstand erprobt. Mit zwei vierstufen Axialladern und Kraftstoffeinspritzung vor Lader erreichte man Kurz-Leistungen bis 1 400 kW (1 900 PS). Ein luftgekühler Vollmotor des Typs »D« stand bei Kriegsende vor der Prüfstandserprobung. Die Kamm'schen Gruppenmotoren blieben stark umstritten, vor allem hinsichtlich ihres Raum- und Gewichtsbedarfs und der wirtschaftlichen Herstellbarkeit. 1939 beginnt FKFS im Auftrag der E. Heinkel GmbH mit der Entwicklung eines »ML«-, d. h. Motor-Luftstrahl-Triebwerks, auch als Compoundtriebwerk bezeichnet. Ein luftgekühlter 600 kW (800 PS)-16-Zylinder-Zweitaktmotor in 90° X-Form mit 8,8 l Hubraum ist zum direkten Antrieb eines dreistufigen Axialgebläses von 1

m^3/s Durchsatz und 6 000 min^{-1} für den Strahlantrieb vorgesehen. Eine Teilmenge dient zur Zylinderkühlung. Hinter dem Motor befindet sich ein besonderes Axial-Spülgebläse. Abgase und Kühlluft werden dem Hauptstrom in einer Mischkammer zugeführt. Die Kurbelwelle hat vier um je 45° versetzte Kröpfungen, an jeder greifen zwei nebeneinanderliegende Gabelpleuel an. Bis zum Abbruch konzentrieren sich die Arbeiten besonders auf den aufgeladenen schlitzgesteuerten Hochleistungszweitakter mit Kraftstoffeinspritzung. Im Einzylinderversuch mit 0,55 l Hubraum und 70/100 mm Hub/Bohrung werden 30 kW (41 PS) bei 5 300 min^{-1} und 360 g/kW/h (265 g/PS/h) Verbrauch erreicht. Dabei beträgt der Spüldruck 2,3, der Auspuff-Gegendruck 1,8 bar abs. Der für die Querspülung dienende Schrägboden des Kolbens ist doppelwandig und mittels hindurchgeführter Spülluft gekühlt. Trotzdem sind die thermischen Probleme nicht ganz gelöst worden. Gegenüber dem TL-Triebwerk war der Bauaufwand dieses Aggregates zweifellos sehr groß.

Abschluß der Großmotoren-Entwicklung

Zusammenfassend ergibt sich, daß die Großmotoren-Entwicklung des Zweiten Weltkriegs die heutigen Leistungsgrenzen des Kolbenflugmotors erreichte, und zwar
- mit Verdichtung, Ladedruck und Volumen des Einzelzylinders die thermische Belastbarkeit,
- mit der Zylinderzahl den Rahmen der Einbaumöglichkeit und der Komplexität der Triebwerksanlage,
- mit der Drehzahl die Grenzen der Lager- und Reibungsbelastung. Selbst wenn deshalb kaum eines dieser Großprojekte Serienreife erlangte, so brachten sie jedoch wertvolle technische und technologische Erfahrungen für die Entwicklung leichter Großantriebe, z.B. bei Eisenbahn und Schiffahrt.

Drehschieberentwicklungen

Flugmotoren mit Schiebersteuerung des Ein- und Auslasses sind vereinzelt im In- und Ausland entwickelt worden. Zum Serienbau und Einsatz kamen während des Krieges mehrere englische Typen von Bristol und Napier. Am bekanntesten sind der 1 350 kW (1 800 PS) Hercules und 1 850 kW (2 500 PS) Centaurus, beides Bristol-Sternmotoren mit Burt-McCollum-Hülsenschieber sowie der 2 200 kW (3 000 PS) Napier Sabre, ein 24-Zylinder-H-Motor ebenfalls mit dieser Schiebersteuerung. Der Hercules wurde sogar noch in den 50er Jahren von SNECMA in Lizenz u. a. für die »Noratlas« gefertigt. In Deutschland begann die Gebr. Sachsenberg um 1933 Arbeiten an Schiebermotoren der Bauart Sklenar in Sternbauweise, darunter zwei Flugmotoren, den 45 kW (60 PS)-Siebenzylinder SV 2 und 175 kW (235 PS)-Neunzylinder SV 5 mit Drehzahlen von 4 500 bzw. 6 000 min^{-1}. Bei

Prof. W. Kamm entwickelte im Forschungsinstitut für Kraftfahrwesen (FKFS) aufgeladene Großflugmotoren in Vielzylinder-Gruppenbauweise durch Zusammenbau von vier 12-Zylinder-V-Motoren in Viereckform. Der Typ A mit Direkteinspritzung, bei dem Hauptbauteile des Hirth HM 512 verwendet wurden, kam bis zur Prüfstandserprobung (48 l, max. 1400 kW, 1941/42).

dieser komplizierten Bauart sind die Einlaß- und Auslaßkanäle in einem außen um den Stern gelegten feststehenden Ring angeordnet, innerhalb dessen der Zylinderstern sich langsam mit 1/7 bzw. 1/9 der Kurbelwellendrehzahl dreht und dadurch Einlaß sowie Auslaß steuert. Wegen der sehr schwierigen Dichtungsprobleme stellte man diese Entwicklung bald ein.

Mitte der 30er Jahre begann W. D. Bensinger bei der DVL mit Forschungsarbeiten über Schiebermotoren. Daraus entstanden 1936/37 verschiedene Flachschieberkonstruktionen in luft- sowie wassergekühlten Bauausführungen für Prüfstandsversuche. Als generellen Vorteil der Schiebersteuerung erwartete man größere Betriebssicherheit für Hochleistungsmotoren gegenüber den stoßartig unter sehr hohen Temperaturen beanspruchten Ventilen, mehr Füllung durch größere Zeitquerschnitte und Drehzahlsteigerung infolge Fortfalls hin- und hergehender Teile und niedriger mechanischer Beanspruchung der Steuerung. Für den Flachschieber rechnete man gegenüber den anderen Schiebersystemen mit einfachem Aufbau sowie niedrigerer Bauhöhe. Er setzt aber eine ungünstige flache Brennraumform voraus und läßt kaum größere Steuerquerschnitte zu als bei Ventilen. Außerdem bereitet die Wärmeabfuhr vom Zylinderkopf bei Luftkühlung einige Schwierigkeiten.

Der DVL-Flachschieber ist eine außen verzahnte Scheibe aus Nitrierstahl mit Zapfenlagerung im Kopfoberteil und

Der von Bensinger entwickelte DVL-Flachschiebermotor Jumo 210S entstand aus dem Serienmotor Jumo 210G. Die Gegenüberstellung beider Motoren (von der Unterseite betrachtet) zeigt die besonders flachen Zylinderköpfe des Jumo 210S (links) deutlich (19,7 l, max. ca. 500 kW, 1939/40).

mit zwei gegenüberliegenden Öffnungen in Form eines Kreisringsegments, die zwischen dem getrennten Ober- und Unterteil des Zylinderkopfes mit 1/4 Kurbelwellendrehzahl rotiert. Durch symmetrische Anordnung von je zwei Ein- und Auslaßkanälen in beiden Kopfteilen werden Kippkräfte auf den Schieber vermieden. In der Mitte der Schieberober- und -unterseite wird Öl zur Schmierung zugeführt. Die kritischen Dichtelemente bestehen aus beweglichen, unter Gasdruck stehenden und durch dünne Federn leicht angedrückten Ringen in allen acht Kanälen. Dabei sind die vier Dichtringe im Kopfunterteil viel höheren Temperaturen und Drücken ausgesetzt. Dies war u. a. der Grund, bald auf Wasserkühlung überzugehen.

Bei der DVL konzentrierte man dann diese Entwicklungsarbeiten auf den zum Schiebermotor umgebauten Junkers 210-Einspritzmotor, mit Jumo 210 S bezeichnet. Die Prüfstandsversuche erfolgten im DVL-Motorenversuch unter der Leitung von Dr. Denkmeier. Dieser führte auch die Flugerprobung auf der Ju 87A TB + OS durch, die im August 1940 begann. Dr. Denkmeier berichtet über eine 200-Std.-Dauererprobung auf diesem Flugzeug, die 1942 ohne Störungen an den Drehschieberkomponenten beendet wurde. Weitere Flugversuche der DVL fanden auf der Ju 52 D-AZUP mit einem Jumo 210S als Mittelmotor bis 1942 statt. Insgesamt sind mindestens fünf dieser Jumo 210S gebaut worden.

Inzwischen war bei Daimler-Benz im Rahmen einer Zusammenarbeit mit der DVL als RLM-Auftrag ein 1 000 kW (1 350 PS)-Flachschiebermotor DB 612A entstanden, vom DB 601 abgeleitet, dessen Entwicklung man jedoch bald abbrach. Von den 8 gebauten Motoren wurden drei in einer Ju 52/3m erprobt. Hierfür sind anstelle der Kreisringdichtungen in Zusammenarbeit mit Felix Wankel spezielle Linear-Dichtelemente – ähnlich wie beim heutigen Wankelmotor – angewendet worden, um so durch größere Kanal- und Öffnungsquerschnitte die nutzbare Drehzahl zu erhöhen.

BMW befaßte sich ebenfalls nur kurze Zeit mit Drehschieberversuchen am 801S, der auch in einer FW 190 geflogen wurde. Bei der Auto-Union wurde das Projekt eines 48 l-2200 kW (3 000 PS)-24-Zylinder-Flachschiebermotors in H-Form (AU P 240C) im Konstruktionsstadium auch abgebrochen.

Der Hauptgrund für diese Mißerfolge des Flachschiebers liegt darin, daß die erhoffte Leistungssteigerung gegenüber der Ventilsteuerung nicht erfüllbar war. Die Nachteile faßt Prof. Scherenberg zusammen:

1. Geringere Leistung, vor allem, weil die notwendigen Steuerzeiten und entsprechende Gaswechselvorgänge nicht realisierbar waren.
2. Schlechterer Verbrennungsraum (flach mit Ein- und Auslaßtaschen)
3. Gas- und schmierungsseitige Abdichtungsprobleme
4. Die Drehschiebersteuerung bietet auch für den heutigen Fahrzeugmotorenbau keine Vorteile.«

Hinzuzufügen ist, daß beim heutigen Hochleistungszweitakter der Drehschieber zur Steuerung nur des Kurbelgehäuse-Einlasses häufig erfolgreich hinsichtlich Drehzahlsteigerung bzw. Verbrauchssenkung angewendet wird, weil seine thermische Belastung niedrig und seine Zeitquerschnitte groß sind.

▲
Als Versuchsmotor für die DVL-Flachschiebersteuerung wurde der DB 612 erprobt, der bis auf die Steuerung dem DB 601 E entsprach. In den Jahren 1941/42 erreichte der Motor eine Startleistung von 1250 kW (1700 PS). Durch die Verwendung der flachen, scheibenförmigen Schieber hatte der Motor eine geringere Bauhöhe und damit eine kleinere Stirnfläche als der DB 601.

Zylinderkopf des DB 612 mit dem Antriebsritzel der miteinander ▶ verzahnten Flachschieber. Am Einzelschieber sind die Steuerquerschnitte gut sichtbar.

Flugmotorenvergleich 1945

Um den Entwicklungsstand der in Serie gebauten Flugmotoren zu Ende des Zweiten Weltkrieges darzustellen, wurden nur Baumuster und Baureihen ausgewählt, die in den meistverwendeten neueren Jagd-, Aufklärungs- und Kampfflugzeugen 1944/45 eingesetzt waren. Aus Gründen der Übersichtlichkeit sind andere Motorentypen in diesen Vergleich nicht mit einbezogen.
Deutscherseits wurde der Bauart des 12-Zylinder-V-Motors mit hängenden Zylindern eindeutig der Vorzug gegeben. Durch die Flugmotoren DB 601/603/605 und Jumo 210/211/213 standen sechs Baumuster mit zahlreichen Baureihen und Varianten zur Verfügung. Die Doppelmotoren DB 606/610, aus den DB 601 bzw. 605 zusammengesetzt, sind unter Zeitdruck als Übergangslösung entstanden. Sie sollten durch Neuentwicklungen von 24-Zylindermotoren (DB 604 bzw. Jumo 222) abgelöst werden. Der einzige Doppelsternmotor BMW 801 bewährte sich nach Überwindung von Kinderkrankheiten als Standard-Motor in der Fw 190 und in der Do 217.
Die Höhenmotoren DB 603 L und Jumo 213 E mit Zweistufenladern und Ladeluftkühlung hatten die besten spezifischen Werte und waren den entsprechenden englischen und amerikanischen Motoren absolut gleichwertig. Die größte Leistungssteigerung bei gleichgebliebenem Hubraum hatte der Jumo 211 auf dem Wege zum 213 A von anfangs 735 kW (1 000 PS) auf 1 540 kW (2 100 PS) mit Wassereinspritzung. Nur ein deutscher Serienmotor mit Abgasturbolader, der BMW 801 TJ, kam vereinzelt zum Einsatz, wenn man von der Sonderausführung des Dieselflugmotors Junkers 207 für einige Höhenaufklärer absieht.
Der englische Spitzenmotor war der Rolls Royce Merlin, von dem über 150 000 Stück gebaut worden sind. Seine Startleistung erhöhte sich von anfangs 655 kW (890 PS) auf 1 245 kW (1 690 PS), seine Volldruckhöhe von 2 750 m auf 8 300 m. Bei Sondereinsätzen, z. B. bei der Bekämpfung der

Flugmotorenvergleich 1945

Land/Baumuster	Zylinderzahl Bauart	Hubraum l	Verdichtung	Startleistung kW	(PS)	Drehzahl min^{-1}	Ladedruck bar	Laderbauart	Volldruckhöhe m	Bemerkungen	Einbaubeispiel
Deutschland											
BMW 801 D	14 Doppelstern	41,8	7,2	1320	(1800)	2700	1,40	Einstufig	5300	Serie	Fw 190
BMW 801 TJ	14 Doppelstern	41,8	7,2	1395	(1900)	2700	1,52	Abgasturbol.	9000	Serie	Ju 388
DB 603 G	12 V hängend	44,5	8,5	1395	(1900)	2700		Einstufig	7000	Serie	He 219
DB 603 L	12 V hängend	44,5	8,5	1340	(1825)	2700		Zweistufig	9200	Serie	He 219
DB 605 D	12 V hängend	35,7	8,5	1085	(1475)	2800	1,40	Einstufig	5750	Serie	Me 109 G
DB 610 A	24 W hängend	71,4	8,5	2165	(2950)	2800		Einstufig	5700	Serie	He 177
Jumo 211 J	12 V hängend	35,0	6,5	1080	(1470)	2600	1,37	Einstufig	4900	Serie	Ju 87 D
Jumo 211 A	12 V hängend	35,0	6,5	1285	(1750)	3200	1,47	Einstufig	6000	Serie	Ta 152 C
Jumo 213 E	12 V hängend	35,0	6,5	1470	(2000)	3200		Zweistufig	9800	Serie	Ta 152 H
Großbritannien											
Bristol Hercules–100	14 Doppelstern	38,7	7,0	1320	(1800)	2800		Einstufig	5900	Serie	Halifax VI
Bristol Centaurus	18 Doppelstern	53,6	7,0	1765	(2400)	2700		Einstufig	5000	Serie	Tempest
Napier Sabre IIB	24 H liegend	36,7	7,3	1790	(2435)	4000	1,97	Einstufig	5300	Serie	Tempest V
Rolls Royce Merlin 61	12 V stehend	27,0	6,0	985	(1340)	3000	1,83	Zweistufig	6700	Serie	Spitfire IX
Rolls Royce Merlin 130	12 V stehend	27,0	6,0	1240	(1690)	3000		Einstufig	4200	Serie	Hornet
Rolls Royce Griffon 66	12 V stehend	36,6	6,0	1495	(2035)	2750		Einstufig		Serie	Spitfire XIV
USA											
Allison V-1710-89	12 V stehend	28,0	6,6	1060	(1445)	3000	1,82	Abgasturbol.	7600	Serie	P-38
Packard-Merlin V-1650-7	12 V stehend	27,0	6,0	1110	(1510)	3000	2,28	Zweistufig	8300	Serie	P-51 B
Pratt & Whitmey R-2800-8	18 Doppelstern	45,9	6,7	1640	(2230)	2700	1,81	Zweistufig		Serie	F-4 U
Pratt & Whitney R-2800-63	18 Doppelstern	45,9	6,7	1640	(2230)	2700	1,81	Abgasturbolader		Serie	P-47
Wright Cyclone R-3350-57	18 Doppelstern	54,9	6,8	1640	(2230)	2600		Abgasturbolader		Serie	B-29
Sowjetunion											
M 107 A	12 V stehend	35,0	7,1	1250	(1700)	2900		Einstufig		Serie	Jak-3
M 82	14 Doppelstern	41,2		1320	(1850)	2500		Einstufig		Serie	La-7
AM 38 F	12 V stehend	46,6	7,0	1290	(1760)	2350		Einstufig		Serie	IL-2
AM 42	12 V stehend			1470	(2000)			Einstufig		Serie	IL-10

V 1, wurde der Merlin unter Verzicht auf Lebensdauer auf 1 640 kW (2 230 PS) mit Kraftstoff der Qualität 100/150 gesteigert. Der Griffon – als Storchschnabelvergrößerung bei geringen Veränderungen der äußeren Abmessungen – ersetzte den Merlin in den letzten Spitfire-Baureihen. Die beiden englischen Doppelsternmotoren Bristol Hercules und Centaurus, von denen im Kriege rund 100 000 bzw. über 2 500 Stück gebaut wurden, hatte Schiebersteuerung nach dem Burt-McCollum-Prinzip. Diese war nach vielen Entwicklungsjahren bereits vor Kriegsbeginn voll betriebssicher. Als Hochleistungs-Jägermotor hatte auch der flüssigkeitsgekühlte Napier Sabre, in liegender H-Bauart, die gleiche Steuerung.

In USA dominierten schon vor dem Kriege die luftgekühlten Sternmotoren von Pratt & Whitney und Wright. Sie waren mit nur wenigen Ausnahmen in allen Kampfflugzeugen der USAF und der US Navy eingebaut. Zum 12-Zylinder-V-Motor Allison V-1710 kam 1942 der englische Merlin 61 mit Zweistufenlader und Ladeluftkühler als Packard Merlin V-1650 zur Lizenzfertigung. Er wurde der Standardmotor des Mustang-Jägers. Abgasturbolader der Bauart Moss kamen bei den amerikanischen Flugzeugen frühzeitig (ab 1941) und in großem Umfange zum Einsatz.

Die sowjetischen Militärflugzeuge verwendeten etwa zu gleichen Anteilen luft- und flüssigkeitsgekühlte Motoren, die weniger stark auf den Einsatz in größeren Flughöhen ausgerichtet waren.

Da sich der Luftkampf während des Zweiten Weltkrieges in immer größeren Höhen abspielte, setzten die Motorenhersteller in Deutschland, England und USA ihre Hauptanstrengungen auf die Entwicklung von Höhenladern. In allen drei Ländern, jedoch zu etwas unterschiedlichen Zeitpunkten, waren mechanisch angetriebene Zweistufenlader mit zwei oder sogar drei schaltbaren Drehzahlbereichen und Ladeluftkühler zum Einsatz gekommen. Mit optimaler Ausbildung der Abgasschubdüsen und der Ansaugstutzen wurde besonders bei den Jägern und den schnelleren Kampfflugzeugen ein hoher Leistungsgewinn durch Abgasschub und Stauausnutzung erzielt.

Die Einspritzung eines Methanol-Wasser-Gemisches, zur Steigerung für die Start- und Steigleistung bzw. für eine Notleistung unterhalb der Volldruckhöhe war 1944/45 bei allen neueren Motorbaureihen vorgesehen, d. h. nachrüstbar oder bereits eingebaut. Unter gleichzeitiger Erhöhung des Ladedruckes konnte die an die Luftschraube abgegebene Leistung für die Dauer von einigen Minuten um 12 bis 22 % gesteigert werden. Eine Sauerstoff-Stickstoff-Mischung (GM 1) zur Leistungssteigerung oberhalb der Volldruckhöhe ist nur bei deutschen Flugmotoren eingesetzt worden.

Die englischen und amerikanischen Motorenhersteller konnten in größerem Umfange Kraftstoff mit höheren Oktanzahlen von 100 und 130, vereinzelt sogar 150 verwenden. Deutscherseits war ein Kraftstoff mit 95 bzw. 100 Oktan verfügbar.

Wenn man die motorischen Kennzahlen und die spezifischen Werte miteinander vergleicht, so kann man feststellen, daß die deutschen, englischen und amerikanischen Motoren der neuesten Frontflugzeugmuster in den letzten Kriegsmonaten etwa den gleichen Leistungsstand erreicht hatten. Die größten Unterschiede bestanden bei den Bauformen, bei der Verwendung der Abgasturbolader, in der englischen Schiebersteuerung und im Einsatz stärkerer amerikanischer 18-Zylinder-Doppelsternmotoren.

Die höchsten Werte der mittleren Kolbengeschwindigkeit von 16 m/s wurden von mehreren Motorenmustern erreicht, die Spitze hielt der Jumo 213 mit 17,6 m/s. Der mittlere Kolbendruck betrug für die meisten neueren Motoren 15 bis 17 bar, den Höchstwert von 18,4 bar erreichte der Merlin 130 mit 1240 kW (1690 PS) bei nur 27 l Hubraum.

Die englischen Motoren hatten eine relativ niedrige Verdichtung (6,0 bis 7,3) aber hohe Ladedrücke, zuletzt 2,2 bis 2,7 bar abs. bei Kurz- und Notleistung. Die deutschen Motoren, besonders die von Daimler-Benz, waren in der Verdichtung höher (8,3/8,5), dafür aber die Ladedrücke etwas niedriger.

Die Leistungsmasse, also das auf die Startleistung bezogene Motorgewicht war stark abhängig von der Volldruckhöhe. Da Höhenmotoren bei diesem Vergleichswert ungünstig abschneiden, wurde ein zusätzlicher Vergleichswert für die 10 km-Leistung eingeführt. Auf die Startleistung bezogen lagen die Flugmotoren des Baujahres 1945 zwischen 0,60 und 0,75 kg/kW (0,45 und 0,55 kg/PS) und für den 10 km-Wert in den Ausführungen mit Zweistufenlader etwas unter 1,35 kg/kW (1,0 kg/PS).

Die deutschen Flugmotoren hatten durch die Direkteinspritzung sehr niedrige Verbrauchswerte, zwischen 272 und 285 g/kWh (200 bis 210 g/PSh) bei maximaler Dauerleistung. Die entsprechenden Werte der ausländischen Vergasermotoren lagen etwa 20 % höher. Für die Start- und Steigleistung der amerikanischen Doppelsternmotoren wurde ein sehr reiches Gemisch zur Innenkühlung gefahren, so daß sich Verbrauchswerte bei Startleistung bis etwa 435 g/kWh (320 g/PSh) ergaben.

Steigerung der Höhenleistung

Die Anfänge des Höhenmotors im Ersten Weltkrieg

Als 1915 die Einsatzhöhe auf 2 000 bis 3 000 m und mehr anstieg, stellten die Piloten erstmals einen spürbaren Leistungsverlust ihrer Motoren fest. Gleichzeitig wurden Erscheinungen der Gemischüberfettung – zunehmende Länge und Helligkeit der Auspufflammen – bemerkt. Die Motorenhersteller widmeten sich nun zunächst der Gemischbildung im meist selbstentwickelten Vergaser, den sie nun mit handbetätigten Einrichtungen zur Gemischverarmung ausrüsteten. Mit den Ursachen der Füllungsverluste befaßte man sich erst, als 1916 die Flughöhen schon 5000 bis 6000 m betrugen und außerdem der Gegner in der Motorleistung überlegen wurde.

Durch die mit der Höhe abnehmende Luftdichte verringert sich die Füllung und damit die Leistung des Motors. Seine Leistung nimmt unter dem Einfluß der inneren Verluste – durch Reibungs- und Ladungswechselarbeit – stärker ab als die Luftdichte. Weil diese Innenverluste sehr von der Motorbauart und -konstruktion abhängen, kann die Höhenleistung nur duch Versuche ermittelt werden. Als erste und kurzfristig durchführbare Maßnahme entschied man sich für die »Überverdichtung«, die nur den Einbau überhöhter Kolben und die – meist bereits vorhandene – Zündverstellung erforderte. Überverdichtete Motoren mußten allerdings unterhalb von 2000 m nach Bedienvorschrift gedrosselt werden – mit etwa 10% Leistungsverlust –, um bei den gegebenen Kraftstoffen Klopfen und Überhitzung zu vermeiden. Daneben hatte Maybach mit dem Mb IVa den ersten »überbemessenen« Motor entwickelt. Überbemessung bedeutet Hubraumvergrößerung um 15 bis 40% – am einfachsten durch größere Bohrung, soweit der Zylinderabstand dies zuläßt – unter Beibehaltung des Kurbelgehäuses und Kurbeltriebes sowie der Steuerung. Die dadurch erreichte Mehrleistung dient zum Ausgleich des Leistungsverlustes in der Höhe. Um den überbemessenen Motor nicht zu überlasten, muß er unterhalb einer vorgeschriebenen Höhe z. T. erheblich gedrosselt werden, behält aber in Bodennähe die Leistung des normalen Ausgangsmusters. Auf diese Weise konnte bei gleichzeitiger Überverdichtung die Bodenleistung noch in Höhen bis 4000 und 5000 m erzielt werden.

Die grundlegenden 1917 bei den Wendelstein- und Schneeberg-Versuchen gewonnenen Erkenntnisse waren:

- Schon durch einfache Überverdichtung von 5,8 statt 4,8 kann die Höhenleistung um etwa 10% gesteigert werden.
- Außerdem sinkt der Kraftstoffverbrauch um mindestens 15%, praktisch durch gleichzeitige Vergaserverbesserungen noch mehr.
- Wenn außerdem der Hubraum um 20% überbemessen wird, steigt die Höhenleistung um etwa 25%.

Mit den kurzfristig entwickelten »Höhenmotoren« konnten die deutschen Flugzeuge 1917/18 den Leistungsvorsprung des Gegners ausgleichen und vor allem mit dem BMW IIIa bei den Jägern und mit dem Maybach Mb IVa bei den C-, G- und R-Maschinen besondere Erfolge erringen. Trotzdem bestand Klarheit, daß der »aufgeladene« bzw. »überladene« Höhenmotor diesen »Drossel«-Höhenmotor rasch ergänzen müsse, weil er für Vollgashöhen über etwa 4000 m geringeres Gewicht und außerdem auch in Bodennähe eine Leistungssteigerung ermöglicht.

Daimler beginnt mit Auflade-Versuchen

Idflieg versuchte im Herbst 1916 Benz zur Entwicklung eines »Gemischladers« zu veranlassen. Dort konzentrierte man sich aber auf die kurzfristigen Arbeiten der Überverdichtung und Überbemessung. Dagegen begann zu dieser Zeit Paul Daimler an einem D IIIa und D IIIav-Motor eigene Auflade-Versuche mittels eines Kapselgebläses, die ab Herbst 1916 zu einigen Flügen führten, aber erst Ende 1917 intensiviert wurden. Er kam dabei auf dem Weg über den Kolbenverdichter und das Wittig-Kapselgebläse schließlich zum Roots-Gebläse. Das Kriegsende unterbricht diese Entwicklung. Seine Erfahrungen mit der Roots-Aufladung überträgt Daimler nach Kriegsende jedoch bald auf den Automotor. Zur Aufladung des Flugmotors setzte sich dagegen der Kreisellader durch, weil sein Leistungsverhalten dem Propellerantrieb nahekommt und sein Leistungsgewicht erheblich günstiger ist.

Sondergruppe Noack für die Entwicklung von Kreiselladern

Mitte 1917 schuf Idflieg eine Sondergruppe zur Lader-Entwicklung unter der energischen Leitung von W. Noack. Ihm gelang es innerhalb weniger Monate, die Entwicklung des in der Luftfahrt vernachlässigten Kreiselladers bei den Firmen AEG, BBC, Schwade, SSW u. a. voranzutreiben. Sein Konzept sieht Einzellader für einmotorige und G-Flugzeuge, aber einen Zentrallader für die vielmotorigen R-Flugzeuge vor. Diese vier Firmen befassen sich mit der Entwicklung eines Kreiselladers für den Daimler D IVa-Motor. Mit Ausnahme der SSW-Ausführung arbeiten diese Radialgebläse dreistufig mit Übersetzungen zwischen 6,3 und 7,5. Schwade erreicht bei 140 m/s Umfangsgeschwindigkeit ein Druckverhältnis von 1,52 entsprechend 3,3 km Gleichdruckhöhe, BBC bei 150 m/sk etwa 1,75 und AEG 1,7 Druckverhältnis.

Die Gewichte ohne Kupplung betragen 48 kg bei Schwade bis 54 bzw. 56 kg bei BBC und AEG. Die Gebläseantriebsleistungen liegen maximal durchweg bei etwa 10% der Motorleistung. Das Siemens-Gebläse ist nur zweistufig für 1,27 Druckverhältnis bei 6900 min^{-1} bzw. 145 m/s Umfangsgeschwindigkeit ausgelegt. Gebläsegehäuse und Diffusorkranz werden allgemein aus Aluminiumlegierungen gegossen, die Laufräder aus Sonderstahl mit angenieteten Blechschaufeln

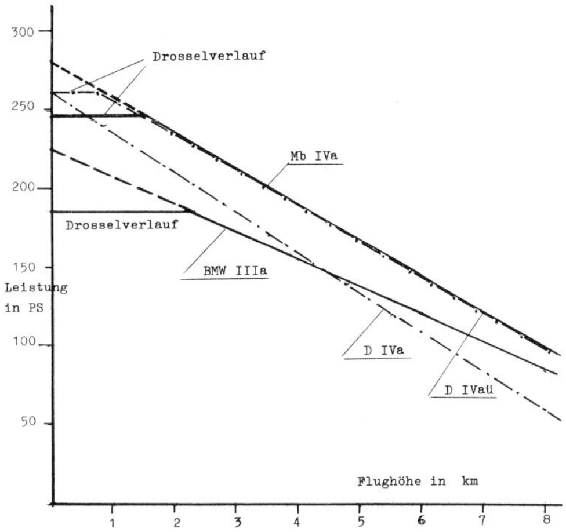

Auf dem Wendelstein improvisierte Maybach (1916) einen Motorprüfstand, um das Höhenverhalten des Mb IVa zu erproben. Das Leistungsdiagramm eines Maybach Mb IVa und BMW IIIa macht deutlich, daß die Motoren mit Überbemessung und Überverdichtung nicht für Vollgasbetrieb in Bodennähe ausgelegt waren und deshalb unterhalb der vorgeschriebenen »Vollgashöhe« nach Vorschrift gedrosselt werden mußten. In Notlagen wurde allerdings auch bei geringer Flughöhe kurzzeitig mit Vollgas geflogen (gestrichelte Linie). Die beiden strichpunktierten Linien zeigen den Leistungsverlauf der Daimler DIVa ohne bzw. mit Überverdichtung (DIVaü).

hergestellt. Zur Schwingungsdämpfung sind Fliehkraft- und Schraubenfederkupplungen angebaut.
Daneben arbeiten BBC an der Aufladung eines 260 kW (350 PS)-Flugmotors bereits unter Verwendung eines Leichtmetall-Ladeluftkühlers, Schwade und SSW an Ladern für Umlaufmotoren. Der Entwicklungsablauf verzögert sich bei allen Herstellern erheblich; Schäden an Laufrädern, Laufradschaufeln, Gebläsewellen, an Getrieben und Kupplungen sind häufig. Nur die AEG kann noch vor Kriegsende die Flugerprobung beginnen und mit einem ihrer G-Flugzeuge im Juli 1918 die Rekordhöhe von 6 100 m (unaufgeladen 4 300 m) erreichen. Die Aufladeversuche bei Schwade und SSW gelangen bis zum Kriegsende über die Werksprüfstände nicht hinaus.

Am Zentralgebläse zur Aufladung viermotoriger R-Flugzeuge arbeitet vor allem BBC, eine spätere AEG-Entwicklung kommt nicht mehr zum Tragen. Hervorzuheben ist das vierstufige BBC-Gebläse mit einer Fördermenge von 4 200 kg/h bei 1,8 bis 1,9 Druckverhältnis, 6 000 min^{-1}, 150 m/s Umfangsgeschwindigkeit und 145 kg Masse. Angetrieben durch den 90 kW (120 PS)-DII als »Hilfsmotor« wird es in Staakener RVI-Flugzeugen zur Aufladung der vier 190 kW (260 PS) DIVa-Motoren erprobt. Dabei erreicht die R VI 30 im April 1918 die Rekordhöhe von 6 000 m – 2 000 m mehr als unaufgeladen – und eine rund 25 % größere Geschwindigkeit von 160 km/h. Über einen Testflug der RVI 30 berichtet [Haddow-Groß] Einzelheiten, die auch den persönlichen Einsatz von Noack zeigen:

»In 3 300 m bricht ein Pleuel infolge Lagerfresser. Dadurch schlägt der Kolben durch das Kurbelgehäuse und der Motor mit der Gondel beginnen zu brennen. Noack klettert auf den Unterflügel und löscht die Flammen mit einem Handfeuerlöscher. Die R 30 landet sicher.«

Als Hauptvorteil des Zentralgebläses wurde seine von der Triebwerksdrehzahl völlig unabhängige Regelbarkeit gesehen. Nachteilig bleibt aber das Mehrgewicht, der größere Raumbedarf und die komplizierte Anlage. Ein weiteres BBC-Zentralgebläse ähnlicher Leistung war für ein 750 kW (1 000 PS)-R-Flugzeug der Linke-Hofmann-Werke vorbereitet, dessen vier Motoren im vorderen Rumpfteil nur auf einen Propeller über ein Zentralgetriebe wirken. Der Gebläseantrieb war von diesem Getriebe abgezweigt.
Mit diesem umfangreichen Erprobungsprogramm hat der deutsche Flugmotorenbau – angespornt durch den Mangel an Hochleistungs- und Großmotoren – bei Kriegsende erstmals den aufgeladenen Höhenmotor einsatzbereit gemacht und zum internationalen Durchbruch des Kreiselladers beigetragen.
Die bis zur Vollgashöhe etwa konstante Leistung des Höhenmotors brachte als neues Problem die Anpassung des Propellers und damit auch den Anstoß zur Entwicklung von Verstellschrauben.

Neuentwicklungen der 20er Jahre

Die Baubeschränkungen unterbrechen ab 1920 solche Entwicklungen in Deutschland für viele Jahre. Dagegen können die mit den »Drossel-Höhenmotoren« erzielten Erfahrungen von BMW und Junkers zum Bau ihrer besonders zuverlässigen und wirtschaftlichen Triebwerke für Einsatzhöhen von 4000 bis 5000 m genutzt werden. Diese tragen dann in den 20er Jahren entscheidend zu dem international erfolgreichen Aufbau der deutschen Verkehrsluftfahrt bei, wo mit diesen Motoren auch die Alpen regelmäßig überflogen werden.

Bis in die 30er Jahre hinein werden hier Ladermotoren nur in Einzelfällen bei Verkehrsflugzeugen verwendet, z. B. für Expeditions-oder Exportzwecke. So befaßte sich die nach 1919 stark reduzierte deutsche Flugmotorenindustrie zunächst kaum mit der Aufladung. Als Höhengebläse zum Anbau an 450 bis 600 kW (600 bis 800 PS)-Motoren wie z. B. für seinen As VIa bietet Argus 1928 – sicher unter dem Einfluß von P. Daimler – ein mächtiges Rootsgebläse an, das bei 1800 min^{-1} Antriebsdrehzahl 0,75 kg/s Durchsatz mit 1,5 bar abs liefert und 48 kg wiegt. Junkers und seine Forschungsanstalt, geleitet von Otto Mader, verfolgen seit Kriegsende konsequent ihr weitsichtiges Ziel des wirtschaftlichen Luftverkehrs und des geeigneten Antriebs. Hierzu schreibt O. Mader, wie Lichte in der [Junkers-Festschrift von 1968] berichtet:

»Der Leistungsbedarf des Flugzeugs betrug 1914–1918 200 PS. Die verwendeten Motoren waren Bodenmotoren. Mit zunehmender Flughöhe wird die Luft dünner und die Leistung der Bodenmotoren sinkt von 0 bis 6000 m Flughöhe auf die Hälfte. Ein wirtschaftlicher Schnellflug muß mithin in großer Höhe bei kleiner Luftdichte und damit geringem Luftwiderstand stattfinden und benötigt dafür große Höhenleistung. Das gegebene Mittel dafür war die Vorverdichtung der Brennluft. Mit der Vorverdichtung konnte auch die Startleistung auf ein Maß gebracht werden, das durch die mechanische und thermische Grundauslegung des Motors bestimmt wird. Durch geregelte Aufladung war die ausgelegte Motorleistung bis zur Vollaufladung möglich. Ebenso war damals erkannt, daß die Energie der Auspuffgase besonders in der Höhe wirksam wäre durch Ausnützung in Strahldüsen, besonders bei hohen Fluggeschwindigkeiten oder besonders wirtschaftlich in einer Strömungsmaschine, der Turbine, die dann statt Motor den Vorverdichter antreibt. Je mehr diese beiden Strömungsmaschinen, Vorverdichter und Abgasturbine, von der thermischen Energie ausnützen, um so mehr schrumpft die Kolbenmaschine zu einer Verbrennungskammer zusammen, und die Strömungsmaschinen übernehmen die eigentliche Vortriebsleistung, besonders bei großen Leistungseinheiten für Großflugzeuge oder bei schnellen Flugzeugen, bei denen der ausströmende Gasstrahl ausschließlich das Flugzeug antreibt.«

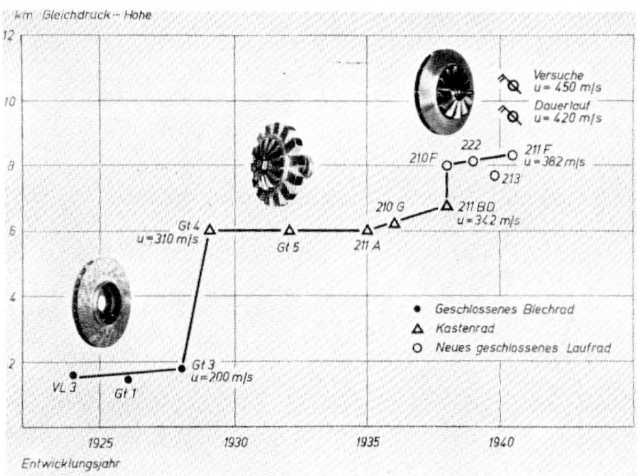

◀ Die großen Fortschritte bei der Entwicklung des Radialladers in den 20er Jahren und bis zum Zweiten Weltkrieg werden durch die Steigerung der Gleichdruckhöhe und der Umfangsgeschwindigkeit in Verbindung mit der Bauform deutlich.

Junkers greift die Laderentwicklung auf

Schon Anfang der 20er Jahre beginnt die Junkers-Mannschaft mit Laderentwicklungen für einen Höhenmotor. Nach den Erfahrungen mit Spülpumpen, die man an den Doppelkolben-Zweitaktern bereits sammelte – 1914 am MO 3 mit einer Kolbenpumpe und 1916 am FO 2 mit dem Kapselgebläse – geht man jetzt endgültig auf das Radialgebläse über. Dazu schreibt Lichte in der [Junkers-Festschrift von 1968]:

»Im Jahre 1923 wurde ein mit aufgenieteter Deckscheibe versehener, geschlossener Radialverdichter entwickelt. Aus Festigkeitsgründen war diese Bauart auf 180 bis 200 m/s Umfangsgeschwindigkeit begrenzt. Zur Erzielung einer Gleichdruckhöhe von 4000 m waren drei Stufen notwendig. Für Versuchszwecke wurde der dreistufige Höhenverdichter G t l gebaut. Er hatte einen Gesamtwirkungsgrad von 50 Prozent und wurde 1925, angetrieben durch den Flugmotor L 1, zur Aufladung von drei L 5-Motoren im Flugzeug K 30 in Linhamn (Schweden) als Versuchsobjekt für Höhenflugversuche eingesetzt. Noch bestand das Verbot zur Aufladung von Flugmotoren! Ebenso wurde ein dreistufiger Verdichter für den Flugmotor L 55 gebaut. Die Betriebsdrehzahl dieses Verdichters Gt3 wurde durch eine Flüssigkeitskupplung von 0 bis zur Volldrehzahl beliebigt verändert ...

Diese Mehrstufen-Verdichter befriedigten schon wegen ihres Raumbedarfs nicht. Strömungs- wie festigkeitstechnisch drängte die Steigerung des Stufendruckverhältnisses zum Radialverdichter mit festem, geschlossenem Verband. Bei dem 1925 für die Ölflugmoto-

▲
Das Stratosphärenflugzeug Ju 49 mit Junkers L 88a Höhenmotor.

Die Entwicklung der Höhenflugmotoren begann bei Junkers am L 55 mit 500 PS (367 kW) und führte später zum L 88 mit 800 PS (590 kW). Verschiedene Ausführungen von ein- und zweistufigen Ladern wurden auf dem Prüfstand und im Fluge erprobt. Der L 55 war eine Verdopplung des L 5 mit je sechs Zylindern in V-Form und führte als Zwischenlösung in kurzer Zeit zu einem Flugmotor der 800 PS-Leistungsklasse. ▶

renentwicklung gebauten Verdichter wählte man aus Gründen der Herstellung den halboffenen Radialverdichter, bei dem der Wirkungsgrad mit dem Laufspiel zwischen Schaufeln und Gehäusewand stark streute. Gedeckte Laufräder konnten noch nicht hergestellt werden. Das Suchen und Ringen um eine befriedigende Lösung führte dann zu einer völlig neuen Form, dem Kanalrad mit vierkantigen geraden querschnittsgleichen Kanälen. Erstmalig wurde dabei auch der getrennte Vorsatzläufer angewandt. Sprunghaft stieg die nun mögliche Erhöhung der Umfangsgeschwindigkeit von 200 auf 300 bis 350 m/s, die Gleichdruckhöhe von 2000 auf 6000 m an. Dieses 1927 entwickelte Junkers-Kanalrad fand die erste allgemeine Anwendung am Höhenmotor L 88 als Gt 4.

In der Sonderkonstruktion des zweistufigen Höhenverdichters G t 5 kam es am Motor L 88 zum Einsatz in dem Studien-Höhenflugzeug J 49. Der Antrieb des G t 5-Höhenverdichters erfolgte über ein Flüssigkeitsgetriebe vom Motor. Je nach Drosselung der Antriebsenergie konnte die Drehzahl stufenlos verändert werden. Die Gleichdruckhöhe war für 9000 m Flughöhe ausgelegt und erreicht. Das Kanalrad wurde in der Folge bei allen neuen Junkers-Flugmotoren vorwiegend einstufig (211 B/D), aber auch zweistufig, ohne und mit Ladeluftkühlung (L 88, Jumo 207) und erlebte später einen Großeinsatz ungeahnten Ausmaßes.
Die Rückkehr zum beidseitig geschlossenen Laufrad aus einem Verband ermöglichte größere Höhenleistung. Durch neue Herstel-

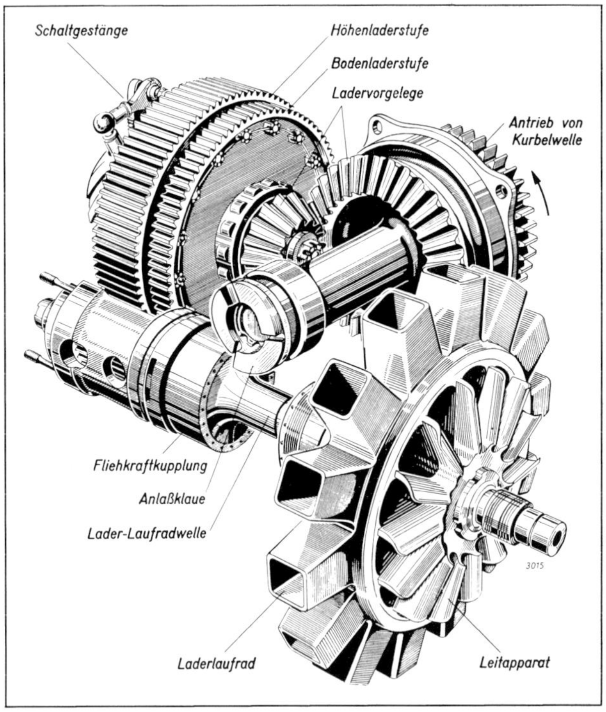

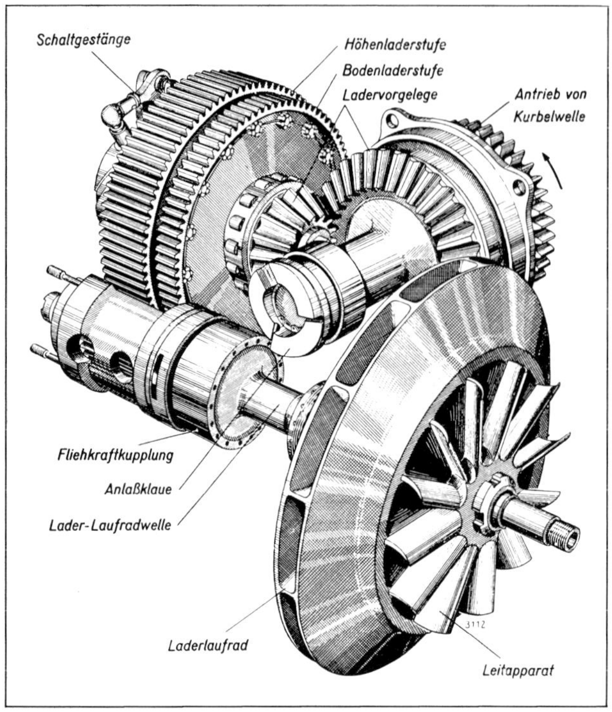

Der Jumo 210 und die Baureihen A bis H des Jumo 211 verwendeten das sogenannte Kanalrad (links) mit vorgesetztem Leitapparat. Ab der 211-Baureihe F/J sowie beim Jumo 213 kam das neue geschlossene Laderlaufrad (rechts), das aus dem Vollen herausgearbeitet war und sich durch geringere Spaltverluste, besseren Wirkungsgrad sowie größere Förderleistung auszeichnete. Die Umschaltung des Zweiganggetriebes erfolgte automatisch durch barometrische Regelung in etwa 2 bis 3 km Flughöhe. Eine Handschaltung auf Bodenlader diente für den Sparflug oder Sturzflug.

lungsmethoden, die freilich kostspieliger waren, wurde erneut diskutiert, inwieweit der beachtliche Herstellungsaufwand zu rechtfertigen sei. Es ergaben sich dabei Wirkungsgrade von 85 Prozent bei einer Umfangsgeschwindigkeit von 250 m/s und etwa 72 Prozent bei 420 m/s. Das aber bedeutete einstufig erreichbare Gleichdruckhöhen bis über 10000 km Flughöhe und die Einsparung eines oft schwierig einzubauenden Ladeluftkühlers. So kam, rückkehrend zur ursprünglichen Form, diese neue Radialverdichterbauart zum Serieneinsatz am 211 F., 213 und 222 und ebenso am Höhenflug-Ölmotor 205/207.«

Die Breitenentwicklung beginnt mit Lizenzbau

Während Junkers also seine Forschung schon frühzeitig auf die Probleme der Aufladung sowohl beim Viertakt-Otto- wie beim Zweitakt-Dieselmotor ansetzte, begannen die Werke BMW, Daimler-Denz und Siemens & Halske damit erst 1926 nach Aufhebung der einschneidenden »Baubestimmungen«. Um rasch wieder Anschluß an den im Ausland bereits erreichten Entwicklungsstand zu finden, schließen BMW und Siemens 1927 Lizenzverträge mit Pratt & Whitney bzw. mit Gnôme Rhône-Bristol. Der harte Marktwettbewerb der 20er Jahre, besonders zwischen Wright und Pratt & Whitney, hatte den großen luftgekühlten Sternmotoren einen Vorsprung gegenüber der Wasserkühlung für Hochleistungstriebwerke verschafft. Ein erhebliches Problem bildet dabei – wie bei allen vielzylindrigen Motoren – die gleichmäßige Gemischverteilung bei gedrungener Bauweise. Der »Jupiter«, dessen Lizenz Siemens erwirbt, besitzt am hinteren Gehäuseteil einen ringförmigen Saugkanal mit einer dreigängigen Leitschaufelspirale, durch die das Gemisch gleichmäßig auf jeweils drei Zylinder verteilt und dann mit Einzelrohren zu den Einlaßventilen geführt wird. Der 1928/30 entwickelte Sh 20 trägt schon ein Gemischverteilerrad mit Radialschaufeln, das sogenannte »Windrad« auf dem hinteren Kurbelwellenzapfen, das außerdem die Gemischaufbereitung durch Verwirbelung unterstützt. Der 1932 daraus abgeleitete Sh 22 erhält ein zur Kurbelwelle übersetztes Radialrad. Dieses »Mitteldruckgebläse« bringt schon eine leichte Aufladung und hält die Bodenleistung bis 1200 m konstant. Die Siemens-Entwicklungsreihe

1927–1932 zeigt, daß beim Sternmotor die Aufladung teilweise eine Folge von Aufbereitungs- und Verteilungsproblemen des Gemisches ist. 1932 stellte Siemens außerdem Versuche mit einem Axial-Spül- und Ladegebläse von 1,3 bar Ladedruck nach Patent Prof. Betz am Zweitakt-Dieselsternmotor R 20 an. Man versprach sich bessere Wirkungsgrade von 75 bis 80% gegenüber dem Radialgebläse mit damals 55 bis 60%. Ladegebläse in Axial-Bauweise konnten sich jedoch bei keinem Flugmotor durchsetzen, vor allem wegen ihrer sperrigen Abmessung und der geringeren Leistungselastizität. Der von BMW 1927/28 in Lizenz gebaute »Hornet«-Sternmotor besitzt bereits ein General Electric-Radialgebläse, das von der Kurbelwelle über eine Rutschkupplung und zwei Stirnradpaare mit 13 000 min^{-1} angetrieben ist. Vielleicht dadurch angeregt, führt BMW 1929/30 Versuche mit »Gemischbläsern« am wassergekühlten Zwölfzylinder BMW IXa durch. Bei Daimler-Benz hat der 1927/28 entwickelte wassergekühlte F 2-Zwölfzylinder einen koaxial zur Kurbelwelle angetriebenen Radialverdichter, der von Hand ein- und ausschaltbar ist, der ähnliche F 4 A mit hängenden Zylinder (1932) besitzt für jede Zylinderreihe einen kleinen Kreisellader.

Getriebe- und Mehrstufenlader

Die Entwicklung von Hochleistungsmotoren der oberen Klasse, etwa bei 500 kW (700 PS) beginnend, wird von 1932/33 an durch den Staat stärker gefördert. Damit beginnt die hohe Zeit des Ladermotors und auch des Radialgebläses. Die großen Flächenbelastungen der neuen Militärflugzeuge – 50 bis 100% größer als im Ausland – verlangen Motor-Aufladung in einem breiten Höhenbereich, um günstiges Startverhalten ebenso wie gute Steig- und Höhenflugleistungen zu erzielen. Eine optimale Ausnutzung des Laders und der mechanischen sowie thermischen Belastung des Motors ergibt sich, wenn die Höchstleistung bis zur Volldruckhöhe möglichst konstant verläuft und wenn die Lader-Drehzahl gerade die für vollen Ladedruck erforderliche Förderhöhe erreicht. Dies erfordert höhenabhängige Ladedruckregelung und Höhenanpassung der Laderdrehzahl. Dazu sind beim »Getriebelader« – im Gegensatz zum Abgasturbinenlader – entweder mechanische Schaltgetriebe mit zwei und mehr Gängen, also »Boden« – und »Höhenlader«, oder Flüssigkeitskupplungen mit Schlupfregelung bzw. beide Einrichtungen notwendig. Da der Laderantrieb von der Kurbelwelle her starke Wechselkräfte aufnimmt, sind elastische und dämpfende Kupplungsglieder – z. B. Federräder, Torsionswellen und Rutschkupplungen – zwischengeschaltet. Die Schaltkupplungen müssen sehr hohe Anforderungen erfüllen, weil die Schaltung ohne Unterbrechung der Laderleistung und möglichst stoßfrei erfolgen soll. Bei Daimler-Benz-Motoren ist zur Erzielung einer stufenlosen Übersetzung das Eingang-Ladergetriebe mit einer Strömungskupplung (Föttinger-Prinzip) kombiniert, die aus dem Motorölkreislauf gespeist wird. Der größtmögliche

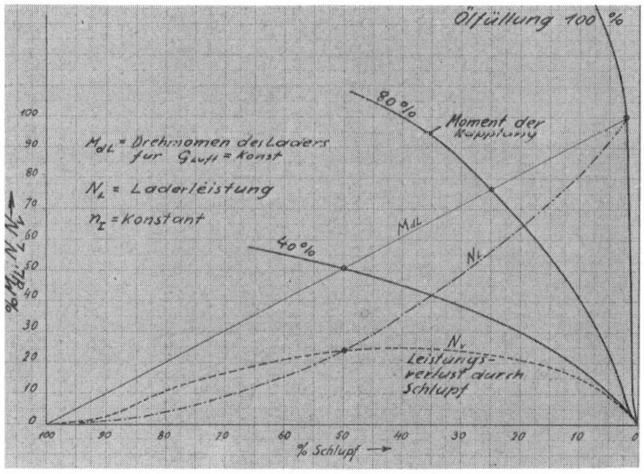

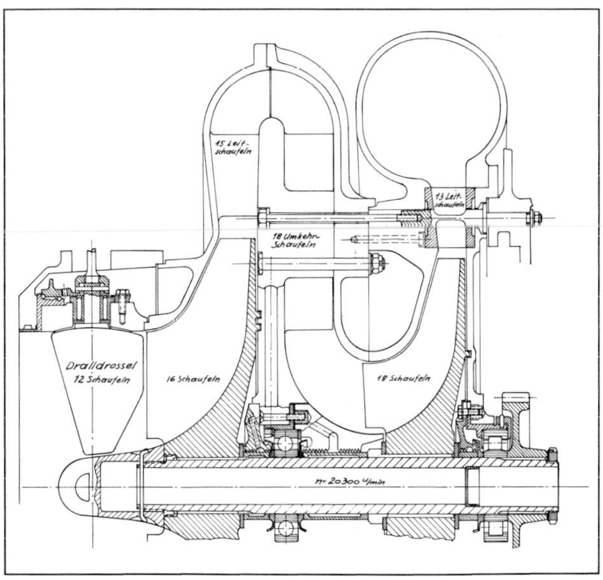

Oben: Das Betriebsverhalten der hydraulischen Laderkupplung von Daimler-Benz ergibt sich aus dem Einfluß der Ölfüllung auf die Leistung und das Drehmoment des Laders und auf den Leistungsverlust durch den in Ölwärme umgesetzten Schlupf. Dieser beträgt z. B. bei voller Ölfüllung etwa 2,5% mit 5% Leistungsverlust.

Unten: Mit diesem zweistufigen Höhenlader erreichte der Daimler-Benz DB 603L eine Volldruckhöhe von 9000 m und war damit bei Kriegsende wahrscheinlich der Serienmotor mit der überhaupt besten Höhenleistung. Die Fördermengenregelung erfolgte durch eine Dralldrossel wie beim Jumo 213.

▲ Die von Daimler-Benz entwickelte HZ-Anlage war für die Höhenkampfflugzeuge Henschel Hs 130E und Dornier Do 217P entwikkelt worden. Bei den Erprobungsflügen, die im Juni 1941 mit der Do 217P begannen, wurden Höhen von 14 000 m erreicht. Die sehr großen Ladeluftkühler waren bei der Do 217P zwischen dem Rumpf und den Motorgondeln angeordnet.

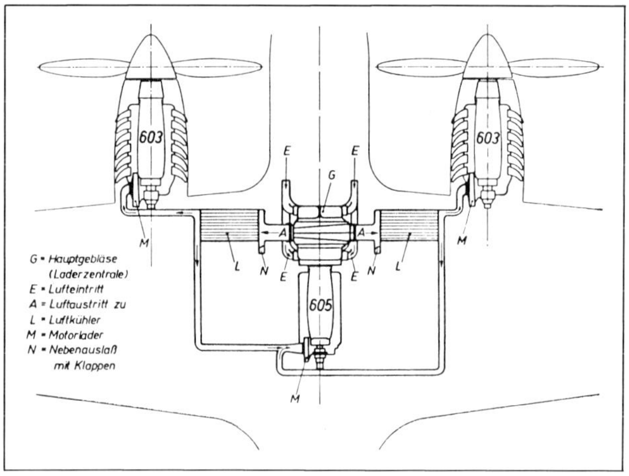

◀ Ähnlich den 1917/18 für die R-Flugzeuge entwickelten Zentralladern erstellte Daimler-Benz für die zweimotorigen Höhenflugzeuge Henschel Hs 130E und Dornier Do 217F die sogenannte »Höhenzentrale«, auch HZ-Anlage genannt.

Das zweiflutige und zweistufige Hauptgebläse war mit dem Antriebsmotor DB 605T im Rumpf untergebracht und lieferte über Zwischenkühler die Ladeluft an die Getriebelader der beiden DB 603T-Flugmotoren. Die Mitte 1942 begonnene Flugerprobung beider Höhenflugzeuge mußte später kriegsbedingt abgebrochen werden.

Schlupf ist durch die zulässige Öltemperatur von 180 bis 200°C auf etwa 30% begrenzt. Dabei muß bereits ca. 22% der Laderleistung durch die Schmierstoffkühlung des Motors oder einen besonderen Wärmetauscher abgeführt werden. Der übrige Betriebsbereich wird durch Drosselung der Ladeluft wie bei Mehrgang-Schaltgetrieben geregelt.
Mehrere Motoren mit zweistufigen Getriebeladern standen während des Krieges in Entwicklung:

- Bei Daimler-Benz die DB 605 L, 603 L/M/N, 624, mit zwei getrennten Getriebeladern die DB 621, 628, 627, ferner der 16-Zylinder DB 609 A mit drei Getriebegängen.
- Der BMW-801 R mit Vierganggetriebe.
- Die Jumo 213 F sowie 222 E/F, der Jumo 213 E und F außerdem mit Dreiganggetriebe.
- Als Entwürfe wurden bei Daimler-Benz der zweistufige DB 632 und der dreistufige DB 631 bearbeitet. Zum Einsatz ist außer im Jumo 213 E kein mehrstufiger Lader gekommen.

Professor Dr.-Ing. H. Scherenberg begann 1935 bei Daimler-Benz unter Leitung von Prof. F. Nallinger die Direkteinspritzung zusammen mit der Firma Bosch serienreif zu machen. In systematischen Versuchen stimmte er den Gaswechselvorgang, vor allem Verdichtung, Ladedruck und Ventilüberschneidung sorgfältig auf Leistung und Wirtschaftlichkeit ab. So hatte er großen Anteil am hohen Entwicklungsstand der Mercedes-Benz-Flugmotoren.

Die Daimler-Benz-Höhenzentrale

Daimler-Benz entwickelte aufgrund eines RLM-Vorschlags 1941 für zweimotorige Höhenflugzeuge die sogenannte »Höhenzentrale«, im Aufbau ähnlich dem Zentralgebläse des Ersten Weltkriegs. Ein im Rumpf eingebauter DB 605 T mit 1085 kW (1475 PS) treibt einen direkt angeflanschten zweiflutigen Zweistufen-Speziallader. Dieser liefert über einen Zwischenkühler die Ladeluft an die als 3. Stufe dienenden Getriebelader der beiden 1290 kW (1750 PS)–DB 603 T–Flugzeugmotoren sowie an den DB 605 T-Antriebsmotor. Die Höhenzentrale wurde in Höhenflugzeugen des Typs Henschel Hs 130 E und Dornier Do 217 P erprobt, deren Erstflüge im Mai bzw. Juni 1942 stattfanden. Die Do 217 P erreichte Flughöhen von 14000 m. Die Arbeiten mußten aufgrund der Typenkonzentration abgebrochen werden.

Stauaufladung und weitere Schritte zur Leistungssteigerung

Mit wachsender Geschwindigkeit gewann die Ausnutzung des Flugstaues zur Aufladung an Bedeutung. So ergibt z.B. 600 km/h Geschwindigkeit in 6000 m Höhe bereits ein adiabatisches Druckverhältnis von 1,2. Zu seiner Ausnutzung erhielten deshalb schon vor dem Krieg alle Flugzeuge die in der Propellerstrahl bzw. Luftstrom ragende sogenannte »Einströmhutze«, optimiert für hohen Staudruckrückgewinn und niedrigen Schleppwiderstand.
Durch die beschriebenen Anforderungen ergibt sich für den Ladermotor grundsätzlich der Leistungsverlauf eines »Drosselmotors«, ähnlich dem »Höhenmotor« des Ersten Weltkriegs mit Überbemessung, jedoch mit einer Volldruckhöhe bis über 12000 m – gegenüber der früheren »Vollgashöhe« von 2000 bis 4000 m – sowie wesentlich besserer Ausnutzung dieses breiten Höhenbereichs. Mit Hilfe der Hoch-Aufladung wurde eine enorme Leistungssteigerung erzielt: absolut um rd. das 10fache, als Hubraumleistung um das 5fache bei einer Senkung des spezifischen Verbrauchs um 10% und der Leistungsmasse um fast 50%. Dazu trug vor allem die beachtliche Verbesserung des Radialladers bei, an der die Forschungsarbeiten von Prof. von der Nüll, DVL, hohen Anteil haben. Neben der stark verbesserten Ladeeinrichtung wirken sich viele andere Maßnahmen zur Mitteldruck-, also Drehmomenterhöhung ebenso wie zur Drehzahlsteigerung aus. Die Vergrößerung der Ventilquerschnitte mit zwei Einlaß- und z.T. auch zwei Auslaßventilen bei 1,1 bis 1,15 Querschnittsverhältnis, dazu die Direkteinspritzung mit geringen Einströmverlusten und verstärkter Restgasausspülung (durch Scherenberg-Daimler Benz sehr eingehend untersucht), haben die Füllung bis zu 20–25% erhöht und gleichzeitig mit einer Verbesserung der statischen und dynamischen Festigkeit, der Schmierung usw. eine kräftige Steigerung von Drehzahl und Kolbengeschwindigkeit ermöglicht, die sich durch geeignete Getriebe und Verstellpropeller ausnutzen lassen. Die thermische Belastbarkeit konnte beim luft- wie wassergekühlten Motor u.a. durch Druckkühlung und Leiteinrichtungen gesteigert werden, außerdem kurzzeitig durch Einspritzen von Wasser oder Methanol-Wasser-Gemisch. Durch die verringerten Wandtemperaturen und natriumgekühlte Auslaßventile ging auch die Klopfneigung des Motors zurück. Besonderen Anteil am Anstieg der Klopffestigkeit hatte zweifellos die stürmische Entwicklung der Kraftstoffe bis zu Oktanzahlen über 100, die wesentlich höhere Verdichtungsdrücke erlaubten. Gleichzeitig näherte sich der Kraftstoffverbrauch den niedrigen Werten des Dieselmotors bis auf 10%.

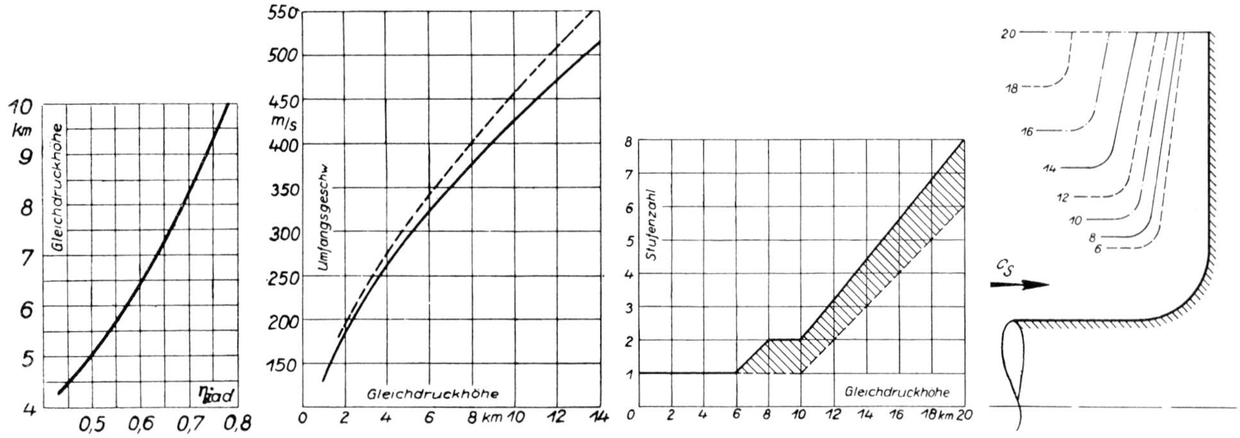

Als wesentliche Faktoren zur Entwicklung des Radialladers sind dargestellt:

a) Der Einfluß des Laderwirkungsgrades auf die ohne Ladeluftkühlung erreichbare Gleichdruckhöhe, 80° C als zulässige Ladelufttemperatur vorausgesetzt;

b) die Abhängigkeit zwischen Umfangsgeschwindigkeit und der dabei erzielten Gleichdruckhöhe (gemessene Werte gestrichelt);

c) daraus ergibt sich die erforderliche Stufenzahl des Laders für eine vorgegebene Gleichdruckhöhe. Die Untergrenze nach dem Entwicklungsstand von 1937 ist gestrichelt.

d) Am Beispiel eines Laders von 300 m/s Umfangsgeschwindigkeit für einen 500 kW-Motor ist der Höhenverlauf des Schaufelkanals für Gleichdruckhöhen von 6 bis 20 km skizziert. Mit der Höhe wird das für den Strömungsverlauf und dadurch für den Wirkungsgrad wichtige Verhältnis von Austritts- zu Eintrittsdurchmesser immer ungünstiger.

Die Daten gelten für den wissenschaftlich-technischen Stand von 1937 und sind deshalb heute eher qualitativ als quantitativ zu werten.

Der Radiallader – Vom Gemischverteiler zum Grenzlader

Die Hauptforderung an den Flugmotorenlader lautet: Große Förderhöhe bei möglichst hohem Wirkungsgrad. Die adiabatische Förderhöhe – sie entspricht etwa dem größten Druckverhältnis und bis 10 000 m fast genau der »Gleichdruckhöhe« (d.h. größte Höhe für 1 bar abs Ladedruck) – kann durch hohe Umfangsgeschwindigkeit des Laufrades gesteigert werden. Ein nach dem jeweiligen Stand der Technik mit höchstzulässiger Umfangsgeschwindigkeit betriebener Lader wird als »Grenzlader« bezeichnet [Nallinger]. Jedoch ist mit der Verdichtung (nach Grundgesetzen der Thermodynamik) eine Luftaufheizung verbunden, die bei Verschlechterung des adiabatischen Wirkungsgrades zunimmt. Daraus resultiert eine Verringerung des Ladungsgewichtes – auch erhöhte Klopfneigung –, die neben der aufzubringenden Laderantriebsleistung einen weiteren Verlust an Motorleistung verursacht. Die bei üblichen Umfangsgeschwindigkeiten von 350 bis 400 m/s bereits eintretenden Aufheizungen von 110 bis 140°C führen außerdem zu erheblicher Festigkeitseinbuße der ohnehin durch Fliehkräfte und Schwingungen stark beanspruchten Leichtmetall-Laufräder. Die erreichten adiabatischen Wirkungsgrade liegen in einem breiten Betriebsbereich über 0,7 und nähern sich im Optimum 0,8. Wie erreichte man diesen Fortschritt?

Am Laufrad behielt man mit Rücksicht auf die sehr hohen Festigkeitsanforderungen die rein radialen Schaufeln bei, meist 14 bis 18 Stück. Die Krümmung des Schaufelanfangs ergibt infolge verbesserter Einströmung etwa 10% Wirkungsgradgewinn. Der beiderseits offene Schaufelstern wurde wegen seiner hohen Radreibung infolge der gegenseitigen Beeinflussung benachbarter Schaufelkanäle verlassen. Deshalb ging man zum halboffenen oder geschlossenen Laufrad über. Die letztere Ausführung ist hydraulisch am günstigsten, erfordert aber hohen Festigungsaufwand, während das halboffene Rad durch maßgerechtes Schmieden im Feingesenk bereits auf höchste Festigkeit gebracht wird. Für große Förderhöhen bei entsprechend hohen Umfangsgeschwindigkeiten kann der Druckrückgewinn hinter dem Laufrad bis zu 40% der Förderhöhe betragen. Daher wird ein sorgfältig ausgebildeter Leitapparat nachgeschaltet, dessen Schaufeln oft Überschallprofil haben. Die radiale Erstreckung ist jedoch aus Platzgründen beschränkt. Der restliche Druckrückgewinn findet im Spiralgehäuse statt. Bei Sternmotoren muß das Gehäuse wegen der vielen tangential abgeführten Laderrohre Ringform erhalten und der Druck durch längere Leitschaufeln gewonnen werden.

Zur besten Leistungsausnützung ist eine von der Höhe unabhängige Motordrehzahl mit bis zur Volldruckhöhe konstantem Ladedruck erwünscht. Ein unveränderliches Drehzahlverhältnis zwischen Lader und Motor setzt daher bei den erreichten großen Volldruckhöhen – einstufig Had über 10 000 m – eine starke Drosselung mit großer Erhitzung der Ladeluft in geringer Höhe voraus. Deshalb wird bei Volldruckhöhen über 4 000 m meist ein Schaltgetriebe im Laderantrieb oder auch eine hydraulische Kupplung vorgesehen. Mit zwei Gängen – bei sehr großen Einsatzhöhen auch mehr – läßt sich die Laderdrehzahl der Förderhöhe besser anpassen. In einem gewissen Höhenbereich muß aber stets entweder druckseitig oder zur Senkung der Laderantriebsleistung saugseitig gedrosselt werden.

Bei der teilweise verwendeten »Dralldrossel« wird mittels verstellbarer Leitschaufeln ein Einströmdrall erzeugt und mit der Drosselung zunehmend in Richtung der Umfangsgeschwindigkeit erhöht. Dadurch kann die Laderarbeit mit kleinerer Aufheizung, also verlustarm, verringert werden.

In einem Aussprachebeitrag auf der Akademietagung vom 19. 9. 1941 erklärte Prof. von der Nüll (DVL): »... aussichtsreiches Regelverfahren ... die von der DVL als Dralldrossel bezeichnet, seit über einem Jahr bearbeitet«. Dralldrosseln russischer Bauart wurden 1941 an AM 38 – Motoren der IL 2 festgestellt.

Die höchsten Temperaturen treten bei Überdrehzahl im Drosselbetrieb auf entsprechend der Sturzflugbelastung. Dabei muß die Drosselklappe etwas geöffnet bleiben und die höchstzulässige Motordrehzahl durch Propellerverstellung eingehalten werden. Für sehr große Nennhöhen über 10 000 m genügt die Förderarbeit eines einzelnen Laderrades nicht mehr. Dazu ist eine mehrstufige Ausführung durch Hintereinanderschaltung von zwei oder mehreren Laufrädern notwendig. Dabei zwingen allerdings die hohen Temperaturen meist zu einem Ladeluftkühler. Weil aber sein Druckverlust den Leistungsgewinn u. U. aufzehren kann, werden häufig zur Innenkühlung des Laders Kraftstoff oder Flüssigkeiten mit hoher Verdampfungswärme, z. B. Wasser, Alkohol, Methanol sowie deren Mischungen, eingespritzt.

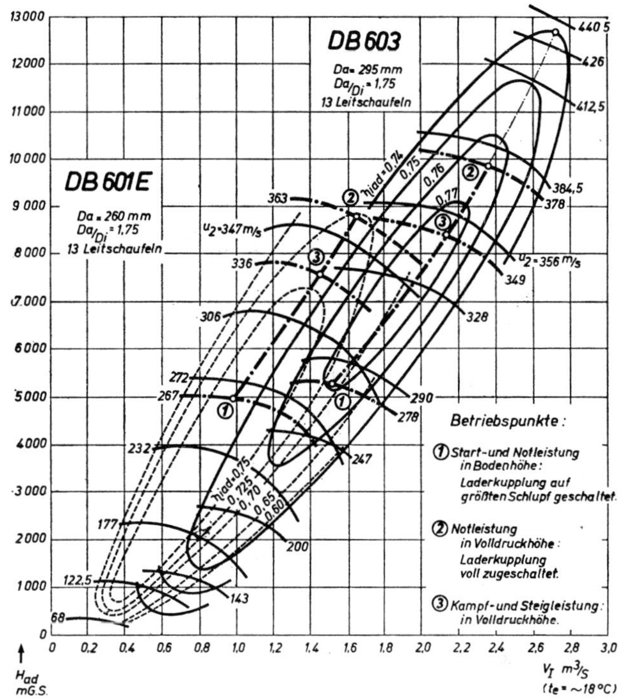

Gegenüberstellung des »Laderkennfeldes« des Daimler-Benz DB 603 A und des älteren DB 601 E. Über der Fördermenge V_I und der adiabatischen Förderhöhe in m Gassäule sind jeweils Linien gleichen Wirkungsgrades und gleicher Umfangsgeschwindigkeit u_2 bzw. Drehzahl (gestrichelt für den DB 601E) eingetragen. Die »Betriebslinie« als Verbindung der Hauptbetriebszustände verläuft bei beiden Motoren günstig im Bereich des besten Ladewirkungsgrades. Dieser beträgt beim DB 603A etwa 77% gegenüber etwa 75% für den DB 601E bei 378 bzw. 363 m/s maximaler Umfangsgeschwindigkeit.

Nutzung der Abgasenergie

Infolge der konstruktiv begrenzten Dehnung der verbrannten Ladung haben die Abgase bei Auslaßöffnung noch das erhebliche Arbeitsvermögen von etwa 100 bis 200% der Motorleistung. Dann liegen beim Viertakt-Otto- bzw. Zweitakt-Diesel-Motor die Drücke bei etwa 4–6 bzw. 5–7 bar, die Temperaturen bei etwa 1 000–1 200 bzw. 500–700°C. Die Abgasanlage muß deshalb zwei Aufgaben erfüllen: Erstens die hohe Abgasenergie ohne schädliche Rückwirkung auf Motor, Flugzeug und Insassen abzuführen, und zweitens sie dabei möglichst auszunutzen. Zunächst war man nur bestrebt, die gegenseitige Beeinflussung der Zylinder, die Brandgefahr und das Eindringen der CO-haltigen Abgase in den Besatzungsraum zu verhindern, dann befaßte man sich mit Schall- und Flammendämpfung und auch mit der Abgasausnutzung für Heizeinrichtungen. Die bei hochtourigen Fahrzeugmotoren übliche Resonanzabstimmung der Abgas- und Ansauganlage zur Verbesserung der Spülung und Füllung fand im Flugmotorenbau fast keine Anwendung.

Die einfachste Art der Abgasausnutzung des aufgeladenen Motors erfolgt mit der Schubdüse, auch Rückstoß- oder Strahldüse genannt. Sie wurde etwa 1935 in die Luftfahrt eingeführt, in Deutschland zuerst durch Junkers sowie Daimler-Benz als Einzeldüsen, während Rolls-Royce zunächst Doppeldüsen bevorzugte. Durch die düsenförmige Ausbildung mit ca. 60% Austrittsquerschnitt ergibt der Impuls der entgegen der Flugrichtung beschleunigt austretenden Abgase einen Schub, der mit zunehmender Fluggeschwindigkeit und Flughöhe zu Leistungssteigerungen bis

10% der Motorleistung und mehr führt. Ausgeführte Kombinationen von Strahldüsen mit Heizrohren verschlechtern die Rückstoßausnützung so stark, daß von deutscher Seite im Zweiten Weltkrieg die reine Strahldüse vorgezogen wurde, während man für die geforderten hohen Heizleistungen Benzin-Heizgeräte – die Kärcher-»Öfen« – entwickelte.

Probleme des Abgasturboladers

Schon im Ersten Weltkrieg begannen einige Ingenieure die Entwicklung von Abgasturbinen in Kopplung mit Ladegebläsen als Abgas-Turbolader. In Deutschland war es vor allem Lorenzen, der damals Versuche mit Abgasladern anstellte. Diese hatten bereits luftgekühlte Hohlschaufeln, durch welche allerdings die gesamte Ladeluft strömte. Lorenzen gab durch seine Arbeiten, die er auch noch in den 20er Jahren fortsetzte, als Pionier zweifellos Anstöße für spätere deutsche Entwicklungen.

In geringen Flughöhen ist die Abgasausnutzung beim Abgaslader trotz der Ersparnis an Verdichterantriebsleistung ungünstiger infolge des höheren Motorgegendrucks als beim Motor mit Getriebelader und Rückstoßdüsen. Dies ergaben bereits Vergleichsrechnungen des DVL-Instituts von Dr. v. der Nüll, das sich ebenso wie die Institute von Dr. Leist und auch Dr. F. A. F. Schmidt schon vor dem Zweiten Weltkrieg besondere Verdienste um die deutsche Abgasturbinen – sowie Laderforschung und -entwicklung erworben hat. Das Hauptproblem ist die Beherrschung der hohen Abgastemperaturen im Turbinen-Laufrad bei großen Fliehkraft- und Schwingungsbeanspruchungen mit den gegebenen Werkstoffen. Hochwarmfeste Legierungen brachten keinen wesentlichen Fortschritt zu höheren Umfangsgeschwindigkeiten, gesinterte Metalle wegen ihres hohen spezifischen Gewichts ebenfalls nicht. Dagegen wurden intensive Versuche mit keramischen Schaufeln (gesinterte Metalloxyde und -karbide, z.B. Sinterkorund) angestellt, die jedoch keinen Abschluß mehr erreichten. Zur Flugerprobung kamen nur gekühlte Abgasturbinen.

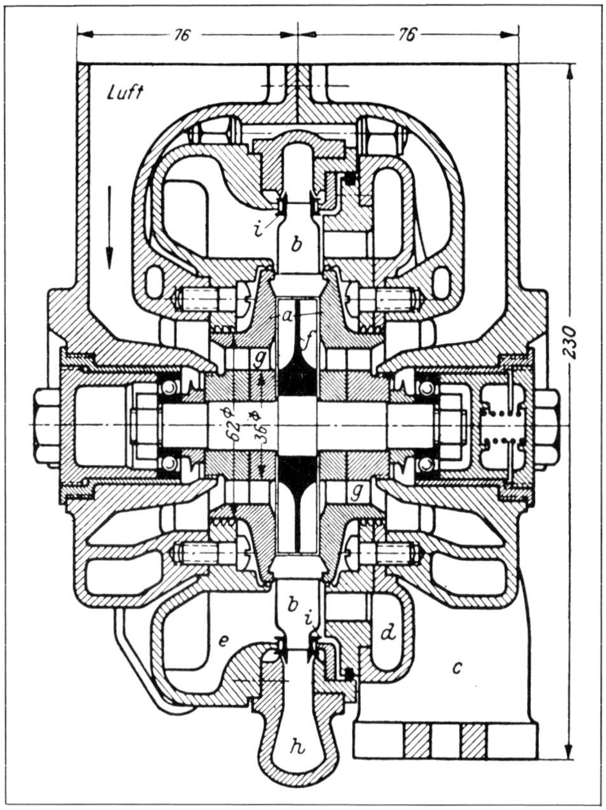

Oben: Lorenzen setzte seine schon im Ersten Weltkrieg begonnene Arbeit zur Vereinigung von Abgasturbine und Lader fort. Diese Ausführung wurde durch die DVL in den 30er Jahren untersucht. Vom Eintritt (c) und Ringraum (d) fließt das Gas axial durch Hohlschaufeln (b) in die Auspuffkammer (e). Die Ladeluft strömt aus Luftkanälen (g) von beiden Seiten radial durch das zweiflutige Verdichterlaufrad (f), das innerhalb der beiden Turbinenscheiben (a) rotiert, und durch die dazwischen befestigten Hohlschaufeln in den Diffusor (h). Mit Labyrinthringen (i) wird die Ladeluft gegen die Gase abgedichtet.

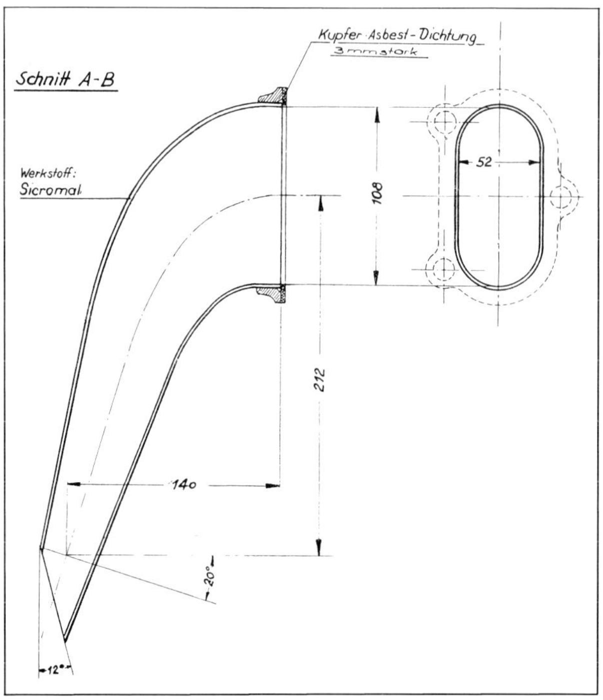

◀ Daimler-Benz-Rückstoßdüse für den DB 600-Motor (1938).

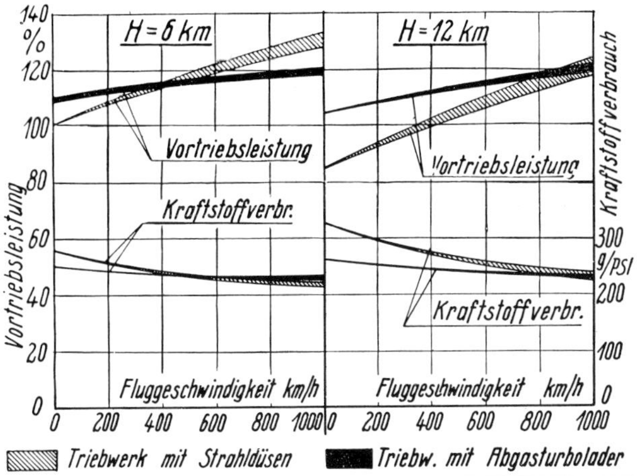

▲
Ein bei der DVL gerechneter Vergleich macht deutlich, daß der Abgasturbolader gegenüber einem Getriebelader mit Rückstoßausnutzung nur in großen Höhen bzw. bei niedriger Fluggeschwindigkeit einen Leistungsvorteil besitzt.

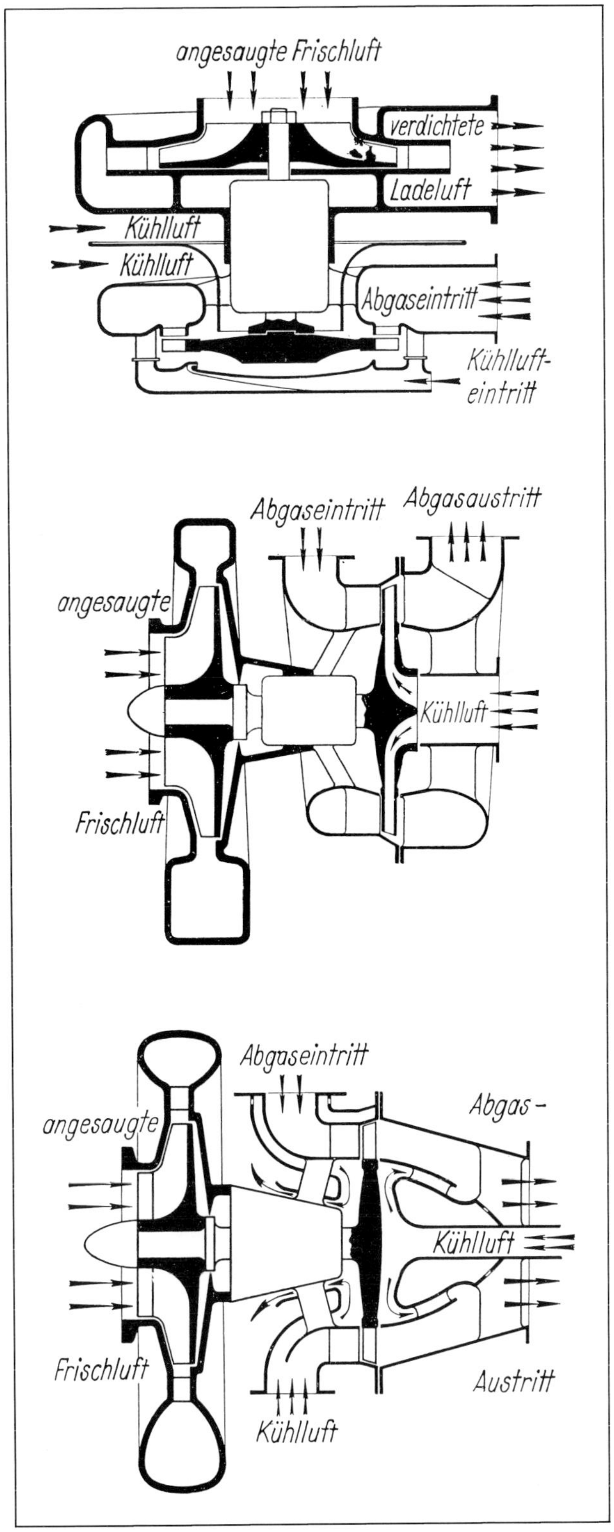

Die drei hauptsächlichen Kühlverfahren für Abgasturbinen: ▶
- Kühlung der Turbinenoberfläche (oben), z. B. Moss-General Electric
- Hohlschaufelkühlung (Mitte), z. B. bei DVL und BMW
- Kühlung durch Teilbeaufschlagung (unten), z. B. Leist-DVL.

Eine Kühlung der Abgase vor Turbineneintritt ist wegen der starken Verringerung des Wärmegefälles unwirtschaftlich. Eintrittstemperaturen über 1 000° C konnten mit gekühlten Turbinen ausgenutzt werden. Dabei wurden drei Lösungen zur Turbinenkühlung angewendet: Beaufschlagung von Sektoren des Schaufelrings durch Kühlluft – die sog. »Teilbeaufschlagung« –, Oberflächenkühlung der Turbine – vor allem der Scheibenflächen und der Lagerung, sowie Hohlschaufelkühlung mit einem Kühlluftbedarf von ca. 5–10% des Abgasgewichts. Auch Flüssigkeits-Verdampfungskühlung wurde untersucht. Parallel dazu lief die Entwicklung von hochwarmfesten Werkstoffen für Turbine und Abgasleitungen, meist auf der Basis eines hohen Nickel- und Chromgehalts. Nur beim Diesel-Zweitakt-Flugmotor mit seinen wesentlich niedrigeren Abgastemperaturen bestehen keine Kühlprobleme. Bei den ausgeführten Anlagen wird die Abgasturbine durchweg mit Stau, also bei angenähert konstantem Abgasdruck und gleichmäßiger Durchströmung betrieben. Das durch die Auslaßventile strömende Abgas verliert fast seine gesamte kinetische Energie, die aber als Wärme nicht ganz verloren ist. Bei guten Wirkungsgraden von Turbine und Lader kann ein etwas höherer Ladedruck als der vor der Turbine herrschende Druck der Abgase erzielt werden.
Die einfache Regelung durch Abblasen von Abgasen muß für niedrige Belastungen durch Ladeluft-Abblasung ergänzt

werden. Der Abgasturbolader wird häufig zusammen mit dem Getriebelader zur mehrstufigen Verdichtung verwendet. Wenn dabei die Turbine erst in der Höhe zugeschaltet wird, ergeben sich in Bodennähe betriebliche Vorteile durch den geringeren Gegendruck des Motors und durch die viel bessere Beschleunigungsfähigkeit des Getriebeladers. Beim Zusammenschalten ist meist ein Ladeluftkühler zwischen beiden Ladern erforderlich.
Bis 1945 liefen in Deutschland eingehende Entwicklungs- und Erprobungsarbeiten an Abgasladern neben der DVL bei BMW, Daimler-Benz, Hirth-DVL und Junkers, bei letzterer Firma jedoch fast nur für ihre Zweitakt-Dieselmotoren.

Die DVL- und Hirth-Abgaslader

Bereits Mitte der 30er Jahre begannen die bereits erwähnten Institute der DVL Forschungsarbeiten auf dem Abgasturbinengebiet, die dort ab 1935 zu Komponentenentwicklungen z. B. an gekühlten Laufschaufeln (F. A. F. Schmidt) und ab 1937 zu Prüfstands- und Flugversuchen mit eigenentwickelten Turbinen führten. Aufgrund der erzielten Ergebnisse veranlaßte das RLM daraufhin eine Zusammenarbeit mit der Industrie. Eine Ju 52 dient der DVL als »Fliegendes Labor« für Fluguntersuchungen an Abgasturbinen und Ladern. 1939 kommen zwei Hs 128-Höhenflugzeuge hinzu als Erprobungsträger für Abgaslader – z. B. den TK 9 und zweistufigen TK 16 –, auch für den von der Nüll – Fünfstufen-Radiallader von 15 000 m-Gleichdruckhöhe mit Zwischen- und Endkühlung sowie für Zusatzeinspritzung von Alkohol und GM 1.
1940 wird bei Hirth-Motoren die Entwicklung des von Dr. v. d. Nüll geschaffenen Abgasturboladers TK 9 (Geräte-Nr. 9-2 281) in breitem Maße aufgenommen. Als erster Versuchsträger beginnt eine Do 215 im Oktober 1941 die Flugerprobung. Beide DB 601 A-Motoren werden mit Hirth-DVL-Abgasladern TK ohne zusätzliche Getriebelader versorgt. Mit einer Drehzahl von 22 000 min^{-1} und 1 050 bis 1 100° Gastemperaturen werden Flughöhen bis 10 500 m erreicht. Ende 1941 fliegt die von Weser-Flugzeugbau umgerüstete Versuchsmaschine He 111 V 32, deren DB 601 U-Triebwerke ebenfalls direkt durch die Hirth-DVL Abgaslader TK 9 C aufgeladen sind. Die He 111-Versuche werden auf der V 1 und 1943 auf der W. Nr. 7 880 mit Jumo 211 F-Triebwerken und TK 9-Abgasladern fortgesetzt. In 10 500 m Höhe betragen bei Steigleistung mit 2 400 min^{-1} und 1,25 bar Ladedruck vor Motor die Abgastemperatur vor Turbine 800° C und 580° C im Austritt, der Abgasdruck 0,86 bar und der Ladedruck nach Abgaslader 0,59 bar bei 20 000 min^{-1} Turbinendrehzahl. Durch Ladeluftkühlung muß eine Grenztemperatur von 125° C vor den Ventilen eingehalten werden.
1942 führten die Forderungen nach einem Höhenjäger zur Abgasturbinen-Entwicklung für die Fw 190 mit DB 603 A-Motor. Der Erstflug mit dem Versuchseinbau des TK 9 AC findet im Januar 1943 mit der Fw 190 V18/U1 (CF-OY) statt. Die zustätzliche Einbaumasse der Gesamtanlage beträgt 230 bis 240 kg, davon das Turbinenladeraggregat 60 kg. Höchstzulässig für das Turbinenlaufrad sind 950° C an Eintritt und 22 000 min^{-1}. Insgesamt werden 6 Fw 190 entsprechend umgerüstet. Vergleichsflüge zu anderen Fw 190 mit DB 603 A bzw. mit 603 G und Getriebelader bzw. BMW 801 D mit und ohne Abgaslader ergaben, daß aus der aerodynamischen Verschlechterung durch den Ladeluftkühler und den unterschiedlichen Höhenleistungen ein Geschwindigkeitsverlust von 65 km/h in Bodennähe, in 7 000 m sogar 100 km/h und etwa gleiche Geschwindigkeit in 11 000 m für den Abgasturbolader gegenüber Zweigang-Zweistufenlader mit Rückstoß-Ausnützung resultieren. Daraufhin gab man diese Turbinenentwicklung zugunsten der Fw 190 mit Getriebelader auf. Dagegen werden Versuche mit Abgasladern an Kampfflugzeugen fortgesetzt, weil hier infolge der geringeren Fluggeschwindigkeiten merkliche Vorteile gegenüber dem reinen Getriebelader zu erwarten sind. Außerdem ergibt der Abgaslader für Nachteinsatz ausreichende Flammendämpfung, während die beim Getriebelader erforderliche Flammenvernichtungsanlage starken Rückstoßverlust und hohen Schleppwiderstand verursacht. Beim TK 9-Abgaslader sind die bei der DVL entwickelten Hohlschaufeln mit »Tannenbaum«-Profil verwendet worden. Etwa ab 1943 befaßt sich Hirth mit der Entwicklung eigener Abgaslader, dem Typ 9-2 426 mit Einstufen- und

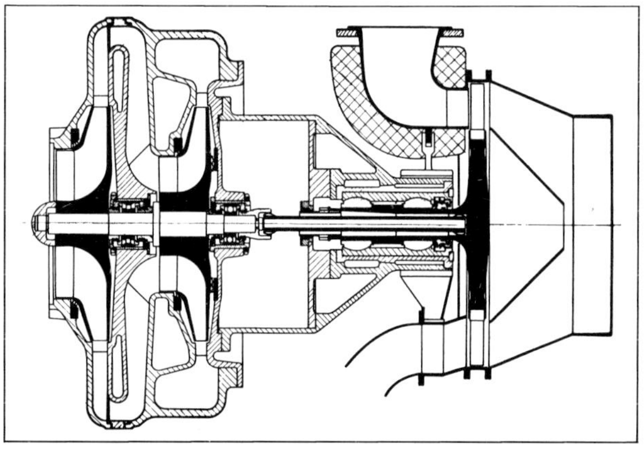

◀ Der durch von der Nüll, DVL, entwickelte Hirth-Abgaslader TK 9 hatte Hohlschaufeln, die Gastemperaturen bis 1100° C bei Drehzahlen von 22 000 min^{-1} erlaubten, und einen zweistufigen Verdichter. Damit wurde bei DB 601A-Motoren ohne nachgeschalteten Getriebelader über 11 000 m Volldruckhöhe erreicht. Das TK 9-Aggregat wurde während des Krieges in kleiner Serie für eine breite Flugerprobung hergestellt.

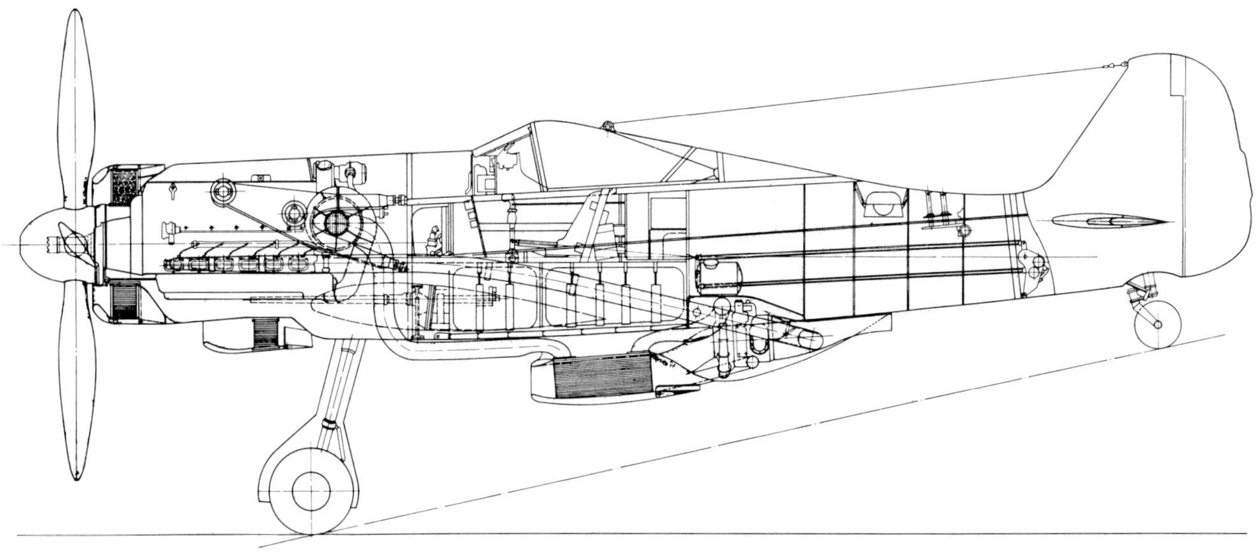

Ein Versuchseinbau des weiterentwickelten Hirth-Abgasladers Typ 9-2281 in die Focke-Wulf Fw 190 mit DB 603-Motor macht den zusätzlichen Bauaufwand und Luftwiderstand deutlich.

9-2279 mit Zweistufenlader für 11000 bis 16000 m Volldruckhöhe. Im September 1944 macht der Höhenjäger BV 155 mit Hirth-Abgaslader TKL 15, offenbar eine der genannten Eigenentwicklungen, seinen Erstflug. Doch sind dort bereits alle Arbeiten auf das Heinkel-Strahltriebwerk konzentriert.

BMW macht den Abgaslader serienreif

BMW begann 1937 mit der Entwicklung von Hohlschaufeln und anderen Komponenten, aus denen 1939/40 der erste Abgaslader für den BMW 801 entstand. Zur Verwendung als Einheitstriebwerk ist das 20 bis 22000 min^{-1} drehende Turbinenladeraggregat dicht hinter dem Motor mit fast senkrechter Welle angeordnet. Ein Turbinen-Wirkungsgrad bis über 80% wird erzielt. Die im Abgaslader und danach im Zweigang-Getriebelader verdichtete Ladeluft wird durch vier in Ringsektoren angeordnete Kreuzstrom-Ladeluftendkühler und einen Sammler zu den Zylindern geleitet. Durch Anbau dieses Abgasladers an dem BMW 801 D entsteht das Muster BMW 801 J und TJ. Es hat 1330 kW (1810 PS) Startleistung bei 2650 min^{-1} und 1,55 bar Ladedruck, in 11500 m Volldruckhöhe leistet es noch 1090 kW (1485 PS). Die Ladeluft wird dabei um 95°C auf 100°C in 12000 m gekühlt. Der Abgaslader wiegt rd. 75 kg. Die gepressten BMW-Hohlschaufeln sind an der Wurzel zwischen der zweiteiligen Turbinenscheibe eingespannt. Die Kühlluft wird dem Lader entnommen und durch die hohle Läuferwelle, durch die Scheibe und die Schaufeln geleitet, aus denen sie durch einen 1 bis 1,5 mm Radialspalt in das Abströmgehäuse gelangt. Bei 1000°C Gastemperatur sind Umfangsgeschwindigkeiten bis 300 m/s zulässig. Vom BMW 801 TJ wurde 1945 eine Nullserie gebaut. Damit ist er das einzige Abgasladertriebwerk neben dem Jumo 207-Diesel, das Serienzustand erreichte. Versuche mit dem 801 J-Abgaslader am 801 E-Motor wurden bald abgebrochen. Ebenfalls eingestellt wurde 1942 nach dem Bau einiger Versuchsmotoren die Entwicklung des 60 l-18-Zylinder BMW 802, eine auf 2200 kW (3000 PS) ausgelegte 801-Weiterentwicklung, bei der vor dem Motor ein Axiallader angeordnet ist und zwei Abgasturbinen ihr Drehmoment über Getriebe und Flüssigkeitskupplung direkt auf die Kurbelwelle liefern. Eine ähnliche Bauart verwendete die Firma Curtiss Wright später mit drei Wellenleistung abgebenden Abgasturbinen beim »Turbo-Compound«-Triebwerk TC 18 von 2750 kW (3700 PS), der als letzter und größter Kolben-Flugmotor auch bei der Lufthansa von 1955 bis 1967 in der Lockheed Super Constellation eingesetzt und mit Verbräuchen bis 230 g/kWh (170 g/PSh) besonders wirtschaftlich war.

Die Abgasladerentwicklung bei Daimler-Benz

Bei Daimler-Benz begannen Mitte 1939 Entwicklungsarbeiten zur Abgasturboaufladung von Motoren, als Dr. Leist von der DVL nach Stuttgart kam. Hier löste man das Kühlproblem durch Teilbeaufschlagung der Turbine, wobei die mit einer Stauhutze der Außenluft entnommene Kühlluft rund 35% des Turbinenumfangs beaufschlagte. Nach Firmenangabe ergab dies bei fast 1100°C Abgastemperatur noch mit 140 mm WS Kühlluftdruck sichere Schaufelkühlung. Für grundlegende Prüfstands- und Flugversuche dient

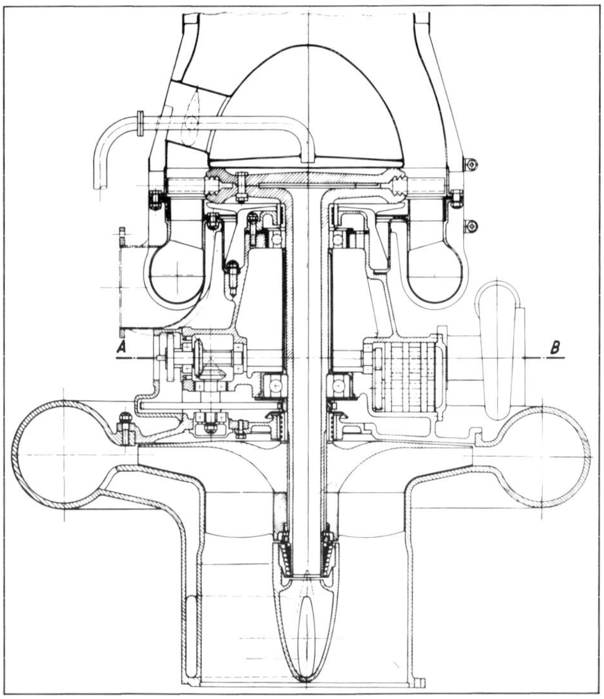

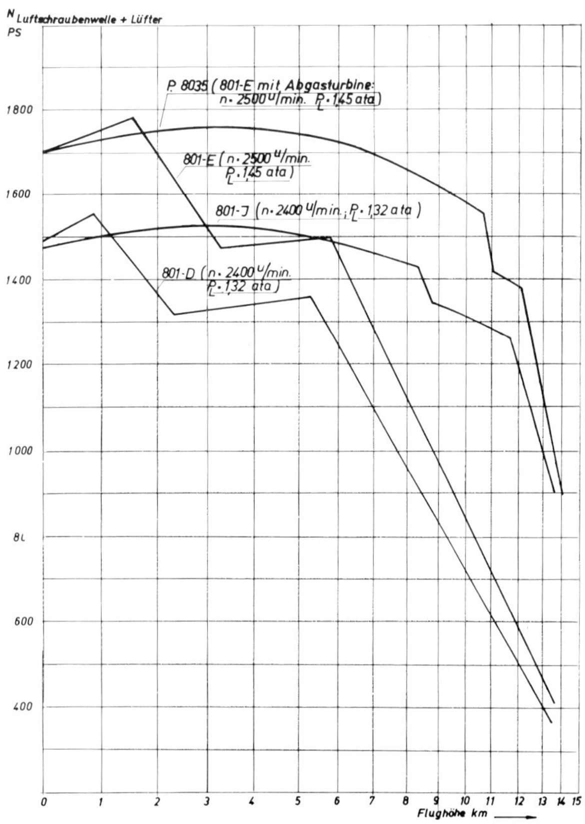

zunächst der DB 623, vom DB 603 als Grundmotor abgeleitet. Jede Zylinderreihe wird dabei von je einem dahinterliegenden Abgaslader DBT 306 direkt versorgt, der komplett rd. 40 kg wiegt. Der DB 623 wird als Mittelmotor einer Ju 52 auch im Flug erprobt. Die Abgaslader ergeben bei 1,3 facher Aufladung 9000 m Volldruckhöhe. Ende 1943 wird diese Entwicklung abgebrochen. Um größere Flughöhen zu erreichen, kombiniert man als nächsten Schritt den Abgaslader mit Getriebeladern unter Verwendung von DB 603- und DB 605-Serienmotoren. So entsteht zunächst der DB 624 für 15000–17000 m Volldruckhöhe auf der Basis des DB 603, jedoch mit einer Abgasturbine DBT 315 und zwei rechts und links hinter dem Motor angebrachten DB 603 G-Ladern sowie Zwischen- und Endkühlern. Die Schaltung dieser Aggregate ermöglicht den wahlweisen Antrieb dieser Lader. So ist mit erheblichem Aufwand eine Leistungsanpassung auch an die sehr unterschiedlichen Einsatzbedingungen eines Höhenjägers möglich. Die Prüfstandserprobung des DB 624 beginnt 1944. Parallel dazu wird an Motorprojekten für geringere Volldruckhöhen von 12000 bis 13000 m gearbeitet. Beim DB 621 auf DB 605 D-Basis sind die beiden DBT 306-Abgaslader vorne auf jeder Seite des Propeller-Getriebes angebracht und wirken auf den Serien-Getriebelader, der als 2. Stufe über einen Ladeluftkühler den Motor versorgt. Während mit dem DB 621 noch Höhenprüfstandsversuche begonnen werden, bleibt das ähnliche Projekt DB 622 mit dem Basismotor DB 603 nur auf dem Papier. Mit zwei Abgasladern DBT 106 in gleicher Anordnung wie beim DB 623 wird der aus dem DB 605 D stammende DB 625 auf dem Prüfstand und im Fluge u. a. in Bf 109 G bis zur Einstellung der Entwicklung 1942 erprobt. Über Versuche mit einem Abgaslader von Rheinmetall-Borsig am DB 626 – vom DB 603 G abgeleitet – ist nichts näheres bekannt.

Das Ende der Abgasladerentwicklung

Über eine Abgasladerentwicklung von Junkers an Viertaktmotoren ist außer einzelnen Projekten nichts bekannt geworden. Man brachte aber den Abgaslader mit dem Doppelkolben-Diesel-Zweitakter Jumo 207 zur Einsatzreife. Dem 650 kW (880 PS) 207 A mit 10000 m–Volldruckhöhe

Oben: In der Abgasturbine des BMW 801-J strömt die Kühlluft durch die hohle Läuferwelle, die zweiteilige Turbinenscheibe sowie die Hohlschaufeln, aus denen sie durch den Ringspalt ins Abströmgehäuse gelangt (1943/44).

Unten: Die Höhenleistung der BMW 801-D und -E-Motoren mit und ohne Abgaslader sind gegenübergestellt. Der BMW 801-D mit Abgaslader (801-J) leistete später mit höherem Ladedruck von 1,45 bar in 11500 m Volldruckhöhe 1020 kW (1385) bei 2425 min^{-1}.

Beim Jumo 207-Dieselmotor trieb die Abgasturbine mit 1,19-facher Übersetzung den rechts sichtbaren Lader an. Vor dort gelangte die Ladeluft zum darunterliegenden Spülgebläse als 2. Stufe und über die beiden vorne angeordneten Ladeluftkühler zu den Eintrittskanälen beiderseits des Motors, wie auch das Schema zeigt.

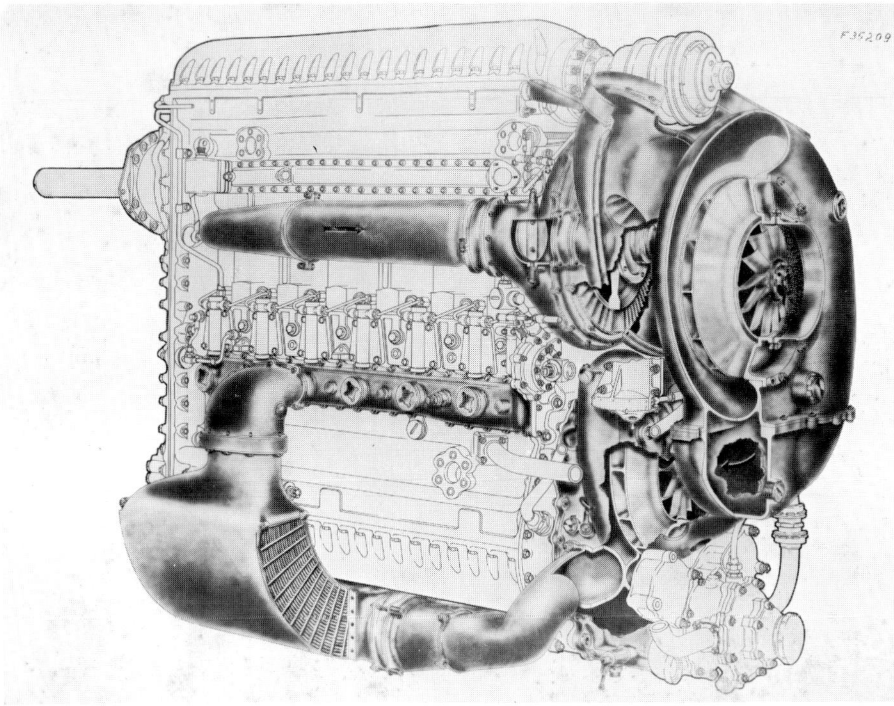

folgte 1941 der 735 kW (1 000 PS) Jumo 207 B mit 12 000 m. Die Ladeluft gelangt vom Abgaslader zum Spülgebläse – von der Kurbelwelle achtfach übersetzt angetriebenen – und über einen Ladeluftkühler zum Motor. Das Laufrad der Abgasturbine treibt das einstufige Radialgebläse 1,19fach übersetzt an. Die Abgasladerregelung erfolgt durch Abblasen von Abgas mittels einer Abströmklappe vor der Turbine.
Warum blieben die deutschen Abgasturbinentriebwerke – trotz der DVL-Vorarbeiten – im Entwicklungsstadium stekken? Sie wurden erst 1940, also zu spät für die Serieneinführung begonnen. Außerdem standen die erforderlichen hochwarmfesten Werkstoffe – vor allem Nickel – für eine betriebssichere Turbine im Krieg nicht ausreichend zur Verfügung. Schließlich wurde die knappe Entwicklungskapazität der Motorenindustrie zunehmend durch andere Projekte, vor allem durch das Strahltriebwerk, beansprucht. Diesem verhalf andererseits auch die an der Abgasturbine geleistete wertvolle Vorarbeit zum Durchbruch.

Leistungssteigerung durch Zusatzeinspritzung

In besonderen Notfällen wird vom Flugmotor eine kurzzeitige Steigerung der Höchstleistung gefordert. Diese Notleistung kann zur Startverbesserung ebenso wie zur Beschleunigung des Steigens, Zunahme der Geschwindigkeit oder Gipfelhöhe dienen. Zu diesem Zweck haben sich »Booster«-Verfahren der Zusatzeinspritzung sehr bewährt. Sie dient generell dazu, mehr Kraftstoff im Motor in Mehrleistung umzusetzen. Dies läßt sich entweder mit einer Senkung der thermischen Belastung durch Innenkühlung oder mit einer Sauerstoffanreicherung der Füllung erreichen.

Innenkühlung – Methanol/Wasser-Einspritzung

Zur Innenkühlung arbeiten Hochleistungsmotoren bei Vollast generell mit etwa 20 bis 25 % Kraftstoffanreicherung gegenüber dem Normalbetrieb. In Sonderfällen wird der Zusatzkraftstoff – teilweise von höherer Oktanzahl – in den Lader eingespritzt. Eine weitere Senkung der Motor- und Ladungstemperatur wird durch die Einspritzung von Stoffen hoher Verdampfungswärme in den Ladereintritt erreicht: Wasser ist trotz seiner sehr guten Verdampfungseigenschaften wegen der Korrosions- und Einfriergefahr weniger geeignet. Die Wassereinspritzung wurde daher im Einsatz nur sehr begrenzt verwendet, wenn geeignetere Stoffe fehlten. Kurzfristige Triebwerksinspektionen auf Korrosion waren dann notwendig.
Stark alkoholhaltige Kraftstoffe wurden schon früher zur Leistungssteigerung durch Innenkühlung, z. B. für Rennmotoren, benutzt. Durch Zusatzeinspritzung von Äthyl-Alko-

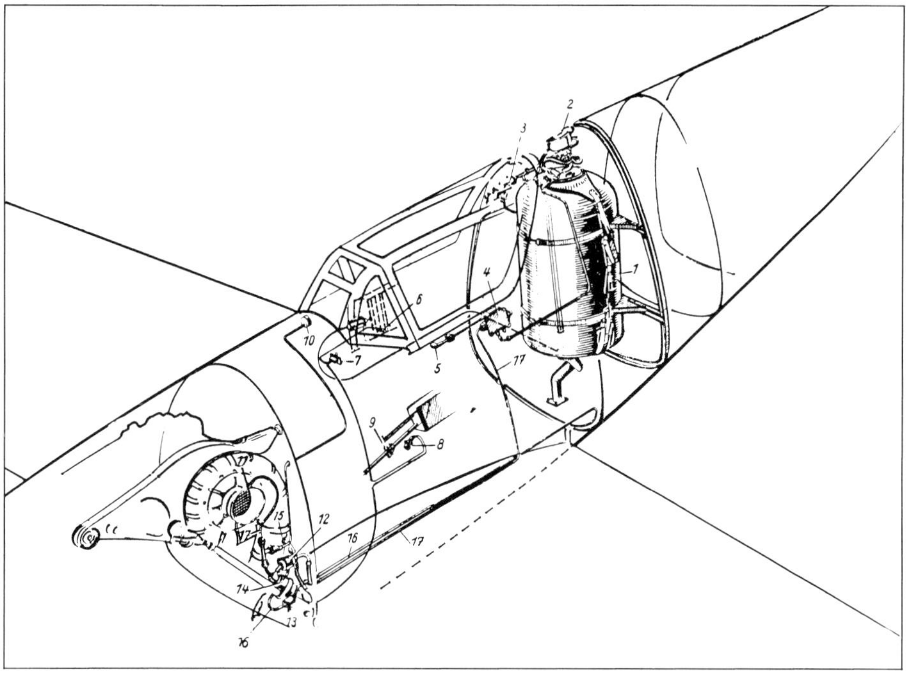

In der Me 109 war der Methanol-Wasser (MW-)-Behälter von etwa 70 l Inhalt stehend hinter dem Pilotensitz eingebaut. Die Einspritzung in den Ladereintritt wurde durch Betätigen eines Schalters und des Gashebels auf Notleistung ausgelöst.

hol erzielten die Daimler-Benz-Flugmotoren für die Weltrekordflugzeuge He 100 und Me 209 bis zu 150% Leistungssteigerung. Besonders bewährt hat sich eine Methanol (= Methylalkohol) -Wassermischung im Verhältnis 50:50 (»MW 50«) oder auch 30:70 (»MW 30«), in Sonderfällen auch Äthanol (= Äthylalkohol) -Wasser in demselben Verhältnis (EW 50 bzw. 30). Dieser Alkoholzusatz beseitigt fast die Einfriergefahr, senkt außerdem mit seiner hohen Verdampfungswärme – etwa die Hälfte von Wasser – zusammen mit dem Wasseranteil die Betriebstemperaturen, vergrößert auch damit die Ladungsmasse und erhöht durch seinen Heizwert gleichzeitig den Wärmeumsatz bei der Verbrennung. Bei Methanol-Wasser-Einspritzung konnte der Triebwerkshersteller u.U. auf einen besonderen Ladeluftkühler verzichten. Das Verfahren mit einem Einspritzdruck von 4 bar wurde bei fast allen Triebwerken im Fronteinsatz angewendet. Für die Notleistung überdrückt der Pilot den Anschlag des Leistungshebels und löst damit selbsttätig die Zusatzeinspritzung sowie die Kraftstoff-, Ladedruck- und Drehzahlanpassung aus. Die Anwendung dieser Leistungssteigerung war bis zu zehn Minuten Dauer ohne schädliche Auswirkung zulässig. Nur die Lebensdauer der Zündkerzen war auf 15 bis 30 Stunden beschränkt.
Jedoch sind diese Verfahren nur bis zur Volldruckhöhe brauchbar. Darüber hinaus kann der Lader nicht mehr die maximale Füllungsmenge in die Zylinder schaffen, so daß für die volle Kraftstoffmenge nicht genügend Sauerstoff vorhanden ist.

Sauerstoffanreicherung – Das GM 1-Verfahren

Zur Notleistung oberhalb der Volldruckhöhe hat sich daher die Zusatzeinspritzung von Sauerstoff bewährt. Unter Anwendung eines Sauerstoffträgers wurde dieses Verfahren erstmalig von deutscher Seite entwickelt und besonders erfolgreich während des Krieges in mehreren Flugzeugtypen eingesetzt. Die Zufuhr von reinem Sauerstoff führte zu Überhitzungsproblemen infolge der sehr hohen Verbrennungstemperaturen und starker Klopfneigung. Dagegen hat sich die Einspritzung von Stickoxydul N_2O (»Lachgas«) – das sogenannte GM 1-Verfahren – ausgezeichnet bewährt. Dr. O. Lutz, – damals an der Luftfahrtforschungsanstalt H. Göring LFA, – hatte 1939 dem RLM zur Steigerung der Höhenleistung N_2O als geeigneten Sauerstoffträger aufgrund systematischer Analyse vorgeschlagen. Das GM 1-Verfahren wurde dann bei der Erprobungsstelle Rechlin E 3 unter der Leitung O. Cuno durch R. Klein und W. Baist zusammen mit Dr. Lutz und der Niedersächsischen Gerätebaugesellschaft (Dr. Lieb, Dr. Rußwurm) in einer relativ kleinen Mannschaft entwickelt und erprobt. Darüber schreibt [R. Klein]:

»Unmittelbar nach dem ersten Motortest wurde im Winter 1939/40 die erste GM 1-Anlage in Rechlin in eine Me 109 E mit DB 601 A-Motor eingebaut. Sie war für druckverflüssigtes GM 1 (kritischer Druck 80 bar) ausgelegt, weil das Gas in dieser Form sofort zur Verfügung stand und auch die Bord-Ausrüstung für das Flugzeug mit dem geringsten Bauaufwand herzustellen war. Erst ab Mitte 1941 wurde aus vielerlei Gründen auf die kälteverflüssigte Phase des GM 1 umgestellt ... Nachdem einige Vereisungsprobleme beim Betanken des Flugzeuges mit druckverflüssigtem GM 1 beseitigt waren, startete ich zum ersten Erprobungsflug. Das Zuschalten von GM 1 im Horizontalflug in 8 000 m Höhe brachte innerhalb weniger Sekunden eine überraschend große Steigerung der Geschwindigkeit um ca. 100 km/Stunde ... Damit war der Startschuß für Entwicklung und Erprobung einer in Serie zu bauenden GM 1-Anlage für die Me 109 gegeben ... Die Serienanlage der Jagdflugzeuge für druckverflüssigtes GM 1 bestand aus einem Rüstsatz von zwei doppelwandigen Hochdruckstahlflaschen mit je 7 l Inhalt. Von den Flaschen führte eine Stahlleitung über ein elektro-magnetisches Einschaltventil zum Luftansaugstutzen des Motors und zu einer dort vor dem Ladereintritt eingeschraubten Verneblerdüse. Durch diese Düse wurde die Flüssiggasmenge dosiert und gleichzeitig durch tangential zur zentralen Austrittsbohrung verlegte Zuführungskanäle so fein vernebelt, daß die feinen Tröpfchen von der Luftströmung mitgerissen wurden und es nicht zu Eisansatz an den Wänden des Ansaugschachtes kommen konnte ... Zu einem weit größeren Problem wurde die Beschuß-Sicherheit der Behälter. Sobald ein Geschoß die Wand des mit N_2O gefüllten Druckbehälters durchschlug, detonierte dieser wie eine Sprengbombe. Die Leistungssteigerung beim Daimler-Motor DB 601 in der Me 109 betrug unmittelbar nach dem Einschalten bei 100 g/s GM 1-Zugabe 250 bis 280 PS in 8 000 m Höhe.«

Die Gründe für den großen Leistungsgewinn bei GM 1-Zusatz sind: Größerer O_2-Anteil als bei Luft, Ausnutzung der Zerfallswärme, Ladeluftkühlung durch hohe Verdampfungswärme (30% weniger als Wasser), Ladedrucksteigerung durch Aufdampfen vor Zylinder und erhöhter Wärmeumsatz im Zylinder. Wegen der Beschußgefährlichkeit ging man 1941/42 auf kälteverflüssigtes GM 1 über (Siedetemperatur –90°C bei Normalzustand). Hierzu mußten in kürzester Zeit wärmeisolierte Behälter für Flugzeug sowie Tank- und Transportfahrzeuge entwickelt werden. Die Förderung zum Motor erfolgte durch 4 bar Druckluft. Auch hierzu [R. Klein]:

»Die ersten Flugversuche mit kälteverflüssigtem GM 1 wurden mit dem Höhenaufklärer Ju 86 R mit Druckkabine und verlängerten Tragflächen sowie zwei Junkers Flugdieselmotoren Jumo 207 B 2 durchgeführt. Das GM 1 wurde in drei zu einem Rüstsatz zusammengefaßten wärmeisolierten Leichtmetallbehältern mit einem Fassungsvermögen von ca. 400 kg untergebracht. Am Ansaugschacht jedes Motors waren zwei Verneblerdüsen eingebaut, je eine für 60 g/s bzw. 100 g/s Durchsatz. Jede Düse konnte für sich allein oder auch beide Düsen gleichzeitig zugeschaltet werden. Letzteres ergab bei 4 atü Förderdruck einen Durchsatz von ca. 150 g/s, der aus thermischen Gründen erst ab 13 000 m Höhe zugelassen war. Bei drei Erprobungsflügen in Rechlin wurden mit dieser Ju 86 R nacheinander Druckhöhen von 14 350 m (Sinram), 14 600 m (Altrogge)

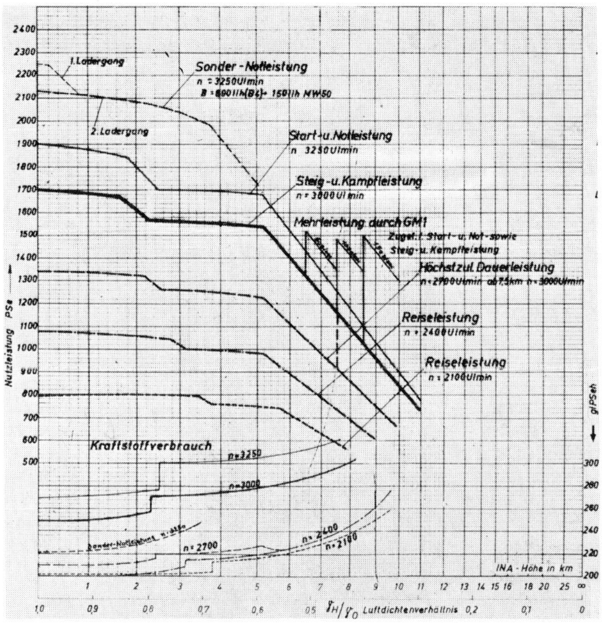

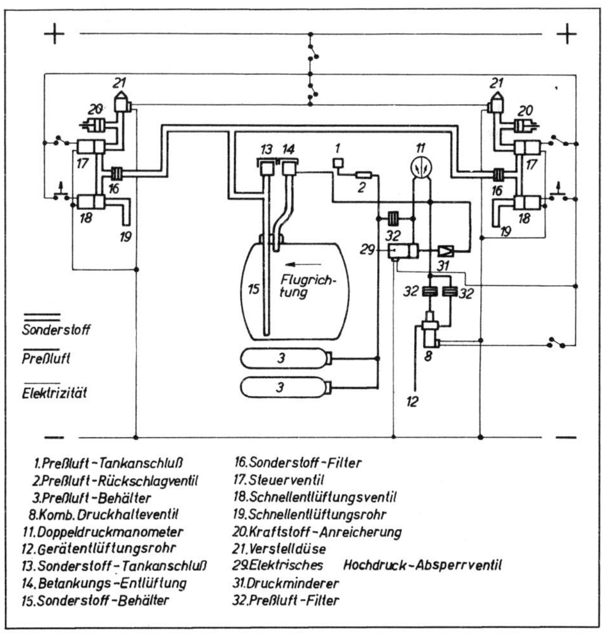

Oben: Aus dem Höhenleistungsschaubild des Jumo 213A gehen die großen Leistungssteigerungen hervor, die durch Einspritzung von „Sonderstoffen" erzielt wurden. Wasser-Methanol-Mischung (MW 50) wurde unterhalb der Volldruckhöhe, GM 1 oberhalb angewendet. Die Motoren konnten während des gleichen Einsatzes wahlweise mit einem der beiden Stoffe betrieben werden.

Unten: Das Schaltbild der GM1-Anlage in der Ju 88 zeigt den Weg des flüssigen Sauerstoffträgers vom 415 l Behälter (15) bis zu den Einspritzdüsen (21) und die erforderlichen Hilfssysteme.

und 14 800 m (Klein) erreicht; unter Berücksichtigung der Außenlufttemperatur des Tages entsprach der letzte Flug einer INA-Höhe von 15 000 m (Januar 1942) ...«

Nach Bekanntwerden der in Rechlin mit der Ju 86 R erreichten Flughöhen ließ die Versuchsstelle für Höhenflug in Oranienburg (Oberst Rowehl) eine solche GM 1-Anlage in eine weitere Ju 86 R und anschließend eine Anlage für kälteverflüssigtes GM 1 in den Fernaufklärer Ju 88 T mit BMW 801 D einbauen. Dazu schreibt wiederum [Klein]:

Dies wurde zu einem vollen Erfolg. Denn dieser luftgekühlte 14-zylindrige Doppelstern-Motor war hinsichtlich der mit GM 1 zu erreichenden Leistungssteigerung am wirkungsvollsten. So konnte die bis 10 000 m Höhe von 1 600 auf 880 PS abgefallene Steig- und Kampfleistung der Motoren mit 150 g/s GM 1 pro Motor um 60% auf 1 430 PS aufgestockt werden. Die Horizontalgeschwindigkeit des Flugzeuges stieg dadurch um 150 km/h von ca. 500 auf 650 km/h ... Hierzu der Kurzkommentar von Knemeyer nach der Rückkehr vom 1. Feindflug mit GM 1-Anlage: »Die Spitfires machten hoffnungslose Klimmzüge an meinen Kondensfahnen!«

Anschließend wurden weitere Ju 86 und Ju 88-Fernaufklärer mit Anlagen für Flüssig-GM 1 ausgerüstet, ferner erhielten die Jagdflugzeuge der Serienbaureihen Me 109 und Fw 190 »einstufige« Anlagen für 100 g/s GM 1. Mit der Bf 109 G-1 R 2 z. b. erfliegt R. Klein in 12 000 m Höhe 660 km/h – d. h. 100 km/h Gewinn – und 13 800 m Dienstgipfelhöhe. Es werden Mehrleistungen von etwa 300 bis 400 PS pro 100 g sekundlich eingespritztem N_2O erzielt. Bei der Ju 88 wog der GM 1-Rüstsatz 620 kg einschl. dem N_2O-Füllgewicht von 480 kg. Die Me 109 hatte 34 bis 135 kg Füllgewicht. Da ab 1944 der Jagdeinsatz meist im Bereich der inzwischen gestiegenen Volldruckhöhen der Ladermotoren erfolgt, verliert das GM 1-Verfahren an Bedeutung zugunsten der Methanol-Wasser-Einspritzung. Aus der Not geboren stellte es eine auch vom Ausland hocheingeschätzte technische Leistung der Triebwerksentwicklung dar, vor allem wenn man Aufwand und Erfolg gegenüberstellt.

Vom Vergaser zur Einspritzanlage

Die Vergaserentwicklung beginnt

Die Vergaser der ersten Flugmotoren waren wie bei den damaligen Fahrzeugmotoren einfache, z. T. beheizte Behälter, in denen die Ansaugluft durch eine Benzinfüllung geleitet und mit Benzindampf angereichert wird. Mitgerissene Tropfen werden durch Prallbleche zurückgehalten. Den nächsten Schritt stellt der von K. Maybach und C. Benz 1886 gleichzeitig erfundene Schwimmervergaser dar, in dem die Höhe der durchströmten Benzinschicht durch einen beweglichen Schwimmer mit Ventil konstant gehalten wird. Mit einem handbetätigten Regelventil kann das Gemisch durch Zusatzluft verarmt werden.

Die Drehzahleinstellung erfolgte ursprünglich durch Aussetzer-Regelung, indem unter Fliehkraftwirkung entweder die Zündung oder der Auslaßventilhub unterbrochen wurde. 1893 benutzte C. Benz erstmals eine Drosselklappe in der heute üblichen Anordnung zwischen Vergaser und Motor. Im gleichen Jahr erfand K. Maybach den Spritzdüsenvergaser, dessen Prinzip bei Ottomotoren noch weitgehend verwendet wird. Dabei tritt der Kraftstoff aus einer Spritzdüse, und zwar an einer durch Blende – später durch Lufttrichter als »Venturidüse« – verengten Stelle des Ansaugkanals. Mit Ejektor– bzw. Strahlpumpenwirkung wird der Unterdruck zur Förderung des Kraftstoffes benutzt, der sich in der Luftströmung durch Verwirbelung fein verteilt. Mittels Schwimmer und Nadelventil wird der Benzinstand in der Zuströmkammer gegenüber der Spritzdüse konstant gehalten. Das Prinzip dieses nur im Ausland patentierten Maybach-Vergasers übernahmen bald darauf die meisten deutschen und ausländischen Motorenfirmen.

Weiterentwicklung des Vergasers im Ersten Weltkrieg

Die Vergaserentwicklung im Ersten Weltkrieg – sie erfolgte hauptsächlich durch die Flugmotorenhersteller selbst oder durch die Spezialfirma Pallas – baute (mit Ausnahme von Maybach) auf dem Spritzdüsenvergaser auf. Vor allem seine Regelfähigkeit, d. h. die mehr oder weniger selbsttätige und optimale Anpassung des Kraftstoff-Luftverhältnisses an die Ansaugluftmenge bei allen Betriebszuständen, wurde ständig verbessert. Es entstanden Mehrfachanordnungen der Kraftstoffdüsen – zunächst als Leerlauf- und Hauptdüse – und später dazu Mehrfach-Lufttrichter beim »Registervergaser«.
Mit wachsender Ansaugluftmenge, also ansteigendem Unterdruck im Lufttrichter wird das Gemisch infolge der physikalischen Fördercharakteristik der einfachen Spritzdüse reicher. Deshalb setzte sich die zuerst von Zenith eingeführte Ausgleich-(Kompensator-)Düse allmählich durch, die mit Luft schaumartig vermischten Kraftstoff liefert, wobei der Luftanteil mit dem Unterdruck ansteigt. Durch Abstimmung zwischen Ausgleich- und Hauptdüse ließ sich also das Mischungsverhältnis in gewissen Grenzen konstant halten. Auch mit der Flughöhe wird das Gemisch aus genannten Gründen zunehmend reicher. Dadurch kann schon im 1 000 m Höhe eine spürbare Leistungseinbuße zusätzlich zum quantitativen Füllungsverlust eintreten. Diese Tatsache blieb lange in den Ersten Weltkrieg hinein bei der Motoren- und Vergaserentwicklung unbeachtet, bis man sich etwa ab 1916 zwangsläufig mit dem Höhenverhalten der Triebwerke intensiver befassen mußte. Benz und andere Firmen verwendeten dann eine Zusatzluftsteuerung durch handbetätigten Absperrhahn. Diesen mußte der Pilot nach Gefühl bedienen – zu starke Verarmung führte zu »rauhem« Motorlauf. Im Daimler-Vergaser befand sich ein unterdruckge-

steuertes Ringventil zur selbsttätigen (beschränkten) Regelung der Zusatzluft.
Mit zunehmender Zylinderzahl und den verzweigten Ansaugleitungen war nicht nur die quantitative, sondern auch die qualitativ gleichmäßige Gemischverteilung sehr erschwert. Außer der intensiven Zerstäubung verbesserten auch vielfältige Vorwärmeinrichtungen die Verdampfung und Gemischverteilung, außerdem schützten sie vor Vergaservereisung. Teils wurden Vergasergehäuse sowie Saugrohr mit Kühlwasser-, Abgas- oder Ölwärme beheizt, teils erwärmte sich die Ansaugluft an den heißen Motorwänden, der Abgasanlage oder bei Durchleitung durch das Kurbelgehäuse, und trug gleichzeitig zur Ölkühlung bei. Die Beheizung der Ansaugluft wurde zur Vermeidung starker Füllungsverluste später abschaltbar gemacht. Ferner wurden zunehmend Doppelvergaser verwendet.
Als hängengebliebene Schwimmer und Nadelventile Motorbrände verursachten, brachte Karl Maybach, Sohn W. Maybachs, 1908 seinen schwimmerlosen Vergaser heraus. Ursprünglich für die Luftschiffmotoren bestimmt, wurde diese Bauart dann auch für alle Maybach-Flugmotoren verwendet. Durch den doppelten Überlauf wird ein ruhiger Benzinspiegel mit stets gleichem Abstand zur Benzindüse erzielt. Ein Drosselschieber dient zur Mengenregelung das Gemisches. Um Benzinniederschlag in der Ansaugleitung zu vermeiden, führt K. Maybach 1911 als Verbesserung die Nebenluft hinter der Benzindüse unter 90° zum Hauptstrom ein und ordnet einstellbare Ablenkflächen in beiden Luftströmen an. Der Vergaser des Mb IVa entspricht dieser Bauart, ist aber in der Regelung dem überverdichteten Höhenmotor besser angepaßt. [O. Schwager] erläutert:

»Auf dem Düsenkörper ist ein mit der Luftregulierung verbundener Drehschieber angeordnet, der je nach Belastungszustand des Motors die größere oder kleinere Düse, die als Leerlaufdüse anzusehen ist, abdeckt bzw. den freien Querschnitt der größeren Düse reguliert.
Mit dem Drosselhahn wird sowohl die Menge des Gemisches als auch die der Zusatzluft geregelt. Die Anordnung der Eintrittsöffnung für die Zusatzluft ist so getroffen, daß der Luftstrahl unter einem Winkel auf das über den Düsenkörper hinweggesaugte Gemisch auftrifft, wodurch eine äußerst innige Mischung von Brennstoff und Luft erzielt wird. Damit das Anlassen des Motors ohne Schwierigkeiten möglich ist, ist in dem Hauptquerschnitt außerdem noch eine Klappe angeordnet, die mit dem Anlaßgestänge verbunden ist. Durch diese Klappe wird der Hauptluftquerschnitt so weit verengt, daß der zur Bildung eines leicht entzündlichen Gemisches erforderliche Unterdruck mühelos erreicht wird.

Gemischbildung bei Umlaufmotoren

Die Rotationsmotoren hatten keinen gesonderten Vergaser. Da hier die Luft durch den hohlen hinteren Kurbelwellenzapfen angesaugt wird, trägt dieser am Ende das Drosselorgan, während der Kraftstoff durch eine Düse unter dem

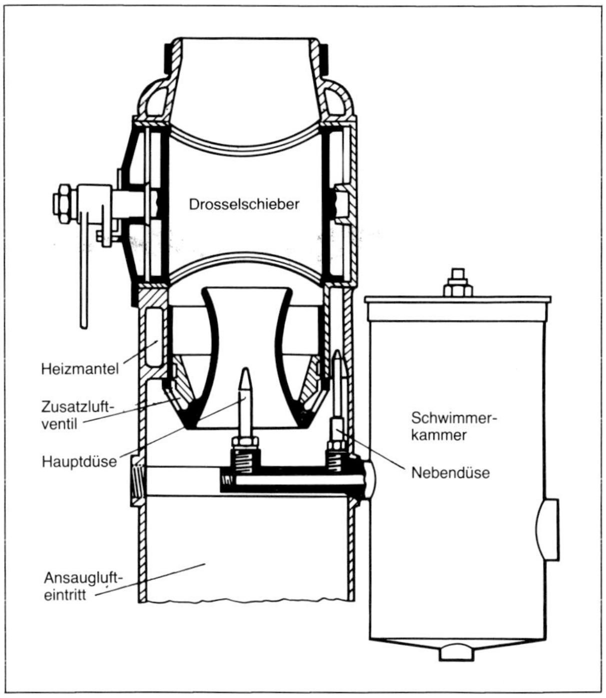

Der einfache Daimler-Vergaser, wie hier für den D IVa-Motor (1916), besaß einen Drehschieber zur Drosselung und ein Ringventil, das selbsttätig den Eintritt von Zusatzluft in das Gemisch entsprechend dem herrschenden Unterdruck regelte und damit auch eine beschränkte Höhenanpassung bewirkte.

Bereits bei seinen ersten Luftschiffmotoren verwendete K. Maybach einen selbstentwickelten schwimmerlosen Vergaser, um die Brandgefahr bei Hängenbleiben des Schwimmers auszuschalten. Die Ausführung am Mb IVa (1917) zeigt den doppelten Überlauf, den Drehschieber zur Düsenverstellung, den vertikalen Schieber im Hauptluftquerschnitt zur Anreicherung beim Anlassen und den Haupt-Drosselschieber, der gleichzeitig die Zusatzluft steuert.

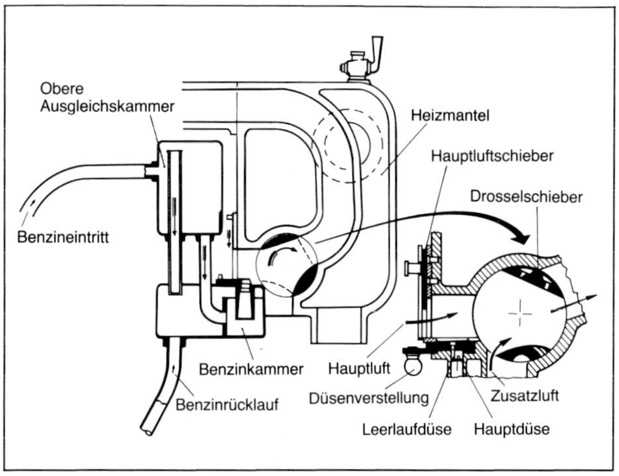

Tankdruck in den Hohlzapfen eingeführt wird. Er wird von der Luftströmung mitgerissen und vermischt sich im Kurbelgehäuse durch Verwirbelung. Beim Oberursel-Gnôme U0, I und III diente ein Hülsenschieber zur Regelung der Ansaugluft, in diesen ragte die perforierte Benzindüse hinein. Bei niedrigen Außentemperaturen benutzte man eine längere Winterdüse, durch die der Benzinaustritt zum Kurbelgehäuse verlegt und Eisbildung in der Kurbelwelle vermieden wurde. Am Ende des Kurbelwellenzapfens befand sich noch ein Flammenschutzsieb um – besonders bei Drosselung oder Ventil- bzw. Kolbenschäden – Flammenrückschlag in den Motorraum zu verhindern. Der Pilot konnte das Mischungsverhältnis mit Hilfe einer Feineinstellung des Benzindrosselhahns in primitiver Weise regeln. Zu berücksichtigen ist, daß diese Umlaufmotoren ohnehin nur bei »Vollgas« einwandfrei arbeiten. Bei Drosselung liefen sie sofort aus den

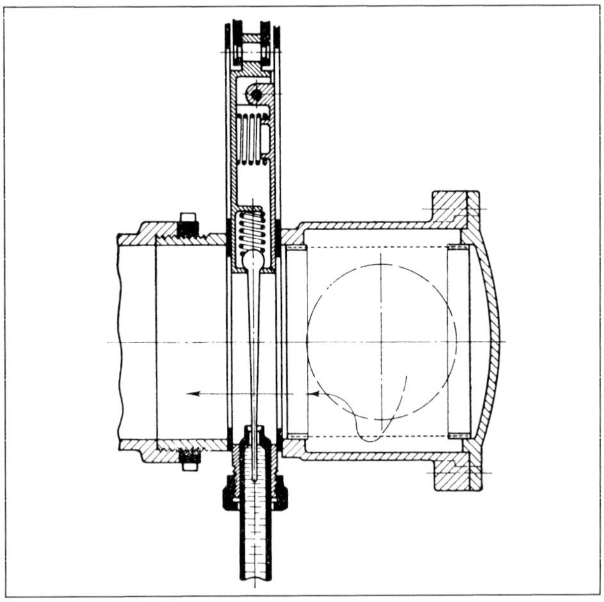

◀ Die Vergaser der Oberurseler Umlaufmotoren UR II und III (1916/17) bestanden nur aus einem vertikal bewegten Flachschieber mit einer angehängten langen Düsennadel, sodaß die Luft- und Kraftstoffmenge gemeinsam gesteuert werden konnte. Die Kraftstofförderung erfolgte damals durch Luftdruck auf den Tank mitteln Handpumpe bzw. später mit einer kleinen Motorpumpe. Der Vergaser mit einem vorgeschalteten Rückschlagsieb saß auf dem Ende des hinteren hohlen Kurbelwellenzapfens.

Der von BMW entwickelte »Register«-Vergaser des BMW IIIa (1917) brachte einen großen Fortschritt in der optimalen Gemischanpassung für Flughöhen bis über 8000 m. Dabei wurden Gemisch und Zusatzluft durch 3 Lufttrichter und ein gekoppeltes Klappensysystem registerartig gesteuert. Mit einem zusätzlichen »Höhengashebel« konnte der Pilot die in Bodennähe vorgeschriebene Drosselung des überbemessenen Motors stufenweise der Flughöhe anpassen. ▼

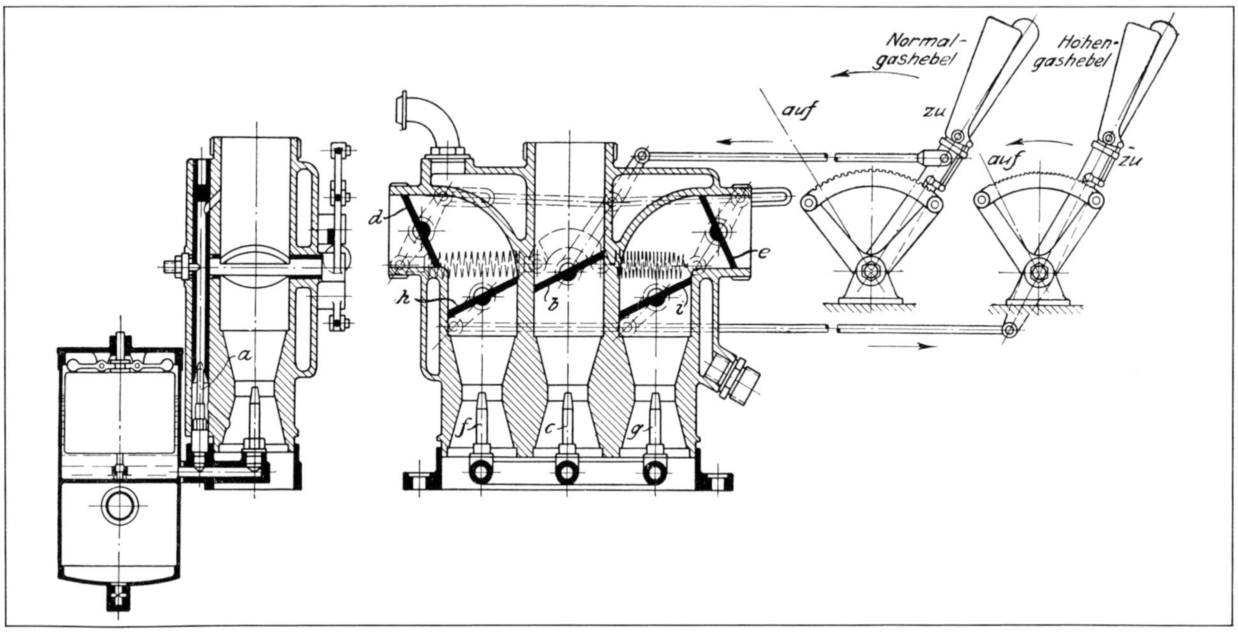

früher erwähnten Gründen sehr unruhig, so daß die Piloten zur Drehzahlverringerung einen Kurzschlußknopf am Steuerknüppel benutzten! Die späteren Oberursel-Le Rhône UR II u. III ebenso wie der Sh IIIa, die eine etwas bessere Regelfähigkeit hatten, besaßen einen Drosselschieber mit einer angehängten Düsennadel, so daß Luft- und Benzinquerschnitt gemeinsam durch einen Hebel gesteuert werden konnten.

Der BMW IIIa-Register-Höhenvergaser

Den größten Fortschritt brachte dann 1917 der Register-Vergaser der Bayerischen Motorenwerke für den BMW IIIa, in dem 5 Drosselklappen, 3 Lufttrichter und 4 Benzindüsen in einem mit Kühlwasser beheizten Gehäuse vereinigt sind. Nur für den Leerlauf von rd. 280 min^{-1} dient die kleinste Düse in einem Nebenluftkanal, der hinter der Drosselklappe im mittleren Ansaugstutzen mündet. Bei zunehmender Belastung wird mit dem »Normalhebel« zunächst nur diese mittlere Klappe geöffnet, und die zugehörige Benzindüse im mittleren Lufttrichter tritt in Tätigkeit. Von halber Öffnung an beginnen durch gekoppelte Gestänge auch die beiden äußeren oberen Drosselklappen ganz aufzumachen. Die beiden unteren Klappen (»Höhendrosseln«) bleiben zwar in Bodennähe geschlossen, durch ihre seitlichen Ausschnitte kann aber nun zusätzliche Ansaugluft und entsprechend auch Kraftstoff aus den beiden äußeren Düsen einströmen. Die beiden Höhendrosseln dürfen erst ab 2000 m in drei Höhenstufen bis zur vollen Öffnung in 4000 m mit dem »Höhengashebel« betätigt werden. Die beiden seitlichen Saugstutzen sind ebenso wie der mittlere an getrennten Stellen in das Sechszylinder-Sammelrohr geführt. Dieser Vergaser verlangte zwar eine etwas umständliche Bedienung, er trug aber entscheidend zur international anerkannten Leistungsfähigkeit und Wirtschaftlichkeit bis 8000 m des Höhenmotors BMW IIIa bei.

Die Vergaserentwicklung kommt fast zum Stillstand

Die starken Beschränkungen des deutschen Flugmotorenbaues in den 20er Jahren wirkten sich ebenso nachteilig auf die spätere Vergaserentwicklung aus, über die nur wenig zu berichten ist. Zunehmend wurden ausländische Vergasertypen, teilweise auch als Lizenzbau, bei den stärkeren Motoren eingebaut, wie z. B. Zenith und Pallas-Stromberg. BMW verwendete auch am BMW IVa, V und VI einen eigenen Vergaser, der im Grundaufbau völlig dem Registervergaser des BMW IIIa entsprach. Daneben wurde der Zenith-Vergaser 60 DCL bei einer Baureihe eingebaut, deren Mehrleistung von 10% jedoch sicher wesentlich auf die verbesserte Ansaugleitung zurückging.

Der Argus-Vergaser des As 411-Motors (1939/40) arbeitete mit selbsttägiger Gemisch-und Ladedruckregelung. Er besaß vier Düsen. Die Leerlauf- und Hauptdüse förderten automatisch je nach Unterdruck im Drosselklappenspalt bzw. Lufttrichter. Bei Steigleistungs- bzw. Start-Stellung des Bedienhebels wurden die Zusatz- bzw. Anreicherungsdüse durch Nocken und Stößelventile zugeschaltet. Am Vergaser war auch ein barometrischer Gemischregler angebaut, der auf den Gemischregelhahn wirkte, dadurch wurde eine höhenabhängige Zusatzluftmenge gesteuert. Außerdem befand sich der durch die Stellung des Bedienhebels beeinflußte Ladedruckregler am Vergaser.

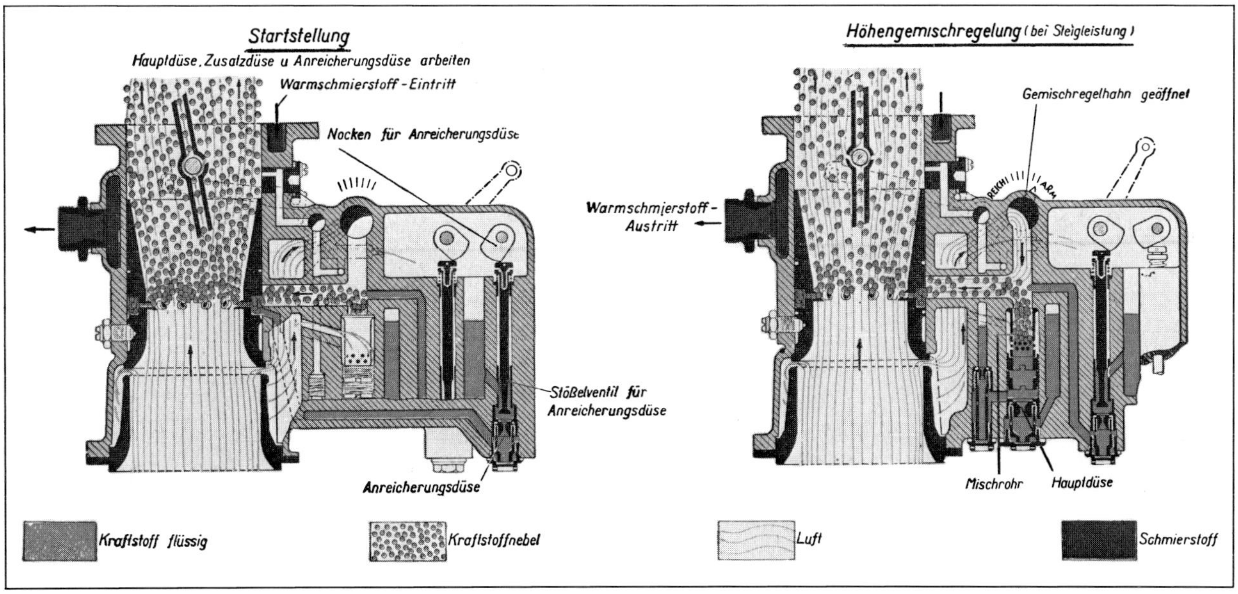

Mit Neuentwicklungen befaßte sich als einzige deutsche Firma nur die Sum-Vergaser-Gesellschaft. Ihre Fabrikate wurden an Junkers- und Siemens-Motoren der 20er Jahre, später dann an nicht aufgeladene Typen von Argus, Hirth und Bramo angebaut. Sum lieferte auch einen schwimmer- und ventillosen Kunstflugvergaser, mit dem z.B. Sh 14a-Motoren teilweise ausgerüstet waren.
Die letzte deutsche Vergaserentwicklung stellt der im As 411A-1 eingebaute Argus Typ 9-2195A dar. Es war ein Saugvergaser in Vertikalbauart mit Einhebelbedienung, angebauter selbsttätiger Ladedruck- sowie Höhengemischregelung und einem Heizmantel zur Gemischvorwärmung durch den Schmierstoff. Nach 1945 wurde in Deutschland keine Vergaserentwicklung für Flugmotoren aufgenommen.

Vorarbeiten zur Kraftstoffeinspritzung bis 1919

Versuche mit der Kraftstoffeinspritzung beim Flugmotor wurden schon frühzeitig begonnen. Beim französischen Antoinette-Leichtmotor (1907/08) floß der Kraftstoff aus einer kleinen Kammer direkt auf das darunterliegende Einlaßventil. Etwas später begann Grade (1908/09) mit seinen kleinen Zweitaktflugmotoren. Bei diesen lieferte das Kurbelgehäuse im Abwärtsgang des Kolbens den Förderdruck auf den Benzintank. Wenn beim Aufwärtsgang durch den Unterdruck das große automatische Luft-Ansaugventil öffnete, wurde gleichzeitig durch eine kleine Bohrung im Ventilsitz der Kraftstoff eingespritzt, im Sitzspalt zerstäubt und dann durch Verwirbelung gut vermischt. Diese »Vergaserventile« waren an jedem Zylinder angebracht. Beide Firmen setzten ihre Entwicklung nicht fort.
Erfolgreiche Vorarbeit zur Direkteinspritzung leistete Hugo Junkers mit seiner Forschungsanstalt. Darüber berichtet Lichte in der [Junkers-Festschrift von 1968]:

»In den Jahren 1911–14 erforschte Junkers (neben den Problemen der Wärmebelastbarkeit) auch die Gemischbildung und Verbrennung an Brennräumen und die Brennraumgestaltung. Für die motorische Verbrennung entwickelte die Junkersforschung das Verfahren der direkten Kraftstoffeinspritzung in den Brennraum, das für kontinuierliche und periodisch wechselnde Einspritzung bis heute in den maßgeblichen Bauelementen – Düsen, Einspritzpumpen, Reglern – sich nicht geändert hat. Sie schuf die Voraussetzungen für eine beherrschte, geregelte Verbrennung sowohl für stationäre als auch für Otto- und Dieselbrennräume zu einer Zeit, als die übrige Motorenindustrie an derart weitreichenden Entwicklungen nicht interessiert war.«

Bei der folgenden Entwicklung seiner leichten Zweitakt-Gegenkolbenmotoren arbeitete Junkers an Hochdruck-Einspritzsystemen sowohl für das Otto- wie für das Dieselverfahren. Über diese Frühphase der erfolgreichen Junkers'schen Entwicklungstätigkeit berichtet [Lichte, 1940]. Ferner gibt [Gilles] dazu interessante Einzelheiten:

»Der Gedanke, den Kraftstoff unmittelbar unter Umgehung der Gemischbildung durch einen Vergaser in den Verbrennungsraum einzuspritzen, wurde von der Inspektion der Fliegertruppen bereits

Anordnung des membrangesteuerten Luftansaugventils mit Benzinregler als sogenanntes »Vergaserventil« an dem im Deutschen Museum befindlichen Grade-Motor (1909). Zu erkennen sind auch die beiden ursprünglich für Krafträder entwickelten Bosch-Magnetzünder Typ DA1. Rechts die Ausführung des Vergaserventils (Stand etwa 1914) mit schwimmergeregelter Zufuhr des Kraftstoffs, der durch eine kleine Bohrung in den Sitz des geöffneten Ansaugventils eintritt.

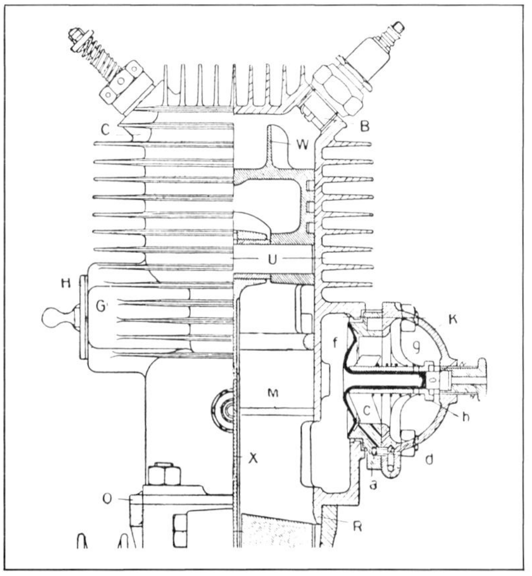

Ende 1916 erwogen. Vorläufig ließen jedoch der Stand der Entwicklung der Einspritzeinrichtungen und die im engeren Fachkreis herrschende Meinung über die Aussichtslosigkeit der Feinregelung der Kraftstofförderung innerhalb eines großen Drehzahlbereiches von einer sofortigen Inangriffnahme von Einspritzversuchen bei Flugmotoren absehen. Erst die Besichtigung des von Prof. Junkers in Dessau im Betrieb vorgeführten Zweitakt-Leichtmotors mit gegenläufigen Kolben und Kraftstoffeinspritzung im März 1918 durch Vertreter der Inspektion führte im April zu einem Auftrag an die Forschungsanstalt von Prof. Junkers, ihr Einspritzverfahren an einem Daimler D IVa-Motor versuchsweise anzuwenden. Die »Forschungsanstalt« richtete den ihr zur Verfügung gestellten Motor für wahlweisen Vergaser- und Ladepumpenbetrieb ein, um das Verhalten des Motors in beiden Betriebsarten unter möglichst gleichen Bedingungen prüfen zu können. Als Einspritzpumpe wurde eine für einen Vesuchsmotor bestimmte Ventilpumpe mit einer größten Fördermenge von 0,37 ccm Kraftstoff je Zylinder und Pumpenhub benutzt, da die für den 500 PS-Zweitaktmotor von Junkers entwikkelte kolbengesteuerte, die Einspritzmenge durch die Kolben-Totlage regelnde Pumpe bezüglich der Fördermenge für den Betrieb des D IVa ungeeignet war. Sie wurde behelfsmäßig auf der Auspuffseite angeordnet und mittels Kette angetrieben. Bei den im Laufe des Sommers 1918 durchgeführten Versuchen wurde festgestellt: Der Motor springt nach Durchdrehen der Einspritzpumpe von Hand besser an als mit Vergaserbetrieb; mit der Pumpe läßt sich eine Leerlaufdrehzahl von 300 U/min ohne Anstände halten; die Mengenregelbarkeit ist in allen Belastungen gut, das heißt die Gemischbildung ohne Aussetzer und Spätzündungen möglich; bei Einspritzbetrieb und unmittelbarem Lufteinlaß an den Stutzen der Einlaßventile, die mit Reglerklappen versehen werden, wird eine um 15% höhere Vollgasleistung erzielt als im Vergaserbetrieb.
Die letzten Versuche fanden in Gegenwart von Vertretern der Inspektion im Oktober 1918 statt. Die »Forschungsanstalt« führte in ihrem Bericht als bereits erreichte und noch zu erwartende Vorteile der Kraftstoffeinspritzung gegenüber dem Betrieb mit Gemischbildung durch Vergaser folgende Vorteile an: Vergaserbrände fallen fort; das Anlassen wird durch Drehen der Einspritzpumpe von Hand erleichtert; die Literwärme der Zylinder kann für alle Drehzahlen und Luftdichteänderungen, das heißt für wechselnde Höhen günstig geregelt werden; die Umstellung auf verschiedene Brennstoffe ist sofort möglich; durch den Fortfall der im Vergaser sowie in den Luft- und Gemischleitungen entstehenden Strömungsverluste wird die Ladung größer, das heißt die Leistung gesteigert; die Einbaumöglichkeiten der Pumpe sind im Hinblick auf die gedrängtere Bauart des Motors günstiger als beim Vergaser.
Als Nachteil bezeichnet die »Forschungsanstalt« die Notwendigkeit eines zusätzlichen mechanischen Antriebes mit vielen bewegten Teilen, die Änderung der Betriebsart und den höheren Preis. Sie überreichte gleichzeitig den Entwurf zu einer Einspritzpumpe zu dem Benz-BZ IV- und dem Daimler-D IVa-Motor als dreistiefelige, doppelt wirkende Pumpe mit Stirnräderantrieb, die voraussichtlich ein Gewicht von 10–12 kg und eine Antriebsleistung von 1,5–2 PS haben würde. Die Mengenregelung war mit der Luftdrossel gekuppelt, außerdem eine unabhängige Einstellvorrichtung zum Nachregeln der Kraftstoffmenge vorgesehen. Auf die Fortführung der Versuche mußte wegen der im November 1918 eintretenden Lage verzichtet werden.«

Vorher hatte die Flugzeugmeisterei aufgrund der guten Ergebnisse bereits verfügt, daß die D IVa-Zylinder mit einem Gewinde zum Einschrauben der Einspritzdüse geliefert werden. Wegen der schlechten Gemischverteilung bei der Vergaseranlage des D IVa wollte man möglichst bald auf die Einspritzung übergehen. Außerdem wurden schon 1916 Junkers F02-Leichtmotoren für Schnellboote der Kriegsmarine serienmäßig mit Benzineinspritzung ausgeliefert.

Die Diesel-Einspritzung ab 1922

Ab 1922 hatten die Junkerswerke die nach 1919 unterbrochenen Entwicklungsarbeiten an der direkten Kraftstoffeinspritzung fortgesetzt und sie bei ihren Zweitakt-Doppelkolben-Dieseltriebwerken sehr erfolgreich angewendet. Damals verwendete man dort zur Regelung der Pumpenfördermenge bereits den drehbaren Kolben mit Schräg- oder Spiralkante. Bei dem letzten in Serie gebauten Jumo 207A-Flugdiesel von 650 kW (880 PS) Startleistung gehören zu jedem Motorzylinder zwei Einspritzpumpenzylinder mit je zwei offenen Einspritzdüsen. Die zwei Einspritzaggregate, in denen je sechs Zylinder mit einem Nockenwellengehäuse zusammengefaßt sind, befinden sich beiderseits des Motors. Die Nockenwelle betätigt mit Motordrehzahl und konstantem Hub den Pumpenkolben über einen zwischengeschalteten Schwinghebel. Eine Schraubenfeder sorgt für die Rückstellkraft im Abwärtsgang. Der Pumpenzylinder hat im oberen Bereich eine Zuströmbohrung und darunter eine Rückströmbohrung, von der aus durch eine kleine Schrägbohrung Kraftstoff für Schmierzwecke zum unteren Kolbenteil gelangt. Der geförderte Kraftstoff strömt nach oben aus dem Druckraum durch Doppel-Rückschlagventile in die beiden Druckleitungen und tritt unter etwa 500 bar aus den beiden Einspritzdüsen aus. Die Einspritzdauer beträgt bis zu 20° Kurbelwinkel. Der Kolben hat oben eine Nut mit schräger, darunter eine mit waagerechter Steuerkante. Diese ist verbunden mit der zentrischen Bohrung im Kolbenboden. Beim Aufwärtsgehen des Kolbens beginnt die Förderung, sobald die Schrägkante die Zuströmbohrung schließt. Mit dem Öffnen der Rückströmbohrung durch die waagerechte Kante endet die Förderung und der Druck entspannt sich. Am unteren Ende des Kolbens ist ein Verstellhebel angebracht, durch den der Kolben verdreht und so die Lage der Schrägkante zur Zuströmbohrung geändert werden kann. Damit läßt sich also der Förderbeginn und die Fördermenge der Motorbelastung anpassen. Die Einspritzdüsen haben eine feste Düsennadel mit zwei gegeneinandergerichteten Zuströmungskanälen. Dadurch entsteht ein fächerartiger Strahl. Die vier Düsen werden im Brennraum so angeordnet, daß diese Strahlfächer schräg gerichtet sind, damit weder eine gegenseitige Störung noch Anblasen der Kolbenböden eintreten kann. Auf diese Weise werden besonders günstige Verbräuche, beim Jumo 207 bis 230 g/kWh (170 g/PS h) erzielt. Das Einspritzsystem trug viel zum Durchbruch der Junkers-Flugdieselmotoren von 1929–1945 bei.

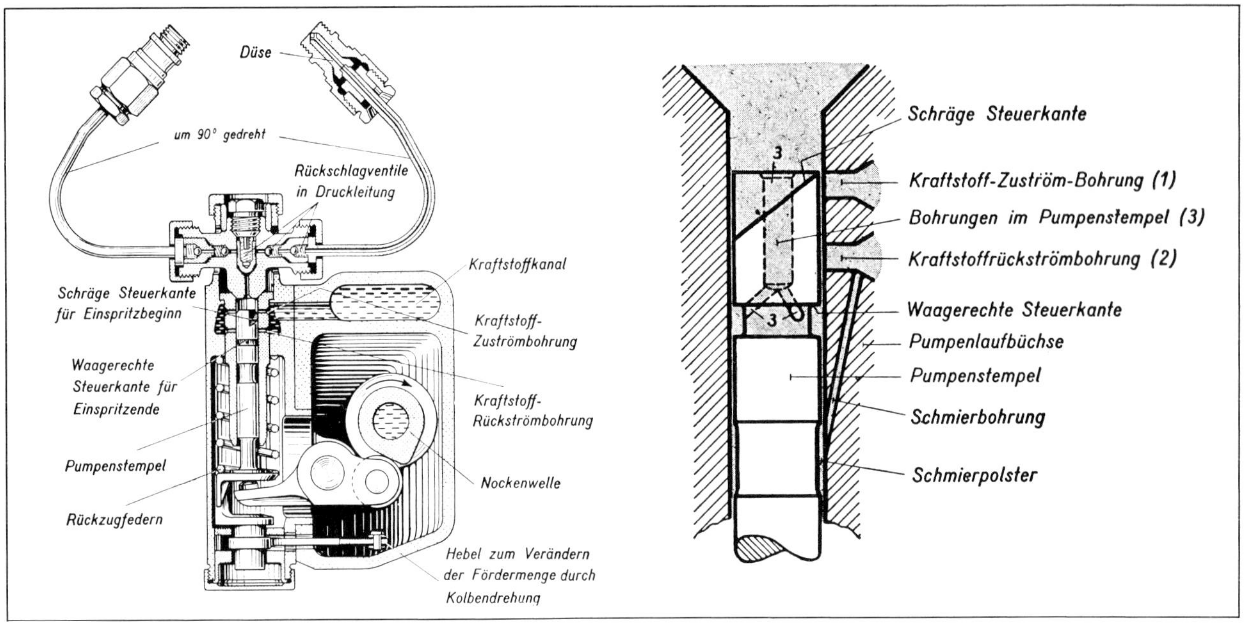

Bei der Junkers-Einspritzpumpe des Dieselmotors Jumo 205/207 wurden die Pumpenstempel in Förderrichtung mittels Rollenhebel von der Nockenwelle betätigt und durch Federn zurückgeführt. Stempelverdrehung veränderte mit einer Schrägkante die Fördermenge. Je zwei Einspritzdüsen eines Zylinders wurden von einem Stempel versorgt. Die Schrägkante steuerte am Kopf des Pumpenstempels den Föderbeginn, indem sie beim Aufwärtsgang des Stempels die Zuströmbohrung (1) abdeckte. Das Förderende ergab sich, wenn die untere waagerechte Steuerkante die Rückströmbohrung freigab.

Offene Junkers Einspritzdüse des Junkers-Schweröl-Flugmotors Jumo 205
An der Austrittsbohrung des Düsenkörpers treffen zwei aus den Zerstäuberschlitzen der Düsennadel kommende, unter hohem Druck stehende Kraftstoffstrahlen mit großer Gewalt aufeinander, zerstören sich gegenseitig und geben einen senkrecht zu den Zerstäuberschlitzen stehenden Kraftstoffschleier. Um Anblasen der Kolbenböden und gegenseitiges Stören der 4 Düsen zu vermeiden, müssen diese Schleier schräg im Zylinder liegen. Richtige Lage ist gegeben, sobald die Kerben im Düsennadelflansch so liegen, wie nebenstehende Skizze zeigt (ca. 45° von links oben nach rechts unten).

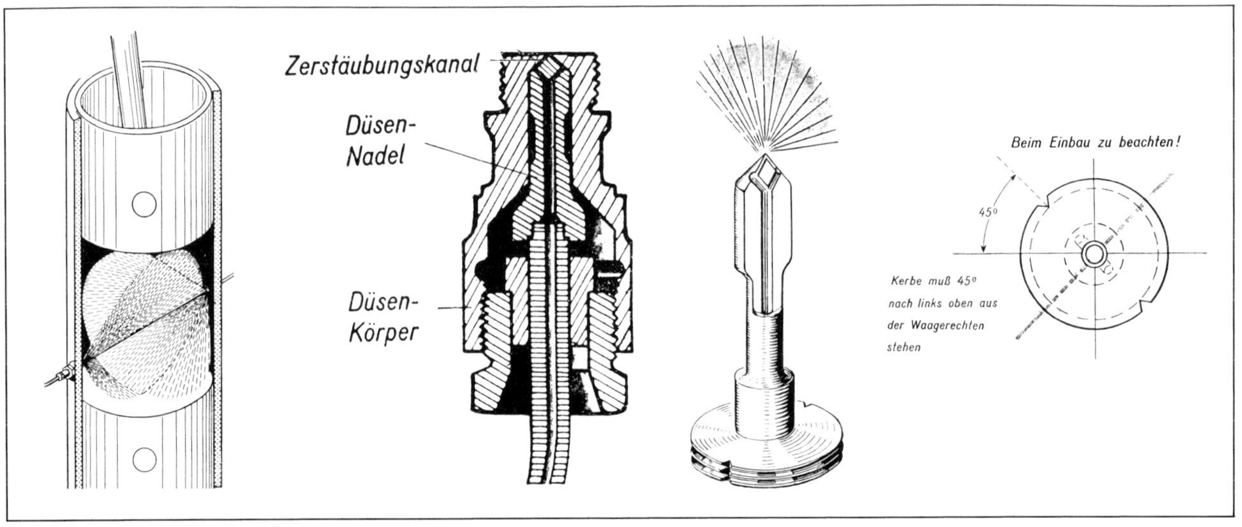

Die sehr erfolgreichen Arbeiten an den Einspritzelementen von Bosch – dort schon vor dem Ersten Weltkrieg begonnen –, l'Orange u. a. hatten in den 20er Jahren bereits zur Serieneinführung des »kompressorlosen« Dieselmotors bei vielen Nutzkraftwagen geführt und dem deutschen »Diesel« Weltgeltung verschafft. Darauf gestützt, beginnt nun die Entwicklung der Benzin-Direkteinspritzung für den Otto-Flugmotor.

DVL-Versuche zur Benzin-Direkteinspritzung ab 1930

Mit Beginn der 30er Jahre konzentrierte sich die Industrie im Einvernehmen mit den zuständigen Ministerien – Reichs-Verkehrsministerium, ab 1933 RLM LC3 – ganz auf die Kraftstoffeinspritzung, statt die Vergaserentwicklung zu intensivieren. Hierzu stellt der englische Motorexperte [F. R. Banks] fest:

»Die deutsche Vergaserentwicklung war – besonders beim Druckvergaser – hinter uns zurück. Daher gab man sie zugunsten der Direkteinspritzung in den Zylinder auf. Diese Entscheidung erwies sich »als ein Segen«. Der englische Vergaser mit seinem komplizierten Ladedruckregler war zwar ein technisches Meisterwerk, doch wurde er später für die Jägerpiloten im Zweiten Weltkrieg zu einer »argen Plage«. Wenn sie die Flugzeugnase zum Sturzangriff senkten, traten in der Schwimmerkammer negative Beschleunigungen auf, was zu Gemischüberfettung führte. So konnte die Feindmaschine leicht entkommen.«

Für diese »segensreiche« Entscheidung – wie Banks sie nennt – gab es zwei Hauptgründe: die klar erkannten Vorzüge der Direkteinspritzung und die dazu in Deutschland vorliegenden günstigen Voraussetzungen. Die englischen Piloten mußten beim Angriff den Vergaser durch besondere Flugmanöver, z. B. eine halbe Rolle, überlisten.
Vorteilhaft waren vor allem die feinere Zerstäubung ohne Druckverluste der Ansaugluft, besseres Regelverhalten durch gleichmäßigere Gemischverteilung auch bei großer Zylinderzahl und bessere Gemischaufbereitung, Unempfindlichkeit gegen Neigungs- und Beschleunigungseinflüsse, bessere Spülung mit großer Ventilüberschneidung ohne Kraftstoffverlust, dadurch gute Innenkühlung und höheres Ladungsgewicht, keine Vereisungsgefahr, bessere Übergangsphase und Beschleunigung bei raschem Lastwechsel. Ferner beanspruchte die Einspritzeinrichtung weniger bzw. weniger störenden Einbauraum als der Vergaser mit seiner Luftführung.
Günstige Voraussetzungen lagen in Deutschland durch die Pionierarbeiten von Robert Bosch, Hugo Junkers, Prosper l'Orange u. a. – vor allem auf dem Gebiet der kompressorlosen Dieseleinspritzung – und durch die damit aufgebauten großen technischen Erfahrungen sowie die feinmechanischen Präzisions-Herstellungsverfahren vor.
In Zusammenarbeit mit der Firma Bosch beginnt etwa 1930 Dr. Schnauffer (DVL) gemeinsam mit Dr. Alt Untersuchungen über die Benzineinspritzung. Darüber berichtet [Dr. Scherenberg] in der MTZ 1955:

»Nach Auftragserteilung durch das damalige Verkehrsministerium, Abteilung Flugwesen (Sachse, heute Direktor bei BMW), begann die DVL durch K. Schnauffer die Versuche über Benzin-Einspritzung an einem BMW-Flugmotoren-Einzylinder. Schnauffer verwendete hierzu eine normale Dieselpumpe von Bosch mit Exzenterwelle und Zapfendüsen, zum Teil auch Lochdüsen. Aus mehreren Forschungsberichten der DVL gingen dabei Vorteil und Brauchbarkeit der Benzineinspritzung wie sie sich am Einzylinder zeigten, hervor. Der DVL-Bericht vom 1.9.32 mit dem Titel »Vorläufiger Bericht über Versuche mit Brennstoff-Einspritzung in Zündermotoren« von Schnauffer berichtet von Versuchen an dem Einzylinder BMW IV und Sh 13. Während die Versuche am Zweitakt-Motor negativ verliefen, waren an dem Viertakt-Motor bereits bessere Ergebnisse als bei Vergaserbetrieb erzielt worden. Schnauffer berichtet dabei auch über Versuche mit Einspritzung in den Verdichtungshub, die aber nur bei kammerartigem Verbrennungsraum brauchbare Werte zeigten und trotzdem hinsichtlich Leistung und Verbrauch schlechter lagen als bei Einspritzung in den Ansaughub.«

Das Daimler-Benz-Bosch-Einspritzsystem

Mehrleistungen bis 17% bei Verbrauchssenkungen von zunächst 3% werden erzielt. Diese Erfolge veranlassen 1934 das nun zuständige RLM, die Flugmotorenindustrie (Argus, BMW, Daimler-Benz, Junkers, Siemens) voll auf die Einführung der Benzineinspritzung anzusetzen. Daimler-Benz beginnt im Herbst 1934 Einspritzversuche mit der Bosch-Dieselpumpe und Nadeldüsen am DB 600-Einzylinder. Schnauffer hatte festgestellt, daß der Pumpenstempel auch im Benzin- oder Benzolbetrieb ohne besondere Schmierung bzw. Ölbeimischung einwandfrei arbeitete, wenn der Kraftstoff frei von der geringsten Unreinheit war. Dazu müssen geeignete Feinfilter geschaffen werden. Als wichtige Neuerung führt Bosch in Abweichung von der Dieselausführung die Leckölsperre nach System E. L. Müller ein. Diese unter Drucköl stehende Nut im Pumpengehäuse und -kolben verhindert das Eindringen von Benzin in den Pumpenantrieb.
Mit Zapfen-, später mit Mehrlochdüsen werden 1935 am DB 601 so günstige Ergebnisse erreicht, daß 1937 der 900 kW (1200 PS)-DB 601A und etwa gleichzeitig der Jumo 210G und BMW 132F als erste Motoren mit Benzineinspritzung in Serie gehen können. Mit Hilfe der Benzineinspritzung wird die Leistung des DB 601A-Ladermotors sprunghaft erhöht. 1939 erreichen die Sondertriebwerke der Weltrekordflugzeuge Me 209 und He 100 mit zusätzlicher Aethanoleinspritzung bereits 2035 kW (2770 PS). Eine Spezialausführung des neuen DB 603 kam sogar auf 2000 kW (2800 PS) und sollte bis 2600 kW (3500 PS) gesteigert werden.
Nun setzt DB die erfolgreiche Arbeit an den Serienausführungen des DB 601 sowie an den neuen Mustern DB 603

und 605 fort, vor allem zur Steigerung der Höhenleistung. Dabei werden durch H. Scherenberg, Daimler-Benz, die Einflüsse großer Ventilüberschneidungen bis über 100° Kurbelwinkel – wie sie nur bei Direkteinspritzung wirtschaftlich anwendbar sind – intensiv untersucht und fast 20% Mehrleistung erzielt. Die DB 601E, 603 sowie 605 erhalten 106° Überschneidung gegenüber 51° beim DB 601A. Förderbeginn bzw. -ende liegen bei 48° bzw. 100° nOT und der Zündzeitpunkt bei 45° vOT. Spätere Baureihen hatten z.T. geänderte Zeiten. Bei hoher Überschneidung beeinflussen sich jedoch benachbarte Zylinder im Leerlauf ungünstig, so daß der Motor sehr unruhig läuft. Deshalb wird in der Ansaugleitung ein besonderes Verteilerrohr eingebaut, das nur bei Leerlaufdrosselung wirksam ist. Weitere Arbeiten erstrecken sich auf die Einflüsse der Düsenausführung sowie der Düsenlage und Richtung im Zylinder. Mit der von l'Orange und dann von Bosch entwickelten Mehrlochdüse und schräger Einspritzrichtung können Verbrauch wie auch Klopfverhalten günstig beeinflußt werden.

Bosch entwickelt dazu in enger Zusammenarbeit mit den Motorfirmen seinen Gemischregler, der die Einspritzmenge nach Druck und Temperatur im Saugrohr steuert und dabei den Motorgegendruck durch eine vom Höhenzustand beeinflußte Balgdose berücksichtigt. Die Bosch-Einspritzpumpe (Bauart PZ 12 HP) der Muster DB 603 und 605 ist eine Kolbenpumpe, deren 12 Zylinder in Reihe hängend angeordnet sind. Die Kolben werden durch eine mit halber Motordrehzahl laufende Nockenwelle über Rollenstößel angetrieben. Die Schrägkante des Kolbens bestimmt das veränderliche Förderende, die Ringnut den konstanten Förderbeginn. Durch eine vom Kolbenboden bis zur Ringnut durchlaufende Längsnut kann der überschüssige Kraftstoff in den »Rückstoßraum« eindringen und durch ein Rückschlagventil in den Saugraum zurückströmen. Zur Mengenregelung werden die 12 Stempel mit einer gemeinsamen Zahnstange (»Regelstange«) durch den Gemischregler verdreht. Der von der Förderpumpe mit 1,6 bis 1,8 bar zugeführte Kraftstoff gelangt zum Pumpenzylinder über einen großen Pendelentlüfter, durch den auch die überschüssige Menge zurückströmt. Der im Pumpengehäuse integrierte Gemischregler wird durch die drei Fühler für Ladedruck, Höhendruck und Ladelufttemperatur beeinflußt und verstellt die Regelstange über einen hydraulischen Kraftverstärker.

Als Einspritzdüsen werden an DB-Motoren hauptsächlich Mehrlochtypen der Firmen l'Orange und Bosch mit einem Labyrinth-Filter, einem Kegelrückschlagventil und Wärmeisolation für den Kraftstoffkanal verwendet. Unter 70° Neigung zur Zylinderachse werden sie in einem zwischen beiden Einlaßventilen eingeschraubten Klemmstück gehalten.

Die Junkers-Einspritzanlage

Die Junkerswerke hatten zu Beginn der 30er Jahre nach Entwicklung ihrer Dieseleinspritzung für die Zweitakt-Gegenkolbenmotoren auch die im Ersten Weltkrieg unter Mader begonnenen Arbeiten an der Benzineinspritzung wiederaufgenommen. 1935 beginnt unter Dr. Lichte die Entwicklung der Einspritzanlage für den Jumo 210 G, der etwa gleichzeitig mit dem DB 601 A-Einspritzmotor in Serie geht.

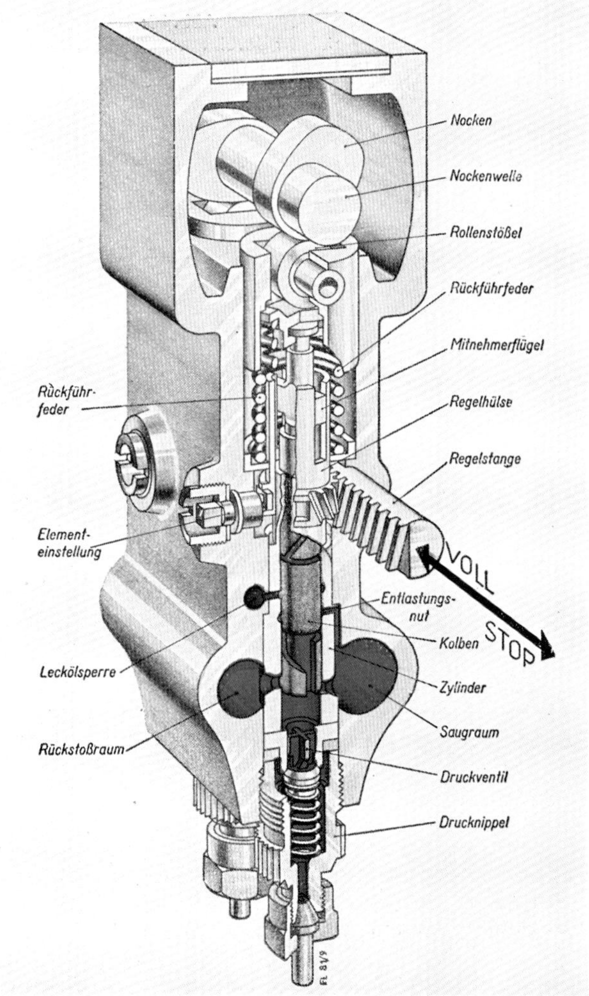

◀ Der Schnitt durch ein Pumpenelement der Bosch-Einspritzpumpe für den DB 603 und 605 zeigt ähnlichen Aufbau wie bei der Dieseleinspritzpumpe des Jumo 207. Eine Leckölsperre verhinderte durch ihren Überdruck das Eindringen von Kraftstoff in das Nockenwellengehäuse. Zur Fördermengenregelung wurden alle Pumpenstempel durch die verzahnte Regelstange verstellt. Die Schrägkante war hier so angeordnet, daß sie das Förderende veränderte.

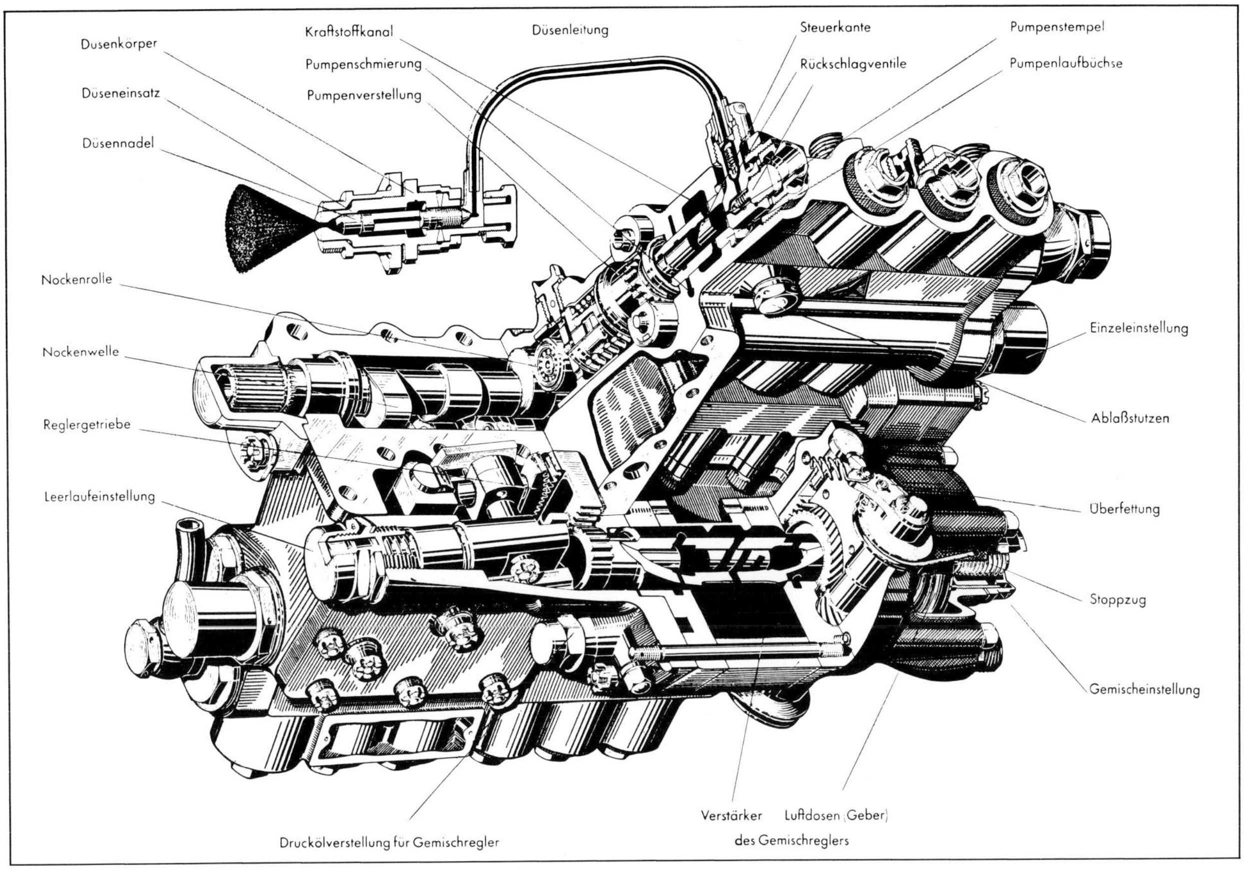

Die Junkers-Einspritzpumpe des Jumo 211 und 213 hatte die Form eines hängenden 150° V, wobei je sechs Pumpenelemente in Reihe zu einem Block zusammengefaßt waren. Der innere Aufbau und die Regelung ähneln sehr der Dieselpumpe des Jumo 205 und 207.

Es folgt noch vor Kriegsbeginn der Jumo 211 und ab 1942 der 213, die bei gleichem Hubraum optimal hochgezüchtete Weiterentwicklung des Jumo 211. Alle haben grundsätzlich das gleiche Einspritzsystem, dessen Komponenten von Junkers entwickelt und gebaut sind. Die Junkers-Benzineinspritzpumpe ähnelt im Grundprinzip stark der für die Junkers-Dieselflugmotoren entwickelten Einspritzpumpe des gleichen Werks, ebenso aber auch der Boschausführung für die DB-Einspritztriebwerke. Während bei der Dieseleinspritzung Drücke von mehreren hundert bar erforderlich sind – da erst gegen Ende der Verdichtung eingespritzt und so die Verbrennung gesteuert wird – genügen bei der Direkteinspritzung im Ottomotor Drücke um etwa 50 bar. In der Jumo 211-Einspritzpumpe sind alle 12 Einzelpumpen zu einem Block in zwei Reihen als hängendes 150°-V zusammengefaßt. Die Förderkolben haben 9 mm Durchmesser. Sie werden durch eine gemeinsame Nockenwelle unter Zwischenschaltung eines Rollenstößels und mit Rückstellfeder betätigt. Unterschiedlich zur Jumo-Dieselpumpe sind die Steuerkanten angeordnet, so daß die Schrägkante hier das Einspritzende regelt. Der Einspritzbeginn liegt bei 76° nOT. Die Rückströmung nach Förderende erfolgt durch die stirnseitige Kolbenbohrung und außerdem durch zwei seitliche Rückströmnuten, also mit vergrößerten Querschnitten, so daß auch höhere Drehzahlen möglich sind. Die Rückförderung erfolgt in die Einströmleitung. Gegenüber der Einströmöffnung befindet sich eine kleine Druckausgleichbohrung, die zusammen mit einer zweiten schraubenförmigen Steuerkante des Kolbens zum beiderseitigen Druckausgleich dient und Kolbenkippen sowie Verschleiß verhindert. Im unteren Zylinderteil befindet sich noch ein Leckkanal, darunter der Schmierölkanal als Leckstoffsperre. Je sechs in Reihe liegende Kolben werden durch eine Zahnstange gemeinsam verstellt. Gegenüber der Zahnstange liegende federbelastete Zahnbolzen, die in die Kolbenverzahnung eingreifen, dienen zum Ausgleich des Zahnspiels. Die beiden Zahnstangen sind in sechs einzelne Glieder unterteilt, damit durch Feingewinde für jedes einzelne Pumpenelement un-

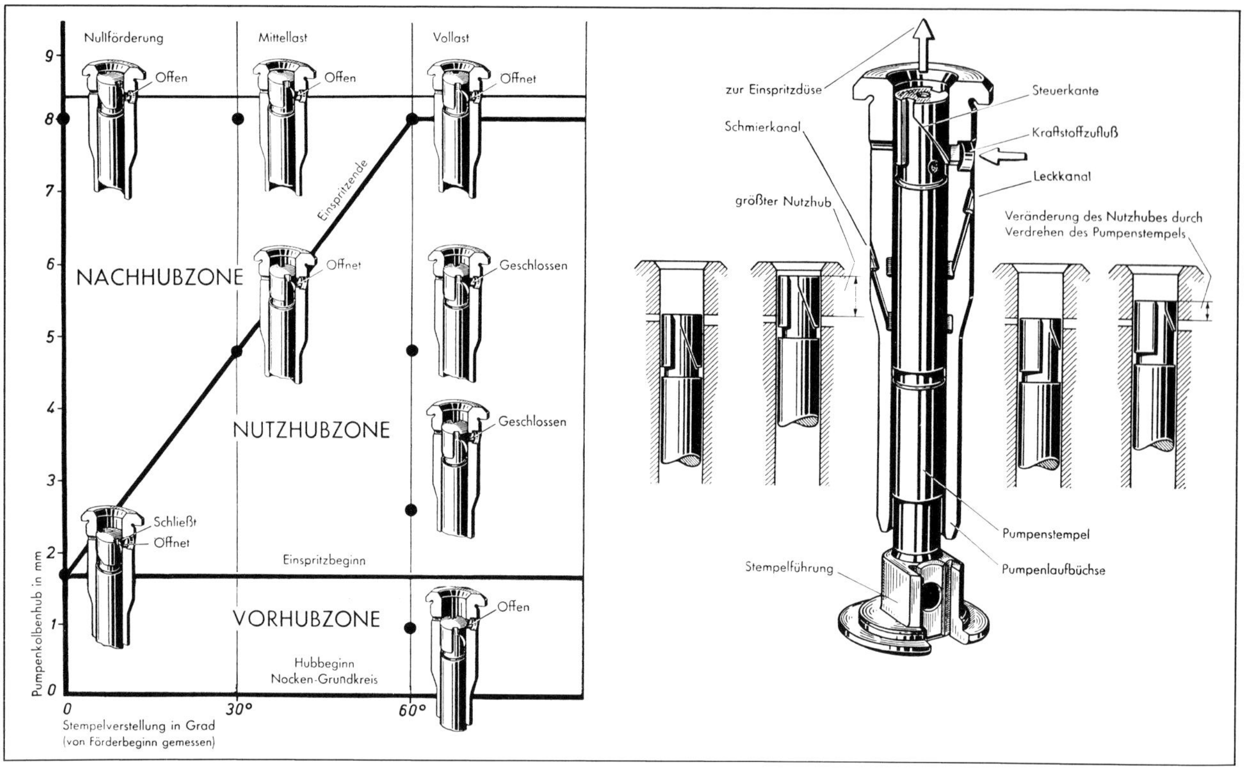

abhängig die Einstellung auf gleiche Einspritzmenge erfolgen kann.
Die Einspritzdüsen des Jumo 211 sind als offene Nadeldüsen ausgebildet. Drei bis sechs Drallschlitze im Kegelmantel der Düsennadel erzeugen den feinzerstäubten spitzwinkligen Kraftstoffstrahl, der zwischen den beiden Einlaßventilen in den Brennraum eintritt und zum Auslaß gerichtet ist.

Die BMW-Einspritzanlage mit Deckel-Pumpe

Bei BMW wie auch bei Siemens hatte man sich ebenfalls etwa ab 1933/34 mit der Direkt-Benzineinspritzung in enger Zusammenarbeit mit Bosch befaßt. BMW erzielte bereits 1933 mit dem 47 l-Triebwerk BMW 106 erste Erfolge, einem umgebauten BMW VI. Diese Versuche werden mit weniger Erfolg an den beiden neuen Zwölfzylindern in hängender V-Bauart der 20 bzw. 30 l-Klasse, dem BMW 116 bzw. 117 fortgesetzt, bis BMW den Bau wassergekühlter Motoren einstellen muß. Um 1936 kann der 28 l-BMW 132F als erster Benzineinspritzer etwa gleichzeitig mit dem DB 601A und Jumo 210G in Serie gehen. 1937 läuft auch die Serie des bei Siemens-Bramo entwickelten 27 l-Musters 323 »Fafnir« mit Bosch-Benzineinspritzpumpe an. Nach dem Zusammenschluß werden die Arbeiten auf den 42 l-14-Zylinder-Doppelsternmotor BMW 801 mit Direkteinspritzung konzentriert. Dabei übernimmt jedoch die Firma Deckel die Einspritzpumpenentwicklung.
Diese Deckelpumpe hat eine sehr gedrungene, dem Sternmotor angepaßte Bauart. Die 14 Pumpenelemente sind trommelförmig um den großen zentralen Fliehkraftentlüfter herum in einem gemeinsamen Gehäuse angeordnet. Der entlüftete Kraftstoff gelangt von dort durch Bohrungen zu den einzelnen Zylindern. Die abströmende Luft wird mit einer Teilmenge Kraftstoff dem vor der Pumpe angebauten Pendelentlüfter zugeführt, dort nochmals abgeschieden und in den Kraftstofftank abgeleitet. Der abgeschiedene Kraftstoff fließt zur Förderpumpe zurück. Die Pumpenkolben werden durch eine Nockenscheibe mit drei Hubnocken betätigt, die mit 1/6 Kurbelwellendrehzahl umläuft. Die Einspritzmenge wird ähnlich der Junkers- und Boschpumpe durch Steuerkanten des Kolbens bestimmt. Bei der Deckelpumpe ist aber die Steuerkante für die Saug- und Rückströmbohrung nutförmig mit beidseitiger Schräge ausgebildet, so daß durch Verdrehung des Kolbens Einspritzbeginn und -ende gleichzeitig verändert werden. Diese Drehung zur Mengensteuerung erfolgt über ein Zahnritzel und einen gemeinsamen Zahnkranz, in den die Verzahnungen der einzelnen Kolben eingreifen. Der Kraftstoff strömt dann unter 40 bis 50 bar aus den offenen Zapfendüsen mit einem 60°

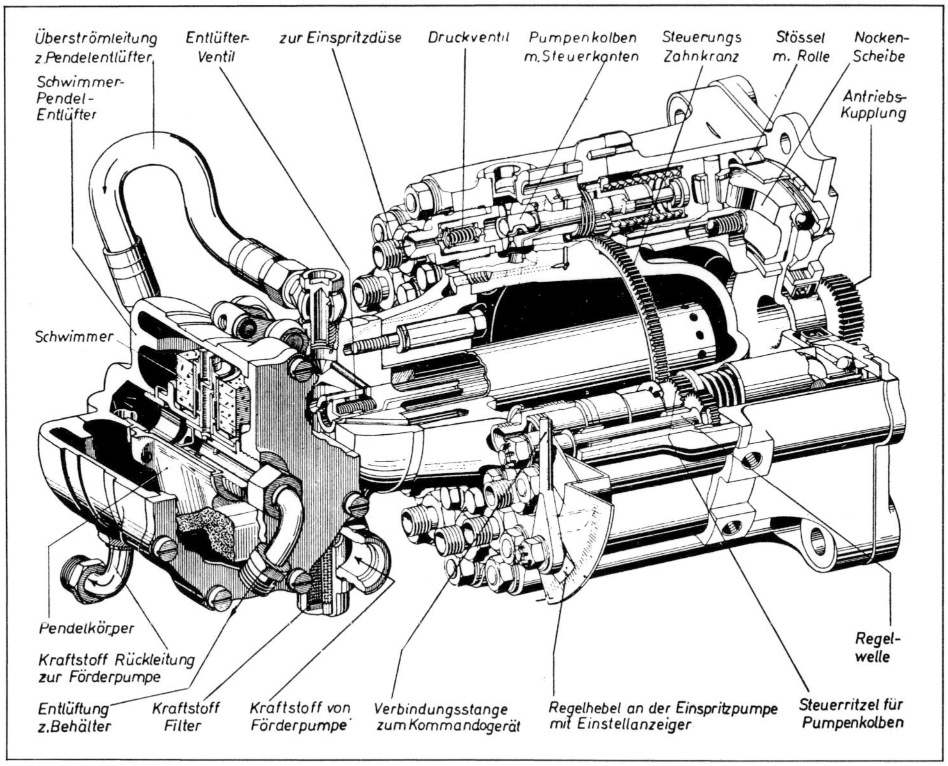

◀ Bei der Einspritzpumpe des Jumo 211 wurde das Förderende mit einer Schrägkante ähnlich der Bosch-Daimler-Benz-Pumpe gesteuert. Der Gesamtverlauf der Fördermengeregelung geht aus dem nebenstehenden Hub-Verstellwinkel-Diagramm hervor. Bei Nullförderung und Teillast gab die schräge Kante den Rücklauf früher frei.

In der Deckel-Einspritzpumpe des BMW 801 (1940) umfaßten die 14 Pumpenelemente trommelförmig den als Fliehkraftentlüfter ausgebildeten Innenraum. Ihr Aufbau ähnelte der Bosch- und Junkerspumpe. Jedoch trugen die Stempel eine Steuerkante mit beidseitiger Schräge, sodaß Förderbeginn und -ende gleichzeitig verstellt wurden. Dazu griff ein gemeinsamer Zahnkranz in die Verzahnungen aller Stempel ein. ▶

Sprühkegel in die Zylinder. Der Gemischregler ist in das Kommandogerät eingegliedert. In der zweiten Kriegshälfte tauchte ein russischer Nachbau der Deckel-Einspritzpumpe mit dem Askaniaregler am M82-FNW-Doppelsternmotor der La 5-Jägers auf.

Abschluß der Kraftstoffeinspritzung

Die breite Serieneinführung der Kraftstoffeinspritzung war eine große Gemeinschaftsleistung der Flugmotoren- und Zubehör-Industrie. Damit erreichte sie ihren größten Vorsprung in technischer Qualität, vor allem an Wirtschaftlichkeit gegenüber dem Ausland. Dort hat man förmlich bewundert, wie solche Präzisionsarbeit trotz Kriegsdruck in so hohen Stückzahlen gefertigt werden konnte.

Bedienung und Regelung

Die Triebwerksbedienung

Das Triebwerk bildet ein Motor-Propellersystem, dessen Leistungsverhalten durch die äußere Einwirkung der Fluggeschwindigkeit sowie der Druck- und Temperaturwerte der Außenluft, damit auch durch die Flughöhe beeinflußt wird. Die Motorleistung selbst ändert sich primär mit dem Gewicht und Kraftstoffanteil der Füllung sowie mit der Drehzahl und auch dem Zündzeitpunkt. Die Leistungsaufnahme des Propellers ist etwa proportional der Luftdichte und der dritten Potenz der Drehzahl. Die Triebwerksbedienung dient nun dazu, die vom Motor über den Propeller abgegebene Leistung bestmöglich der jeweiligen Anforderung des Flugzeugs anzupassen. Diese Regulierung, die anfangs ganz von Hand betätigt werden mußte, wurde mit dem Entwicklungsfortschritt von Flugzeug und Triebwerk immer aufwendiger:

1. Der »*Gashebel*« war etwa bis zum Ersten Weltkrieg das einzige Betätigungsorgan. Der Ausspruch »Noch einen Zahn Gas geben« erklärt sich aus dem damaligen Gashebel mit verzahnter Rasterung oder als Zahnstange. Er dient zur Verstellung der Drossel in der Saugleitung und damit zur Füllungsänderung mit gleichzeitiger Drehzahländerung.
2. Durch den »*Zündhebel*« stellte man zum Anlassen bzw. für die jeweilige Füllung und Drehzahl den besten Zündzeitpunkt zunächst nach Gefühl ein. Er wurde später entfernt und der Zündzeitpunkt zwangsläufig der Füllung durch Kopplung von Zündverstellung und Gasgestänge sowie der Drehzahl durch Fliehkraftverstellung angepaßt. Durch die Vergaserentwicklung war zu diesem Zeitpunkt eine selbsttätige, aber beschränkte Regelung der Kraftstoffmenge bei

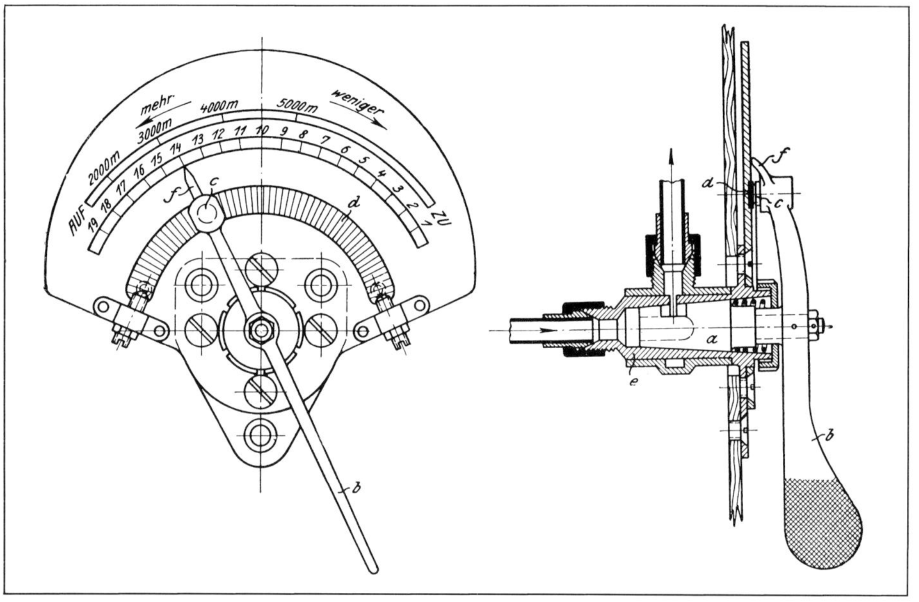

Bei Umlaufmotoren wurde diese Feinverstellung der Kraftstoffzufuhr (»Benzinregler«) verwendet, durch die der Pilot von Hand die Benzinmenge der Flughöhe anpassen konnte (1916/18).

Veränderung der Füllung gelungen. Bald reichte dies jedoch nicht mehr aus, um Höchstleistung und sparsamen Teillastbetrieb bei wechselnden Flughöhen zu erreichen. Nun mußte man auch das Mischungsverhältnis Luft/Kraftstoff steuern, und zwar entweder durch veränderliche Kraftstoffmenge oder durch Zusatzluft.

3. Mit dem »*Benzinregler*« ließ sich durch eine Feinverstellung von Hand und nach Gefühl der Kraftstoffzufluß unabhängig von der Luftmenge verändern. Er fand vor allem bei den Umlaufmotoren Anwendung, da sie keinen Vergaser mit geregeltem Kraftstoffspiegel hatten. Auch für Mb IVa-Höhenmotoren benutzte man ihn zusätzlich für größere Flughöhen.

4. Häufiger wendete man den »*Lufthebel*« seit dem Ersten Weltkrieg mit zunehmenden Einsatzhöhen an. Durch ihn konnte eine veränderliche Zusatzluftmenge (»Nebenluft«) zur Gemischverarmung eingestellt werden. Die Handbedienung erfolgte nach Vorschrift, z. B. oberhalb 2 000 m in Höhenstufen. Von den 20er Jahren an waren verbesserte Vergaser mit barometrischer Gemischregelung verfügbar.

Die Entwicklung des »Höhenmotors« machte vom Ersten Weltkrieg an zusätzliche Bedienmaßnahmen zur Höhenanpassung notwendig.

5. Der »*Höhengashebel*« diente bei den überbemessenen und überverdichteten Motoren, die in Bodennähe gedrosselt liefen, zur Aufhebung dieser Drosselung in der Höhe. Seine stufenweise Anwendung unter Beobachtung des Höhenmessers war dem Piloten genau vorgeschrieben. Die erwähnte, später eingeführte barometrische Regelung hatte Junkers bereits in seinem Patent Nr. 300 007 von 1916 vorgeschlagen.

6. Ein *Ladedruck-Wählhebel* diente bei den ab 1917/18 entstehenden Ladermotoren zum Drosseln oder Abblasen der Ladeluft. Später wurde er durch den selbsttätigen Ladedruckregler ersetzt.

7. Als die Volldruckhöhe der Ladermotoren immer mehr anstieg und die Laderdrehzahl dem Motor durch ein Schaltgetriebe angepaßt werden mußte, wählte man zunächst mit dem *Schalthebel* von Hand den »Boden«- oder »Höhenlader«. In den 30er Jahren ersetzte ihn die barometrische Getriebeschaltung bzw. eine stufenlose hydraulische Kupplung.

8. Der *Drehzahl-Wählhebel* kam am Ende des Ersten Weltkriegs mit dem verstellbaren Propeller auf. Dabei ließ sich die Propellerdrehzahl durch eine handbetätigte Blattverstellung der gewählten Motorleistung besser anpassen. Anfang der 30er Jahre betätigte der Pilot damit die elektrische Blattverstellung nach dem mit einer Uhrskala versehenen Anzeigeinstrument für den Blattwinkel. Bald übernahm dann ein Regler diese Aufgabe.

Von der Ladedruck-Begrenzung zur -Regelung

Mit der Entwicklung immer höher gezüchteter Triebwerke war ein Übergang zur selbsttätigen Regelung nicht nur als Entlastung des Piloten erforderlich, sondern ebenso für eine rasche optimale Einstellung und die kontinuierliche Einhaltung der Betriebsgrößen. So entstanden in den 20er und 30er Jahren zahllose Reglersysteme in vielen unterschiedlichen Bauarten. Hier können nur einige Einzelausführungen von Ladedruck- und Gemischreglern beschrieben werden.

Der *Ladedruckregler* war zunächst als reiner »Grenzregler« wirksam, d.h. er begrenzt den maximalen Ladedruck vor dem Motor auf dessen höchstzulässigen Wert, den er bis zur Volldruckhöhe konstant hält. Bei Teillast bleibt er unwirksam. Er arbeitet mit einer luftleeren Barometerdose (»Reglerdose«) in einer unter dem Ladedruck stehenden Kammer und verstärkt ihre Wegänderungen durch einen servohydraulischen Mechanismus unter Verwendung des Motordrucköls. So entsteht die Verstellkraft für die Drosselklappe in der Ansaugleitung. Der weiterentwickelte Ladedruckregler wirkt nicht nur im Vollastbereich des Motors, er hält auch einen bei Teillast mit dem »Gashebel« vorgewählten verringerten Ladedruck bis zu dessen Volldruckhöhe konstant. Zu diesem Zweck wird durch Veränderung der Gashebelstellung zwangsläufig auch die Stellung der Regeldose in eine andere Ausgangslage gebracht.

Gemischregelung für Vergaser und Einspritzpumpe

Bei Vergaser für Hochleistungs-Höhenmotoren (z.B. As 411) erfolgt eine selbsttätige *Gemischregelung* meist durch einen Gemischregelhahn, der von einer Barometerdose über einen hydraulischen Kraftverstärker verstellt wird. Er regelt die Zusatzluft, die in den Lufttrichter eintritt, und damit das Mischungsverhältnis von Luft zu Kraftstoff. Die luftdichte Barometerdose befindet sich in einer Kammer, die beim Saugvergaser unter dem Druck des Vergasereintritts, beim Druckvergaser unter Ladedruck steht. Dieser Regler ist fast immer in das Vergasergehäuse integriert.
Bei der Benzin-Direkteinspritzung verändert der Gemischregler die Fördermenge der Einspritzpumpe unabhängig von ihrer Antriebsdrehzahl. Er arbeitet mit Regeldosen als Druckfühler, die teils unter Ladedruck und teils unter Außendruck stehen, sowie mit einem »Wärmefühler«, der die Ladelufttemperatur eingibt. Die Druckwerte werden über einen Kraftverstärker zur Regelstange der Einspritzpumpe geleitet. Durch die Gashebelbetätigung wird die Einspritzmenge nicht direkt gewählt, sondern indirekt mittels Verstellung des Reglers.

Bei der Bosch-Einspritzpumpe der DB 603- und 605-Motoren ist der Gemischregler in das Antriebsende des Pumpengehäuses eingebaut. Er wird durch drei Fühler für Ladedruck, Höhendruck und Ladelufttemperatur beeinflußt und besitzt auch einen hydraulischen Kraftverstärker. Die Verstellbewegung der beiden Druckdosen wird auf einen gemeinsamen Haupthebel und über den Kraftverstärker, Ritzel, Kurvenscheibe, Schwinge und Regelhebel auf die Regelstange der Pumpenkolben übertragen. Im Kraftverstärker wird durch den Ausschlag des Haupthebels ein Doppelschieber bewegt, durch dessen Verstellung nach rechts oder links jeweils ein Steuerschlitz freigegeben und so der entsprechenden Seite des Kraftkolbens Drucköl zugeführt. Seine Bewegung wird als Drehmoment in das Ritzel und die Kurvenscheibe weitergeleitet. Das aus dem Motorkreislauf stammende Drucköl wird durch eine Förderpumpe in das Einspritzpumpengehäuse geleitet. Dort dient es neben dem Verstärker auch der Schmierung der gleitenden Teile und Lager sowie als Lecksperre der Einspritzkolben.
Der Wärmefühler ist eine Temperaturfühlpatrone in der Ladeluftleitung. Der temperaturabhängige Ausschlag seines Fühlhebels wird durch Gestänge auf eine Kulisse übertragen, auf die sich der vorher erwähnte Regelhebel abstützt. In seiner Bewegung überlagern sich damit die drei Parameter des Gemischreglers.

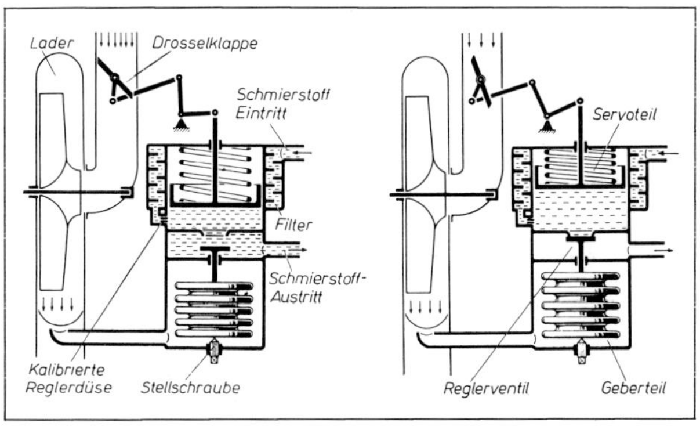

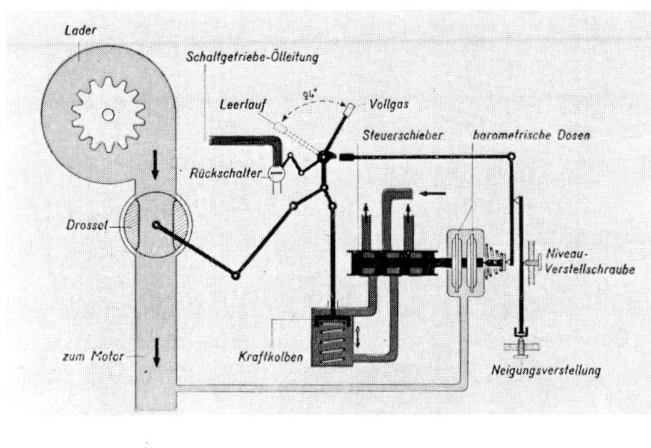

Oben: Der Ladedruckregler des Jumo 210 arbeitete als »Grenzregler«, d.h. er verhinderte nur das Überschreiten des höchstzulässigen Ladedrucks. Dabei wurde Motordrucköl zur Verstärkung der Verstellkraft für die Drosselklappe benutzt (1936).

Unten: Beim Ladedruckregler des Jumo 211 wurde der Ladedruck durch die Stellung des Leistungshebels (»Gashebel«) vorgewählt. Die barometrische Regelung griff servoverstärkt über ein Hebeldifferential in die Verstellmechanik ein und hielt so den gewählten Ladedruck höhenunabhängig bis zur Volldruckhöhe konstant (1939).

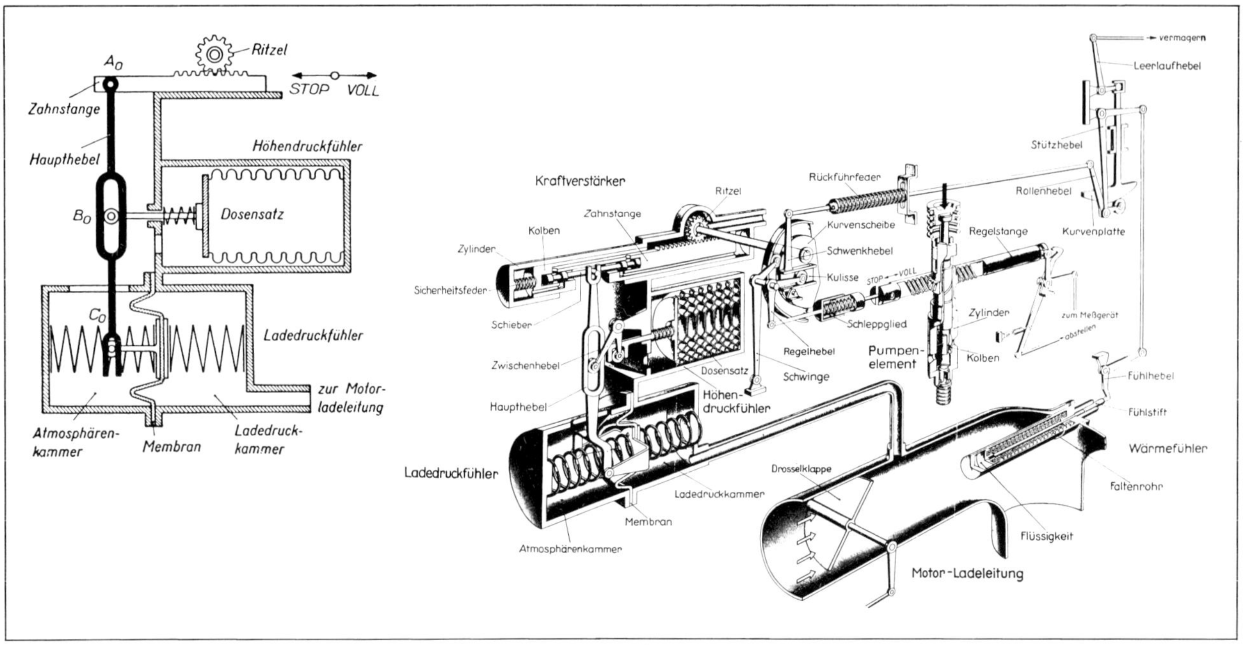

▲
Gesamtwirkungsweise des in der Bosch-Einspritzpumpe eingebauten Gemischreglers bei den Daimler-Benz-Motoren DB 603 und 605. Die Regelung wurde sowohl kraftverstärkt durch den erwähnten Ladedruck- und Höhendruckfühler wie zusätzlich direkt vom Wärmefühler beeinflußt, der auf die Ladelufttemperatur ansprach. Das Schema links oben zeigt die gemeinsame Einwirkung von Ladedruck- und Höhendruckfühler über ein Hebeldifferential auf die Kraftstofförderung beim Einspritzpumpenregler der Daimler-Benz-Motoren DB 603 und 605 (1940/41).

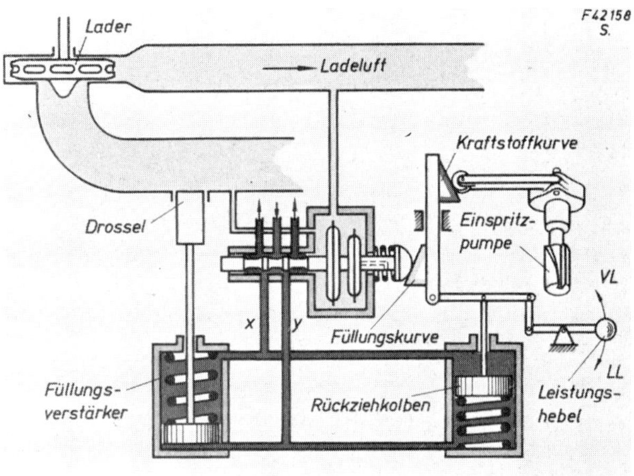

◀ Beim Jumo 213 diente dieser Satz von Membrandosen gleichzeitig zur Ladedruck- und Gemischregelung der Einspritzpumpe (1941).

Beim Gemischregler des Jumo 213 werden die Regelgrößen durch zwei hintereinandergeschaltete Dosen gemessen, die sich in einem unter Ladeluftdruck und -temperatur stehenden Gehäuse befinden. In der einen »Regeldose« ist verdünnte Luft eingeschlossen, so daß sie nur auf die Ladeluftwerte reagiert. Die andere »Höhendose« steht durch eine Bohrung mit der Außenluft in Verbindung, die ja als Gegendruck des Motors wirkt. Da die gesamte Wegänderung beider Dosen von nur wenigen Millimeter und ihre Kraft zur Verstellung der Pumpenkolben nicht ausreichen, ist im Regler gleichzeitig ein hydraulischer Verstärker eingebaut. Dazu wird die Längenänderung beider Dosen auf den in ihrer Achse liegenden Steuerschieber übertragen, der beweglich in der Drehkolbenwelle gelagert ist. Diese trägt einen Flügelkolben und am Ende eine Verzahnung. Mit dieser betätigt er über Zahnstange, Hebelbalken, Zahnsegmente und die beiden Regulier-Zahnstangen die Pumpenkolben. Eine dreirädrige Zahnradpumpe fördert Drucköl aus dem Motorkreislauf auf der einen Seite zur Schmierung und Dichtung der Einspritzkolben. Die andere Seite liefert das Arbeitsöl für die Verstärkerhydraulik, und zwar unter Luftbeimengung als Ölschaum, um so Dämpfung des Zähigkeitseinflusses und weiches Arbeiten zu erreichen.
Das Hydrauliköl kann von außen durch vier radiale Bohrun-

Das Lader-Laufrad der Daimler-Benz-Motoren wird – wie hier beim *DB 605 A-B* – über ein Kegelradgetriebe und eine durch Drucköl beaufschlagte *hydrauli-*
sche Kupplung angetrieben. Das
aus der Schmierstoffhauptleitung
stammende Drucköl liefert eine
Zuteilpumpe, die gegenüber dem
Lader angebracht ist. Sie besteht
aus zwei in gemeinsamem Ge-
häuse eingebauten Zahnradpum-
pen. Die eine Pumpe fördert dau-
ernd Öl in die Kupplung, während
die zweite in geringen Höhen Öl
zur Kupplungskühlung liefert und
erst ab 2,1 km barometrisch ge-
steuert zunehmend mit der Flug-
höhe einspeist, bis in der Nennlei-
stungshöhe von 5,7 km auch die
Fördermenge der zweiten Pumpe
voll in die Kupplung strömt. Auf
diese Weise wird die Laderdreh-
zahl stufenlos der Flughöhe bis
5,7 km angepaßt, wobei der
Schlupf auf den Minimalwert von
2 bis 3 % abnimmt. Der größte
Schlupf in niedriger Höhe ist auf
etwa 30 % – mit Rücksicht auf die
Verkokung des verwendeten Öls
bei etwa 180° C – beschränkt.

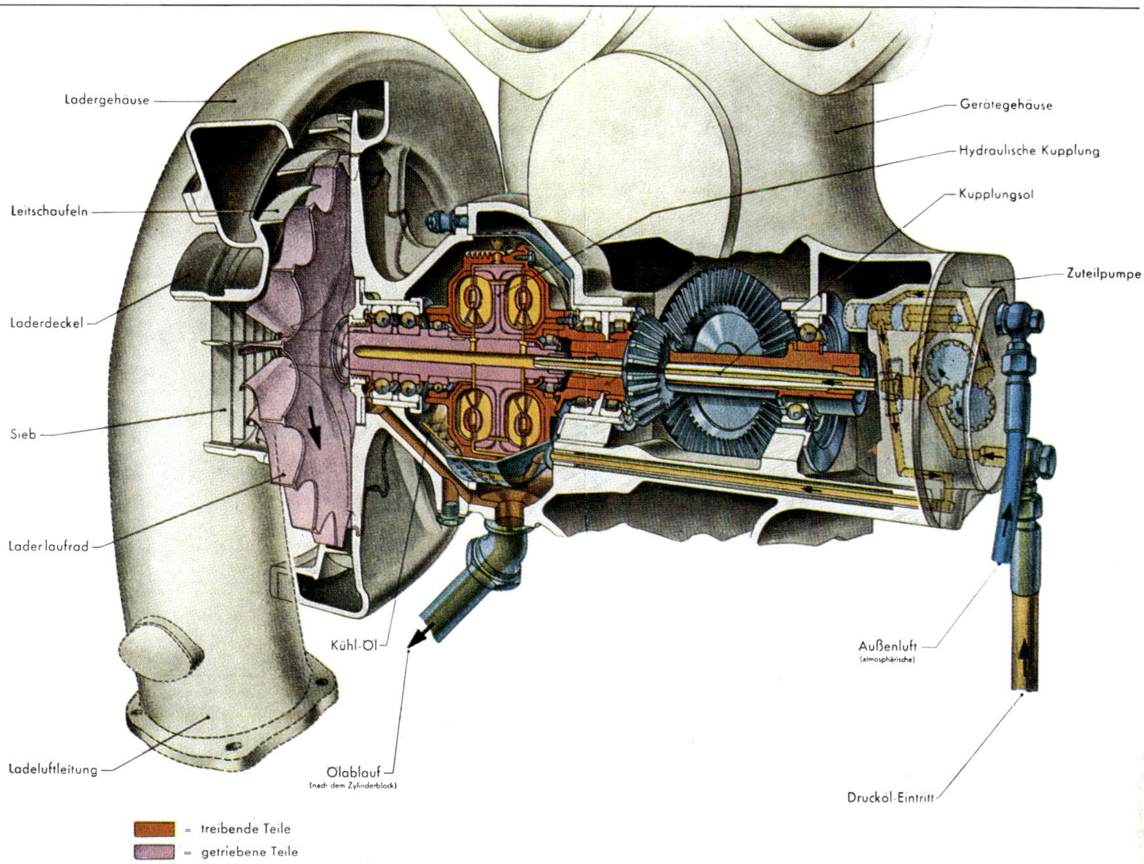

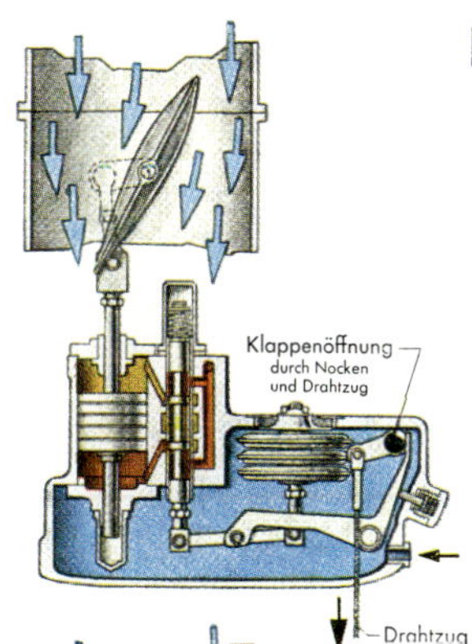

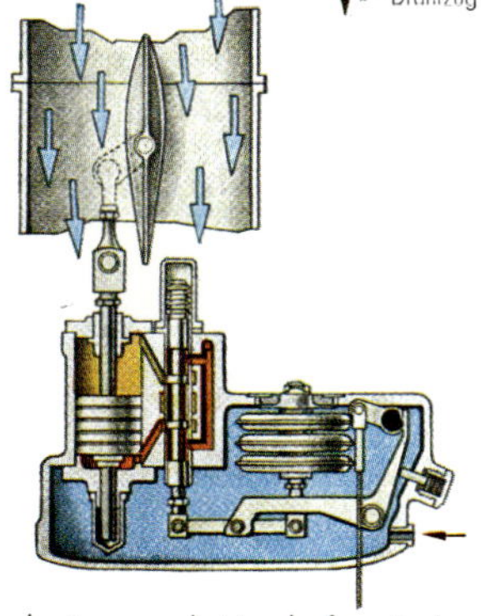

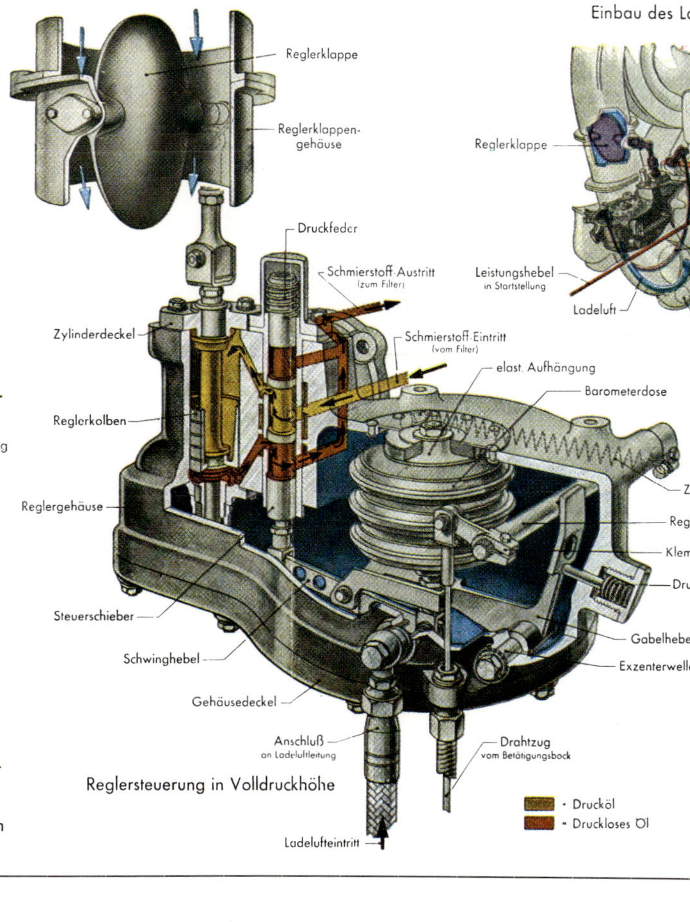

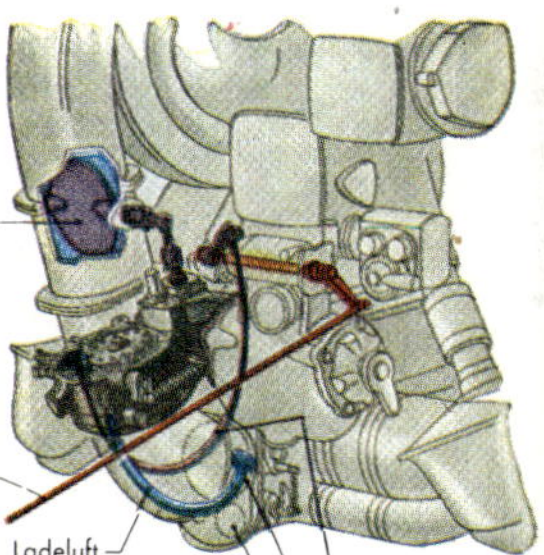

n dem unter Ladedruck stehen-
en Gehäuse des *DB 605-Lade-*
ruckreglers befindet sich eine
Membrandose, deren Längenän-
erung über einen Steuerschie-
er, durch Drucköl verstärkt, den
egelkolben verstellt. Sein Weg
ird dann durch Gestänge auf die
eglerklappe übertragen, die in
er Laderleitung vor der Lei-
ungsdrosselklappe angeordnet
t.

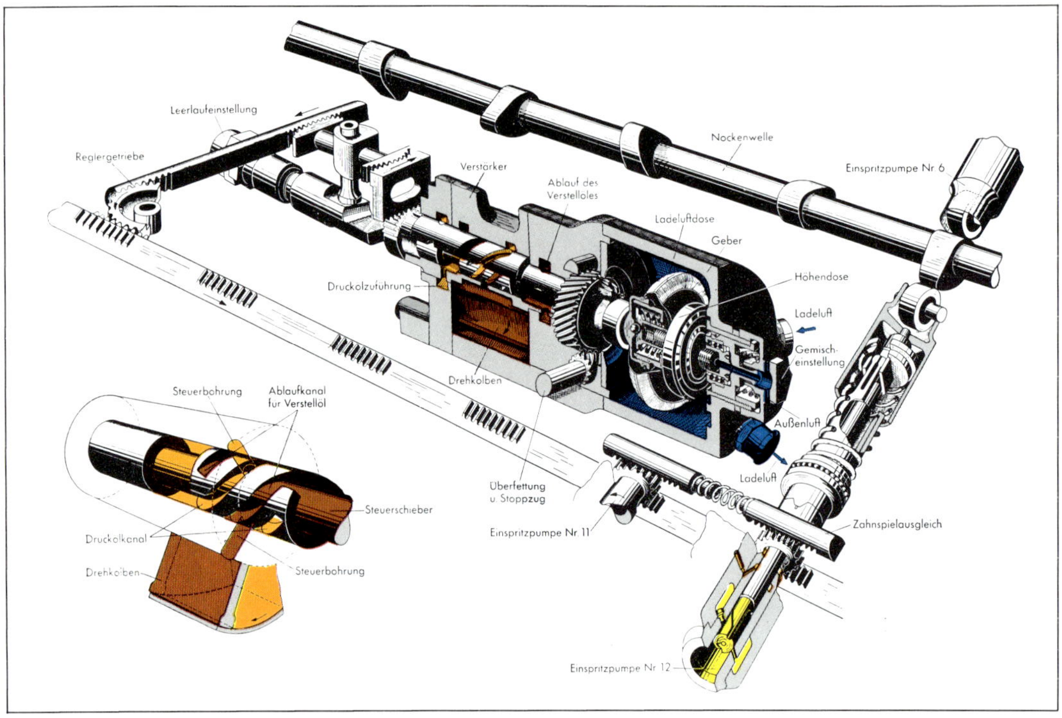

◀ Der *Einspritzpumpenregler des Jumo 211 B-H* besteht aus dem Geber mit Ladeluft- und Höhendose sowie dem Verstärker mit Steuerschieber und Drehkolben. Die beiden Regeldosen sind hintereinander geschaltet und in dem von Ladeluft durchströmten Gehäuse untergebracht. Die Ladeluftdose steht unter der Einwirkung von Druck und Temperatur der Ladeluft, die Höhendose im Innern unter Außenluftdruck. Die Bewegungen beider Dosen werden direkt auf den Steuerschieber des Verstärkers übertragen. Dieser ist mit spiralförmigen Kanälen wechselnder Richtung ausgebildet und bewegt sich in der mit Bohrungen versehenen Welle des Drehkolbens. Die Bewegung dieses Drehkolbens verstellt über Verzahnungen die Regelstange der Pumpenstempel. Zum Ausgleich des Zahnspiels sind je zwei Antriebsritzel durch eine federgespannte Zahnstange verbunden.

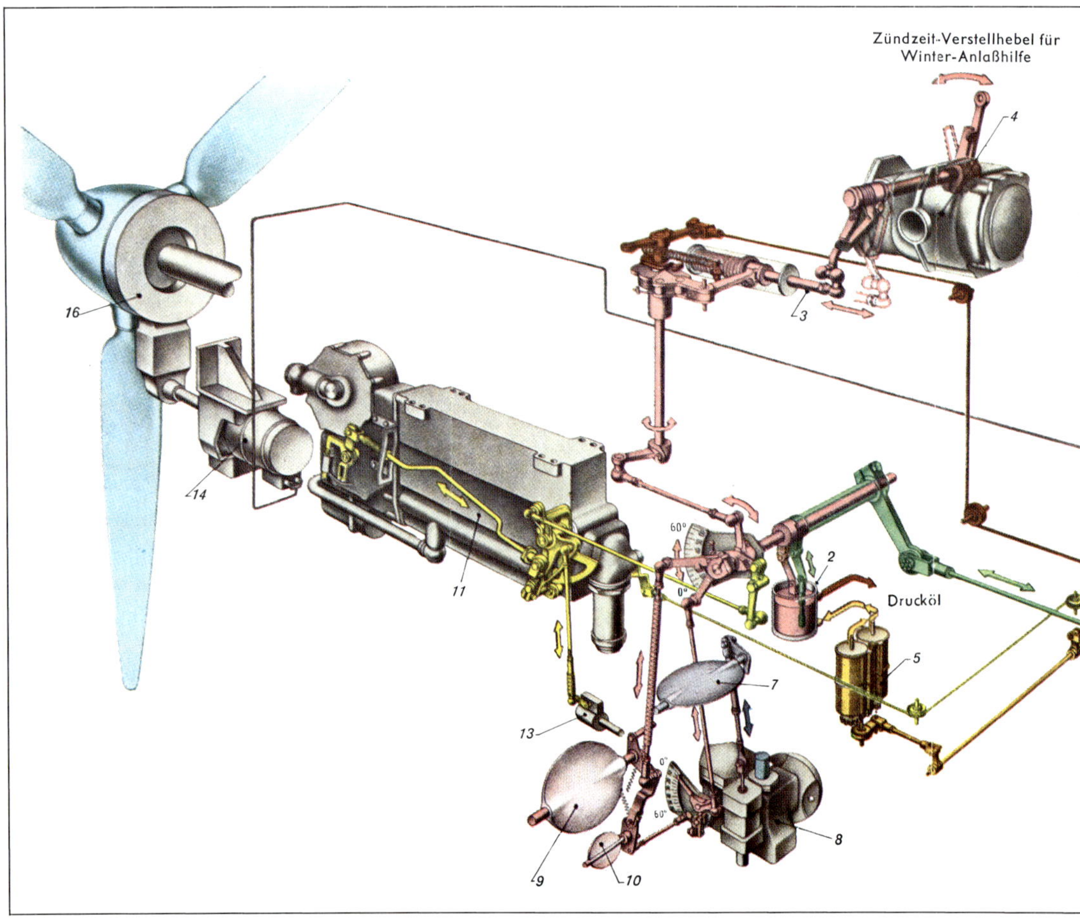

1 Leistungshebel
2 Kraftverstärker
3 Zündzeitverstellung
4 Zwillingszündmagnet
5 Schmierstoff-Filter
6 Zug zur Ratsche
7 Reglerklappe
8 Ladedruckwähler
9 Leistungsklappe
10 Leerlaufklappe
11 Einspritzpumpe
12 Schnellstopzug
13 Wärmefühler
14 Einheitsverstellgerät
15 Daumenschalter
16 Luftschraubenverstellgerät
17 Handzug zum Kerzenreinigen

as »*Kommandogerät*« ist die in
nem Block konzentrierte Be-
ien- und Regelzentrale für die
inhebel-Leistungssteuerung des
MW 801. Sie umfaßt Lade-
ruck- und Drehzahlregler, fer-
er Gemischregler, Drosselklap-
enautomatik, Zündverstellung,
eerlaufregulierung, Laderschal-
ung sowie die Servo-Druckölver-
orgung der Regler und Kraftver-
ärker. Im Normalbereich wer-
en durch Verstellen des »Pilot«-
. h. Leistungswähl-Hebels, pri-
är der Ladedruck und eine zu-
eordnete Drehzahl, also der Lei-
ungszustand direkt gewählt.
adurch werden über hydrauli-
che Kraftverstärker die Lade-
ftdrosselklappen, ebenso auch
e Grundstellung der Druckdo-
n im Ladedruckregler sowie
ußerdem mit Duz-Gestänge
Druck- und Zug-Draht) der
ropellerregler verstellt, wobei
iese Regler anschließend Lade-
ruck und Drehzahl konstant hal-
n. Der Gemischregler steuert
r den vorliegenden Luftdurch-
tz automatisch – mittels Lade-
ft-Druck / Temperaturdosen
d einer Höhendose – kraftver-
ärkt die optimale Kraftstoff-
enge und hält die Gemischzu-
mmensetzung auch konstant.
on diesem Gemischregler wird
ßerdem zwangsläufig der rich-
ge Zündzeitpunkt bestimmt und
rch Duz-Gestänge am Zwil-
gszündmagnet eingestellt.

i der *Bedien- und Leistungshe-
lregelung des Daimler-Benz DB
3 A und D* werden primär die
eistungsdrosselklappe und die
rundeinstellung der Regeldose
Ladedruckwähler verstellt.
eser hält dann den Ladedruck
s zur Volldruckhöhe selbsttätig
nstant. Außerdem beeinflußt
r Leistungshebel auch die
indeinstellung und die Kraft-
offmenge bei Leerlauf. Die
rehzahl wird entweder von
nd mittels Daumenschalter ge-
euert, oder durch den Lei-
ngshebel über den Drehzahl-
hler eingestellt und durch die
ehkraftregelung des VDM-
erstellpropellers konstant ge-
ten.

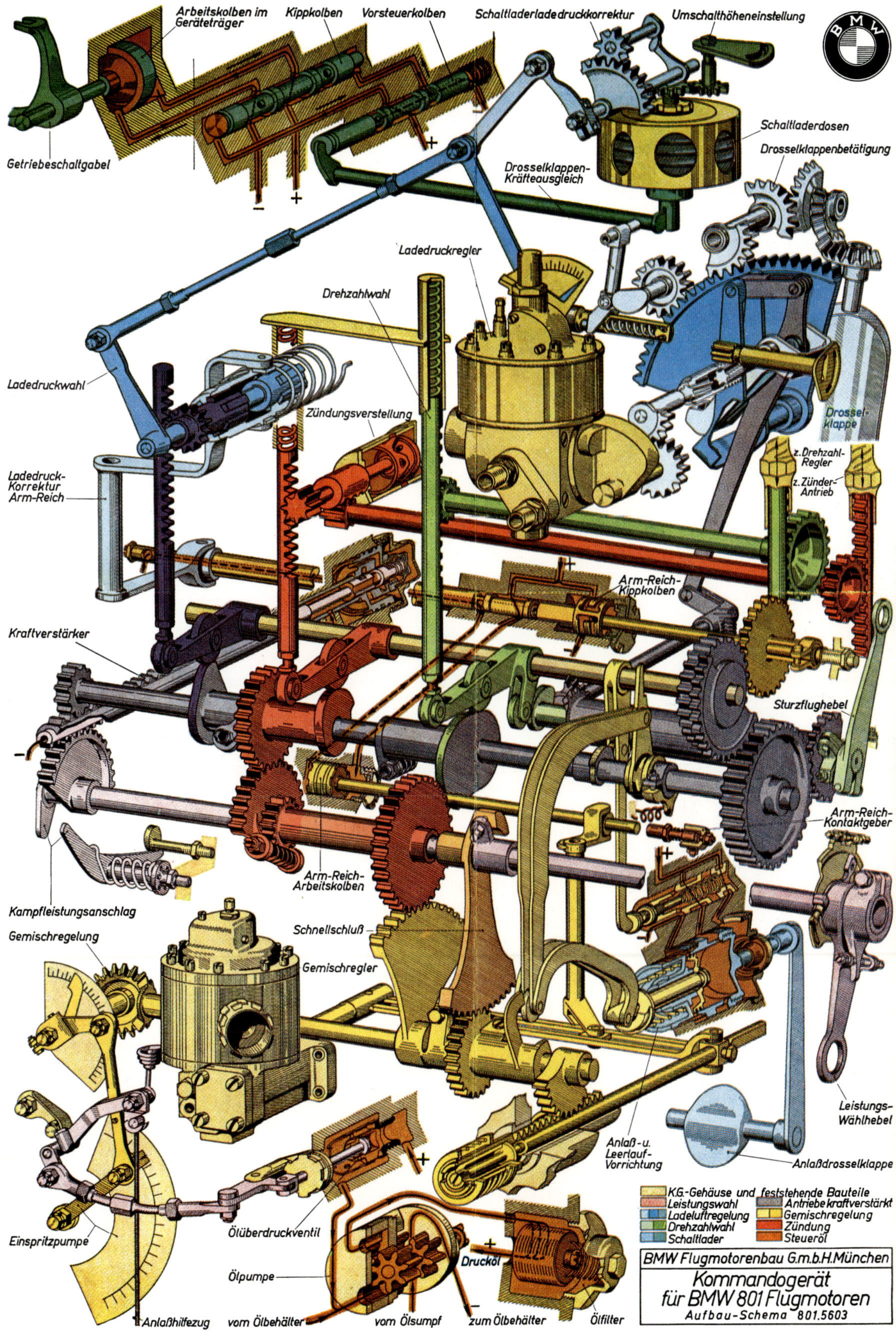

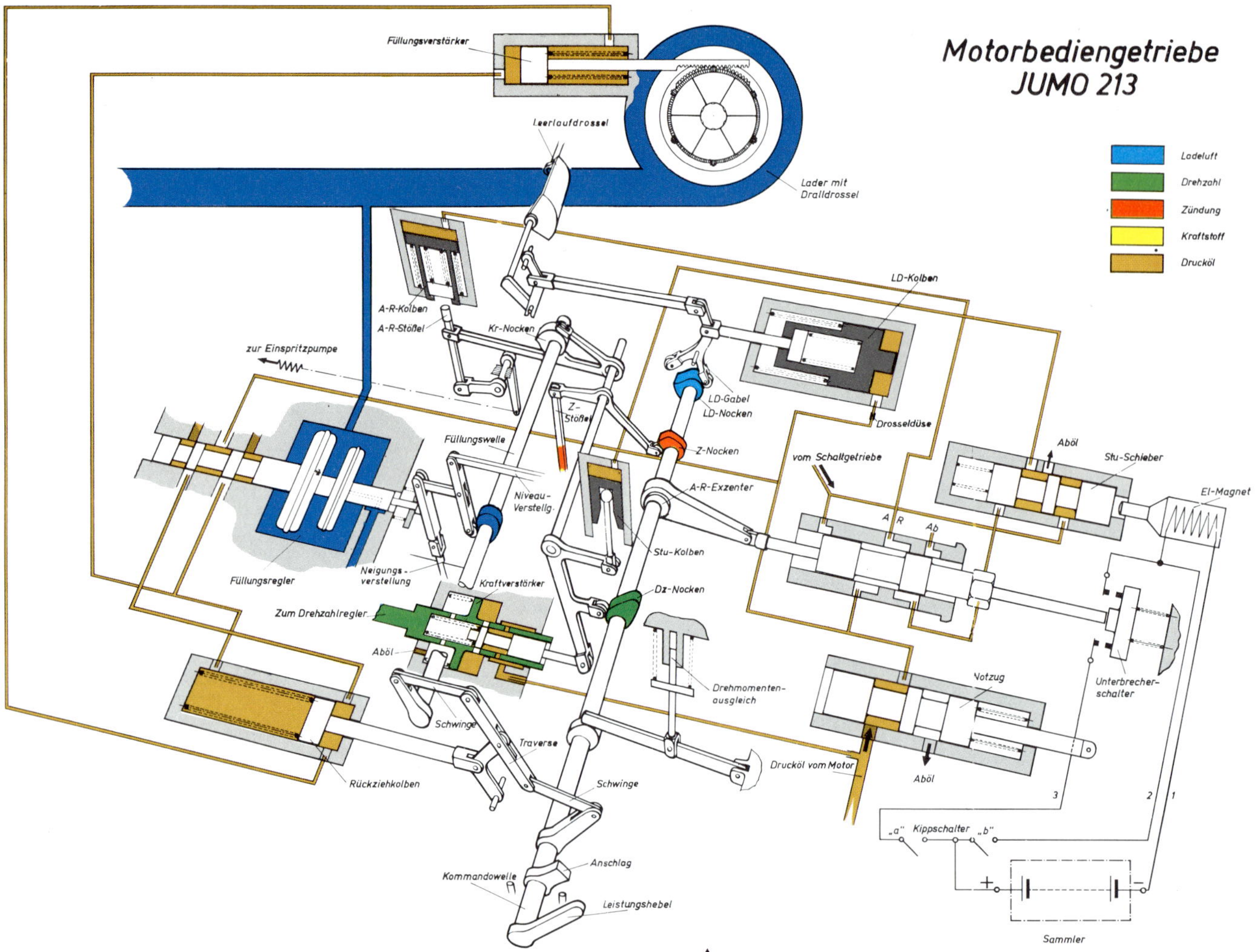

▲ Das *Junkers-Motorbediengerät (MBG)* bildet ähnlich dem BMW-Kommandogerät eine Bedien- und Regelzentrale in Blockbauweise für den Jumo 213. Anders als beim BMW 801 sind hier die Ladeluft-Druck/Temperaturdosen und die Höhendose gleichzeitig zur Regelung des Ladeluftgewichtes in einem Füllungsregler herangezogen. Durch den Leistungshebel wird dieser Dosensatz – neben Drehzahlregler und Zündzeitpunkt – verstellt und damit primär statt des Ladedrucks das Ladeluftgewicht, also die Füllung – durch die Dralldrossel – sowie die zugehörige Kraftstoffmenge – mittels Pumpenregelstange – gesteuert, die dann Füllungsregler und Gemischregler konstant halten.
(A-R Arm-Reich, LD Leerlaufdrossel, z Zündung, Kr Kraftstoff, Dz Drehzahl)
Die Leerlaufdrossel ergänzt den Regelbereich der Dralldrossel im untersten Leistungsgebiet und dient außerdem zur Notbedienung des Motors bei Störung der Servoanlage.

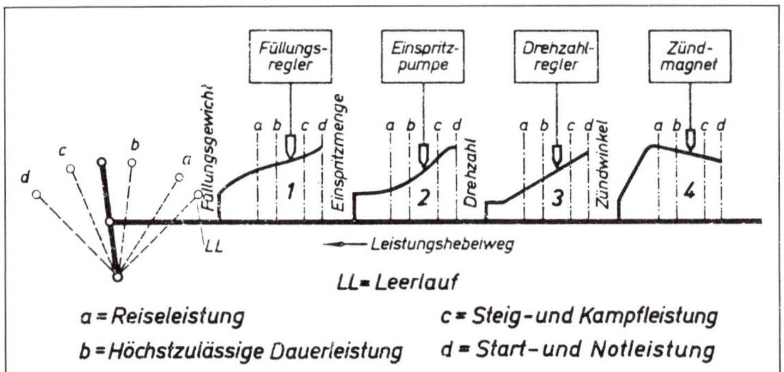

◀ Oben: Das Diagramm zeigt den Verlauf der Einstellwerte (»Kommandowerte«) in Abhängigkeit vom Verstellweg des Leistungshebels (»Kommandowinkel«). Durch die Hebelstellung sind feste Werte der Füllung, Gemischzusammensetzung, Drehzahl und Zündeinstellung zugeordnet, die im Bereich von Reiseleistung bis Startleistung durch die Regler konstant gehalten werden.

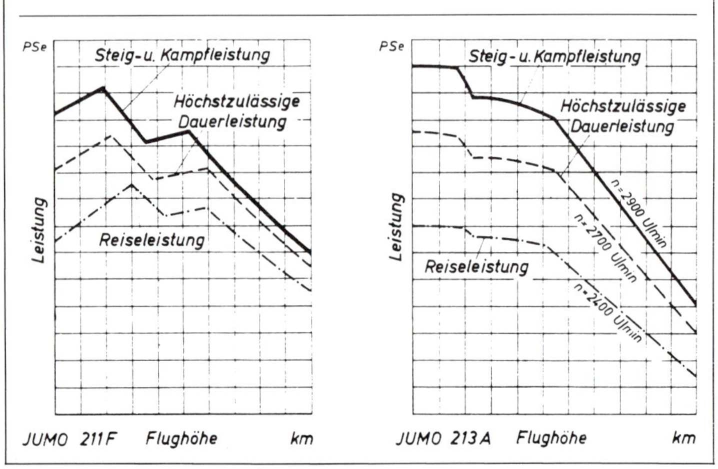

Unten: Ein Vergleich der Höhenleistungs-Diagramme zeigt für den Jumo 213 einen relativen Leistungsgewinn in Bodennähe und auch nach der Umschalthöhe, der auf seine neuartige »Füllungsregelung« gegenüber der üblichen »Ladedruckregelung« des Jumo 211 zurückzuführen ist.

gen der Drehkolbenwelle und durch vier schraubenförmige Nuten in der Gleitfläche des Steuerschiebers strömen, von denen je zwei gegenläufig zur Druck- bzw. Abströmseite führen. Wenn nun die Reglerdosen eine Längsverschiebung des Steuerschiebers verursachen, wird so eine Unsymmetrie in den hydraulischen Strömungsquerschnitten ausgelöst, der Flügelkolben einseitig beaufschlagt und dadurch geschwenkt. Auf diese Weise entsteht die Verstellkraft für die Einspritzkolben. Außerdem ist noch eine elektromagnetische Verstellung zur Verdrehung des Steuerschiebers im Sinne einer Gemischanreicherung und auch zur Kraftstoffabsperrung als Stop-Einrichtung vorhanden.
Der Gemischregler des BMW 801 entspricht in seiner Funktion den beiden beschriebenen Ausführungen. Konstruktiv ist er in das Kommandogerät eingegliedert.

Die Daimler-Benz-Einhebel-Leistungssteuerung

Unter Anwendung der neuentwickelten Regeleinrichtungen – wie z. B. des beschriebenen Ladedruck- und Gemischreglers – konnten die Triebwerksfirmen die Einhebelbedienung des Motors verwirklichen. Der Pilot braucht nur die Leistungsstufe mit der Stellung des Gashebels – jetzt »Leistungshebel« genannt – vorzuwählen. Dann stellen sich selbsttätig die zugehörigen Bestwerte von Ladedruck, Drehzahl, Gemischzusammensetzung, Zündung, Propellereinstellung usw. ein und bleiben konstant bzw. werden im Bereich, wo das motorseitig nicht möglich ist, optimal angepaßt.
Bei den DB 603- und 605-Motoren wird durch Verstellen des Leistungshebels primär der Ladedruckwähler beeinflußt, indem jeder Hebelstellung ein bestimmter Ladedruck zugeordnet ist. Auf diesen stellen sich dann die anderen Leistungsgrößen wie z. B. Drehzahl und Kraftstoff-Luftverhältnis selbsttätig optimal ein. Diese relativ einfache Einhebelbedienung wird von Daimler-Benz einer komplizierteren Vollautomatik in Blockbauweise vorgezogen.

Das Kommandogerät des BMW 801

Beim BMW 801 sind fast alle Regeleinrichtungen konstruktiv zu einem leicht austauschbaren Block zusammengefaßt, dem 1939 auf Sachse-Vorschlag von Leibach und Prestel geschaffenen »Kommandogerät«. Es enthält folgende Regelfunktionen: Ladedruck-, Drehzahl- und Gemischregelung, Drosselklappenautomatik, Zündverstellung, Leerlaufregulierung, Laderschaltung, ferner die Druckölversorgung der Regler mit Kraftverstärker. Nur für den Sturzflug ist ein weiterer Hebel zur Bremsung mit dem Propeller unter Motorleistung angebracht.
Die mit dem Leistungshebel betätigte Welle steuert primär über Kurvenbahnen und hydraulische Verstärker den Ladedruck mittels der Drosselklappen vor Ladereintritt sowie die Drehzahl durch Blattverstellung. Die Regler halten dann die Einstellwerte unabhängig von Fluggeschwindigkeit und Höhe konstant. Die Einspritzpumpe liefert infolge ihres synchronen Antriebs von der Kurbelwelle – wie üblich – bereits die Grobregelung der Gemischzusammensetzung. Ein Gemischregler zur Feinabstimmung wird nur durch Druck und Temperatur der Ladeluft vor dem Einlaßventil beeinflußt, und zwar mittels einer gasgefüllten Barometerdose in luftdichter, nur von Ladeluft durchspülter Kammer und mit hydraulischer Verstärkung zur Verstellung der Regelstange.

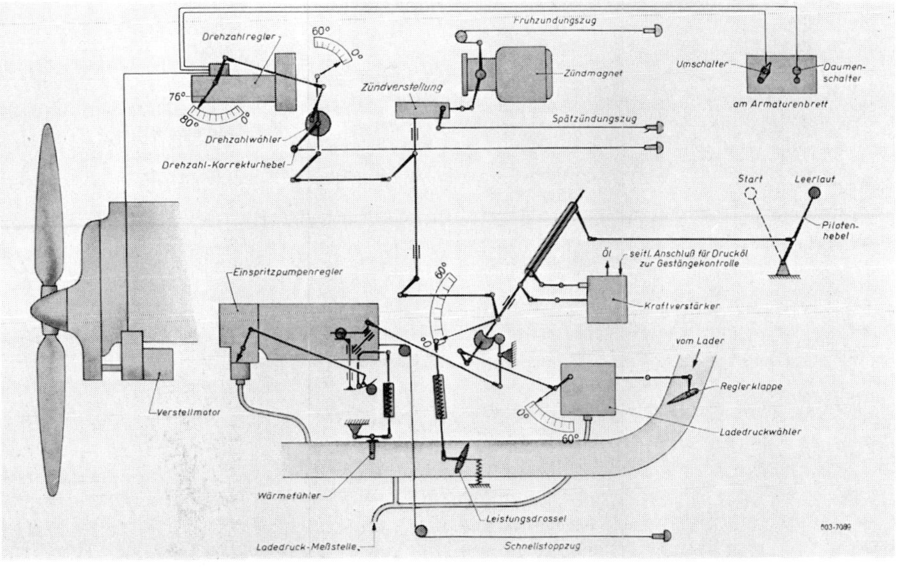

Die Gesamt-Leistungsregelung der Daimler-Benz DB 603- und 605-Motoren war durch eine dezentrale Anordung aller Regelelemente gekennzeichnet.

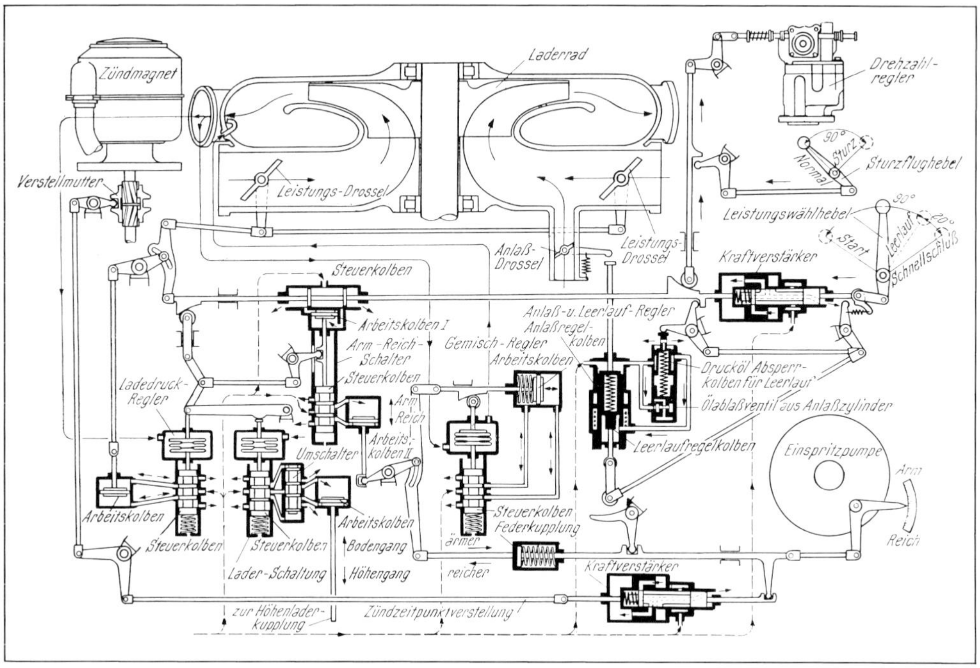

Das Schema macht die Wirkungsweise des auch auf der Farbtafel VII dargestellten Kommandogerätes am BMW 801 deutlich, in dem alle Elemente zur Leistungsregelung zentral integriert waren (1939).

Gerade beim luftgekühlten Motor ist für hohe Leistungen ein kraftstoffreiches Gemisch – d. h. etwa 10% Luftmangel – zur Senkung der Zylinder- und Kolbentemperaturen und Vermeidung des Klopfens erforderlich, für geringere Leistungen von 50 bis 70% des Höchstwertes im Reiseflug dagegen 10 bis 20% Luftüberschuß zur Verbrauchssenkung. Bei kontinuierlicher Verarmung für abnehmende Leistung würde das Klopfgebiet im Bereich der stöchiometrischen Mischung durchfahren. Deshalb wird durch die Leistungswählstange in einer Zwischenstellung auch ein »Arm-Reich-Schalter« betätigt. Damit wird einerseits der Ladedruckregler beeinflußt, so daß der bei »Arm«-Stellung entstehende Leistungsverlust durch etwas höheren Ladedruck ausgeglichen wird. Außerdem wird durch eine Drehpunktverlagerung der Verstellung für die Einspritzpumpen-Regelstange die Fördermenge um 25% verringert und gleichzeitig der Zündzeitpunkt um etwa 20° Kurbelwinkel vorverlegt.

Beim BMW 801 TJ mit Abgaslader wurde das Kommandogerät auch zur Turbinenregelung herangezogen. Dazu rüstete man den Ladedruckregler mit einer Steuerbüchse aus, die sowohl Steueröffnungen für den Verstellkolben der Motordrosselklappen als auch für den Verstellmotor der Abgasklappen besaß. Beide Steueröffnungen waren so gegeneinander versetzt, daß bei einer bestimmten Ladedruckwahl der Turbolader für alle Leistungen auf einen um 0,02 bar abs geringeren Ladedruck eingestellt war als der Motorlader. Solange der Motorlader zur Erhaltung des gewählten Ladedrucks ausreichte, hielt der Turbinenregler die Abgasklappen der Turbine offen. Wenn der Motorlader ausgefahren ist, beginnt der Ladedruck abzusinken. Dabei steuert der Ladedruckregler die Motordrosselklappen auf und gibt dabei Öl für den Turbinenregler frei, der die Abgasklappen der Turbine schließt, d. h. der Ladedruck steigt nun vom Turbolader unterstützt wieder an. Für den Turbolader war außerdem eine Drehzahlbegrenzung über einen Fliehkraftregler vorgesehen. Beim Erreichen der höchstzulässigen Turbinendrehzahl übernimmt der Fliehkraftregler die Turbinensteuerung. Mit dieser Regelung war praktisch pendelfreier Betrieb des Motors möglich. Auch die Zusatzeinspritzung von MW 50 bzw. GM 1 konnte durch das Kommandogerät erleichtert werden. Damit hat es seinen Zweck der Bedienvereinfachung für den Piloten und auch den BMW-Slogan voll erfüllt: »Was macht der Pilot ohne Kommandogerät? Er macht Fehler!«

Das Junkers-Motorbediengetriebe

Eine andere vollautomatische Regelung war bei Junkers für das Jumo 213-Triebwerk entwickelt worden, das sogenannte *»Motorbediengetriebe (MBG)«*. Beim MBG wird neben der Drehzahl zum Unterschied gegenüber dem BMW-Kommandogerät und der DB-Leistungsregulierung primär das Gewicht der Ladeluft – also die Füllung – anstelle des Ladedrucks eingestellt und geregelt, danach die Gemischzusammensetzung usw. Durch Betätigung des Leistungshebels werden vier Kurvennocken verdreht, der Drehzahl- und Zündnocken direkt mit der »Kommandowelle«, der Füllungs- und Kraftstoffnocken auf der »Füllungswelle« aber indirekt über ein verstellbares Hebelsystem. Damit sind gleichzeitig die Stellung der Füllungsdrossel, der Einspritzpumpenregelung, des Drehzahlreglers sowie der Zündverstellung und ihr Verhältnis zueinander beeinflußt. Zur Füllungsänderung dient die früher erwähnte Dralldrossel vor dem Ladereintritt. Der Füllungs- und der Kraftstoffregler arbeiten mit einem gemeinsamen Satz von zwei zusammenwirkenden Regeldosen, die beide in einer von Ladeluft durchspülten Kammer liegen. Die eine gasgefüllte geschlossene Dose spricht auf Druck und Temperatur der Ladeluft an, die andere »Höhendose« durch eine Öffnung ins Freie auf den Außenluftdruck. Der Kraftstoffnocken auf der Füllungswelle hat zwei getrennte Bahnen »Arm« und »Reich«. Bei Anlassen und Leerlauf sowie oberhalb der Höchstdauerleistung arbeitet die Kraftstoffregelung auf »Reich«, dazwischen durch hydraulische Verstellung auf »Arm«. Oberhalb der Volldruckhöhe wird die eintretende Füllungsverringerung durch selbsttätige Verstellung der Füllungswelle gegenüber der Kommandowelle kompensiert. Dabei wird der Füllungsnocken in die gleiche Stellung zurückgezogen, die er auch hätte, wenn das tatsächliche Füllungsgewicht mit dem Leistungshebel gewählt wäre. So wird wieder die richtige Kraftstoffmenge eingespritzt. Außer der Füllungsdrossel ist eine Leerlaufdrossel in der Ladeluftleitung mit dem Leistungshebel so gekoppelt, daß beide bis zur Mindest-Dauerleistung zusammenwirken. Dadurch wird die unzureichende Wirkung der Dralldrossel im niedrigen Füllungsbereich verstärkt und zusätzlich bei gestörtem Füllungsregler die Notbedienung durch die Leerlaufdrossel erzielt. 90° Weg des Leistungshebels dienen zur Regelung vom Leerlauf bis Vollast. Bei 10° Zurücknahme über die Leerlaufstellung hinaus geht die Einspritzpumpe in die Stop-Stellung. Ein durch das Ausfahren der Sturzflugbremsen betätigter Schalter verstellt den Propeller auf die Sturzflugdrehzahl. Außerdem schützt er den Lader vor Überdrehzahl und -temperatur durch Umschaltung auf Bodenlader. Junkers sah den Hauptvorteil dieser erstmals beim Jumo 213 eingeführten »Füllungssteuerung« gegenüber der üblichen »Ladedrucksteuerung« vor allem in einem Leistungsgewinn bis etwa 10% in Bodennähe und geringerem Leistungsabfall dicht oberhalb der Umschalthöhe. Da in diesem Bereich die Ladelufttemperatur am höchsten liegt, leistet der Motor nämlich trotz konstantem Ladedruck weniger als bei konstanter Füllung, wo entsprechend der höheren Temperatur auch ein höherer Ladedruck eingestellt wird.

Begünstigt durch die exakte Regelfähigkeit des Einspritzsystems erreichten die Firmen BMW, Daimler-Benz und Junkers in der Entwicklung der automatischen Leistungsregelung zur Einhebelbedienung einen beträchtlichen Vorsprung gegenüber dem Ausland. Damit wurde die Einsatzfähigkeit der Flugzeuge in vieler Hinsicht wesentlich verbessert.

Das Rechliner Kaltstart-Verfahren

Die Einsatzbereitschaft eines Flugzeugs bei niedrigen Außentemperaturen hängt sehr vom Anlaßverhalten der Motoren ab, das durch die Kälte-Eigenschaften des Kraft- und Schmierstoffes sowie der zugehörigen Verteilungssysteme beeinflußt wird. Zum Wintereinsatz war eine Vernebleranlage mit Anlaßkraftstoff-Füllung sowie eine Azethylen-Anlaßanlage für Temperaturen unter – 30°C eingebaut. Außerdem wurden bis zu den ersten Kriegsjahren meist fahrbare Warmluftbläser zum Vorwärmen der Motoren verwendet, von denen man jedoch im Kriegsverlauf aus logistischen Gründen unabhängig werden mußte. Große Schwierigkeiten bereitete dabei die hohe Viskosität der damaligen Schmierstoffe (»Rotring« und »Grünring«) unter der Kälteeinwirkung. Endgültige Abhilfe brachte das neue »Kaltstartverfahren« der Schmierstoffverdünnung mit Kraftstoffbeimischung, das ab 1939 bei der Erprobungsstelle Rechlin E 3 unter Leitung von O. Cuno durch Schmachtenberg entwickelt wurde. Solche Ölverdünnung hatte man bei Flugmotoren schon früher mit provisorischen Mitteln in Kanada angewendet. Von Rechlin wurden nun zunächst die Grundlagen und dann die technische Einrichtung geschaffen und die Erprobung durchgeführt.

10%ige Kraftstoffbeimischung setzt die Zähigkeit des Schmierstoffes – bei den damaligen Sorten – ebenso herab wie seine Erwärmung um 22°C. Aus Versuchen ergab sich, daß ein sicheres Anspringen des Motors mit unverdünntem Öl nur bis – 5°C gewährleistet und + 5°C besser ist. Bei tieferen Temperaturen muß das Öl durch Benzinbeimischung auf eine entsprechende Viskosität gebracht werden. Dies erfordert z.B. bei – 30° eine Ölverdünnung durch rund 15% Benzinzugabe. Nach dem Anlassen dampft der Kraftstoff zunehmend mit der Betriebstemperatur des Motors wieder aus. Beim Flugmotor mit seiner hohen gleichmäßigen thermischen Belastung verringert sich mit ansteigender Öltemperatur der Kraftstoffanteil etwa im gleichen Maß wie die Ölviskosität zunimmt. So wird über den ganzen Erwärmungsbereich eine ausreichende Schmierfähigkeit im Motor erzielt. Der Schmierstoff mit Kraftstoffbeimischung hat gleiche Schmierfähigkeit wie ohne Beimischung, wenn die Zähigkeit gleich ist. Das langsame »Warmfahren nach Öltemperatur« wird beim Kaltstart ersetzt durch schnelles »Warmfahren nach Öltemperatur« wird beim Kaltstart ersetzt durch schnelles »Warmfahren nach Öldruck«. Die Ausdampfung ist je nach Motor- und Flugzeugtyp in ein bis zwei Stunden beendet.

Der Kaltstart im Fronteinsatz

Nach diesen positiven Erkenntnissen wurde sofort in Rechlin eine für die Truppe brauchbare Kaltstartvorrichtung mit einfachem Bedienverfahren entwickelt. Die erste Kaltstartanweisung – in Rechlin gedruckt – wurde im Sommer 1939 an die Verbände verteilt. Nach [Kaltstart-Vorschrift D. Luft T 3870] soll die Kraftstoffbeimischung bei + 5 bis – 10°C Temperatur 7,5 %, zwischen – 10 und – 30°C 15 %, 20 % bei kälter als – 30°C betragen und für einen »Schnellstart« – 1 bis 2 min nach Anlassen – auf 15 % bei – 5 bis – 10° bzw. 20 % bei – 10 bis – 30°C erhöht werden.

Die Rechliner Mischanlage – wie sie anschließend serienmäßig in alle Frontflugzeuge eingebaut wurde – besteht aus einer nach der Kraftstofförderpumpe abgezweigten Leitung, durch die Kraftstoff über einen Absperrhahn (»Mischhahn«) und eine Mischdüse in den Schmierstoff-Vorlauf bzw. z.T. -Rücklauf des Motors fließen kann. Die Beimischung soll bei + 20 bis + 40°C Öltemperatur erfolgen, wenn nach Rückkehr vom Flug Motor und Öl noch ausreichend warm sind. Dann wird bei vorgeschriebener Motordrehzahl der Mischhahn solange geöffnet, bis der gesamte Schmierstoffvorrat mindestens einmal durch das Triebwerk gefördert ist. Die für den Kaltstart günstigste Mischzeit war für jedes Flugzeugmuster durch Versuche bestimmt und in Abhängigkeit von der Außentemperatur in den Kaltstart-Mischtabellen festgelegt.

Der Kaltstartvorgang wird z. B. im DB 605-Handbuch (Nov. 1942) behandelt:

»Drehzahl aus dem Leerlauf zügig so steigern, daß der Schmierstoffdruck immer an der oberen Grenze von 8 kg/cm² bleibt, bis bei 2600 U/min abgebremst werden kann. Längeres Warmlaufenlassen und Leerlauf sind unbedingt zu vermeiden; deshalb nur anlassen, wenn sofort gestartet wird! Die Öltemperatur braucht dabei nicht berücksichtigt zu werden. Die Zeit vom Anspringen bis zum Abbremsen wird etwa betragen:

(Bomber)		(Jäger)
bei 0°C	= 3 Minuten	1 1/2 Minuten
bei –10°C	= 5 Minuten	2 1/2 Minuten
bei –20°C	= 6 Minuten	3 1/2 Minuten.«

Die Einführung des Rechliner Kaltstartverfahrens bei Truppe verzögerte sich anfänglich durch unbegründetes Mißtrauen des technischen Personals. Es wurde in großem Maß eingesetzt, vor allem in den kalten Monaten 1941/42 sowie 1942/43 des Rußlandfeldzugs und hat sich – nach anfänglichen Anpassungsarbeiten, z.B. auf der Entlüfterseite – immer störungsfrei bewährt. Damit trug es zur Einsatzbereitschaft der Frontverbände selbst unter arktischen Temperaturen entscheidend bei.

Mischtabelle 1 für die Flugzeugmuster Bf 109 E u. F 2, Bf 110 C u. D mit DB 601 A/N, FW 190 mit BMW 801, Bf 109 F 4 u. G, Bf 110 F u. G mit DB 601 E/F u. DB 605, Bf 109 K mit DB 605 D

Inhalt des Schmierstoffbehälters nach dem Fluge	Öffnungszeit des Mischhahnes								
	für 15 % Beimischung					für 7,5 % Beimischung			
	wenn die Dauer des vorhergehenden Fluges betrug:								
	über 1 h	3/4 – 1 h	1/2 – 3/4 h	1/4 – 1/2 h	unter 1/4 h	über 3/4 h	1/2 – 3/4 h	1/4 – 1/2 h	unter 1/4 h
	oder wenn der Kraftstoffgehalt im Schmierstoff nach vorhergehendem Flug noch beträgt:								
	0–1 %	1–2 %	2–4 %	4–8 %	8–15 %	0–1 %	1–2 %	2–4 %	4–7,5 %
Liter	min sek	min sek	min sek	min sek	min sek	min sek	min sek	min sek	min sek
10–15	2 05	1 50	1 40	1 20	0 30	0 55	0 45	0 35	0 15
15–20	2 25	2 10	1 55	1 35	0 35	1 05	0 55	0 40	0 20
20–25	2 45	2 30	2 10	1 45	0 40	1 15	1 00	0 45	0 20
25–30	3 05	2 45	2 30	1 55	0 45	1 25	1 10	0 50	0 20
30–35	3 25	3 05	2 45	2 10	0 50	1 35	1 15	0 55	0 25
35–40	3 40	3 20	3 00	2 20	0 55	1 40	1 20	1 00	0 25
40–45	4 00	3 50	3 15	2 30	0 55	1 50	1 30	1 10	0 30
45–50	4 20	3 55	3 30	2 45	1 00	2 00	1 35	1 15	0 30
50–60	4 50	4 20	3 55	3 05	1 10	2 15	1 50	1 20	0 35

Achtung! Beträgt der Kraftstoffvorrat bei Bf 109 unter 120 l, bei Bf 110 unter 50 l, so ist vor dem Mischlauf Kraftstoff zu tanken.

Um eine Kraftstoffbeimischung von 20 % zu erhalten, müssen die Tabellenwerte für 7,5 % (erste senkrechte Spalte 0–1 %) mit 3 vervielfacht werden

Anhand solcher Mischtabellen wurde für den »Kaltstart« die Benzinbeimischung zum Schmierstoff von 7,5 bzw. 15 % – je nach Außentemperatur – mittels vorgeschriebener Öffnungszeit des Mischhahns vorgenommen.

Strahltriebwerke von 1936 bis 1945

In den Jahren 1937/38 hatte sich bei den Fachleuten der Luftfahrtentwicklung und Luftfahrtforschung die Erkenntnis durchgesetzt, daß der Flugzeugantrieb mit Kolbenmotor und Propeller bei einer Fluggeschwindigkeit von etwa 750 km/h seine Anwendungsgrenze finden würde. Der Weltrekord stand zu dieser Zeit bei 709 km/h, er war außerhalb des Schneider-Pokal-Wettbewerbes von einem hochgezüchteten Wasserflugzeug Macchi M 72 mit 2280 kW (3100 PS) mit Gegenlaufpropeller aufgestellt. Im April 1939 wurde dann mit einem speziellen Rekordflugzeug, der Messerschmitt Me 209 R mit 2035 kW (2770 PS) ein neuer Weltrekord mit 755 km/h erflogen, der über 30 Jahre ungebrochen blieb. Eine Steigerung der Motorleistung bei den bisherigen Antrieben erschien nicht mehr sinnvoll, der Gewichtsaufwand für Motor, Luftschraube und Kühler war an seine Grenze gekommen.
Seit dem Vortrag von Dr. Adolf Busemann (LFA) beim Volta-Kongress in Rom (1935) über Pfeilflügel und Hochgeschwindigkeitsflug, war es den Fachleuten klar, daß Fluggeschwindigkeiten im transsonischen und im Überschallbereich möglich waren und daß dazu neue Antriebsarten benötigt würden. Der Strahlantrieb lag sozusagen in der Luft!

Die Entwicklung der Strahltriebwerke in Deutschland läßt sich gut mit Auszügen aus einigen Vorträgen verdeutlichen, die bei mehreren meist geheimen Fachtagungen und Arbeitssitzungen gehalten wurden. So konnten zum Stand der Technik auf diesem Gebiet mit den Auffassungen zur Entwicklung die Zeitpunkte vom Sommer 1938, Ende 1939, Anfang 1941, sowie November 1942 und Juli 1943 zur Betrachtung gewählt werden.
Am 23. und 24. August 1938 fand in München unter Beteiligung von über 90 Fachleuten eine Sondertagung der Lilienthal-Gesellschaft für Luftfahrtforschung zum Thema »Flugwerk und Triebwerk« statt. Von Prof. Karl Leist wurde der Vortrag »Gasturbinen als Haupttriebwerke für Flugzeuge« gehalten. Als Vorzüge von Gasturbinen zählte u.a. er auf:

- □ Das Fehlen von hin- und hergehenden Massen, sehr hohe Drehzahl, daher geringes Einheitsgewicht.
- □ Billige inländische Kraftstoffe.
- □ Keine wechselnden Beanspruchungen, Beschränkung hoher Zugspannungen auf wenige leicht auswechselbare Teile, daher hohe Lebensdauer, weniger Störquellen, daher erhöhte Betriebssicherheit.
- □ Verringerte Brandgefahr.
- □ Geringer Raumbedarf.
- □ Kleiner Stirnwiderstand.
- □ Leichteres Anlassen.

Zu den Forschungsarbeiten, die seit 1936 bei der Deutschen Versuchsanstalt für Luftfahrt in Berlin-Adlershof durchgeführt wurden. berichtet er:

»In der DVL wurden eine Anzahl von Sondertriebwerken verschiedener Arbeitsmethoden rechnerisch untersucht, von denen zwei, die den Vortrieb in erster Linie durch eine Luftschraube erzeugen, die von einer Gasturbine angetrieben wird. Die Luft wird durch den Fahrtwind vorverdichtet von einem Turboverdichter in die Brennkammer gepumpt, von wo aus die Turbine beaufschlagt wird, die einerseits den Verdichter und andererseits die Luftschraube antreibt. Die Rückstoßwirkung des Gases beim Austritt aus dem Rad erhöht hierbei den Vortrieb um ein gewisses Maß.«

Auf der gleichen Tagung wurde das Turbinen-Luftstrahltriebwerk nur am Rande und sehr umschrieben angedeutet. Prof. G. Madelung (TH Stuttgart) erwähnte unter dem Begriff der Zukunftsentwicklung des Antriebes für Objektschutzjäger:

»Strahlantrieb mit Entnahme der Verbrennungsluft und vorgeladener Zusatzluftmassen aus der Atmosphäre.«

Zur Zeit der Tagung, d.h. im Sommer 1938, lief jedoch bereits bei Heinkel die He S 3 B-Strahlturbine mit einem Schub von 4,4 kN (450 kp) auf dem Prüfstand. Doch dieses war nur sehr wenigen Tagungsteilnehmern bekannt. Die industrielle Entwicklung der Strahlturbine hatte in Deutschland somit früher begonnen als die Forschungsarbeiten auf diesem Gebiet.
Im Herbst 1938 machten die beiden Referenten des RLM, Helmut Schelp und Hans Mauch, eine Rundreise und besuchten alle die Triebwerksfirmen, um sie an der Entwicklung von Strahltriebwerken, d.h. zunächst an Studienarbeiten zu interessieren. Sie trafen dabei zum Teil auf wenig Begeisterung und auf unterschiedliche Bereitschaft. Die Hauptbedenken waren die Befürchtung um ausreichende Wirkungsgrade und daß der Mangel an Sparstoffen Schwierigkeiten bei hohen Betriebstemperaturen bringen würde.

Ferner war abzusehen, daß die Industrie zunächst nur wenig Hilfe von der Forschung erwarten konnte. Prof. Mader und Dir. Nallinger verhielten sich recht skeptisch, in gewisser Weise verständlich, da beide Firmen stark mit Entwicklungsprogrammen von Flugmotoren ausgelastet waren. Dir. Sachse von BMW war mehr interessiert. Bei Bramo zeigten sich Dir. Bruckmann und Dr. Oestrich sofort bereit, Studien zu übernehmen.

Ende 1939 wurde im RLM nach den Vorschlägen von Helmut Schelp ein erstes Entwicklungsprogramm festgelegt, das sechs Strahltriebwerke umfaßte:

109–001	= Heinkel He S 8	(Dr. v. Ohain)
109–002	= Weinrich TL bei BMW	(Dr. Oestrich)
109–003	= BMW 003	(Dr. Oestrich)
109–004	= Jumo 004	(Dr. Franz)
109–006	= Heinkel He S 30	(M. A. Müller)
109–007	= Daimler-Benz ZTL	(Dr. Leist).

Mitte 1940 war der deutsche Generalstab der Ansicht, daß der Krieg nur noch kurze Zeit dauern würde und daher alle Entwicklungsvorhaben, bei denen nicht die Aussicht bestünde, daß sie in unmittelbarer Zukunft in Serie gehen könnten, zu Gunsten der Produktion vorhandener Muster eingestellt werden sollten.

Im Laufe des Jahres 1941 zeigte sich an der Front mehr und mehr eine leistungsmäßige Unterlegenheit der eingesetzten deutschen Flugzeuge. Die günstige Beurteilung von General Galland über die Me 262 gaben der TL-Entwicklung wieder starken Auftrieb. Die Übernahme des Postens als Chef der Technischen Entwicklung im RLM durch Oberst Siegfried Knemeyer brachte bald klare Entscheidungen sowie die Prioritäten für die Me 262 und die Arado 234 mit deren TL-Triebwerken 003 und 004.

Am 31. Januar 1941 fand in Berlin eine Arbeitstagung »Strahltriebwerke« als Sitzung der Deutschen Akademie der Luftfahrtforschung statt, bei der in zwölf grundlegenden Vorträgen sehr ausführlich über die bisherigen Arbeiten der Industrie und der Forschung berichtet wurde. Im einleitenden Vortrag von Generalingenieur Wolfram Eisenlohr, dem Verantwortlichen für die Entwicklung der Luftfahrtantriebe im Reichsluftfahrtministerium, wurden die Vorstellungen über zukünftige Schnellflugtriebwerke für kürzere Strecken, über Höhentriebwerke, Langstreckentriebwerke und Großtriebwerke dargelegt.

Den ersten Hauptvortrag hielt Helmut Schelp, der im RLM für die Sondertriebwerke zuständig war und der sehr wesentlich dazu beigetragen hat, daß diese Entwicklung in Deutschland so schnell zur Anwendung kam. Er führte u. a. aus:

»Als im Sommer 1938 die Aufgabe gestellt wurde, Triebwerke für Schnellflugzeuge zu entwickeln, zeigten schon rohe Überlegungen, daß eine Verbesserung des Triebwerkes Flugmotor und Luftschraube nur in sehr engen Grenzen möglich ist und keine Lösung der gestellten Aufgabe darstellt.«

»Der Widerstand des Flugzeuges, den das Triebwerk zu überwinden hat, wächst bei gleichbleibender aerodynamischer Güte der Zelle etwa mit der zweiten Potenz der Geschwindigkeit, während die Antriebsleistung etwa mit der dritten Potenz vergrößert werden muß. Es ist dabei zu berücksichtigen, daß bei einer solchen Steigerung der Flugleistungen die Vergrößerung der Gewichte von Triebwerk und Brennstoff einen erheblichen Teil der Leistungssteigerung wieder aufzehrt. Der zweite Faktor, der einer Vergrößerung der Fluggeschwindigkeit eine Grenze setzt, ist das Absinken des Luftschraubenwirkungsgrades bei hohen Geschwindigkeiten.«

»Die einfachste Form des Luftstrahltriebwerkes ist die von dem Franzosen Lorin im Jahre 1913 vorgeschlagene Luftstaudüse. Sie besteht aus einer Verdichterdüse, einer Brennkammer und einer Expansionsdüse. Dieses Triebwerk, welches sich durch seine große Einfachheit auszeichnet, hat den Nachteil, daß es keinen Startschub ergibt und in dem in Betracht kommenden Geschwindigkeitsbereich – bis zur Schallgeschwindigkeit – einen zu schlechten Wirkungsgrad aufweist.«

»Der Wirkungsgrad und damit der Brennstoffverbrauch der Luftstaudüse ist neben dem mechanischen Wirkungsgrad abhängig vom thermodynamischen Wirkungsgrad des Kreisprozesses und dem Vortriebswirkungsgrad. Es liegt daher nahe, den thermodynamischen Wirkungsgrad durch Erhöhung des Druckgefälles zu verbessern. Dieses wird erreicht beim Turbinen-Luftstrahltriebwerk, kurz TL-Triebwerk genannt, in dem die Luft mechanisch mit Hilfe eines Turboverdichters auf einen höheren Druck verdichtet wird. Es hat sich gezeigt, daß bei einem solchen Triebwerk ... bei Jagdflugzeugen mit einer Maximalgeschwindigkeit von 900 km/h in 6000 m Höhe bis zu einer Flugdauer von 1,5 Stunden ein günstigeres Belastungsgewicht der Zelle durch Triebwerk und Brennstoff zu erzielen ist, als durch irgendein anderes heute bekanntes Triebwerk.«

»Beim Zweikreis-Turbinen-Luftstrahltriebwerk, kurz ZTL-Triebwerk genannt, wird die mit Fluggeschwindigkeit zuströmende Luft in einem Turboverdichter im Verhältnis von etwa 1:8 verdichtet (beim TL-Triebwerk nur 1:4). Die Turbine gibt mehr Leistung ab als zum Antrieb des Hochdruckverdichters notwendig ist. Diese überschüssige Leistung wird zum Antrieb eines Niederdruckverdichters verwendet, der eine größere Luftmasse im Verhältnis von etwa 1:1,9 verdichtet ...«

»Das Motor-Luftstrahltriebwerk (ML-Triebwerk) ist ebenfalls ein Zweikreis-Triebwerk. Die Leistung des Niederdruckverdichters wird hierbei durch den Motor aufgebracht. Das Triebwerk wird von den bisher genannten den günstigsten Brennstoffverbrauch haben.«

»Bei niedrigen Maximalgeschwindigkeiten von 200 bis 220 m/s, wie sie für Schnellbomber gefordert werden, wird es zweckmäßig sein, als Übertragungsmittel der Leistung an die Luft die Luftschraube weiter zu benutzen, da in diesem Bereich der Luftschraubenwirkungsgrad zumindesten in gegenläufiger Bauart noch gute Werte erreicht. Es wird nur notwendig sein, die Übertragung der gesamten Vortriebsleistung in günstiger Weise auf die Luftschraube und den Strahlschub aufzuteilen. Diese Überlegungen haben zur Entwicklung eines Propeller-Turbinen-Luftstrahltriebwerks (PTL-Triebwerk) geführt.«

Die von Schelp vorgetragene Einteilung der Strahlantriebe hat bis heute seine Gültigkeit behalten. In seinem Bericht über den Stand der Entwicklung führte er anschließend aus:

»... an drei Stellen wurde ohne Wissen und Unterstützung des Reichsluftfahrtministeriums schon früher mit allerdings beschränkten Mitteln am Bau einzelner Luftstrahltriebwerke gearbeitet.«

»In der zeitlichen Reihenfolge wurde zuerst im Jahre 1929 von Herrn Paul Schmidt in München mit dem Bau eines Verpuffungsstrahlrohres als Zusatztriebwerk begonnen. Diese Arbeiten wurden seit 1935 von der Forschungsabteilung des Reichsluftfahrtministe-

riums zusammen mit dem Heereswaffenamt unterstützt. Im Jahre 1939 wurde bei der Firma Argus mit Versuchen an Strahlrohren eigener Bauart begonnen, die erfolgversprechende Ansätze zeigten. Bei den Ernst Heinkel Flugzeugwerken wurde es Herrn von Ohain durch den Weitblick von Herrn Heinkel ermöglicht, nach eigenen Vorschlägen mit dem Bau eines TL-Triebwerkes zu beginnen, nachdem die ersten Untersuchungen in Göttingen mit Unterstützung von Herrn Pohl durchgeführt worden waren, der Herrn Heinkel diese Arbeiten zur weiteren Verfolgung empfahl. Bei den Junkers-Flugzeug- und Motorenwerken fand Herr Müller bei Herrn Wagner das Verständnis, um mit dem Bau von drei verschiedenen Triebwerken einem TL-Triebwerk, einem PTL-Triebwerk und einem ML-Triebwerk zu beginnen ...«
»Im Vordergrund steht die Entwicklung von TL-Triebwerken für Jagdflugzeuge, da bei diesen Flugzeugen sich die Schwierigkeiten mit dem heute verwendeten Triebwerk am frühesten bemerkbar macht. Die Entwicklung dieser Triebwerke bei den drei Firmen Ernst Heinkel Flugzeugwerke GmbH, BMW Flugmotorenwerke Brandenburg GmbH und Junkers Flugzeug- und Motorenwerke AG ist heute so weit fortgeschritten, daß in diesem Jahr mit dem Anlauf der Nullserie zu rechnen ist. An der Entwicklung von ZTL-Triebwerken arbeiten die Firmen Daimler-Benz AG und Ernst Heinkel Flugzeugwerke GmbH, während ein PTL-Triebwerk von BMW Flugmotorenbau GmbH Spandau entwickelt wird. Da das ML-Triebwerk bei Verwendung eines normalen Flugmotors kaum die günstigsten Werte erreichen wird, ist die Firma Heinkel ... dazu übergegangen, für diesen Verwendungszweck einen luftgekühlten Zweitaktmotor zu entwickeln.«

Im Laufe des Jahres 1942 fand eine Bereinigung des RLM-Entwicklungsprogrammes der Strahltriebwerke statt. Alle ML-Projekte, Vorhaben mit Radialverdichter und Triebwerke mit komplizierten gegenläufigen Verdichtern mußten abgebrochen werden oder durften nur mit kleiner Mannschaft und zurückgesetzter Priorität bearbeitet werden.
Für den baldigen Serienanlauf waren die Triebwerke BMW 003 (800 kp) und Jumo 004 (900 kp) vorgesehen.
In der zweiten Schubklasse kam in der Entwicklung neu hinzu: Heinkel He S 011 (1300 kp).
Für Entwurfsarbeiten bzw. die Vorentwicklung waren die folgenden Triebwerke bestimmt:

BMW 018 TL	Heinkel / DB 021 PTL
BMW 028 PTL	Junkers Jumo 012 TL
	Junkers Jumo 022 PTL.

Bei den PTL-Triebwerken 028 und 022, die in der Bearbeitungsreihenfolge an erster Stelle standen, war zu berücksichtigen, daß die Mehrzahl der Bauteile, d.h. insbesondere Verdichter, Brennkammer und die ersten Turbinenstufen identisch mit der nachzuziehenden TL-Version sein sollten.

Gestoppt wurden bei der Aktion des Jahres 1942 die Triebwerke:
Heinkel He S 30 TL BMW – 002 TL und
Daimler-Benz 007 ZTL
Am 4. November 1942 fand eine Sitzung »Triebwerksplanung« statt, an der viele der Teilnehmer der Arbeitstagung

Einteilung der Strahltriebwerke (1940)

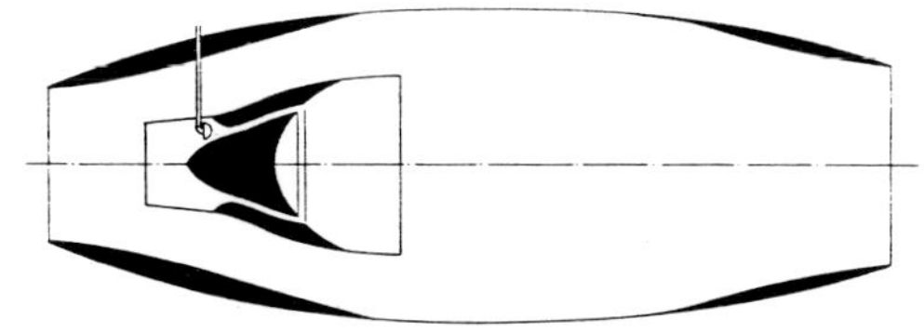

Staustrahltriebwerk, Lorin-Triebwerk

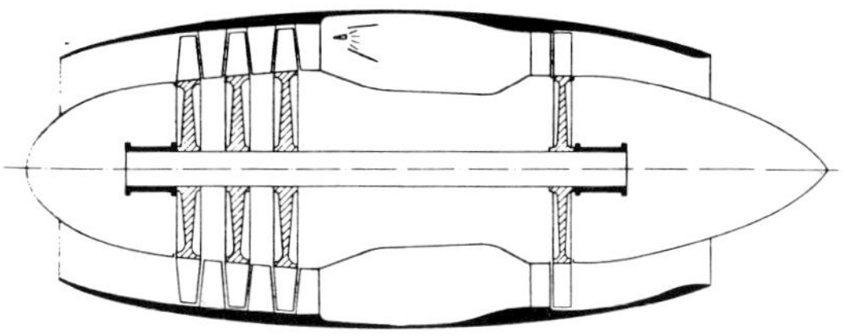

TL-Triebwerk = Turbo-Luftstrahltriebwerk, Strahltriebwerk, Turbostrahltriebwerk

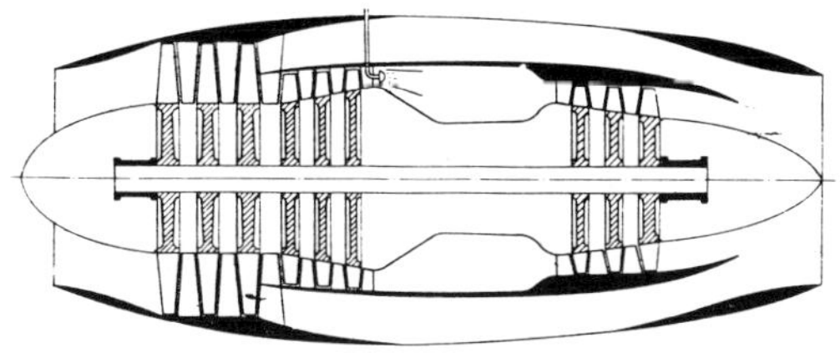

ZTL-Triebwerk = Zweistrom/Zweikreis-Turbo-Luftstrahltriebwerk, Zweistrom-Strahltriebwerk

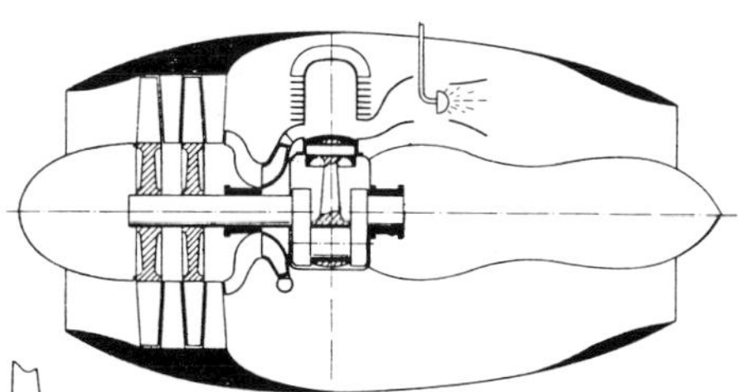

ML-Triebwerk = Motor-Luftstrahltriebwerk

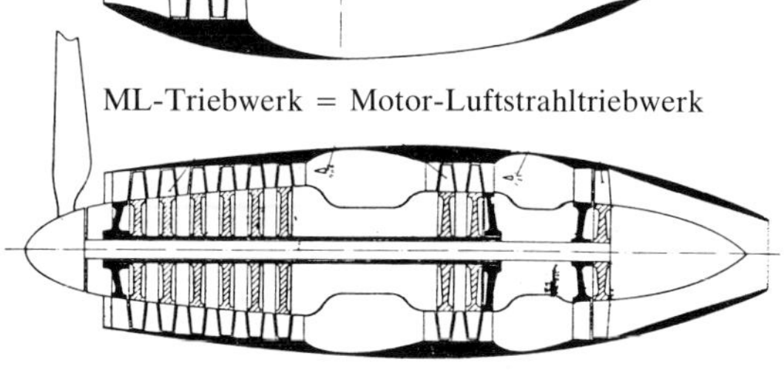

PTL = Propeller-Turboluftstrahltriebwerk, Propeller-Turbotriebwerk

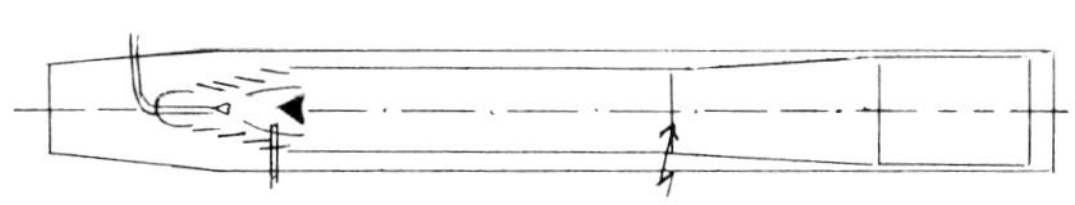

Verpuffungsstrahlrohr, Intermittierendes Luftstrahltriebwerk, Pulsotriebwerk

vom Januar 1941 wieder dabei waren. Der Hauptvortrag über Luftstrahltriebwerke wurde abermals von Schelp gehalten, der u.a. folgendes ausführte:

»Es war ein verantwortungsvoller Entschluß, mit der Entwicklung solcher Triebwerke auf verhältnismäßig breiter Basis zu beginnen, der aber jetzt durch die vorliegenden Ergebnisse und der Notwendigkeit der Anwendung solcher Triebwerke voll gerechtfertigt wird. Wenn bei der Entwicklung Termineinbrüche nicht zu vermeiden waren, so lag das an der Neuartigkeit der Materie, den wachsenden Forderungen hinsichtlich Sparstoffe und nicht zuletzt an dem ständigen Kampf um Kapazität, da ja der direkte Frontbedarf wichtiger war und die Motorenentwicklung gesteigert weiterlaufen mußte.«

»Die TL-Triebwerke waren bei Beginn der Entwicklung in Übereinkunft mit den Zellenfirmen durchweg für einen Schub von 600 kg bei einer Fluggeschwindigkeit von 250 m/s in Bodennähe ausgelegt worden.* Das Jumo-Triebwerk geht zunächst mit 640 kg bei einer entsprechenden Geschwindigkeit in Serie, wobei das Triebwerk aber so sicher in seinen Grunddaten ist, daß eine Leistungssteigerung auf 1000 kg Schub zu erwarten ist. Beim BMW-Gerät waren bei der Entwicklung andere Faktoren maßgebend und es sollten bei dieser Entwicklung weitere Einzelheiten und Feinheiten geklärt werden. Die Auslegung ist von vornherein etwas schärfer gewesen, das wirkt sich in den kleineren Abmessungen und Gewichten des Triebwerkes aus. Auf Grund dessen wird eine Leistungssteigerung nur bis etwa 800 kg möglich sein, wobei aber bei dieser Entwicklung schon Fragen gelöst sind, z.B. des luftgekühlten Turbinenrades, was bei der Weiterentwicklung von grundlegender Bedeutung sein wird. Trotz großem Optimismus bei Beginn der Entwicklung kann heute gesagt werden, daß die Ergebnisse die Erwartungen besonders hinsichtlich der erreichbaren Wirkungsgrade übertroffen haben. Um Erfahrungen im Serienanlauf und in der Truppenerprobung zu sammeln, gehen diese Triebwerke in die Serie, trotzdem bekannt ist, daß sie nicht dem letzten Stand der Technik entsprechen.«

»Es ist geplant, eine weitere Leistungsklasse für TL-Triebwerke in ihrer Verwendung für Jäger zu schaffen, und zwar im Bereich von 1200 bis 1600 kg Schub bei 250 m/s in Bodennähe. Für Flugzeuge mit großer Reichweite ... eine größere Leistungsklasse im Bereich von 3000 kg Schub ... dazwischen eine dritte Leistungsklasse für Schnellbomber im Bereich von 2000–2400 kg Schub.

Bei den Forderungen, die nach größeren Flugstrecken, z.B. bei Schnellbombern gehen, gewinnt der Brennstoffverbrauch dieser Triebwerke immer mehr an Bedeutung ... Bei näherer Untersuchung zeigt sich jedoch, daß ein Vorteil bei Verwendung dieser Triebwerke (ZTL) nur dann erwartet werden kann, wenn der einzelne Wirkungsgrad der Baugruppen extrem hoch liegt ... Da die Grundlagen und die Erkenntnisse für eine solche Entwicklung bisher nur mangelhaft waren, konnte bisher nur eine Firma, nämlich Daimler-Benz auf dieses ZTL-Triebwerk angesetzt werden. Leistungsmäßig wurden 1400 kg Schub in Bodennähe bei 250 m/s verlangt.«

»Wenn angenommen wird, daß für einen Schnellbomber eine unterste Reichweite von 3000 km gefordert wird, besagt das, daß Triebwerke mit Leistungen von etwa 6000–8000 PS in der Flughöhe vorliegen müssen. Entsprechend ist die Leistungsauslegung der PTL-Triebwerke. Als erstes ist bei BMW das Triebwerk P 3320 in Entwicklung gegeben worden, das in 8 km Höhe bei einer Fluggeschwindigkeit von 850 km/h eine Leistung vergleichbar mit einem Motor von 8000 PS aufweist ... Bei dieser Leistung wiegt das komplette Triebwerk einschließlich Luftschraube etwa 3 t und hat in der angegebenen Höhe einen Brennstoffverbrauch von 270 g/PSh. Man muß zugrundelegen, daß ein Motor in dieser Leistungsklasse, wenn er gebaut werden würde, bestimmt 5–6 t einschließlich Luftschraube, Kühler, usw. wiegen würde. Es ist geplant, bei Junkers ein ähnliches Triebwerk mit einer Leistung von etwa 6000 PS in 8 km Höhe und bei 850 km/h in Auftrag zu geben, um für die verschiedenen Verwendungszwecke zwei Leistungsklassen zu haben. Aus der Leistungszusammenstellung der Triebwerke zeigt sich klar, daß die PTL-Triebwerke in den höheren Leistungsklassen, etwa über 5000 PS, als Ablösung für die Motoren zu gelten haben.«

»Die Haupterkenntnis des ersten Abschnittes bei der Entwicklung von Gasturbinen ist, daß es in Zukunft möglich sein wird, mit einer Triebwerksauslegung allein durch Variation der Vortriebselemente alle drei Triebwerksarten TL, ZTL und PTL zu decken.«

»Nach Projektuntersuchungen und Rechnungen, die von Dipl.-Ing. Ritz der AVA Göttingen durchgeführt worden sind, erscheint es möglich, bei Verwendung einer Gasturbine mit Wärmetauscher in der angegebenen Höhe, im Endziel einen Verbrauch von 150 g/PS und weniger zu erzielen. Die Vorentwicklungsarbeiten, die zu einem Triebwerk von 5000 PS in 10 km Höhe führen sollen, werden gemeinschaftlich von BBC Mannheim mit der AVA durchgeführt.«

Auf der 5. Wissenschaftssitzung der Deutschen Akademie für Luftfahrtforschung am 2. Juli 1943 berichtete Schelp über Hochleistungstriebwerke. Zu den Luftstrahltriebwerken erklärte er:

»Für den nun beginnenden Entwicklungsabschnitt ist als Flugleistungsbereich gefordert: Geschwindigkeit = kritische Geschwindigkeit, Flughöhe = etwa 20 km, Reichweite = bis 15000 km.«

Und in der Zusammenfasung:

»Eine Planung, die drei vierjährige Abschnitte bis zur Erfüllung der gestellten Forderungen vorsieht:

1. Der erste Abschnitt galt der Schaffung der notwendigen Grundlagen und der Entwicklung von TL-Triebwerken bis zur Serienreife, ohne von vornherein Extremwerte anzustreben. Vorentwicklungsmäßig war der zweite Entwicklungsabschnitt vorzubereiten und die Ergebnisse auszuwerten. Der erste Abschnitt ist abgeschlossen und hat Ergebnisse gebracht, die revolutionierend auf das gesamte Triebwerksgebiet, nicht alleine für die Luftwaffe, sein werden.
2. Als Aufgabe für den zweiten Entwicklungsabschnitt ist gestellt:
   TL-Triebwerk größerer Leistung
   ZTL-Triebwerk
   PTL-Triebwerk
   Gleichdruck-Strahlrohr.
   Vorentwicklungsmäßig und Forschungsmäßig ist zu bearbeiten:
   GTW = Gasturbine mit Wärmetauscher
   PML = Propeller-Motor-Luftstrahl-Triebwerke.
3. Der dritte Abschnitt soll die entwicklungsmäßige Lösung des Langstreckentriebwerkes in der Gasturbine mit Wärmetauscher bringen ...
   Für den dritten großen Abschnitt des Überschallfluges kann noch kein Programm vorgegeben werden, da die Voraussetzungen für die Entwicklung noch nicht gegeben sind ...«

* Bezug genommen wird auf die Auslegung des Messerschmitt-Projektes P 1065 (später Me 262) von Waldemar Voigt, ein Jäger mit zwei Strahlturbinen, einer Höchstgeschwindigkeit von 850 km/h und einer Stunde Flugdauer.

Der erste der genannten Entwicklungsabschnitte hatte den Zeitraum von 1939 bis 1943 umfaßt, die Aufgaben des zweiten Abschnittes konnten wegen der Kriegsereignisse nur zu einem kleinen Teil oder im Ansatz verwirklicht werden. Die Entwicklungsvorhaben der Jahre 1944 bis Anfang 1945 waren durch die Jägerprogramme und die Aufgaben der Heimatverteidigung weitgehend auf die Serienfertigung der vorhandenen TL-Triebwerke BMW 003 und Jumo 004 konzentriert. Es mußte vielfach in unterirdische Produktionswerkstätten ausgewichen werden. Zunehmender Mangel an Sparstoffen und Brennstoffmangel nach Zerstörung der Hydrierwerke kennzeichneten diesen Zeitabschnitt. Beispielsweise kamen von über 1400 fertiggestellten Messerschmitt Me 262 (Jäger und Schnellbomber) nur etwa 800 zur Truppe und davon knapp 200 zum militärischen Einsatz, obgleich insgesamt über 6000 Jumo 004-Strahlturbinen gebaut worden sind.

RLM-Entwicklungsplan für Sondertriebwerke

(Stand vom 20. 7. 1944)

109–004 B	TL-Triebwerk, Standschub 900 kp, für Me 262 und Ar 234 B
109–003 A	TL-Triebwerk, Standschub 800 kp, für Ar 234 C, Me 262 und Ju 287
109–003 R	TLR-Triebwerk aus 003 A und R-Antrieb, 800 + 1250 kp Standschub, für Me 262-Interceptor
109–011 A	TL-Triebwerk, Standschub 1300 kp, für Ar 234, Ju 287 und He 343, Leistungsklasse II
109–012	TL-Triebwerk, Standschub 2780 kp, für Ju 287 und He 343, Leistungsklasse III
109–018	TL-Triebwerk, Standschub 3400 kp, für Höhenjäger und Höhenaufklärer, Leistungsklasse IV
109–021	PTL-Triebwerk, Wellenvergleichsleistung 2400 PS, für Strahlbomberprojekte, Leistungsklasse II
109–022	PTL-Triebwerk, Wellenvergleichsleistung 4600 PS, für Strahlbomberprojekte, Leistungsklasse III
109–028	PTL-Triebwerk, Wellenvergleichsleistung 7570 PS, für Mittelstreckenbomber, Leistungsklasse IV

Heinkel-Triebwerke

Die Bedeutung und die Möglichkeiten des Turbinen-Luftstrahlantriebes als neue Antriebsart für hohe Fluggeschwindigkeiten wurde von Ernst Heinkel frühzeitig erkannt und dann mit voller Überzeugung sowie großer Energie der Verwirklichung zugeführt. So flog das erste »Strahlflugzeug«, die Heinkel He 178, bereits am 27. August 1939 mit einer vom deutschen Physiker Pabst von Ohain entwickelten Strahlturbine He S 3 B, über eineinhalb Jahre vor der englischen Gloster E 28/39 mit Whittle-Triebwerk.

Doch beginnen wir zunächst mit der Vorgeschichte. Über Professor Pohl von der Universität Göttingen wurde Ernst Heinkel 1936 brieflich auf die Arbeiten des damals 24-jährigen Hans-Joachim Pabst von Ohain aufmerksam gemacht, der sich seit 1933 in Göttingen mit Strömungsmaschinen, insbesondere mit dem Antrieb durch Rückstoß von Gasturbinen ohne Propeller befaßte und der 1935 dafür ein Patent* angemeldet hatte. Ein erstes Gespräch fand am 17. März 1936 in Warnemünde statt, nach dem von Ohain und sein Assistent Max Hahn sofort von Heinkel engagiert wurden. Im Werk Marienehe kam eine abgesonderte Baracke zur Aufstellung, in der mit völliger Abschirmung nun das erste betriebsfähige Turbinen-Luftstrahl-Triebwerk (Kurzbezeichnung: TL) entstand.

Während seiner Studienzeit in Göttingen hatte Hans von Ohain Berechnungen für ein Strahltriebwerk mit Radialverdichter und Radialturbine durchgeführt, die 1934 zu der festen Vorstellung eines erforderlichen Druckverhältnisses von 3:1 und einer Gastemperatur am Turbineneintritt von 650 bis 760°C führten. Er schätzte, daß bei einer Fluggeschwindigkeit von 800 km/h der Gesamtwirkungsgrad eines solchen Strahltriebwerkes 60% von dem eines Kolbenflugmotors mit Luftschraube betragen würde. Bei einem recht hohen Kraftstoffverbrauch war anzunehmen, daß das Gewicht des neuartigen Antriebsystemes nur etwa ein Viertel von dem des Kolbenmotors sein könnte. Bereits 1935 ließ v. Ohain auf eigen Kosten bei einer Autoreparaturwerkstatt in Göttingen ein Versuchsgerät bauen. In dieser Werkstatt war auch Max Hahn tätig, der ihm später mit zur Firma Heinkel folgte. Mit Unterstützung von Prof. Pohl wurde das 1935 fertiggestellte Versuchsgerät im Institut für Physik der Universität Göttingen hinsichtlich Druck- und Temperaturverteilung vermessen. Die mit Benzin betriebene Brennkammer befriedigte trotz mehrfacher Änderungen nicht, lange Flammen schlugen durch die Turbine. Es konnte kein stabiler Lauf des Versuchsgerätes erreicht werden.

Am 15. April 1936 begannen Dr. v. Ohain und Max Hahn ihre neue Tätigkeit im Heinkel Werk Rostock-Marienehe. Eine Abteilung Sonderentwicklungen wurde gebildet, zu der zuerst Wilhelm Gundermann und zwei Zeichner hinzukamen. Die Entwicklung der ersten flugfähigen Strahlturbine mit ihren Vorstufen sowie die Erprobungsträger und Versuchsflugzeuge wurde ausschließlich von der Firma Heinkel finanziert. Für das Fluggerät war als erstes Ziel ein Standschub von 5,9 kN (600 kp) angesetzt. Es wurde ein

* Das Patent hatte den Titel: »Verfahren und Apparat zur Herstellung von Luftströmungen zum Antrieb von Flugzeugen« und kam 1937 zur Erteilung.

Radialverdichter und eine Radialturbine, beide mit 600 mm Durchmesser gewählt, jedoch zur Erzielung eines höheren Druckverhältnisses eine axiale Verdichterstufe vorgesetzt. Wegen der zu erwartenden Schwierigkeiten bei der Entwicklung einer Brennkammer mit Benzineinspritzung, für die ein länger dauerndes Versuchsprogramm ausgearbeitet worden war, und um mit geringem Risiko möglichst schnell zu einem betriebsfähigen Triebwerke zu kommen, wurde zunächst gasförmiger Wasserstoff gewählt. Bei diesem Brennstoff sind die Zündungsbedingungen und die Verbrennung in einem weiten Mischungbereich wesentlich leichter beherrschbar. Die Wasserstoffbrenner bestanden aus mehreren hohlen Profilen mit zahlreichen Bohrungen. Da keine elektrisch angetriebenen Prüfstände für die getrennte Untersuchung von Verdichter und Turbine vorhanden waren, konnte man auf diese Weise verhältnismäßig schnell ein funktionierendes Versuchs- und Vorführgerät verwirklichen.

Zur Frage ob ein Beispiel zur Verwendung der Radialturbine geführt habe, antwortete Dr. v. Ohain in einem Interview am 29. Oktober 1979:

»Sorry, kein Beispiel sondern einfach die Überlegung, daß zu Anfang, wenn man keine geeignete Fräsmaschine hat, so kann man doch eine Radialturbine bauen und weil die Abstimmung zwischen Radialturbine und Radialkompressor ideal war. Bei etwa gleichem Durchmesser hat man die gleichen Arbeitsaufnahmen. Der Austritt an einem kleinen Durchmesser bringt bei etwas falscher Austrittrichtung nur wenig Verluste. Auch herrschen am Verdichter und an der Turbine ungefähr die gleichen Drücke, so daß man keinen Aufwand mit Labyrinthen treiben muß.

Als ich das Prof. von der Nüll von der DVL erklärte, sagte er zuerst: »So etwas macht man doch nicht«, aber dann hat er eine Doktorarbeit machen lassen, bei der er einen Radialkompressor rückwärts laufen ließ. Es kamen gute Wirkungsgrade heraus. – Inzwischen hat sich gezeigt, daß für Kleinturbinen die Radialturbine sehr große Vorteile hat.«

Das mit Wasserstoff betriebene Versuchsgerät kam im Februar 1937 auf den Prüfstand und lief zum ersten Mal Anfang März 1937. Das Triebwerk erreichte die erwarteten Werte, es ließ sich gut beschleunigen und verzögern. Der psychologische Effekt war außerordentlich stark. Da das Triebwerk nun vorgeführt werden konnte, waren auch die bisherigen Zweifler von der Zukunft des Strahlantriebes überzeugt.

Die Brennkammerversuche hatten inzwischen einige Fortschritte gebracht. Anfang 1938 war eine Bauform mit niedrigem Druckverlust und gutem Betriebsverhalten gefunden, aber zur Verbrennung wurde das Benzin noch vorverdampft. Brennkammern mit Einspritzung von flüssigem Benzin machten noch erhebliche Schwierigkeiten beim Anlassen und bei niedrigen Drehzahlen. Für eine Reihe von Versuchen wurde daher Wasserstoff verwendet. Wilhelm Gundermann hatte sich ganz auf die Konstruktion und die Festigkeitsberechnung konzentriert. Max Hahn war für die Anfertigung der Versuchsteile und die Brennkammerversuche zuständig. Er schlug Ende 1937 eine sogenannte Umlenkbrennkammer vor, die den Raum vor dem Radialverdichter ausnutzen sollte. Er wollte so Länge und Gewicht des Triebwerkes reduzieren.

Oben: Ein erstes Demonstrationsgerät von 1,22 m Durchmesser ließ Dr. von Ohain 1935 in einer Autoreparaturwerkstatt in Göttingen bauen. Neben dem Gerät Max Hahn, der im Frühjahr 1936 mit v. Ohain zusammen zur Firma Heinkel ging.

Unten: Das Demonstrationsgerät S 1 bestand im wesentlichen aus einem Radialverdichter und einer dicht dahinter sitzenden Radialturbine gleichen Durchmessers, sowie einer Ringbrennkammer. Die aus Blech gebogenen Schaufeln waren aufgenietet.

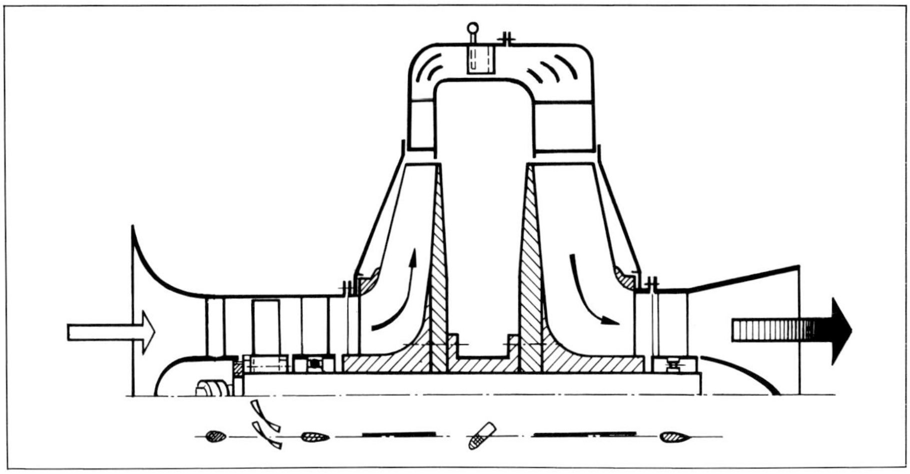

Längsschnitt der Versuchsgasturbine He S 2, die nach Berechnungen von Dr. v. Ohain gebaut wurde und Anfang März 1937 auf dem Prüfstand mit Wasserstoff betrieben werden konnte. Nach mehreren Änderungen erreichte man einen Schub von 1,27 kN (130 kp) bei einer Drehzahl von 10 000 min^{-1}. Die Laufräder von Verdichter und Turbine hatten einen Durchmesser von 600 mm.

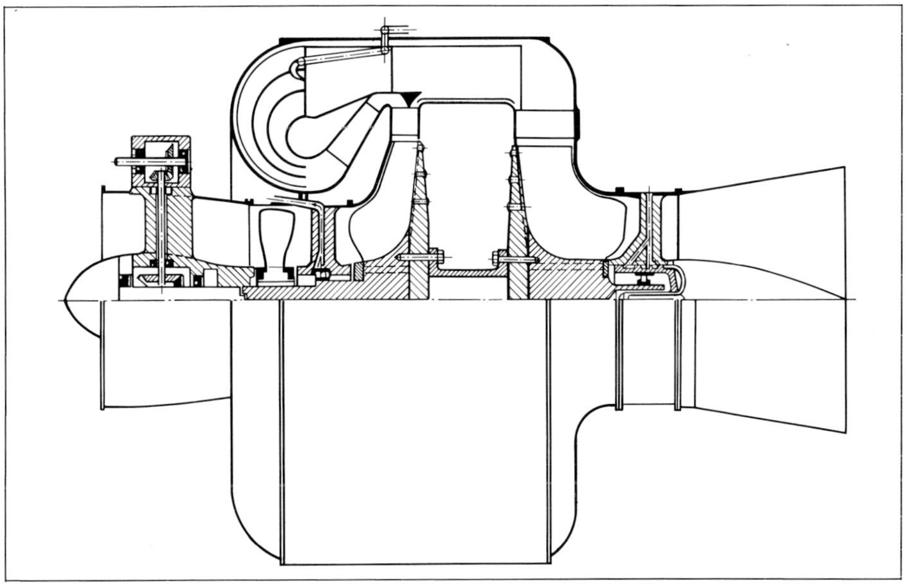

Schematischer Längsschnitt des ersten flugfähigen Strahltriebwerkes He S 3. Hauptdaten: Standschub beim ersten Flug 4,4 kN (450 kp), später 4,9 kN (500 kp), Luftdurchsatz 12 kg/s, Durchmesser 1200 mm, Trockenmasse 360 kg.

He S 3 B, das erste fliegende TL-Triebwerk

Alle Anstrengungen waren nun auf das Flugtriebwerk ausgerichtet, das einen Standschub von 4,9 kN (600 kp) haben und im Frühjahr 1939 fertig sein sollte. Da die neue Umlenkbrennkammer mit Einspritzung von Benzin noch nicht zufriedenstellend arbeitete, wurde für das He S 3, d.h. das Flugtriebwerk, ein Vorverdampfungsystem verwendet. Auf dem Prüfstand half man sich vorübergehend mit einem Wasserstoffbrenner zum Zünden während des Anlassens und zum Hochfahren.

Im Frühjahr 1938 lief dann das Versuchstriebwerk S 3 A, mit dem Schubwerte von 4,4 kN (450 kp) erreicht wurden und das hinsichtlich Anlassen, Beschleunigen und Schubänderungen bereits weitgehend beherrschbar war. Nach einer Reihe von Änderungen und durch die Wahl der günstigsten Kombination der auswechselbaren Verdichterdiffusoren und Turbineneintrittsleiträder wurde nach und nach fast der Auslegungsschub erreicht.

Ernst Heinkel drängte sehr das Triebwerk zum Fliegen zu bringen und ließ das Versuchsflugzeug mit der Bezeichnung He 178 als streng gehütetes Fabrikgeheimnis entwickeln und in zwei Exemplaren bauen. Für dieses Flugzeug waren die Projektingenieure Siegfried und Walter Günter, dazu als wissenschaftlicher Berater Helmbold zuständig. In seinem Buch »Stürmisches Leben« schreibt Heinkel über die weiteren Ereignisse:

Das Heinkel-Versuchsflugzeug He 178 flog mit dem von Hans von Ohain entwickelten Turbinen-Luftstrahl-Triebwerk He S 3B als erstes Strahlflugzeug der Welt. Am 27. August 1939 führte der Testpilot Erich Warsitz den Erstflug von sechs Minuten Dauer vom Heinkel-Werkflugplatz Marienehe bei Rostock aus.

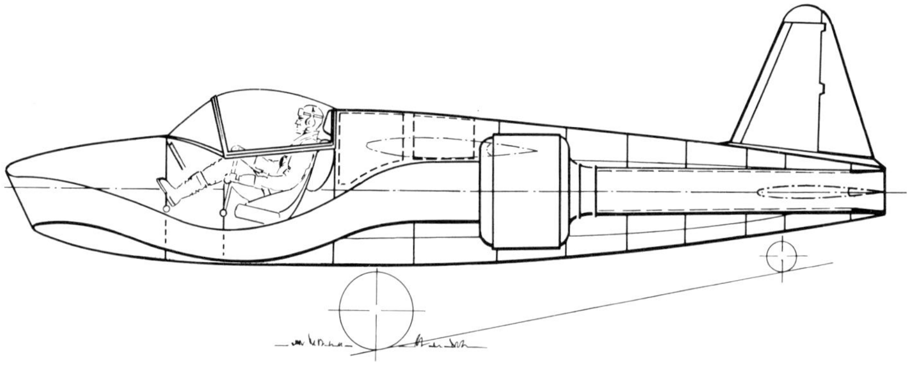

Schematischer Längsschnitt des ersten Strahlflugzeuges Heinkel He 178. Durch das lange Schubdüsenrohr betrug der Schubverlust anfangs etwa 15%, d.h. es stand nur ein effektiver Schub von 3,7 kN (380 kp) zur Verfügung.

»Ohain und seine Leute arbeiteten fast Tag und Nacht an der Vervollkommnung der beiden He S 3-Triebwerke, die unterdessen gebaut worden waren. Nach Dutzenden weiterer Standversuche wurde die erste He S 3 unter einer He 118, die noch im Werk vorhanden war, montiert. Die He 118 bot wegen ihrer Hochbeinigkeit genügend Bodenfreiheit. Warsitz flog zusammen mit Künzel. Die nun beginnenden Versuchsflüge fanden in aller Morgenfrühe statt, wenn das Werk noch leer und verlassen war und unerwünschte Beobachter fehlten. Nachdem die He 118 mit dem normalen Motor gestartet war, schaltete Künzel das Strahltriebwerk ein ... Wir sahen, wie zum ersten Mal in der Luft der bläuliche Schubstrahl aus dem Triebwerk herausschoß und sich gleich darauf die Geschwindigkeit der He 118 mit einem Ruck erhöhte.
Diese Erprobungen in der Luft wurden nun Tag für Tag wiederholt bis die Turbine nach einer Landung abbrannte. Da dieses nur die Folge eines unglücklichen Zufalles war, entschlossen wir uns trotzdem, das zweite fertiggewordene Triebwerk nunmehr in die He 178 einzubauen, die mittlerweilen als erstes reines Strahlflugzeug fertig geworden war. Auch die He 178 war eine reine Versuchsmaschine ... Ich gab Warsitz noch einmal Bedenkzeit, aber er sagte kurz entschlossen: »Übermorgen, am 27. August 1939, wird geflogen.«

Bei einer Pressekonferenz anläßlich des 20. Jahrestages des ersten Fluges der He 178 berichtete Flugkapitän Erich Warsitz sehr anschaulich:

»Am Sonntag den 27. August 1939 – nur wenige Tage vor Kriegsausbruch – morgens zwischen 3 und 4 Uhr war es soweit. Die Maschine wurde zum Start geschleppt. Da Heinkel dieses Flugzeug völlig auf eigene Faust und ohne das RLM zu informieren gebaut hatte, durften wir uns mit dieser Maschine selbst auf dem Werksgelände vorher nicht sehen lassen, denn sonst wäre die Geheimhaltung durchbrochen worden. Heinkel wollte dem RLM ein fertiges Flugzeug vorsetzen. Hierdurch war ich gezwungen, auf die normalerweise erforderlichen Rollversuche zu verzichten ...«
»Ich überprüfte nochmal alle Ruder auf Gängigkeit, kontrollierte die laufende Turbine auf verschiedene Drehzahlen, die Pumpendrücke, Temperaturen und noch vieles mehr und gab den Monteuren das Zeichen die Kanzel zu schließen ...«
»Nach einer Startstrecke von ca. 300 m holte ich rasch Fahrt auf. Ich konnte sie wunderbar mit den Bremsen in Richtung halten und dann hob sie ab ...«
»Immer wieder versuchte ich das Fahrwerk einzufahren, aber da stimmte etwas nicht. Die Hauptsache war, sie flog ... 600 km/h zeigte jetzt mein Fahrtmesser an und schneller sollte ich auf keinen Fall fliegen, hatte mir Herr Schwärzler gesagt. Ich mußte also drosseln ...«
»Ich war jetzt 6 Minuten in der Luft und mußte zur Landung ansetzen. Ganz gehorsam reagierte die Turbine auf meinen Gashebel, obwohl eine Brennstoffpumpe ausgefallen war, wie ich an meinen Instrumenten und wir später am Triebwerk feststellen konnten ... Beim Ausschweben kam ich zu weit, konnte aber aus Brennstoffgründen nicht noch eine Runde fliegen und mußte wohl oder übel slippen, denn sonst wäre ich in die Warnow gerollt. Das Slippen war mir mit einer neuen Maschine sehr unsympatisch und dazu noch in Bodennähe ... Ohne einen Sprung zu machen setzte die Maschine glatt auf, rollte genau in Landerichtung aus und unmittelbar vor Dr. Heinkel und seiner Gruppe brachte ich sie zum Stehen.«

Als Heinkel gleich nach dem gelungenen Flug, allerdings um 4^{30} Uhr früh, Udet in seiner Wohnung in Berlin mit seinem Telefonanruf aus dem Schlaf riß, antwortete er:

»Na fein, dann gratuliere ich, und Warsitz auch. Aber dann laß mich erst mal weiterschlafen«.

Erst am 1. November 1939 kamen Milch, Udet und Lucht nach Marienehe, um sich die He 178 vorführen zu lassen. Beim ersten Start setzte das Triebwerk aus, es mußte in aller Eile die elektrisch angetriebene Kraftstoffpumpe und das Turbinenlager ausgewechselt werden. Zweieinhalb Stunden später konnte Warsitz dann starten und flog mehrere Runden, zum Teil auch im Tiefflug über die Köpfe der Zuschauer hinweg. Die Reaktionen waren insgesamt und leider auch über längere Zeit für Heinkel und seine Mannschaft sehr enttäuschend. Weder Udet, noch Milch oder Göring verstanden die Bedeutung des neuen Antriebes und förderten die weiteren Arbeiten von Heinkel nur zögernd.
Im Oktober 1939 begann Heinkel eine größere Entwicklungsabteilung für Strahltriebwerke in Marienehe aufzubauen, von denen eine Gruppe die Weiterentwicklung der Triebwerke mit radialem Verdichter, entsprechend der Bauart der He S 3 durchführte und eine zweite Gruppe Triebwerke mit axialem Verdichter untersuchte. Eine dritte Gruppe befaßte sich mit Motor-Luftstrahltriebwerken (Kurzbezeichnung: ML). Es wurden entsprechende Versuchseinrichtungen, so auch ein Verdichterprüfstand mit 14000 kW Antriebsleistung gebaut.
Mit der He 178 konnten einige Meßflügen durchgeführt werden, insbesondere um die Verluste in dem verhältnismäßig langen und im Bereich des Pilotensitzes abgeflachten Ansaugkanales sowie in dem Schubdüsenrohr zu vermindern.

He S 6 bis He S 8

Auf das Triebwerk He S 3 B, das 1939 einen Standschub von 4,9 kN (500 kp) erreichte, folgte zunächst mit gleichen Abmessungen und einigen Verbesserungen am Verdichter das Triebwerk He S 6 mit 5,8 kN (590 kp), das an einer He 111 eine Reihe von Testflügen absolvierte.
Unter Verwendung der Erfahrungen mit dem S 3 B-Triebwerk und bereits mit dem Ziel, ein zweistrahliges Jagdflugzeug damit auszurüsten, entstand als Neuentwicklung ein verbessertes, stärkeres Triebwerk mit der Bezeichnung He S 8, das sich besonders durch eine gerade durchströmte Brennkammer und damit wesentlich kleinerem Außendurchmesser (775 mm statt 1200 mm) unterschied. In der verbesserten Ausführung hatte das He S 8 B-Strahltriebwerk 7,4 kN (750 kp) Standschub bei einer Masse von 390 kg.
Aufgrund der bisherigen Erkenntnisse und um die Einlaufverluste möglichst niedrig zu halten, wurde ein Jagdflugzeug

Unter Verwendung eines durch Dr. v. Ohain 1973 erstellten Zeichnungssatzes wurde das Strahltriebwerk He S3B in zwei Exemplaren in Originalgröße nachgebaut. Ein Triebwerk kommt 1981 ins Air and Space Museum in Washington, das andere ins Deutsche Museum. Ermöglicht wurde der Nachbau durch die Firmen Heinkel, Honsel, Kloth-Senking, Krupp, Leistritz, MTU, Niedecker, Präwest, Röchling und Thyssen. Koordination, Endmontage und Schnittanfertigung erfolgte bei MTU.

mit zwei unter den Tragflächen angeordneten He S 8-Strahlturbinen projektiert, gebaut und als Prototyp am 30. März 1941 mit der Bezeichnung He 280 zum Erstflug gebracht.
Eine zweite Arbeitsgruppe unter Leitung von Max Adolf Müller der mit zwölf Mitarbeitern von Junkers-Madeburg zu Heinkel gekommen war, arbeite an einem Axialverdichtertriebwerk mit der Bezeichnung He S 30, das nach einigen Verzögerungen auf dem Prüfstand zum Laufen kam. Das S 30-Triebwerk war nach Ansicht von Heinkel wegen des niedrigen Brennstoffverbrauches und geringen Gewichtes den Strahltriebwerken von BMW und Junkers überlegen. Heinkel schreibt in seinem Buch dazu:

»Verglichen mit diesen axialen Triebwerken war das bei mir in Arbeit befindliche axiale Triebwerke mit der Typenbezeichnung He S 30 vor allem durch seinen ganz neuartigen Reaktionsverdichter, durch seinen geringen Druchmesser und seine Leichtigkeit das fortschrittlichste und modernste«.

Da der Schub von anfangs 7,4 kN (750 kp) und später 8,0 kN (820 kp) niedriger war als der des Jumo 004, dessen Serie bereits vorbereitet wurde, und etwa gleich dem BMW 003, für das die Serienreife in Kürze erwartet wurde, verfügte das RLM die Einstellung der Entwicklung des S 30.
Die Eigeninitiativen von Heinkel mit der Entwicklung von Strahltriebwerken und der dazugehörigen Flugzeuge hat zweifellos bewirkt, daß seitens des RLM frühzeitig Studien- und anschließend Entwicklungsaufträge an die Motorenfirmen, d. h. BMW, Junkers und später auch Daimler-Benz ge-

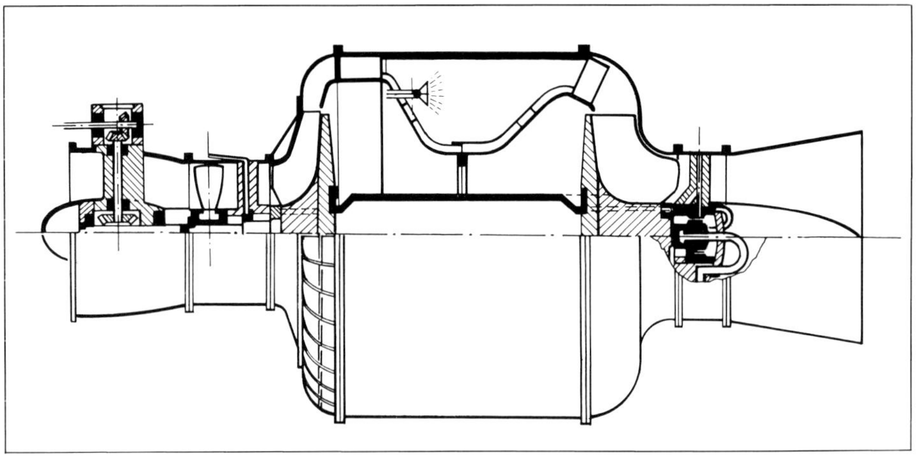

Vereinfachter Längsschnitt des Heinkel-He S8-Strahltriebwerkes von 7,3 kN (750 kp) Standschub. Der Aufbau entsprach dem des He S3-Triebwerkes, d.h. axialer Vorläufer und Radialstufe als Verdichter, Ringbrennkammer und einstufige Radialturbine.

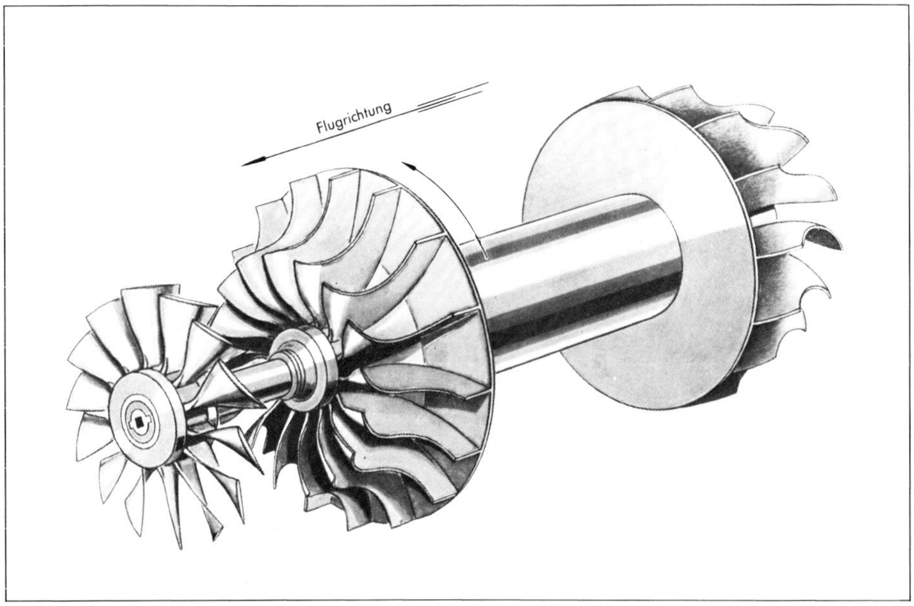

Läufer des Strahltriebwerkes Heinkel He S8A mit Voraxialrad, Radialverdichter und Radialturbine.

Das TL-Triebwerk He S30 mit Axialverdichter und Axialturbine wurde unter der Projektleitung von Max Adolf Müller entwickelt und auf dem Prüfstand erprobt. Hauptdaten: Erreichter Startschub 7,3 kN (750 kp).
▼

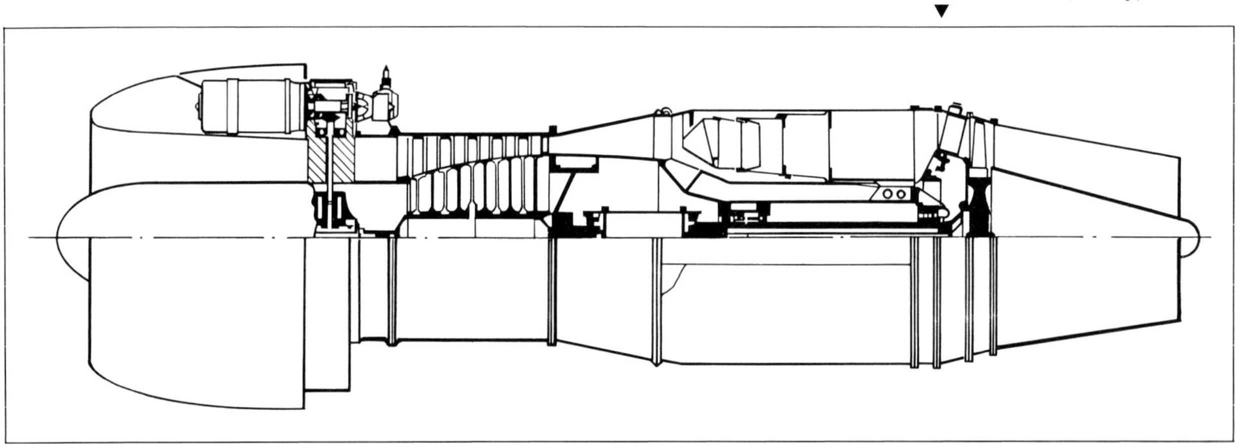

Der Prototyp der Heinkel He 280 mit zwei Heinkel-Strahlturbinen He S 8 flog erstmals am 30. März 1941. Bei den ersten Flügen waren die Verkleidungsbleche der Triebwerke entfernt. Das rechte Bild zeigt den Triebwerkseinbau mit dem durch einen Deckel verschlossenen Einlauf.

Heinkel-Strahltriebwerke

Muster		He S 3B	He S 6	He S 8	He S 10	He S 11A	He S 30
Baujahr		1939	1939	1942	1940	1944	1941
Bauart		TL	TL	TL	ZTL	TL	TL
Verdichter							
Luftdurchsatz	kg/s	12				30	
Stufenzahl		1A+1R	1A+1R	1A+1R	2A+1R	1A+1D+3A	5A
Druckverhältnis		2,8	3,0	2,7	3,1	4,4	3,2
Bypassverhältnis							
Brennkammer		Ring-BK.	Ring-BK.	Ring-BK.	Ring-BK.	Ring-BK.	11
Turbine		1 R	1 R	1 A	2 A	2 A	1 A
Abmessungen							
Länge	mm	1630	1700	1675	4650	3345	2850
Durchmesser	mm	1200	1200	775	1640	805	562
Trockenmasse	kg	360	420	386	500	885	375
Standschub							
mit Nachbrenner	kN (kp)						
Standschub							
ohne Nachbrenner	kN (kp)	4,9 (500)	5,8 (590)	7,1 (720)	7,2 (740)	12,7 (1300)	7,4 (750)
Drehzahl	min^{-1}	13 000	13 300	13 500	13 500	11 000	10 500
spez. Verbrauch	kg/kNh						
	(kg/kph)	220 (2,16)				133 (1,30)	121 (1,19)
Einheitsmasse	kg/kN (kg/kp)	73,5 (0,72)	72,4 (0,71)	54,4 (0,54)	69,5 (0,68)	69,5 (0,68)	50,7 (0,50)
Stirnflächenschub	kN/m^2 (kp/m^2)	4,34 (443)	5,13 (522)	15,0 (1525)	3,4 (350)	25,0 (2560)	29,8 (3020)
Durchsatzschub	kN/kg/s						
	(kp/kg/s)	0,41 (41,7)				0,42 (43,3)	
Bemerkungen A = Axialstufen R = Radialstufen D = Diagonalstufen		In He 178 geflogen mit 4,4 kN (450 kp)	Unter He 111 geflogen	In He 280 eingebaut, RLM-Bez. 109–001	Versuchstriebw. Prüfstand	Serie vorgesehen Prüfstand RLM-Bez. 109–011A	Versuchstriebw. Prüfstand

geben wurden. Heinkel war bereits 1939 auf die Genehmigungen des RLM besonders wegen der Zuteilung warmfester Werkstoffe, aber auch hinsichtlich der eingesetzten Fachkräfte angewiesen. Der im RLM unter Generalingenieur Eisenlohr für die Strahltriebwerke zuständige Referent Helmut Schelp förderte in stärkerem Maße die Axialtriebwerke BMW 003 und Jumo 004, von denen er höhere Schubwerte bei kleineren Abmessungen und schnellere Serienreife erwartete. Udet setzte sich immer wieder für Heinkel und seine Arbeiten ein, kam öfter in die Werke und informierte sich über den Fortschritt der Strahltriebwerke. Auf Vorschlag von Eisenlohr und Schelp verhalf er Heinkel zum Kauf der Hirth-Flugmotorenwerke in Stuttgart-Zuffenhausen mit dem Zweigwerk in Berlin-Waltersdorf um seine Arbeiten auf dem Triebwerksgebiet zu unterstützen. Im April 1941 konnte Heinkel die Hirth-Werke für 6 Mio. Reichsmark erwerben.
Für Heinkel und seine Strahltriebwerke begann ein kurzer Durchbruch nach einem Vergleichsfliegen einer He 280 gegen eine Focke-Wulf Fw 190 bei der Erprobungsstelle in Rechlin. Am Steuer der He 280 saß Flugbaumeister Paul Bader. Die Überlegenheit des Strahlflugzeuges war hinsichtlich Steigvermögen und Geschwindigkeit so deutlich, daß Eisenlohr, wie Heinkel in seinem Buch schreibt, erklärte:

»Die Verdienste der Firma Heinkel, das erste Strahltriebwerk in zäher Arbeit geschaffen und dessen Tauglichkeit durch die Flugvorführung bewiesen zu haben, ist unbestritten. Diese Tatsache rechtfertigt es, daß sich Heinkel auf dem Gebiet der Triebwerksentwicklung weiterhin beschäftigt …«

Vom Jagdflugzeug He 280 wurden mehrere V-Muster fertiggestellt, dazu 30 Triebwerke He S 8 A bzw. 8 B (RLM-Bezeichnung 109–001) gebaut. Zu Vergleichszwecken und als Flugerprobungsträger wurden einige dieser Flugzeuge mit BMW 003 und Jumo 004-Strahltriebwerken ausgerüstet.
Zu diesem Zeitpunkt war die Messerschmitt Me 262 mit zwei Jumo 004 von je 8,8 kN (900 kp) Schub der He 280 deutlich überlegen und zwar sowohl hinsichtlich der Zuladung als auch der Geschwindigkeit. Die Entwicklung der He 280 wurde durch RLM-Anweisung vom 27. März 1943 abgesetzt, nachdem wenige Monate vorher der Bau von 300 Maschinen geplant gewesen war.

He S 11, Triebwerk der höheren Schubklasse

Die Firma Heinkel, gestärkt in der Entwicklungs- und Fertigungskapazität durch die Hirth-Motorenwerke, erhielt einen Entwicklungsauftrag auf ein stärkeres Strahltriebwerk mit 12,7 kN (1300 kp) Standschub, d.h. in einer Schubklasse höher als die Axialtriebwerke 003 und 004. Das neue Triebwerk mit der Bezeichnung He S 11 (RLM-Bezeichnung 109–011) war insbesonders für einen neuen schnellen Jäger bestimmt. An dieser Jägerausschreibung nahmen alle großen deutschen Flugzeugfirmen teil.
Das Heinkel-Hirth He S 11-Triebwerk hatte einen kombinierten Verdichter, d.h. auf einen axialen Vorläufer folgten eine schräg durchströmte Diagonalstufe und drei Axialstufen. Zur Idee des Kombinationsverdichters hat H. Schelp wesentlich dadurch beigetragen, daß er zur Herabsetzung des spezifischen Brennstoffverbrauches ein hohes Verdichterdruckverhältnis, möglichst 5,0 mit Steigerungsmöglichkeit auf 7,0 durch Zuschaltung einer weiteren axialen Stufe und eine zweistufige luftgekühlte Turbine vorschlug.
Die Herstellung des Diagonalverdichters war recht schwierig und aufwendig. Die Fertigung erfolgte bei der Firma Voith in Heidenheim. In Abweichung von den bisher gebauten

Von der Heinkel-Strahlturbine He S 011 wurden nur wenige Triebwerke fertiggestellt. Zu einer Flugerprobung kam es nicht mehr. Das TL-Triebwerk war für eine ganze Reihe von Flugzeugprojekten vorgesehen. Hauptdaten: Standschub 12,7 kn kN (1300 kp), Luftdurchsatz 30 kg/d, Durchmesser 805 mm, Trockenmasse 885 kg.

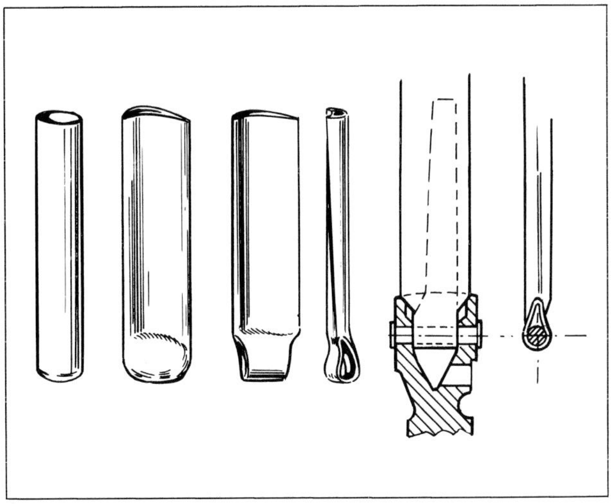

▲
Die hohlen Turbinenschaufeln des He S 011-Triebwerkes wurden als sogenannte Topfschaufeln in mehreren Verformungsstufen gefertigt. Durch einen Einsatz konnte die zur Kühlung herangezogene Verdichterluftmenge klein gehalten werden.

Oben: Dieses geschnittene He S 011-Triebwerk läßt das Diagonalverdichterrad und die dahinter angeordneten drei Axialstufen erkennen.

Abweichend von allen anderen Heinkel-Strahltriebwerken hatte ▶ das TL-Triebwerk He S 011 eine zweistufige Turbine mit luftgekühlten Hohlschaufeln.

Längsschnitt der Heinkel He S 011-Strahlturbine mit axialem Vorläufer, Diagonalverdichter, drei Axialstufen, Ringbrennkammer und zweistufiger Turbine mit luftgekühlten Hohlschaufeln.
▼

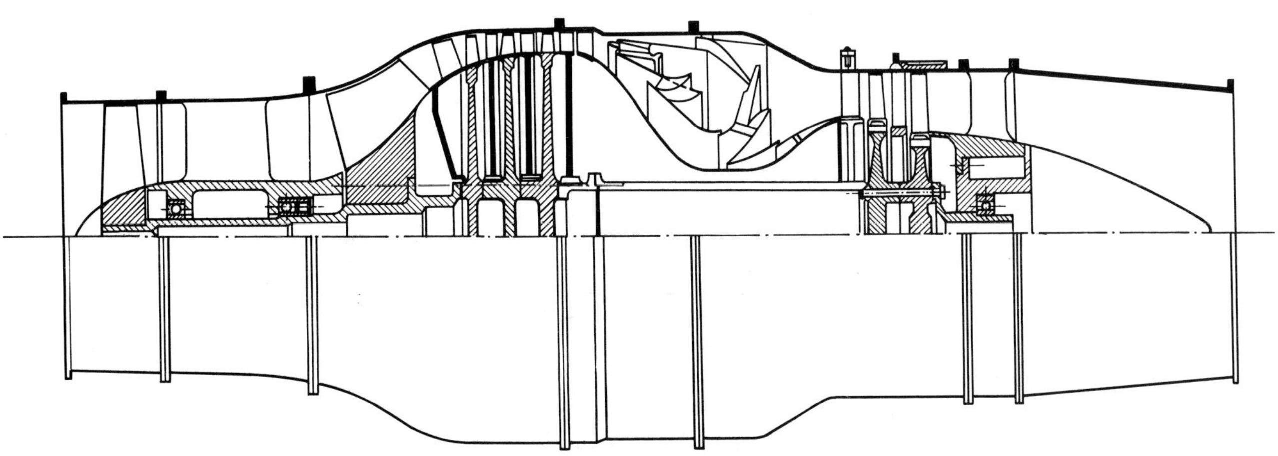

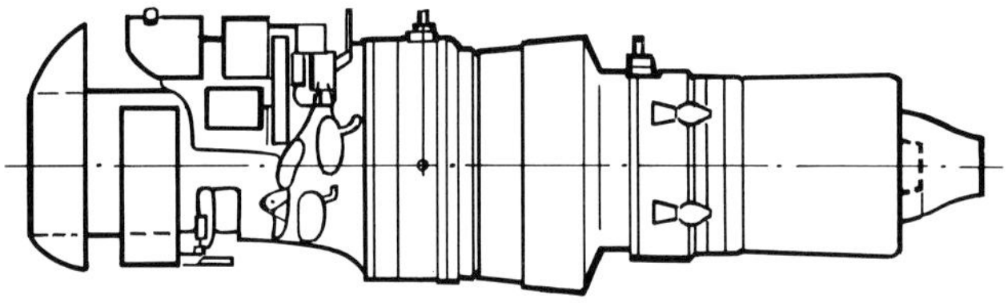

Einbauskizze He 011 A.

Baumusterübersicht Heinkel-Strahltriebwerke

He S 1		Erstes Versuchsgerät 1936/37
He S 2A	0,78 kN (80 kp)	Zweites Versuchsgerät 1937
He S 2B	1,27 kN (130 kp)	Drittes Versuchsgerät 1938
He S 3A	4,4 kN (450 kp)	Unter He 118 V2 geflogen
He S 3B	4,4 kN (450 kp)	In He 178 am 27. August 1939 geflogen
He S 6	5,8 kN (590 kp)	Ähnlich S 3, unter He 111 geflogen
He S 8A	7,1 kN (720 kp)	Für He 280, Versuchsserie
He S 8B	7,3 kN (750 kp)	Weiterentwicklung des He S 8A
He S 9		Projekt, Vorstudie für He S 21
He S 10	7,2 kN (740 kp)	ZTL auf S 8-Basis, Prüfstand
He S 11	10,8 kN (1 100 kp)	Neuentwicklung mit Kombinationsverdichter
He S 11A	12,7 kN (1 300 kp)	Serie vorgesehen, Prüfstand
He S 21	1 490 kW (2 000 PS)	PTL auf Basis S 11, an Daimler-Benz
He S 30	7,4 kN (750 kp)	Neuentwickelte Axialtriebwerke, Prüfstand
He S 30 A	10,3 kN (1 050 kp)	ZTL-Ausführung des S 30
He S 35	10,8 kN (1 100 kp)	Projekt, Doppel-ZTL auf S 30-Basis
He S 36	2 985 kW (4 010 Ps)	Projekt, PTL-Ausführung des S 35
He S 40	9,2 kN (940 kp)	Projekt TL
He S 50d	17,6 kN (1 800 kp)	Projekt ML mit 24-Zylinder-Dieselmotor
He S 50z	8,8 kN (850 kp)	Projekt ML mit 16-Zylinder-Ottomotor
He S 60	12,2 kN (1 250 kp)	Projekt ML mit 32-Zylinder-Ottomotor

Heinkel-Triebwerken kam bei der S 11 erstmals eine Axialturbine mit luftgekühlten Hohlschaufeln zur Verwendung. Das erste S 11-Triebwerk lief Anfang des Jahres 1944, verzögerte sich jedoch in der Entwicklung, so daß der Auslegungsschub von 12,7 kN (1 300 kp) erst etwa ein Jahr später erreicht werden konnte. Doch zu dieser Zeit näherte sich der Zweite Weltkrieg bereits seinem Ende. Das Triebwerk V 13 war für den Flugversuch vorgesehen, es kam jedoch nicht mehr dazu. Insgesamt sind 20 He S 11-Triebwerke gebaut worden. Die letzten acht aus der Vorserie A 0 wurden nach der Besetzung im Auftrage fertiggestellt, nach USA überführt und bei der US-Navy in Trenton auf dem Prüfstand gefahren.

ZTL- und ML-Projekte

Neben den bisher erwähnten Strahlturbinen sind von Max Adolf Müller, Hans Stabernack und Dr. Bentele eine Reihe von Projekten bearbeitet worden, die nur in wenigen Fällen von Prüfstandsversuchen mit einzelnen Baugruppen geführt haben, die aber andererseits zeigen, wie weit man in den Jahren 1939 bis 1945 in Deutschland über die verschiedenen Möglichkeiten der Ausführung von Fluggasturbinen Untersuchungen durchgeführt hatte.

Unter der Bezeichnung He S 9 lief ein Projekt einer Propellerturbine (PTL) mit dem Verdichter des S 8-Triebwerkes, das 1943, dann schon auf der S 11-Basis, an Daimler-Benz zur Überarbeitung und Weiterverfolgung als He S 21 übergeben wurde. Zur Ausführung kam es nicht mehr. Von einem Zweistromtriebwerk (ZTL) S 10, das auf der Basis S 8 entstand, wurden 1939/40 drei Versuchsgeräte gebaut und zum Teil auch auf dem Prüfstand gefahren. Der Standschub sollte 7,2 kN (740 kp) bei einem Durchmesser von 1 640 mm und einer Masse von 500 kg betragen. Ein weiteres ZTL-Triebwerk mit der Bezeichnung He S 30 A-ZTL war auf 10,3 kN (1 050 kp) bei einem Durchmesser von 890 mm ausgelegt. Ferner waren mit den Bezeichnungen S 35 ZTL und S 36 PTL sowie S 40 weitere Projekte in Bearbeitung, die jedoch wie die meisten anderen Vorhaben nach 1942 nicht mehr weiter verfolgt werden durften. Die ganze Heinkel-Triebwerksmannschaft mußte sich auf die mit hoher Dringlichkeit laufende Entwicklung des 12,7 kN (1 300 kp)-Strahltriebwerkes He S 11 konzentrieren.

Eine Sondergruppe untersuchte und konstruierte Motorluftstrahltriebwerke (ML), bei denen der Verdichter von einem Kolbenflugmotor angetrieben werden sollte. Diese Entwicklungen, die auch 1942 zum Stillstand kamen, sahen Flugmotoren von 880 kW (1 200 PS) als Diesel- sowie Otto-Motoren von 735 kW und 1 470 kW (1 000 und 2 000 PS) der Vierzylinder-Bauart von Prof. Kamm (FKFS) vor

Das Heinkel-Triebwerk He S 10 war ein Zweistrom-Turbinen-Luftstrahltriebwerk, das 1944 auf dem Prüfstand einen Schub von 7,2 kN (740 kp) erreichte.

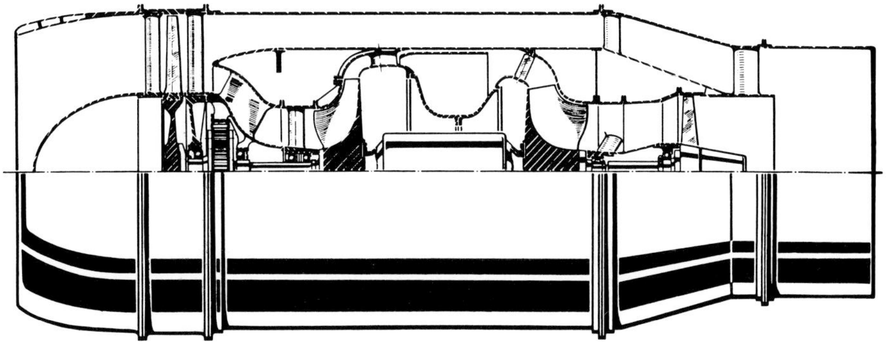

Projekt eines Motor-Turbinen-Luftstrahltriebwerkes (ML) Heinkel He S 60, ausgebildet als Mantelstromtriebwerk mit mehrstufigem Axialverdichter, aufgeladenem 32-Zylinder-Kolbenmotor und einer Diagonalturbine. Die Abgase des Motors sollten zugemischt werden. Das Triebwerk kam nicht zur Ausführung.

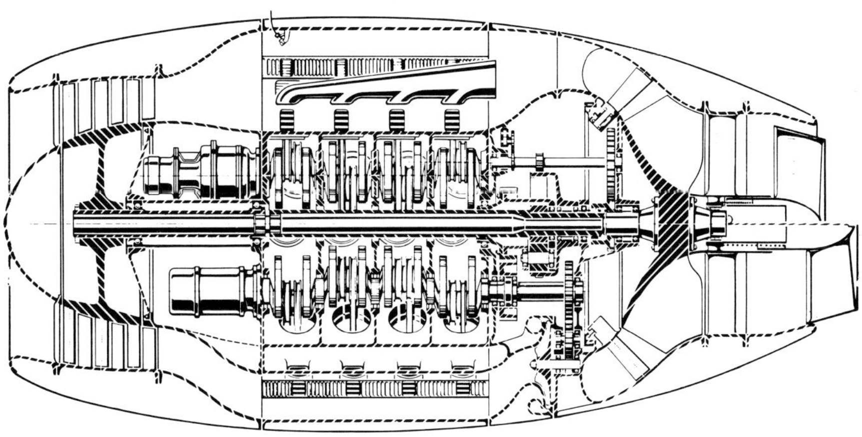

und waren in der Form von Mantelstromtriebwerken mit Außendurchmessern von 1 480, 1 560 und 1 610 mm vorgeschlagen. Unter den Projekten befand sich auch das MTL-Triebwerk He S 60, eine Kombination von TL- und ML-Antrieb, bei dem niedrige Verbrauchswerte bei Reiseschub und ein dreifach höherer Vollschub erreicht werden sollte. Einzelne Baugruppen dieser ML-Triebwerke sind auf dem Prüfstand gelaufen.

Da Heinkel-Strahltriebwerke nicht zum Einbau in Frontflugzeugen kamen und die Arbeiten unter hoher Geheimhaltung liefen, sind sie im Ausland erst nach dem Kriege bekannt geworden.

Über die Bedeutung dieser Entwicklungen schrieb Dr. von Ohain in einem Brief vom 20. Februar 1980:

»Heinkels frühe Strahlturbinen-Entwicklungen haben also nicht nur zum ersten Flug eines Strahlturbinen-Flugzeuges in der Welt geführt, sondern hatte auch entscheidend dazu beigetragen (wenn auch unfreiwillig!), daß die Motorenfirmen frühzeitig mit Strahlantriebs-Entwicklungen beginnen konnten.«

Im Rahmen der Organisation der Strahltriebwerksentwicklung bei Heinkel war 1944 Harald Wolff verantwortlich für alle Triebwerksangelegenheiten und Dr. von Ohain Leiter der Strahltriebwerksentwicklung. Als technischer Direktor war Kurt Schif für die Serienfabrikation zuständig. Wesentlichen Anteil an der Entwicklung der Strahltriebwerke hatten u. a.: Dr. Vanicek (Vorentwicklung), Christian Schmitz (Konstruktion), Dr. Bentele (Triebwerkskomponenten) und Hartenstein (Versuchsprüfstände).

BMW-Triebwerke

von Karl Prestel

Auf Grund der Ergebnisse von Studien über die Möglichkeiten neuer Flugantriebe für hohe Geschwindigkeiten erteilte das RLM Anfang 1939 einen Entwicklungsauftrag an die Brandenburgischen Motorenwerke (Bramo) in Berlin-

Spandau auf ein Turbinen-Luftstrahltriebwerk (TL) von 6 kN (600 kp) Standschub mit einem Durchmesser von 600 mm.
Dr. Hermann Oestrich, der sich bereits seit 1928 bei der DVL mit Strahlantrieben befaßt hatte und seit seinem Eintritt bei Siemens Erfahrungen auf dem Gebiet der Kompressoren und Abgasturbinen sammeln konnte, erhielt die Leitung der neuen Entwicklung. Auch bei BMW in München war bei Dr. Kurt Löhner von Dr. Müller-Berner 1938/39 ein TL-Triebwerk mit der Bezeichnung F 9225 mit siebenstufigem Axialverdichter und zweistufiger Axialturbine entworfen worden. Nach Übernahme der Bramo im Jahre 1939 durch BMW wurde im September des gleichen Jahres die Entwicklung der TL-Triebwerke im Werk Spandau unter Dr. Oestrich zusammengefaßt. Hermann Hagen untersuchte verschiedene Möglichkeiten wie das Motor-Luftstrahltriebwerk (ML), TL-Triebwerke in radialer und axialer Bauweise sowie ein Triebwerk bei dem sich die Leiträder des Axialverdichters im entgegengesetzten Sinne zu den Laufrädern drehen sollten.
Eine optimale Lösung schien zunächst das gegenläufige TL-Triebwerk zu sein. Im Auftrage des RLM wurde die Konstruktion eines solchen Triebwerkes in Zusammenarbeit mit dessen Erfinder Weinrich unter der Projektnummer P 3304 bzw. BMW 002 durchgeführt. Nachdem man erkannt hatte, daß sich wegen der Gegenläufigkeit große Fertigungs- und Entwicklungsschwierigkeiten einstellen würden, entschied man sich für ein TL-Triebwerk mit Rotor und Stator, in einer Bauart, die auch von BMW-München vorgeschlagen worden war. Die Arbeiten am BMW 002 wurden 1942 vollständig eingestellt.

Aus dem Projekt P 3302 wird BMW 003

Entsprechend den im RLM-Auftrag festgelegten Forderungen wurde in Spandau im Frühjahr 1939 mit den Arbeiten für das Triebwerk P 3302 begonnen. Es sollten zehn Versuchstriebwerke V 1 bis V 10 hergestellt werden. Bei der Auslegung und Konstruktion ergaben sich mancherlei Schwierigkeiten, insbesondere beim Axialverdichter, für den bei Bramo bzw. BMW keine Erfahrungen vorhanden waren. Deshalb wurde ein sechsstufiger Verdichter nach Angaben der Aerodynamischen Versuchsanstalt Göttingen, (AVA) insbesondere den Profilzeichnungen für Schaufeln von Dipl.-Ing. Encke, mit einem Druckverhältnis von 2,7 ausgelegt und konstruiert. Für Auslegung und Konstruktion der Brennkammer lagen noch weniger Kenntnisse vor und man konnte auch nicht auf fremde Erkenntnisse zurückgreifen. Deshalb waren während der ganzen Entwicklungszeit sehr viele Brennkammerversuche erforderlich. Man führte sie an Einrohr- oder Segmentbrennkammern durch, unter Verwendung eines Laders des Flugmotors Bramo 323 als Luftlieferer. Bei der Turbine konnte auf die Erfahrungen mit Turbinen der Abgasturbolader zurückgegriffen werden. Aufgrund der Münchener Erfahrungen mit der Abgasturbine des Abgasturbinenladers für den Flugmotor BMW 801 J wurden von Anfang an gekühlte Turbinen-Hohlschaufeln

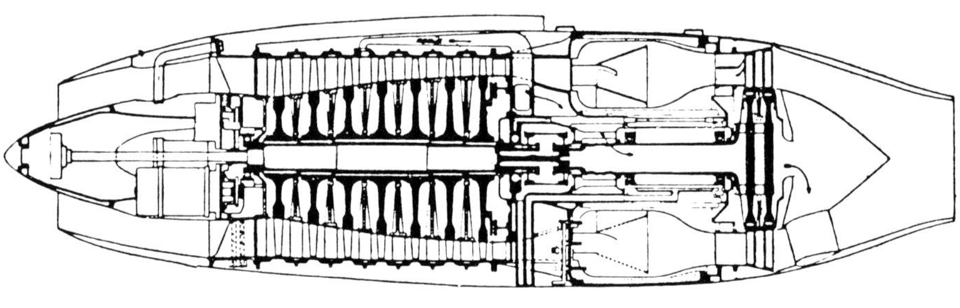

Bei BMW in München war 1939 das Projekt F 9225 mit siebenstufigem Axialverdichter, Ringbrennkammer und zweistufiger Turbine ausgearbeitet worden.

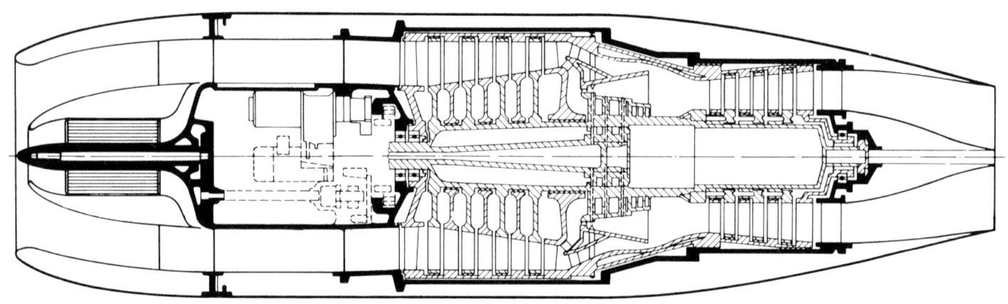

Das Weinrich-Strahltriebwerk P 3304 (BMW 002) mit gegenläufigem Verdichter wurde in Berlin-Spandau neben dem BMW 003-Triebwerk bis 1942 entwikkelt.

vorgesehen. Im Jahre 1940 wurde die Konstruktion des Triebwerkes, die in allen Einzelheiten genau durchgearbeitet war, beendigt und gegen Ende des Jahres die ersten Versuchstriebwerke fertiggestellt. Bei Beginn des Jahres 1941 lief das erste Versuchstriebwerk. Es erreichte zunächst nur einen Schub von 1,5 kN (150 kp). Angelassen wurde das Triebwerk mit einem Elektromotor, der so stark sein mußte, daß das Triebwerk bis zur Freilaufdrehzahl hochgedreht werden konnte. Das Triebwerk lief, doch schon nach kurzer Laufzeit traten Schwierigkeiten auf: Risse in der Schweißverbindung zwischen Turbinenscheibe und Laufschaufel, Schäden an der Turbinenlaufschaufel bereits bei bei der Drehzahl von 8000 min^{-1} (Auslegungsdrehzahl 9000 min^{-1}), Brennkammer-Druckverlust größer als erwartet, Ausbrenngrad zu niedrig, ungleichmäßige Temperaturverteilung in der Brennkammer, dadurch Verformung der Brennkammerteile bis zum Anlaufen der Turbine, Verdichterförderhöhe mit 10000 m zu niedrig, deshalb Änderung der Zahl der Verdichterstufen von 6 auf 7 mit der Förderhöhe von 11500 m. Mit diesen Änderungen und inzwischen entwickelten allgemeinen Verbesserungen wurde diese Reihe der Triebwerke im Jahre 1942 auf 5,5 kN (550 kp) Schub gebracht. Doch bereits im Frühjahr 1941 wurde mit zwei dieser Triebwerke mit einem Schub von je 4,5 kN (450 kp) der erste Flug mit einer Me 262 mit eingebautem Mittelmotor durchgeführt. Im Sommer 1941 fanden weitere Flugversuche mit einem einzigen unter die Me 110 angebauten Triebwerk der Ausführung V1 bis V10 statt.
Da zu erkennen war, daß mit den Triebwerken der Ausführung V1 bis V10 die gestellten Forderungen von 6 kN (600 kp) nicht zu erreichen waren, wurde 1942 mit der Neuauslegung eines Triebwerkes begonnen, das in jeder Hinsicht größere Reserven bei gleichen Hauptabmessungen und gleichem Grundaufbau des vorherigen Triebwerkes enthielt. Von diesen Triebwerksausführungen wurden vier Triebwerke P 3302 V11 bis V14 in Auftrag gegeben. Die ersten

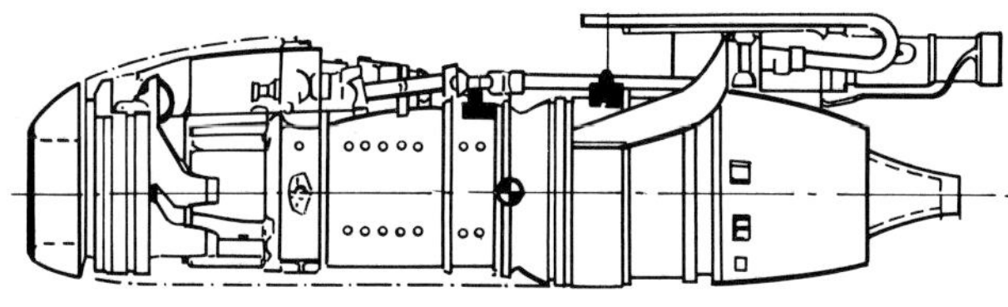
BMW 003 R

Prüfstandsversuche wurden noch Ende des Jahres 1942 begonnen.
Durch Vergrößerung der Luftgeschwindigkeit und Erhöhung der Nenndrehzahl von 9000 auf 9500 min^{-1} wurde der Luftdurchsatz um 30% erhöht, wobei die Druckumsetzung zu 30% in die Leiträder verlegt wurde. Die Turbine erhielt einen um 20 mm vergrößerten Durchmesser. Die Erhöhung des Triebwerksdurchmessers von 600 auf 690 mm wurde vom Auftraggeber angenommen. Erstmals kam eine Schubdüse mit axial verschiebbarem Düsenpilz zur Anwendung. Die Verdichterlaufschaufeln bestanden aus verschiedenen NACA-Profilen, mit Gitterkorrektur nach Betz, die Leitschaufeln aus Kreisbogenprofilen. An der ersten Verdichterstufe traten nach einigen Stunden Schwingungsbrüche auf, die endgültig erst beseitigt werden konnten, als die Profildicke am Schaufelfuß auf 12 ½% der Profillänge vergrößert und am Schaufelkopf um 5% herabgesetzt wurde.
Die anfänglich gewählte Art der Brennstoffaufbereitung durch Versprühen des eingespritzten Brennstoffes auf keramische, später metallische Prallplatten bewährte sich trotz des bereits für jede Einspritzdüse vorgesehenen Lufttrichters nicht. Erst als die Brennkammer um 150 mm verlängert, der Lufttrichter als Wirbelerzeuger erkannt und in diesen

Die ersten Versuchsgeräte des BMW 003-Strahltriebwerkes hatten einen sechsstufigen Verdichter. Sie erreichten nicht den Auslegungsschub.

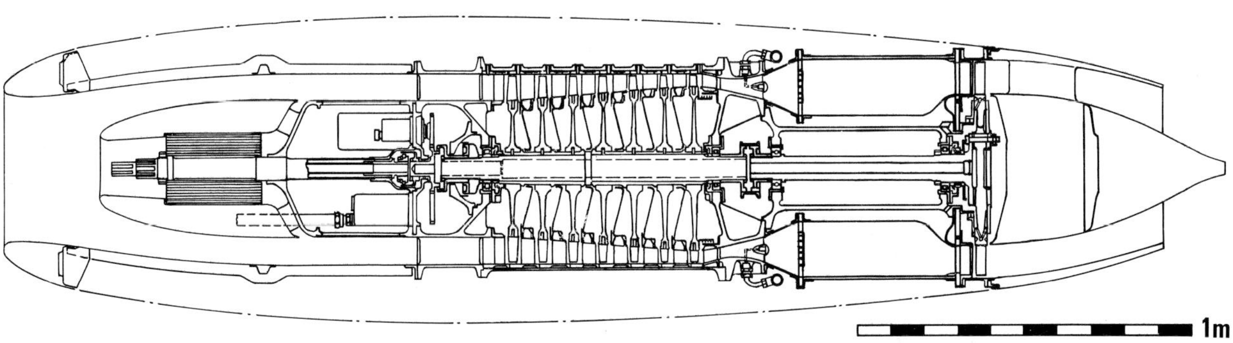

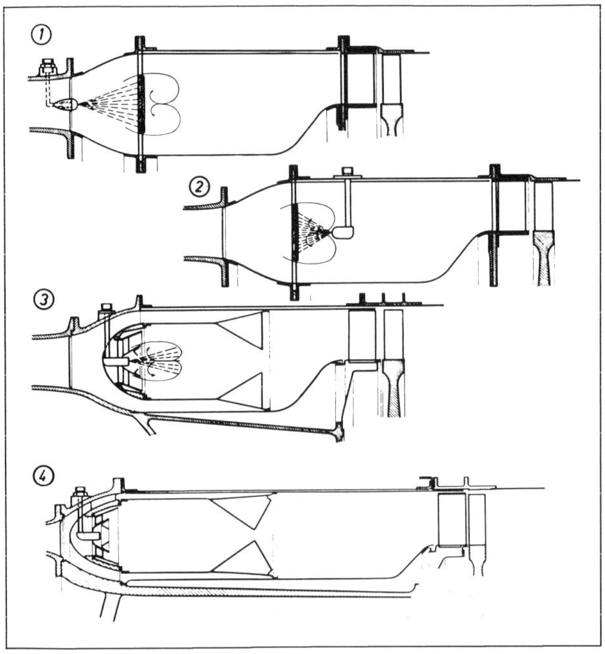

◀ Vier Entwicklungsstufen der 003-Brennkammer. Der Weg führte von einer ersten Ausführung mit Prallplatten, Gegenstromeinspritzung und dann nach vielen Versuchen zur verlängerten und verbesserten Serienausführung.

Die Entwicklung des Turbinenstrahltriebwerkes BMW 003 begann 1939 und führte ab Mitte 1944 zur Serienfertigung der Baureihen A1 und E1 für die Flugzeugmuster Arado 234 und Heinkel He 162. Hauptdaten: Standschub 7,8 kN (800 kp), als Kurzzeitschub z. T. auch 9 kN (920 kp) bei erhöhter Drehzahl von 9800 min^{-1}, Luftdurchsatz 19 kg/s, Durchmesser 690 mm, Trockenmasse 570 kg. ▼

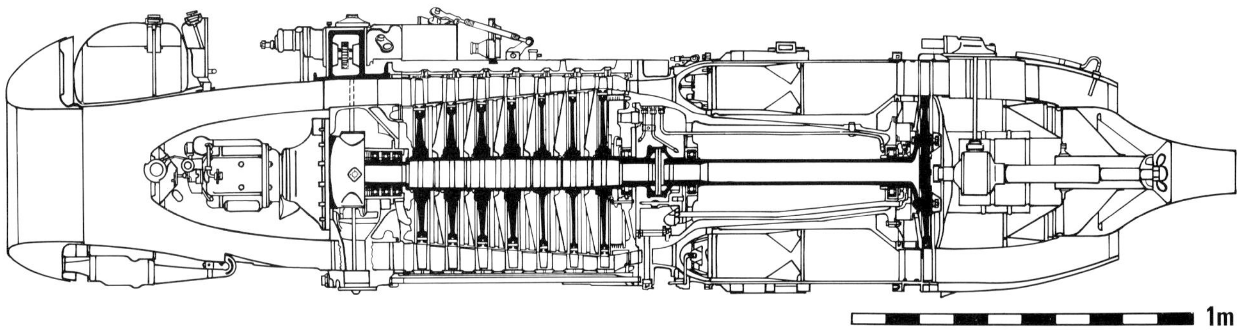

Luftwirbel ohne Prallplatten direkt eingespritzt wurde, konnte man eine wesentliche Verbesserung des Verbrennungsablaufes erzielen. Auch die anfänglich sehr ungleichmäßige Temperaturverteilung in der Brennkammer und folglich auch Turbine konnte durch Einführen von Mischluft (Sekundärluft) vergleichmäßigt und eine erwünschte Temperaturverteilung über der Turbinenschaufellänge erreicht werden. Der zu große Druckverlust der Brennkammer wurde durch aerodynamische Maßnahmen, unter Beibehaltung eines genügenden Sicherheitsabstandes von der Abreißgrenze der Flamme, verringert. Damit war die typische BMW-Ringbrennkammer entstanden. Zur Entwicklung stand ein Prüfstand zur Verfügung, bei dem die Ergebnisse durch Rückstoß an einer frei aufgehängten Brennkammer mit Auspuffrohr gemessen werden konnten.
Wegen der Schäden an den an die Turbinenscheiben angeschweißten Turbinenschaufeln wurde im Auftrage der BMW bei der Firma Leistritz in Nürnberg eine neue Hohlschaufel entwickelt, die nicht mehr verschweißt zu werden brauchte. Zur Befestigung dienten 6 zylindrische Stifte. Die Kühlluft konnte durch den hohlgebohrten Fuß hindurchtreten. Für eine wirksamere Schaufelkühlung bei gleichzeitiger Einsparung von Kühlluft kam ein Kühllufteinsatz zur Verwendung, der in den Schaufelfuß mit eingepreßt wurde. Die aus Vierkantstäben herausgearbeiteten Leistritz-Schaufeln benötigten einen hohen Fertigungsaufwand, waren in ihrer Haltbarkeit sehr ungleichmäßig und erreichten nur Laufzeiten von 30 bis 40 Stunden. Nur mit ausgesuchten Schaufeln konnten längere Laufzeiten erzielt werden.
Aufgrund der günstigen Ergebnisse mit den ersten Versuchstriebwerken P 3302 V11–14 wurde im Jahre 1943 mit der 0-Serie der Triebwerke 109-003 A-0 (RLM-Bezeichnung) bzw. BMW 003 A0 (BMW-Bezeichnung) begonnen. Alle bereits erkannten Verbesserungen wurden in diese Ausführung übernommen. Vor allem wurde auch das Gleitdrucklager durch ein Axialwälzlager ersetzt, das aus drei gleichen axial angeordneten sog. Vierpunkt-Lagern bestand, deren Laufspiele so abgestimmt sein mußten, daß alle drei Lager gleichzeitig zum Tragen kamen.
Die endgültig in der Serie verwendete Hohlschaufel war von BMW entwickelt und von der Württembergischen Metallwaren Fabrik (WMF) in Geislingen serienmäßig gefertigt worden. Ausgangsmaterial war ein leicht konisch gewalztes Blech mit der Bezeichnung FBD, in Gesenken gebogen und an der Austrittsseite und am Fuß unter Schutzgas (arcatom) zusammengeschweißt. Das FBD bestand aus einer Legierung von 16,5–17,5% Chrom, 15% Nickel, 2% Molybden, 1,2% Tantal und Niob, 1% Silizium, 0,9% Mangan, 0,1% Kohlenstoff. Die Warmfestigkeit betrug bei 600°C ca. 21 kg/mm^2 für 300 Stunden und bei 700°C noch 12 kg/mm^2, bei 1% bleibender Dehnung. Die Fußbefestigung dieser Schaufel war zunächst ähnlich der mit den sechs zylindrischen Haltestiften. Jedoch wurden diese Schaufeln meist nach dem ersten Lauf locker und konnten nicht mehr ver-

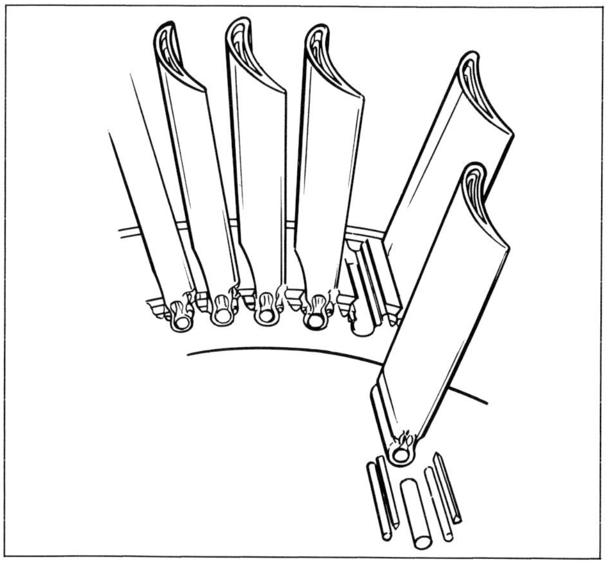

Die luftgekühlten hohlen Turbinenschaufeln des BMW 003 waren aus Blech geformt und mit einem Einsatz versehen. Etwa 2% der Verdichterluft diente zur Kühlung der Turbine.

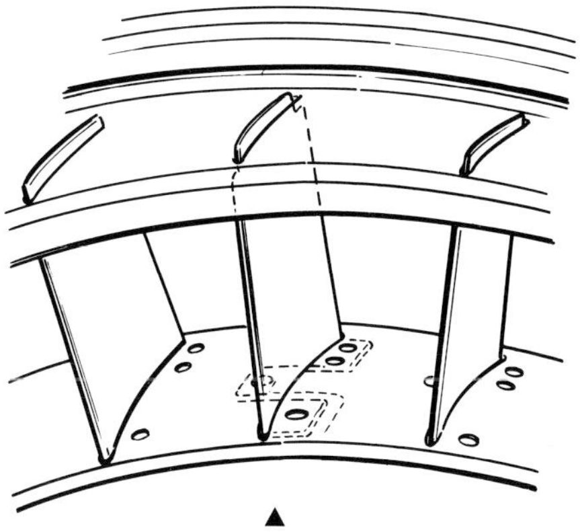

▲ Die Turbinenleitschaufeln des BMW 003 waren am Innenring durch Punktschweißen befestigt. Im Außenring waren die Stahlblechschaufeln so geführt, daß sie sich ohne Profiländerung ausdehnen konnten.

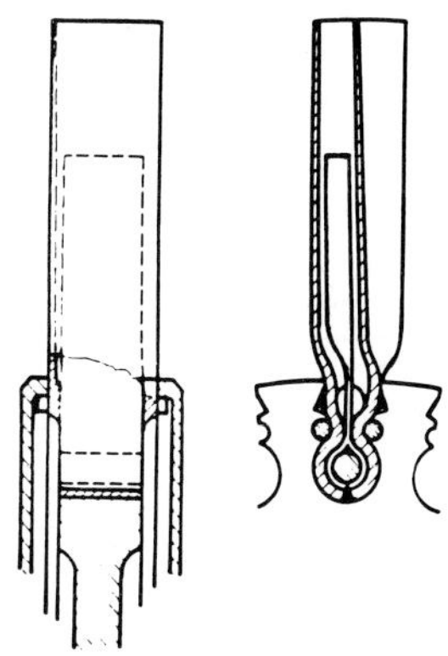

Die hohlen Turbinenschaufeln der Serienausführung des BMW 003 wurden in mehreren Arbeitsgängen aus Blech geformt und hatten zur Verbesserung der Kühlwirkung einen Einsatz. ▶

wendet werden. Deshalb wurden zwischen Schaufelfuß und Turbinenscheibe kleine Keilchen eingebaut, die bei Betrieb durch ihre Fliehkraft die Schaufel in der Scheibe festklemmten. Für die Kühlung der Turbine genügten zwischen 2 und 2,5% des Verdichterluftdurchsatzes. Der Verdichter erreichte im Vollastpunkt einen Wirkungsgrad von 80%, die Turbine einen solchen von 78%. Interessant mit welch primitiven Meßgeräten s.Zt. doch große Entwicklungsfortschritte gemessen und registriert wurden. Z.B. wurde die Temperatur am Turbinenaustritt von 700–750°C, eigentlich die Materialtemperatur der Schaufelenden, mit einem Handpyrometer von einem Beobachter, der sich hinter die Schubdüse stellen mußte, gemessen. Der Abgasstrahl war nach oben abgelenkt worden.

Die Regelung war relativ einfach. Der Flugzeugführer hatte am Drehzahlregler eine gewünschte Drehzahl zu wählen. Der Regler hielt dann diese durch Zumessung der Brennstoffmenge konstant. Für den zu Entwicklungsbeginn vorgesehenen Betrieb mit Benzin wurde ein direkter Regler entwickelt. Eine kleine dreiflügelige Henschel-Brennstoffpumpe mit hoher Drehzahl (ca. 34000 min^{-1}) versorgte das Gerät mit Brennstoff. Als dieses Regelsystem verlassen wurde, war es noch nicht vollkommen betriebsreif. Hauptschwierigkeiten: Kavitation im Diffusor der Henschel-Brennstoffpumpe und zeitweise Instabilität des einfachen Reglers. Mit der Umstellung auf den dieselähnlichen Kraftstoff J 2 im Herbst 1943 wurde auf Anweisung des RLM der indirekte Jumo Isodromregler (frühere Bezeichnung) des Triebwerkes Jumo 004 an das BMW-Triebwerk BMW-003 angepaßt. Als Hochdruckpumpe wurde die Barmag-Pumpe, eine Zahnradpumpe, verwendet.

Für das Anlassen des Triebwerkes mußte ein eigenes Anlaßsystem mit B 4 (Benzin) entwickelt werden. Es bestand aus Förderpumpe, zwei oder sechs Anlaßdüsen, im Strömungsschatten zwischen den Brennern angeordnet, die auf zwei Zündkerzen mit Tellerelektroden und Elektrodenabstand von ca. 3,5 mm spritzten, womit ein einwandfreies Durchzünden aller Brenner erzielt wurde.

Angelassen wurde mit dem Riedel-Anlasser, einem Zweizylinder-Zweitaktmotor, der sich gut bewährte, wenn er auch etwas leistungsschwach war. Das Wiederanlassen im Flug bis zu Höhen von etwa 3000 m war leicht möglich, weil der Flugstau den Rotor auf eine Schleppdrehzahl von ca. 2000 min^{-1} brachte.

Mit all diesen Verbesserungen konnte auf dem Prüfstand ein Standschub von 7,85 kN (800 kp) erreicht und die Zuverlässigkeit durch Dauerläufe von zunächst 20, später 50 Stunden nachgewiesen werden.

Mit einem Triebwerk neuesten Standes erfolgte bereits im Oktober 1943 der erste Flug in einer Junkers Ju 88. Sie diente als fliegender Prüfstand, bei dem das Triebwerk unter dem Rumpf aufgehängt war. Bei einem anderen Flug im Frühjahr 1944 wurde in Bodennähe eine Geschwindigkeit von 900 km/h erreicht. Im August 1944 wurden die letzten der 100 A-Null-Serientriebwerke ausgeliefert. Im Frühsommer 1944 fanden die ersten Flüge einer viermotorigen Arado Ar 234 mit vier BMW 003 A0 statt, wobei im Gegensatz zur Serienausführung Ar 234 C, die Triebwerke noch in Einzelgondeln angeordnet waren. Außerdem wurde das BMW 003 A0 auch in einer zweimotorigen Ausführung der Arado AR 234 geflogen. Der erste Flug einer Heinkel He 162 (Volksjäger) fand am 6. Dezember 1944 statt. In Wien wurde zur vorübergehenden Schubsteigerung des Nachtjägers He 219 ein Triebwerk BMW 003 A0 unter dem Rumpf eingebaut.

Auf die 100 A0-Triebwerke folgte in der Serienfabrikation die Baureihe A1 für die Arado AR 234 C und die Baureihe

Oben: Zum Anlassen der im Zweiten Weltkrieg serienmäßig gefertigten deutschen TL-Triebwerke diente ein kleiner Benzin-Anlaßmotor. Dieser von Riedel entwickelte Boxermotor RBA/S10 mit Gebläsekühlung stellte seinerzeit eine Spitzenleistung der Zweitaktentwicklung hinsichtlich der Drehzahl und spezifischen Leistung sowie des Raumbedarfs dar (0,27 l, max 7,7 kW bei 7150 min^{-1}). Er wurde bei Victoria gebaut.

Unten: Beim Jagdflugzeug Heinkel He 162 (Volksjäger) saß das BMW 003 E1-Triebwerk oben auf dem Rumpf und konnte sehr schnell, d.h. in etwa zwei Stunden ausgetauscht werden. Der Erstflug des Prototyps fand am 6. Dezember 1944 statt, ein Kampfverband kam noch im Frühjahr 1945 zur Aufstellung.

E1 für den Einbau in die He 162. Sie unterschieden sich nur durch die Lage der Anschlußpunkte für die beiden Zellen. Die Baureihen A2 und E2, von denen nur wenige Triebwerke vor Kriegsende zur Auslieferung kamen, waren durch Verbesserungen zur Erhöhung der Betriebssicherheit und der weiteren Einsparung von schwach legierten Werkstoffen, sogenannten Sparstoffen, entstanden. So war unter anderem der Verdichterleitapparat ganz aus normalem Stahlblech, die Mäntel der Brennkammern ebenfalls aus einfachem Blech (Fliegwerkstoff 1 010), gegen Verzundern durch eingebrannten Alu-Lack geschützt, hergestellt. Der Anteil an Nickel und Chrom für ein BMW 003 A2-Triebwerk betrug 2,5 kg Nickel und 9 kg Chrom. Die automatische Schubdüsenverstellung für die vier Düsenstellungen: Anlassen, Starten, Flug und Schnellflug, kam nicht mehr zur Einführung.

Insgesamt sind ca. 750 BMW 003 Strahltriebwerke gefertigt und davon der größte Teil auch zusammengebaut worden. Die Fertigung war aufgeteilt auf das BMW-Entwicklungswerk Spandau sowie das in das Saarland und wieder zurückverlagerte Serienwerk Basdorf. Die Blechteile wurden aus Eisenach zugeliefert. Anfangs 1945 wurde das Entwicklungswerk Spandau in mehrere 400 bis 600 m unter der Erde gelegene Stollen eines Salzbergwerkes in der Nähe von Staßfurt verlegt, in denen es so trocken war, daß selbst die Betonstraßen zu stauben begannen.

Als Herstellungszeit für die laufende Serie ohne die zugelieferten Geräte wurden 500 Stunden angegeben, davon 40 Stunden für die Endmontage. Die höchste monatliche Auslieferungszahl (nachträglich geschätzt 100 Stück) konnte wegen Kriegseinwirkungen nur im März 1945 erreicht werden. Planungen für ein Hochlaufen der Serienfertigung auf 1 500 Stück pro Monat waren kurz vor Kriegsende bei BMW noch im Gange.

Bei Kriegsende waren noch zwei weitere Baureihen des BMW 003 in Entwicklung. Zunächst das BMW 003 C-Triebwerk mit einem von BBC-Mannheim entworfenen siebenstufigen Verdichter mit einem Druckverhältnis von 3,4 und einem längsgeteilten Stator. Es sollte einen Schub von 8,82 kN (900 kp) liefern. Sämtliche Zeichnungen waren fertiggestellt. Die zweite geplante Baureihe hatte die Bezeichnung BMW 003 D. Sie sollte der RLM-Forderung auf einen Schub von 10,8 bis 11,3 kN (1 100 bis 1 150 kp) nachkommen. Es war eine vollkommen neue Auslegung geplant mit einem von BMW konzipierten achtstufigen Verdichter mit profilierten Leitschaufeln und einer Reaktion von 50%, dazu eine zweistufige Turbine, alles bei den Hauptabmessungen und Gewichten des BMW 003 A. Der Luftdurchsatz sollte dabei nochmals um ca. 30% erhöht werden. Bei Kriegsende waren die Berechnungs- und Konstruktionsarbeiten noch nicht abgeschlossen.

Weitere Entwicklungen mit dem BMW 003 wurden angestrebt. Zunächst zeigten Versuche mit Wassereinspritzung eine mögliche Schuberhöhung von 20%. Versuche mit

Einbau der Strahltriebwerke BMW 003 A in die vierstrahlige Arado Ar 234 C in Doppelgondeln. Daneben gab es noch V-Maschinen mit vier einzeln angeordneten Triebwerken.

Nachverbrennung unter Verwendung der vorhandenen Schubdüse mußten jedoch sehr bald abgebrochen werden, da sich die relativ kurze Düse als nicht geeignet erwies.

Auf dem Prüfstand war an mehreren 003 A-Triebwerken eine kurzzeitige Schubsteigerung von 10 bis 15% erprobt worden, deren Einführung bei den Baureihen B und C geplant war. Auch die Umrüstung bereits ausgelieferter Triebwerke war vorgesehen. Der für 30 s zulässige erhöhte Schub sollte 9,0 kN (920 kp) bei 9800 min^{-1} betragen, er kam jedoch vor Kriegsende nicht mehr zur Serieneinführung.

Eine interessante Kombination stellte das Triebwerk BMW 003 R dar. Bei diesem war auf ein normales BMW 003 A-Luftstrahltriebwerk ein Flüssigkeits-Raketentriebwerk BMW P-3395 (RLM-Bezeichnung 109–718) in Art eines Rüstsatzes aufgesetzt worden. Damit sollte die Steiggeschwindigkeit der Abwehrjäger erhöht werden. Die Pumpen für die Raketentreibstoffe, Salpetersäure und Tonka, wurden vom Turbinentriebwerk angetrieben. Alle Triebwerke BMW 003 A wurden von da ab so geplant, daß jederzeit ohne jegliche Änderungen ein normales Luftstrahltriebwerk durch Aufsetzen eines Raketentriebwerkes in ein BMW 003 R umgerüstet werden konnte.

Die Flugerprobung liefert nicht alle Erkenntnisse, die für eine gezielte Weiterentwicklung benötigt werden. Deshalb wurde im BMW-Werk München eine große Höhenversuchsanlage für Flugantriebe aufgebaut, die für alle deutschen Hersteller von Triebwerken zur Verfügung stehen sollte. Sie hatte die Bezeichnung »Herbitus-Anlage« und stand unter der Leitung von Soestmeyer, der schon beim Aufbau durch BBC beteiligt war. Unter Bodenbedingungen hatte sie einen Luftdurchsatz von 20 kg/s, was gerade für die Triebwerke BMW 003 und Jumo 004 ausreichte. Anfang

1945, also vor Kriegsende, wurde das Triebwerk BMW 003 A1 in Höhen von ca. 2000 bis 13000 m, bei den Fluggeschwindigkeiten von 600, 750 und 900 km/h vollkommen vermessen.
Im Jahre 1944 wurden in zwei japanischen U-Booten je ein vollkommener Satz der Konstruktionsunterlagen und Entwicklungsberichte mit einem kompletten Triebwerk nach Japan verschifft. Eines der U-Boote wurde versenkt, das andere kam mit sämtlichen Unterlagen in Japan an.

BMW 018 und 028

Schon im Jahre 1941 war die Aufgabe gestellt worden, möglichst wirtschaftliche Triebwerke höchster Leistung für schnelle Langstreckenflugzeuge, also große Reichweiten, zu entwickeln. Aus der Überlegung heraus, daß beim PTL höherer Startschub und größere Wirtschaftlichkeit bei Teillast erzielt werden kann und daß auch beim Schnellflug mit einer Kraftstoffersparnis von 10 bis 20% zu rechnen ist, wurde bei BMW das Triebwerk BMW 028 (Projekt-Nr. 9320) für eine Leistung von 3456 kW (4700 PS), bzw. zusammen mit dem Restschub eine Wellenvergleichsleistung von ca. 4830 kW (6570 PS) projektiert. Bei einer Geschwindigkeit von 640 km/h sollte es in 6100 m Höhe eine Wellenvergleichsleistung von 5840 kW (7940 PS) erzielen. Die Flugerprobung hätte in einer Heinkel He 177 erfolgen sollen. Als mögliche Anwendung war das Langstreckenflugzeug Messerschmitt Me 264 vorgesehen.
Bereits im Jahre 1942 hatte sich die Ansicht über die Ausrüstung militärischer Flugzeuge geändert. Für Flugzeuge mittlerer Reichweiten hielt man das Gewicht und die Fertigung des Getriebes und der gegenläufigen Luftschraube für einen zu großen Aufwand. Man kam wieder auf reine Turbinenluftstrahltriebwerke zurück. Dieses Triebwerk war das BMW 018. Es ist aus dem BMW 028 unter Weglassung des Luftschraubenantriebes und einer Turbinenstufe entstanden. Die Turbine des BMW 018 hatte drei Stufen. Mit einem Druckverhältnis von 7:1 und einem Luftdurchsatz von 44 kg/s sollte es einen Standschub von 33,3 bis 34,3 kN (3400 bis 3500 kp) erreichen. Rechnerisch sollte der Brennstoffverbrauch ca. 25% niedriger sein als beim BMW 003. Dieses Triebwerk wurde mit größter Dringlichkeit bearbeitet. Bei Kriegsende war es vollständig konstruiert und der Prototyp nahezu fertig. Die Serienausführung des Kampfflugzeuges Ju 287 sollte mit zwei BMW 018 Strahlturbinen ausgerüstet werden. Auch beim Henschel-Projekt P-122 legte man das Triebwerk BMW 018 zugrunde.

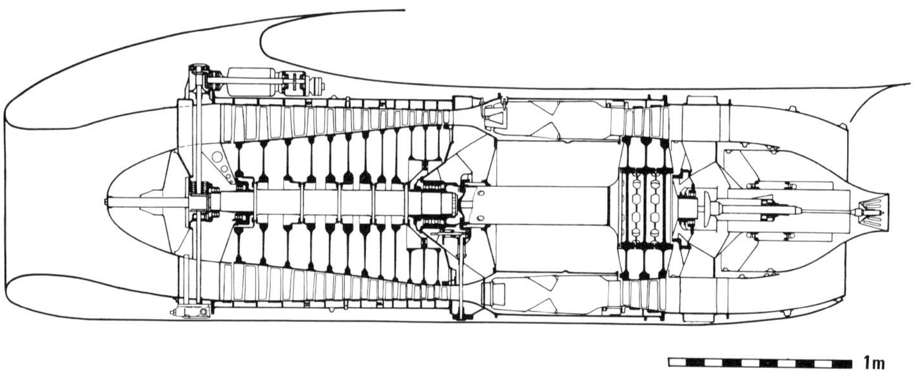

Zu Kriegsende stand das große Strahltriebwerk BMW 018 in Entwicklung. Nur wenige Bauteile waren bei Kriegsende fertig. Hauptdaten: Standschub 33,3 kN (3400 kp), Luftdurchsatz 44 kg/s, Durchmesser 1250 mm, Trockenmasse des V-Triebwerkes 2500 kg, für die Serie 2200 kg.

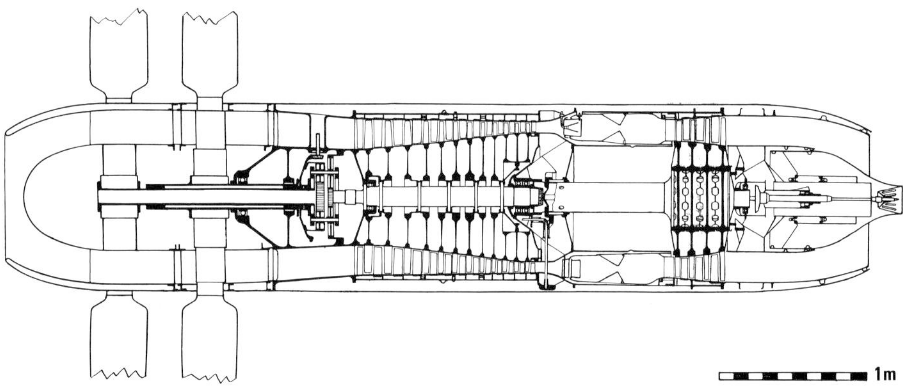

Seit 1941 wurde an dem Projekt des großen Propeller-Turbinen-Triebwerkes (PTL) BMW 028 gearbeitet, das aber später zugunsten des Strahltriebwerkes BMW 018 zurückgestellt wurde. Hauptdaten: Wellenvergleichsleistung beim Start 4830 kW (6570 PS). Luftdurchsatz 44 kg/s, Durchmesser 1250 mm, Trockengewicht mit gegenläufigem Propeller 3600 kg.

Gegen Ende des Zweiten Weltkrieges bestand wieder Interesse an kleineren Triebwerkseinheiten. Unter der Projekt-Nr. 3306 sollte nach den Erfahrungen mit dem BMW 003 ein Triebwerk mit einem Durchmesser von 850 mm geschaffen werden, das einen Schub von 16,6 bis 17,7 kN (1 700 bis 1 800 kp) erbringen und austauschbar mit dem Heinkel-Hirth Triebwerk He S011 sein sollte. Es blieb auf dem Reißbrett.

Ein weiteres Vorhaben, dem allerdings das gleiche Schicksal beschieden war, betraf das Projekt P 3307, das auf dem BMW 003 basierte. Es war gedacht als ein sehr einfaches Verlusttriebwerk für Flugkörper, d.h. fliegende Bomben, mit einem Schub von 4,9 kN (500 kp). Der Fertigungsaufwand je Gerät sollte 100 Stunden bei einer vorgesehenen monatlichen Stückzahl von 5 000 Geräten betragen.

Im Jahre 1943 hatten die BMW die Entwicklung und Serienfertigung der Kolbenmotoren in München und die der Luftstrahlantriebe sowie auch der Raketen-Triebwerke in Berlin-Spandau konzentriert. Dabei wurde Dr. Julius Ulsamer innerhalb der Geschäftsführung der BMW-Flugmotorenbau Brandenburg GmbH mit der Oberleitung der Entwicklung der TL-Triebwerke sowie der Fertigung, Prüfung und Werksplanung usw. betraut. Diese neue Organisation blieb bis zum Kriegsende bestehen. Im Organisationsplan der TL-Entwicklung vom 1. Januar 1945 sind unter Leitung von Dr. Oestrich folgende Hauptabteilungs- und Abteilungsleiter in den technischen Bereichen aufgeführt: Hagen (Vorentwicklung), Roßkopf (Konstruktion), Wolff (Versuch), Dr. Scheinost (Werkstoff-Forschung), Dr. Münzberg (Aerodynamik, Thermodynamik), Renner (Konstruktion 003 und 018), Hoenicke (Serie 003), Buske (Versuch), Kruppe (Brennkammerversuch), Dr. Denkmeier (Flugerprobung), Prestel (Regulierung, Meßwesen).

Vom Entwicklungsbeginn des BMW 003 bis zum ersten voll durchgestandenen 50-Stunden-Lauf vergingen rund fünf Jahre. In dieser Zeit wurde eine vollkommen neue Triebwerksart konzipiert, konstruiert, gefertigt, erprobt und einsatzreif gemacht. Alliierte Kommissionen und einzelne Fachleute bestätigten nach dem Kriege, daß das BMW 003-Strahltriebwerk in seinen spezifischen Werten und konstruktiven Einzelheiten das beste der deutschen Turbinen-Luftstrahltriebwerke war. Das Triebwerk Jumo 004 hatte dagegen eine größere Serienreife erreicht und wurde bis Kriegsende in größerer Stückzahl gebaut.

Daimler-Benz-Triebwerke

Der Zweikreiser DB 007

Die Entwicklung von Strahltriebwerken begann bei Daimler-Benz relativ spät. Prof. Karl Leist, der 1939 von der DVL kam, hatte zunächst als Hauptaufgabe die Entwicklung der Abgasturbolader für die Höhenmotoren. Das Entwicklungswerk in Stuttgart-Untertürkheim war durch die zahlreichen Varianten und Sonderausführungen der Flugmotoren DB 601, 603 und 605 voll ausgelastet, es blieb in den Kriegsjahren für Versuchsteile der Strahltriebwerke nur geringe Kapazität verfügbar.

Ein nach Vorschlägen von Prof. Leist bei Daimler-Benz in Stuttgart-Untertürkheim entwickeltes Zweistrom-Turbinen-Luftstrahltriebwerk (ZTL) DB 007 erreichte auf dem Prüfstand einen Schub von 11,3 kN (1150 kp). Der Verdichter bestand aus zwei gegenläufigen Trommeln. Die Entwicklungsarbeiten wurden 1943 abgebrochen.

Da das Reichsluftfahrtministerium bereits bei BMW und Junkers erfolgversprechende Entwicklungen von einfachen Einkreis-Strahltriebwerken der 800 bis 900 kp-Klasse (7,8 bis 8,8 kN) laufen hatte, erhielt Daimler-Benz eine Weiterentwicklungsaufgabe mit größerem Schub und wesentlich geringerem Brennstoffverbrauch. Das von Prof. Leist vorgeschlagene Zweistromstrahltriebwerk, das die RLM-Bezeichnung 109-007 erhielt, war für einen Schub von 6,0 kN (610 kp) bei 900 km/h in 6 000 m ausgelegt und sollte dabei einen spezifischen Verbrauch von 1,3 kg/kph haben. Umgerechnet ergibt sich daraus ein maximaler Standschub von 13,7 kN (1 400 kp) und ein Verbrauch von 82,6 kg/kNh (0,81 kg/kph). Die eigentlichen Entwicklungsarbeiten am DB 007-Triebwerk begannen 1941, das erste Versuchsgerät kam 1943 auf den Prüfstand und erreichte im Herbst des gleichen Jahres seine volle Betriebsdrehzahl.

Entsprechend dem geforderten für die damalige Zeit außerordentlich niedrigen Verbrauch mußte ein hohes Verdichterdruckverhältnis und eine hohe Gastemperatur gewählt werden. Auch sollte der Durchmesser gemäß Vorgabe 900 mm und die Länge 5 m nicht überschreiten.

Für das erforderliche Druckverhältnis von 8 wurde daher ein Verdichter nach Vorschlägen der AVA (Aerodynamische Versuchsanstalt Göttingen) konstruiert, der aus zwei gegenläufigen Trommeln bestand. Die innere Trommel hatte neun Stufen, die äußere Trommel innen acht und auf der Außen-

Muster		BMW 028	DB/HeS 021	Jumo 022
Baujahr		1944	1944	1944
Bauart		PTL	PTL	PTL
Verdichter				
Luftdurchsatz	kg/s	44	30	50
Stufenzahl		12 A	1A+1D+3A	11 A
Druckverhältnis				
Brennkammer		Ring-BK.	Ring-BK.	Ring-BK.
Turbine		4 A	3 A	3 A
Getriebe		0,18	0,15	0,23
Abmessungen				
Länge	mm	6000	3530	5640
Durchmesser	mm	1250	800	1080
Trockenmasse	kg	3600	1300	2600
Startleistung				
Wellenleistung	kW (PS)	3450 (4700)	1470 (2000)	
Restschub	kN (kp)	21,5 (2200)	4,9 (500)	
Wellenvergleichs-leistung	kW (PS)	4830 (6570)	1760 (2400)	3380 (4600)
Drehzahl	min^{-1}	5000	11 000	5300
Einheitsmasse	kg/kW (kg/PS)	0,75 (0,55)	0,74 (0,54)	0,77 (0,57)
Stirnflächenleistung	kW/m^2 (PS/m^2)	3940 (5560)	3505 (4780)	3690 (5025)
Durchsatzleistung	kW/kg/s (PS/kg/s)	109 (149)	58,6 (80)	67,6 (92)
Bemerkungen Leistungen nach RLM-Entwicklungsplanung von Juli 1944		Entwicklung Basis 018 Mit Propeller 3600 kg	PTL-Entwicklung bei Daimler-Benz Basis He S 011 Mit Propeller	Entwicklung Basis 012. Mit Propeller 2600 kg

seite nochmals drei Verdichterstufen des zweiten Kreises. Die beiden Trommeln waren über ein Planetenradgetriebe verbunden und hatten eine Volldrehzahl von 12 600 min^{-1} bzw. 6200 min^{-1}. Der Verdichter besaß somit 17 Stufen, d. h. gegenläufige Schaufelkränze, und war trotz des hohen Druckverhältnisses recht kurz. In Bodennähe betrug der Luftdurchsatz des ersten Kreises 14,8 kg/s, der des zweiten 35,8 kg/s, so daß sich ein Bypaßverhältnis von 2,42 ergab. Eine Parallelausführung des Verdichters wurde von der Firma Voith konstruiert. Die Schaufelringe waren im vorderen Teil aus warmfestem Leichtmetall und bei den letzten Stufen aus Stahl. Bei den ersten Versuchstriebwerken waren die Schaufeln aus den vollen Ringen herausgearbeitet, für spätere Geräte war die Befestigung der Schaufeln mittels Schwalbenschwanzfuß vorgesehen. Beim ersten Versuchsgerät kamen weitgehend Gleitlager zur Anwendung.

Die Brennkammer bestand anfangs aus vier Einzelbrennern, später wurde eine fünfte hinzugefügt. Die Entspannungstemperatur betrug 1 100° C, der Luftüberschuß 2,7 bis 3,0. Die Turbinenschaufeln mußten daher gekühlt werden. Man wählte eine Teilbeaufschlagung mit Luft aus dem zweiten Kreis (etwa 30 %), die der Turbine durch entsprechende Schlitze aus dem Sekundärluftringkanal zugeführt wurde. Vorversuche dieses Verfahrens an Abgasturbinenrädern hatten gute Ergebnisse auch bei hohen Gastemperaturen gezeigt.

Die Turbine war einstufig, ihre Umfangsgeschwindigkeit betrug 375 m/s. Zur Förderung von Kühlluft war am Turbinenrad ein radialer Schaufelkranz angebracht. Die Hilfsgeräte waren zuerst teilweise vor der Verdichternabe, später auf einem gesonderten Apparateträger oben am Triebwerk angeordnet.

Die Entwicklung dieses recht komplizierten und völlig neuartigen Zweikreistriebwerkes machte viele Versuche mit

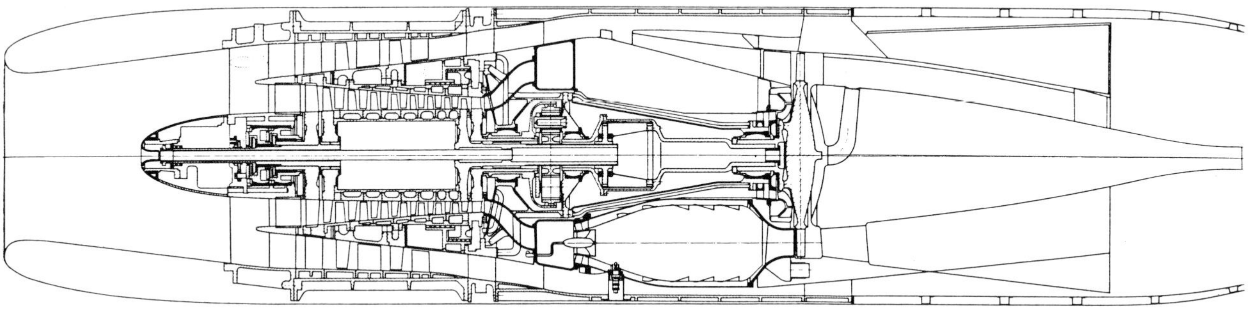

Längsschnitt des Zweistrom-Strahltriebwerkes Daimler-Benz DB 007, das von 1941 an entwickelt wurde. Die beiden als Trommeln ausgebildeten Verdichterteile waren über ein Planetenradgetriebe miteinander verbunden und drehen sich gegensinnig. Hauptdaten: Standschub 13,7 kN (1400 kp), Trockenmasse 970 kg, Länge 4650 mm, Durchmesser 840 mm.

Einzelelementen und Bauteilen erforderlich, zu denen meist erst die entsprechenden Versuchsanlagen, wie ein Turbinen-Schleuderstand und ein Prüfstand für das mit 4000 PS belastete Gegenlaufgetriebe gebaut werden mußte. Immer wieder waren Änderungen erforderlich, die zum Teil neue Vorversuche erforderlich machten. Die Entwicklung zog sich in die Länge und wurde Ende 1943 auf Anordnung des RLM ganz abgebrochen. Zu dieser Zeit war bereits die Großserie des Jumo 004 in Vorbereitung und die Entwicklungsarbeiten an Triebwerken wurden auf kurzfristig erreichbare Leistungssteigerungen vorhandener Baumuster konzentriert. Es war auch zu erkennen, daß unter dem damals bestehenden kriegsbedingten Verhältnissen ein so kompliziertes und noch nicht im Fluge erprobtes Triebwerk einige Jahre bis zur Serienreife benötigen würde.
Die Schub- und Verbrauchsmessungen konnten nicht abgeschlossen werden. Auch war die untersuchte Schubdüse mit Luftzumischung aus dem zweiten Kreis noch nicht optimal ausgeführt. Auf den Auslegungsstandschub von 13,7 kN (1400 kp) und eine geschätzte Masse von 970 kg bezogen, würde die Einheitsmasse 0,69 kg/kp betragen haben. Das Versuchsgerät hatte einen Durchmesser von 840 mm und eine Länge von 4650 mm. Die Laufzeit des ersten Versuchstriebwerkes DB 007 betrug bei Abbruch der Entwicklungsarbeiten insgesamt 152 Stunden.

Das PTL-Triebwerk DB/He S 021

Im Rahmen der Entwicklungsaktion von Triebwerken für Langstreckenflugzeuge hatte das RLM zunächst an Junkers für das Jumo 022-Triebwerk und an BMW für das 028 Entwicklungsaufträge vergeben. Beide zählten jedoch zur Leistungsklasse 6000 bis 8000 PS (4410 bis 5880 kW) und setzten Neuentwicklungen größerer Verdichter und Turbinen voraus. Um schneller zu Erfahrungen mit dieser neuen Triebwerksart zu kommen, wurde 1944 vorgeschlagen, die

Daimler-Benz entwickelte in Zusammenarbeit mit Heinkel-Hirth, Voith und VDM eine Propeller-Turbinen-Ausführung (PTL) 109–021 auf der Basis des Heinkel-Strahltriebwerkes He S 011. Es wurden mehrere Getriebe, darunter auch eine zum Rotor gegenläufige Variante, untersucht und konstruiert. Zu einer Ausführung kam es nicht mehr. Eine zusätzliche dritte Turbinenstufe war vorgesehen. Hauptdaten: Wellenvergleichsleistung beim Start 1760 kW (2400 PS), Luftdurchsatz 30 kg/s, Trockenmasse mit Sechsblattpropeller 1300 kg.

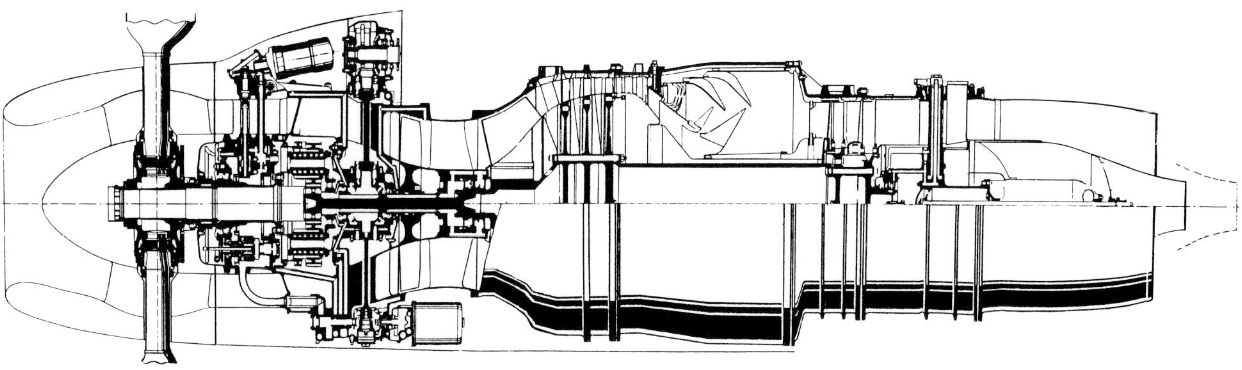

stärkste verfügbare Strahlturbine Heinkel He S 011 mit deren Serienanlauf zu Ende 1945 gerechnet wurde, zu Grunde zu legen und daraus ein Propellerturbinen-Strahltriebwerk (PTL) zu projektieren. Da bei der Firma Heinkel die ganze Entwicklungskapazität auf das 011-Triebwerk angesetzt war, ging der »Überarbeitungsauftrag« an die Firma Daimler-Benz. Dort war nach Absetzung des ZTL-Triebwerkes DB 007 etwas Kapazität frei, außerdem hatte die Firma viel Erfahrungen mit Luftschraubenuntersetzungsgetrieben von 2000 PS und mehr.

Es entstanden mehrere Entwürfe, von denen die Zeichnungen (Längsschnitte) von zwei Varianten erhalten blieben. Der erste Vorschlag sah ein gleichsinnig laufendes Getriebe und eine mechanisch verstellbare Luftschraube vor. Der Verdichter-Turbinen-Rotor und die Luftschraube hatten den gleichen Drehsinn. Der zweite Vorschlag bezog sich auf ein Getriebe bei dem Rotor und Luftschraube entgegengesetzten Drehsinn hatten, d. h. geringere äußere Kreiselkräfte auftraten. Die Verstellung der Luftschraube sollte dabei hydraulisch erfolgen.

Das Propellerturbinentriebwerk DB/He S 021 solle am Start eine Wellenleistung von 1470 kW (2000 PS) und einen Restschub von 7,5 kN (770 kp) haben, bei einer Auslegungsgeschwindigkeit von 600 km/h war die rechnerische Wellenvergleichsleistung 2425 kW (3300 PS). Über die erhofften Verbrauchswerte liegen keine Angaben vor. Zu einer Ausführung des S 021-Triebwerkes kam es nicht mehr.

Junkers-Triebwerke

Jumo 004 – Das erste Strahltriebwerk in Großserie

Mit über 6000 gebauten Einheiten als Triebwerk der Messerschmitt Me 262 sowie der Arado 234 war die Junkers Strahlturbine Jumo 004 eine der markantesten Entwicklungen der deutschen Luftfahrtindustrie im Zweiten Weltkrieg. David Irving schreibt dazu in seinem Buch »Die Tragödie der Deutschen Luftwaffe«:

»Das Neue und Großartige an der Me 262 war die Junkers-Strahlturbine, die von Dr. Anselm Franz konstruiert worden war ... Der Jungfernlauf des Gesamttriebwerkes fand statt, als die Luftschlacht von England ihren Höhepunkt erreicht hatte.«

Aus Anlaß des 25. Jahrestages des Erstfluges der Me 262 schrieb Dr. Franz in der Zeitschrift der Messerschmitt-Gruppe:

»Beim Junkers-Motorenbau in Dessau haben wir Arbeiten zur Entwicklung eines Strahltriebwerkes im Jahre 1939 aufgenommen und im Herbst dieses Jahres mit der Konstruktion des Jumo 004-Triebwerkes angefangen. Für diese Entwicklung erhielten wir einen Auftrag des RLM. In der Geschichte der Entwicklung des Strahlantriebes kann das Jumo 004-Triebwerk für sich in Anspruch nehmen, daß es das erste in Groß-Serie produzierte und im Luftkampf eingesetzte Turbinenluftstrahltriebwerk der Welt war.

Im Gegensatz zu den Triebwerken von Ohains und Whittles, die beide Radialkompressoren besaßen, war das 004 eine rein axiale Konstruktion, die Dank ihrer kleinen Stirnfläche für hohe Fluggeschwindigkeiten viel geeigneter ist. In ihrem ganzen Aufbau hatte diese Konstruktion bereits große Ähnlichkeit mit den Strahltriebwerken der heutigen Zeit.«

»Nach Auftrag sollte das Triebwerk für einen Vollgasschub von 5,8 kN (600 kp) konstruiert werden, es wurde aber bei der Auslegung mit erheblichen Reserven versehen. Das praktisch brauchbare Ergebnisse so relativ schnell mit so geringen Schwierigkeiten erzielt werden konnten, ist bemerkenswert, wenn man die Neuheit des Gegenstandes berücksichtigt und die Tatsache, daß es Vorbilder und Erfahrungen nicht gab. Zwei bei Beginn der Arbeiten getroffene Maßnahmen haben in dieser Hinsicht aber zweifellos sehr geholfen. Bei der Zielsetzung haben wir bewußt darauf verzichtet, das maximal Mögliche anzustreben, um auf diese Weise möglichst schnell zu einem lauffähigen Gerät zu kommen, das die Untersuchung des Gesamtprozesses und die Durchführung von experimentellen Ent-

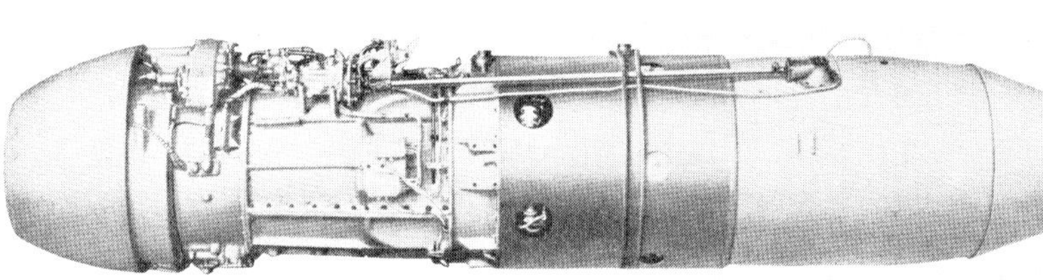

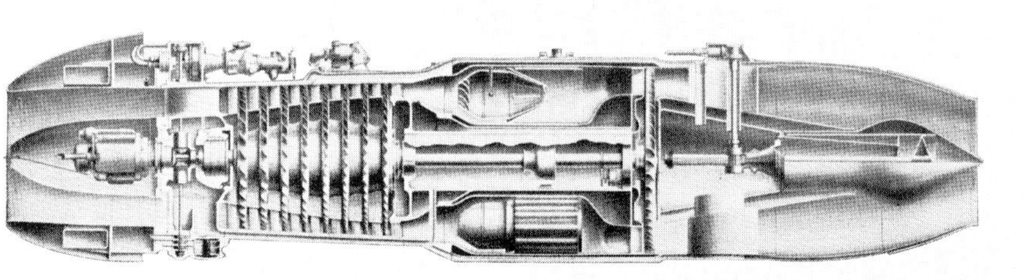

Das Strahlturbinen-Triebwerk Junkers Jumo 004 ist während des Zweiten Weltkrieges in Großserie mit über 6000 Stück für die Flugzeugmuster Messerschmitt Me 262 und Arado Ar 234 gefertigt worden.

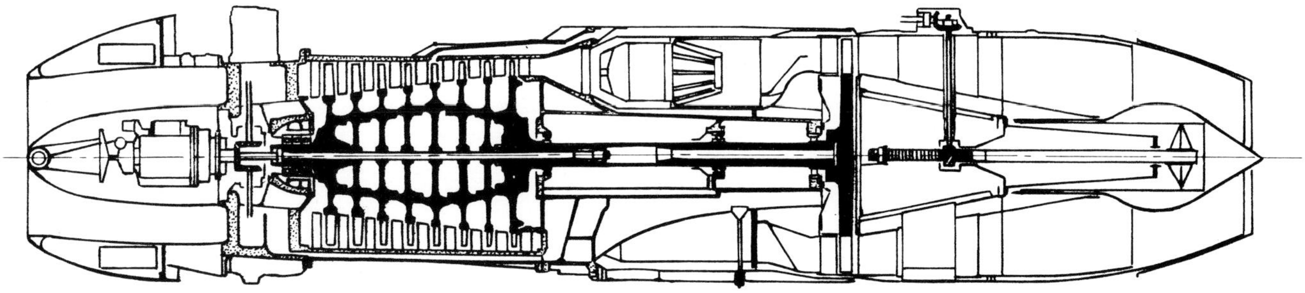

Schematischer Längsschnitt des TL-Triebwerkes Jumo 004 B mit achtstufigem Verdichter, sechs Einzelbrennkammern, einstufiger Turbine und Verstellschubdüse. In der Nabe des Verdichters war der Riedel-Anlaßmotor untergebracht. Hauptdaten: Standschub 8,9 kN (900–910 kp), Luftdurchsatz 21,2 kg/s, Durchmesser 765 mm, Trockenmasse 745 kg.

wicklungsarbeiten gestattet. Weiter haben wir bei der Konstruktion der Kompressor- und Turbinenbeschaufelung weitgehend außerhalb unseres Hauses vorhandene Erfahrungen benützt, um den zeitlichen Ablauf zu beschleunigen und das Risiko zu verringern.«

Es war jedoch bei Junkers schon davor eine Entwicklung eines TL-Triebwerkes begonnen worden. Auf Anregung und unter anfänglicher Betreuung von Prof. Herbert Wagner, Ordinarius am Lehrstuhl für Luftfahrtwesen der Technischen Hochschule Berlin, der im Mai 1935 von Generaldirektor Koppenberg als Leiter der Sonderentwicklungen, dann als Leiter der gesamten Flugzeugentwicklung nach Dessau geholt worden war, begannen im April 1936 drei Ingenieure (Max Adolf Müller als Leiter sowie Wilhelm Peppler und Rudolf Friedrich) im Magdeburger Zweigwerk der Junkers Flugzeug- und Motorenwerke Dessau mit der Entwicklung einer Fluggasturbine axialer Durchströmung. Hierzu hatte Herbert Wagner eine große Schnittzeichnung mit vielstufigem Axialverdichter, Ringbrennkammer und zweistufiger Turbine vorgelegt. In Voruntersuchungen wurden Axialverdichterstufen in ein- bis dreistufiger Anordnung mit verschiedenen Schaufelprofilen in Reaktions-Bauweise durchgemessen, Verbrennungsversuche zur Konstruktion der Brennkammer durchgeführt sowie die Fertigung verwundener Verdichterschaufeln eingerichtet. Anfang 1939 kam dann das erste Versuchstriebwerk auf einen Motorenprüfstand des Magdeburger Werkes. Es wurde mit Preßluft angefahren, mit Propan gezündet und zum selbständigen Lauf gebracht.
Weitere Versuche und Leistungsmessungen konnten nicht mehr durchgeführt werden, da Prof. Otto Mader, der Leiter des Junkers-Motorenbaues, die Übersiedlung nach Dessau und – nach Ausscheiden von M. A. Müller – die Unterstellung unter Dr. Anselm Franz anordnete. Das führte zum Weggang der Kernmannschaft, nachdem versucht worden war, die Vorarbeiten und die bisherigen Erfahrungen an Dr. Franz und seine Mitarbeiter zu übermitteln. Eine Wiederinbetriebnahme des Versuchstriebwerkes in Dessau mißlang. Diese von Junkers mit Firmengeldern finanzierten Arbeiten, zu denen auch Voruntersuchungen an einem Turbinentriebwerk mit Mantelschraube und an einem Motorluftstrahltriebwerk mit einem 16-Zylinder-Zweitakt-Dieselmotor gehörten, wurden 1939 – nachdem Prof. Wagner von Junkers weggegangen war – abgebrochen. Max Adolf Müller ging mit einigen seiner Mitarbeiter zur Firma Heinkel. Dieses stand in Verbindung mit der Forderung des RLM zur Eingliederung der in Magdeburg tätigen Ingenieure in die Triebwerksentwicklung in Dessau, d.h. in das Otto Mader Werk, das im Sommer 1939 den Auftrag für das Jumo 004-Strahltriebwerke erhalten hatte.
Dr. Franz schrieb 1968 über die Anfänge der Entwicklung des Jumo 004:

»Als Prof. Mader mir die Aufgabe übertrug, brachte er besonders zum Ausdruck, daß es die zur Zeit vordringlichste Aufgabe sei, die für die Kriegsführung gebrauchten Kolbenmotoren zu entwickeln und daß eine Störung oder Beeinträchtigung dieser unter größtem Druck stehenden Arbeiten durch das Strahltriebwerk – das im bestehenden Krieg wahrscheinlich nicht mehr zur Wirkung kommen würde – unbedingt vermieden werden müßte. Daher haben wir für die Entwicklung des Strahltriebwerkes eine eigene, zum größten Teil aus neu angestellten jungen Kräften bestehende Organisation aufgebaut ... Diese Strahltriebwerksentwicklung, die ihre eigenen Abteilungen für Vorentwicklung, Entwicklungs- und Serienkonstruktion, Versuch und eigene Werkstofforschung hatte, erhielt im Lauf der Jahre auch eigene Versuchsanlagen ...«

Bei Beginn der Entwicklungsarbeiten des Jumo 004 standen Dr. Franz, der selbst viel Erfahrungen von den Höhenladerentwicklungen der Junkers-Flugmotoren mitbrachte, nur etwa 30 bis 40 Mitarbeiter zur Verfügung, drei Jahre später waren es über 500. Die Festlegung auf einen Axialverdichter wurde durch die guten Ergebnisse mit einem in den Jahren 1934/35 gemeinsam mit der AVA in Göttingen entwickelten sechsstufigen Versuchsverdichter mit 0,75 kg/s Luftdurchsatz beeinflußt, der zum Vergleich mit dem Radiallader des Jumo 210 gebaut worden war. Die Wahl der Einzelbrennkammern stand im Zusammenhang mit den vorhan-

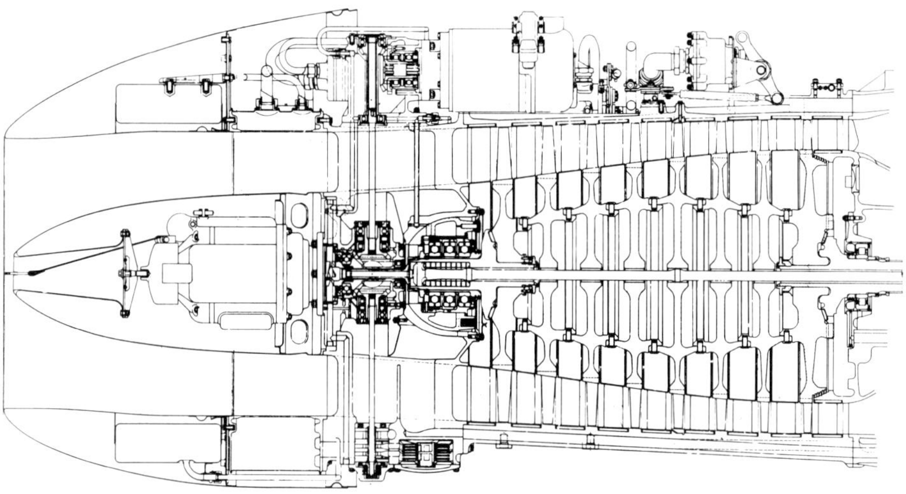

Verkleinerte Originalzeichnung des Jumo 004-Verdichters. Das Druckverhältnis betrug 3,0, der Luftdurchsatz 20 kg/s, Durchmesser der ersten Stufe 544 mm, der achten 582 mm. Im Auslegungspunkt wurde ein Wirkungsgrad von 78% erreicht.

denen Versuchsanlagen, d. h. die Druckluftmenge im Labor reichte nur für Einzelkammern.

Die Auslegungsdaten des Jumo 004 waren:
- Schub in 1500 m Höhe bei 900 km/h: 5,8 kN (600 kp),
- Standschub: 8,8 kN (900 kp),
- Luftdurchsatz: 20 kg/s,
- Verdichterdruckverhältnis:3,2,
- Volldrehzahl: 9000 min^{-1}.

Als Verdichter kam ein achtstufiger Axialverdichter nach Entwürfen und Vorschlägen von Dipl.-Ing. Enke von der Aerodynamischen Vesuchsanstalt in Göttingen zur Realisierung, der einen Wirkungsgrad von über 80% im Auslegungspunkt und etwa 75% unter Flugbedingungen hatte. Die sechs Einzelbrennkammern waren mit Dralleinsätzen versehen, um eine gute Vermischung zu ermöglichen. Der einstufigen Turbine lag ein Entwurf der Firma AEG zugrunde. Durch einen längsverschieblichen Düsenpilz war der Austrittsquerschnitt der Schubdüse verstellbar.

Das erste 004-Triebwerk kam am 11. Oktober 1940 in Dessau zum Laufen. Nach einigen Änderungen, die unter anderem nach Schwingungsbrüchen von Verdichterleitschaufeln erforderlich waren, konnte am 6. August 1941 erstmals der ursprüngliche Auslegungsschub von 5,8 kN (600 kp) gefahren werden. Ein erster Zehn-Stundenlauf kam am 24. Dezember 1941 zum Abschluß. Bei Überlast sind Anfang 1942 kurzzeitig 9,8 kN (1000 kp) gemessen worden.

Das RLM erteilte aufgrund der guten Prüfstandsergebnisse nach dieser für eine neue Triebwerksart ungewöhnlich schnellen Entwicklungen einen ersten Fertigungsauftrag von 80 Jumo 004 A-Strahlturbinen, die hauptsächlich der Erprobung dienen sollten. Mit einer als fliegender Prüfstand umgebauten Me 210 konnte am 15. März 1942 die Flugerprobung beginnen. Für die E-Stelle in Rechlin kam 1943 ein Ju 88-Flugerprobungsträger hinzu.

Der historische erste Flug einer Messerschmitt Me 262 (V 3) mit zwei Jumo 004 A, der 12 Minuten dauerte, fand am 18. Juli 1942 in Leipheim statt, der Pilot war Fritz Wendel.

Der General der Jagdflieger, Adolf Galland, der am 22. Mai 1943 erstmals eine Me 262 flog, war sehr beeindruckt von diesem Jagdflugzeug, das mit einer Geschwindigkeit von 850 km/h im Horizontalflug einen Vorsprung von mindestens 200 km/h gegenüber den schnellsten Propellerjägern hatte. Nach dem Flug schickte er ein Fernschreiben an Generalfeldmarschall Milch mit folgendem Wortlaut:

»Das Flugzeug Me 262 stellt einen ganz großen Wurf dar, der uns im Einsatz einen unvorstellbaren Vorsprung sichert, falls der Gegner noch länger beim Kolbenantrieb bleibt. Fliegerisch macht die Zelle einen sehr guten Eindruck. Die Triebwerke überzeugen restlos, außer bei Start und Landung. Das Flugzeug eröffnet neue taktische Möglichkeiten.«

David Irving schreibt dazu:

»Dem Strahljäger Me 262 wurde jetzt vorbehaltlich der Zustimmung Görings höchster Vorrang zuerkannt. Das Werk sollte beauftragt werden, noch vor Jahresende die ersten Hundert herzustellen. Petersen, der Kommandeur der Erprobungsstellen, wurde zum Kommissar für dieses Flugzeug ernannt. Milch teilte am Nachmittag Göring telefonisch seinen Vorschlag mit, die Me 209 abzusetzen und dafür den Strahljäger zu bauen. Göring gab seine Zustimmung, ohne Fragen zu stellen.«

Die als Versuchsgeräte gebauten Jumo 004 A-Strahlturbinen waren für eine Serienfertigung in größeren Stückzahlen nicht geeignet, insbesondere wegen des hohen Sparstoffanteiles. Im dritten Kriegsjahr waren die für warmfeste Werkstoffe verwendeten Legierungsbestandteile wie Nickel und

Eine Junkers Ju 88 A4 diente als Flugerprobungsträger für das unter dem Rumpf befestigte Jumo 004-Triebwerk.

Molybdän nur in sehr geringen Mengen verfügbar. Es erfolgte daher im Sommer 1941 eine radikale Umkonstruktion, wobei jedoch der grundsätzliche Aufbau und die Abmessungen gleichbleiben. Viele Teile wurden auf Tiefziehblech (Fliegwerkstoff 1010) umgestellt, dessen Oberfläche eine Aluminiumschicht als Schutz gegen Oxydieren erhielt. Um die Blechteile der Schubdüse im zulässigen Temperaturbereich zu halten, kam eine sehr intensive Luftkühlung durch Verdichterluft, die nach der 4. Stufe abgezapft wurde, zur Anwendung. Die Baureihe B4 hatte anstelle der aus vollem Material bestehenden Turbinenschaufeln, luftgekühlte hohle Schaufeln. Zwischen 5 und 6% der Verdichterluft, zum größten Teil für die Turbinenleitschaufeln und die Schubdüse, diente zu Kühlzwecken. Weitere Änderungen der B-Reihe waren u.a. der Fortfall des Mittellagers, eine Verbindung der Brennkammern durch Überleitrohre für die Zündflammen und luftgekühlte Turbinenleitschaufeln.

Im Juni 1943 lief das erste Jumo 004 B-Triebwerk mit 8,9 kN (900 kp) Standschub. Bei der Erprobung traten Schwingungsbrüche an den Turbinenschaufeln auf, verursacht durch eine Resonanz mit den sechs Brennkammern. Es mußte die Schaufeleigenschwingungszahl geändert und die Drehzahl von 9000 auf 8700 min^{-1} zurückgenommen werden. Die Zulassung der heißen Bauteile, d.h. insbesondere der Brennkammer und des Turbinenrades, konnte nach zahlreichen Dauerläufen auf 50 Betriebsstunden gebracht werden. Die in der Me 262 eingebauten Triebwerke mußten anfangs nach 25 Stunden ausgewechselt werden. Auch im Schulbetrieb und später im Einsatz blieb kaum ein Triebwerk länger im Flugzeug.

Aus einer Kurzbetriebsanweisung für den Jumo 004 B 1 ist zu erkennen, daß der Vorgang des Anlassens und das Hochfahren des Triebwerkes auf volle Drehzahl sehr genau nach Vorschrift erfolgen mußte, um ein Überhitzen der Turbine oder ein Ausgehen der Brennkammer zu vermeiden. Da es keine genau und schnell anzeigenden Temperaturmeßgeräte gab, wurde die Höchsttemperatur der Triebwerke im Flugzeug bei einem Meßlauf markiert, wobei Kurvenblätter Einstellkorrekturen nach Drehzahl, Brennstoffdruck und Gasdruck ermöglichten.

Ab Februar 1944 wurden laufend Jumo 004 B-Triebwerke aus der Serie an die Firma Messerschmitt geliefert. Die ersten Me 262-Einsatzflugzeuge gingen im April 1944 an die Luftwaffe, wo sie zunächst hauptsächlich zur Pilotenumschulung dienten.

Trotz der Kriegsumstände gelang es, die Produktion der Jumo 004-Turbinentriebwerke schnell zu steigern. Noch im Januar 1945 wurden 950, im Februar 1100 und im März sogar 1300 Triebwerke fertiggestellt. Gefertigt wurde in den Werken Dessau, Magdeburg, Mulda, Köthen, Leipzig, Zittau und Prag. Insgesamt sind 6010 Jumo 004 B1 und B2 von Februar 1944 bis März 1945 fertiggestellt worden. Davon kamen 4752 zur Ablieferung, weitere 1258 waren fertig montiert. Zur Reparatur kamen 506 Triebwerke. Der Fertigungsaufwand eines Triebwerkes in der Großserie betrug rund 700 Arbeitsstunden.

Als Turbinenschaufelwerkstoff fand die Krupp-Legierung Tinidur (30% Nickel, 15% Chrom und 1,7% Titan) Verwendung, später wegen Sparstoffeinsparung und der besseren Schweißbarkeit Cromadur (13% Chrom, 18% Mangan und 0,7% Vanadium, ohne Nickel).

Luftgekühlte Turbinenhohlschaufeln wurden erprobt und in der Serie eingeführt, und zwar einmal als kaltgezogene konische Tinidurschaufeln der Firma Pryn und zum anderen eine Schaufel der Firma Wellner aus konisch gewalztem Croma-

Kühlluft wurde beim 004-Triebwerk nach der vierten Verdichterstufe für die Schubdüse und nach der achten Stufe für die Turbinenleitschaufeln und die hohlen Laufschaufeln entnommen.

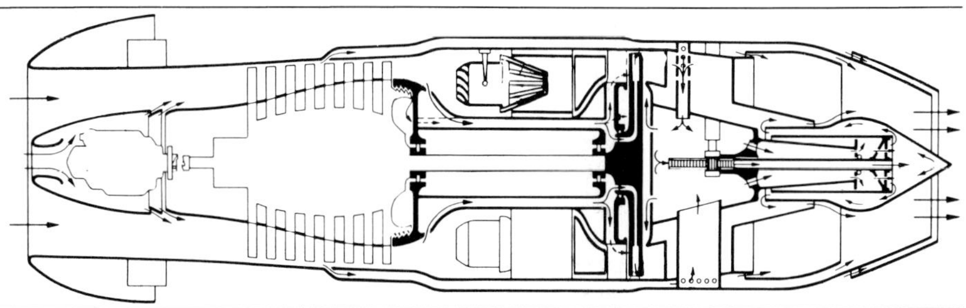

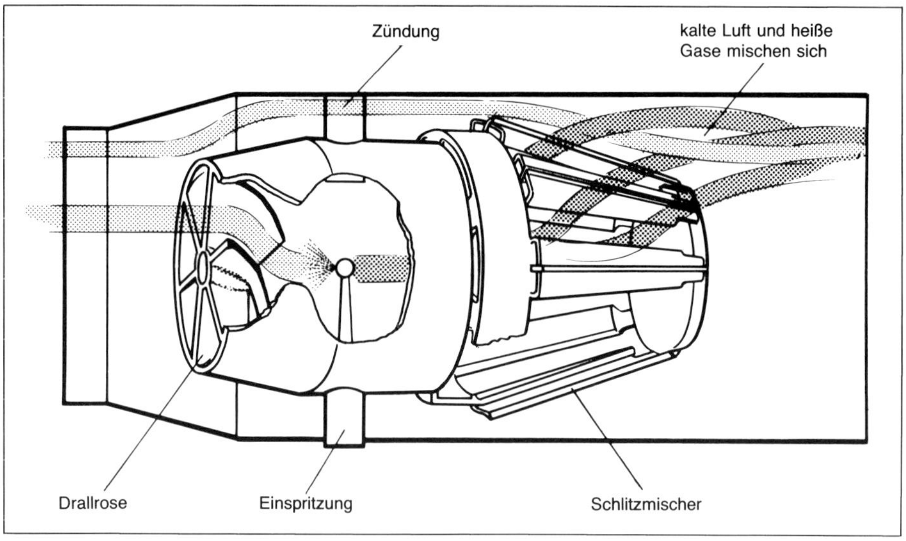

Vereinfachte Darstellung der Strömung in der Jumo 004-Brennkammer, die mit einer Gegenstromeinspritzung versehen war. Verbindungsrohre zwischen den einzelnen Brennkammern dienten zum Durchzünden während des Anlassens.

durblech, die an der Hinterkante geschweißt war. Die Hohlschaufeln hatten einen Kastenfuß und waren auf einem gefrästen Sockel durch Hartlötung befestigt. Die Zuführung der Kühlluft erfolgte durch zwei Kanäle in Richtung der Vorder- und Hinterkante der Schaufeln und ergab ohne Kühleinsätze eine ausreichende Kühlung.
Die Regelung des Jumo 004-Triebwerkes war als Einhebelbedienung ausgebildet, d. h. der Pilot wählte die Belastungsstufe, wobei die Höchstdrehzahl 15 Minuten lang zulässig war. Vom Piloten war dabei in erster Linie die Gastemperatur zu beobachten, bei der die rot markierte Höchstgrenze nicht überschritten werden durfte. Der Regler sorgte dafür, daß das Triebwerk vor mechanischer und thermischer Belastung geschützt wurde. Aus Gründen eines möglichst niedrigen Brennstoffverbrauches sind bei TL-Triebwerken Verdichter und Turbine so ausgelegt, daß sie im Hauptbetriebsbereich mit optimalem Wirkungsgrad laufen. Der mögliche Betriebsbereich reicht von der minimalen Drehzahl, bei der die Turbine noch die erforderliche Antriebsleistung für den Verdichter abgibt, bis zu dem Betriebspunkt bei Volldrehzahl bei dem die höchstzulässige Gastemperatur vor Turbineneintritt erreicht wird. Im Anfahrbereich besteht die Gefahr der Überhitzung, so daß eine entsprechende Regeleinrichtung erforderlich ist. Andererseits bemühte man sich mit einem genügend starken Anlaßmotor den kritischen Drehzahlbereich schnell zu durchfahren. Die Beschleunigungsmöglichkeit eines TL-Triebwerkes wird im wesentlichen durch den Bedarf an Verdichterantriebsleistung und die Überhitzungsgrenze der Turbine gegeben. Beim Jumo-Regler war hierfür eine Dämpfungseinrichtung eingebaut.
Durch die verstellbare Schubdüse konnte beim Jumo 004 die Verbrennungsendtemperatur auf einfache Weise beeinflußt werden. Bei Vergrößerung des Austrittsquerschnittes fiel der Gegendruck hinter der Turbine, der Drehzahlregler verhinderte ein Steigen der Drehzahl durch eine kleinere Einspritzmenge, die ihrerseits wieder eine niedrigere Verbrennungstemperatur bewirkte. Gleichzeitig ergab der vergrößerte Schubdüsenquerschnitt eine geringere Austrittsgeschwindigkeit, d. h. einen niedrigeren Schub des Triebwerkes.
Für die 004-Strahlturbine war von vornherein Dieselöl (später mit J 2 bezeichnet) als Brennstoff vorgesehen. Dementsprechend wurden die Pumpen und Regler augelegt bzw. konstruiert. Als J 2 einheitlich für alle Turbinenstrahltriebwerke vorgeschrieben wurde und sich die Druckdifferenzregler von BMW und Heinkel als nicht genau genug erwie-

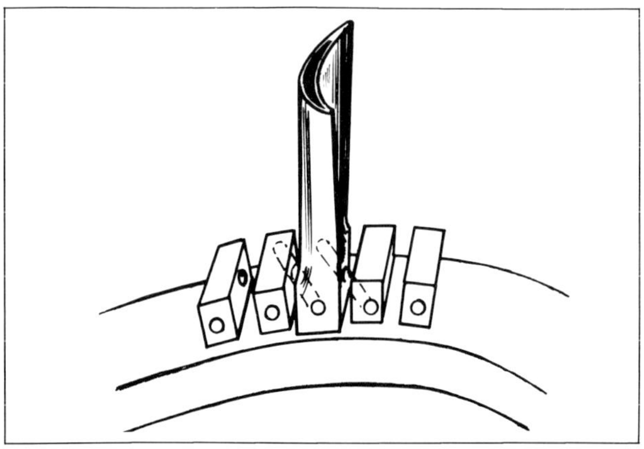

◀ Befestigung der luftgekühlten hohlen Turbinenlaufschaufeln des Jumo 004.

sen hatten, kam auf Veranlassung des RLM der Jumo-Regler auch bei den Triebwerken BMW 003 und Heinkel He S 011 zur Verwendung.
Jumo 004-Triebwerke waren serienmäßig in den Jagdflugzeugen bzw. Schnellbombern Messerschmitt Me 262 eingebaut, von denen 1433 Stück hergestellt worden sind, sowie in den Fernaufklärern bzw. »Blitz-Bombern« Arado Ar 234, von denen etwas über 200 Stück zur Auslieferung kamen.
In die Hände der Alliierten fiel erstmals am 24. Februar 1945 ein betriebsfähiges Jumo 004-Triebwerk, als eine Arado Ar 234 B 2 in der Nähe des Rheines eine Notlandung machte und dabei nur wenig beschädigt wurde. Das Flugzeug war nach Ausfall eines Triebwerkes von einer P-47 Thunderbolt abgeschossen worden. Das eine der beiden Triebwerke kam zur Firma Power Jets auf den Prüfstand, das andere wurde zerlegt und eingehend untersucht. Mehrere Strahljäger Me 262 sind im Frühjahr 1945 vor allem bei der Besetzung des Fliegerhorstes Achmer von den Alliierten erbeutet worden. Einige dieser Flugzeuge wurden zu Untersuchungszwecken nach England überflogen.
Versuche mit Nachverbrennung und auch mit Wassereinspritzung sind am Jumo 004 durchgeführt worden, kamen jedoch bei Serientriebwerken nicht mehr zur Anwendung. Eine Weiterentwicklung des Jumo 004 mit der Bezeichnung 004 C sollte mit Nachverbrennung 11,7 kN (1200 kp) Schub haben, wurde jedoch nicht gebaut. Die Baureihe 004 D hatte einen verbesserten Einlauf und Änderungen am Verdichter. Der Standschub betrug 9,1 kN (930 kp). Einige Triebwerke dieser Baureihe liefen in den letzten Monaten vor Kriegsende parallel zur B-Serie in der Produktion. Unter der Bezeichnung 004 E stand im Frühjahr 1945 eine weiterentwickelte Version zur Serienfertigung bereit. In Dauerläufen auf dem Prüfstand war bereits ein großer Teil der Erprobung zum Abschluß gekommen. Mit erhöhter Turbineneintrittstemperatur von etwa 870°C gab das 004 E-Triebwerk einen Standschub von 9,8 kN (1000 kp) und mit Nachverbrennung für 15 Sekunden sogar 11,7 kN (1200 kp). Als 004 H wurde ein Projekt bezeichnet, das mit einem 11-stufigen BBC-Verdichter (Druckverhältnis 5,0, Luftdurchsatz 33 kg/S) und einer zweistufigen Turbine, als verkleinerte Ausführung der neuen großen Jumo 012-Strahlturbine, einen Standschub von 17,6 kN (1800 kp) haben sollte.
Im Dezember 1944 kam ein Jumo 004 B-Triebwerk auf die bei der Firma BMW in München-Allach erstellte Höhenversuchsanlage (Herbitusanlage) und wurde dort eingehend vermessen. Die ermittelten Höhenleistungen entsprachen den Berechnungen und Erwartungen.

Jumo 012 und 022

Zwei weitere Projekte, an denen in den letzten Kriegsjahren nur mit einer sehr kleinen Mannschaft gearbeitet werden konnte, war die Strahlturbine Jumo 012 mit einem Ausle-

Messerschmitt Me 262, der erste Strahljäger bzw. Strahlbomber, der in den Verbänden der Luftwaffe ab Frühjahr 1944 zum Einsatz kam. Die beiden Jumo 004 B-Strahltriebwerke ermöglichten eine Höchstgeschwindigkeit von 870 km/h in 6000 m Flughöhe.

Aufklärer und Schnellbomber Arado Ar 234 in der Ausführung B2 mit zwei Jumo 004 B-Strahltriebwerken. Bei Aufklärungsflügen über England wurden Flughöhen bis 14000 m erreicht. ▼

Schub und spezifischer Verbrauch des Jumo 004 B abhängig von Fluggeschwindigkeit und Höhe. ▼

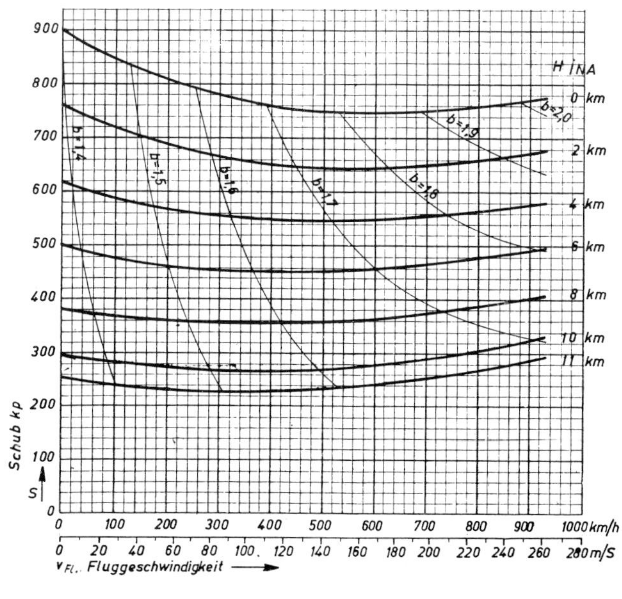

Das Strahltriebwerk Junkers Jumo 012 stand zu Ende des Zweiten Weltkrieges noch in Entwicklung. Es wurde nach dem Kriege unter Mitwirkung deutscher Ingenieure fertig konstruiert und in der Sowjet-Union bis zur Musterprüfung gebracht. Hauptdaten: Standschub 294, kN (3000 kp), Luftdurchsatz 50 kg/s, Durchmesser 1080 mm, Trockenmasse 1600 kg.

BMW- und Jumo-Strahltriebwerke

Hersteller		BMW			Junkers (Jumo)			
Muster		003 A	003 C(003 D)	018	004 B	004 D	004 H	012
Baujahr		1943	1944	1944/45	1941 (1943)	1944	1945	1945
Bauart		-TL	TL	TL	TL	TL	TL	TL
Verdichter								
Luftdurchsatz	kg/s	19	20 (25)	44	21,2		33	50
Stufenzahl		7 A	7 A (8 A)	12 A	8 A	8 A	11 A	11 A
Druckverhältnis		3,1	3,4 (4,9)	7,0	3,1	3,5	5,5	5,5
Bypassverhältnis								
Brennkammer		Ring-BK.	Ring-BK.	Ring-BK.	6	6	8	8
Turbine		1 A	1 A	3 A	1 A	1 A	2 A	2 A
Abmessungen								
Länge	mm	3530		4750	3864	3864	3950	4945
Durchmesser	mm	690	690	1250	765	765	860	1080
Trockenmasse	kg	570		2200	850 (745)		1100	1600
Standschub mit Nachbrenner	kN (kp)							
Standschub ohne Nachbrenner	kN (kp)	7,8 (800)	8,8 (900)	33,3 (3400)	8,9 (910)	9,1 (930)	17,6 (1800)	29,4 (3000)
Drehzahl	min^{-1}	9500	9800	5000	8700		6600	5300
spez. Verbrauch	kg/kNh (kg/kph)	143 (1,40)	130 (1,27)	120 (1,18)	143 (1,4)		117 (1,20)	117 (1,20)
Einheitsmasse	kg/kN (kg/kp)	72,6 (0,71)		66,1 (0,65)	103 (1,01)		62,5 (0,61)	54,4 (0,53)
Stirnflächenschub	kN/m^2 (kp/m^2)	21,0 (2140)	23,5 (2405)	27,2 (2770)	17,8 (1830)	19,8 (2025)	30,3 (3100)	32,1 (3280)
Durchsatzschub	kN/kg/s (kp/kg/s)	0,41 (42,0)		0,76 (77,3)	0,41 (42,0)		0,53 (54,5)	0,59 (60,0)
Bemerkungen A = Axialstufen		Serie A für Ar 234 E für He 162	Versuchstriebwerk 003 D: Projekt 10,8 kN (1100 kp) bei 10 000 min^{-1}	Konstruktion Gewicht für Serienausführungen	Großserie	Serie 004 E: Erprobung 11,8 bzw. 9,8 kN (1200 bzw. 1000 kp)	Konstruktion	Konstruktion

Das Propeller-Turbinen-Luftstrahltriebwerk (PTL) Junkers Jumo 022 wurde 1944/45 nur als Projekt und nachrangig zum Jumo 012 bearbeitet, später jedoch unter Mitwirkung deutscher Ingenieure in der Sowjet-Union fertig und in einer abgeänderten Form mit Vierblattpropeller in Serie gebaut. Hauptdaten: Wellenvergleichsleistung beim Start 3380 kW (4600 PS), Luftdurchsatz 50 kg/s, Durchmesser 1080 mm, Trockenmasse mit gegenläufigem Propeller 2600 kg.

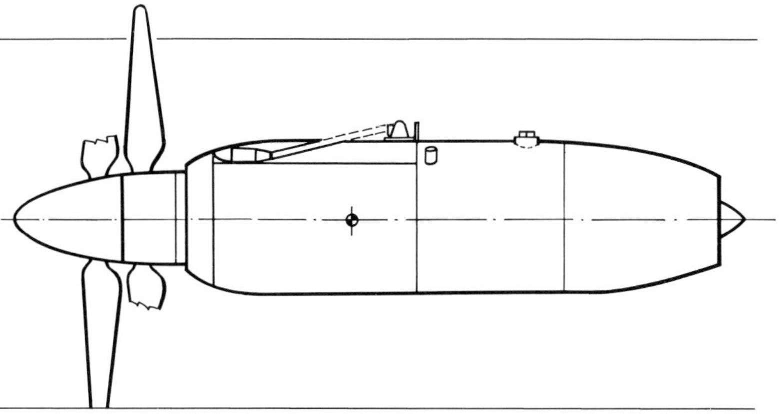

gungsschub von 29,4 kN (3 000 kp) und die Propellerturbine Jumo 022 mit einer vorgesehenen Wellenleistung von 3 380 kW (4 600 PS). Von der großen Strahlturbine waren noch einige Bauteile vor Kriegsende fertig geworden. Das Kampfflugzeug Junkers Ju 287, das als Prototyp mit vier Jumo 004 geflogen war, sollte in der Serienausführung zwei Jumo 012 oder BMW 018 erhalten. Viele Unterlagen und Teile von Versuchstriebwerken sind den russischen Besatzungstruppen bei der Besetzung von Dessau in die Hände gefallen.
In den letzten Kriegsjahren war Dr. Anselm Franz Nachfolger von Prof. Mader und gleichzeitig Leiter der Hauptabteilung Sondertriebwerke. Sein Stellvertreter Siegfried Decher leitete die Vorentwicklung zu der u.a. H. Möllmann, J. Hager, Dr. Beck und Dr. Vogts gehörten. Zuständig für die Konstruktion der Serientriebwerke war Fritz Böttger, für die Versuchstriebwerke Wolfgang Stein. Die Werkstoffabteilung unterstand Dr. Adenstatt, der Versuch Dr. Heinz Schmitt. Wesentliche Unterstützung wurde auch von anderen Abteilungen des Otto Mader Werkes gegeben, so z.B. bei den Schwingungsmessungen am Verdichter durch Dr. H. Klein.

Raketenantriebe für Flugzeuge

Pionierversuche 1928–1930

Wenn hier auch nur die Flugzeug-Starthilfen und die regelbaren Flüssigkeitsraketenantriebe für Jagdflugzeuge des Zweiten Weltkrieges behandelt werden sollen, so sei doch kurz auf die Anfänge und auf das Wirken von Max Valier eingegangen. Im Gegensatz zu Hermann Oberth, der immer die Raumfahrt als das eigentliche Anwendungsgebiet des Raketenantriebes ansah, glaubte Valier sein erstes Ziel schon im Stratosphärenflug zu sehen. Dementsprechend führte er seine Versuche mit erdgebundenen Fahrzeugen und Segelflugzeugen durch, bis er bei einem Versuch mit einem ihm wenig bekannten Brennstoff 1930 tödlich verletzt wurde. Valier fand 1927 in Fritz von Opel einen finanzkräftigen Förderer seiner Vorhaben. So war Valier die treibende Kraft zu den spektakulären Fahrten des Opel-Raketenwagens RAK-2, der auf der Avus bei Berlin am 23. Mai 1928 eine Geschwindigkeit von 230 km/h erreichte. Angetrieben wurde das Fahrzeug von Feststoffraketen, die der Feuerwerksfachmann Sander auf Grund seiner Erfahrungen mit Seenotrettungsraketen hatte anfertigen lassen.
Doch der erste Flug eines bemannten Raketenflugzeuges fand ohne die Mitwirkung von Valier statt. Bei der Rhön-Rositten-Gesellschaft hatte Alexander Lippisch ein Entenflugzeug gebaut, mit dem der Segelflieger Fritz Stamer am 11. Juni 1928 seinen ersten Flug auf der Wasserkuppe durchführte. Bei diesem Flug von insgesamt 80 Sekunden Dauer kamen Feststoffraketen von 20 kp (0,2 kN) Schub und 30 Sekunden Brenndauer zur Verwendung. Beim vierten Flug zündeten alle Raketen gleichzeitig, das Flugzeug wurde zerstört. Die »Ente« wurde bei diesen Flügen mit Gummiseil gestartet.
Fritz von Opel ließ sich 1928/29 von Hatry ein Segelflugzeug bauen, das als RAK-1 bezeichnet wurde. Die 16 Pulverraketen (Fabrikat Sander) erzeugten einen Gesamtschub von 3,9 kN (400 kp). Nach einigen Probe- und Fehlstarts gelang Fritz von Opel am 30. September 1929 in der Nähe von Frankfurt ein Flug mit etwa 1 500 m Flugstrecke. Es folgte dann das von Gottlob Espenlaub gebaute Segelflugzeug RAK-3, bei dem die Raketen über dem Flügel angeordnet waren. Schon bei dem ersten Versuch verbrannte das Leitwerk. Espenlaub baute danach ein schwanzloses Flugzeug mit der Bezeichnung E-15, mit dem er am 4. Mai 1930 bei Bremerhaven einen kurzen Raketenflug durchführte.
In Zusammenarbeit mit Dr. Meyer-Hellige, dem Inhaber der Firma Eisfeld (Pulver- und Pyrotechnische Fabrik in Silberhütte-Anhalt), die unter anderem Seenotraketen herstellte, unternahm Valier Versuche mit einem Raketenschienenwagen (1928), einem Raketenschlitten (1929) und schließlich mit einem Raketenfahrzeug, das von einem Dampfstrahl-Rückstoßgerät mit komprimierter Kohlensäure angetrieben wurde. Dieses Verfahren hatte Ähnlichkeit mit der Heißwasserrakete, die 1939 von Dipl.-Ing. Otto

Mühlhäuser bei der Aerodynamischen Versuchsanstalt in Göttingen vorgeschlagen und als Versuchsgerät gebaut wurde. Für den Antrieb von Katapulten und ähnliche Zwecke sind Heißwasserraketen auch später verwendet worden.

Auf Empfehlung von Valier erprobte die Firma Junkers im Jahre 1929 Feststoffraketen als Starthilfe für überladene Wasserflugzeuge. Versuche mit einer W 33 zeigten die Eignung der Raketen. Bei dem Langstreckenrekordflug über 10000 km einer Heinkel He 116 im Juli 1938 verwendete die stark überladene Maschine vier Startraketen, um mehr Brennstoff mitnehmen zu können. Erst im Zweiten Weltkrieg sind serienmäßig gefertigte Startraketen auf Feststoffbasis in begrenztem Umfang benutzt worden. Die Hersteller waren die Firma Schmidding (Teschen-Bodenbach) und die WASAG (Reinsdorf). Als Starthilfe für die aus einem Gestell senkecht heraus startende Bachem »Natter« kamen vier Schmidding 109-533 Raketen mit je 1000 kp Schub und 12 Sekunden Brenndauer zur Verwendung. Die WASAG lieferte Starthilfsraketen sowie Bremsraketen für Lastensegler und verschiedene Sonderzwecke.

Das erste Flugzeug mit Flüssigkeits-Raketenantrieb

In einem Gespräch zwischen Ernst Heinkel und Wernher von Braun im November 1935 kam es zum Anstoß von Versuchen mit Flüssigkeitsraketentriebwerken als Antrieb von schnellen Flugzeugen. Zu dieser Zeit hatte v. Braun auf dem Raketenschießplatz in Kummersdorf Versuche mit primitiven Geräten unternommen, die mit hochprozentigem Spiritus und flüssigem Sauerstoff Betriebszeiten von etwa 30 Sekunden erreichten. Da das Luftfahrtministerium in Berlin kein Verständnis für seine Vorschläge zeigte, versuchte v. Braun den als initiativ und weitsichtigt bekannten Flugzeugindustriellen Heinkel dazu zu bringen, ihm ein Flugzeug für Versuche zur Verfügung zu stellen. Heinkel war von der Idee angetan und überließ ihm einen Rumpf einer He 112 mit Fahrwerk, mit dem eine Reihe von Standläufen durchgeführt werden konnten, bis der »Raketentopf« explodierte und den Rumpf zerstörte. Danach gelang es v. Braun nochmals, Heinkel zur Bereitstellung eines Flugzeuges, jetzt einer flugfähigen He 112, zu überreden. Aber dieses Flugzeug explodierte nach einem 30-Sekunden-Standversuch, der Pilot Warsitz wurde herausgeschleudert, blieb aber unverletzt. Vier Wochen später startete Warsitz in einer weiteren He 112 mit dem Flugmotor, schaltete bei etwa 300 km/h das Raketentriebwerk dazu und überschritt bald 400 km/h. Im Sommer 1937 fanden dann mehrere Flüge statt, bei denen das Flugzeug allein mit dem Raketentriebwerk startete und erst landete, als der Treibstoff-Vorrat zu Ende ging.

Nachdem die Funktionsfähigkeit des Raketentriebwerkes durch diese Flüge bestätigt war, wollte Heinkel ein spezielles Raketenversuchsflugzeug bauen, das in der Lage sein sollte, die 1000 km/h Geschwindigkeitsgrenze zu erreichen. Es entstand die He 176, ein außerordentlich kleines Flugzeug mit nur 5 m Spannweite und einem nur 70 cm breiten Rumpf, in dem Warsitz halb liegend mit dem Kopf nach vorne maßgeschneidert untergebracht werden konnte. Nach einigen Schleppversuchen mit einem starken Mercedes-Kompressorwagen begannen im Juni 1939 die ersten Rollversuche. Eingebaut war ein Walter Raketentriebwerk R I-203, das mit Wasserstoffsuperoxyd nach dem sogenannten »kalten« Verfahren arbeitete und einen Schub von 4,9 kN (500 kp) abgab. Der Treibstoffvorrat reichte für etwa 1 Minute Brenndauer. Am 20. Juni 1939 fand in Peenemünde der erste erfolgreiche Flug der He 176 statt. Eine Vorführung in Rechlin vor Milch und Udet brachte Enttäuschungen und Startverbot. Das RLM war über die Eigenmächtigkeit von Heinkel verärgert und sah keine Notwendigkeit, diese Arbeiten zu unterstützen oder weiterzuführen. Der Kriegsbeginn am 1. September 1939 brachte dann das Ende der Versuche, das Flugzeug wurde verpackt und später an das Luftfahrtmuseum nach Berlin gegeben, wo es bei Bombenangriffen zerstört worden ist.

Walter-Raketentriebwerke

Entwicklungsarbeiten an Walter-Raketentriebwerken hatten schon 1935 begonnen und führten 1936 zu einem ersten Versuchstriebwerk, das bei der DVL zur Erprobung kam. Hellmuth Walter in Kiel (Firmen-Abkürzung: HWK) hatte die Idee, die Zersetzung von Wasserstoffsuperoxyd mit Verbrennung zum Antrieb von Unterwasserfahrzeugen, d.h. U-Booten und Torpedos zu verwenden. Beim »kalten« Walter-Verfahren dagegen wird eine 80%ige Lösung von H_2O_2 mit einem Katalysator, z.B. Natrium- oder Kalzium-

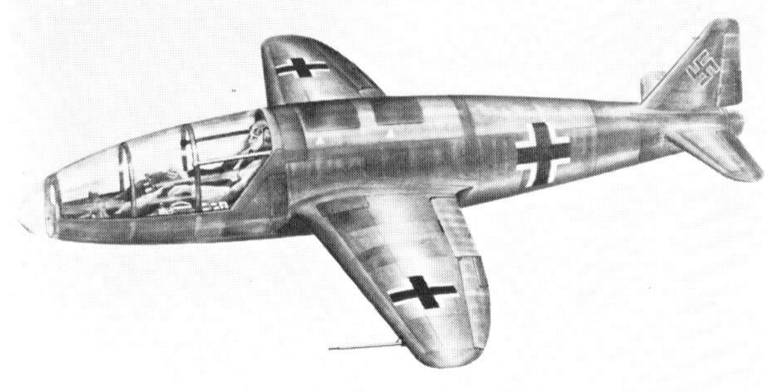

◀ Das Heinkel-Versuchsflugzeug He 176, das erste Flugzeug mit Flüssigkeits-Raketenantrieb flog erstmals am 20. Juni 1939. Eingebaut war ein Walter-Triebwerk mit 4,9 kN (500 kp) Schub, das mit Wasserstoffsuperoxyd nach dem sogenannten »kalten Verfahren« arbeitete.

permanganat, zersetzt, wobei ein O_2-Dampfgemisch nach der Formel $2\,H_2O_2 = 2\,H_2O + O_2$ mit einer Temperatur von 460°C entsteht. Dieses Gemisch kann zum Antrieb von Kraftmaschinen verwendet werden. Man kann es aber auch aus Rückstoßdüsen direkt austreten lassen. Versuche mit kleinen Raketen an einer Heinkel He 72 (135 kp, 45 Sekunden) und einer FW 56 (270 kp, 30 Sekunden) zeigten die Brauchbarkeit dieses Verfahrens. Auf Wunsch des RLM kam 1937 eine Walter-Rakete mit Pumpenförderung des Treibstoffes erstmals in einer Heinkel He 112 und 1939 in der He 176 zum Einbau.

Im Sommer 1937 wurden eine Reihe erfolgreicher Versuche mit Walter-Starthilfsraketen durchgeführt, u.a. mit zwei Geräten an einer auf 13000 kg Startgewicht beladenen He 111. Im Jahre 1938 entstand die Walter-Starthilfe HWK 109-500 A 1 als Seriengerät mit einem Schub von 4,9 kN (500 kp) über 30 Sekunden, das nach dem Start mittels Fallschirm abgeworfen und bis zu 60 mal wiederverwendet werden konnte. Die Förderung des Wasserstoffsuperoxyd (T-Stoff) und des flüssigen Katalysators (Z-Stoff) erfolgte über Druckluft aus Flaschen. Über 3000 Starts ohne jeden Unfall sind im Verlauf des Zweiten Weltkrieges mit diesen Walter-Starthilfen, vorwiegend mit den Flugzeugmustern Do 18, He 111 und Ju 88, durchgeführt worden.

Die schubstärkeren Walter-Starthilfen HWK 109-501 und 503 arbeiteten nach dem »heißen« Verfahren, bei dem das Wasserstoffsuperoxyd nach der Zersetzung als Sauerstoffträger benutzt wurde und mit einem Brennstoff (Petroleum mit einem kleinen Teil Hydrazin-Hydrat zur Erhöhung der Zündwilligkeit) zur Verbrennung in eine Brennkammer gelangte. Die Temperaturen betrugen dabei bis zu 2000°C, der spezifische Impuls 175 s. Das Gerät 109-501 gab einen Schub von 14,7 kN (1500 kp) über 30 Sekunden ab und wog als komplette Einheit in leerem Zustand 250 kg. Die Füllung betrug 220 kg H_2O_2, 20 kg Petroleum und 12 kg Katalysatorlösung. Die Förderung erfolgte mit Druckluft. Das Gerät war durch den Abwurffallschirm wiederverwendbar. Nur eine kleine Anzahl von Versuchsgeräten wurde gebaut. Die Variante 109-503 hatte eine andere Brennkammerausführung und gab 9,8 kN (1000 kp) Schub über 43 Sekunden.

Raketentriebwerke für Me 163 und Ba 349

Für den Abfangjäger Me 163 »Komet«, dessen Entwicklung 1939 begann, waren Walter-Raketentriebwerke vorgesehen, die nach dem sogenannten »heißen« Verfahren arbeiteten. Als später Befürchtungen auftraten, daß die bei den Walter-Raketen verwendeten Treibstoffe im Kriege nicht in ausreichender Menge hergestellt werden könnten, wurde BMW zusätzlich mit einer Raketenentwicklung auf der Salpetersäurebasis beauftragt, die aber bei der Me 163 nicht mehr zur Anwendung kam.

Die Prototypen der Me 163, d.h. die DFS 194 und die Me 163 A hatten »kalte« Walter-Triebwerke, die eine direkte

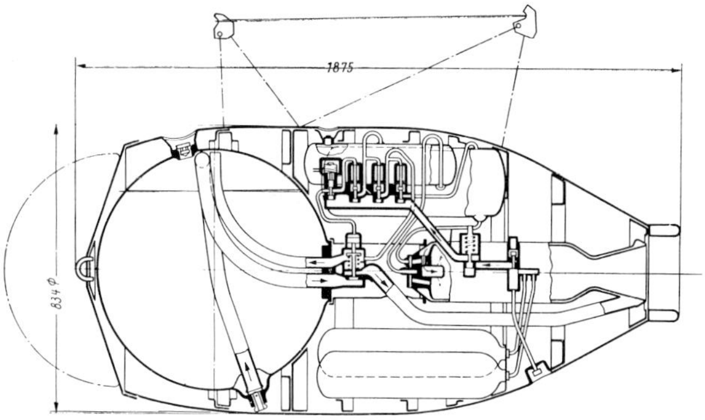

Die Walter-Raketenstarthilfe 109–501, die ebenfalls wiederverwendbar war, arbeitete mit Verbrennung von Wasserstoffsuperoxyd und Petroleum. Der Schub dieses Gerätes betrug 14,7 kN (1500 kp) für 30 s Brenndauer. Die Förderung der Treibstoffe erfolgte mit Druckluft aus mitgeführten Flaschen. Die Leermasse betrug 250 kg.

Die Walter-Raketenstarthilfe 109–500, die durch Fallschirmbergung mehrmals verwendet werden konnte, arbeitete nach dem kalten Verfahren, d.h. mit Zersetzung von Wasserstoffsuperoxyd durch Zusatz eines Katalysators. Der abgegebene Schub betrug 4,9 kN (500 kp) über eine Zeit von 30 s. Das Gerät wurde in Serie gebaut und während des Krieges vielfach eingesetzt.

a Druckbehälter für H_2O_2
b Druckbehälter für Katalysator-Lösung
c Druckluftflaschen je 5 l
d Zersetzer
n Fallschirm

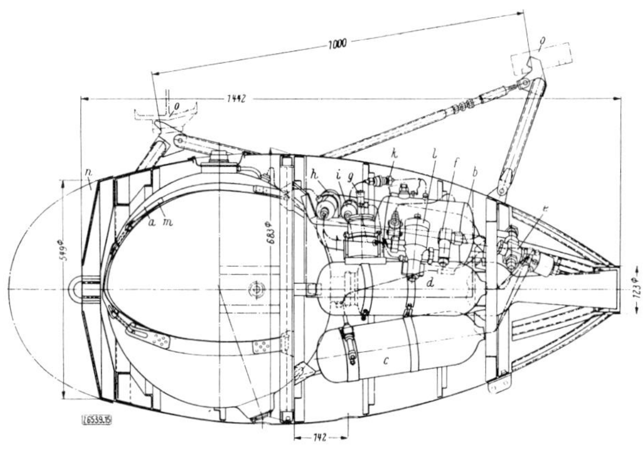

Start einer Arado Ar 234 B mit zwei abwerfbaren und wieder zu verwendenden Walter-Raketenstarthilfen. ▼

Weiterentwicklung des Triebwerkes waren, das 1939 in der He 176 flog. Das Versuchstriebwerk R II-203 gab einen Vollschub von 7,3 kN (750 kp) und war regelbar bis 150 kp. Zur Förderung des Treibstoffes und des verflüssigten Katalysators dienten erstmals Kreiselpumpen, deren Antriebsturbine von zersetztem Wasserstoffsuperoxyd beaufschlagt wurden.
Mit diesem Triebwerk erreichte Heini Dittmar mit der Me 163 V 4 am 2. Oktober 1941 erstmals die 1000 km/h Geschwindigkeitsgrenze. Wegen des hohen Verbrauches war das Flugzeug für den Rekordversuch auf 4000 m hochgeschleppt worden, bevor das Raketentriebwerk zur Einschaltung kam.
Es erfolgte dann die Umstellung auf Zweistoff-Verfahren mit »heißer« Verbrennung, also ein ähnlicher Entwicklungsschritt wie bei den Starthilfen. Es wurde als Brennstoff Hydrazin-Hydrat (C-Stoff) verwendet, das mit dem T-Stoff (Wasserstoffsuperoxyd) spontan und ohne Katalysator zündete. Schwierigkeiten bereitete anfangs die Abstimmung der Stoffe aufeinander, besonders in der Reihenfolge der Zuführung beim Anlassen. Eine Anzahl von Sicherheits- und Rückschlagventilen sowie Druckregler waren notwendig, um das Gerät betriebssicher zu machen. Das Raketentriebwerk Walter 109-509 A0 mit 14,7 kN (1500 kp) Schub war im Mai 1943 einbaureif, es folgte ab August 1944 die Serienausführung 509 A 1 mit einem regelbaren Schub zwischen 0,98 und 15,7 kN (100 und 1600 kp) für die Me 163 »Komet«, die Bachem Ba 349 »Natter« und das Höhenversuchsflugzeug DFS 228.
Eine leistungsgesteigerte Weiterentwicklung des 509-B 1 mit einem Vollschub von 19,6 kN (2000 kp), regelbar bis 0,98 kN (100 kp), kam in einer Me 163 B zur Erprobung, wurde aber nicht mehr weiterverfolgt.
Ein weiterer Entwicklungsschritt war die Ergänzung der Hauptbrennkammer durch eine Zusatzbrennkammer für den Reiseflug. Bei der Schubdrosselung in nur einer Düse wurde der spezifische Verbrauch wegen des verminderten Druckes in der Brennkammer sehr hoch. Konstruktive Untersuchungen zur Änderung des Düsenquerschnittes brachten keine brauchbare Lösung. Die Zweidüsenausführung hatte sich als sehr vorteilhaft erwiesen, da die Flugzeit der Me 163 unter Raketenschub von rund 7 Minuten auf etwa 15 Minuten erhöht wurde. Das Triebwerk mit der Marschdüse (109-509 A 2) hatte eine Hauptbrennkammer, deren Schub zwischen 1,96 und 16,6 kN (200 und 1700 kp) regelbar war, die Marsch- oder Reisebrennkammer gab 2,9 kN (300 kp) Schub.
Ab August 1944 stand eine leistungsgesteigerte HWK 509 C 1-Ausführung zur Flugerprobung bereit, die für das Raketenjagdflugzeug Me 263 (als Ju 248 bei Junkers bearbeitet) und einige andere Projekte zugrundegelegt wurde. Der Schub der Hauptbrennkammer betrug 400 bis 2000 kp, der der Reisedüse 3,9 kN (400 kp). Eine spezielle Variante HWK 509 D 1 mit den gleichen Leistungen der 509 C 1 war für Serienausführungen der Bachem »Natter« vorgesehen und sollte nach Abwurf mit dem Fallschirm wieder verwendbar sein.
Beim senkrechtstartenden Abwehrjäger Bachem Ba 349

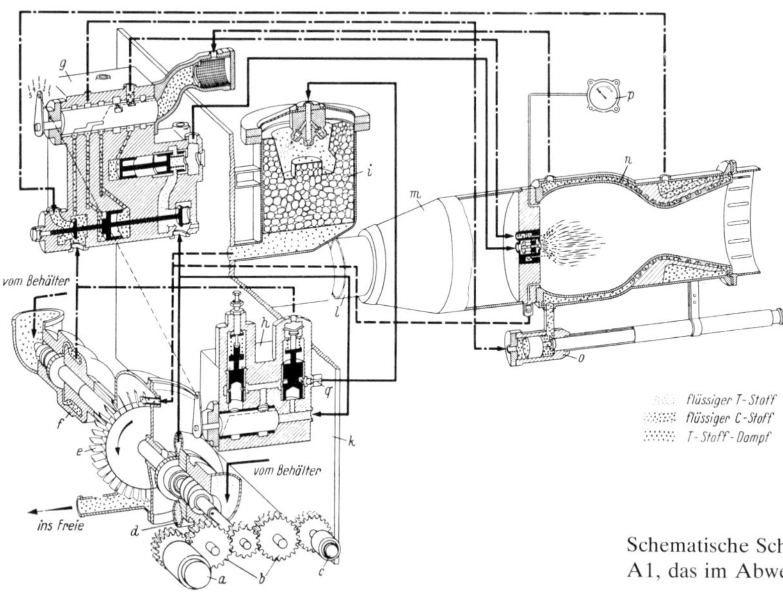

a Anlasser
b Getriebe
c Drehzahlgeber
d T-Stoff-Pumpe
e Turbine
f C-Stoff-Pumpe
g Regelgerät
h Druckregler
i Dampferzeuger
k Schubplatte
l Schubrohr
m Laterne
n Brennkammer
o Entflüssigungs-Ventil
p Kammerdruckanzeige

Schematische Schnittzeichnung des Walter-Triebwerkes 109–509 A1, das im Abwehrjäger Messerschmitt Me 163 eingebaut war.

1 Regelgerät
2 C-Stoff-Sieb
3 Druckregler
4 Bediengestänge
5 Dampferzeuger
6 Schubrohr
7 Kühlrückleitung
8 Brennkammer
9 Kühlleitung
10 Gestänge zum Schubhebel
11 Triebwerksgerüst
12 Anlasser
13 Getriebe
14 Abdampfrohr
15 Entlüftungsventil

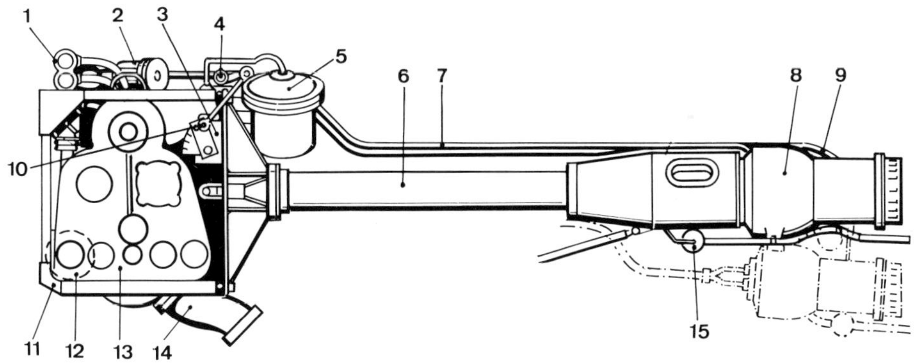

Für den Abwehr-Raketenjäger Messerschmitt Me 163 entwickelte Walter ein Flüssigkeits-Raketentriebwerk mit der Baumusterbezeichnung 109–509, das in der Ausführung A 0 einen Schub von 14,7 kN (1500 kp) abgab. In der letzten Ausführung war noch eine zusätzliche kleinere Brennkammer für den Reiseflug mit 2,9 kN (300 kp) vorhanden.

Natter wurden auf Grund der ersten unbemannten Flugversuche hinter der Düse des Raketentriebwerkes vier Strahlruder angebracht, die mit der Flugzeugsteuerung gekoppelt waren. Um ein Verbrennen der Strahlruder zu verhindern konnten diese durch aufgespritztes Wasser gekühlt werden.
Der Umgang mit den Treibstoffen der Walter-Raketen erforderte besondere Vorsicht. Hochprozentiges Wasserstoffsuperoxyd führt bei Berührung mit der Haut zu schmerzhaften Ätzungen, es mußte daher mit Schutzanzügen und Brillen sowie viel Wasser zum Wegspülen gearbeitet werden. Als Tanks bewährten sich Reinaluminiumbehälter und solche aus VA-Stahl. Mipolan kam bei Schläuchen und Dichtungen zur Anwendung. Da bereits kleinste Mengen eines Gemisches aus H_2O_2 und C-Stoff oder Öl genügten, um eine explosionsartige Verbrennung auszulösen, kam es bei der Schulung und auch später beim Einsatz der Me 163 zu vielen, oft tödlichen Unfällen.
Die Walter-Zweistoff-Raketentriebwerke mit Haupt- und Reisebrennkammer waren in der Entwicklung allen anderen Flüssigkeits-Raketentriebwerken weit voraus und stießen bei den englischen, amerikanischen und russischen Triebwerksfachleuten, die im Frühjahr 1945 zahlreiche dieser Triebwerke vorfanden, auf größtes Interesse.
Die Gesamtzahl der in Serie gebauten Walter-Zweistoff-Raketentriebwerke betrug über 500 Stück.

BMW-Raketentriebwerke

Bereits im Herbst 1939 erhielt das BMW-Entwicklungswerk in Berlin-Spandau (vormals Siemens bzw. Bramo) den Auftrag für die Entwicklung von Flüssigkeits-Raketenantrieben im Sinne einer Konkurrenz zur Firma Walter, wobei zunächst grundlegende Untersuchungsreihen mit verschiedenen Treibstoffkombinationen und deren Anwendung bei Starthilfen im Vordergrund standen. Als eine vorteilhafte Kombination erwies sich hochkonzentrierte Salpetersäure mit Methanol, ein Gemisch das nicht selbstzündend ist. Versuche mit Modellbrennkammern, die ab Herbst 1940 auf Prüfständen im Werk Zühldorf bei Berlin zur Durchführung kamen, führten erst zum Erfolg, als ein pyrotechnisches Zündsystem das sichere Zünden ermöglichte.
Später wurden dann eine Reihe von Brennstoffen gefunden – besonders in Zusammenarbeit mit Prof. O. Lutz –, die mit hochkonzentrierter Salpetersäure selbstzündend waren und als Hypergole bezeichnet wurden, u.a. Brennstoffe auf der Basis von Aminen mit dem Tarnnamen Tonka oder R-Stoff. Auf Wunsch des RLM und unter Berücksichtigung der Be-

Die ab Spätherbst 1944 eingesetzten Raketenabwehrjäger Messerschmitt Me 163 B verwendeten Flüssigkeits-Raketentriebwerke Walter 109–509 von zunächst 14,7 kN (1500 kp), später 19,6 kN (2000 kp) Schub.

schaffbarkeit wurde Salpetersäure als Sauerstoffträger für alle BMW-Raketentriebwerke zugrunde gelegt.
Die Raketentriebwerksentwicklung, aufgenommen von BMW im Jahre 1939, ab 1940 unter Leitung von Dipl.-Ing. Helmut von Zborowski, wurde 1943 von Berlin-Spandau nach München-Allach verlegt, jedoch unter Beibehaltung der Versuchsanlagen in Zühlsdorf bei Berlin. 1944 erfolgte die Verlagerung von Teilen des Konstruktionsbüros und der Fertigung nach Bruckmühl bei Rosenheim. Einige der maßgebenden Mitarbeiter waren: Dr. Ristau, K. Dreyer, H. G. Mebus, H. Siegelmann, H. Schneider, W. Wessel, H. Hemesath, R. Fuchs.
Neben einer Reihe von erfolgreichen und in größeren Stückzahlen gefertigten Raketentriebwerken für die Flugkörper X 4, Hs 117 und Hs 298 entstanden eine Reihe von Antrieben für Starthilfen, Gleitbomber und Torpedos sowie für Katapulte, die projektiert, durchkonstruiert und zum Teil versuchsmäßig erprobt wurden. Alle diese Geräte verwendeten Preßgasförderung der Treibstoffe. Ein teilweiser Abbruch dieser Entwicklungsarbeiten wurde 1942 durch das RLM verfügt, jedoch gingen die Geräte X 4 und Hs 117 in die Flugerprobung und waren Anfang 1945 einsatzbereit.

Aufgrund drohender Beschaffungsschwierigkeiten des Treibstoffes der Walter-Raketentriebwerke erhielt BMW im Oktober 1941 den Auftrag, in kürzester Zeit ein regelbares Raketentriebwerk mit Pumpenförderung der Treibstoffe auf der Basis Salpetersäure und Methanol, wobei die Zündung unter Verwendung von Tonka erfolgte, für den Jäger Me 163 zu entwickeln. Diese Reihe trug für die Me 163 B die Projektnummer P 3390 A (RLM 109-510) und für die Me 163 C die Nummer P 3390 C/3391 (RLM 109-708 A).
Es handelte sich dabei um Geräte, die mit Treibstoffpumpen ausgerüstet waren, die von einer Gasturbine angetrieben wurden. Schwierigkeiten machten besonders die Abdichtungen der hochtourigen Pumpen für die hochkonzentrierte Salpetersäure. Die Pumpen wurden von der Firma Henschel geliefert. Die Beseitigung von Schwingungen der Flüssigkeitssäule hinter der Pumpe und langwierige Versuchsarbeiten am Dampferzeuger für die Turbine kamen hinzu. Erst im Frühjahr 1943 konnte das erste Vollgerät auf den Prüfstand kommen. Bei einem regelbaren Schub von 2,9 bis 14,7 kN (300 bis 1 500 kp) ergaben sich Verbrauchswerte von 5,7 und 7,8 kg/ts. Von diesen Geräten sind 110 Stück zu Erprobungszwecken hergestellt worden, zu einer Flugerprobung kam es nicht. Die Entwicklung wurde 1943 auf Anordnung des RLM vorübergehend eingestellt, da inzwischen das Walter-Triebwerk 109-509 serienreif war und die Treibstoffproduktion dafür wieder als gesichert betrachtet werden konnte. Ende 1944 mußte BMW dann doch noch einmal die Entwicklung aufgreifen, da sich die Situation verschlechtert hatte. Das neue Triebwerk 109-708 bzw. P 3390 C/3391 hatte eine Haupt- und eine Reisebrennkammer, wobei beide im Schub regelbar waren. Der Regelbereich war relativ groß, d. h. zwischen 5,9 und 24,5 kN (600 bis 2 500 kp bzw. 1,0 bis 4,9 kN [100 bis 500 kp]). Der Gasdampferzeuger für die Turbine arbeitete auf der Basis von Wasserstoffperoxyd mit einem Katalysator. Der Einbau war in der weiterentwikkelten Me 163 C vorgesehen, doch das Kriegsende brachte diese Arbeiten zum Auslaufen.

Oben: Als Parallelentwicklung bzw. Alternative wegen des Treibstoffes entstand bei BMW ein autonomes Raketentriebwerk für den Abwehrjäger Me 163. Die letzte Ausführung hatte einen regelbaren Schub von 5,9 bis 24,5 kN (600 bis 2500 kp).

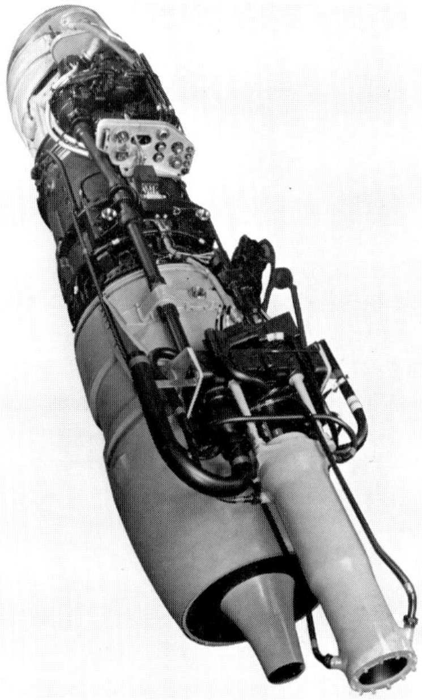

Rechts: Das Zusatz-Raketentriebwerk BMW 109-718 mit 12,2 kN ▶ (1250 kp) Schub war aus dem Rüstsatz zum BMW 003-Strahlturbinentriebwerk entwickelt worden. Der Antrieb der Pumpen erfolgte über eine Verbindungswelle vom Geräteträger des TL-Triebwerkes aus.

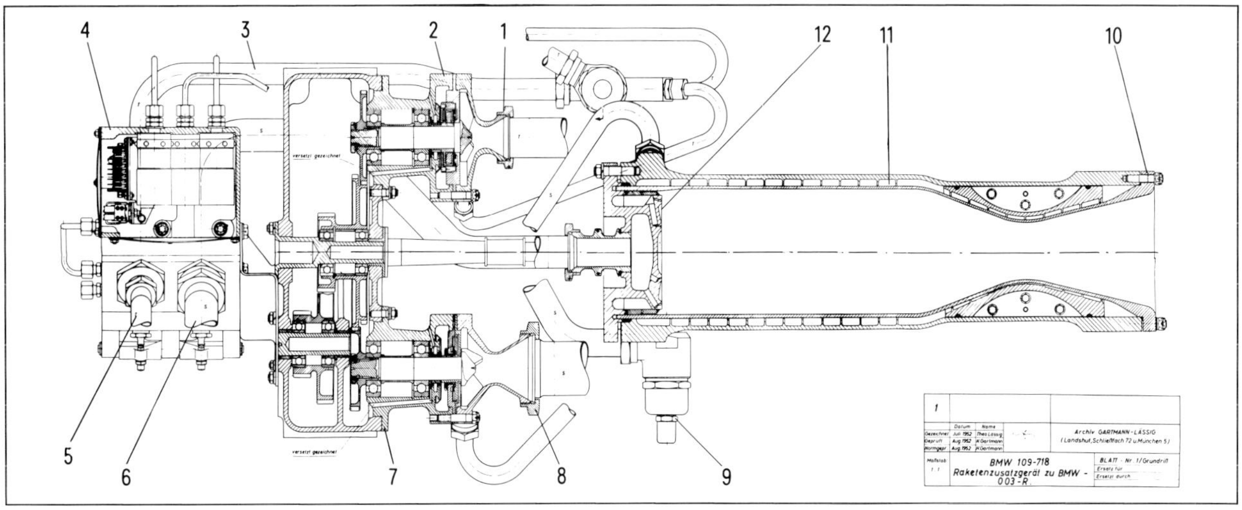

1 Ansaugleitung zur Brennstoffpumpe
2 Brennstoffpumpe (Tonka)
3 Brennstoffdruckleitung
4 Regler und Ventil-Block
5 Brennstoffleitung
6 Sauerstoffträgerleitung
7 Sauerstoffträgerpumpe (Salpetersäure)
8 Ansaugleitung zur Sauerstoffträgerpumpe
9 Entlüftungs-und Rückschlagventil
10 Schubdüse
11 Eingearbeitete Kühlspirale
12 Einspritzdüsenkopf

Längsschnitt des Zusatz-Raketentriebwerkes BMW P-3395 (RLM-Bezeichnung 109-718). Die beiden Pumpen für S-Stoff (Salpetersäure) und T-Stoff (Tonka) werden vom Haupttriebwerk BMW 003 angetrieben. Das 718-Triebwerk hatte Leichtmetallbrennkammern mit Schleierkühlung und einen Kühlmantel über die ganze Länge.

Zu einer abgeschlossenen ersten Erprobung und einer anlaufenden Vorserie kam es beim Zusatzraketentriebwerk P 3395 (RLM 109-718), das auf die Strahlturbine BMW 003 A als Rüstsatz aufgesetzt werden konnte. Als Treibstoffe wurden wieder Salpetersäure und Tonka verwendet, ein hypergoles Gemisch das selbst zündete. Die Förderung der Treibstoffe erfolgte durch Kreiselpumpen, die von der Strahlturbine angetrieben wurden. Der Anlaß zu dieser 1943 vom RLM veranlaßten Entwicklung war der verhältnismäßig geringe Schub der Strahlturbinen, die zu langen Startstrecken führten. Die Raketentriebwerke waren darüber hinaus besonders in der Steigphase und in größeren Höhen vorteilhaft, weil – im Gegensatz zum TL-Triebwerk – der Raketenschub mit zunehmender Höhe größer wird. Grundsätzlich neu war der Antrieb der Treibstoffpumpen durch das TL-Triebwerk und die Ausbildung als leicht auswechselbarer Rüstsatz.

Als Werkstoff für die Innenwände der Brennkammer diente zunächst Chrom-Nickelstahl. Jedoch erhielten die Brennkammern der zweiten Entwicklungsreihe bereits Innenmäntel aus Dural. Dadurch wurde die Masse erheblich gesenkt (13 kg gegen 25 kg) und die Lebensdauer erhöht. Bei Dauerbeanspruchung war die Leichtmetallausführung eindeutig überlegen. Zur damaligen Zeit galt die Verwendung von Leichtmetall als Brennkammerbaustoff als revolutionär! Dieses war nur möglich durch eine intensive Kühlung des Innenmantels mit einem Brennstoffschleier. Es traten anfangs sehr große Schwierigkeiten auf, bis die Wandstärke des Innenmantels im richtigen Verhältnis zur Kühlflüssigkeit als gelöst betrachtet werden konnte. Dabei mußten Vergasungserscheinungen und zu hohe Druckverluste unbedingt vermieden werden. Zur Erzeugung des Kühlschleiers erhielt der Düsenkopf eine Reihe zusätzlicher Bohrungen für die Brennstoffeinspritzung in den 1 mm breiten Ringspalt zwischen Kopf und Innenmantel. Es bildete sich so ein gleichmäßiger Brennstoffschleier, der die ganze Feuerwand einhüllte und der bis zum Düsenaustritt mitverbrannte. Der spezifische Brennstoffverbrauch des Triebwerkes erhöhte sich durch diese Maßnahme nicht.

Das Triebwerk 109-718 war an- und abschaltbar, aber nicht im Schub regelbar. Der Vollschub betrug 12,2 kN (1 250 kp). Nach Dauerläufen auf dem Prüfstand mit 50 Brennversuchen von je drei Minuten war das Triebwerk noch voll verwendbar. Am 28. März 1945 wurden zwei BMW 003 R-Triebwerke, bestehend aus der Strahlturbine 003 A und dem aufgesetzten Raketentriebwerk 109-718, erfolgreich in einer Me 262 geflogen! Die Steiggeschwindigkeit bzw. die Steigzeit des Flugzeuges konnte durch das nicht-autonome Zusatz-Raketentriebwerk erheblich verbessert werden. Die Fertigung der ersten Seriengeräte war im Frühjahr 1945, d.h. bei Kriegsende im Anlaufen begriffen.

Treibstoffe der Flüssigkeits-Raketentriebwerke von 1939 bis 1945:

Abkürzung bzw. Tarnbezeichnung:	Art des Stoffes, Mischung:
A-Stoff	Flüssiger Sauerstoff
B-Stoff	Katalysator auf Hydrazinbasis
Br-Stoff	Gasolin aus Rohbenzin
C-Stoff	Gemisch aus 30% Hydrazinhydrat, 57% Methanol, 13% Wasser sowie Restteilen Kalium-Kupfer-Cyanid, Hypergol mit H_2O_2 (Walter-Triebwerke)
M-Stoff	Methanol
R-Stoff (Tonka)	Gemisch aus 50% Xylidin F und 50% Triaethylamin (Tonka 250) (BMW-Triebwerke)
S-Stoff (Salbei)	Salpetersäure, oft auch als Gemisch mit Eisentrichlorid oder Schwefelsäure verwendet.
T-Stoff (Ingolin)	Wasserstoffsuperoxyd 80%ig
Z-Stoff	Lösung von Natrium- oder Kalium permanganat als Katalysator
Visole	Verschieden zusammengesetzte Äther, Produkte der IG-Farbenindustrie. Hypergol mit Salpetersäure

Staustrahlantriebe

Vorschläge für ein Strahlrohr ohne drehende Teile als Flugzeugantrieb waren bereits 1913 in Frankreich von René Lorin veröffentlicht worden. Durch seine Einfachheit hat das Lorin-Rohr, allgemein als Staustrahltriebwerk bezeichnet, immer wieder zu Überlegungen und Vorschlägen geführt, die erst mit höheren Fluggeschwindigkeiten ausgenutzt werden konnten. Weiterhin waren bessere Kenntnisse über Verbrennungsvorgänge in Gasströmungen und warmfeste Werkstoffe notwendige Voraussetzungen für erfolgreiche Versuche.
Hellmuth Walter baute in Kiel ein Versuchsgerät nach dem Lorin-Verfahren, das 1936 mit Naturgas betrieben werden konnte. Darüber hinaus hatte er bereits 1934 dem RLM einen Vorschlag für ein Turbinen-Luftstrahltriebwerk unterbreitet. Theoretische Untersuchungen an Staustrahltriebwerken kamen bei BMW, Junkers und bei der DFL zur Durchführung.

Staustrahlrohre von Sänger

Als das RLM 1941 einen neuen Antrieb für Abwehrjäger suchte, um in zwei Minuten auf 12.000 m zu steigen und dann noch eine Stunde in der Höhe zu operieren, schlug Dr. Eugen Sänger, DFL, ein Staustrahltriebwerk mit sehr hohen Verbrennungstemperaturen vor.
Wegen der schwierigen Übertragbarkeit auf Großausführungen verzichtete Dr. Sänger auf Modelluntersuchungen im Windkanal und realisierte ein Versuchsgerät, mit dem ab Herbst 1941 in Trauen (Lüneburger Heide) Schleppversuche auf einem Lastkraftwagen bis zu Geschwindigkeiten von 90 km/h durchgeführt werden konnten. Das RLM genehmigte und finanzierte nach einigem Zögern die Weiterarbeit, die dann zum Bau relativ sehr großer Flugversuchsgeräte führte. Ein Versuchs-Staustrahlrohr von 500 mm Durchmesser und 5,50 m Länge wurde mittels eines Strebengerüstes auf eine zweimotorige Dornier Do 17 Z aufgesetzt. Pilot – auch der späteren Versuchsträger – war Flugkapitän Paul Spremberg. Dr. Sänger flog wie auch bei vielen späteren Versuchen mit. Ein erster Brennversuch im Fluge fand am 7. März 1942 statt, die Betriebzeit betrug 15 Minuten. Weitere Meßflüge folgten in den nächsten Monaten. Für ein größeres Triebwerk mit 1 m Durchmesser und 8,60 m Länge wurde eine Do 217 eingesetzt. Nach einigen Änderungen funktionierte das Triebwerk zufriedenstellend. Dr. Sänger ließ nun ein noch größeres Strahlrohr mit 1,50 m Durchmesser und über 10 m Länge bauen, das gerade noch auf der Do 217 installiert werden konnte. Der Widerstand des nicht gezündeten Triebwerkes brachte einen Geschwindigkeitsverlust von 120 km/h, so daß die Versuchsflüge viel fliegerisches Geschick erforderten. Bei Brennversuchen, die erst in Ainring (bei Salzburg) und später in Hörsching (bei Linz) durchgeführt wurden, sind im Bahnneigungsflug Geschwindigkeiten bis 720 km/h erreicht worden.
Zum Abschluß der Forschungsarbeit wurden Vorschläge für die Verwendung von Staustrahltriebwerken an das RLM ge-

Dr. Eugen Sänger entwickelte bei der DFS ab 1941 große Unterschall-Staustrahltriebwerke, die auf Flugerprobungsträgern (Do 17 Z und später Do 217 E) aufgesetzt waren. Die größte Ausführung hatte einen Durchmesser von 1,5 m.

richtet, das aber zur großen Enttäuschung von Dr. Sänger und seinen Mitarbeitern abwinkte. Milch teilte mit: »Vollste Anerkennung für Ihre Leistungen, aber um solche Flugzeuge zu bauen, ist es noch viel zu früh!«
Einer der damaligen Vorschläge befaßte sich damit, zwei Staustrahltriebwerke von 5,90 m Länge zusätzlich über den Tragflächen einer Me 262 anzubringen, um Steiggeschwindigkeit und Gipfelhöhe zu verbessern. Unter erheblicher Verkürzung der Flugdauer bzw. der Reichweite sollte die Höchstgeschwindigkeit der Me 262 auf über 900 km/h und die Gipfelhöhe auf 15 000 m gesteigert werden.
Unter dem Druck der Benzinverknappung kam es zu Brennversuchen mit »Schaumkohle« d. h. mit Kohlenstaub, der mit Bindemitteln zu Blöcken gepreßt worden war. Die Versuche wurden wegen zu langsamer Verbrennung abgebrochen, Verbesserungen durch Vergrößerung der Brennfläche konnten nicht mehr erprobt werden.
Für eine Reihe von Flugzeugprojekten mit Staustrahltriebwerken lieferte Dr. Sänger Vorschläge, so für den Unterschalljäger Sk P 14 der Skoda Werke mit einem Triebwerk von 1,5 m Durchmesser im Rumpf. Eine Zusammenarbeit ergab sich auch mit Dr. Alexander Lippisch, der in Wien an Überschallflugzeugen mit Deltaflügel arbeitete. Für das Projekt Lippisch LP 13 a war ein Staustrahltriebwerk von 2 m Breite und etwa 1 m Höhe zugrunde gelegt.
Im Frühjahr 1945 kamen nochmals Staustrahljäger-Projekte bei Dornier, Heinkel, Focke-Wulf und Daimler-Benz zur Untersuchung. Das Kriegsende brachte den Abbruch aller Aktivitäten.
Staustrahltriebwerke sind nach dem Kriege von Firmen für Flugkörper, Drohnen, Hubschrauber und Flugzeuge teils nur zum Versuch, teils aber auch in Serie gebaut worden. Dr. Sänger, der von 1946 an einige Jahre in Frankreich beratend – unter anderem für das Staustrahl-Versuchsflugzeug Nord 1 500 Griffon II – tätig war, hat mit seiner Forschungstätigkeit einen erheblichen Anstoß zu weiteren Arbeiten im Ausland gegeben. Die vielseitigen Forschungsarbeiten von Dr. Sänger betrafen vorwiegend Raketenantriebe für Gebiete der Raumfahrt.

Staustrahltriebwerk für ein Triebflügelprojekt

Bei der Flugzeugfirma Focke-Wulf in Bremen war schon 1940 eine gasdynamische Abteilung unter Leitung von O. Pabst eingerichtet worden. Dort wurde neben Hochgeschwindigkeitsuntersuchungen für Flugzeuge auch an einem Strahltriebwerk FW 1 gearbeitet, das etwa 5,8 kN (600 kp) Schub haben sollte und sich durch eine besonders kurze Bauform auszeichnete. Dieses war zum Einbau in einem der Fw 190 ähnlichen Flugzeug vorne im Rumpf vorgesehen. Die Arbeiten wurden 1942 abgebrochen. Statt dessen begann die Entwicklung eines Unterschall-Staustrahltriebwerkes, das für ein recht ungewöhnliches Projekt eines

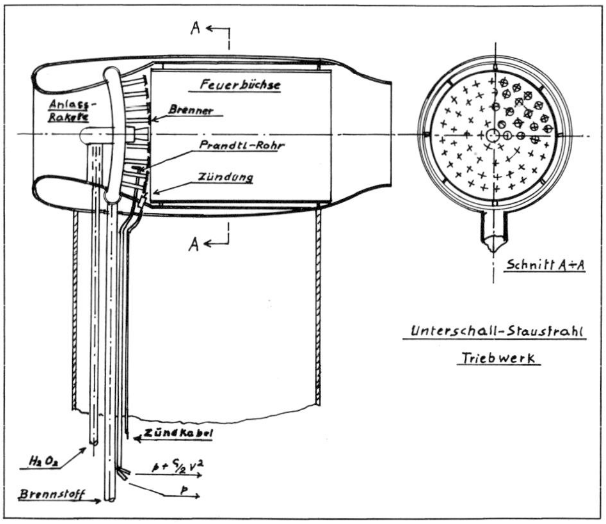

Das Windkanalmodell eines Unterschall-Staustrahltriebwerkes von Dr. O. Pabst mit 237 mm Durchmesser wurde 1944 im Hochgeschwindigkeitswindkanal in Braunschweig bei Strömungsgeschwindigkeiten bis M = 0,95 untersucht.

Triebflügeljägers, nach einem Entwurf von Heinz von Halem, bestimmt war. Durch außen an den Blattenden angebrachte Staustrahltriebwerke sollte das rückdrehende Rumpfmoment vermieden werden.
Die Auslegung des Unterschall-Staustrahltriebwerkes erfolgte auf eine Anströmgeschwindigkeit von Mach = 0,85. Der Schub von je 8,2 kN (840 kp), entsprechend 2 500 kW (3 400 PS) Strahlleistung, hätte den senkrechten Start ermöglicht. Nach Vorversuchen mit Leuchtgas und Benzin entstand ein sehr einfacher aber wirkungsvoller Verdampfungsbrenner. Dr. Pabst schrieb in seinem Aufsatz über die Entwicklung dieses Triebwerkes in der ZfW I/1954:

»Dieser Brenner eignet sich nun für das Lorin-Rohr besonders gut, da es möglich ist, durch die Auswahl des Scheibendurchmessers beim Brennen die Brennlänge fast beliebig kurz zu halten. Gleichzeitig wird auf Grund der starken Turbulenzerzeugung der Brenner für eine Ausbreitung der Wärme gesorgt, so daß nach verhältnismäßig kurzer Brennraumlänge eine gute Gleichmäßigkeit der Temperaturverteilung vorhanden ist. Dieses gilt besonders dann, wenn in einem großen Brennraum verhältnismäßig viele kleine Brenner angeordnet werden.«

Im Hochgeschwindigkeitswindkanal der Luftfahrtforschungsanstalt Braunschweig wurde 1944 ein Versuchsmodell eines Lorin-Triebwerkes mit 136 mm Einlaufdurchmesser und 480 mm Länge bei Machzahlen bis 0,95 vermessen. Das Versuchstriebwerk hatte 49 kleine Brenner und konnte bei Brennraumtemperaturen zwischen 220° und 820° C stabil in Betrieb gehalten werden.

Für dieses Staustrahltriebwerk war ein Durchmesser von 700 mm und eine Länge von 1400 mm projektiert. Für das Anlaufen des Triebflügels und das Beschleunigen auf die zum Zünden erforderliche Umfangsgeschwindigkeit sollte ein mit Wasserstoffsuperoxyd betriebenes kleines Raketentriebwerk übernehmen. Zu einer Ausführung ist es nicht mehr gekommen.
Von den bei Focke-Wulf bearbeiteten Ideen mit Staustrahltriebwerken ist nur das Projekt Ta 283, ein Entwurf von Ludwig Mittelhuber, bekannt geworden. Für den Pfeilflügel-Tiefdecker waren zwei Lorin-Triebwerke mit 1,35 m Durchmesser und 2,70 m Länge vorgesehen. Zum Starten und Beschleunigen beabsichtige man ein Walter-Raketentriebwerk zu verwenden. Das Projekt blieb auf dem Reißbrett.

Pulso-Strahltriebwerke

Strahlantriebe mit pulsierender Verbrennung wurden 1908 von Marconnet in Frankreich vorgeschlagen. Etwa zu gleicher Zeit hat Caravodine ein Versuchsgerät mit Federklappen-Rückschlagventilen gebaut und in Betrieb gesetzt. Durch die glühend gewordene Rohrwandung konnte das Gerät auch ohne Fremdzündung weiterarbeiten. Diese frühen Versuche gerieten jedoch in Vergessenheit.
Im Jahre 1930 erhielt Dipl.-Ing. Paul Schmidt (München) ein Patent auf ein Rückstoßtriebwerk mit pulsierender Verbrennung. Er baute Versuchsgeräte verschiedenster Ausführungen und Größe mit Klappenventilen und Zündeinrichtung. Auf dem Prüfstand wurde das aufbereitete Brennstoff-Luft-Gemisch angesaugt, verbrannt und in einer Schubdüse ausgestoßen. Es gelang ihm, das Resonatorrohr nach Abschalten der Zündung unter der Wirkung der »Druckwellen-Zündung« weiter zu betreiben. Ein Versuchsgerät von 120 mm Durchmesser lief 1938 zufriedenstellend. Bei Versuchen eines größeren Triebwerkes von 500 mm Durchmesser (SR 500) wurde 1941 ein Schub von 4,4 kN (450 kp) erreicht.
Unabhängig von P. Schmidt entdeckte Dr.-Ing. Günther Dietrich, der bei der Motorenfirma Argus in Berlin ab 1938 an Untersuchungen zur Schubsteigerung an Flugmotoren durch Nachverbrennung arbeitete, den Effekt der schwingenden Verbrennung. Es wurden Versuchsgeräte mit kugelförmigem Brennraum, stetiger Einspritzung, verschiedenen Ventilen, zuletzt mit Federklappen, gebaut. In den Rohren, die auf die Eigenschwingungszahl abgestimmt waren, konnte nach einer Abschaltung der Funkenzündung eine stabile Verbrennung durch Entzündung an den Restgasen erreicht werden. Entsprechend der zufälligen Entdeckung von G. Dietrich ist die Funktion eines Pulsotriebwerkes bedingt durch die akustische Resonanz zwischen Brennraum und Abströmrohr. Das Gerät arbeitet daher nur bei bestimmten Abmessungen, d.h. vor allem der Längen der beiden Rohrabschnitte.

Argus-Schmidt-Rohr der V1

Von 1934 an wurden die Arbeiten von P. Schmidt aus Forschungsmitteln finanziert. Prof. Georg Madelung, der Projekte von Interzeptoren und fliegenden Bomben untersuch-

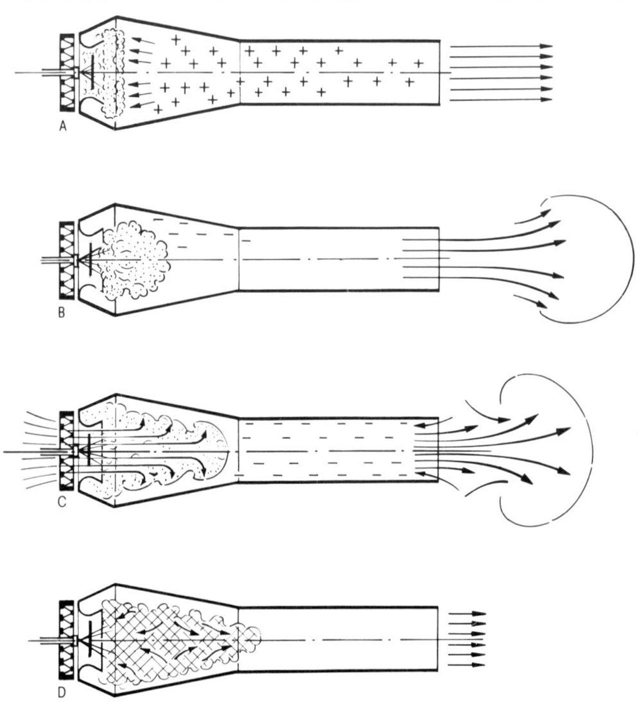

◀ Das Pulso-Strahltriebwerk wird nach seinem Erfinder, Paul Schmidt aus München, allgemein Schmidt-Rohr genannt. Beim Anlassen des Pulso-Triebwerkes wird Preßluft durch die Ventilklappen geblasen, Brennstoff eingespritzt und mit einer Zündkerze das Gemisch gezündet. Der Verbrennungsdruck schließt einerseits die Klappen und stößt andererseits die verbrannten heißen Gase nach hinten aus, es wird Schub erzeugt. (A) Durch das Abströmen der Gassäule (B) entsteht an den Klappen ein Unterdruck, der wieder frische Luft von vorne (C) ansaugt. Bei entsprechend abgestimmter Rohrlänge entsteht eine Druckwelle in Resonanz. Das frische Gasgemisch entzündet sich periodisch an den heißen Restgasen (D) ohne Einwirkung eines elektrischen Zündfunkens.

te, unterstützte und förderte die Arbeiten von P. Schmidt im Hinblick auf ihre Anwendung. Prof. Kamm, der die Arbeiten von P. Schmidt und G. Dietrich kannte, schlug dem RLM eine Zusammenarbeit der beiden Entwicklungsruppen vor. Es kam im Februar 1940 zwar zu einem Vertrag, jedoch nicht zu einer gedeihlichen Zusammenarbeit. Die Ingenieure von Argus erhielten Einblick in die Arbeiten von P. Schmidt und veranlaßten Windkanalversuche eines Schmidt-Rohres in der LFA durch Dr. Zobel. Nach mehreren Änderungen am Einlauf und Klappenkasten mit den Blattfederventilen wurden Betriebszeiten bis zu einer Stunde erreicht.
Unter der technischen Leitung von Dr. Fritz Gosslau baute Argus ein Versuchsgerät von 1,2 kN (120 kp) Schub, mit dem Flugversuche unter einer Gotha Go 145 am 30. April 1941 begannen. Größere Pulsotriebwerke gleicher Bauart sind später zur Erprobung an schnelleren Versuchsträgern (Do 217, Ju 88 und Bf 110) erprobt worden.
Mit der Vergabe des Entwicklungsauftrages für die fliegende Bombe, Fieseler Fi 103 (V 1), erhielt Argus den Auftrag für das Pulso-Strahltriebwerk 014, durch das 700 km/h bei einer Flugdauer von einer halben Stunde erreicht werden sollten. Der Erstflug konnte schon sechs Monate nach Auftragserteilung durchgeführt werden. Eine Serienproduktion mit sehr großer Stückzahl (etwa 2 000 im Monat) lief in mehreren Zweig- und Ausweichbetrieben an. Der militärische Einsatz der V 1 begann im August 1944.
Das Argus-Schmidt-Rohr 014 lief bei kontinuierlicher Brennstoffeinspritzung mit 45 bis 50 Hz Resonanzfrequenz und erzeugte dabei einen sehr starken Lärm von etwa 160 db. Zum Anlassen wurde Druckluft und eine Zündkerze mit Zündspule verwendet. Der spezifische Brennstoffverbrauch war durch die niedrigen Drücke und die recht unvollkommene Verbrennung recht hoch. Am Stand betrug er bei der Serienausführung 306 kg/kNh (3,0 kg/kph), und im Fluge 408 kg/kNh (4,0 kg/kph). Die V 1 wurde bei laufendem Pulsotriebwerk von einem 55 m langen Katapult gestartet, dessen Walter-Antrieb mit kalter Zersetzung von Wasserstoffsuperoxyd einen Verdrängerkolben in einem Schlitzrohr nach vorne bewegte und den Flugkörper auf 320 km/h beschleunigte.
Die Herstellungskosten des V 1-Triebwerkes waren außerordentlich niedrig, sie betrugen etwa 350,- RM pro Stück. Die Fertigung war auf viele kleine Betriebe aufgeteilt und wurde von einem Arbeitsausschuß unter Leitung von Albert Hägele gesteuert.
Die größten Schwierigkeiten im Betrieb lagen in der kurzen Lebensdauer des Klappenregisters, die im Verlaufe der Entwicklung von anfänglich 1 bis 2 Minuten bis auf 30 Minuten im Windkanal gesteigert werden konnte. Im Juli 1944 traten unerklärliche Rückschläge auf, die Betriebsdauer sank auf etwa 15 Minuten. Durch sorgfältige Materialauswahl und engere Toleranzen in der Fertigung konnten dann Laufzeiten von 60 Minuten und im Januar 1945 sogar bis

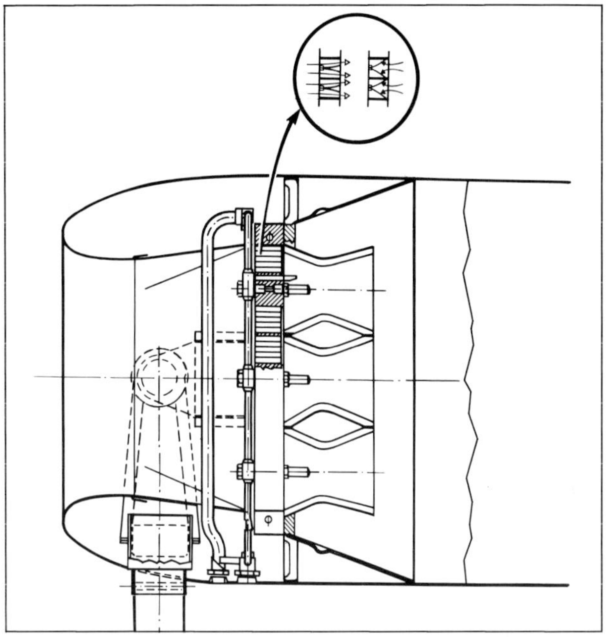

Klappenkasten des Argus 014-Triebwerkes mit Blattfederventilen und Einspritzdüsen.

200 Minuten erreicht werden. Die Erfüllung der Forderung nach längerer Betriebsdauer war eine Voraussetzung bei der geplanten Verwendung dieser Triebwerke für bemannte Flugzeuge.
Durch Verbesserungen konnte der Standschub nach und nach auf 4,1 kN (420 kp) erhöht werden. Die V 1 erreichte mit dem höheren Schub schließlich 750 km/h. Auch in den bemannten Ausführungen, die zu Erprobungszwecken gebaut wurden, kam das Argus-Schmidt-Rohr zum Einbau. Wegen seines hohen Brennstoffverbrauches und der damit stark begrenzten Reichweite wollte man es durch ein Turbinenstrahltriebwerk ersetzen. Prof. F. Porsche erhielt 1944 den Auftrag auf die Projektierung eines TL-Verlust-Triebwerkes (109-005) mit 4,9 kN (500 kp) Schub.
Argus arbeitete auch an einem stärkeren gleichartigen Pulso-Strahltriebwerk (As 044) mit 4,9 kN (500 kp) Schub sowie an einem weiteren Gerät mit 7,3 kN (750 kp) für eine Reihe von Flugzeugprojekten.
Wie Prinzipversuche gezeigt hatten, konnte das Argus-Schmidt-Rohr mit flüssigen Brennstoffen aller Art, vom Benzin bis zum Rohöl oder Steinkohlenteeröl betrieben werden. Bei der DFS in Ainring führte Dr. Eisele Versuche mit sehr fein gemahlenem Kohlenstaub durch, wobei das Anfahren mit Benzinbetrieb erfolgte. Auch Versuche mit Stickoxydul- und Wassereinspritzung zur Schubsteigerung sind vorgenommen worden.
Aus Resten von V 1-Blindgängern, die in Südengland ge-

Zunächst zu Erprobungszwecken, gegen Kriegsende aber auch im Hinblick auf mögliche Selbstopferungseinsätze wurden von der Fi 103 (»V1«) auch bemannte Ausführungen gebaut, für die Pulso-Strahltriebwerke mit längeren Betriebszeiten gefordert waren.

funden worden waren, setzten die Amerikaner 1944 einige Flugkörper und Pulsotriebwerke wieder zusammen. Ein Argus-Schmidt-Rohr wurde in einem USA-Windkanal bis zu Geschwindigkeiten über 640 km/h untersucht. Es kam zu einer Serienfertigung einer amerikanischen Kopie, die unter der Bezeichnung JB 2 (Jet Bomb 2) bzw. Loon mit über 1200 Stück gebaut worden ist. Die Argus-Schmidt-Rohre wurden bei der Ford Motor Company hergestellt. Ohne daß es zu einem Einsatz gekommen war, wurde die Fertigung im August 1945 abgebrochen.

Vergleich der Strahltriebwerke 1945

In den letzen Monaten des Zweiten Weltkrieges ware drei deutsche Flugzeugmuster mit Turbostrahltriebwerken im Einsatz:

- □ Messerschmitt Me 262 (2 × Jumo 004)
- □ Arado Ar 234 (2 × Jumo 004 oder 4 × BMW 003)
- □ Heinkel He 162 (1 × BMW 003)

Die TL-Triebwerke BMW 003 A und Jumo 004 B liefen voll in Serie, die verbesserte Ausführung des Jumo, der 004 E, war weitgehend erprobt und zur Serienfertigung bereit. Das Triebwerk Heinkel He S 011 A stand in Erprobung und sollte im Mai 1945 in die Produktion gehen.

In Großbritannien waren Anfang 1945 eine kleine Zahl von Gloster Meteor Strahljägern mit je zwei Rolls Royce Welland und auch einzelne mit Derwent I in militärischer Verwendung. Diese Flugzeuge waren 1944 zuerst bei der Abwehr der »Fliegenden Bomben« Fi 103 (V 1) über England eingesetzt. Die ersten De Havilland Vampire Jäger mit Goblin-Triebwerk kamen im April 1945 zur Auslieferung. Vom amerikanischen Strahljäger Lockheed P 80 »Shooting Star« wurden die ersten Vorserienflugzeuge im Oktober 1944, die Serie ab Juli 1945 geliefert. Einige wurden noch vor Kriegsende an Jagdverbände in Europa übergeben, kamen aber nicht zum Einsatz.

In Japan hatte man zunächst mit einem eigenen kleinen Versuchstriebwerk begonnen und 1944 Nachbauunterlagen für die BMW 003 Strahlturbine erhalten. Ein erstes Nachbautriebwerk Ne 12 lief im März 1945 auf dem Prüfstand.

In Frankreich mußten die bei Rateau in den Jahren 1939/40 begonnenen Studien für Fluggasturbinen während der Besetzungszeit unterbrochen werden. Alle anderen Länder, auch die Sowjet-Union, begannen mit der Entwicklung von Turbostrahltriebwerken erst nach dem Zweiten Weltkrieg.

Wie groß war der technische Vorsprung der deutschen TL-Triebwerke bei Kriegsende?

Von englisch-amerikanischer Seite wurde dem Triebwerk mit Radialverdichter, einflutig oder zweiflutig, in der Anfangszeit der Vorzug gegeben. Deutscherseits legte man großen Wert auf eine kleine Stirnfläche, daher auch die Bevorzugung des Axialverdichters, von dem man außerdem bessere Wirkungsgrade erwartete. Mit dem Kombinationsverdichter des Heinkel-Triebwerkes He S 011 wurden relativ gute spezifische Werte erreicht.

Die ersten Einsatz-Triebwerke hatten einen Standschub zwischen 7 und 10 kN (725 und 900 kp), die darauf folgenden zwischen 12 und 13 kN (1225 bis 1300 kp). Strahlturbinen der Schubklasse zwischen 17 und 18 kN (1700 bis 1815 kp) liefen 1945 in England und in USA sowohl mit Radialals auch mit Axialverdichter auf den Prüfständen.

Vergleicht man die 1945 erzielten spezifischen Werte, so ergibt sich, daß der spezifische Verbrauch der deutschen Triebwerke beträchlicht höher war. Der Vergleich der Einheitsmasse zeigt den Vorteil der Bauweise mit Radialverdichter in dieser Triebwerksgröße.

Bekanntlich sind die deutschen und die englisch-amerikanischen Strahltriebwerksentwicklungen unabhängig voneinander gelaufen. Lediglich veröffentlichte Patente ließen die beiderseitigen Aktivitäten erkennen. Die Engländer haben durch Luftaufklärung ab Ende 1943 Kenntnis von der Existenz deutscher Flugzeuge mit Strahlantrieb erhalten und Veränderungen in der Benutzung der Flugplätze laufend verfolgt. Das erste deutsche Strahlflugzeug, eine Ar 234, fiel den Allierten am 24. Februar 1945 in die Hände. Auf der deutschen Seite wurde im Mai 1943 durch eine Gefangenenaussage des Vorhandensein eines schnellen englischen Flugzeuges »ohne Propeller« bekannt. Da die Gloster

Meteor Jäger nur zur V 1-Abwehr in der Heimatverteidigung eingesetzt wurden, ist es zu keinem Kontakt zwischen englischen und deutschen Strahlflugzeugen gekommen.
Wie groß war der zeitliche Vorsprung der deutschen Strahltriebwerke gegenüber den englischen? Wenn man von der Aufstellung eines einsatzbereiten Kampfverbandes ausgeht, etwa ein Jahr. Wenn man die Axialtriebwerke aus der Serienfertigung betrachtet, etwa drei Jahre.
In seinem im Jahre 1950 erschienenen Buch »Development of Aircraft Engines« bringt Robert Schlaifer einen ausführlichen Vergleich der deutschen und der britischen Entwicklung der Turbostrahltriebwerke. Seine wesentlichsten Feststellungen lassen sich wie folgt zusammenfassen:

1. Die Me 262 erreichte Höchstgeschwindigkeit von 870 km/h in 8000 m Flughöhe. Sie war damit etwa 160 km/h schneller als die britische Meteor I mit Rolls Royce Welland. Deutscherseits war das Entwicklungsziel ein Hochleistungs-Abwehrjäger mit 900 km/h. Zu gleicher Zeit hatten England und die USA weniger Bedarf an sehr hohen Leistungen, besonders nicht auf Kosten der Reichweite. Die britische Auslegungsgeschwindigkeit lag anfangs bei 400 mph = 640 km/h.
2. Die relativ großen Unterschiede im Brennstoffverbrauch erklären sich aus dem Verdichtungsverhältnis, dem Verdichterwirkungsgrad (0,75 bzw. 0,80%), den Druckverlusten in der Brennkammer, der Gastemperatur vor der Turbine und dem Turbinenwirkungsgrad.
3. Der Verdichter des Jumo 004 B entsprach einer Auslegung von Ende 1941. Die wesentlich besseren Verdichter des BMW 003 C (von BBC) und 003 D (Brückner & Canis) kamen nicht in die Serienfertigung.
4. Das Brennkammersystem der Rolls Royce Welland hatte eine lange Entwicklungszeit hinter sich und dabei viel Unterstützung durch Firmen-Spezialisten und Forschungsinstitute erhalten. Auf der deutschen Seite fehlte es an Erfahrungsaustausch und Unterstützung durch die Forschung.
5. Die Turbineneintrittstemperatur der deutschen und der englischen Triebwerke war etwa gleich. Der schlechtere Werkstoff bei den deutschen Triebwerken wurde durch die Luftkühlung der Leit- und Laufschaufeln in einer »bemerkenswert guten und erfinderischen Konstruktion« ausgeglichen.
6. Einen großen Anteil am hohen Brennstoffverbrauch hatte der Turbinenwirkungsgrad (87% beim Welland und nur 79 bis 80% beim Jumo), verursacht durch die Unterschiede im Schaufelprofil (dünne Laminarprofile beim Welland und verhältnismäßig dicke Profile beim Jumo).
7. Große Unterschiede zeigten sich in der Zuverlässigkeit und der Lebensdauer. Welland-Triebwerke absolvierten vor Beginn der Serienproduktion mehrfach 100-Stunden-Läufe. Die zulässige Betriebszeit zwischen den Überholungen lag bei 100 h. Beim Jumo betrug die zulässige, jedoch vielfach nicht erreichte, Betriebszeit nur 25 h.
8. Die unterschiedliche Lebensdauer war eine direkte Folge der verwendeten Werkstoffe. Während die deutschen Triebwerken vielfach Tiefziehblech und nur schwach legierte Sparstoffe benutzten, konnten die englischen Hersteller Nimonic 75 (20% Chrom und 75% Nickel) für die Brennkammern und Nimonic 80 für die Turbinenschaufeln verwenden.
9. Der Fertigungsaufwand der deutschen Triebwerke (Jumo 004 mit 700 Arbeitsstunden) war erheblich niedriger als der des englischen Welland-Triebwerkes.
10. Die deutschen Strahltriebwerke waren verfrüht in die Großserienfertigung gebracht worden und daher in vieler Hinsicht nicht ausgereift. Während beim Jumo 004 über 6000 Stück und beim BMW 003 etwa 750 gebaut wurden, kam nur eine relativ geringe Anzahl britischer Triebwerke bis zum genannten Zeitpunkt zur Fertigstellung.

Strahltriebwerksvergleich 1945

Land Baumuster	Verdichterbauart Stufenzahl	Standschub kN (kp)	spez. Verbrauch kg/kNh (kg/kph)	Einheitsmasse kg/kN (kg/kp)	Stirnflächenschub kN/m² (kp/m²)	Bemerkungen
Deutschland						
BMW 003 A	7 axial	7,8 (800)	143 (1,40)	72,6 (0,71)	21,0 (2140)	Serie
Jumo 004 B	8 axial	8,9 (910)	143 (1,40)	83,7 (0,82)	19,4 (1980)	Großserie
Jumo 004 E	8 axial	9,8 (1000)		75,5 (0,74)	21,3 (2180)	Erprobung
Heinkel He S 011 A	1 axial + 1 diagonal + 3 axial	12,7 (1300)	133 (1,30)	69,5 (0,68)	25,0 (2560)	Erprobung
Großbritannien						
De Havilland Goblin I	1 radial einflutig	12,0 (1225)	123 (1,21)	57,1 (0,56)	9,5 (970)	Vorserie
Rolls Royce Welland	1 radial zweiflut.	7,1 (725)	114 (1,12)	54,1 (0,53)	7,5 (770)	Serie
Rolls Royce Derwent I	1 radial zweiflut.	8,9 (910)	120 (1,18)	50,0 (0,49)	10,2 (1040)	Vorserie
Metro-Vickers F 2/4	10 axial	16,6 (1700)	106 (1,04)	51,0 (0,50)	24,8 (2540)	Versuch
USA						
General Electric J 33	1 radial zweiflut.	17,8 (1815)	121 (1,19)	45,9 (0,45)	15,2 (1550)	Vorserie
General Electric J 35	11 axial	17,8 (1815)	107 (1,05)	41,8 (0,41)	25,8 (2630)	Versuch

Deutsche Ingenieure im Ausland

Die Gruppen in Frankreich

Bei der SNECMA in Decize, Paris und Villaroche

Der unter Leitung von Dr.-Ing. Hermann Oestrich stehende Gasturbinen-Entwicklungsbetrieb der Bayerischen Motorenwerke war im Oktober 1944 von Berlin-Spandau zu einem großen Teil in ein stillgelegtes Salzbergwerk in der Nähe von Staßfurt, südlich von Magdeburg, verlegt worden. Im April 1945, unmittelbar nach dem Einmarsch der amerikanischen Streitkräfte, kamen Offiziere der technischen Dienste und verhörten Dr. Oestrich und mehrere seiner Mitarbeiter. Als bekannt wurde, daß nach Inkrafttreten des Potsdamer Abkommens die Russen Staßfurt besetzen würden, transportierten die Amerikaner eine größere Zahl der BMW-Mitarbeiter mit ihren Familien nach München in das teilweise zerstörte Werksgelände von BMW in München-Milbertshofen. Dort standen sie für technische Gespräche und Interrogationen längere Zeit Amerikanern, Engländern und Franzosen zur Verfügung. Da für die deutschen Turbinenspezialisten keinerlei Aussicht bestand, in absehbarer Zeit in Deutschland eine Anstellung bei einer Firma ihres Fachgebietes zu erhalten, waren viele an Auslandsverträgen interessiert. Die Amerikaner boten Dr. Oestrich und elf seiner Mitarbeiter Verträge an, jedoch entschloß er sich, ein fünfjähriges Vertragsangebot des französischen Luftfahrtministeriums für eine Arbeitsgruppe von 120 Spezialisten anzunehmen, das umfangreicher war und eine klare Aufgabenstellung beinhaltete. Für eine Übergangszeit fand sich die mit »Gruppe O« (O = Oestrich) benannte Ingenieurmannschaft in der französischen Besatzungszone in Lindau-Rickenbach, in einem Dornier-Zweigbetrieb, zusammen.

Dort fanden sich nach und nach auch mehrere Triebwerksspezialisten von Junkers und Heinkel-Hirth sowie einige Flugzeugkonstrukteure und Aerodynamiker ein. Im Oktober 1945 begannen die Entwurfsarbeiten für das neue Strahltriebwerk mit der Bezeichnung ATAR 101, das für den Einbau in noch zu entwickelnde französische Militärflugzeuge vorgesehen war. Die Bezeichnung ATAR leitet sich aus dem Namen des Rickenbacher Betriebes ab: *At*elier *A*éronautique de *R*ickenbach.

Durch die Kriegsereignisse und die lange Besetzung hatte Frankreich seine luftfahrttechnische Entwicklung für mehrere Jahre unterbrechen müssen und war nun bemüht, auf den verschiedenen Gebieten wieder Anschluß zu finden. Deshalb beschloß das Ministére de l'Air im Juni 1946, diese deutsche Ingenieurgruppe, zu der gleich zu Anfang mehrere französische Ingenieure und Techniker hinzukamen, in Decize (Nièvre) unterzubringen. Die Gruppe wurde mit den zunehmend zahlreicher werdenden französischen Mitarbeitern in die Société des Aeroplanes Voisin, eine 100%ige Tochter der SNECMA, eingegliedert und erhielt die Bezeichnung »Groupe Technique Voisin«. Zur Unterscheidung wurden die deutschen Mitarbeiter, die mit einem Sondervertrag direkt Dr. Oestrich unterstanden, mit »Gruppe O« (O = Oestrich) bezeichnet.

Die Groupe Technique Voisin hatte die Aufgabe, zuerst ein Strahlturbinentriebwerk mit anfangs 16,6 kN (1700 kp) Schub zu entwickeln. Dieses Triebwerk und die nachfolgenden Ausführungen wurden im Rahmen staatlicher Verträge und nur mit französischen Geldern entwickelt.

Das ATAR-Triebwerk zeichnete sich durch einfachen Aufbau, geringe Masse und kleinen Einlaufquerschnitt aus. Hierzu schrieb Dr. Oestrich im Oktober 1948:

»Bei der Auslegung des ATAR 101 waren insbesondere zwei Gesichtspunkte maßgebend. So sollte einmal die Konstruktion so erfolgen, daß keinerlei Risiko eingegangen werden mußte, d.h. es sollten nur bewährte Bauteile verwendet werden, von denen man annehmen konnte, daß sie mit nur geringen Änderungen in dem neuen Triebwerk sofort funktionieren würden. Hierdurch wollte man erreichen, daß der ATAR 101 möglichst bald in Serie gehen konnte. So wurde bewußt auf die letzten Prozentteile an Wirkungsgrad verzichtet; trotzdem hat sich gezeigt, daß die Auslegung mit so viel Reserven erfolgte, daß der ATAR 101 statt mit 1700 kp, schon jetzt mit 2200 kp angeboten werden kann ... Als zweiter Gesichtspunkt trat die Ausnutzung des kleinen Durchmessers bei der Projektierung des ATAR 101 besonders in Erscheinung.«

Für die Fertigung war vom französischen Luftfahrtministerium die SNECMA (Société Nationale d' Etudes et de Construction des Monteurs Aéronautiques) in Paris bestimmt worden, die die technischen und industriellen Voraussetzungen dafür besaß. Die Société Aéroplanes Voisin, bei der die Gruppe O zunächst eingegliedert war, ging im Juni 1950 in die SNECMA über. Die deutsche Ingenieurgruppe übersiedelte mit ihren Familien ab Juli 1946 nach Frankreich, zuerst nach Decize (Nièvre), dann 1953 nach Dammarie-les-Lys (Seine et Marne) in der Nähe des Versuchszentrums Villaroche.

Dr. Oestrich wurde bereits 1950 technischer Direktor der SNECMA und behielt diese Position bis zum Ende seines 10-Jahres-Vertrages im Jahre 1960. Er erwarb im Jahre

1948 die französische Staatsbürgerschaft und wurde 1962 zum Ritter der Ehrenlegion ernannt. Bis zu seinem Tode (2. 4. 1973) stand er der Firma als Berater zur Verfügung. Sein langjähriger Stellvertreter und späterer Nachfolger war Ingénieur Général de l'Air Michel Garnier. Als Chef du département ATAR war Monsieur René Constant in Villaroche verantwortlich. Die Konstruktion unterstand Hans Roßkopf, die Vorentwicklung erst Prof. Triebnigg, dann Dr. Münzberg, die Reglerabteilung leitete Dr. Stieglitz, die Abteilung Festigkeit und Werkstoffe Dr. Wiegand, die Prüfstanderprobung Lothar Menz, die Flugerprobung Heinz Borsdorff. Für Einbaufragen und Außenaerodynamik war anfangs Prof. Quick, dann Gerhard Eggers zuständig. Wesentlichen Anteil an der Entwicklung des ATAR 101 hatten ferner: Dr. Bock, Otto David, Siegfried Decher, Alfred Renner, Karl Rykl, Kurt Schaar, Bruno Schuldt, Wolfgang Stein, Dr. Weber, Karl Wichert u. a.
Bereits im Juni 1946 gingen die zum Anlauf der Fertigung der Prototypen erforderlichen ersten Zeichnungssätze an die SNECMA. Am 26. 3. 1948 lief das erste der sechs V-Triebwerke auf dem Prüfstand in Villaroche. Im Mai des gleichen Jahres konnte mit dem Triebwerk V 2 ein Schub von 21,6 kN (2 200 kp) erreicht werden. Die Prototypen absolvierten zahlreiche Dauerläufe und Ende 1949 erstmals einen 150-Stundenlauf nach den internationalen OACI-Bedingungen. Im Herbst 1949 kamen die ersten beiden Triebwerke der verbesserten Vorserie A0 auf den Prüfstand.
In Villaroche entstanden nach und nach vorbildliche moderne Prüfstandseinrichtungen für Volltriebwerke, Baugruppen und Triebwerksgeräte. Die deutschen und einige österreichische Ingenieure arbeiteten integriert nach ihren Fachgebieten mit französischen Ingenieuren, die ebenso wie Werkstattkräfte und anderes Fachpersonal mit Größerwerden des Arbeitsumfanges hinzukamen, zusammen und praktizierten über viele Jahre eine erfolgreiche europäische Gemeinschaftsarbeit.
Da das Ministére de l'Air Interesse an Propellerturbinen hoher Leistung hatte, kam es zur Projektierung von drei verschiedenen Varianten. Für eine ATAR 201-Propellerturbine mit 990 mm Durchmesser wurde eine Startleistung von 3 970 kW (5 600 PS) errechnet, für die ATAR 202 mit 1 250 mm Durchmesser ergab sich eine Leistung von 7 355 kW (10 000 PS) und bei einer kleinen ATAR 203 und 868 mm Durchmesser rund 1 840 kW (2 500 PS). Keines dieser Projekte kam zur Ausführung.
Obgleich bewährte Elemente der Strahlturbine BMW 003 beim ATAR-Triebwerk zugrundegelegt wurden, handelte es sich doch um eine vollständige Neuentwicklung. Aus diesem Grunde ist es als normal anzusehen, daß im Laufe der Entwicklung Störungen auftraten, die durch Änderungen beseitigt werden mußten. So traten beispielsweise im Verlaufe der Prüfstandsläufe Schwingungsbrüche an der 1. und 7. Verdichterstufe auf, die, wie die Untersuchungen ergaben, unterschiedliche Ursachen hatten. Die Schaufelbrüche der 7. Stufe waren durch eine Resonanz mit den zehn Stützrippen des Brennkammereintrittsgehäuses ausgelöst. Dagegen waren die Schwingungen der ersten Stufe aerodynamisch erregt und konnten übergangsweise durch eine schmale Blende im Verdichtereinlauf beseitigt werden. Die Brüche in der siebenten Stufe wurden durch eine geringfügige Verdickung der Schaufeln beseitigt. Das Turbinenleitrad mußte mehrfach geändert werden, bis es die 150-Stunden-Dauerläufe ohne Beanstandung durchstand.
Bei den hohlen Laufschaufeln der Turbine zeigten sich zum Teil nach kürzeren Betriebszeiten Risse an den Austrittskanten, die erst nach langwierigen Versuchen mit besonderen Schweißverfahren beseitigt werden konnten. Die parallel zu den Hohlschaufeln entwickelten Vollschaufeln aus PER 2 der Firma Aubert & Duval, einem dem englischen Nimonic 75 entsprechenden Werkstoff, machten keine Schwierigkeiten und kamen 1950 zur Einführung. Es hatte sich gezeigt, daß diese Schaufeln verwunden hergestellt werden konnten und so eine Verbesserung des Turbinenwirkungsgrades und Verminderung des Brennstoffverbrauches brachten. Durch ein abgeändertes Verdichter-Eintrittsleitrad mit weniger Schaufeln konnte der Luftdurchsatz erhöht und Abreißerscheinungen vermieden werden. Änderungen an der Brennkammer, insbesondere durch Einführung des Sternbrenners anstelle des Kegelbrenners und eine andere Art der Sekundärluftzumischung, ließen die Temperaturspitzen erheblich abbauen. Der heraufgesetzte Standschub der Baureihe B von 23,5 kN (2 400 kp) wurde im Februar 1951 durch einen offiziellen 150-Stundenlauf bestätigt.
Für die Erprobung der ATAR-Strahlturbine im Fluge stand ab 1949 eine Martin B 26 »Marauder« zur Verfügung, es folgten dann drei weitere als Flugerprobungsträger umgebaute Verkehrsflugzeuge: Bloch 161 »Languedoc«, SNCASO SO 30 und SNCASE SE 2060 »Armagnac«.
Viel Entwicklungsarbeit, verbunden mit Dauererprobungen auf speziellen Regler- und Pumpenprüfständen sowie später vielen Flugversuchen, wurde für das Regelsystem aufgewendet. Es waren umfangreiche Anpassungen notwendig, obgleich bei einem Teil der Elemente die Erfahrungen der Regelung des Jumo 004 verwendet werden konnten.
Der Übergang zur Baureihe C mit 27,4 kN (2 800 kp) Nennschub war gekennzeichnet durch Verbesserungen am Verdichter, an der Brennkammer und durch Drehzahlerhöhung von 8 050 auf 8 400 min^{-1}. Es folgte mit der Baureihe D ein weiterer Änderungsschritt durch Vergrößerung des Turbinendurchmessers von 802 auf 840 mm. Der Außendurchmesser des Triebwerkes vergrößerte sich dadurch von 886 auf 920 mm. Die D-Serie mit 27,4 kN (2 800 kp), später 29,4 kN (3 000 kp), wurde sehr bald vom ATAR 101 E abgelöst. Der Verdichter war jetzt achtstufig, hatte einen größeren Luftdurchsatz und ein höheres Druckverhältnis, die Brennkammer war vergrößert und die Temperaturvertei-

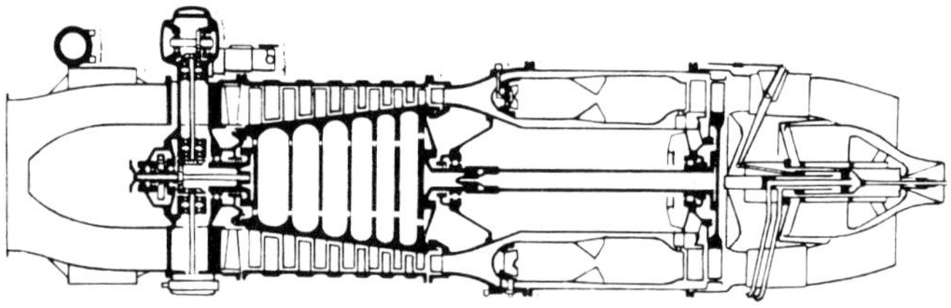

ATAR 101V

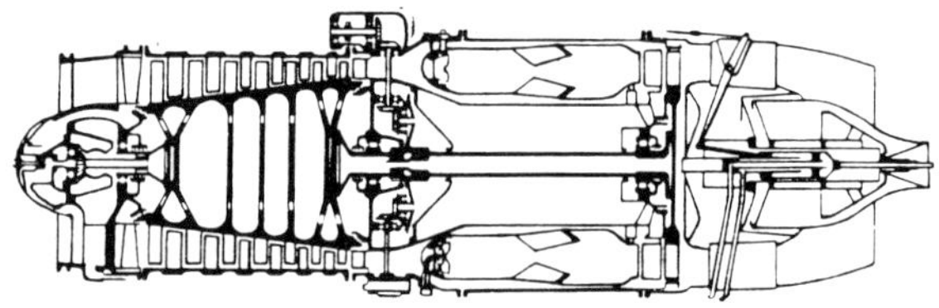

ATAR 101 A0

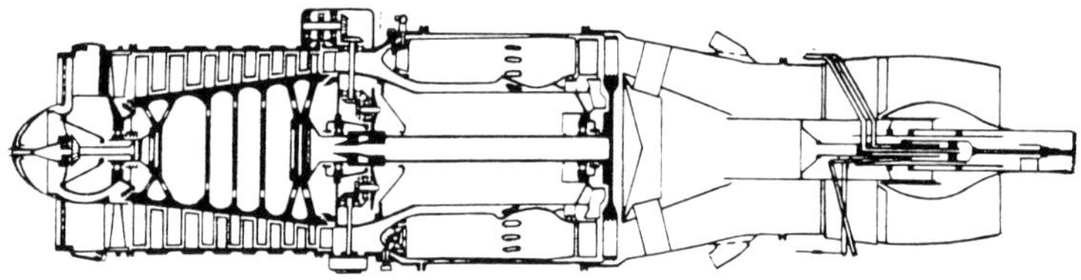

ATAR 101 B2

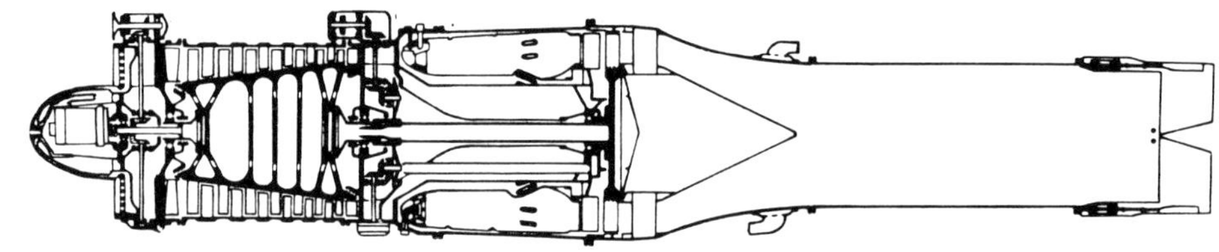

ATAR101 D2A

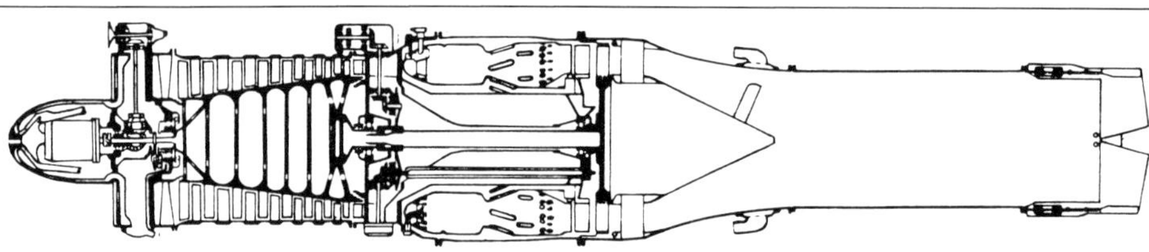

ATAR101 E3

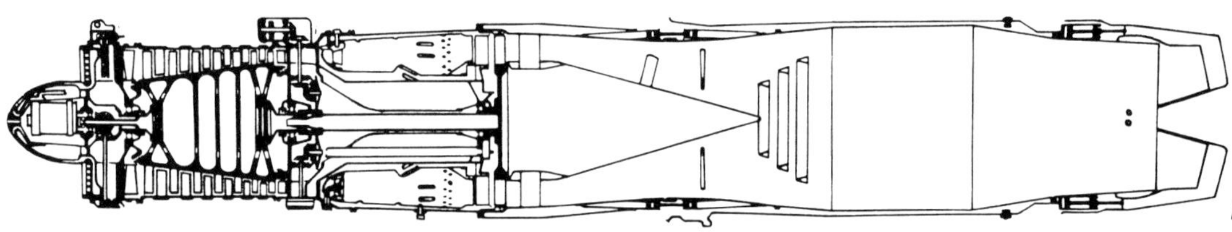

ATAR 101 F2

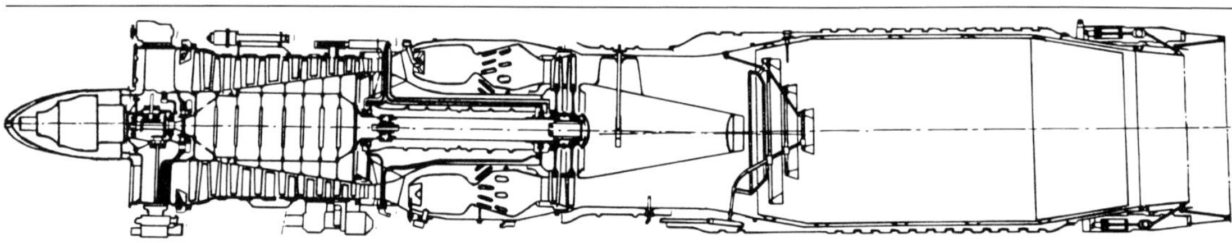

ATAR 9K7

Die Reihe der SNECMA ATAR-Triebwerke vom Prototyp (1948) bis zum heutigen Serientriebwerk ATAR 9K von 70,6 kN (7200 kp) Schub mit Nachverbrennung zeigt den langen Weg einer rund dreißigjährigen Entwicklung. Die wichtigsten Entwicklungsschritte betrafen den Verdichter, die Brennkammer, die Turbine, die Verstellschubdüse und die Nachverbrennung.

Perspektivischer Schnitt des SNECMA ATAR 101 B-Strahltriebwerkes, mit dem Anfang 1951 der Musterprüflauf mit 23,5 kN (2400 kp) Schub abgeschlossen werden konnte. Hauptdaten: 7-stufiger Verdichter, Druckverhältnis 4,2, Ringbrennkammer mit 20 Brennern, einstufige Turbine mit hohlen oder vollen Laufschaufeln, verstellbare Schubdüse, Durchmesser 886 mm, Trockenmasse 850 kg.

lung verbessert. Erstmals kam eine neue Zweiklappen-Verstellschubdüse zur Anwendung. Die Turbineneintrittstemperatur konnte weiter erhöht werden. Mit einem Schub von 34,3 kN (3 500 kp) hatte das ATAR 101 E-Triebwerk vollen Anschluß an die ausländische Turbinenentwicklung gefunden. Bereits beim 101 D war eine Nachverbrennungsanlage zur Erprobung gekommen, das so ergänzte Triebwerk hatte die Bezeichnung 101 F. Das E-Triebwerk mit Nachverbrennung wurde als 101 G mit 44,1 kN (4 500 kp) Schub in die Dessault Super Mystére B 2 serienmäßig und in zwei SE 212 Durandal-Prototypen verwendet. Die ATAR 101 E-Triebwerke kamen im Kampfflugzeug SO »Vautour«, im Erdkämpfer Dessault »Etandard« sowie in verschiedenen Prototypen und Versuchsflugzeugen, so auch in Kombination mit einem Stautriebwerk in der Nord Griffon 02 und in der Leduc 022 zum Einbau.

Im Zusammenhang mit dem »Fliegenden ATAR« (ATAR Volant) und dem »Coleopter« (Coléoptère), die nach Vorschlägen und Patenten von Helmut Graf Zborowski, der in Brunois bei Paris ein eigenes Ingenieurbüro (BTZ) hatte, gebaut wurden, hat die SNECMA umfangreiche Arbeiten auf dem Gebiet der Strahlsteuerung und des Senkrechtstartes unternommen. Die einwandfreie Funktion der künstlichen Stabilisierung und der Strahlsteuerung des »Fliegenden ATAR« konnte auf dem Luftfahrtsalon 1957 in Le Bourget durch die freien Schwebeflüge unter Beweis gestellt werden. Das senkrecht-startende Ringflügelversuchsflugzeug C 450 »Coleopter« stürzte im Sommer 1958 nach einigen Versuchen ab; die Entwicklung (teilweise deutscherseits mitfinanziert) wurde abgebrochen.

Der nächste Entwicklungsschritt führte 1958 zum ATAR 8 und ATAR 9, die in verbesserter Ausführung auch heute noch in Serie gebaut werden. Das ATAR-Triebwerk wurde in vielen Bauteilen neu durchkonstruiert und verbessert, erhielt einen neunstufigen Verdichter, eine geänderte Brennkammer und eine zweistufige Turbine. Der ATAR 8 mit 43,1 kN (4400 kp) wurde das Standard-Triebwerk der Etendard IV M, der ATAR 9 mit 58,8 kN (6 000 kp) das der Dassault-Jäger bzw. Kampfflugzeuge Mirage III und IV.

Die Mehrzahl der deutschen Ingenieure kehrte in den Jahren zwischen 1952 und 1964 nach Deutschland zurück, wo sie bei der inzwischen wieder anlaufenden Luftfahrtindustrie oder an Hochschulen neue Aufgaben übernahmen.

Durch die Exporte der französischen Luftfahrtindustrie fliegen ATAR-Strahlturbinen in 20 Ländern. Nachbaulizenzen wurden in die Schweiz und nach Australien vergeben. Seit Beginn der Serie im Jahre 1949 sind über 5 000 ATAR-Triebwerke gebaut worden. Mit einer Serienlaufzeit von über 30 Jahren gehört der »ATAR« damit zu den erfolgreichsten Strahlturbinen der Welt.

Bei Turboméca am Rand der Pyrenäen

In der historischen Zeittafel der französischen Firma Turboméca sind für das Jahr 1946 unter anderem zwei Ereignisse aufgeführt:

»Ankunft eines großen Entwicklungsbüros von deutschen Ingenieuren und Technikern, Spezialisten für Turbomaschinen«
»Das Ministère de l'Air gibt die Entwicklung eines Turbinenstrahltriebwerkes von 6 t Schub in Auftrag«

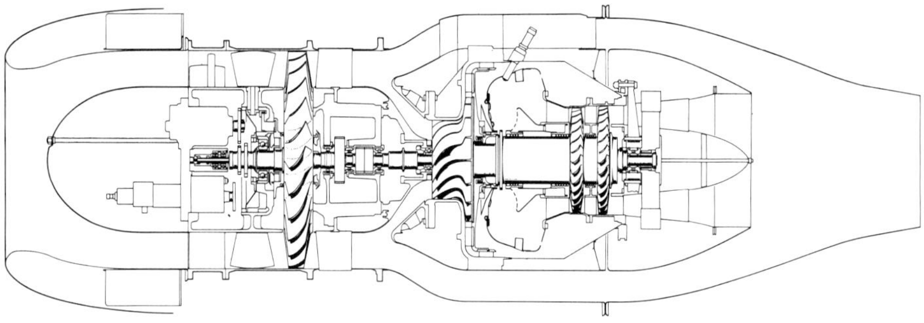

Ein erstes Zweistrom-Versuchstriebwerk Aspin I von Turboméca lief 1949. Es folgte Aspin II mit 3,5 kN (360 kp) Schub. Das Einwellentriebwerk besaß verstellbare Eintrittsleitschaufeln, ein einstufiges »Fan«, eine radiale Verdichterstufe und eine zweistufige Turbine.

Der Gründer und Präsident der Firma Turboméca, Joseph Szydlowski, berichtete 1957 darüber in einem Vortrag:

»Bei Tuboméca haben wir seiner Zeit mit dem Entwurf einer Strahlturbine von 6 000 kg Schub begonnen und gleichzeitig mit dem entsprechenden Flugzeug. Aber es ergab sich sehr bald, daß die Verwirklichung dieser Projekte bei weitem die Möglichkeiten zu dieser Zeit überschritten. In der Notwendigkeit eine Wahl zu treffen, hätte ich wie viele andere Hersteller mich in der Entwicklung von Gasturbinen der gleichen Klasse, wie überall in der Welt, engagieren können. Ich hielt es jedoch für zweckmäßiger, am anderen Ende der Leistungsskala anzufangen, d. h. bei den kleinen Einheiten.«

Nach dem Ende des Zweiten Weltkrieges bemühte sich die französische Luftfahrtindustrie zusammen mit den zuständigen Ministerien in Paris und mit den Dienststellen im besetzten Deutschland, um deutsche Spezialisten für eine Tätigkeit in Frankreich zu gewinnen. Im Rahmen dieser Aktion konnte ab November 1945 in Bregenz unter Leitung von Fritz Nallinger eine Ingenieurgruppe zusammengestellt werden, die zum großen Teil aus früheren Mitarbeitern der Firma Daimler-Benz bestand. Die ausgewählten Spezialisten brachten unter anderem Erfahrungen aus der Verdichter-, Lader- und Abgasturbinenentwicklung mit. Einige hatten am Zweistromtriebwerk DB 007 und an der Konstruktion des Getriebes für die Propellerturbine DB/He S 021 mitgearbeitet.

Etwa 125 deutsche Ingenieure und Techniker trafen im Juni 1946 in Pau (Pyrenäen) ein. Die Arbeiten in provisorischen Büros in Nay, 10 km vom Turboméca-Werk Bordes entfernt, konzentrierten sich zunächst auf ein Strahltriebwerk von 59 kN (6 000 kp) Schub. Sechs dieser Triebwerke waren gebündelt für ein Transozean-Flugzeug vorgesehen. Dazu war ein Huckepackträger mit vier Propellerturbinen projektiert. Für das PTL-Triebwerk von 1 835 kW (2 500 PS) wurden zwei verschiedene Entwürfe diskutiert. Die Abteilungsleiter waren u. a.: Übelacker (Projekte), Dr. Eckert (Verdichter und Turbine), Syring (Konstruktion), Dr. Glamann (Brennkammer). Das große Entwicklungsvorhaben wurde Ende 1947 abgebrochen, die Mehrzahl der deutschen Ingenieure und Techniker kehrte Anfang 1948 nach Deutschland zurück.

Es blieben die »Gruppe Eckert« mit dem speziellen Auftrag zur Entwicklung von Axialverdichtern und etwa ein Dutzend andere Ingenieure, denen von J. Szydlowski Verträge angeboten worden waren. Von der ersten Gruppe wurde zunächst ein Modellverdichter mit den beiden ersten Stufen in halber Größe gebaut, dann entstand die axiale Fanstufe für das Zweistromtriebwerk Aspin, eine Reihe von stationären Axialverdichtern und ein Gebläse für einen Überschall-Windkanal.

Aus eigener Initiative hatte Szydlowski bereits 1946 mit Untersuchungen und ersten Entwicklungsarbeiten an einer Kleingasturbine von 44 kW (60 PS) mit Radialverdichter, Ringbrennkammer und einstufiger Axialturbine begonnen.

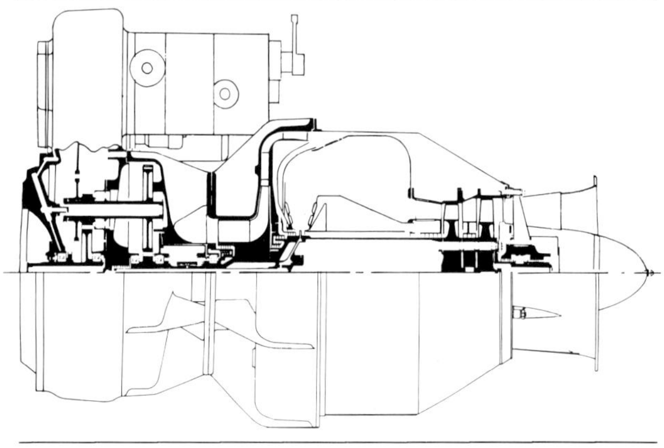

◀ Der Turbo Turboméca Orédon von 118 kW (160 PS) kam 1950 auf den Prüfstand. Dieses Einwellentriebwerk mit einstufigem Radialverdichter und zweistufiger Axialturbine ging als erstes in Serienfertigung. Seine Weiterentwicklung führte zum Artouste, dem Triebwerk des Hubschraubers Alouette II.

Die Strahlturbine Marboré II von 3,9 kN (400 kp) Schub hat auch die typische Ringbrennkammer von Turboméca. Der Brennstoff für die rotierende Einspritzung wird von vorne durch die hohle Verdichterwelle zugeführt und mit relativ niedrigem Druck von 10 bar über eine Reihe von Bohrungen in die Brennkammer eingespritzt.

Die Brennkammerentwicklungen wurden von Dr. Glamann und Hagedorn durchgeführt. Es entstand eine neuartige, im Aufbau und in der Herstellung recht einfache Ringbrennkammer mit rotierender Einspritzung. Sie ist für alle heute bekannten kleinen Turboméca-Triebwerke ein typisches Bauteil geblieben.

Auf Grund der erfolgreichen Arbeiten an der ersten kleinen Turbine erhielt Turboméca 1947 den Auftrag zur Entwicklung einer Gasturbine von 74 kW (100 PS) in 6000 m Höhe für den Antrieb eines Generators. Dieses Triebwerk, mit der Bezeichnung TT 782, kam 1948 zum Laufen. Seine Weiterentwicklung führte zum Turbomotor Orédon, der bald auf 118 kW (160 PS) gebracht werden konnte und in Serienfertigung ging. Es folgten dann 1951 die Strahlturbine Marboré, der Turbomotor Artouste und der Luftlieferer Palouste, deren Weiterentwicklungen meist heute noch gebaut werden. Am Entwurf dieser Triebwerke waren Georg Oberländer und an ihrer Entwicklung Dr. Heinrich Kühl maßgebend beteiligt.

Nach dem Abbruch der Arbeiten an den großen Triebwerken entstand eine im wesentlichen mit deutschen Spezialisten in der Leitung besetzte effektive Organisation, mit vielen jungen französischen Ingenieuren, mit der es gelang, für die Vielzahl der Triebwerksvarianten die Entwicklungen zum Prototyp und oft nur wenige Monate später zur Serienfertigung schnell und kostengünstig durchzuziehen. Innerhalb dieser Organisation waren die deutschen Ingenieure u. a. für folgende Aufgaben zuständig: W. Syring (Gesamtentwicklung), O. Engl (Entwicklung Artouste, Bastan, Turmo und Turboméca-Anteile für Adour und Larzac), G. Sporer (Entwicklung Astazou und Astafan), G. Hagedorn (Brennkammer) und J. Ziegler (Regelung).

So entstand unter deutscher Mitwirkung bei der Firma Turboméca eine große und sehr erfolgreiche Reihe von kleinen Gasturbinen für die verschiedensten Zwecke, die mit Stückzahlen von über 20000 in Frankreich sowie mit etwa 15000 in USA in Lizenz gebaut und in alle Welt exportiert wurden.

Bei der SEPR in Villaroche

Großes Interesse an deutschen Raketentriebwerken bestand zu Ende des Zweiten Weltkrieges auch in Frankreich. Bereits 1944 war die Société d'Etude de la Propulsion par Réaction (SEPR) mit dem Ziel gegründet worden, Raketentriebwerke mit Flüssig- und Pulvertreibstoffen zu entwikkeln. Um möglichst schnell zu verwendbaren Ergebnissen zu gelangen, benutzte die SEPR erbeutete Walter- und BMW-Triebwerksteile zu Versuchszwecken. Die zu Beginn aufgenommenen Arbeiten an Triebwerken mit Preßgasförderung – insbesondere für Flugkörper – wurde Anfang der fünfziger Jahre zugunsten von Feststofftriebwerken eingestellt. Parallel zu diesen Entwicklungen erfolgte aufgrund der von militärischer Seite gestellten Aufgaben für Flugzeugzusatzantriebe die Entwicklung von Triebwerken mit Pumpenförderung, da diese längeren Schubzeiten (praktisch nur durch das Volumen der Treibstoffbehälter begrenzt) infolge geringer Drücke in den Behältern Gewichtsersparnisse brachten. Auch hatten sie große Vorteile wegen der Möglichkeit des Ab- und Anschaltens im Fluge.

Aufgrund der guten Erfahrungen bei BMW und wegen der günstigen Herstellungsmöglichkeit wurde bei allen SEPR-Flüssigkeitsraketentriebwerken hochkonzentrierte Salpetersäure (NO_3H) als Sauerstoffträger verwendet. Brennstoffe waren u.a. Furfurlalkohol-(Furalin) oder Triätylamin-Mischungen, die hypergol zündeten.
Maßgebenden Anteil an der Entwicklung der SEPR-Raketentriebwerke mit flüssigen Treibstoffen hatte Dipl.Ing. Hans Schneider, der ab 1946 als Berater, später Versuchsleiter und von 1955 bis 1962 Chefingenieur des SEPR-Versuchszentrums in Villaroche war.
Die Entwicklung der SEPR-Raketenmotoren ging bei den nichtautonomen Geräten vom BMW 003 R-Triebwerk aus, das aus der Strahlturbine BMW 003 A und einem Raketenrüstsatz BMW 718 bestand. Der Antrieb der Förderpumpen für die Treibstoffe erfolgte über eine Verbindungswelle vom Turbinentriebwerk. In ähnlicher Bauweise entstand 1948/49 der Versuchsmotor SEPR 25 mit 14,7 kN (1 500 kp) Schub. Nach einer längeren Erprobungszeit auf dem Prüfstand begann im Juni 1952 die Flugerprobung unter dem Rumpf einer SO 6025, deren Haupttriebwerke eine Rolls Royce-Nene-Strahlturbine war. Es folgte bald danach eine abgeänderte Ausführung des Raketentriebwerkes, dessen Brennkammer von der Förderanlage getrennt war und so günstiger in die Erprobungsträger SO 6026 bzw. SE 212 Durandal eingebaut werden konnte. Mit dem SEPR 651-Raketenmotor, der speziell für den Höhenflug ausgelegt war, konnten Geschwindigkeiten von Mach 1,5 erreicht werden.
Als nächste Aufgabe, die zu einer Serienfertigung führte, folgte die Entwicklung eines Zusatztriebwerkes für das französische Jagdflugzeug Dassault Mirage III. Als Vorstufe kamen zunächst die Raketenmotoren SEPR 81 und 84 zur Erprobung, die einen konstanten Zusatzschub von 14,7 kN (1 500 kp) abgaben. Der nächste Entwicklungsschritt war das Triebwerke mit der Typenbezeichnung 841 mit Schüben im Bereich von 7,3 kN (750 kp) und 15,0 kN (1 530 kp) in Bodennähe. Der Maximalschub in 20 000 m Flughöhe betrug 16,7 kN (1 700 kp). Bei einem gewichtsmäßigen Mischungsverhältnis von 3,5:1 (Salpetersäure zu Triätylamin) betrug der spezifische Verbrauch bei Vollschub am Boden 0,49 kg/kNs (4,8 kg/ts) und in 16 000 m Flughöhe 0,44 kg/kNs (4,35 kg/ts). Die Schubstufung erfolgte durch die Veränderung der in die Brennkammer eingespritzten Treibstoffmengen.
Eine größere Anzahl von Mirage III A und III C der französischen Luftstreitkräfte erhielten die nicht autonomen Zusatztriebwerke SEPR 841 bzw. 844. Die Treibstoffpumpen werden vom Haupttriebwerk, einer ATAR 9-Strahlturbine der SMECMA, angetrieben, wobei die Leistungsentnahme etwa 55 kW (75 PS) beträgt. Das Raketentriebwerk stellt eine in sich geschlossene Einheit dar, zu der auch der Behälter für die Salpetersäure gehört. Bei der Variante 844 kann Kerosin, d.h. der gleiche Brennstoff wie für das Turbinenstrahltriebwerk, verwendet werden. Da dieses Gemisch nicht hypergolisch ist, muß zur Inbetriebnahme ein zusätzlicher Zündstoff eingespritzt werden. Nachdem die SEPR

Oben: Der erste nicht-autonome französische Raketenmotor SEPR 25 von 14,7 kN (1500 kp) Schub kam 1949 auf den Prüfstand. In Anlehnung an die BMW-Triebwerke war die Brennkammer in Leichtmetall-Bauweise ausgeführt.

Unten: Französische Jagdflugzeuge Dassault Mirage III A mit Raketenzusatztriebwerken SEPR 841 wurden erstmals 1959 auf dem Luftfahrtsalon in Paris-Le Bourget öffentlich vorgeführt. Die nicht-autonomen Raketentriebwerke verwenden Salpetersäure als Sauerstoffträger wie die BMW-Triebwerke im Zweiten Weltkrieg.

etwa 40 Versuchsgeräte gebaut hatte, wurde die Serienfertigung 1959 an die Firma Hispano Suiza übergeben.
Die Entwicklungsreihe der autonomen SEPR-Flüssigkeits-Raketentriebwerke, bei denen die Pumpen durch eine eigene Turbine mit Gasgenerator angetrieben werden, war für Interzeptoren mit hohen Steiggeschwindigkeiten und großen Gipfelhöhen ausgerichtet. Die Brennkammer des Gerätes 841 wurde übernommen, jedoch mußten Turbine, Gasgenerator, Pumpen und die Regeleinrichtung neu entwickelt werden. Wegen des günstigeren Treibstoffverbrauches bevorzugte man Triebwerke mit 3 bzw. 2 einzeln abschaltbaren Brennkammern. Das Versuchsflugzeug SO 9050 Trident I erhielt das Drei-Brennkammer-Triebwerk SEPR 481 und begann 1955 mit der Flugerprobung. Es folgte die Trident II von der 1957 eine Vorserie von sechs Flugzeugen gebaut wurde. Das dabei verwendete Triebwerk SEPR 631 hatte zwei Brennkammern und damit zwei Schubstufen von 15,0 kN (1 530 kp) bzw. 30,0 kN (3 060 kp) in Bodennähe. Eine kontinuierliche Schubregelung, die durch Drehzahländerung der Turbine und damit der Pumpen erreicht wurde, befand sich in Entwicklung. Eine Trident III, für das die SEPR das Triebwerk 632 entwickelt hatte, kam nicht mehr zur Realisierung.
Bei allen diesen Raketentriebwerken der SEPR kamen von Anfang an Brennkammern in Leichtmetallausführung zur Anwendung, wie sie bei BMW bereits in den Jahren 1943/44 entwickelt und erfolgreich erprobt worden waren. Innenmantel, Kühlkanal und Außenmantel, teilweise sogar der Düsenkopf bestehen bei dieser Bauart aus einer Duralegierung. Durch einen entsprechend ausgebildeten Kühlschleier gelang es, diese Brennkammern – trotz der hohen Temperaturen von etwa 2 500° C im Flammenkern – für den Dauerbetrieb sowie auch für häufiges An- und Abstellen betriebssicher zu machen.

Das Raketentriebwerk SEPR 841 bildet mit dem Sauerstoffträger-Behälter eine Einheit und kann in kurzer Zeit am Flugzeug aus- bzw. eingebaut werden. Das eigentliche Triebwerk hat eine Masse von 97 kg, die ganze Einheit mit Pumpen, Behälter, Sicherheitseinrichtungen und der Aufhängung rund 200 kg.

Deutsche Spezialisten in der Sowjetunion

von Karl Prestel

Das Vorspiel begann noch in Deutschland. In mehr oder weniger zerstörten oder geplünderten Werken der deutschen Luftfahrtindustrie versuchten ehemalige Werksangehörige nach dem Zusammenbruch wieder eine Arbeit aufzunehmen. In dem von Berlin-Spandau in ein Salzbergwerk bei Staßfurt verlegten BMW-Werk sollten Kochtöpfe, Küchenmaschinen und andere Gebrauchsgegenstände gefertigt werden. Niemals mehr Rüstungsmaterial! Die Russen waren jedoch anderer Meinung.
Nachdem es gelungen war, eine größere Zahl von Fachkräften zur Wiederaufnahme ihrer früheren Tätigkeit zu gewinnen, war es der erste Auftrag der Russen, aus den vorgefundenen Teilen BMW 003- und Jumo 004-Strahlturbinen zu rekonstruieren und auf den Prüfstand zu bringen. Der Zusammenbau eines kompletten 003-Triebwerkes gestaltete sich äußerst schwierig, da Teile, Material und Werkzeugmaschinen fehlten. Schließlich gelang es Anfang 1946, ein 003-Triebwerk auf einem primitiven Prüfstand auf dem Schachtgelände des ehemaligen Salzbergwerkes zum Laufen zu bringen. Nun wurde von den Russen eine neue Aufgabe gestellt: Das Triebwerk BMW 003 auf einen höheren Schub zu bringen. Das hieß, eine Weiterentwicklung zu beginnen. Doch das führte bei der Mannschaft zu der bangen Frage, ob sie eines Tages in die Sowjetunion gebracht würde. Die russische Oberleitung des BMW-Werkes Staßfurt (OKB 2 genannt) hatte Oberstleutnant Isajew, die deutsche Oberleitung lag bei dem nach der russischen Bezeichnung benannten »Hauptkonstrukteur« Prestel.
Prestel mußte also die bange Frage mit Isajew besprechen. Die Antwort war beruhigend. Die Deutschen brauchten keine Sorge zu haben, niemals wird man nach Rußland gebracht, das Werk wird in eine Aktiengesellschaft mit 50% russischer und 50% deutscher Beteiligung umgewandelt.
So wurde dann weiter aufgebaut, modernere Prüfstände errichtet, Büros und Werkstätten vergrößert. Im Sommer 1946 war das BMW-Werk auf 2 200 Beschäftigte angewachsen.
Aus BMW-Berichten war den Sowjets bekannt geworden, daß die Absicht bestanden hatte, das BMW 003-Triebwerk auf einen Schub von 10,8 kN (1 100 kp) zu bringen. Um es kurz zu machen: Es wurden keine 1 100 kp sondern nur 1 000 kp (9,8 kN) erreicht, immerhin eine 25%ige Steigerung gegenüber der 003-Serienausführung zu Kriegsende. Im Sommer 1946 absolvierte ein solches Triebwerk einen 50-Stunden-Musterprüflauf.
Neben dieser Aufgabe wurde ein BMW 018-Triebwerk nachkonstruiert und fertiggestellt. Es kam auch noch auf den Prüfstand. Immer wieder wünschten die Russen Berichte

und Vorschläge über ein Entwicklungswerk mit Bedarf an Menschen, Maschinen, Prüfständen, Gebäuden usw. Sie verstanden es, den Eindruck zu erwecken, daß dieses zum Aufbau eines Werkes in Deutschland dienen sollte.
Die Vorgänge bei den Junkerswerken in Dessau verliefen ähnlich. Als die Amerikaner nach dem Kriege Dessau wieder räumten, versammelten sie einen großen Teil des Junkersteams der Strahltriebwerksentwicklung von Dr. Franz in einem Lager in Westdeutschland.
Die Russen rückten in das freigewordene Dessau nach und begannen mit dem angeblichen Wiederaufbau der Junkerswerke, ähnlich wie bei BMW. Dr. Scheibe, der ehemalige Leiter der Prüfstände und Höhenprüfstände für die Motorenentwicklung, wurde zum Hauptkonstrukteur ernannt. Dr. Vogts bekam die schwierige Aufgabe, ohne eingearbeitete Mitarbeiter und ohne Unterlagen – sie waren fast alle vernichtet oder fortgeschafft – die gesamte Triebwerksberechnung von Null an auf die Beine zu stellen.
Da der Wiederaufbau wirklich in Angriff genommen und sogar zusätzlich ein neuer großer Strahltriebwerksprüfstand geplant wurde, konnten viele Ingenieure und Facharbeiter gewonnen werden.
Die Russen verlangten sehr bald eine Leistungserhöhung des Jumo 004-Strahltriebwerks von 900 kp auf 1200 kp Schub. Wegen des dafür nicht geeigneten Turbinenschaufelmaterials – ohne Nickel und nur wenig Chrom – war das nur mit Wassereinspritzung möglich und auch nur kurzzeitig als Startschub.
Aus noch vorhandenen Teilen wurde eine Reihe von 004-Triebwerken montiert und für den Einbau in sowjetischen Versuchsflugzeugen ausgeliefert. Die Junkers-Gruppe bekam dann die Aufgabe, den gegen Kriegsende entwickelten Prototyp des Strahltriebwerks Jumo 012 zur Fertigung reif zu machen.
In der Nacht vom 21. zum 22. Oktober 1946 passierte dann eben doch das, was man vorher den Deutschen gegenüber nicht wahr haben wollte. Die Häuser der deutschen Spezialisten, Ingenieure, Konstrukteure, Facharbeiter, wurden von Sowjetsoldaten umstellt und besetzt. Mitten in der Nacht wurde man aufgefordert aufzustehen und sich anzuziehen. Der Abtransport in die UdSSR stand bevor. Alles wurde mitgenommen, das Mobiliar und auch die Freundin, anstelle der nicht in Staßfurt lebenden Ehefrau. Alles wurde per Lastwagen in bewachte Züge auf den umliegenden Bahnhöfen verfrachtet. Die Einrichtung des Werkes wurde ebenfalls demontiert und eingeladen. Ungefähr zwei Wochen lang waren die verwanzten Züge dieser einmaligen Aktion, nicht nur von BMW sondern auch von Junkers und anderen Werken, unterwegs. In Uprawlenscheski Gorodok, zu deutsch »Selbstverwaltungsstädtchen«, ca. 20 km nördlich von Kujbyschew an der Wolga, trafen dann innerhalb weniger Tage etwa 350 Spezialisten der Firma Junkers aus Dessau, etwa 250 von BMW aus Staßfurt und ca. 50 von der Firma Askania ein. Insgesamt wurden etwa 2000 Menschen unter sehr primitiven Verhältnissen untergebracht. Das dicht neben den Wohnhäusern gelegene Werk, ein früheres Wasserversuchslaboratorium, bestand aus einer Anzahl leerstehender Gebäude, in denen nun die nach und nach aus Deutschland per Bahn herantransportierten Einrichtungsteile aufgestellt wurden.
Der Status der deutschen Spezialisten war unklar, sie hatten keine Verträge, keine Ausweise und durften sich nur in einem sehr begrenztem Umkreis frei bewegen. Die russischen Dienststellen bezogen sich auf die Abmachungen der Alliierten in Jalta, wonach durch die Stellung von Arbeitskräften eine Wiedergutmachung der Kriegsschäden erfolgen konnte.
Die Versuchs- und Konstruktionsbüros arbeiteten getrennt weiter. Bei der BMW-Gruppe hatte zunächst die Aufgabe bestanden, eine Anzahl von 003-Triebwerken neu zu fertigen. Die größten Schwierigkeiten bestanden beim russischen Material, besonders bei den Turbinenschaufeln. Meist traten Risse am Schaufelfuß auf. Bei voller Belastung wurden die Turbinenschaufeln immer länger und länger, streiften schließlich am Laufring und wurden beschädigt. Immer wieder traten die gleichen Erscheinungen auf. Schließlich fand sich die Erklärung: Die russischen Werkstoffachleute kannten zwar die exakte Analyse des deutschen Werkstoffes, aber nicht die Technologie der Herstellung. Von russischer Seite verlor man das Interesse am 003-Triebwerk und stellte dem Kollektiv neue Aufgaben.
Ferdinand Brandner berichtete darüber bei einem Vortrag in Zürich im Jahre 1957:

»Ende des Krieges wurde bei Junkers ein Gerät, Type 012, entwikkelt, welches 60 kg/s Luftdurchsatz hatte. Bei Kriegsende wurden die Unterlagen vernichtet und es waren nur einzelne Bestandteile des Versuchstriebwerkes beim Einmarsch der Sowjets übrig geblieben. Diese Tatsache bildete den Anlaß für das russische Luftfahrtministerium dem »Junkers-Kollektiv« die Aufgabe zu stellen, ein Gerät von 3000 kg Schub zu bauen ... Die Arbeit war als Einarbeitung gedacht, sie diente dazu, eine sowjetische Entwicklung mit Konstruktionsbüros, Betrieb und Versuch auf die Beine zu stellen ...«

Die Entwicklung des 29,4 kN (3000 kp)-Triebwerkes dauerte rund zwei Jahre. Besondere Schwierigkeiten machten die Prüfstandsmeßgeräte und die Einhaltung der Winkeltoleranzen bei der Schaufelfertigung. Das Konzept des Jumo 012 wurde weitgehend übernommen, jedoch ein niedrigeres Verdichtungsverhältnis (4,5 statt 6,0) angesetzt und eine neue Brennkammer, eine Kombination von Ringkammer (BMW) und Einzelkammer (Jumo) mit gutem und rauchlosem Ausbrand entwickelt. Mit der Reifmachung und der Durchführung der Staatsprüfung des Jumo 012 war Dr. J. Vogts beauftragt. Kurz vor Ende der Staatsprüfung (1948) traten Turbinenschaufelbrüche auf und waren dann Anlaß zum Abbruch der Entwicklungsarbeiten.
Da die Kapazität des Werkes bei Kuibyschew für zwei Triebwerksprogramme nicht ausreichte, wurde 1948 auf

Anweisung des Ministeriums für die Luftfahrtindustrie in Moskau eine Umorganisation mit Zusammenlegung der beiden Arbeitsgruppen vorgenommen. Als neue Aufgabe folgte nun die Entwicklung des in Dessau nur als Projekt bearbeiteten Propellerturbinen-Triebwerkes Jumo 022 mit 4 410 (6 000 PS) Nennleistung. Die Typenleitung übernahm Dr. Scheibe, die Vorentwicklung Dr. Vogts, die Konstruktion F. Brandner und den Versuch mit allen Prüfständen K. Prestel. Jedem deutschen Abteilungs- und Hauptabteilungsleiter war ein russischer Stellvertreter zugeordnet.
Zur Erprobung der Triebwerke mußten neue Prüfstände eingerichtet werden, dazu wurde eine dreistufige Wasserreibungsbremse (im Gegensatz zur Wasserwirbelbremse) konstruiert sowie Baugruppen- und Geräteprüfstände aufgebaut. Jedoch standen keine Prüfstände für den Verdichter und die Turbine zur Verfügung. Man mußte daher die Untersuchungen und Messungen durch Auswechseln verschiedener Leitapparate durchführen, von denen jedoch nur eine sehr beschränkte Anzahl zur Verfügung stand. Als eine Reihe von Schwierigkeiten die Entwicklung verzögerte, wurde der russische Hauptkonstrukteur Nikolai Kusnezow als Leiter des Entwicklungswerkes eingesetzt.
Im Laufe der weiteren Entwicklung brachte man zur Verbesserung des Wirkungsgrades des Verdichters auf den Zwischenringen in den Laufradebenen eine Spezialmasse auf, in die sich die Laufschaufeln entsprechend der Temperaturdehnung und Verformung des Läufers im Betrieb einarbeiten konnten. Durch die auf diese Weise entstandenen sehr geringen Verdichterspiele konnte der Wirkungsgrad erheblich gesteigert werden. Zur Vermeidung von Anlaß- und Hochfahrschwierigkeiten wurde Luft nach der 5. Stufe abgeblasen. Bei der dreistufigen Axialturbine konnte der Wirkungsgrad durch Aufbringen von Grafitklötzchen in die Zwischenringe verbessert werden. Die Turbinenlaufschaufeln waren mittels Tannenzapfenfuß befestigt. Die Turbinenscheibenkühlung erfolgte nur bei den maximalen Leistungsstufen.
Da kein geeigneter Anlasser zur Verfügung stand, wurde innerhalb von sechs Monaten ein Turbinenanlasser von 48 kW (65 PS) entwickelt, dessen Rotordrehzahl von 36 000 min^{-1} über ein Differentialgetriebe auf 1 500 bzw. 2 700 min^{-1} herabgesetzt wurde. Der Turbinenanlasser mit einstufigem Radialverdichter und einstufiger Axialturbine hat sich sehr bewährt und wurde auch bei späteren Serientriebwerken verwendet.
Etwa 20 Versuchsgeräte des Triebwerkes 022 wurden gebaut. Trotz sehr vieler Schwierigkeiten fand im Jahre 1950 die Staatsprüfung, entsprechend der deutschen Musterprüfung, statt. Sie erfolgte in einem 100-Stunden-Lauf, unterteilt in Abschnitte von je fünf Stunden bei unterschiedlichen Leistungen, für Anlassen, Beschleunigen, Verzögern und auch bei verschiedenen Öltemperaturen. Die russischen Anforderungen an das Aussehen der Teile nach dem Lauf waren sehr hart, selbst an der Brennkammer durfte kein kleiner Riß vorhanden sein.
Das 6 000 PS-Propeller-Turbinenwerk wurde 1950 nach dem erfolgreichen Staatslauf an ein anderes Werk zur Serienreifmachung und zum Serienbau abgegeben. Dort wurde der Gegenlaufpropeller durch einen einfachen Vierblatt-Propeller ersetzt, das geschweißte Gehäuse durch ein Gußgehäuse ersetzt und verschiedene andere Bauteile geändert. Das Triebwerk ist dann unter der Bezeichnung Kusnezow NK-4 in Ausführungen mit 2 940 und 3 675 kW (4 000 und 5 000 PS) in den Transportflugzeugen An 8, An 10 und I 1 18 zum Einbau gekommen.
Die bestandene Staatsprüfung mit dem 022-Triebwerk weckte den Wunsch nach einem Triebwerk doppelter Leistung, also mit etwa 9 185 kW (12 500 PS). Als einfache Lösung bot sich die Verdoppelung des 022-Triebwerkes an, mit Abtrieben auf ein gemeinsames Luftschraubengetriebe. Es gab nicht unerhebliche schwingungstechnische Schwierigkeiten, doch konnte das Doppeltriebwerk zum Einbau in ein Versuchsflugzeug kommen. Nach Absturz des Versuchsträgers wurde das ganze Vorhaben des Doppeltriebwerkes 022 M eingestellt.
Dafür erhielt das Kollektiv als neue Aufgabe die Verwirklichung eines 8 820 kW (12 000 PS)-Triebwerkes in nur einer Einheit.

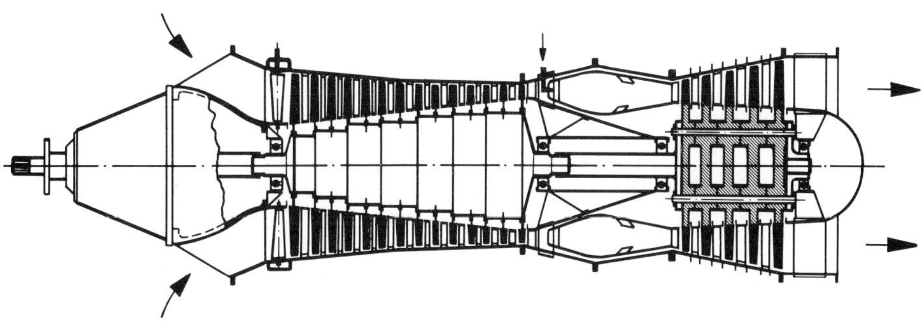

Längsschnitt der sowjetischen Propellerturbine NK 12 in der Versuchsausführung mit 12 000 PS (8820 kW) Wellenleistung. Der 14-stufige Verdichter mit 65 kg/s Luftdurchsatz hatte im Stand ein Druckverhältnis von 9. Ein zweistufiges Planetenrad-Untersetzungsgetriebe reduzierte die Drehzahl für den Propeller auf 750min^{-1}. Als Anlaßhilfe wurden drei nacheinander schließende Abblasventile verwendet.

Die Auslegungsdaten des »K«-Triebwerkes waren:
- Wellenleistung am Boden: 8820 kW (12000 PS)
- Luftdurchsatz des Verdichters: 65 kg/s
- Verdichterdruckverhältnis: 9 am Boden und 13 in der Höhe
- Verbrauch in 11000 m bei 900 km/h, 218 g/kWh (160 g/PSh)
- Gastemperatur vor Turbine: 1150 K
- Propellerdrehzahl: 750 min^{-1}.

Das erste Versuchstriebwerk kam Anfang 1953 auf den Prüfstand und erbrachte die geforderten Leistungen.
Die Leitung der weiteren Arbeiten wurde dann mehr und mehr von russischen Ingenieuren unter Leitung von Nikolai Kusnezow übernommen, die das Triebwerk mit der Bezeichnung NK 12 im Sommer 1954 zum Erstflug im Prototyp des viermotorigen Bombers Tupolev Tu 95 und später zur Serienfertigung brachten. Es folgte 1957 das Verkehrsflugzeug Tupolev Tu 114, das u.a. einen beachtenswerten Weltrekord mit 25 t Nutzlast über eine 1000 km Strecke mit einer Geschwindigkeit von 871 km/h flog. Weitere Flugzeuge, bei denen das NK 12-Triebwerk zum Einbau kamen, waren: Tu 20, Tu 126 und An 22.
Inzwischen hat die neueste und soweit bekannt für den Transporter An 22 noch immer in Serie gebaute Ausführung NK 12 MW eine Wellenvergleichsleistung von 11000 kW (15000 PS) und wird damit wohl für alle Zeiten das leistungsstärkste Propellerturbinen-Triebwerk bleiben.
Bereits im Jahre 1950 wurde ein kleiner Teil der deutschen Spezialisten mit ihren Familien in einem Transport nach Deutschland zurückgebracht. Ein weiterer großer Teil folgte im November 1953. Die Restgruppe kam im Dezember des gleichen Jahres nach Sawjolowo, 100 km nördlich von Moskau. Sie traf dort zusammen mit der deutschen Restgruppe für Zellenentwicklung unter Baade und mit Prof. Bock. Baade übernahm die Gesamtleitung der Gruppen, Prof. Bock die Leitung der Zellenentwicklung, Brandner die Leitung der Triebwerksentwicklung.
Aufgabe dieser Gruppe war ein ziviles Flugzeugprojekt zellen- und triebwerksseitig auszulegen, das in der DDR verwirklicht werden sollte. Hauptinitiator dieser Idee war Prof. Baade, der in Pirna und Dresden ein Flugzeugwerk mit eigenem Triebwerksbau errichten wollte, um die Junkers-Tradition weiterzuführen und die wertvollen fachlichen Erfahrungen, die die deutschen Spezialisten in Rußland gewonnen hatten, für Deutschland zu erhalten. In Sawjolowo wurde dann das Verkehrsflugzeug Baade B 152 mit einem neuen

◀ Das sowjetische Verkehrsflugzeug Tupolev Tu 114 mit vier Propellerturbinen NK 12 wurde erstmals 1962 auf dem Luftfahrtsalon in Paris gezeigt. Bei Rekordflügen konnten Geschwindigkeiten von 870 km/h erreicht werden.

Das erste von der Luftfahrtindustrie in der DDR entwickelte Strahltriebwerk war eine abgeleitete Weiterentwicklung des Jumo 012, an dem bei Junkers 1944 gearbeitet wurde. Der Musterprüflauf des Pirna 014 erfolgte im August 1960, der erste Flug im Prototyp der Baade 152 im Dezember 1958. Hauptdaten: 12-stufiger Verdichter, Luftdurchsatz 50 kg/s, Druckverhältnis 7,0, Standschub 30,8 bis 33,3 kN (3150 bis 3300 kp).
▼

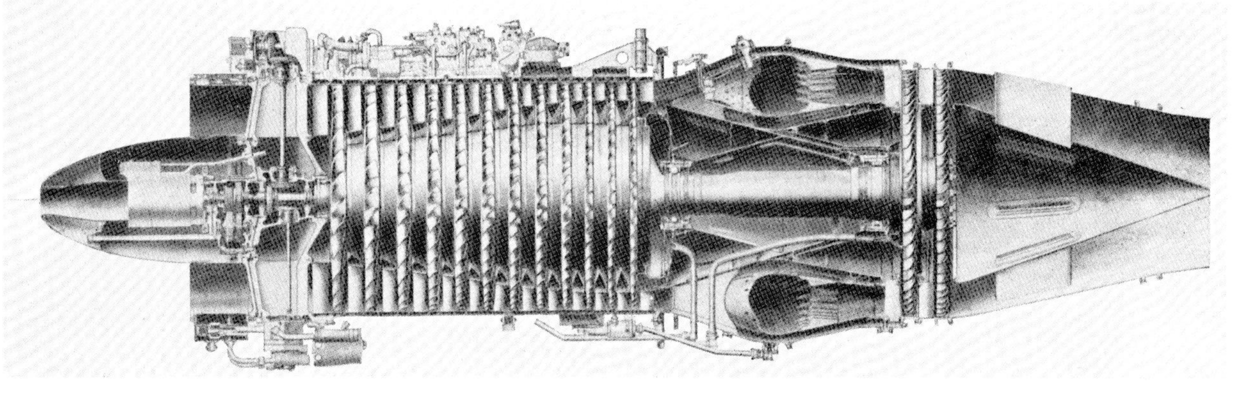

Strahltriebwerk entworfen. Brandner sollte die Triebwerksentwicklung in Pirna übernehmen. Er zog es jedoch vor, im Juli 1954 nach Österreich zurückzukehren. An seine Stelle trat sein bisheriger Stellvertreter, Dr. Scheinost.
Unter der Bezeichnung Pirna 014 entstand dann in der DDR ein auf dem Grundkonzept des Jumo 012 basierendes Strahltriebwerk mit anfangs 3 150 kp (30,8 kN), später 3 300 kp (32,3 kN). Am 4. Dezember 1958 startete der Prototyp der vierstrahligen Baade B 152 zum Erstflug. Nach dem Absturz des Prototypes konnte noch eine zweite Maschine fertiggestellt werden, aber 1962 wurde das ganze Programm aus wirtschaftlichen Gründen gestrichen.

Am Wüstenrand entsteht ein Strahltriebwerk

Seit 1952 bemühte sich Ägypten um Kontakte zu westeuropäischen Flugzeug- und Triebwerksfirmen mit dem Ziel, Militärflugzeuge im eigenen Land herzustellen, um damit unabhängig von politischen Einflüssen zu werden. Die Regierungsstellen erkannten, daß zur Erreichung einer Selbständigkeit auf diesem Gebiet eine eigene Luftfahrtindustrie aufgebaut werden müßte. Jedoch bestand dafür damals keinerlei industrielle Basis.
Mehrere Gespräche mit deutschen Flugzeug- und Triebwerkskonstrukteuren, die wegen des bestehenden Betätigungsverbotes keine Aktivitäten auf dem Luftfahrtgebiet ausüben durften, führten dann im Jahre 1953 zu einem Vertragsabschluß mit Prof. Ernst Heinkel. Der Vertrag sah die Entwicklung eines Jagdbombers mit dazugehörigem Strahltriebwerk vor. Äyyptische Ingenieure kamen zur Einweisung nach Zuffenhausen bei Stuttgart. Der Vertrag wurde jedoch 1956, d. h. im Jahr der Suezkanal-Krise und des zweiten ägyptisch-israelischen Krieges, gelöst. Übrig bleiben ein unvollendeter Triebwerksprüfstand in Heluan sowie einige Werkzeugmaschinen und Triebwerksteile.
Durch einen Lizenzvertrag über einen in Spanien entwickelten Strahltrainer mit der Bezeichnung HA 200 zwischen der Hispano Aviacon und der ägyptischen Regierung kam ein Kontakt mit Prof. Messerschmitt zustande, der das Projekt HA 300 – eines sehr kleinen Abwehrjägers mit 4 t Abflugmasse, ausgelegt für Mach = 2,2 – anbot. Es kam 1959 zum Abschluß eines Vertrages, der die Entwicklung dieses Jägers in Ägypten, die Einweisung von Fachpersonal und den Serienanlauf im Flugzeugwerk bei Heluan vorsah. Als Triebwerke waren zunächst ein Bristol Orpheus 12 SR von 36,3 kN (3 700 kp) Schub mit Nachverbrennung vorgesehen. Als Bristol die Fertigentwicklung dieser Baureihe aufgab und nur bei hoher finanzieller Beteiligung bereit gewesen wäre, diese Triebwerke zu liefern, mußte eine andere Lösung gefunden werden. Gespräche mit Daimler-Benz führten zu keinem Ergebnis, aber nach einigen Verhandlungen kam es Pfingsten 1960 zu einem Vertragsabschluß mit dem Österreicher Ferdinand Brandner, der den Auftrag übernahm, innerhalb von vier Jahren ein kleines Strahltriebwerk für den Trainer HA 200 und ein stärkeres für den Überschalljäger HA 300 zu entwickeln und zur Serie vorzubereiten. Brandner gelang es in sehr kurzer Zeit, ein gutes Spezialistenteam zusammenzubringen, von denen ein großer Teil Anfang 1961 mit ihren Familien nach Kairo umsiedelte. Die angeworbenen Triebwerksfachleute und Fertigungsspezialisten kamen aus Deutschland, Österreich, Frankreich, aus der Schweiz und der DDR. Sie hatten zumeist Erfahrungen bei BMW oder Jumo im Kriege, zum Teil bei der Gruppe Oestrich in Frankreich oder beim Team von Brandner in Rußland erworben. Ein Züricher Büro mit dem neutralen Firmennamen MTP (Motoren, Turbinen und Pumpen AG) mit Hassan Kamil als Präsident wurde gegründet, um die Bestellungen mit einem westeuropäischen Briefkopf abwickeln und die finanziellen Verpflichtungen gegenüber den angeworbenen Spezialisten, die ihre Verträge mit der MTP abgeschlossen hatten, erfüllen zu können. Die technische Gesamtleitung in Ägypten hatte Ferdinand Brandner, sein Stellvertreter als Entwicklungsleiter war Bruno Schuldt.
Das kleine E 200-Triebwerk mit Radialverdichter lehnte sich stark an das französische Turboméca Marboré-Strahltriebwerk an und machte in der Entwicklung keinerlei nennenswerte Schwierigkeiten. Bereits im Juni 1962 kam das erste Versuchstriebwerk auf dem Prüfstand zum Laufen, das siebente konnte zur Flugerprobung in eine HA 200 eingebaut werden. Insgesamt sind 170 dieser Triebwerke bis 1969 gebaut worden. Die Hauptdaten waren: Standschub 3,9 kN (400 kp), Luftdurchsatz 8,1 kg/s, Druckverhältnis 4,0, Durchmesser 565 mm, Trockenmasse 140 kg.
Die Konstruktionsarbeiten am großen E 300-Triebwerk begannen im März 1962. Die Auslegung war gegenüber dem Bristol SR 12 weniger risikobehaftet und berücksichtigte die Erfahrungen mit dem ATAR-Triebwerk. Das erste Versuchsgerät kam im Juli 1963 auf den Prüfstand, dabei waren noch alle Hilfsgeräte fremd angetrieben. Aufgetretene Schwingungsbrüche an den ersten Verdichterstufen konnten durch Profiländerungen und Verstärkungen der Laufscheiben behoben werden. Eine neue transsonische erste Stufe erhöhte den Luftdurchsatz. Mehr Sorgen machten Turbinenschaufelschwingungen, die beim Verzögern des Triebwerkes auftraten und die zu mehreren Brüchen führten. Wie die Untersuchungen ergaben, handelte es sich um aerodynamisch erregte Schwingungen im Schaufelkanal sowie Kopplungsschwingungen zwischen Schaufeln und Scheiben, die nicht in stationärem Betrieb, aber beim Beschleunigen des Triebwerkes auftraten. Die Entwicklung der Brennkammer brachte anfangs auslegungsbedingte Schwierigkeiten, die erst durch Änderungen am Einlaufdiffusor und Korrektur der Mischerquerschnitte behoben werden konnten.
Das Triebwerk V 4 lief erstmals mit Geräten am Geräteträger, hatte jedoch noch eine Handsteuerung. Nachverbren-

Ferdinand Brandner, unter dessen technischer Leitung in Ägypten von einem deutsch-österreichischen Spezialistenteam das Turbostrahltriebwerk E 300 entwickelt wurde.

nungsanlagen wurden an mehreren Versuchstriebwerken ab V 7 untersucht. V 8 war eine Vorstufe einer Zivilversion mit festem Schubdüsenquerschnitt und niedrigeren Gastemperaturen. Der garantierte Auslegungsschub des E 300 von 32 kN (3 260 kp) ohne Nachverbrennung und 43 kN (4 380 kp) mit Nachverbrennung wurde nach Überwindung einiger anfänglicher Schwierigkeiten recht bald erreicht. Ein 150-Stunden-Lauf konnte im Mai 1964 erfolgreich abgeschlossen werden.

Als Flugerprobungsträger stand ein russisches Transportflugzeug vom Typ Antonov An 12 zur Verfügung, bei dem eine der vier Propellerturbinentriebwerke durch ein Versuchs-Strahltriebwerk ersetzt wurde. Die Triebwerke V 16, 17 und 18 waren für den Einbau in den Prototyp des Jägers HA 300 vorbereitet und sollten im Juli 1969 zum Erstflug kommen. Aber es kam anders!

Das Werk Nr. 135 bei Heluan, 30 km südlich von Kairo am Wüstenrand dicht am Nil gelegen, war von 1960 bis 1964 großzügig aufgebaut und mit allen modernen Einrichtungen versehen worden, die zur Entwicklung, zum Versuch und zur Fertigung von Strahltriebwerken erforderlich waren. Die Produktionsanlagen waren für 120 E 200 und für 18 E 300-Triebwerke pro Jahr, einschließlich der Triebwerksgeräte, ausgelegt. Ende 1964 waren im Werk insgesamt 335 Spezialisten und Fachkräfte beschäftigt, davon 36 im Projekt, 22 in der Konstruktion, 34 im Versuch und rund 200 in der Fertigung. Ab 1964 wurden verstärkt Ägypter in leitende Tätigkeiten eingewiesen. Das für 1965 festgelegte Vertragsziel erschien erreichbar. Die Würdigung der bis dahin geleisteten Arbeiten kam in einem Werksbesuch von Präsident Nasser zum Ausdruck. Anfang des Jahres 1964 wurde die wirtschaftliche Lage Ägyptens ungünstiger, die Devisen knapper und nach einem Personalwechsel bei wichtigen Regierungs- und Militärstellen das Interesse an einer eigenen Flugzeug- und Triebwerksentwicklung schwächer.

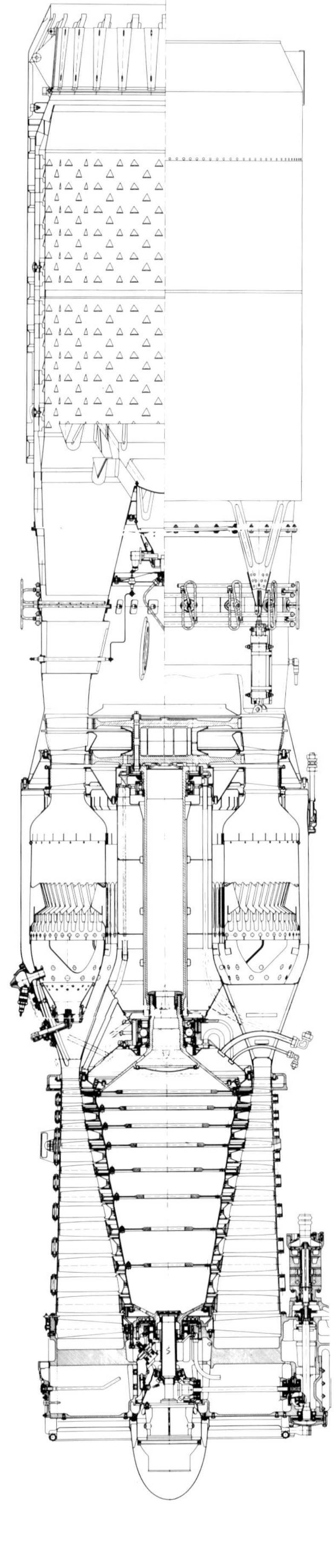

Längsschnitt des ägyptischen E 300-Strahltriebwerkes mit Nachbrenner in der Prototypenausführung. Erreicht wurden Schubwerte von 47,1 kN (4800 kp) mit voller Nachverbrennung und 32,4 kN (3300 kp) ohne Nachverbrennung.

Hauptkennwerte: Luftdurchsatz 53 kg/s, Druckverhältnis 5,7, Gastemperatur vor Turbine 1050 K, Durchmesser 840 mm, Trockenmasse 860 kg mit Nachbrenner, spezifischer Verbrauch von 100 kg/kNh (0,98 kg/kph).

Die E 300-Strahlturbine auf dem Entwicklungsprüfstand im Werk Heluan. Die militärische Version mit Nachverbrennung hatte eine hydraulisch betätigte Mehrklappen-Verstellschubdüse. Die sehr kurze Nachverbrennungsanlage besaß vier Einspritzringe und zwei V-förmige Flammenstabilisatoren.

Im Vordergrund der Prototyp des Messerschmitt-Jägers HA 300 für den das Strahltriebwerk E 300 in Ägypten entwickelt wurde. Dahinter der Flugerprobungsträger, ein Transportflugzeug Antonov An 12, bei dem die linke innere Propellerturbine durch ein Versuchstriebwerk E-300 ersetzt war. Es konnten Messungen bis zu 10000 m Höhe durchgeführt werden.

1965 kündigte die MTP überraschend den Vertrag. Brandner setzte mit einer verminderten Mannschaft im Rahmen der neugegründeten Egyptian General Aero Organisation (EGAO) die Arbeiten fort. Die Niederlage im Krieg gegen Israel zwang zu einer weiteren Reduzierung auf 42 deutsche und österreichische Spezialisten.

Der erste Prototyp des Messerschmitt-Jägers war noch nicht für Überschallgeschwindigkeiten vorgesehen und flog zunächst mit einem englischen Bristol Orpheus 703, von denen Ägypten 25 Stück gekauft hatte. Auch Prof. Kurt Tank, unter dessen Leitung in Indien bei der Hindustan Aeronautics in Bangalore die HF 24, ein zweistrahliges Überschall-Kampfflugzeug entwickelt worden war, hatte Triebwerkssorgen. Sein Projekt war ursprünglich auf zwei Orpheus 12 SR ausgelegt, mußte jedoch mit schwächeren Orpheus 703 von 21,5 kN (2200 kp) fliegen. Von indischer Seite kam der Vorschlag einer Zusammenarbeit, d.h. einer Kombination des indischen Flugzeuges HF 24 mit dem ägyptischen Triebwerk E 300. Die indische Regierung stellte kostenlos eine HF 24 zur Verfügung, in der das E 300-Triebwerk erprobt werden konnte. Die zerlegte indische Maschine kam mit einer kompletten Mannschaft für die Flugerprobung auf dem Luftwege nach Ägypten und flog dort zunächst im Juli 1966 mit zwei Orpheus-Triebwerken. Sie wurde dann umgebaut, um auf der rechten Seite ein E 300-Versuchstriebwerk aufnehmen zu können. Der für die kleineren Orpheus-Triebwerke ausgelegte Einlaufkanal war zu eng und verwunden, so daß sich für den größeren Luftdurchsatz sehr schlechte Druck- und Geschwindigkeitsverteilungen ergaben. Es mußten Abblasventile zu dem bereits am Verdichtergehäuse vorhandenen Ring-Schlitz angebracht werden, die sich beim Hochfahren erst bei 90% der Drehzahl schlossen. Außerdem wurde die Turbinenkapazität geändert, um größere Pumpreserven zu ermöglichen. Dadurch sank das Verdichterdruckverhältnis von 6,0 auf 5,7. Nur so konnte das Abreißen des Verdichters verhindert werden. Über 150 Versuchsflüge mit und ohne Nachverbrennung kamen zur Durchführung. Schwerpunkte waren dabei die Zündung des Nachbrenners, die Reglererprobung sowie die Feststellung der Abreißgrenzen. Durch die Vertragsauflösung von ägyptischer Seite kamen die Flugversuche zum Abbruch. Die Idee des indisch-ägyptischen Jägers wurde fallengelassen.

Auf der Luftfahrtschau in Turin im Juni 1968 konnte auf dem Stand der Egyptian General Aero Organisation (EGAO) erstmals das E 300-Triebwerk in der Zivilversion, dazu auch Bauteile wie ein Verdichter-Turbinenläufer und eine Brennkammer gezeigt werden. Zu gleicher Zeit wurden die technischen Daten verschiedener Versionen, darunter auch eine Zweikreisausführung bekanntgegeben.

In Ägypten änderte sich 1969 die Lage erneut zu ungunsten der Flugzeug- und Triebwerksentwickler. Der neu in sein Amt berufene Handelsminister, der die Leitung der Militärfabriken übernahm, verfügte die Einstellung aller Arbeiten zum 1. Juni 1969, verbunden mit dem Zutrittsverbot zum Werk Heluan. So konnte der Erstflug des ägyptischen Überschalljägers HA 300 mit dem E 300-Triebwerk, der für den 25. Juli 1969 vorbereitet war, nicht mehr stattfinden. Die Entwicklung wurde ohne Angabe von Gründen abgebrochen, die restlichen zwanzig deutschen und österreichischen Ingenieure verließen Ägypten verständlicherweise mit einer starken Enttäuschung.

Wesentlichen Anteil an der Entwicklung, Erprobung und Fertigung des E 300-Triebwerkes hatten unter der Management-Oberleitung von Brandner u.a. die Spezialisten Schuldt, Makella, Dr. Neher sowie Goepfert, Held, Hackl und Rademacher.

Mit dem erreichten Entwicklungsstand und einem möglichen Serienauslieferungsbeginn im Jahre 1971 war das ägyptische E-300-Triebwerk mit dem französischen SNECMA-Triebwerk ATAR 8 bzw. 9 in den spezifischen Werten etwa gleichwertig, beim Schub-Massenverhältnis etwas günstiger.

In ein von Prof. Tank in Indien entwickeltes Kampfflugzeug HAL HF 24 wurde das ägyptische E 300-Triebwerk auf der rechten Seite zur Flugerprobung eingebaut. Bei den Erprobungsflügen konnten Geschwindigkeiten bis Mach = 1,4, begrenzt durch die Zelle, erreicht werden.

Mit der Aktion »Paperclip« nach USA

Im Rahmen der Aktion »Paperclip« kamen Anfang 1946, zum Teil erst 1947, etwa ein Dutzend deutsche Strahltriebwerksspezialisten nach USA und zwar zunächst zum Forschungszentrum der US Air Force in Dayton/Ohio. Einige der deutschen Ingenieure hatten nur Verträge von sechs Monaten, andere konnten bald solche von fünf Jahren unterschreiben.

Bei den Aerospace Research Laboratories der Wright-Patterson Air Force Base in Dayton begannen die deutschen Triebwerksspezialisten ihre Erfahrungen in Berichten niederzulegen. Sie standen amerikanischen Planungsstellen und in beschränktem Umfang auch Industriefirmen zur Verfügung, blieben aber anfangs weitgehend isoliert und vor der Öffentlichkeit verborgen. Im Rahmen von Forschungsaufträgen begannen dann gezielte Studien für verschiedene Anwendungsgebiete der Gasturbine, die zum Teil später zu industriellen Aktivitäten führten. Im Jahre 1951, nach Ablauf der Fünf-Jahres-Verträge, in einigen Fällen auch schon früher, nahmen die Mehrzahl der deutschen Spezialisten Angebote der Industrie an. Ihre Tätigkeiten, die sie oft über die Pensionierung hinaus noch als Berater ausübten, führte bei Garret-AiResearch, General Electric und Avco-Lycoming u.a. zu erfolgreichen Triebwerken, die in großen Stückzahlen zum Einsatz kamen. Eine kleine Gruppe, darunter auch Dr. Hans von Ohain, blieb bei der USAF-Forschungsstelle.

Bei Garrett-AiResearch

Professor W. von der Nüll, der langjährige Leiter des Institutes für Strömungsmaschinen der Deutschen Versuchsanstalt für Luftfahrt (DVL) übernahm 1948 bei Garret-AiResearch in Los Angeles die Projektleitung der Gas- und Luftturbinen. Es entstanden unter seiner technischen Leitung die ersten kleinen APU-Geräte (Auxilary Power Unit), d.h. Hilfsgasturbinen als Bordaggregate für größere Flugzeuge. Diese meist im Rumpfheck eingebauten Kleingasturbinen erzeugen am Boden bei Stillstand der Haupttriebwerke elektrische, hydraulische und pneumatische Leistungen für die verschiedensten Zwecke. Moderne APU's treiben Generatoren, Hydraulikpumpen usw. an und geben gleichzeitig Durckluft zum Anlassen der Triebwerke und für die Kabinenbelüftung ab. AiResearch ist seit Jahren der führende Hersteller solcher Kleingasturbinen der Leistungsklassen

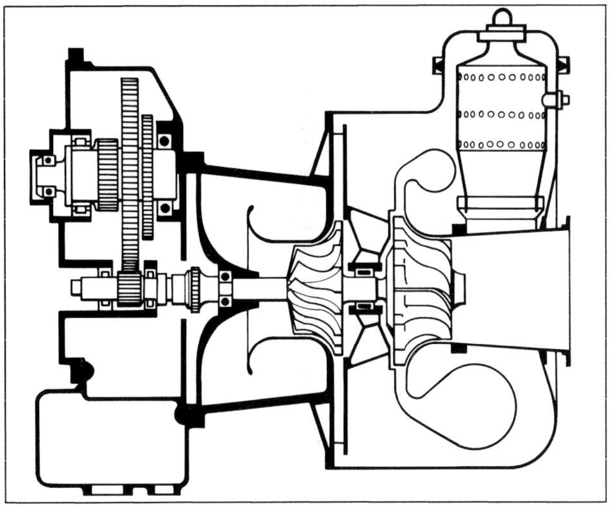

Eine der ersten Hilfsgasturbinen (APU) war das von Garrett-AirResearch entwickelte Gerät GTCP 85, das in großen Stückzahlen für mehrere Typen von Verkehrsflugzeugen verwendet wird.

Beispiel eines kleinen Abgasturboladers von Garrett-AiResearch. Diese Zusatzaggregate werden in zunehmendem Umfang bei amerikanischen Kolbenflugmotoren der Leistungsklasse von 180 bis 330 kW (250 bis 450 PS) verwendet. Die Betriebsdrehzahlen betragen bis zu 100000 min^{-1}.

zwischen 75 und 600 kW (100 bis 810 PS), von denen mehr als 20000 im Einsatz stehen.

Im Jahre 1951 kam Helmut Schelp, während des Krieges im RLM der Leiter des Referates für Sondertriebwerke, zu AirResearch. Er übernahm dort 1952 die Entwicklungsleitung für Gasturbinen, ab 1953 im neuen Werk in Phoenix. Als Chefingenieur war er dort bis 1967 für eine Reihe von Neuentwicklungen verantwortlich. Zuerst war seine Hauptaufgabe die Weiterentwicklung der Hilfgasturbinen (APU), von denen die zahlenmäßig erfolgreichste Ausführung GTCP 85 mit 74 kW (100 PS) Wellenleistung und gleichzeitig 0,9 kg/s Luftlieferung in über 14000 Stück in Serie gebaut wurde. Die GTCP 85 ist in den Verkehrsflugzeugen Boeing 727 und 737 sowie in der DC 9 eingebaut. Die leistungsstärkere GTCP 700 wird bei der DC 10 und beim Airbus verwendet.

Prof. von der Nüll blieb in Los Angeles und entwickelte dort zahlreiche Abgasturbolader für Kolbenflugmotoren, Fahrzeug-, Schiffs- und Industriemotoren. Mehr als drei Millionen Stück wurden in den vergangen 30 Jahren von AiRese-

Bei Garrett-AiResearch wurde ab 1959 ein kleines Propellerturbinentriebwerk TPE 331 entwikkelt, von dem inzwischen über 6500 Stück ausgeliefert worden sind. Die anfängliche Leistung von 425 kW (580 PS) konnte im Laufe der letzten Jahre mehr als verdoppelt werden. Hauptdaten (TPE 331-303): Zweiflutiger Radialverdichter, Umkehrbrennkammer, dreistufige Axialturbine, Luftdurchsatz 3,5 kg/s, Druckverhältnis 10,4 Trockenmasse 161 kg.

arch hergestellt. Sie bestehen aus einer Zentripetalturbine und einem Radiallader, die mit Drehzahlen bis zu 100 000 min^{-1} laufen. Auch die neuesten Continental- und Lycoming-Flugmotoren der TIGO bzw. TSIO-Reihe haben Abgasturbolader, die ihren Ursprung in den Forschungsarbeiten der DVL aus den Jahren 1940/44 haben.

Im Dezember 1959 entschloß sich Garrett-AiResearch mit eigenen Mitteln eine kleine Propellerturbine der Leistungsklasse von 440 bis 590 kW (600 bis 800 PS) zu entwickeln und übertrug Helmut Schelp die Leitung des Projektes TPE 331. Es entstanden verschiedene Ausführungen für Hubschrauberantrieb (TSE), für Propellerantrieb (TPE) und mit Frontbläser (TFE) sowie die militärisch Version T 76. Die Prüfstandläufe begannen 1960, die Flugerprobung in einer amerikanischen Version des französischen Alouette II-Hubschraubers am 12. Oktober 1951. Mit über 5000 ausgelieferten Triebwerken der 331-Reihe, davon der größte Teil in Propellerturbinenausführung, die in 44 verschiedenen Flugzeugtypen zum Einbau kamen, gehört diese Gasturbine zu den erfolgreichsten und zuverlässigsten kleinen Triebwerken. Die Serienproduktion lief 1979 mit etwa 70 Stück pro Monat. Die Grundüberholungszeit (TBO) beträgt für alle neueren Baureihen 3 000 Betriebsstunden.

Während die ersten Baureihen der TPE 331 eine Wellenleistung beim Start von 425 kW (580 PS) hatten, gaben die Ausführungen der Reihe 300 bereits 620 kW (850 PS) und die neuesten Varianten mit Verbesserungen am Verdichter und an der Turbine sogar bis 780 kW (1060 PS). Der spezifische Brennstoffverbrauch der Baureihe 300, bezogen auf die Startleistung an der Welle ist mit 360 g/kWh (265 g/PSh) für ein Turbotriebwerk dieser Größe außerordentlich niedrig.

Aus den Erfahrungen der 331-Reihe entstanden 1969 ein neues Zweistromtriebwerk TFE 731 mit einem über ein Untersetzungsgetriebe angetriebenen Frontbläser sowie eine Industriegastrubine mit Wärmetauscher GT 601 von 440 kW (600 PS) für schwere Lastwagen.

Bei General Electric

Bei General Electric im Werk Cincinati/Ohio waren vier deutsche Triebwerksspezialisten auf verschiedenen Gebieten tätig. Bruno Bruckmann, im Kriege für die gesamte Triebwerksentwicklung bei den Bayerischen Motorenwerken, d. h. für Kolbenflugmotoren, Strahlturbinen und Raketenantrieb zuständig, kam 1951 zu General Electric. Er leitete zuerst die Arbeiten zur Verbesserung der Betriebsreife der Strahltriebwerke J 47, die in größeren Stückzahlen in Korea zum Einsatz kamen. Später übernahm er mit seiner Arbeitsgruppe die Fertigungskonstruktion des J 79-Triebwerkes. Ferner leitete er bis 1962 das Projekt eines hauptsächlich Atomenergie betriebenen Triebwerkes sowie die Entwicklung des J 93-Strahltriebwerkes mit Nachverbrennung für das Versuchsflugzeug XB 70 von North American, das dreifache Schallgeschwindigkeit erreichte. Seine letzte große Aufgabe was das GE 4-Triebwerk, das für den Überschalltransporter Boeing SST 2707 bestimmt war. Die amerikanische Regierung änderte die Pläne der Flugzeugentwicklung, so daß 1965 das J 93 und 1968 das GE 4-Triebwerk in der Entwicklung ausliefen.

Walter Brisken, in den Kriegsjahren Mitarbeiter von Helmut Schelp in RLM, war bei General Electric in Projektgruppen für Industrie- und Marine-Gasturbinen, die aus Luftfahrttriebwerken abgeleitet wurden, tätig. Zur Anwendung sind diese Gasturbinen insbesondere bei Notstromaggregaten, Spitzenbedarfs-Kraftwerken sowie Schnellbooten gekommen.

Peter Kappus, zuletzt Leiter der Stabsabteilung für Vorprojekte bei BMW, befaßte sich bei General Electric mit Untersuchungen über die Anwendung besonderer Triebwerksformen z.B. als »Lift-Fan« in neuen Flugzeugprojekten. Er war maßgebend an der Entwicklung von »Aft fan«-Strahltriebwerken beteiligt. Das General Electric Triebwerk CJ 805-23, das auf der Basis des J 79 entstand, kam als erstes zi-

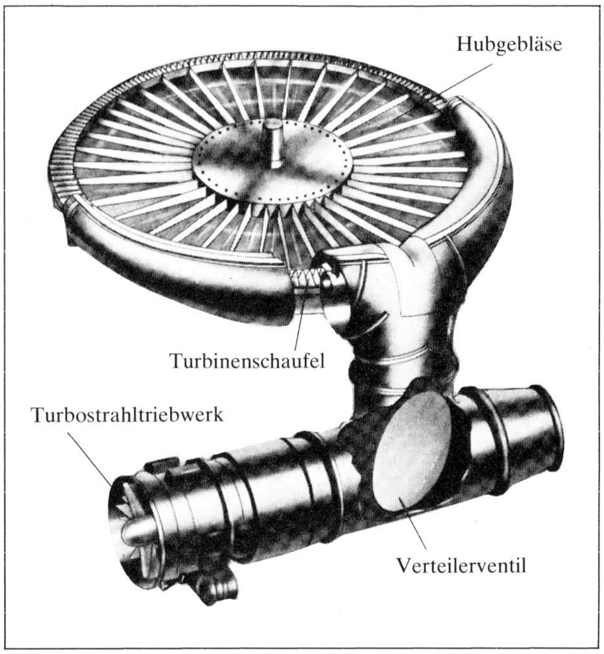

◀ General Electric VTOL-System mit Hubstrahlgebläse (Lift Fan). Das große Hubgebläse wird über die außenliegenden Turbinenschaufeln angetrieben, die vom Gasstrahl eines TL-Triebwerkes beaufschlagt werden. Versuchsträger war 1961 der Ryan XV 5A.

viles amerikanisches Zweistromtriebwerk ab 1960 zum Einsatz im Luftverkehr. Ausgerüstet wurden damit die Convair 990 Coronado, die zuletzt von der spanischen Luftverkehrsgesellschaft Spantax geflogen wurden.
Mit der Herbitus-Höhenversuchsanlage, einem einmaligen, sehr modernen Höhenprüfstand, der bei BMW in München-Oberwiesenfeld gebaut worden war, kam C. K. Soestmeyer nach den USA. Da von ihm die Planung der Anlage stammte und er auch für den Betrieb zuständig war, wirkte er im Auftrage der USAF an der Wiederaufstellung und Erweiterung in USA sowie an der Inbetriebnahme beim Arnold Engineering Development Center in Tullahoma mit. Er blieb dort bis 1955 als Betriebsleiter. Anschließend ging Soestmeyer in den Außendienst zu General Electric. Nachdem der Starfighter F 104 G für die Luftwaffe ausgewählt worden war, übernahm er Verbindungsaufgaben für die J 79-Lizenzfertigung bei MTU in München. Zuletzt war er beratend für General Electric in Europa tätig.

Bei Avco-Lycoming

In USA wohl am bekanntesten geworden ist die Aktivität der deutschen Ingenieurgruppe der Lycoming unter der Leitung von Dr. Anselm Franz, der im Krieg bei Junkers für die Entwicklung der Strahltriebwerke insbesonders des Jumo 004 zuständig war.
Dr. Franz ging, nachdem er von 1946 bis 1951 in Dayton beim Forschungszentrum der USAF gearbeitet hatte, zu Lycoming, um dort eine Gasturbinenentwicklung aufzuziehen. Unter seiner Leitung wurde das Turbinen-Entwicklungswerk in Stratford, Conn., aufgebaut. Den Grundstock für

Die unter Leitung von Dr. A. Franz begonnene Entwicklung von Luftfahrt-Gasturbinen bei Avco-Lycoming begann mit dem Wellenleistungstriebwerk T 53, das in großer Serie für den Bell-Hubschrauber UH 1 gebaut wurde. In den Jahren 1967 bis 1970 lief auch eine Lizenzfertigung bei Klöckner-Humboldt-Deutz im Werk Oberursel. Hauptdaten des T 53-L-13: Wellenleistung beim Start 1040 kW (1420 PS), Luftdurchsatz 4,8 kg/s, Durchmesser 584 mm, Trockenmasse 243 kg, Abtriebsdrehzahl 6600 min^{-1}.

seine Organisation bildeten einige seiner ehemaligen Mitarbeiter von Junkers, darunter Dr. Heinrich Adenstedt, Dr. Friedrich Bielitz, Heinz Möllmann, Wolgang Stein und Siegfried Decher. Die beiden letztgenannten hatten vorher über fünf Jahre bei der Gruppe Oestrich in Frankreich an der Entwicklung des ATAR-Triebwerkes mitgearbeitet.

Die Tätigkeit von Dr. Franz und seiner achtköpfigen deutschen Spezialistengruppe bei Lycoming, die den Kern seines inzwischen auf 150 Ingenieure angewachsenen Entwicklungsteams bildeten, wurde erstmals in der Öffentlichkeit bekannt, als unter der Überschrift »Pioneer works with jets« ein Artikel in der New York Times vom 5. August 1954 erschien. In diesem Artikel wurde auch auf die Leistungen von Dr. Franz als Pionier des Strahlantriebes bei der Entwicklung der Jumo 004-Strahlturbine hingewiesen. Dr. Franz war bis zu seiner Pensionierung im Dezember 1968 Vice President Assistant General Manager der Avco-Lycoming Division in Stratford und ist seither Consultant der Firma. Das Werk in Stratford, das die Turbinenentwicklung und die Produktion umfaßte, hatte zu diesem Zeitpunkt eine Belegschaft von über 10000 Beschäftigten.

Dr. Franz war für die Entwicklung der Gasturbinen T 53 und T 55 sowie der Ableitungen als Zweistromtriebwerk (ALF) und Industrieausführungen verantwortlich. Weit mehr als 20000 Triebwerke aus diesen erfolgreichen Entwicklungsfamilien sind für militärische und zivile Verwendung gebaut worden.

Die Entwicklung begann mit der T 53 von zuerst 640 kW (870 PS) für den Hubschrauber Bell UH 1, der 1958 in Serie ging. Nach zahlreichen Verbesserungen hat die letzte Baureihe eine Leistung von 1340 kW (1825 PS). Das Besondere bei den Triebwerken T 53 und T 55 liegt in dem von Dr. Franz entwickelten Konstruktionskonzept, das eine sehr universale Verwendbarkeit der verschiedensten Ausführungen ermöglicht. Die eigentliche Gasturbine besteht aus mehreren axialen Verdichterstufen mit einer radialen Endstufe, einer Umkehr-Ringbrennkammer, einer Verdichterturbine und einer freien Arbeits- oder Nutzturbine. Letztere ist vom Gasgeneratorläufer unabhängig und über eine innere durchgehende Welle nach vorne mit dem Getriebe verbunden. Der Abtrieb auf der Lufteinlaßseite, also in der kalten Zone, ermöglicht den Anbau verschiedner Getriebe mit unterschiedlichen Untersetzungsverhältnissen, je nach Verwendung als Turbomotor für Hubschrauber, als Propellerturbine, mit Frontgebläse als Zweistromtriebwerk oder als Industriegasturbine. Da sich die Aufhängepunkte am Stirngehäuse befinden, kann die Brennkammer-Turbinen-Baugruppe leicht abgenommen und ausgetauscht werden. Davon wird besonders im militärischen Einsatz häufig Gebrauch gemacht. Bei den Lycoming Gasturbinen-Triebwerken ist die modulare Bauweise mit der Austauschbarkeit von triebwerkseigenen Baugruppen erstmalig und beispielhaft verwirklicht worden.

In Deutschland sind T 53-Gasturbinen von 1967 bis 1970 durch Klöckner-Humbold-Deutz im Werk Oberursel für den Bell UH 1D-Hubschrauber der Bundeswehr in Lizenz gebaut worden. Die T 55-Turbine, die anfangs eine Wellenleistung von 1640 kW (2230 PS) hatte, dann auf 2790 kW (3800 PS) und zuletzt auf 3425 kW (4660 PS) gesteigert wurde, kam vor allem beim Vertol Chinook-Hubschrauber zur Anwendung. Sie ist auch in Italien von Piaggio, in Japan von Kawasaki in Lizenz gefertigt worden.

Unter der Bezeichung PLF 1A und ALF 501 begann die Entwicklungsreihe eines Zweistromtriebwerkes mit hohem Luftdurchsatzverhältnis von 5,0 unter der Verwendung des T 55-Gasgenerators. Das vorläufige Endprodukt dieser Reihe ist das Triebwerk ALF 502 mit einem Startschub von 33,4 kN (3400 kp). Als private Entwicklung 1969 begonnen, ist das ALF 502-Triebwerk bereits für mehrere größere Geschäftsreiseflugzeuge und Zubringerflugzeuge vorgesehen. Die Modularbauweise ist konsequent weitergeführt worden. Die Überholung ist, wie bei anderen großen Triebwerken, nicht von Betriebsstunden, sondern vom Zustand abhängig, wobei bei den Serientriebwerken eine Garantie für 4000 Stunden gegeben wird. Auch in diesen Triebwerken stecken Erfahrungen, die vor mehr als 35 Jahren beim Jumo 004 in Dessau gemacht wurden.

Unter Dr. Franz wurde noch die Entwicklung einer Gasturbine mit Wärmetauscher von 1120 kW (1520 PS) für einen US-Panzer begonnen, die jetzt als erste ihrer Art unter der Bezeichnung AGT 500 für den XM-1 Main Battle Tank in Serie gebaut wird.

Triebwerksentwicklungen der Nachkriegszeit

Der Wiederbeginn in Deutschland

Am 5. Mai 1955 erhielt die Bundesrepublik Deutschland die Lufthoheit zurück, damit waren auch die Verbote zur Einfuhr und Herstellung von Luftfahrtgerät aufgehoben. Die Firmen der Luftfahrtindustrie hatten sich zwar auf die seit längerem vorhersehbare Situation einstellen können, aber sie mußten lange warten, bis die ersten Beschaffungsprogramme der Bundeswehr vorlagen und Fertigungsaufträge erteilt wurden.
Die ersten Programme sahen vor:

- ☐ Schul- und Übungsflugzeug Piaggio P 149 D (1 x Lycoming GO 480)
- ☐ Verbindungsflugzeug Dornier DO 27 (1 x Lycoming GO 480)
- ☐ Transportflugzeug Nord Noratlas (2 x SNECMA-Bristol Hercules)
- ☐ Strahltrainer Fouga Magister (2 x Turboméca Marboré)

Nur der Boxermotor Lycoming GO 480 B von 200 kW (270 PS), für den ein Bedarf von 600 Einheiten angenommen wurde, konnte in Deutschland gefertigt werden. Die BMW Triebwerkbau begann 1957 mit dessen Lizenz-Produktion. Da alle anderen Flugzeuge für die Erstausstattung der neuen deutschen Luftwaffe und der Heeresflieger, später auch für die Marine, nach recht unterschiedlichen Forderungen und Erwägungen ausgewählt und im Ausland gekauft wurden, kamen eine Vielzahl von Flugmotoren und Turbinentriebwerken zur Einführung. In den sechziger Jahren standen 25 verschiedene Triebwerke aus Großbritannien, den USA, Kanada und Frankreich in der Bundeswehr im Einsatz. Ihre Überholung und Reparatur erfolgte zum Teil bei den deutschen Triebwerksfirmen, die sich damit wieder eine wirtschaftliche Grundlage schaffen konnten.
Im Jahre 1960 gab es in der Bundesrepublik sechs Triebwerksfirmen (BMW-Triebwerkbau, Daimler-Benz, Heinkel, Junkers, Klöckner-Humboldt-Deutz und MAN-Turbomotoren) dazu einige Zubehör und Überholungsbetriebe wie Bosch, Pierburg, Propellerwerk Hoffmann, Häusler-Flugmotorenwerk, Röder-Präzision, Deutsche Aeroexpress usw.
Die ersten deutschen Neuentwicklungen nach dem Zweiten Weltkrieg auf dem Gebiet der Luftfahrttriebwerke begannen 1956 bei BMW mit den Kleingasturbinen BMW 6002, 6012 und 6022, 1955 bei Daimler-Benz mit den Turbotriebwerken DB 720 und 721, sowie 1953 bei Heinkel im Rahmen eines Ägypten-Auftrages. Die Triebwerkstätigkeiten von Junkers, vorwiegend Projekt- und Studienarbeiten, wurden 1960 nach der Eingliederung in die Flugzeug-Union Süd (FUS) abgebrochen. Im Rahmen der Flugzeug- und Hubschrauber-Beschaffungsprogramme der Bundeswehr in den sechziger und siebziger Jahren, beginnend mit den Flugzeugmustern Lockheed F 104 G Starfighter, Fiat G 91, Nord Transall C 160, Bell UH 1 D und Sikorsky CH 53 G, zum Teil als Nato-Gemeinschaftsprogramme durchgeführt, kam es bei BMW und KHD ab 1959 zu einer Reihe von Lizenzfertigungen in Form kompletter Triebwerke oder einzelnen Baugruppen. Da diese jeweils über mehrere Jahre laufenden Lizenzfertigungen größere Stückzahlen vorsahen, erfolgte auch die Einbeziehung der deutschen Ausrüstungs- und Zubehörindustrie sowie der Werkstoff und Halbzeuglieferanten. Die Leistungsfähigkeit dieser Hersteller war eine Voraussetzung für die späteren eigenen Entwicklungen der deutschen Triebwerksfirmen. Die Auswirkungen, die der Lizenzbau auf die Schaffung eigenen technischen Wissens hatte, darf nicht unterschätzt werden. Vor allem die Fertigungstechnologie hat in Deutschland von dieser ersten Generation der Lizenzfertigung wertvolle Impulse erhalten.
Im Juni 1969 erfolgt die Gründung der »Motoren- und Turbinen-Union München GmbH« (MTU), in der die Luftfahrtaktivitäten von BMW, MAN, Daimler-Benz und Maybach vereinigt wurden. Bereits 1960 hatte die MAN-Turbomotoren einen Zusammenarbeitsvertrag mit Rolls Royce abgeschlossen und danach gemeinsame Entwicklungen mit allmählich steigenden deutschen Anteilen begonnen. Hierunter fielen die Strahltriebwerke RB. 145 für die Senkrechtstarter-Versuchsflugzeuge VJ 101 C X1 und X2, RB 153 für ein nicht durchgeführtes VTOL-Projekt und RB. 193 für den Senkrechtstarter VAK 191. Zu einer Serienfertigung gelangte keines dieser Triebwerke. Im Rahmen des Nachbaues des General Electric Triebwerkes J 79, für das im März 1959 ein Lizenzvertrag unterschrieben wurde, sowie für die Betreuungs- und Überholungsarbeiten im Auftrage des BWB mußte die BMW-Triebwerkbau erhebliche Investitionen vornehmen. Wertmäßig fertigte BMW 31,5 % aller J 79 Triebwerke für den deutschen Bedarf. Das erste Serientriebwerk mit Teilen aus der Münchner Fertigung, dort auch montiert und auf dem Prüfstand abgenommen, konnte am 30. Januar 1962 ausgeliefert werden. Für die in der Bundesrepublik im Einsatz stehenden F 104 kam 1968/69 ein Mo-

difizierungsprogramm zum Anlaufen, mit dem Ziel einer erhöhten Zuverlässigkeit und längeren Betriebszeiten zwischen den Überholungen. Es handelte sich dabei um eine Weiterentwicklung des Triebwerkes, das danach die Bezeichnung J 79-MTU J1K erhielt. In enger Zusammenarbeit mit dem Lizenzgeber kam eine Reihe von Änderungen am Verdichter, an Teilen der Brennkammer, an der Turbine, am Nachbrenner und an der Schubdüse zur Einführung. Die Nachverbrennungsanlage entsprach bereits der Baureihe J 79-17A, d.h. dem Triebwerk, das für die F 4E Phantom II der Bundeswehr von 1972 bis 1975 bei MTU gebaut wurde.
In einer erfolgreichen Gemeinschaftentwicklungsarbeit mit anschließender Serienfertigung ist es zusammen mit Rolls Royce und Fiat beim RB. 199-34R für das Mehrzweck-Kampfflugzeug MRCA-Tornado gekommen. Zusammen mit Fiat wird zur Zeit im Rahmen eines seit 1977 bestehenden Kooperationsvertrages am Ziviltriebwerk Pratt & Whitney JT 10 D gearbeitet. Der Entwicklungsanteil von MTU enthält die Niederdruckturbine.
Gemeinsam mit Turboméca laufen Entwicklungsarbeiten am Turbotriebwerk MTM 380, das für den deutsch-französischen Panzerabwehrhubschrauber PAH II bestimmt ist.
MTU ist zusammen mit der SNECMA auch an der Serienfertigung des Airbus-Triebwerkes General Electric CF6-50 beteiligt. Klöckner-Humboldt-Deutz nahm neben der Lizenzfertigung des Bristol Orpheus, der Lycoming T 53 und der GRTS Larzac, auch die Entwicklung von Kleingasturbinen auf, darunter eine Hilfsgasturbine (APU) T 312 für das Kampfflugzeug Tornado. Daneben steht noch eine kleine Strahlturbine T 317 in der Erprobung.
Auf dem Gebiet der Hub- und Kreiskolbenmotoren für Motorsegler sowie Sport- und Reiseflugzeuge hat es in den vergangenen Jahren viele Bemühungen und technisch interessante Ansätze gegeben, die jedoch nur beim Limbach SL 1700 zu einer Serienfertigung mit größeren Stückzahlen geführt haben. Die dominierende Position der amerikanischen Continental- und Lycoming-Flugmotoren, durch ihre großen Stückzahlen relativ preisgünstig und mit einem weltweiten Servicenetz versehen, lassen die Aussichten von Neuentwicklungen von vornherein gering erscheinen. Nur neuartige Konzepte, wie z. B. schnellaufende Getriebemotoren, hätten vielleicht Chancen für die Zukunft. Der Wankel-Motor, auf den große Hoffnungen gesetzt wurden, hat sich trotz aller Bemühungen nicht durchsetzen können.

Lizenzbau von Strahltriebwerken in der Bundesrepublik ab 1959

Triebwerksversion	Lizenzgeber	Beteiligte Firmen	Einbau in	Zeit/von – bis	Stückzahlen
Klöckner-Humboldt-Deutz AG, Oberursel					
BS–25 Orpheus 803 D	Bristol-Siddeley		Fiat G 91	1959–1967	400
T 53–L–11	Avco Lycoming		Bell UH–1D	1967	70
T 53–L–13	Avco Lycoming		Bell UH–1D	1968–1970	450
M 49 Larzac 04	GRTS (Groupement Turboméca-SNECMA)	SNECMA, Turboméca, MTU	Dornier Alpha Jet	1977–	1800 (geplant)
MTU-Motoren- und Turbinen-Union München GmbH, München					
J 79–11A	General Electric	GE, Fiat, FN	Lockheed F–104 G »Starfighter«	1961–1965	627
J 79–MTU–J1K	General Electric	GE, Alfa Romeo, FN	Lockheed F–104 G »Starfighter«	1971–1973	50+ 960 Umrüstsätze
J 79–MTU–17A	General Electric	GE	McDonnell Douglas RF–4E »Phantom 2«	1972–1975	448
R. Tyne 20 MK 21	Rolls Royce	Hispano Suiza (Endmontage) RR, FN	Bréguet Br. 1150 Atlantik Mk 1	1966–1972	315 Teilesätze
R. Tyne 20 MK 22	Rolls Royce	Hispano Suiza, Rolls Royce, FN	Transall C-160	1966–1972	470
T 64–MTU–7	General Electric	KHD, GE	Sikorsky CH–53 G	1971–1975	247
250–MTU–C20B	DDA (Detroit Diesel Allison Div.)	DDA	MBB Bo105/ PAH–1/VBH	1979–	714 (geplant)

Kleingasturbinen von BMW

von Helmut Schubert

Die ersten Fluggasturbinenentwicklungen vor und während des Zweiten Weltkrieges waren Projekte, bei denen die Triebwerke als Hauptantrieb für militärische Kampfflugzeuge vorgesehen waren. Auch die militärischen und zivilen Entwicklungen, die nach 1945 in Großbritannien, den USA und Frankreich entstanden, waren Großtriebwerke mit Schüben über 10 kN oder Leistungen über 1.000 kW. Erst die französische Triebwerksfirma Turboméca versuchte es mit Triebwerken in einem kleineren Leistungsbereich. Aber es dauerte noch lange, bis Reise- und Geschäftsflugzeuge oder Hubschrauber mit Turbotriebwerken ausgerüstet wurden. Ab Mitte der fünfziger Jahre beschäftigten sich dann Firmen wie Allison, Garrett-AiResearch und Avco Lycoming in den USA, UACL in Kanada und de Havilland in Großbritannien auch mit Triebwerken im unteren Leistungsbereich und erschlossen damit der Fluggasturbine einen neuen Anwendungsbereich.

Dies war auch die Zeit, in der nach Aufhebung der alliierten Verbote sich deutsche Firmen wieder auf dem Gebiet der Luftfahrt betätigen konnten.

BMW 6002 und 8025

Die Firma BMW entschloß sich daher auch sofort nach Aufhebung der alliierten Verbote, wieder auf dem Flugtriebwerkssektor tätig zu werden. Hierzu wurde am 22. Januar 1954 zunächst die BMW-Studiengesellschaft für Triebwerkbau GmbH in München gegründet. Technischer Geschäftführer wurde Helmuth Sachse, der bereits ab 1937 technischer Leiter der BMW-Flugmotorenbau GmbH war. Das Personal der Studiengesellschaft bestand bei der Gründung aus etwa einem Dutzend Mitarbeiter und zwar früheren BMW- und Junkers-Angehörigen, die zum großen Teil im Laufe des Jahres 1954 aus Rußland zurück kamen. Das Team, das zunächst in Büroräumen des Stammwerkes der BMW AG in München-Milbertshofen untergebracht war, bestand gegen Ende 1957 erst aus etwa 25 Mitarbeitern. Erfahrene Mitarbeiter aus den früheren BMW-Entwicklungsteams übernahmen die Führung in den wichtigsten Entwicklungsabteilungen: Konstruktion (Heinrich Leibach), Berechnung (Dr. Hermann Hagen) und Versuch (Karl Prestel).

Im März 1956 begann die Arbeit an der Kleingasturbine mit der Bezeichnung BMW 6002. Die Finanzierung der Entwicklung dieses Triebwerks, das im Leistungsbereich zwischen 35 und 55 kW (50 bis 75 PS) lag, erfolgte mit Firmenmitteln, zu denen das Bundesministerium für Verteidigung später einen Zuschuß gewährte.

Das Einwellentriebwerk BMW 6002 hatte einen einfachen konstruktiven Aufbau und sollte in kurzer Entwicklungszeit mit kleinem Entwicklungsrisiko serienreif sein. Die Grundkonstruktion des Triebwerks bestand aus einem einstufigen Radialverdichter mit dem Druckverhältnis 3:1, einer einstufigen Radialturbine, die sowohl die für den Verdichter benötigte Antriebsleistung, als auch über ein Getriebe die Wellenleistung liefert, und einer raumsparenden flachen Scheiben-

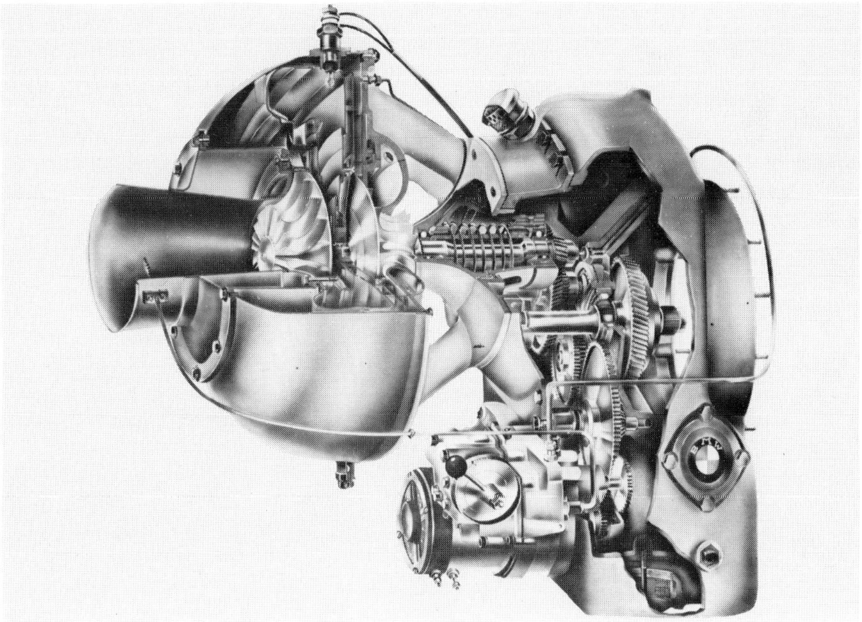

Bei der BMW-Studiengesellschaft in München begann im Frühjahr 1956 die Entwicklung der Kleingasturbine BMW 6002 von 37 kW (50 PS). Neben der Verwendung für stationäre Zwecke kam die abgeleitete Strahltriebwerksversion BMW 8025 im Turbinensegler H 30 TS zum Fliegen.

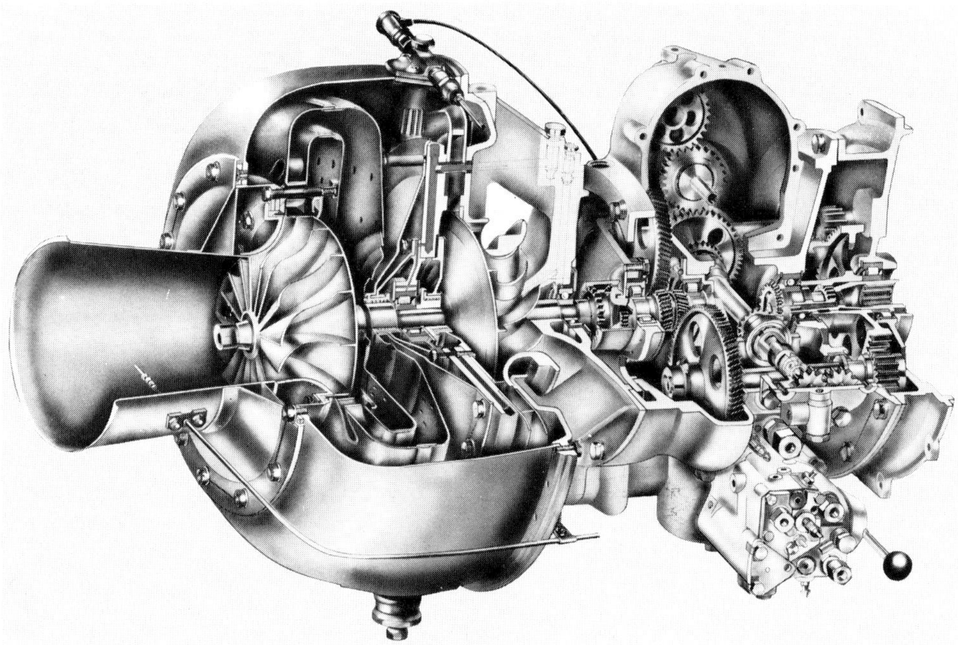

Das BMW 6012 Triebwerk von 75 kW (100 PS) stellte eine Weiterentwicklung des BMW 6002-Triebwerkes dar, jedoch mit größeren Abmessungen, geänderter Lagerung und anderer Getriebeanordnung.
Hauptdaten der letzten Ausführung 6012 C3: Wellenleistung beim Start 81 kW (110 PS) bei 45 000 min^{-1}, Luftdurchsatz 1 kg/s, Durchmesser 407 mm, Abtriebsdrehzahl 3000 bis 8000 min^{-1}.

brennkammer. Die Brennstoffzuführung erfolgte durch die Hohlwelle des Rotors und die Rotationszerstäubung in der Brennkammer durch einen Zentrifugalspritzring. Der Verdichter-Turbinenrotor war fliegend gelagert.
Um Aufschluß über die bei dieser neuartigen Scheibenbrennkammer auftretenden Verbrennungsverhältnisse zu erhalten, wurde sehr früh ein Brennkammerprüfstand für offene Verbrennung gebaut. Es wurde dazu einer der von der Raketenentwicklung der BMW erhaltenen Prüfstände in München-Allach umgebaut, ein weiterer für die BMW 6002-Triebwerksversuche wieder hergerichtet.
Der Erstlauf eines Voll-Triebwerks BMW 6002 fand dann im November 1958 statt und ein erster 50-Stunden-Dauerlauf wurde im April 1959 durchgeführt. Während die ersten Versionen als stationäre Triebwerke (Heizturbine, Stromerzeuger, Feuerlöschpumpe) gebaut wurden, erfolgte mit dem von dem Wellenleistungstriebwerk abgeleiteten Strahltriebwerk, dem BMW 8025 (ursprünglich BMW 8011), am 25. September 1960 in Göppingen der erste Flug in dem Hütter-Allgaier-Turbinensegler H-30 TS. Dies war das erste Mal nach dem Zweiten Weltkrieg, daß ein in der Bundesrepublik Deutschland entwickeltes Fluggerät, ausgestattet mit einem deutschen Triebwerk, flog. Die Prüfstandsentwicklung einer leistungserhöhten Wellenleistungs-Version mit 55 kW Leistung begann in den ersten Monaten des Jahres 1961. Anfang 1962 fand damit der Erstflug mit einem Siemetzky-Hubschrauber statt. Insgesamt wurden von den Versionen BMW 6002 und BMW 8025 41 Entwicklungs- und Prototypentriebwerke bis 1963 gebaut.
Die Gesamtlaufzeit aller Triebwerke betrug ca. 2500 Stunden. Die Entwicklungsarbeiten wurden vor Beginn einer Serienfertigung im Jahre 1963 eingestellt.

BMW 6012

Am 30. September 1957 war der erste technische Geschäftsführer der BMW-Studiengesellschaft GmbH, Helmuth Sachse, ausgeschieden. Sein Nachfolger als technischer Geschäftsführer wurde Ferdinand Brandner, der den Umzug der BMW-Studiengesellschaft nach München-Allach förderte und die Verschmelzung mit der 1957 gegründeten BMW-Triebwerkbau GmbH Anfang 1958 herbeiführte. Ferdinand Brandner wurde Mitte 1958 von Helmut Graf von Zborowski als Geschäftsführer für den Bereich Entwicklung abgelöst.
Die Erfahrungen mit der Kleingasturbine BMW 6002 veranlaßten die BMW-Triebwerkbau GmbH zur Weiterentwicklung dieses Triebwerkskonzepts. Es entstand das neue Projekt BMW 6012. Die Zielsetzung bei dieser Kleingasturbinen-Entwicklung war: Reduzierung der Triebwerksmasse und des Bauvolumens, Verbesserung des mechanischen Verhaltens, Erhöhung der Leistung auf ca. 75 kW und Erweiterung der Anwendungsmöglichkeiten durch verschiedenartige Anlaßeinrichtungen, eine größere Auswahl an Getriebeabstufungen und die Möglichkeit des Direktantriebs eines Luftlieferers.
Der Aufbau des Triebwerks ähnelte dem der BMW 6002. Der einstufige Radialverdichter hatte einen »topfgefrästen«

Vorsatzläufer, die einstufige Turbine war zunächst als Diagonalturbine vorgesehen, wurde aber dann als integral gegossenes Radialturbinenrad hergestellt. Die Rotorlagerung erfolgte zur Verbesserung des Schwingungsverhaltens vor dem Verdichter und zwischen Verdichter und Turbine. Es wurde wieder eine symmetrische Scheibenbrennkammer verwendet. Die Brennstoffzuführung erfolgte über die Rotor-Hohlwelle mit Zerstäubung über einen Zentrifugal-Einspritzring. Anlaßmöglichkeiten für das Triebwerk bestanden wahlweise für Hand, Elektroanlasser und Anlaßgenerator, Pneumatik- oder Hydraulikanlasser. Das Getriebe war zweistufig und ermöglichte durch Auswechseln von Zahnradpaaren verschiedene Abtriebsdrehzahlen. Der Leistungsbereich des Triebwerks erstreckte sich von 52 kW bis 80 kW (70 bis 110 PS). Das Verdichtungsverhältnis betrug ca. 3:1 und die Turbineneintrittstemperatur 1040 K.

Mit der thermodynamischen Auslegung und der Konstruktion der Gasturbine wurde bereits 1959 begonnen. Das Triebwerk wurde in verschiedenen Versionen, wie z. B. als Wellenleistungstriebwerk (52 bis 80 kW), als Schubtriebwerk (440 N), als Heißgaslieferer und als Luftlieferer mit einem Druck von ca. 2,5 bar und 0,5 kg/s Durchsatz gebaut. In der Zwischenzeit waren Dr. Karl Schott und Willi Futscher Geschäftsführer der BMW-Triebwerkbau GmbH geworden. Leiter der Entwicklung war zu dieser Zeit Hans Deinhardt.

Im März 1962 ging die BMW 6012 L (Luftlieferer) in die Erprobung und kurz darauf folgten die ersten Flüge mit dem von Dr. Laufer konstruierten Einmann-Hubschrauber Dornier Do 32, der mit einem Blattspitzen-Rotorantrieb ausgerüstet war.

Eine weitere Verwendung fand das Triebwerk BMW 6012 L im unbemannten Hubschrauber Dornier Do 32U, der im Juni 1966 bei Dornier in Immenstaad flog. Dieser Hubschrauber war eine Do 32 ohne Höhenleitwerk. Die damit gemachten Erfahrungen führten zur Beobachtungsplattform Dornier Do 32K Kiebitz. Bei ihm blieb lediglich das Rotorsystem des Vorgängermusters. Dieses umschloß das BMW 6012 L-Triebwerk mit Luftlieferer, Flugregler und 50 kg Nutzlast. Das Gerät, dessen Erprobung im April 1967 begann, wurde auf einem Lkw, der als mobile Bodenstation diente, zusammengeklappt zum Einsatz gebracht und dann an einem Seil bis zu 300 m über dem Boden stationiert. Die Brennstoffversorgung erfolgte vom Boden aus über eine Versorgungs-Nabelschnur.

Das Triebwerk BMW 6012 L wurde im Dornier Kiebitz durch das leistungsstärkere Triebwerk KHD T 212 und dieses später durch das Allison-250-MTU-C20 B mit 300 kW (410 PS) Antriebsleistung ersetzt. Die Leistungsübertragungseinheit mit dem Luftlieferer, einem Radialverdichter mit 1,42 kg/s Durchsatz, wurde von der MTU München entwickelt.

Weitere Anwendungen der BMW 6012 und 8026

Eine erste Lieferung von zwei Triebwerken zur Erprobung als Hilfsgasturbine (APU) im Hubschrauber Sikorsky-VFW SF-64 »Skycrane« erfolgte im Juni 1962 durch die BMW-Triebwerkbau GmbH.

Eine weitere Luftfahrtanwendung fand das Triebwerk BMW 6012 A als Steuerluftlieferer im Schwebegestell der

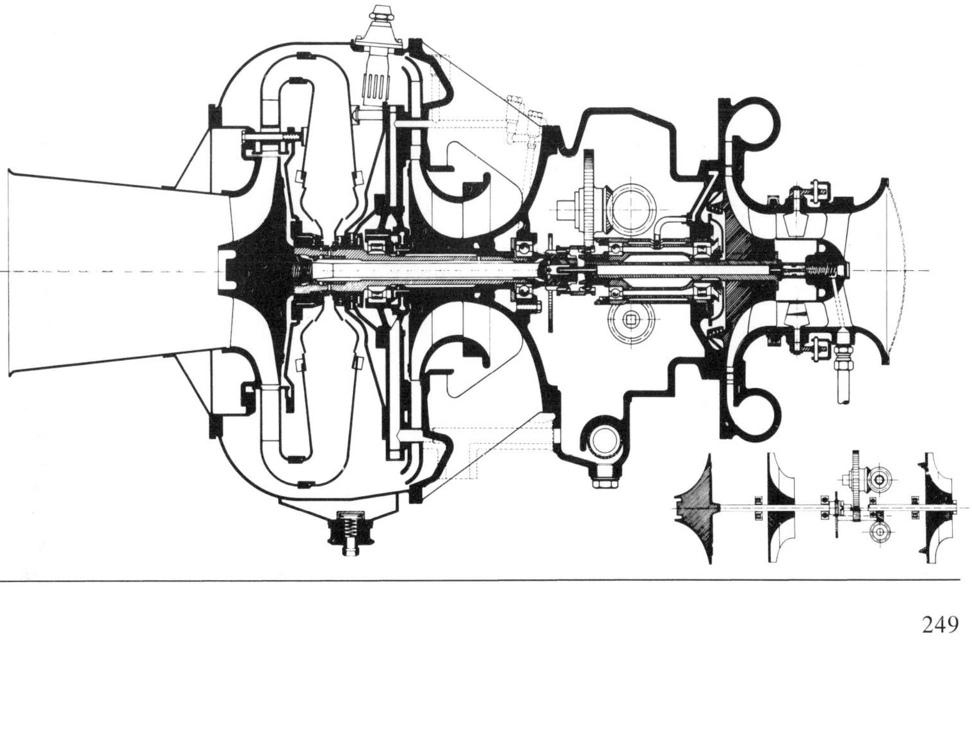

Für die verschiedenen Ausführungen des Dornier-Hubschraubers Do 32, der einen Blattspitzenantrieb in Form eines durch ausströmende Luft angetriebenen Reaktionsrotors hat, wurde die Sonderausführung BMW 6012 L als Luftlieferer verwendet. Hauptdaten: Durchmesser 380 mm, Trockenmasse 44 kg, Luftmenge 0,5 kg/s bei 2,5 bar.

Vereinigten Flugtechnischen Werke, Bremen. Das Schwebegestell wurde von VFW im Rahmen der Entwicklung des Senkrechtstartflugzeuges VAK 191 B gebaut.
Im April 1962 kam das Schubtriebwerk BMW 8026 im Turbinensegler H-30 TS für Start- und Steigversuche als Motorseglerantrieb zum Einsatz.
Eine weitere Anwendung fand das Triebwerk BMW 8026 auch im Heinkel Motorsegler Greif 1b.
Im Herbst 1963 wurden mit den beiden Triebwerksbaumustern BMW 6012 A und BMW 6012 B ein 150-Stunden-Lauf mit dem Baumuster BMW 6012 L ein 50-Stunden-Flugzulassungslauf erfolgreich abgeschlossen. 1964 erfolgte ein 1000-Stunden-Dauerlauf mit dem Stromerzeugeraggregat BMW 6012 B, das im Hörsaal-Flugzeug Douglas C-47 zum Einsatz kam. Die ersten Versuchsflüge des Triebwerks im Zweimann-Hubschrauber Siemetzky Asro 4 begannen im März 1965.
Die Entwicklungsarbeiten am Baumuster BMW 6012 wurden Mitte 1966 abgeschlossen. Die Summe der in der Entwicklung erzielten Laufzeiten aller Triebwerke betrug rund 12000 Stunden. Insgesamt wurden 44 Entwicklungs- und 278 Serientriebwerke gebaut. Das letzte Serientriebwerk wurde im Januar 1971 ausgeliefert.

BMW/MAN Turbo/MTU 6022

Aufbauend auf der Erfahrung mit den Kleingasturbinen BMW 6002 und BMW 6012 begann die BMW-Triebwerkbau GmbH 1962 mit der Projektierung eines Einwellen-Leistungstriebwerks für Leistungen über 160 kW als Antrieb für den Hubschrauber Bo 105 der damaligen Bölkow-Entwicklungen KG.
Neben seiner Verwendung als Hubschrauberantrieb, sollte das neue Triebwerk unter der damaligen Bezeichnung BMW 6022-A0, durch seine einfache Konstruktion universell, d.h. auch für Nichtluftfahrtanwendungen, einsetzbar sein.
Das Einwellentriebwerk besteht aus einem zweistufigen Radialverdichter, einer dreistufigen Axialturbine und einer dazwischen außen liegenden Einzelrohrbrennkammer mit Niederdruckeinspritzdüse. Am Verdichtergehäuse ist das Getriebe angeflanscht, das eine Leistungsverzweigung aufweist. Sämtliche Zusatzgeräte sind am Getriebe angeordnet. Die Läuferdrehzahl von 45000 bzw. 42000 min^{-1} wird auf 6000 min^{-1} am Triebwerksabtrieb reduziert. Zur Erhöhung der Flugsicherheit kommen im Hubschrauber Bo 105 zwei Triebwerke als Doppeltriebwerksanlage zum Einsatz. Im Gegensatz zu den damals üblichen Doppelantrieben mit Freiturbinen wählte man hier Einwellen-Triebwerke mit Fliehkraftkupplung und Freilauf, weil Einwellen-Triebwerke ein wesentlich besseres Beschleunigungsverhalten als Triebwerke mit Nutzleistungsturbinen aufweisen.
Das von der MTU München gemeinsam mit der Firma Bölkow für die beiden Einwellen-Triebwerke entwickelte Regelsystem besaß neben einem Brennstoffregler für jedes Triebwerk und einem beiden Triebwerken gemeinsamen Hauptdrehzahlregler außerdem zur gleichmäßigen Lei-

* Die Firmenumbenennungen, Fusionen und Neugründungen sind in der Zeittafel aufgeführt.

Für den Bölkow-Hubschrauber Bo 105 wurde das Einwellen-Gasturbinentriebwerk BMW 6022 im Jahre 1962 projektiert, wobei auch andere Anwendungsmöglichkeiten mit zur Berücksichtigung kamen. Abweichend von den vorher ausgeführten Kleingasturbinen hatte das Triebwerk BMW 6022 einen zweistufigen Radialverdichter, eine außen liegende Einzelbrennkammer und eine dreistufige Axialturbine. In der A0-Ausführung betrug die Leistung 162 kW (220 PS). Hauptdaten 6022 A2: Wellenleistung beim Start 258 kW (350 PS), Luftdurchsatz 1,9 kg/s, Durchmesser 476 mm, Trockenmasse 90 kg, Abtriebsdrehzahl 6000 min^{-1}.

stungsaufteilung auf beide Antriebsanlagen noch eine drehmomentabhängige Leistungsaufteilung zur Angleichung der Drehmomente.
Die Auslegung des Triebwerks in der Version BMW 6022 A0 erfolgte 1962. Im April 1964 begannen die ersten Prüfläufe des Triebwerks mit einer Leistung von 162 kW (220 PS). Es folgte die konstruktiv verbesserte Version BMW 6022-A1 mit geänderter Brennkammeranordnung, deren Erstlauf im März 1965 erfolgte. Das Triebwerk erhielt Mitte 1965 die Bezeichnung MAN Turbo 6022-A1.

Die Forderungen des Zellenherstellers nach immer höheren Leistungen standen während der gesamten Entwicklungsdauer des Triebwerks im Vordergrund. Von anfänglich 162 kW (220 PS) stieg die Leistung auf 195 kW (265 PS) und am Ende der Entwicklung auf 276 kW (375 PS) bei der Version MAN Turbo 6022-A3. Der Erstlauf der Version MAN Turbo 6022-A2 erfolgte im November 1966.
Im November 1967 erhielt das Triebwerk MAN Turbo 6022-A2 nach erfolgreich abgeschlossenem 50-Stunden-Lauf mit 195 kW (265 PS) Startleistung die vorläufige Flug-

BMW/MAN/MTU-Wellenleistungstriebwerke

Muster		BMW 6002 (6003)	BMW 6012 A	BMW 6012 C-3	BMW 6022 A-O	BMW 6022 A-2	MTM 380
Baujahr		1957 (1963)	1959	1962	1964	1967	1980
Bauart		TM	TM	LL/APU	TM	TM	TM
Verdichter							
Luftdurchsatz	kg/s	0,6 (0,71)	0,88	1,02	1,91	1,91	ca. 3
Stufenzahl		1 R	1 R	1 R	2 R	2 R	4 A + 1 R
Druckverhältnis		3,0 (3,0)	3,1	3,3	6,4	6,4	ca. 13
Brennkammer		Scheiben-BK.	Scheiben-BK.	Scheiben-BK.	Rohr-BK.	Rohr-BK.	Ring-BK.
Turbine		1 R	1 R	1 R	3 A	3 A	2 A + 2 A
Getriebe		0,07/0,08(0,17)	0,04/0,18				
Abmessungen							
Länge	mm	750	713	706	1150	1150	ca. 990
Durchmesser/Breite	mm	680/710	380	407	B. 476	B. 476	ca. 475
Trockenmasse	kg	65	45	46,5	71	90	ca. 145
Startleistung							
Wellenleistung	kW (PS)	37 (50)	66 (90)	81 (110)	162 (220)	195 (265)	772 (1050)
Restschub	kN (kp)						
Wellenvergleichslst.	kW (PS)						
Drehzahl	min^{-1}	45000	45000	45000	45685	42000	46000
spez. Verbrauch	g/kWh (g/PSh)	815 (600)		795 (585)		425 (312)	
Einheitsmasse	kg/kW (kg/PS)	1,76 (1,30)	0,68 (0,50)	0,57 (0,42)	0,44 (0,32)	0,35 (0,26)	
Stirnflächenleistung	kW/m^2 (PS/m^2)	96,6 (130)	584 (796)	623 (845)			
Durchsatzleistung	kW/kg/s (PS/kg/s)	61,7 (83,3)	75,0 (102)	79,4 (108)	84,8 (115)	135 (183)	
Bemerkungen A = Axialstufen R = Radialstufen TM = Turbomotor (Wellenleistungstriebwerk B = Breite		In Siemetzki-Hubschr. geflog. 6003: Prüfstd. 55 kW (75 PS) bei 45000 min^{-1},	Geflogen in Do 32 als Luftlieferer 6012 L	Geflogen in Do 32 E Kiebitz. Auch als Hilfstriebwerk in Sikorsky SF 64	Prüfstandserprobung	Geflogen in Bo 105 und Dornier Aerodyne 6022 A-3 mit 275 kW (375 PS)	Vorgesehen für PAH 2, Planungsstand Frühjahr 1980

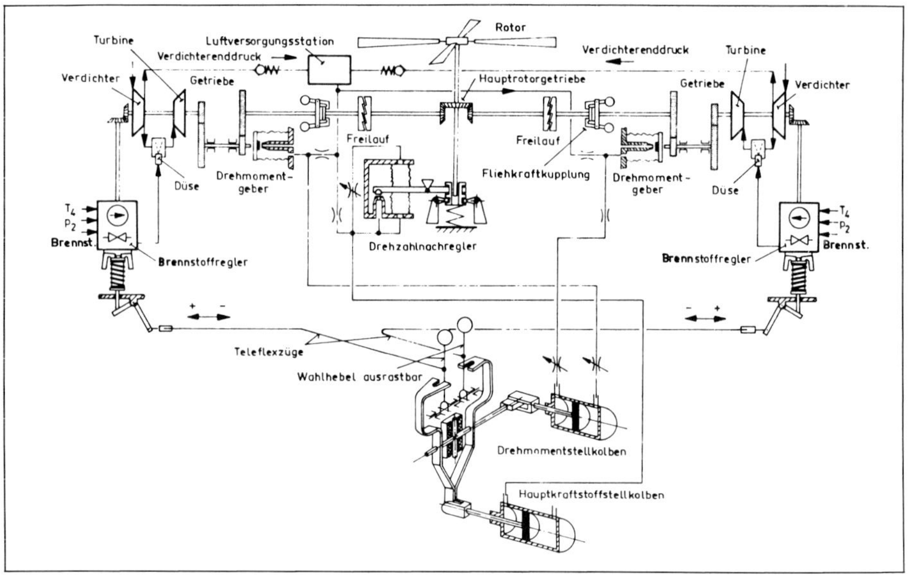

Für die Doppeltriebwerksanlage des Bo 105-Hubschraubers wurde für die Einwellentriebwerke BMW 6022 ein besonderes Regelsystem entwickelt, um eine gleichmäßige Leistungsaufteilung durch Abgleichung der Drehmomente zu ermöglichen.

zulassung durch das Luftfahrtbundesamt (LBA). Nach Abschluß eines 20-Stunden-Laufes als Doppeltriebwerksanlage fand der Erstflug in der Bölkow Bo 105-V3 mit einem Doppeltriebwerk MAN Turbo 6022-A2 am 20. Dezember 1967 statt. 1968 konnten die leistungsgesteigerten Versionen des Triebwerks mit 206 kW (280 PS) und 250 kW (340 PS) Startleistung je zwei 50-Stunden-Läufe erfolgreich absolvieren, so daß die zulässige Startleistung auf 206 kW (280 PS) erhöht werden konnte.

In den Jahren von 1968 bis 1969 erreichten die Triebwerke MAN Turbo 6022-A2 in der Bo 105-V3 rund 250 Stunden Laufzeit. Zu dieser Zeit begann bereits die Entwicklung der Version MAN Turbo 6022-A3 mit einer Startleistung von 276 kW (375 PS).

In den folgenden Jahren kam das Triebwerk in verschiedenen Varianten zum Einsatz. So als Lkw-Triebwerk unter der Bezeichnung MTU 6022-712 und als MTU 6022-716 Seilbahngondelantrieb, sowie als Generatorantrieb für Torpedoboote unter der Bezeichnung MTU 6022-715. Ab Herbst 1972 fand die Schwebeflugerprobung des unbemannten Experimentalfluggerätes Dornier Aerodyne statt, dessen Mantelschraube von einer MTU 6022-A3 angetrieben wurde.

Bis 1975 baute MTU insgesamt 82 Triebwerke aller Versionen. Es wurden 6200 Laufstunden von Entwicklungstriebwerken und bis Ende 1979 ca. 90000 Serien-Laufstunden erreicht.

Das Triebwerk BMW 6022, wie es zu Beginn der Entwicklung im Jahre 1962 bezeichnet wurde, war die letzte Triebwerksentwicklung, die unter dem Namen BMW erfolgte.

Entwicklungen der Klöckner-Humboldt-Deutz

von Helmut Schubert

Kleingasturbine KHD T 112

Im Jahre 1953, noch zu der Zeit der alliierten Verbote, begann bei der Klöckner-Humboldt-Deutz AG (KHD) im Werk Köln-Deutz die Entwicklung und Produktion von Abgasturboladern für Zweitakt-Deutz-Motoren mittlerer Leistung. Dies waren die Anfänge der späteren Luftfahrtgasturbinen-Entwicklungen. Unter Leitung von Georg Oberländer wurde dann ab 1955, noch im Werk Köln-Deutz, die Entwicklung von kleinen Industriegasturbinen aufgenommen. Es gehörten dazu die Typen T 28 (736 kW) und T 16 (60 kW), die später zur T 216 mit 75 kW (100 PS) Leistung weiter entwickelt wurde. Im Jahre 1958 erfolgte dann die Übersiedlung des Entwicklungs-Teams in das Werk Oberursel bei Frankfurt.

Verantwortlich für die Entwicklung waren Georg Oberländer und Friedrich Homolka. 1963 wurde Josef Vogts Chef des kleinen Entwicklungs-Teams in Oberursel, bestehend aus ca. 80 Mitarbeitern.

Im Jahre 1964 begann man bei KHD mit der Entwicklung eines 105 kW Hilfstriebwerks (APU) mit der Bezeichnung KHD T 112 für das militärische Senkrechtstartflugzeug VFW VAK 191 B. Die Entwicklung wurde zunächst gemeinsam mit der Firma Bristol Siddeley durchgeführt.

Das Einwellen-Triebwerk hatte einen transsonischen Axialverdichter mit einem nachfolgenden Radialverdichter und eine zweistufige Axialturbine. Die Masse dieses kleinen Wellenleistungstriebwerks betrug 34 kg. Das Triebwerk war für die kombinierte Abgabe von Wellenleistung und Druckluft konzipiert und mußte beim Einbau in dieses VTOL-Flugzeug folgende Forderungen erfüllen: Starten des RR/MAN RB. 193-12 Marschtriebwerks mittels der Hydraulikpumpe, Klimatisierung der Flugzeugelektronik und des Cockpits, während der Startvorbereitungen Lieferung von Luft und Kühlbrennstoff für die Klimaanlage, Antrieb eines Generators zur Erzeugung von elektrischem Strom und zum Pumpenantrieb und Lieferung von Drucköl bis zu 380 bar. Außerdem bestanden die Forderungen nach einwandfreier Regelbarkeit des Triebwerks bis 11 km Flughöhe und Anlaßmöglichkeiten mit Hilfe des Luftaufstaus (Windmilling). Es wurden 10 Entwicklungs- und Prototypentriebwerke gebaut.

KHD- und Daimler-Benz-Triebwerke

Hersteller		KHD			Daimler-Benz	
Muster		T 112	T 212	T 312	DB 720/ PTL 6	DB 721/ PTL 10
Baujahr		1963	1968	1970	1962	1964
Bauart		APU	LL	APU	TM/PTL	TM/PTL
Verdichter						
Luftdurchsatz	kg/s	0,86	0,89	0,87	6,1	10,0
Stufenzahl		1 A+1 R	1 A+1 R	1 A+1 R	4 A + 1 R	8 A
Druckverhältnis		4,96	4,88	5,05	5,5	6,0
Brennkammer		Ring-BK.	Ring-BK.	Ring-BK.	Ring-BK.	Ring-BK.
Turbine		2 A	2 A	2 A	2 A+1 A	2 A+1 A
Getriebe		0,13		0,13	0,26	0,35/0,68
Abmessungen						
Länge	mm	789	930	538	1995	2320
Durchmesser/Breite	mm	368	322	357	515	640
Trockenmasse	kg	34,1	44,6	35,8	220	250
Startleistung						
Wellenleistung	kW (PS)	104 (142)		114 (155)		
Restschub	kN (kp)				0,94 (96)	2,26 (230)
Wellenvergleichsl.	kW (PS)				995 (1350)	1620 (2200)
Drehzahl	min^{-1}	64 000	64 000	64 000	21 000	21 000
spez. Verbrauch	g/kWh (g/PSh)	572 (421)		578 (425)	367 (270)	375 (276)
Einheitsmasse	kg/kW (kg/PS)	0,33 (0,24)		0,31 (0,23)	0,22 (0,16)	0,15 (0,11)
Stirnflächenleistung	kW/m^2 (PS/m^2)					
Durchsatzleistung	kW/kg/s (PS/kg/s)	121 (165)		131 (178)	163 (221)	162 (220)
Bemerkungen		VAK 191B als APU	Luftlieferer mit vorgeschalteten Radialverd. 0,64 kg/s bei 2,8 bar	Panavia Tornado als APU	In Bell UH 1D geflogen	Prüfstand

A = Axialstufen
R = Radialstufen
APU = Hilfstriebwerk (Auxiliary Power Unit)
LL = Luftlieferer
TM = Turbomotor (Wellenleistungstriebwerk)
PTL = Propellerturbotriebwerk

Nach einer Reihe verschiedener kleiner Industriegasturbinen entwickelte Klöckner-Humboldt-Deutz ab 1964 Hilfstriebwerke (APU = Auxiliary Power Units) für Flugzeuge. Zuerst entstand das Triebwerk KHD T 112 für den Senkrechtstarter VAK 191 B.

Turboluftlieferer KHD T 212

Wie die Gasturbine KHD T 112 ist auch der Turboluftlieferer KHD T 212 nach dem Baukastenprinzip konstruiert. Dieses Triebwerk, mit dem gleichen Grundaufbau wie das KHD T 112, ist als Luftlieferer konzipiert. Ein mit der Drehzahl der Gasturbine umlaufender zusätzlicher Radialverdichter mit Druckverhältnis 2,8:1 liefert im Auslegungspunkt 0,64 kg/s Druckluft bei einem Druck von 2,8 bar. Durch verstellbare Eintrittsschaufeln kann der Betriebsbereich des Luftlieferers in weiten Grenzen verändert werden. Über das Planetengetriebe treibt die Turbine einen Starter-Generator an, der nach erfolgtem Start auf Stromlieferung umgeschaltet wird, und eine Leistung von 5 kW erbringt. Zu Versuchszwecken eingebaut wurde das KHD T 212 für den Blattspitzenantrieb des Rotorsystems der gefesselten Beobachtungsplattform Dornier DO 32 K Kiebitz. Das Triebwerk ersetzte in diesem Gerät das vorher eingebaute Triebwerk MAN Turbo 6012 L, dessen Antriebsleistung zu gering war. Der Abgasstrahl des Triebwerks wurde außerdem zur Giersteuerung der Fesseldrohne verwendet. Die Entwicklung des Triebwerks begann 1971. Der Erstflug einer Dornier Do 32 Kiebietz-Rotorplattform mit diesem Triebwerk erfolgte am 25. Mai 1973. Es wurden drei Triebwerke gebaut.

Hilfsgasturbine KHD T 312 für Tornado

Zu einem der Schwerpunkte der Gasturbinen-Entwicklung bei KHD entwickelten sich mit dem Erfolg der KHD T 112 die Hilfsgasturbinen. Das Team unter der Leitung von Erwin Schnell, der als Nachfolger von Josef Vogts seit Mitte 1970 Chef der Entwicklung in Oberursel wurde, erhielt 1970 den Auftrag zur Entwicklung der integrierten Hilfgasturbine für das Panavia Tornado-Flugzeug.

Die Hilfsgasturbine KHD T 312 ist eine Einwellengasturbine für kombinierte Abgabe von Wellenleistung und Druckluft und Teil eines sogenannten Secondary Power System (SPS) für das Mehrzweckkampfflugzeug Panavia Tornado. Die Gesamtgeräteträgeranlage besteht aus einem steuer- und backbordseitigen Geräteträger, an denen je ein Generator, eine Hydraulikpumpe sowie eine Brennstoffumwälzpumpe angeflanscht sind. Der steuerbordseitige Geräteträger trägt zudem das Hilfsenergieaggregat (APU), die Hilfsgasturbine KHD T 312. Die beiden Geräteträger sind durch eine kuppelbare Verbindungswelle miteinander verbunden. Die Hilfsgasturbine liefert auch Luft zum Antrieb eines Luftstrahlgebläses, welches Kühlluft durch den Ölkühler fördert.

Das Einwellen-Triebwerk hat einen transsonischen Axialverdichter mit nachfolgendem Radialverdichter mit dem Gesamtdruckverhältnis 5:1, eine Umkehrringbrennkammer und eine zweistufige Axialturbine. Die Leistung wird über ein zweistufiges Planetengetriebe abgeführt. Die maximale Leistung beträgt 114 kW (155 PS) und die maximale Entnahmeluftmenge 0,22 kg/s bei 3,8 bar. Die Trockenmasse beträgt 36 kg bei 510 mm Gesamtlänge.

Der Erstlauf mit einem Prototypentriebwerk erfolgte im Dezember 1971. Es wurden 35 Entwicklungs- und Prototypentriebwerke gebaut. Die Gesamtprüfstandslaufzeit dieser Triebwerke betrug 4600 Stunden. Seit Mitte 1978 wird die APU KHD T 312 für das Tornado-Flugzeugprogramm in Serie gebaut.

Schubtriebwerke KHD T 117 und T 317

Für militärische Anwendungen gewinnen in der Zukunft Triebwerke für unbemannte Flugkörper wachsende Bedeutung. Hierbei werden nur kurze Einsatzdauer gefordert bzw. es wird der Verlust des Triebwerks in Kauf genommen. Daher sind die Herstellkosten für derartige Triebwerke von großer Bedeutung.

KHD beschäftigt sich, aufbauend auf den Erfahrungen mit seinen Hilfsgasturbinen, vor allem der KHD T 312, seit August 1976 mit der Entwicklung eines kleinen Einwellenschubtriebwerks mit ca. 1,05 kN Schub. Das Triebwerk hat einen einstufigen Radialverdichter mit Druckverhältnis 5,5:1, eine Umkehrringkammer und eine einstufige ungekühlte Axialturbine. Die Turbineneintrittstemperatur beträgt mehr als 1300 K, der Luftdurchsatz 1,56 kg/s und die Triebwerksmasse 21,8 kg. Anwendung findet dieses kompakte Triebwerk in dem Flugkörper (Drohne) Canadair Cl 289 AN/USD-502, einer deutsch-kanadischen Entwicklung. Der Erstlauf eines Entwicklungstriebwerks erfolgte am 12. Oktober 1977. Es wurden 30 Prototypen gebaut. Der Erstflug der Drohne fand am 3. März 1980 statt. Nach abge-

Das APU-Triebwerk KHD T 312 des Tornado-Kampfflugzeuges ist eine Einwellengasturbine mit zweistufigem Verdichter, bestehend aus einer axialen und einer radialen Stufe, einer Umlenkringbrennkammer und einer zweistufigen Axialturbine. Die Hauptdaten: Wellenleistung 114 kW (155 PS) bei 64 000 min^{-1}, Luftdurchsatz 0,87 kg/s, Durchmesser 357 mm, Trockenmasse 35,8 kg, Abtriebsdrehzahl 8000 min^{-1}.

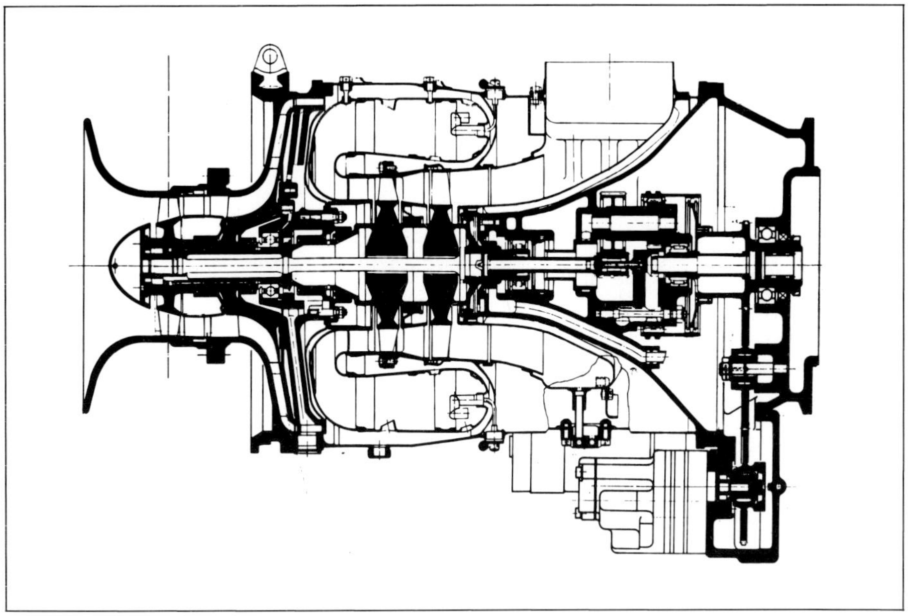

Der Läufer der T 312-Gasturbine hat eine Drehzahl von 64 000 min^{-1}, die zum Abtrieb auf 8000 min^{-1} untersetzt wird. Der Luftdurchsatz beträgt 0,87 kg/s, das Druckverhältnis 5,0. Die Laufräder sind Präzisionsgußteile aus einem Stück und haben z. B. an den Turbinenstufen einen Außendurchmesser von 110 bzw. 130 mm.

schlossener Entwicklung der CL-289 ist eine Serienfertigung geplant.

Das Einwellen-Schubtriebwerk KHD T 317, das seit 1978 bei KHD entwickelt wird, ist ähnlich dem KHD T 117 aufgebaut. Der Triebwerksschub beträgt 1,09 kN. Die Änderungen betreffen vor allem den Lufteinlauf und die Anordnung der Hilfsgeräte.

Je zwei Triebwerke KHD T 317 sollen in den Prototyp des italienischen leichten Trainers Caproni-Vizzola C 22J eingebaut werden. Es wurden bis Frühjahr 1980 nur einige Entwicklungstriebwerke gebaut.

Die kleinen Flugmotoren

Ein zehnjähriges Bauverbot, die daraus folgenden Wettbewerbsnachteile und eine sehr langsam anlaufende staatliche Auftragserteilung gerade auf dem Gebiet der Luftfahrttriebwerke haben die Nachkriegsentwicklung der Flugmotoren bestimmt. Für unsere Motorenindustrie konnte der kleine deutsche Markt kaum Anreiz für Neuentwicklungen von Kolbentriebwerken bieten, zumal die Turbotriebwerke immer mehr auch in niedrigen Leistungsklassen konkurrierten und der Restbedarf zur Ausrüstung der General Avia-

BMW- und KHD-Strahltriebwerke

Hersteller		BMW		KHD	
Muster		BMW 8025	BMW 8026	KHD T 117	KHD T 317
Baujahr		1959	1962	1976	1979
Bauart		TL	TL	TL	TL
Verdichter					
Luftdurchsatz	kg/s	0,6	1,02	1,56	1,56
Stufenzahl		1 R	1 R	1 R	1 R
Druckverhältnis		3,0	3,3	5,0	
Bypassverhältnis					
Brennkammer		Scheiben-BK.	Scheiben-BK.	Ring-BK.	Ring-BK.
Turbine		1 R	1 R	1 A	1 A
Abmessungen					
Länge		692	676	756	770
Durchmesser	mm	450	380	346	348
Trockenmasse	kg	38	38	21,8	23,5
Standschub mit Nachbrenner	kN (kp)				
Standschub ohne Nachbrenner	kN (kp)	0,35 (36)	0,44 (45)	1,04 (106)	1,1 (112)
Drehzahl	min^{-1}	45000	46000	46800	50250
spez. Verbrauch	kg/kNh (kg/kph)		133 (1,3)		118 (1,17)
Einheitsmasse	kg/kN (kg/kp)	108 (1,06)	86,3 (0,84)	21,3 (0,21)	21,3 (0,21)
Stirnflächenschub	kN/m^2 (kp/m^2)	2,20 (226)	3,88 (397)	11,1 (1130)	11,6 (1180)
Durchsatzschub	kN/kg/s (kp/kg/s)	0,58 (60)	0,43 (44,2)	0,67 (67,9)	0,71 (71,8)
Bemerkungen A = Axialstufen R = Radialstufen		Geflogen in H 30 TS 3 Prototypen	Geflogen in H 30 TS	CL 289 Serie vorgesehen	Caproni C 22 J Erprobung

tion nahezu ein USA-Monopol wurde. Wie schon nach dem Ersten Weltkrieg drängten aber Luftfahrtbegeisterte wieder zum Flugsport. Dort entstanden neben dem veralteten Vorkriegsgerät durch private Initiative rasch wieder Neukonstruktionen. Das erste ab 1955 in kleiner Serie von 26 Stück gebaute Motorflugzeug war die zweisitzige, von Hanno Fischer bei Rhein-Westflug (später Rhein-Flugzeugbau im VFW-Konzern) entwickelte, technisch sehr fortschrittliche und formschöne RW 3, geeeignet für Sport, Reise und Schulung. Aus Gründen der Flugleistungen und -eigenschaften ist das Triebwerk im Rumpf angeordnet und treibt über Fernwelle einen im Leitwerk rotierenden Druckpropeller an. Für die Serienausführung wurde zunächst der neue 48 kW (65 PS)-Porsche 678/0-Kleinflugmotor mit Gebläsekühlung eingebaut.

Das Porsche-Intermezzo

Ferdinand Porsche hatte schon vor dem Ersten Weltkrieg bei der österreichischen Firma Austro-Daimler-Flugmotoren entwickelt, darunter bereits 1912 einen luftgekühlten Vierzylinder in Boxerbauart mit hängenden Ventilen, ähnlich seinem späteren VW-Fahrzeugmotor. Die ersten deutschen Nachkriegsflugzeuge, überwiegend im Amateurbau hergestellt, verwendeten zunächst meist Eigenbau-Triebwerke auf der Basis von VW- oder Porsche-Automobilmotoren. 1956 entschloß sich die Firma Porsche im Einvernehmen mit dem Deutschen Aero-Club, aus der Grundkonzeption des bewährten 48 kW (65 PS)- »1600 Super«-Sportwagenmotors einen preiswerten Flugmotor zu entwickeln. Dieser Typ 678 von 1,6 l Hubraum in Vierzylinder-

▲
Der von H. Fischer 1955/56 als erstes Leichtflugzeug nach dem Krieg entwickelte Motorsegler RW 3 wurde durch einen im Rumpf liegenden gebläsegekühlten Porsche-Kleinflugmotor 678/0 und einen Heckpropeller angetrieben (1,6 l, max. 48 kW bei 4500 min^{-1}, 1956/57).

Der Zweivergaser-Getriebemotor Porsche 678/4 mit Gebläsekühlung war eine leistungsgesteigerte Version des 678/0 und ersetzte diesen u. a. bei der RW 3. Die Porsche-Flugmotoren entstanden unter weitgehender Verwendung von Bauteilen des 1600 Super-Sportwagenmotors (1,6 l, max. 55 kW bei 4600 min^{-1}, 1958). ▶

Boxerbauart erhielt 1957/58 in mehreren Varianten die Musterzulassung: als 678/3 für 38 kW (52 PS) bei 3200 min^{-1}, als 678/1 mit Stirnradgetriebe (wahlweise von 0,66 bis 0,47 untersetzt) für 48 kW (65 PS) bei4 500 min^{-1} sowie der gebläsegekühlte 678/0 ebenfalls mit Getriebe und gleicher Leistung. Dieser wurde aber 1959 durch den 678/4 ersetzt, der mit erhöhter Verdichtung von 9,0 55kW (75 PS) bei 4600 min^{-1} abgab. Die wesentlichen Änderungen gegenüber dem Automotor lagen in der Doppelzündung mit Magnet (Scintilla) oder Batterie (Bosch), in den beiden Pallas Zenith-Doppelfallstromvergasern 36 NDIXF mit Höhenkorrektur und in der Trockensumpfschmierung. Das Propeller-Stirnradgetriebe mit Torsionsdämpfer ist eine Porsche-Konstruktion. Es ergibt eine Zusatzmasse von rd. 21 kg, der Lüfter von rd. 6 kg. Die 678-Motoren absolvierten alle Musterprüfläufe einschl. einem 50-Stunden-Dauerlauf mit 3 Stunden Startleistung und 20 Stunden Höchstdauerleistung einwandfrei, nachdem anfängliches Festbrennen von Kolbenringen durch Verwendung von HD-Ölen behoben war. Dieser kleine Flugmotor mit seinem günstigen Verbrauch von 300 g/kWh (220 g/PSh) und geringen Vibrationen, allerdings mit 2,2–2,3 kg/kW (1,6 bis 1,7 kg/PS) nicht niedrigem Gewicht, kam neben der RW 3 in einzelnen anderen Sportflugzeugen und auch in Hubschraubern als Typ 702 von 53 kW (72 PS) bei 4500 min^{-1} zum Einbau. Da sich aber der Absatz nur sehr schleppend entwickelte und die beantragte ministerielle Förderung für das aussichtsreiche 100 kW (135 PS) -Nachfolgemuster (aus dem 2 l-Automotor) nicht zustande kam, mußte die Firma Porsche den Flugmotorenbau um 1962 einstellen. Etwa 1968/69 begann man mit Lycoming gemeinsam die Entwicklung einer neuen Familie fortschrittlicher Boxermotoren als Vier-, Sechs- und Acht-Zylinder der Typen IGO- bzw. TIGO-268, -402 nd -536 für einen Bereich von 200 bis 450 kW (280 bis 600 PS). Obenliegende Nockenwellen mit Zahnkettenantrieb, Propellergetriebe sowie Kraftstoffeinspritzung für hohe Literleistungen und Drehzahlen von 50 bis 60 kW/l (70 bis 80 PS/l) bei 4500 min^{-1} sowie niedrigen Verbrauch von 245 g/kWh (180 g/PSh), ferner eine Version mit Abgasturbolader für 6000 m Nennhöhe kennzeichnen dieses Programm.

Fa. Porsche war für die Entwicklung des Zylinderkopfes, Brennraums und der Ventilsteuerung verantwortlich. Die Arbeiten wurden aber bald wieder eingestellt, da sich kein wesentlicher Gewichtsvorteil und recht hohe Kosten zeigten.

Eine Vielfalt von Motorsegler-Triebwerken

Typisch für die erste Nachkriegsphase der deutschen Luftfahrtentwicklung bis etwa 1960 war die Vielfalt der verwendeten Motoren, z.B umgebaute Auto-(VW) und Industrie-Motoren (ILO) oder Versuchsmuster mit geringer Stückzahl (Deicke, Brändl, Pollmann) bis zur beginnenden Serienfertigung mustergeprüfter Typen (Porsche, Solo, Stark). Erleichterte Bau- und Prüfvorschriften des Luftfahrt-Bundesamtes im Zusammenarbeit mit dem Aero-Club verhalfen ab 1959 den deutschen Motorseglern zu ihrem Durchbruch nicht nur als Sportgerät, sondern auch für Schulung, Übung und Reise. Gebaut werden sie vor allem von Scheibe, Pützer und Schleicher, und zwar Einsitzer mit Klapptriebwerk sowie Zweisitzer mit Stirneinbau des Motors. Die Zulassungszahlen stiegen von vier Stück (1960) auf 822 (Anfang 1979), das sind 13% der gesamten General Aviation. Die Motorleistungen liegen heute bei 18 bis 33 kW (25 bis 45 PS) im Einsitzer bzw. 33 bis 75 kW (45 bis 100 PS) im Zweisitzer mit Schwerpunkt bei 19 kW (26 PS)-Solo-Hirth bzw. 50 und 44 kW (68 und 60 PS)-Limbach und 33 kW (45 PS)-Stamo. Der Stamo-Motor wurde von der Firma Stark 1959 aus einem VW-Motor durch Umbau auf Doppelzündung, Pallas-Zenith-Doppelfallstromvergaser u.a. entwickelt. Seitdem wird er in geringer Stückzahl durch kleine Werkstätten (Pieper, Kühn) hauptsächlich für den Scheibe SF 25 gebaut. Als Stamo MS 1500 (früher 1400) leistet er 33 kW (45 PS) bei 3200 min^{-1} mit 1,5 l Hubraum und 1,6 kg/kW (1,2 kg/PS) Masse.

1960 brachte die Firma Solo, Großserien-Lieferant von vielseitigen leichten Zweitakt-Kleinmotoren, auf Anregung des Aero-Clubs den Solo 560 für einsitzige Motorsegler heraus, einen mit Serienteilen gebauten Vierzylinder von 0,57 l Hubraum in Boxerbauart mit Propellergetriebe – wahlweise von 0,54 bis 0,39 untersetzt –, der 19 kW (26 PS) bei 5000 min^{-1} leistet und 600 g/kWh (450 g/PSh) verbraucht. Störende Geräusche des Stirnradgetriebes im Leerlauf werden durch den ungleichförmigen Lauf des als Zweizylinder zündenden Motors und seine geringe Schwungmasse verursacht. Die bis heute nur geringen Stückzahlen (rd. 100) des einsitzigen Motorseglers beschränkten trotz seiner Bewährung auch die Nachfrage für den Solo-Motor, sodaß 1965 die Herstellung an die Hirth-Motoren abgegeben wurde. Dort lief er unverändert als Hirth F 10 A bis zur Schließung dieser Firma 1974. Hauptgebiet von Hirth war die Großserienfertigung von Hochleistungs-Zweitaktmotoren in einem umfangreichen Typenprogramm, zur Verwendung u.a. für Fahrzeuge, z.B. Schneeschlitten, und Industriezwecke. Einige dieser sehr preiswerten Typen waren auch in mehreren Motorseglern eingebaut, so der gebläsegekühlte 0 17, ein Reihen-Zweizylinder mit 0,63 l Hubraum, 27 kW (36 PS) bei 5500 min^{-1} und 1,35 kg/kW (1,0 kg/PS), der 1971 nur DM 600,- kostete. Zahnriemenantriebe haben sich als Propelleruntersetzung im Eigenbau durch geringes Gewicht, Zuverlässigkeit und niedrigen Preis sehr bewährt.

Bei selbst montierten Triebwerksanlagen von Motorseglern und Leichtflugzeugen (z.B. in der Oskar Ursinus-Vereinigung) finden auch Motorradmotoren wie BMW Verwendung. Pulch entwickelte 1975 daraus sogar einen 110 kW (150 PS)-Sechszylinder-Doppelstern-Flugmotor mit 2,7 l Hubraum.

Auch der Wankelmotor ist vereinzelt als Motorseglertriebwerk zu finden, vor allem serienmäßige luftgekühlte 5 bis 15 kW (7 bis 20 PS)-Typen von Fichtel & Sachs.

Hanno Fischer und seine Mantel-Wankel-Triebwerke

In den von H. Fischer beim Rhein-Flugzeugbau entwickelten Flugzeugen mit »integrierter Mantelschraube« sind ebenfalls Wankel-Motoren eingebaut. Das kompakte Antriebsaggregat liegt in Zellenmitte, indem der Propellermantel die Rumpfkontur bildet. Dieser interessante neue Antrieb verleiht dem Flugzeug strahlantriebs-ähnliche Eigen-

◀ Der Vierzylinder-Zweitakt-Boxer-Getriebemotor Solo 560 wurde 1959/60 (für einsitzige Motorsegler) entwickelt und ab 1965 von Fa. Hirth-Motoren unverändert bis 1974 gebaut (0,57 l, max. 19 kW bei 5000 min^{-1}).

▲
Das von H. Fischer entwickelte Schulflugzeug »Fantrainer« der Firma Rhein-Flugzeugbau verwendete zum Antrieb des in den Rumpf integrierten Mantelpropellers zwei Wankelmotoren KKM 871.

Die beiden wassergekühlten NSU Audi-Zweischeiben-Wankelmotoren KKM 871 des »Fantrainer« wurden durch das von Klöckner-Humbold-Deutz entwickelte Sammelgetriebe zum Doppeltriebwerk (max. je 110 kW bei 6000 min^{-1}, 1977). ▶

schaften. Er wurde zunächst in den beiden Motorseglern Sirius I und II unter Verwendung von je zwei Fichtel & Sachs-Wankelmotoren – gekoppelt durch die dazwischen liegende Propellernabe – erprobt. Die Motoren waren vom Typ KM 914 mit 0,3 l Volumen der Einzelkammer und 15 kW (20 PS) Leistung bei 5400 min^{-1} bzw. die stärkere 22 kW (30 PS)-Version KM 29 im Sirius II. Daraus wurde auch ein verkleidetes Anbauaggregat mit zwei stärkeren 18,5 kW (25 PS) F & S-KM 914-Wankelmotoren von 5500 min^{-1} entwickelt – die »Schubgondel« SG 58 – und im Motorsegler erprobt.
1973 brachte H. Fischer ein mit diesem Wankel-Antriebssystem konzipiertes Motorflugzeug heraus, den »Fanliner« V 1. Hier handelt es sich aber um den von Audi-NSU gebauten wassergekühlten Zweischeibenmotor des bekannten Ro 80-Wagens mit 0,5 l Einzelkammerinhalt und 85 kW (115 PS) bei 6000 min^{-1}, der 1974 in der V 2 durch das für den Ro 80 vorgesehene stärkere 110 kW (150 PS)-Muster EA 871 (KKM 871) ersetzt wurde, modifiziert mit einer flugtauglichen Bendix-Einspritzanlage. Zur Lärmsenkung ist die Blattzahl auf drei und die Propellerdrehzahl durch Keilriemenantrieb auf 2900 min^{-1} verringert. Dabei erzielte man mit 110 kW (150 PS) bei 1,10 m Blattdurchmesser 3,2 kN (320 kp) Standschub. Die hohlen Propellerblätter aus GFK-Carbonfaser (Blattgewicht unter 1 kg) arbeiten im inneren Bereich zur Kühlluftförderung und außen zur Schuberzeugung.
Aus dem »Fanliner« entstand 1977 der »Fantrainer« mit einem Wankel-Doppeltriebwerk, bestehend aus zwei EA 871 (KKM 871)-Motoren, die durch ein KHD-Sammelgetriebe mit 0,5 Untersetzung zum »Twin Powerpackage« verbunden waren. An diesem Getriebe waren Hilfsantriebe wie Starter und Generator angeschlossen. Zur Vortriebserzeugung diente eine fünfflüglige Constant Speed-Verstell-Mantelschraube von Dowty mit Bremsstellung. Aus Beschaffungsgründen mußte später auf eine 340 kW (420 PS)-Allison 250-C20 B Wellenturbine umgebaut werden.
Bei allen diesen Flugzeugen hat H. Fischer sehr fortschrittliche Wege der Antriebsgestaltung beschritten und dazu neuentwickelte Flugmotoren eingesetzt. Er begründete dies:

»Wenn die von mir verfolgte Konstruktionslinie von den normalen Leichtflugzeugen – amerikanische Flugmotoren mit Propeller voran – abweicht, dann aus der einfachen Überlegung, daß wir durch die Tatsache, keinen eigenen Flugmotor zu besitzen, gezwungen sind, diese durch Zoll, Fracht und kleine Stückzahlen teureren Elemente in USA einzukaufen. Da dies bereits 30% des Wertes ausmacht, kann man kaum mit gleicher Technik, kleinerer Stückzahl und inzwischen höheren Löhnen erfolgreich im Preis konkurrieren.«

Seine Erfahrungen mit den Wankel-Flugtriebwerken faßte H. Fischer zusammen:

»Wankelmotoren sind für den Luftfahrtantrieb wegen der größeren Drehzahl- und Temperatur-Konstanz besser geeignet als für Kfz.-Betrieb.

- Ihr kleines Volumen und symmetrischer Antrieb verbessern die Einbauverhältnisse und damit den Gesamtwirkungsgrad.
- Sie sind blockiersicher und »sterben« erst über viele Stunden.
- Ihr Dichtleisten-Verschleiß führt zwar zu Startschwierigkeiten, doch wird im Betrieb bei der immer hohen Drehzahl dank der Propellercharakteristik trotzdem fast volle Leistung erreicht infolge der Anpressung durch die Fliehkraft.
- Ihr Laufverhalten ist vibrationsfrei.
- Ihr Kraftstoffverbrauch im Luftfahrteinsatz ist nicht schlechter als bei den z. Zt. üblichen Hubkolbenmotoren, weil sie eine stärkere Gemischabmagerung zulassen, die im Vergleichsfall durch die Auslaßventiltemperatur begrenzt wird«.

Selbst wenn man die Eignung anders beurteilt, wird dies für einen Erfolg des Wankelmotors als Flugtriebwerk nicht entscheidend sein. Unter Berücksichtigung von Fertigungskosten und Unterhaltungsaufwand – also Kaufpreis und Betriebskosten – zeigt die Gesamtwertung keinen entscheidenden Vorteil gegenüber dem Hubkolbenmotor. Mit diesem kann der Wankelmotor in der Luftfahrt – wie auch beim Kraftfahrzeug – erst erfolgreich konkurrieren, wenn gleiche Voraussetzungen wie wirtschaftlicher Großserienbau, Werkstättennetz usw. unter Berücksichtigung von Qualitätsansprüchen der Luftfahrt geschaffen werden können.

Sportflugmotoren von 1957 bis 1980

Hersteller		Porsche	Solo (Hirth)	Audi-NSU	Limbach	Limbach	König
Muster		678/3 (678/4)	560 (F 10)	EA 871 (KKM 871)	SL 1700 EA (SL 1700 EB)	L 275	SC 430
Baujahr		1957/58	1960 (1965)	1973	1968/69	1978	1980
Bauart		Vierzylinder Boxer	Vierzylinder Boxer Zweitakt	Zweischeiben-Wankelmotor	Vierzylinder Boxer	Zweizylinder Boxer Zweitakt	Dreizylinder Stern Zweitakt
Kühlung		Kühlgebläse	Luft	Wasser	Luft	Luft	Luft
Bohrung x Hub	mm	82,5x74	58x54		69 (74)x88	66x40	66x42
Gesamthubraum	l	1,6	0,57		1,68 (1,8)	0,274	0,43
Verdichtung (OZ)		7,5 bzw. 9,0 (80)	8,7 (80/87)		8,0 (100 L)	(90)	
Propeller-Untersetzung		Ohne (0,7 bis 0,47)	0,54 bis 0,39	—	—	—	—
Abmessungen Länge	mm		483		558 (580)	190	Durchmesser: 385
Breite	mm		420		770 (764)	380	
Höhe	mm		235		392 (368)	200	
Trockenmasse	kg	77 (84)	25 (34)	135 (185)	68 (74)	7,5 (10)	15,5*) (21)
Startleistung	kW (PS)	38 (52)	19 (26)	110 (150)	44 (60)	17,5 (24)	18,5 (25)
	min^{-1}	3200	5000	6000	3550	7300	4200
Max. Dauerleistung	kW (PS)	37 (50)	19 (26)		41 (56)		
	min^{-1}	3150	5000		3300		
Min. spez. Verbrauch	g/kWh (g/PSh)	300 (220)	610 (450)		330 (240)		
Einheitsmasse	kg/kW (kg/PS)	1,1 (1,5)	1,3 (0,96)	1,2 (0,9)	1,5 (1,13)	0,42 (0,31)	0,8 (0,6)*)
Hubraumleistung	kW/l (PS/l)	24 (32,5)	33,5 (45,5)		26,5 (36)	65 (88)	43 (58)
Bemerkungen		678/4 55 kW (75 PS) bei 4600 min^{-1} in Motorsegler RW 3 u.a	Ab 1965 bei Hirth gebaut. In vielen einsitzigen Motorseglern	Als Doppeltriebwerk im Fanliner (1973) und Fantrainer (1977)	EB mit 53 kW (72 PS) bei 3600 min^{-1}. Eingebaut in vielen Motorseglern	für unbemannte »Drohnen«	*) Gesamtgewicht einschl. Starter und Propeller. Für Motorgleiter

Die Limbach-Familie

Der größte deutsche Flugmotorenhersteller der Nachkriegszeit – zweiter in Westeuropa nach Rolls Royce mit Continental-Zusammenarbeit – ist der Limbach-Motorenbau. Zunöchst mit der Lieferung von VW-Austauschmotoren beschäftigt, widmete sich Peter Limbach ab 1968 intensiv dem Bau kleiner Flugmotoren unter 75 kW (100 PS). Anlaß war der zunehmende Leistungsbedarf der schnellen Motorsegler der Firma Sportavia-Pützer,die ursprünglich mit dem französischen 29 kW (39 PS)-Rectimo, einer VW-Ableitung, ausgerüstet wurden. Limbach entwickelt daraufhin 1968 unter Verwendung von Baugruppen und -teilen der VW-Industriemotoren seinen ersten Typ SL 1700E, der mit 1,7 l Hubraum 50 kW (68 PS) bei 3600 min^{-1} leistet und in den Pützer-Motorseglern RF 5, 5A und 9 eingebaut ist. Aus diesem entsteht schließlich die heutige, sehr erfolgreiche Limbach-Motorenfamilie von zehn Baumustern, alle aus dem Grundmuster der VW-Motoren abgeleitet und z.T. vom Luftfahrt-Bundesamt für Motorsegler mustergeprüft. Dabei wendet P. Limbach stets sein Erfolgsrezept an: möglichst viele Grundbaugruppen aus der VW-Großserie mit dortiger Qualitätsprüfung, z.B. Kurbelgehäuse, Steuerung und Kurbeltrieb von 69 oder 74 mm Hub, ferner Verwendung von Serienzylinderrohlingen mit spezieller Bohrungs- und Kolbenbearbeitung auf 88 bzw. 90 mm Bohrung zur jeweiligen Hubraumanpassung. Wichtig ist eine möglichst geringe Nachbearbeitung, auch zur Einsparung zusätzlicher Prüfarbeit, z.B. am Kurbelgehäuse nur für das Drucklager zur Aufnahme des Propellerschubs. Die Anbringung des Propellers auf der ursprünglichen Gebläseseite – also entgegengesetzt zur früheren Schwunggradseite – erlaubt bessere Strömungsverhältnisse für die Stauluftkühlung. Alle Geräte sind weitgehend zentral auf der Schwungradseite des Gehäuses mit einer Tragplatte eigener Fertigung zusammengefaßt. Außerdem werden überwiegend Großseriengeräte – meist Kraftfahrzeugzubehör – angebaut, wie z.B. Vergaser von Zenith oder Stromberg-Zenith, Kraftstoffpumpe von APG, Zündmagnet von Slick oder Bendix, Starter von Fiat oder Bosch und Lichtmaschine von Ducellier oder Ducati.

Hinzu kommt eine eigene Güteprüfung nach LBA-Richtlinien. Nur auf solche Weise lassen sich die besonderen Anforderungen der Motorseglerhersteller Sportavia-Pützer, Scheibe, Schleicher, Grob und vieler anderer im In- und Ausland ohne übermäßigen Entwicklungsaufwand und in rationeller Fertigung erfüllen.

Die meist verwendeten und mustergeprüften Motorenmuster sind der 44 kW (60 PS)-SL 1700 EA-I, von dem etwa 280 Stück im Scheibe-Motorsegler SF 25C und D »Falke«, d.h. in 30% aller Motorsegler eingebaut sind, der bereits erwähnte SL 1700 E in der Pützer RF 5 und 5B mit 10% sowie der 1,8 l 53 kW (72 PS)- SL 1700 EB-I mit 2 Vergasern in Scheibe SF 28A »Tandem-Falke« und Schleicher ASK 16 mit zusammen 8% der Motorsegler. Zur gleichen Reihe gehören weitere sechs Muster mit vergrößertem Hubraum: der 1,88 l-SL 1700 EH von 52 kW (70 PS), eingebaut in SF-25E und -28A, der SL 1700 ED von 55 kW (75 PS), der 44 kW (60 PS) SL 1700 EF mit Kühlgebläse, ferner mit Doppelzündung die beiden SL 1900 D und DA von 54 kW (74 PS) –

Oben: Der in über 280 zweisitzigen deutschen Motorseglern eingebaute Limbach-Vierzylinder-Boxer SL 1700EA-I ist das meistverwendete bewährte Nachkriegsmuster des Kleinflugmotors. Unter Benutzung von Hauptteilen des VW 1200-Industriemotors kann trotz kleiner Stückzahl eine hohe Qualität relativ preisgünstig geliefert werden (1,7 l, max. 44 kW bei 3600 min^{-1}, 1968/69).

Unten: Der fortschrittliche Motorsegler Grob G 109 in GFK-Bauweise ist auch dank des leistungsfähigen Limbachmotors L 2000-E1 für schnelles Reisen bis 200 km/h ebenso geeignet wie für den Sport (1980).

Links: Für in Entwicklung stehende kleine unbemannte Zielflugkörper (Drohnen) brachte Limbach den Zweitakt-Boxer-Kleinstflugmotor L 275E heraus. Dieses Hochleistungstriebwerk in billiger Leichtbauart weist Leichtmetallzylinder mit verchromter Lauffläche, zwei lageunabhängige Membranvergaser und Bosch 12 V-Transistorzündung auf (0,27 l, max. 18 kW bei 7300 min^{-1}, 1978/79).
Rechts: Einbau des Limbach-Kleinstflugmotors L 275E im Heck des ferngesteuerten Zielflugkörpers »Tucan« der VFW-Fokker (1979).

sämtlich mit gleichem Hubraum von 1,88 l – und schließlich der neue 2,0 l-L 2000 E01 von 58 kW (80 PS) für den Grob G 109. Eine andere Motorreihe wurde auf dem VW-Motor des 411, 412 und VW-Porsche 414 aufgebaut, kam aber bisher nur vereinzelt zum Einbau: der 2,2 l-SL 2300 EB von 59 kW (80 PS), die beiden 2,4 l-SL 2400 DI und EB von 62 kW (85 PS), außerdem den 2,0 l-L 2000 DI von 52 kW (70 PS). Die mustergeprüften Motoren der SL 1700er Reihe haben schon z. T. die 1000-Stunden-Laufzeit bis zur Grundüberholung erreicht.
Zum Limbach-Entwicklungsprogramm gehören seit 1978 auch kleine und besonders leichte Zweizylinder-Zweitakt-Boxermotoren wie der 0,09 l-L 90E von 4,1 kW (5,6 PS) bei 8 500 und der L 275E von 18 kW (24 PS) bei 7 300 min^{-1}. Sie sind hauptsächlich zur militärischen Verwendung in unbemannten kleinen Flugkörpern bestimmt, der L 90E für eine geplante Aufklärungsdrohne, der L 275E für die Antiradar-Kampfdrohne der im Wettbewerb stehenden Firmen Dornier, MBB und VFW. Die Limbachmotoren haben durch ihre Zuverlässigkeit, Laufruhe, Anpassungsfähigkeit sowie gewichts- und preisgünstige Ausführung innerhalb von 12 Jahren bereits einen guten Namen erlangt, der auch mit dem starken Aufschwung des Motorseglers verbunden ist. Im Mai 1980 waren schon 1 200 Motoren ausgeliefert.

Der neue König-Sternzweitakter

Anfang 1980 gab die Firma König Motorenbau – mit internationalem Ruf durch ihre seit 1927 gebauten Hochleistungs-Zweitakt-Bootsmotoren – die bevorstehende Musterprüfung ihres neuen Kleinflugmotors SC 430 bekannt. Es handelt sich um einen billigen Dreizylinder-Zweitakter in Sternbauart, der mit 0,43 l Hubraum 19 kW (25 PS) bei 4 200 min^{-1} leistet, 385 mm Einbaudurchmesser hat und komplett mit Bosch-Anlasser, Schalldämpfer und Holzpropeller nur 15,5 kg wiegt. Für ein kleines Flugtriebwerk neuartig sind der Einlaß-Drehschieber, die König-Nieder-

◀ Der durch Hochleistungs-Zweitakt-Bootsmotoren seit 1927 bekannte König-Motorenbau brachte kürzlich den besonders leichten Kleinstflugmotor SC 430 heraus, der u. a. zum Einbau in kleine Motorgleiter vorgesehen ist. Hervorzuheben als fortschrittliches Detail ist neben den sichtbaren kontaktlosen Phelon-Kondensator-Zündmagneten in den einzelnen Kerzensteckern auch die Niederdruck-Kraftstoffeinspritzung in den Einlaß-Drehschieber (0,43 l, max. 19 kW bei 4200 min^{-1}, 1980).

druck-Kraftstoffeinspritzung in den rotierenden Schieber und je Zylinder ein kontaktloser Magnet-Hochspannungs-Kondensatorzünder (MHKZ) der Firma Phelon, die unabhängig voneinander mit Zündtrafo im Kerzenstecker arbeiten. Im Königmotor sind die drei Pleuel mit geteiltem Fuß auf dem gemeinsamen Kurbelzapfen gelagert. Zur Einspritzung dient eine vom Kurbelgehäusedruck betriebene Membranpumpe.
Die bisherigen Erfahrungen zeigten, daß derartige fortschrittliche Kleinflugmotoren kräftige Impulse auf die Entwicklung der deutschen Motorsegler und Leichtflugzeuge ausüben und beitragen können, ihre international führende Rolle zu festigen.

Strahltriebwerksentwicklungen bei Heinkel und Junkers

von Helmut Schubert

Heinkel He S 053

Verhandlungen von Professor Ernst Heinkel mit der ägyptischen Regierung führten im November 1953 zum Abschluß eines Entwicklungsauftrages für ein militärisches Kampfflugzeug für Ägypten. Die Vertragssumme lautete auf 50 Millionen DM einschließlich einer speziellen Triebwerksentwicklung.
Da zu diesem Zeitpunkt in der Bundesrepublik Deutschland noch das alliierte Verbot bestand, mußte die Triebwerksentwicklung für dieses Flugzeug bei Heinkel in Stuttgart-Zuffenhausen zunächst geheim erfolgen. Deshalb und aus finanzpolitischen Gründen wurden die Ende 1953 begonnenen Auslegungs- und Entwurfsarbeiten für ein neues Heinkel-Strahltriebwerk nach Vaduz/Liechtenstein verlagert. Dort hatte Heinkel unter dem Namen EKOBA-Anstalt (*E*ntwicklung, *Ko*nstruktion und *Ba*u GmbH) eine Firma gegründet.

Nach Abschluß der Auslegungen für das Triebwerk Heinkel He S 053 wurden die Detailarbeiten im Heinkelwerk Stuttgart-Zuffenhausen fortgesetzt und mit der Herstellung von Teilen begonnen. Auf den Beginn der Arbeiten weist die Bezeichnung des Triebwerks He S *053* hin: 19*53*.
Parallel zu den Triebwerksingenieuren arbeitete im gleichen Gebäude unter der Leitung von Karl Schwärzler eine größere Ingenieurgruppe an der Konstruktion der Flugzeugzelle.
Das Triebwerksteam, in Berechnung, Konstruktion, Versuch und Regelung gegliedert, umfaßte etwa 45 Mitarbeiter. Entwicklungschef war Christian Schmitz, der von der SNECMA kam und früher schon einmal bei Heinkel war. Später wurde noch Dr. Fritz Gosslau als technischer Direktor von Prof. Heinkel dazugeholt. Zum Team gehörten u. a.: Karl Wichert, Rudolf Suderow, Erwin Bock und Wilhelm Jurisch, ferner 10 bis 12 Ägypter, die in England studiert hatten und die vertragsgemäß zur Erfahrungsübermittlung beigegeben waren.
Die Herstellung der Triebwerksteile in Deutschland bereitete in der Verbotszeit erhebliche Schwierigkeiten und erforderte eine intensive Zulieferersuche. So lieferte die Firma WMF in Geislingen die Brennkammer und andere Blechteile, die Firma L'Orange in Stuttgart die Einspritzdüsen, die Firma Leistritz in Nürnberg die Turbinenschaufeln und eine Pforzheimer Firma die Verdichterschaufeln. Die Komponenten-Untersuchungen insbesondere für die Brennkammer und den Regler erfolgten in Stuttgart-Zuffenhausen, dafür wurden einige Prüfstände und ein Festigkeitslabor auf dem Werksgelände errichtet. Volltriebwerks-Prüfstände, auf denen Bauteile und andere Komponenten zur Untersuchung kommen sollten, wurden unter deutscher Leitung in Heluan bei Kairo vorbereitet.
Das Triebwerk Heinkel He S 053 war ein Einwellen-Triebwerk mit Nachbrenner mit 88,2 kN (9 000 kp) Schub bei voller Nachverbrennung und 63,7 kN (6 500 kp) Schub ohne Nachverbrennung. Die Triebwerksmasse betrug ca. 2 000 kg.

Das Heinkel-Strahltriebwerk He S 053 wurde im ägyptischen Auftrag ab 1953 entwickelt, kam aber wegen Vertragsauflösung nicht mehr zum Laufen. Der Auslegungsschub mit Nachbrenner betrug 88,2 kN (9000 kp). Durchmesser 1105 mm.

Axialverdichter des Strahltriebwerkes Heinkel He S 053 mit 11 Stufen, einem Luftdurchsatz von 100 kg/s und einem Druckverhältnis von 7,4.

Das Triebwerk gehörte damals weltweit zu den militärischen Triebwerken mit dem höchsten Schub. Der 11-stufige Axialverdichter mit Druckverhältnis 7,4 hatte ein einstellbares Eintrittsleitrad. Die Verdichterstufen 1 bis 4 hatten Aluminium-Schaufeln, die Stufen 5 bis 11 Stahlschaufeln. Das letzte Leitrad war als Spaltgitter ausgebildet.
Das Triebwerk besaß neun Rohrbrenner, die ab der halben Kammerlänge in eine Ringbrennkammer übergingen. Die Brennstoffeinspritzung erfolgte durch neun Zweimengendüsen. Die 1. Stufe der zweistufigen Turbine hatte gekühlte Leitschaufeln. Die Schubdüse war als Zweistellungs-Augenliddüse ausgebildet. Die Triebwerksregelung erfolgte hydraulisch-mechanisch ähnlich der SNECMA ATAR-Regelung. Die Triebwerkslagerung war aus Gründen der Masseneinsparung so konstruiert, daß die Lagerkräfte des hinteren Verdichterlagers und des Turbinenlagers von einem für beide gemeinsamen Lagerträger aufgenommen und von diesem auf das Brennkammer-Innengehäuse weitergeleitet wurden.
In knapp 2 1/2-jähriger Arbeitszeit wurden drei Entwicklungstriebwerke Heinkel He S 053 jedoch noch ohne Nachbrenner gebaut. Es kam zu keinem Prüflauf mehr, da nach der Regierungsübernahme durch Nasser der gesamte Entwicklungsauftrag (Triebwerk und Zelle) im Frühjahr 1956 seitens der Ägypter annulliert wurde. Der Hauptgrund dafür war, daß Nasser sich den Sowjets zuwandte und von diesen mit sowjetischen Mig-Flugzeugen versorgt wurde. Die Vertragsaufhebung erfolgte kurz vor dem geplanten Erstlauf des Triebwerks. Ein erfolgreicher Erstlauf des Triebwerks war allerdings etwas problematisch, weil der Verdichter für die Startphase keine Luftabblasemöglichkeiten hatte. Die drei Entwicklungstriebwerke, Ersatzteile, alle Stuttgarter Prüfstandseinrichtungen, die Konstruktionszeichnungen, Berechnungs- und Versuchsberichte wurden noch 1956 nach Ägypten ausgeliefert. Das Heinkel-Triebwerks-Team löste sich bis auf eine Restgruppe in kurzer Zeit auf.
Ein kleiner Teil dieser Mitarbeiter wurde bei den Triebwerksbetreuungsaufgaben der Turboméca für die Triebwerke Marboré II und IV eingesetzt. In das Programm wurden später auch noch die Triebwerke Marboré V, Artouste und Turmo III C aufgenommen. Für diese Aufgaben wurde ab 1957 in der Nähe von Heimsheim bei Stuttgart ein Prüfstandskomplex mit je einem Prüfstand für Schub- und für Wellenleistungstriebwerke sowie auch ein Rotorprüfstand errichtet. Diese Prüfstände dienten in erster Linie für die Durchführung der Triebwerksabnahmeläufe.

Triebwerksstudien von Heinkel und Junkers

Für den Rest der Heinkel-Triebwerksmannschaft gab im Herbst 1956 überraschenderweise Prof. Heinkel den damals leitenden Ingenieuren Dr. Gosslau und Bruno Schuldt die Anweisung, mit den restlichen 15 Triebwerksingenieuren sofort eine neue Triebwerksmannschaft aufzubauen.
Die erste Aufgabe für das neu formierte Team war die Unterstützung des Zellenteams bei der Studie im Rahmen des BMVg-Jägerpreisausschreibens. Anschließend wurde in Zuffenhausen im Auftrag des BMVg eine Serie von Triebwerksauslegungen durchgeführt, wobei zunächst nur einwellige Einstromtriebwerke betrachtet wurden, die alle für Kampfflugzeuge optimiert wurden und sich durch große Einfachheit auszeichneten. In der Typenliste dieser Reihe von untersuchten Triebwerken stand als erstes das Triebwerk Heinkel He S 053, jedoch entsprechend einer neu eingeführten Kennzeichnung als »He-(später Ju) 003« bezeichnet. Das erste neu untersuchte Triebwerk erhielt dann die Typenbezeichnung 004 usw. Dieses hatte bei einem Druckverhältnis von nur 4 einen sechsstufigen Verdichter, der von einer einstufigen Turbine angetrieben wurde. Die beiden folgenden Triebwerksprojekte He 005 und 006 mit Verdichterdruckverhältnissen von 4,5 und 5 wurden jeweils mit ein- und zweistufiger Turbine berechnet und untersucht. Für alle betrachteten Projekte erfolgte eine Auslegung der Komponenten sowie die Ermittlung ihrer Abmessungen. Das Verdichterdruckverhältnis wurde bei den Projekten schrittweise bis 9 gesteigert.
Wie Heinkel es gewünscht hatte, wurde das Triebwerksteam vor allem durch das Anwerben erfahrener Triebwerksingenieure laufend verstärkt. So wurde 1957 Georg Neubauer als Leiter einer zweiten Hauptabteilung Strömungsmaschinen neben der von Bruno Schuldt (Triebwerksauslegung) engagiert. Für die Konstruktion und Regelung konnten erfahrene Spezialisten gewonnen werden. Sie alle gehörten zuvor dem Team von Dr. Oestrich an und waren sowohl bei BMW als auch bei der SNECMA mit verantwortlichen Aufgaben im Triebwerksbau tätig gewesen.

Im Laufe des Jahres 1957 wurde auch offensichtlich, warum Prof. Heinkel seine Triebwerksmannschaft neu aufbaute. Er und Prof. Messerschmitt hatten damals die Firma »Junkers Flugzeug- und Motorenwerke AG« vom Bund gekauft und besaßen jeweils 50% der Anteile. Ernst Heinkel hatte die Absicht, in der neuen Firma »Junkers« die technische Führung zu übernehmen.

Triebwerksentwicklungen bei Junkers

Die im westlichen Teil Deutschlands verbliebenen Liegenschaften und der Besitz des ehemaligen Großunternehmens »Junkers« wurden in den 50er Jahren vom Bund verwaltet. Ab 1954 gehörte dazu auch ein unter Dr. August Lichte, einem Flugmotorenfachmann der ehemaligen Jumo-Mannschaft, in Essen arbeitendes kleines Ingenieurbüro, das mit ca. 8 Ingenieuren damals unter dem Firmennamen von Junkers die Entwicklungstätigkeit wieder aufnahm. Außer Entwicklungsarbeiten an einem Kleindiesel-Zweitaktmotor hat sich diese Gruppe auch mit einigen Triebwerksdetailfragen, wie z. B. mit Regulierungsproblemen beschäftigt. Im Jahre 1957 wurde diese bundesdeutsche Neugründung an die Flugzeugfirmen Heinkel AG, Stuttgart, und Messerschmitt AG, Augsburg, verkauft und das Junkers-Ingenieurteam Anfang 1958 von Essen nach Stuttgart versetzt, wobei Dr. Lichte ausschied. Der Firmenname »Junkers Flugzeug- und Motorenwerke AG« wurde beibehalten, da der Name Junkers der deutschen Luftfahrtindustrie erhalten bleiben sollte. Der Sitz der neuen Firma war zunächst das Werk der »Ernst Heinkel AG« in Stuttgart-Zuffenhausen und dann anschließend München.
Junkers führte damals die bei Heinkel begonnene Reihe der Auslegung von Triebwerken für Kampfflugzeuge weiter. Es erfolgten Untersuchungen an Triebwerkskomponenten, einschließlich der Regelung. Gleichzeitig wurden neue und verbesserte Berechnungsverfahren studiert. Zu Anfang der beginnenden Entwicklung wurden zwei der untersuchten Triebwerke praktisch bis zur Detailkonstruktion ausgelegt und konstruiert, so vor allem das »Ju-015« für das ein neunstufiger Axialverdichter mit einem Nenndruckverhältnis von 6,5 vorgesehen war. Die ersten drei Stufen seines Verdichters wurden als Modell gefertigt und eingehend untersucht. Weiterhin ist aus dieser Zeit vor allem auch noch eine umfangreiche Studie über die Eignung von Nachbrenner-Zweikreistriebwerken mit niedrigen Bypass-Verhältnissen von 0,2 bis 0,6 zum Antrieb von Kampfflugzeugen zu nennen. Die Entwicklung solcher Triebwerkstypen erfolgte von ausländischen Firmen bekanntlich erst wesentlich später.
Das Junkers-Team wurde weiter ausgebaut und überschritt Ende 1960 bereits die Zahl von 120 Mitarbeitern. Im Sommer dieses Jahres hatte Dr. Gosslau dem Drängen seiner Mitarbeiter nachgegeben und sich entschlossen, für die Firma eine eigene Werkstatt und Fertigung einzurichten. Doch dieser Schritt kam zu spät. Ende 1960/Anfang 1961 geriet die Firma in eine kritische Lage.
Im Jahre 1960 warb Ferdinand Brandner um Mitarbeiter für eine Triebwerksentwicklung in Ägypten und war damit bei Junkers erfolgreich. So verließen Anfang 1961 fast alle maßgebenden Triebwerksingenieure recht enttäuscht die Firma Junkers.
Damit war auch der letzte Versuch gescheitert, den Erfahrungsschatz des Triebwerkteams von Dr. Oestrich, das sowohl bei BMW als auch bei SNECMA erfolgreich tätig war, in einer größeren Gruppe zu erhalten.
Bei der Firma Junkers nahmen in der Folgezeit die Tätigkeiten auf dem Triebwerkssektor ab, wohingegen solche auf dem Gebiet der Raumfahrttechnik begannen.

Der Wiederbeginn bei Daimler-Benz

von Helmut Schubert

Im Jahre 1955 begann auch die Daimler-Benz AG wieder mit der Neuentwicklung von Flugtriebwerken. Auf Veranlassung des technischen Vorstandsmitglieds für den Entwicklungsbereich Prof. Fritz Nallinger und dessen Stellvertreter Dr. Hans Scherenberg, der selbst während des Krieges bei Daimler-Benz in der Flugmotorenentwicklung tätig war, wurde unter Leitung von Dr.-Ing. Bruno Eckert der Entwicklungsbereich Strömungsmaschinen aufgebaut. Verantwortlich für die Berechnung war Erwin Schnell, für die Konstruktion Christian Schmitz und für den Versuch Emil Waldmann.
Aufgrund des Traditionsbewußtseins und aus Kapazitätsgründen entschied man sich für Eigenentwicklungen. Die Mannschaft wurde wie bei BMW und KHD vor allem aus früheren erfahrenen Mitarbeitern gebildet, die seit 1952 aus Frankreich (SNECMA, Turboméca) und der UdSSR zurückkamen oder man engagierte Ingenieure des 1956 aufgelösten Heinkel-Teams.

DB 720/PTL 6

Als erstes Projekt entstand nach Abschluß umfangreicher Vorstudien ab 1956 das Wellenleistungstriebwerk DB 720/PTL 6 mit einer Nutzleistung von 750 bis 1 200 kW (1 000 bis 1 600 PS). Das Bundesministerium der Verteidigung hatte Interesse an diesem Projekt. Als Firma, die sich im wesentlichen auf dem Fahrzeuggebiet betätigte, war für den Beginn einer Entwicklung eine Triebwerksgröße interessant, die sich nicht zu weit von einer möglichen Fahrzeug-Gasturbine entfernt. Daimler-Benz entwickelte auch dann 1956 bis 1962 eine eigene Fahrzeug-Gasturbine, die DB 750 mit 220 kW (300 PS). Außerdem spielte zur dama-

ligen Zeit bei DB auch der eventuelle Einsatz einer abgewandelten Ausführung dieser Luftfahrttriebwerke zum Einbau in Lokomotiven und Schiffen eine Rolle. Auch die Frage der notwendigen Prüfstandseinrichtungen war für die Auswahl des Leistungsbereiches der Triebwerke wichtig.
Für das DB 720/PTL 6 wurde eine kombinierte Verdichterbauweise, bestehend aus einem vierstufigen Axial- und einem nachgeschalteten einstufigen Radialverdichter, als günstigste Lösung angesehen, wobei ein Druckverhältnis 5,5:1 zugrunde gelegt wurde. Mit Rücksicht auf die z.Z. des Entwicklungsbeginns verfügbaren Werkstoffe konnte bei ausreichender Lebensdauer eine heute niedrig erscheinende Turbineneintrittstemperatur von 800° C angesetzt werden. Die Ringbrennkammer hatte 12 Einspritz- und zwei Anlaßdüsen. Die Gasgeneratorturbine war zweistufig. Die Auslegungsdrehzahl des Gaserzeugers betrug 21000 min^{-1}. Mechanisch vom Gaserzeuger getrennt war die einstufige axiale Nutzleistungsturbine. Beide Turbinengruppen ware fliegend gelagert, der Rotorschub der Arbeitsturbine wurde von einem Getriebelager aufgenommen. Der Gaserzeuger war dreifach gelagert, wobei das vordere Lager den Rotorschub aufnahm.
Als Starter wurde ein elektrischer Generatoranlasser benutzt, der in der Nabenverkleidung des Verdichters untergebracht war. Im unteren Teil des Verdichtergehäuses befanden sich die Hilfseinrichtungen, wie Öl- und Brennstoff-

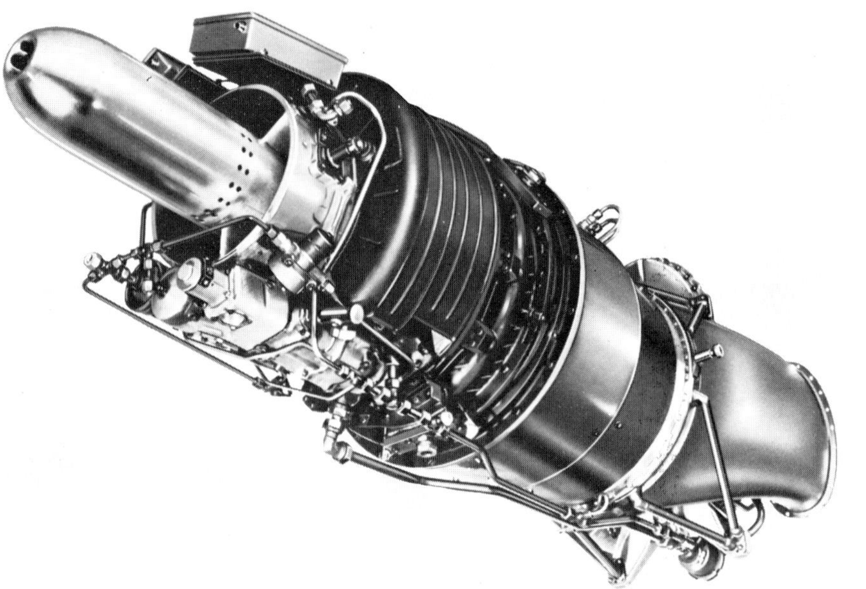

◀ Die Projektarbeiten am Wellenleistungstriebwerk DB 720/PTL6 begannen bei Daimler-Benz im Jahre 1956. Das Triebwerk erreichte 1964/65 bei Abnahme- und Dauerläufen Leistungen von 920 kW (1250 PS) und zuletzt 1030 kW (1400 PS).

Längsschnitt des DB 720/PTL 6-Triebwerkes mit vierstufigem Axial- und einstufigem Radialverdichter, Druckverhältnis 5,5, Ringbrennkammer, zweistufige Gaserzeugerturbine und einstufige Nutzleistungsturbine. Hauptdaten: Wellenvergleichsleistung beim Start 995 kW (1350 PS), Luftdurchsatz 6,1 kg/s, Breite 515 mm, Trockenmasse 220 kg. ▼

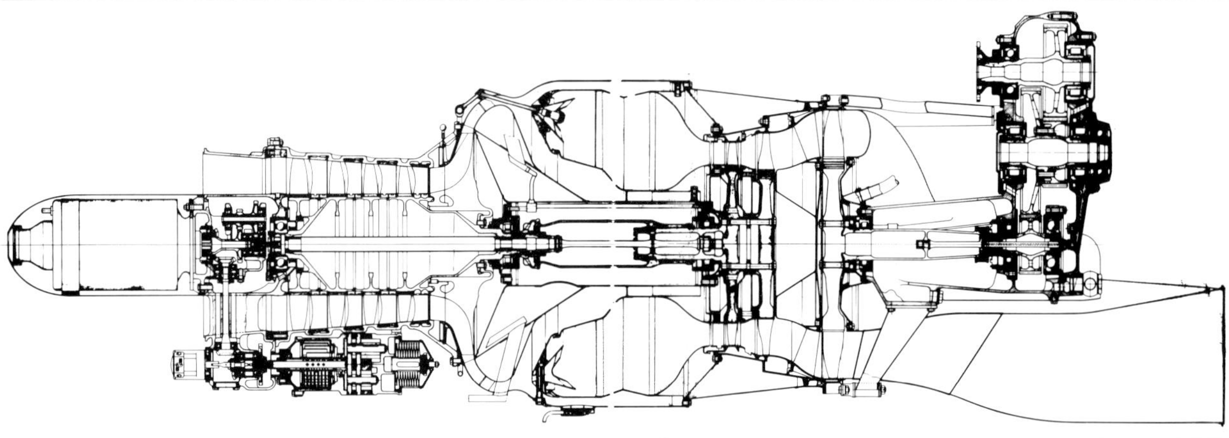

pumpe, Regler, ferner der elektrische Drehzahlgeber. Alle Hilfsgeräte und der Regler wurden von Daimler-Benz selbst entwickelt. Sämtliche Hilfsgeräte wurden über eine Königswelle und ein Verteilergetriebe von der Welle des Gasgenerators aus angetrieben. Die Masse des Triebwerks DB 720/PTL 6 einschließlich Untersetzungsgetriebe, Öltank und Regelung, jedoch ohne Anlasser, betrug ca. 220 kg.

Die Komponentenuntersuchungen begannen im Jahre 1958 in Stuttgart-Untertürkheim. Wenig später wurde auch mit den Volltriebwerksuntersuchungen angefangen, wobei zuerst der Gasgenerator allein als TL-Triebwerk untersucht wurde. Nach 100 Betriebsstunden mit dem Gaserzeuger konnte die Arbeitsturbine angebaut und mit der Erprobung des Triebwerks als komplettes Gerät begonnen werden. Schwierigkeiten bereitete anfangs die Standfestigkeit der Brennkammer, weshalb nach jeweils 25–30 Betriebsstunden eine Demontage zur Kontrolle der Brennkammer notwendig war. Im Herbst 1962 wurde der offizielle 50-Stunden-Abnahmelauf entsprechend den Bedingungen der Musterprüfstelle der Bundeswehr für Luftfahrtgerät (MBL) durchgeführt und das Triebwerk auf der Deutschen Luftfahrtschau 1962 in Hannover erstmals der Öffentlichkeit vorgestellt. Es kann als erste deutsche Nachkriegsentwicklung im Flugtriebwerkbau im Leistungsbereich über 800 kW (1100 PS) gelten. Im Frühjahr 1964 erfolgte dann ein 50-Stunden-Musterprüflauf mit 920 kW (1250 PS) Leistung, im Sommer 1965 wurde ein 150-Stunden-Prüflauf bei der gleichen Leistung und bei 300 Stunden Zwischenüberholungszeit und anschließend ein 50-Stunden-Musterprüflauf mit 1030 kW durchgeführt. Im Jahre 1967 folgten im einzigen deutschen Höhenprüfstand an der TU in Stuttgart Höhenversuche.

Im Jahre 1969 begann dann in Friedrichshafen die Flugerprobung in einem umgebauten Bell UH-1D-Hubschrauber in Zusammenarbeit mit der Firma Dornier. Erhebliche Änderungen am Triebwerk DB 720 waren dazu notwendig, da die Getriebeanschlüsse bei diesem Triebwerk auf der Abgasaustrittsseite liegen. Eine Drehung des Triebwerks um 180 Grad erwies sich als notwendig, wodurch die Lufteintrittsseite des Triebwerks, anders als bei dem serienmäßig in diesen Hubschrauber eingebauten Lycoming T 53-L-13, nach hinten wies, die Abgasaustrittsseite nach vorne. Ziel der Versuche war die funktionelle und leistungsseitige Flug- und Höhenerprobung des Triebwerks sowie die Überprüfung der Funktionstüchtigkeit der von Daimler-Benz entwickelten Triebwerksregelung. Am 13. November 1969 erfolgte die Abnahme des Umbaues durch die MBL. Im Januar 1972 nach 57 Flugstunden wurde die Flugerprobung und die Entwicklung dieses Triebwerks, ohne daß es zu einer Serienfertigung gekommen wäre, abgeschlossen. Es sind insgesamt fünf Triebwerke (drei Entwicklungstriebwerke und zwei Prototypen-Triebwerke) von Daimler-Benz gebaut und ca. 4000 Laufstunden erzielt worden.

DB 721/PTL 10

Auf der Deutschen Luftfahrtschau 1964 in Hannover wurde von Daimler-Benz ein leistungsstärkeres Flugtriebwerk, das DB 721/PTL 10 in der Leistungsklasse 1500 bis 1800 kW (2000 bis 2500 PS) bei einer Triebwerksmasse von 250 kg das erste Mal vorgestellt. Das Triebwerk war ein Zweiwellen-Triebwerk mit freier Nutzturbine, wobei der Abtrieb wahlweise nach vorne mit einem Frontgetriebe oder nach hinten mit Heckgetriebe, ähnlich der Getriebeanordnung

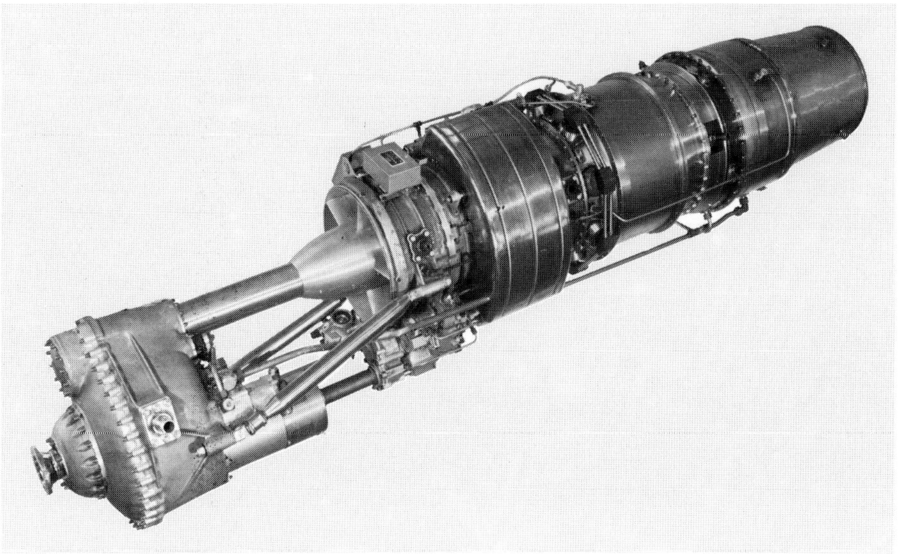

Das Daimler-Benz-Triebwerk DB 721/PTL 10 war eine Weiterentwicklung des DB 720, jedoch mit achtstufigem Axialverdichter als Zweiwellentriebwerk mit freier Nutzturbine. Der Abtrieb konnte wahlweise vorne oder hinten angeordnet werden. Hauptdaten: Wellenvergleichsleistung beim Start 1620 kW (2200 PS), Luftdurchsatz 10 kg/s, Trockenmasse 250 kg.

beim DB 720/PTL 6, erfolgte. Durch Vorsetzen einer Planetengetriebestufe konnte die Abtriebsdrehzahl auf die für diese Leistungen übliche Luftschraubendrehzahl von 1 500 min^{-1} gesenkt werden. Entsprechend der größeren Leistungsklasse waren der Verdichter als reiner Axialverdichter mit acht Stufen und die ersten Verdichterstufen als transsonische Stufen ausgelegt. Der Verdichter hatte ein Druckverhältnis von 6:1, der Luftdurchsatz betrug 10 kg/s. Das Triebwerk hatte eine Ringbrennkammer mit acht Einspritzdüsen. Die Gasgeneratorturbine war zweistufig, die Turbineneintrittstemperatur betrug 1 175 K. Entwicklungsbeginn für dieses Triebwerk war 1962. Nach umfangreichen Komponentenversuchen wurde gegen Ende 1965 ein Qualifikationslauf unter Aufsicht des MBL durchgeführt. Es wurden bis 1970 mit drei Triebwerken ca. 200 Prüfstandsstunden bei Daimler-Benz gefahren. Eine spezielle Anwendung in einem Hubschrauber oder Flugzeug erfolgte nicht mehr.

DB 730 und 731

Der Gaserzeuger des Triebwerks DB 720 wurde von Daimler-Benz als Basis für ein neues Zweistromtriebwerk mit nachgeschaltetem Heckbläser (Aft-Fan) verwendet. Dieses Projekt trug die Typenbezeichnung DB 730/ZTL 6. Die einstufige Arbeitsturbine trieb die transsonische Axialstufe mit Druckverhältnis 1,55:1 des Nebenstromgebläses direkt an. Das Nebenstromverhältnis (Verhältnis des Luftdurchsatzes Sekundärstrom zu Primärstrom) bei der Version DB 730 betrug 1,76 (bei Version DB 730 F 5,5). Der Gasgenerator-aufbau war wie beim DB 720/PTL 6. Der Heißgasstrom des Grundtriebwerks und der Kaltluftstrom des Nebenstroms

Daimler-Benz-Strahltriebwerke

Muster		DB 730D/ ZTL 6	DB 730F/ DB 730 H ZTL 6	DB 731H
Baujahr*		1962/72	1964/70	1968/69
Bauart		ZTL	ZTL	ZTL
Verdichter				
Luftdurchsatz	kg/s	17,25	43,25	
Stufenzahl		4A+1R+1A	4A+1R+1A	8A+1A
Druckverhältnis		5,5/1,55	5,5/1,3	
Bypassverhältnis		1,76	5,5	
Brennkammer		Ring-BK.	Ring-BK.	Ring-BK.
Turbine		2A+1A	2A+1A	2A+1A
Abmessungen				
Länge	mm	1957	2135	
Durchmesser	mm	695	890	
Trockenmasse	kg	220	240	
Standschub				
ohne Nachbrenner	kN (kp)	6,4 (650)	9,8 (1000)	
Drehzahl	min^{-1}	21 700	22 000	21 700
spez. Verbrauch	kg/kNh			
	(kg/kph)	66,9 (0,66)	45,7 (0,45)	
Einheitsmasse	kg/kN (kg/kp)	34,4 (0,34)	24,5 (0,24)	
Stirnflächenschub	kN/m^2 (kp/m^2)	16,9 (1715)	15,7 (1610)	
Bemerkungen A = Axialstufen R = Radialstufen * = Entwicklungszeit		Komponenten-Entwicklung	Entwicklung 730 H: Projekt Zweistrom-Komb. Triebwerk 9,4 kN	Projekt

Unter Verwendung des Gasgeneratorteiles vom DB 720 wurden zwei verschiedene Ausführungen von Zweistromtriebwerken projektiert, bei denen eine »Aft fan«-Einheit dem Triebwerk nachgeschaltet war. In der Ausführung DB 731, die zum Antrieb von schnellen Hubschraubern vorgesehen war, sollte eine Heißgasentnahme zum Antrieb eines Reaktionsrotors oder Schubbetriebs möglich sein.

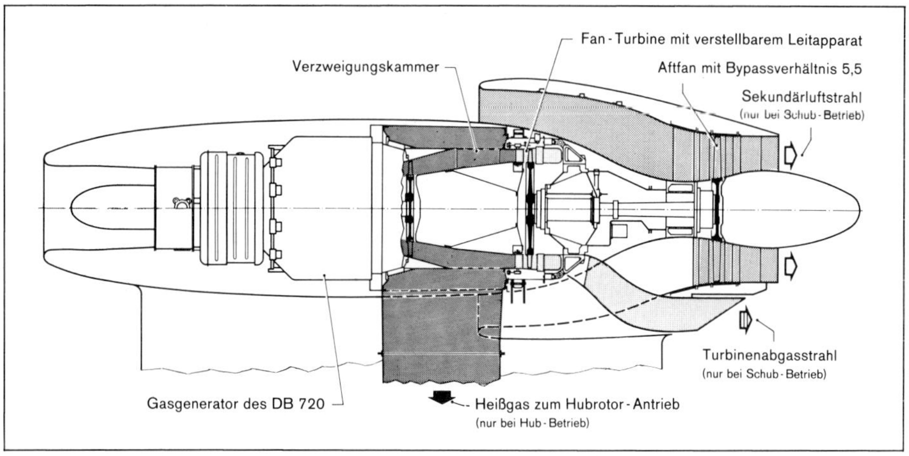

wurden bei diesem Triebwerk nicht gemischt. Das Heißgas trat durch eine zentrale Düse aus, um die sich zwei nierenförmige Kaltluftschubdüsen legten. Durch Änderungen an der Bläserstufe des Nebenstroms konnte das Nebenstromverhältnis geändert werden. Der Schub dieses Triebwerks betrug 6 kN (DB 730 F 9,35 kN) und die Triebwerksmasse 220 kg (240 kg). Eine weitere Variante aus der Projektreihe DB 730/ZTL 6 war die Version DB 730 H. Sie war ein Triebwerksprojekt für Hubschrauber, bei dem sowohl Rotorantriebsleistung als auch Vortriebsschub erzeugt werden sollten. Eine Weiterentwicklung der DB 730 H war das Triebwerk DB 731 H. Es basierte auf dem Gasgenerator des DB 721/PTL 10 und hatte den gleichen Heckgebläseteil wie das DB 730/ZTL 6. Das Nebenstromverhältnis war 3,2. Das Triebwerk war zum Antrieb schneller Hubschrauber vorgesehen. Verhandlungen über solche Hubschrauberprojekte wurden von Daimler-Benz mit den Firmen Merkle Flugzeugwerke GmbH und Messerschmitt AG geführt.
Die Projekte Daimler-Benz DB 730 und DB 731 waren die letzten Flugtriebwerks-Projekte, die bei Daimler-Benz in Stuttgart bearbeitet wurden. Das Triebwerksentwicklungs-Team von Dr. Bruno Eckert wurde 1969 im Rahmen der Gründung der MTU nach München verlegt.

Drei Etappen der Zusammenarbeit mit Rolls Royce

von Helmut Schubert

Das Entwicklungsteam der MAN-Turbomotoren in München, gegründet im Oktober 1958 als Tochterfirma der MAN Augsburg, befaßte sich anfangs fast ausschließlich mit der Entwicklung von VTOL-Antrieben. Anstoß dazu hatte Helmuth Sachse gegeben, der vor allem eine Kooperation mit einer potenten ausländischen Partnerfirma suchte. Im Februar 1960 kam es zu einem Zusammenarbeitsvertrag zwischen der MAN-Turbomotoren und Rolls Royce. Das MAN-Team unter Leitung von Dr. Karl Adolf Müller und Dr. Erich Ammenhäuser kam von MAN Augsburg. Heinrich Leibach war als Leiter der Projekt- und Konstruktionsabteilung, Norbert Scholz für die Berechnungsabteilung und Karl Prestel für den Versuchsbereich zuständig.

Rolls Royce/MAN RB. 153

Das erste gemeinsam bearbeitete Projekt war das Triebwerk Rolls Royce/MAN RB.153-17 für den VTOL-Abfangjäger VJ 101 C des EWR (Entwicklungsring Süd). Einen ersten Entwicklungsauftrag erteilte dazu das BMVg im März 1960. Das Nachbrenner-Triebwerk war für den paarweisen Gondeleinbau vorgesehen. Eine Hubtriebwerksvariante ohne Nachbrenner, RB.153-16, später RB. 153-25, wurde parallel dazu entwickelt. Als kleines, leichtes Einwellentriebwerk stellte das Strahltriebwerk RB.153 eine Weiterentwicklung des Rolls Royce-Triebwerks Avon dar. Zum Unterschied dazu war das RB.153-Triebwerk bis zu einer Flugmachzahl von etwa 3,0 ausgelegt.
Das RB.153-17 bzw. -25 hatte einen neunstufigen Axialverdichter, eine Ringbrennkammer und eine zweistufige Turbine. Der Startschub betrug 17,5 kN (1780 kp) ohne Nachbrenner und 24,3 kN (2480 kp) mit Nachbrenner. Im Hinblick auf die Verwendung in der VJ 101 C des EWR konnte das Triebwerk um die horizontale Querachse um 90° gedreht und in jeder dabei möglichen Lage betrieben werden. Die Entwicklungsarbeiten begannen Anfang 1960 bei Rolls Royce in Derby, mehrere Mitarbeiter der MAN-Turbomotoren wurden dem englischen Team beigeordnet. Auf Veranlassung des BMVg wurde im Zusammenhang mit der Änderung des VJ 101 C-Programms die RB.153-17 und -25-Entwicklung abgebrochen.

Aufgrund der geänderten militärischen Forderungen für das Flugzeugprojekt, die andere Flugmissionen mit größeren Flugstrecken in Bodennähe bei Unterschallgeschwindigkeit und in der Höhe mit Nachverbrennung bei doppelter Schallgeschwindigkeit vorsah, ergaben die Optimierungsrechnungen jetzt ein Zweiwellen-Zweistromtriebwerk mit niedrigem Nebenstromverhältnis und mit Nachbrenner. Das neue Triebwerksprojekt erhielt die Bezeichnung RB.153-61 und war für das EWR-Projekt VJ 101 D bestimmt. Für dieses Flugzeug waren zwei horizontal eingebaute Marsch/Hubtriebwerke mit Nachbrenner und Schubablenker zwischen Triebwerk und Nachbrenner, sowie fünf im Rumpf vertikal eingebaute Hubtriebwerke Rolls Royce RB.162-31 vorgesehen.

Die Entwicklung des Rolls Royce/MAN RB.153-61 begann im März 1962, wobei die MAN-Mitarbeiter in München an der aerodynamischen und festigkeitsmäßigen Auslegung sowie an der Konstruktion mitarbeiteten. Schwerpunkt der MAN-Versuchsarbeit waren Modellversuche und Versuche an der Großausführung der Schubablenkung. Von der Konfiguration her entsprach das Triebwerk weitgehend den Rolls Royce Spey-Strahltriebwerken, d.h. vierstufiger Niederdruck- und zwölfstufiger Hochdruckverdichter, jeweils angetrieben von zweistufigen Turbinen.

Schon Anfang November 1963 konnte der erste Versuchslauf bei Rolls Royce in Derby stattfinden. Die weitere Erprobung fand dann in zunehmendem Umfang bei der MAN-Turbomotoren statt, wo inzwischen zwei Volltriebwerksprüfstände, auch ausgerüstet mit speziellen Meßeinrichtungen für Vertikalschubmessungen, errichtet worden waren. Nachdem das Interesse seitens des BMVg an dem Projekt VJ 101 D bald geringer wurde, trat an Stelle eines Triebwerks-Musterprüflaufes ein 50-Stunden-Qualifikationslauf, der Ende 1965 durchgeführt werden konnte. Mit sechs Versuchstriebwerken wurden in zwei Jahren 1400 Stunden auf Prüfständen und etwa 50 Stunden im Höhenprüfstand gefahren. Das Entwicklungsvorhaben kam auf Anweisung des BMVg im September 1966 zum Abschluß. Ausgehend vom Triebwerk RB.153-61 R erfolgte dann die projektmäßige Bearbeitung verschiedener Triebwerks-Varianten, darunter der Entwurf RB.153-75 mit vier Schwenkdüsen für ein VFW-Flugzeug-Projekt, eine Ausführung mit Kaskaden-Schubstrahlablenker für das Dornier-Projekt Do 31 und eine Ausführung mit höherem Schub für das EWR-Projekt VJ 101 E. Für das letztgenannte Vorhaben beschäftigte man sich auch mit einem neuartigen Schwenk-Nachbrennersystem. Die gewählte Lösung sah drehbare, schräg geschnittene Rohrstücke, die unter voller Wärmebeanspruchung eine kontinuierliche Schwenkung des Schubvektors um 90° vor. Das Interesse an dieser Konfiguration für das AVS-Projekt war so groß, daß im Auftrag von General Electric im Sommer 1967 in Manching 1:1-Versuche auf einem Freiprüfstand durchgeführt wurden. Aus prüfstandstechnischen Gründen mußte der Strahl nach oben ausblasen. Die Versuche verliefen zufriedenstellend, doch wurde durch den Abbruch des AVS-Projekts diese Entwicklung beendet.

Rolls Royce/MAN RB. 145

Als sich Ende 1960 das Verteidigungsministerium für die Entwicklung des EWR Projekts VJ 101 C entschied und die Triebwerks-Neuentwicklungen RB.153-17 und RB.153-25 nicht schnell genug verfügbar waren, schlug Rolls Royce vor, das inzwischen auch im Fluge in der Short SC 1 erprobte Hubtriebwerk RB.108 zu einem Hub/Marsch-Triebwerk umzukonstruieren. Das neue Projekt erhielt die Bezeichnung RB.145 und wurde in zwei Versionen entwickelt, d.h. als Nachbrennertriebwerk für den Einbau in schwenkbaren

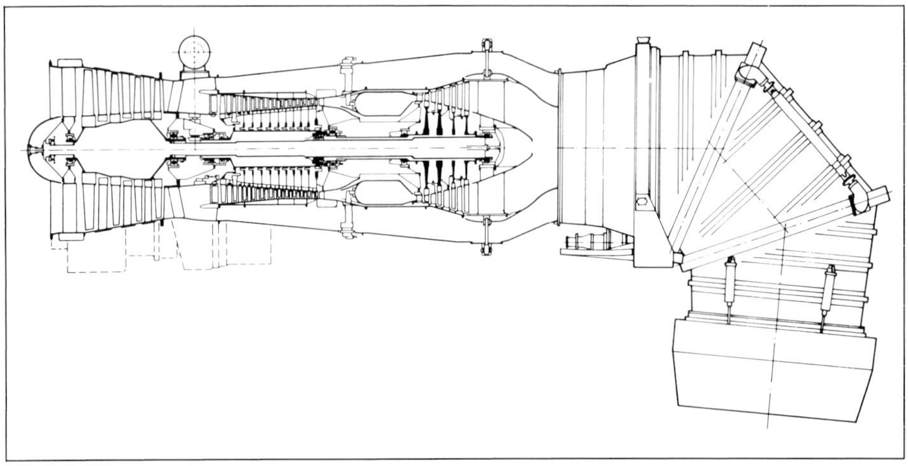

MAN-Turbo entwickelte für das EWR-Projekt VJ 101 E einen schwenkbaren Nachbrenner für das Zweistrom-Strahltriebwerk RB. 153-61R mit drei schräg aneinandergesetzten drehbaren Rohrstücken bis zu einer 90°-Umlenkung. Das RB. 153-61R entsprach im Grundaufbau dem Rolls Royce Spey-Triebwerk, war aber für Fluggeschwindigkeiten bis etwa Mach 2,2 ausgelegt.

Schematischer Längsschnitt des Strahltriebwerkes RB.145 R, das aus dem Hubtriebwerk RB.108 entwickelt und für die Gondelausführung der VJ 101C X2 mit einem Nachbrenner versehen wurde.

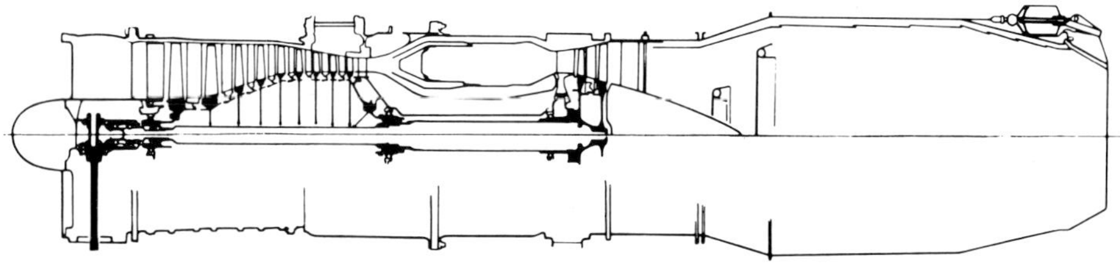

Gondeln und mit kurzer Düse als reines Hubtriebwerk. Vom RB.108 unterschied sich das RB.145-Triebwerk im wesentlichen durch eine zusätzliche Verdichterstufe mit Leitschaufelverstellung sowie einer Abblasmöglichkeit nach der 6. Stufe. Um eine möglichst feine Schubmodulation bei der Schwebeflugstabilisierung zu erzielen, war das Reglersystem so ausgelegt, daß der Nachverbrennungsgrad und die Drehzahl variiert werden konnten. Der Startschub des Hubtriebwerks betrug 12,3 kN (1250 kp) und der des Nachbrenner-Triebwerks 15,8 kN (1610 kp). Besondere Probleme waren bei den Lufteinläufen zu lösen, die allen Flugphasen angepaßt sein mußten. Für die Gondeltriebwerke wurde ein Rundum-Ring-Schlitz vorgesehen, durch den die senkrecht oder schräg stehenden Triebwerke zusätzlich Luft ansaugen konnten. Die im Rumpf eingebauten Hubtriebwerke waren im Schnellflug durch Klappen abgedeckt, die so ausgeführt waren, daß sie in geöffnetem Zustand vor der Landetransition die Hubtriebwerke auf die für die Zündung erforderliche Leerlaufdrehzahl bringen konnten. Das Schmierstoffsystem wurde so ausgebildet, daß die uneingeschränkte Betriebsfähigkeit über den ganzen Schwenkbereich sichergestellt war. Da bei der VJ 101 C alle sechs Triebwerke mit einem gemeinsamen Leistungshebel bedient wurden, war es besonders wichtig, für alle Triebwerke eine gleichmäßige Schub-Ansprechcharakteristik zu verwirklichen. Zur Steuerung der Roll- und Nickbewegungen im Schwebeflug wurden die einzelnen Leistungshebel über den Flugregler individuell getrimmt. Gierbewegungen ließen sich durch gegensinniges Verdrehen der Triebwerksgondeln ausführen.

Den ersten Prüfstandslauf des RB.145-Triebwerks konnte man im Mai 1961 durchführen. Der 50-Stunden-Qualifikationslauf zur Flugfreigabe kam im März 1963 zum Abschluß. Die Auslegungs- und Konstruktionsarbeiten wurden in Derby durchgeführt. Die MAN-Turbomotoren-Mitarbeiter bearbeiteten besonders die regelungstechnischen Probleme und Einbaufragen.Der größte Teil der Prüfungsversuche, besonders mit Nachbrennerbetrieb, fand bei MAN in Allach statt. Das Versuchsflugzeug X1, das nur im Unterschallbereich erprobt werden sollte, erhielt in den Gondeln RB.145-Triebwerke ohne Nachverbrennung. Insgesamt sind 22 Prototypentriebwerke gebaut worden. Die EWR VJ 101 CX1 flog am 10. April 1963 zum ersten Mal, die X2 am 12. Juni 1965. Dieses Flugzeug hatte in den Gondeln je zwei Nachbrennertriebwerke RB. 145 R.

Rolls Royce/MAN RB. 193

Für das im Rahmen der NATO-Ausschreibung NBMR.3 bei VFW in Auftrag gegebene senkrechtstartende Kampfflugzeug VAK 191 B wurde zuerst das Triebwerk Rolls Royce/MAN RB.193-09 mit einem Schub von 44 kN vorgeschlagen, das in seiner Konfiguration sehr stark dem Bristol

Das Experimentalflugzeug VJ 101C X1 des Entwicklungsringes Süd flog im April 1963 zum ersten Mal. Im Rumpf waren zwei Hubtriebwerke RB.145 mit je 12,3 kN (1250 kp) und in den schwenkbaren Gondeln je zwei RB.145 eingebaut. Besondere Maßnahmen, wie eine Einlaufklappe auf der Rumpfoberseite und seitliche Luftöffnungen an den Gondeleinläufen, waren erforderlich, um im Schwebeflug und in der Transition den Triebwerken genügend Luft zuzuführen.

Pegasus-Schwenkdüsen-Triebwerk entsprach. Das überarbeitete Triebwerks-Projekt RB.193-12 hatte dann einen Startschub von 45,2 kN (4610 kp) und war ein kombiniertes Marsch/Hubtriebwerk in Zweistrom-Zweiwellenbauweise, das speziell auf dieses VTOL-Flugzeugprojekt abgestimmt wurde.
Im Gegensatz zu den vorhergehenden gemeinschaftlichen Triebwerks-Entwicklungen mit Rolls Royce wurde jetzt das MAN-Turbo-Team mit voller eigener Verantwortung als gleichwertiger Partner angesehen und in Derby in das Entwicklungsteam integriert. Projektleiter war D. O. Davis. Seitens der MAN-Turbo waren verantwortlich: Norbert Scholz für Berechnung, Heinrich Leibach für Projekt und Konstruktion und Karl Prestel für den Versuch. Der deutsche Entwicklungs- und Fertigungsanteil bestand aus folgenden Teilen: Vorderes Verteilergehäuse aus faserverstärktem Kunststoff, hinteres Hosenrohr, Schwenkdüsen mit Lager und Verstellmechanismus, Verdichterzwischengehäuse, Innengetriebe (Fertigung) und Turbinenaustrittsgehäuse. Ausgelegt, konstruiert und erprobt wurden außerdem der Niederdruck-Verdichter und ein Hochdruckversuchsverdichter.
Die Schubumlenkung war dadurch erschwert, daß der in der Flugzeugzelle zur Verfügung stehende Raum sehr eng war und von VFW die Forderung erhoben wurde, daß das Grundtriebwerk unabhängig von den Schwenkdüsen ausbaubar sein mußte. Zur kontinuierlichen Schubvektorsteuerung mußte die Umlenkung des Schubstrahls mit möglichst wenigen Verlusten erfolgen und es durften nur geringe Rückwirkungen auf Verdichter und Turbine erfolgen. Die vier symmetrisch zur Längsachse des Flugzeugs angeordneten Schwenk-Schubdüsen waren über einen Winkelbereich von 100° innerhalb von einer Sekunde drehbar.
Die Erprobung des Hosenrohrs, der Schwenkdüsen und der Betätigungseinrichtungen erfolgte bei MAN-Turbo mit einem Avon-Triebwerk als Heißgaslieferer. Die umfangreichen Erprobungen und Messungen konnten durch einen 50-Stunden-Dauerlauf mit fast 500 Schwenkvorgängen abgeschlossen werden.
Anfang 1967 lief bei MAN-Turbo die Fertigung der ersten RB.193-12 Entwicklungstriebwerke an. Mit Blechstärken von knapp unter 1 mm mußten große Rohrteile aus hochwarmfestem Material, teilweise auch aus Titan, verformt und geschweißt werden. Die Spezialkugellager der Schwenkdüsen mit Durchmessern der Lagerringe bis zu 500 mm aus Nitrierstahl sowie die zahlreichen anderen Teile machten die Einführung z. B. des Hochvakuum-Hochtemperaturlötens und des Elektronenstrahlschweißens erforderlich.
Der Entwicklungsauftrag für das RB.193-12 Triebwerk wurde vom BMVg im Dezember 1965 erteilt und lief bis 1972. Es wurden sechs Entwicklungstriebwerke und sieben Prototypentriebwerke gebaut, von denen die letzten 1971 zur Auslieferung kamen. Der Erstflug der VAK 191 B fand am 10. September 1971 mit einem Schwebeflug statt. Die Flugerprobung endete im März 1973 nach Auslaufen des ganzen Programmes.
Im Rahmen der Projektarbeiten für das deutsch-amerikanische AVS-Projekt und später für das nationale NKF-Projekt wurden in der MAN-Turbo in Zusammenarbeit mit EWR, VFW und der Bölkow GmbH eine Reihe von Projekt-Studien auf der Basis des Triebwerks RB.193 durchgeführt. Als Ergebnis dieser Untersuchungen entstanden die Projektentwürfe RB.193-20 bis -27.

Turbo-Union RB. 199 – Europas größtes Triebwerksprogramm

von Helmut Schubert

Das europäische Mehrzweck-Kampfflugzeug PANAVIA »Tornado«, das gemeinschaftlich von Großbritannien, Italien und der Bundesrepublik Deutschland entwickelt und

Prototyp des Senkrechtstarter-Kampfflugzeuges VFW VAK 191 B mit Marsch- und Hubtriebwerk RB.193-12 und zwei zusätzlichen Hubtriebwerken RB.162-81. Die Schwebeflugerprobung der VAK 191 B begann im Herbst 1971.

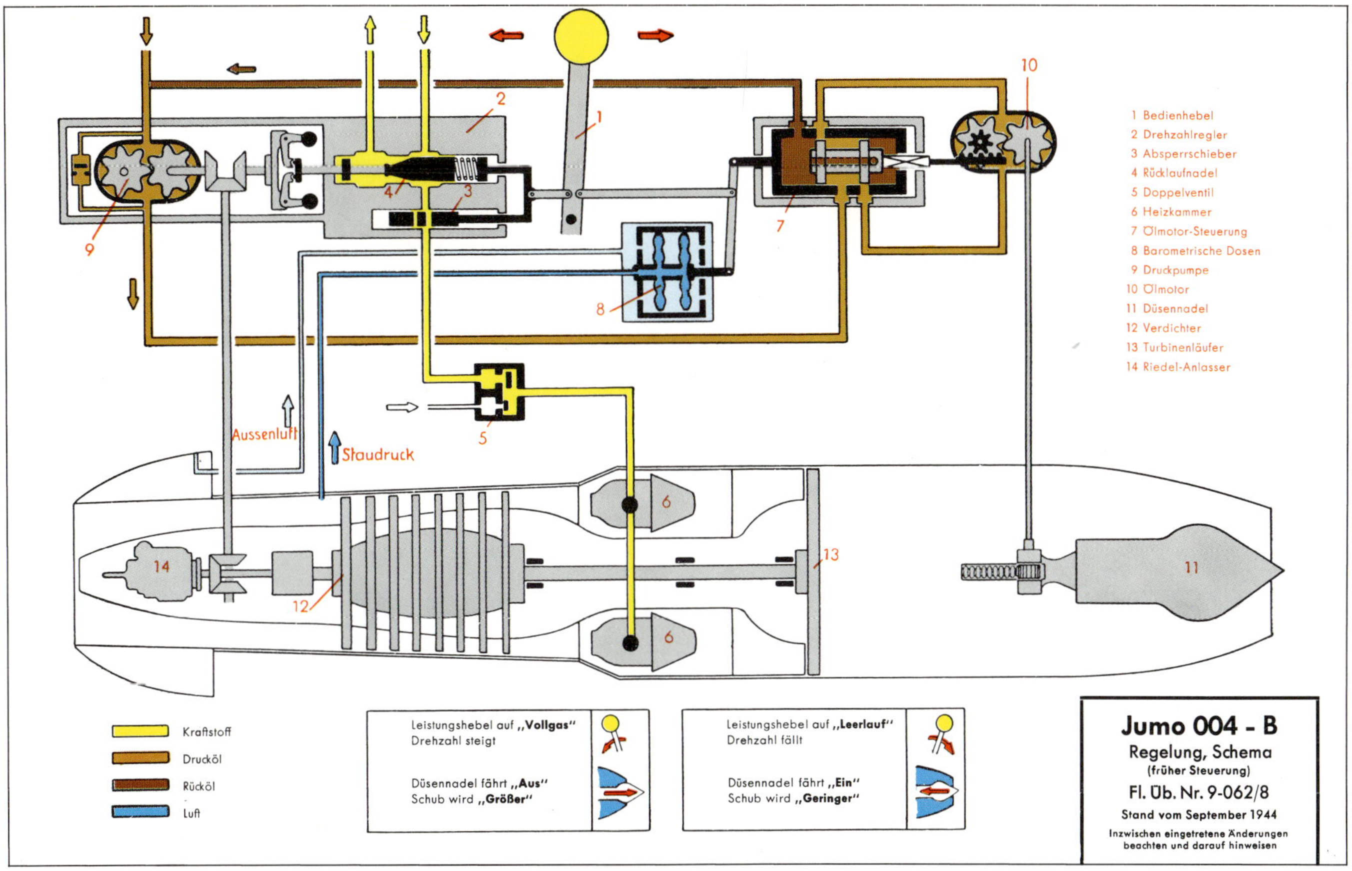

▲ Schema der Regelung des Jumo 004 B

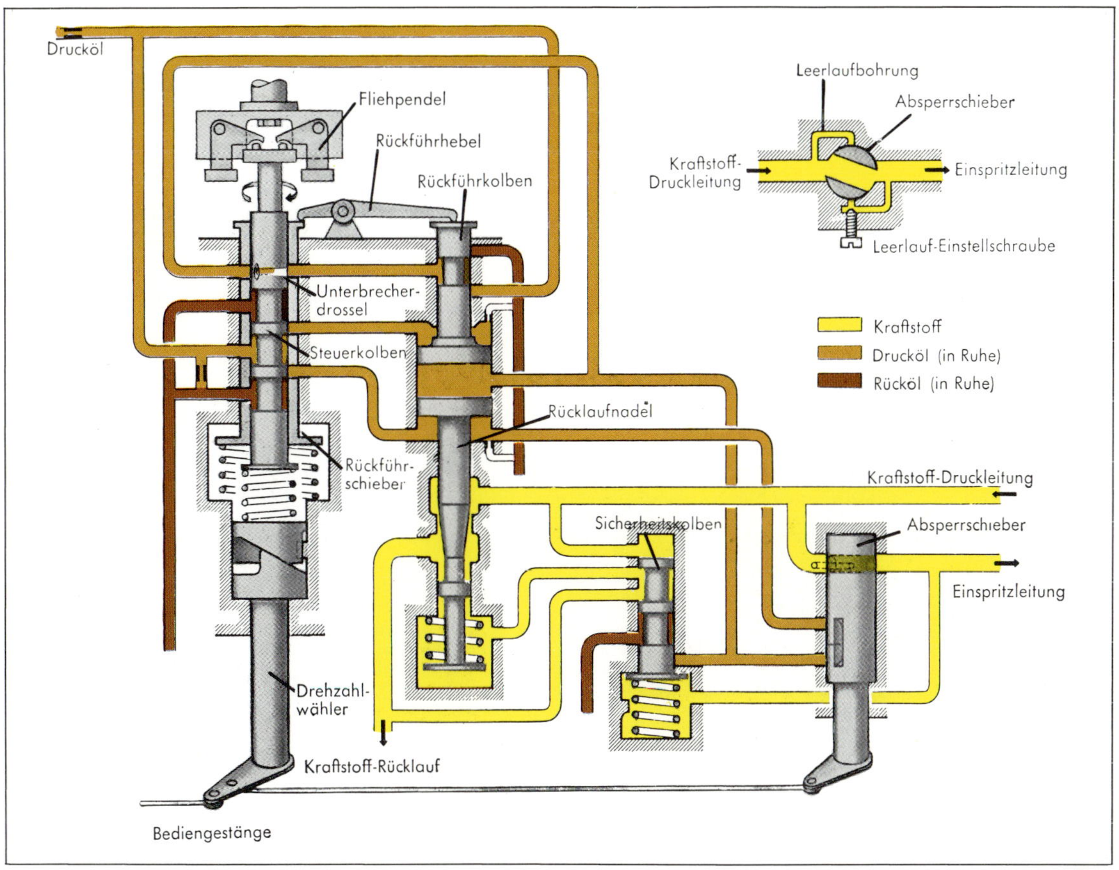

Schema des Drehzahlreglers des Jumo 004 ▶

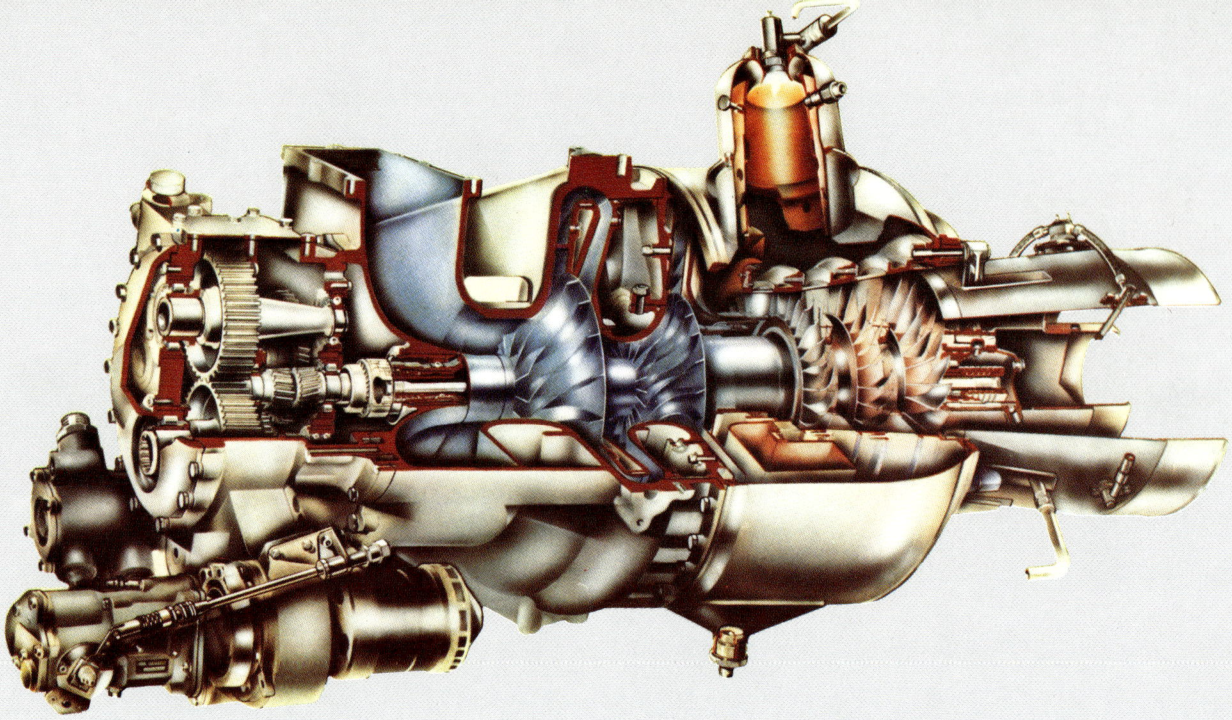

Wellenleistungstriebwerk BMW 6022 mit zweistufigem Radialverdichter, außen angeordneter Einrohrbrennkammer und dreistufiger Axialturbine.

Die Hilfsgasturbine (APU) KHD T 312 von Klöckner-Humboldt-Deutz wird serienmäßig im Mehrzweckkampfflugzeug Tornado verwendet.

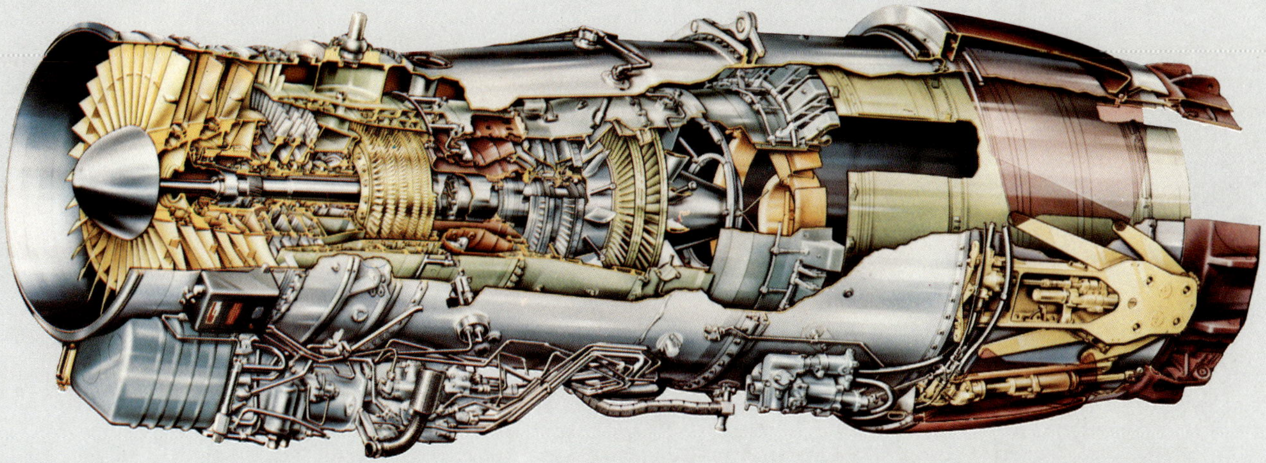

Schnittperspektive des Dreiwellen-Zweistrom-Strahltriebwerkes Turbo Union RB 199-34R mit dem das Mehrzweckflugzeug Tornado ausgerüstet ist.

Das Strahltriebwerk RB 199-34R hat am Ende des Nachbrenners eine Schubumkehreinrichtung, deren Klappen im eingefahrenen Zustand sich der Form des Flugzeuges anpassen.

Zwei Triebwerksprüfstände der MTU in München-Allach, oben die ältere klassische Prüfstandsform mit einem RB 145-Triebwerk, unten die neuere Bauart mit umfangreicher elektronischer Meßeinrichtung für die Abnahme der RB 199-Strahltriebwerke.

seit 1979 in Serie gebaut wird, hat eine längere Vorgeschichte und nahm im Mai 1968 bei einer Besprechung der Luftwaffenchefs der verschiedenen NATO-Länder konkrete Formen an. Das Gemeinschaftsvorhaben erhielt zunächst die Projektbezeichnung MRCA-75 (Multi Role Combat Aircraft) und lief seit März 1969 industrieseitig unter der Systemführung der Panavia Aircraft GmbH. Die drei beteiligten Länder einigten sich auf ein Projekt mit zwei Strahltriebwerken. Zur Auswahl standen zunächst vier Triebwerke, deren Hersteller im April 1968 die Ausschreibungsunterlagen erhielten:

- □ Rolls Royce/MAN-Turbo RB.199-34 R
- □ General Electric GE 1/10
- □ Pratt & Whitnet JTF 16 E bzw. JTF 22
- □ SNECMA M.59

Es gingen aber dann im Juli 1969 nur zwei Angebote ein, von Rolls Royce und MAN-Turbo gemeinsam für das Triebwerk RB.199-34 R und von Pratt & Whitney für das JTF 16 E-21 A. Über den Auftrag wurde am 4. September 1969 zugunsten des Firmenkonsortiums Rolls Royce, Motoren- und Turbinen Union München und Fiat entschieden. Diese drei Firmen schlossen sich im September 1969 in der »Turbo Union Limited« zusammen und vereinbarten eine Entwicklungsaufteilung von 42,5% für Rolls Royce, 42,5% für MTU und 15% für Fiat. Jede Partnerfirma übernahm eigenverantwortlich die Entwicklung und später die Produktion bestimmter Baugruppen (Module). Die Programmleitung lag bei der Turbo-Union Ltd. mit abgestelltem Personal aller drei beteiligten Firmen. Erster Managing Director war Hugh Graham Conway von Rolls Royce, sein Nachfolger

Rolls Royce/MAN Turbo/Turbo-Union-Strahltriebwerke

Muster		RB. 145	RB. 153-17	RB. 153-61 R	RB. 153-75	RB. 193-12	RB. 199-34 R
Baujahr		1961	1962	1963		1967	1971
Bauart		TL	TL	ZTL	ZTL	ZTL	ZTL
Verdichter							
Luftdurchsatz	kg/s	19		55		92	70
Stufenzahl		9A	9A	4A+12A	4A+12A	3A+2A+6A	3A+3A+6A
Druckverhältnis				18		16,2	23
Bypassverhältnis				0,77	1,05	1,12	>1
Brennkammer		Ring-BK.	Ring-BK.	10	10	Ring-BK.	Ring-BK.
Turbine		2A	2A	2A+2A	2A+2A	1A+3A	1A+1A+2A
Abmessungen							
Länge	mm	1270	1666	2300	2210	2530	3200
Durchmesser	mm	394		700	740	859	870
Trockenmasse	kg	207	266/388	648	710	890	1000
Standschub							
mit Nachbrenner	kN (kp)	16,2 (1655)	24,3 (2480)	52,9 (5400)	—	—	71 (7245)
Standschub							
ohne Nachbrenner	kN (kp)	12,2 (1250)	17,4 (1780)	31,4 (3200)	39,8 (4060)	45,2 (4610)	35,5 (3620)
Drehzahl	min^{-1}	17500		16800	15700		12000/19000
spez. Verbrauch	kg/kNh						
	(kg/kph)	105 (1,3)	102 (1,0)	66,2 (0,65)	63,7 (0,62)	65,3 (0,64)	
Einheitsmasse	kg/kN (kg/kp)	16,9 (0,17)	15,9 (0,16)	12,2 (0,12)	17,8 (0,17)	19,7 (0,19)	14,1 (0,14)
Stirnflächenschub	kN/m^2 (kp/m^2)	133 (13588)		137 (14040)	92,6 (9445)	78,0 (7960)	128 (13075)
Durchsatzschub	kN/kg/s						
	(kp/kg/s)			0,96 (98,2)		0,49 (50,1)	1,01 (103)
Bemerkungen A = Axialstufen		VJ 101 CX 1 VJ 101 CX 2	Entwicklung abgebrochen	VJ 101 D Schwenkbare Schubdüse mit Nachbrenner	Projekt für Do 31	VAK 191 B Vier schwenkbare Schubdüsen	Panavia Tornado

war Gordon Lewis von der gleichen Firma und ab 1975 Martin Steinberger (MTU). Als Auftraggeber fungierte die NATO-Organisation NAMMA mit Sitz in München, die ihrerseits die am Tornado-Programm beteiligten drei Länder vertrat.
Die seit 1969 bei MTU wesentlich erweiterte Entwicklungsmannschaft stand bis 1973 unter der Leitung von Dr. Eckert. Sein Nachfolger als Geschäftsführer für die Entwicklung wurde Hans Dinger, Entwicklungsbereichsleiter war zunächst Heinrich Leibach und anschließend Wolfgang Heilmann.
Aufgrund der Flugmissionsforderungen an das Mehrzweck-Flugzeug ergab die Optimierung in der ersten Projektphase ein Triebwerk, das vor allem für den Gefechtseinsatz im Überschallbereich bei gezündetem Nachbrenner einen hohen Schub abgibt und bei Langstreckenflügen in sehr niedriger Höhe mit ungezündetem Nachbrenner einen geringen Brennstoffverbrauch haben mußte. Neben stark variablem Schub wurde ein großes Schub/Masseverhältnis und günstige Einbauabmessungen verlangt, außerdem wurde großer Wert auf günstige Wartbarkeit gelegt.
Für die ganze Laufzeit des Programms wurde folgende Aufteilung der Baugruppen festgelegt:

- □ *Rolls Royce:* Niederdruckverdichter, Brennkammer, Hochdruck-Turbine, Turbinengehäuse, Nachbrenner.
- □ *MTU:* Mitteldruck-Verdichter, Hochdruck-Verdichter, Mitteldruck-Turbine, Zwischengehäuse, Getriebe, Geräteträger, Schubumkehrer, Mantelstromgehäuse.
- □ *Fiat:* Niederdruck-Turbine, Abgasdiffusor, hinteres Strahlrohr, Schubdüse.

Zur Erzielung der hohen Schubforderungen von über 68 kN (6940 kp) mit Nachverbrennung und über 38 kN (3880 kp) ohne Nachverbrennung wurde ein Zweistromtriebwerk mit einem Nebenstromverhältnis um eins, mit Nachverbrennung und einem Dreiwellen-Rotorsystem, sowie mit Schubumkehr durch Außenklappen, gewählt. Das Triebwerk ist nach dem Baukastensystem konstruiert und in 17 Baugruppen (Module) unterteilt, von denen jede als Ganzes ausgetauscht werden kann. Unter einem Modul versteht man hier Funktionseinheiten von Bauteilen mit ungefähr gleicher Lebensdauer, die ohne Anpassung in jedes beliebige Triebwerk des gleichen Baumusters eingebaut werden können, ohne daß Betriebsverhalten und Leistung des Triebwerks eine festgelegte Toleranz unterschreiten. Der modulare Aufbau eines modernen militärischen Triebwerks trägt wesentlich zur Vereinfachung der Instandhaltung und der Einsatzbereitschaft bei.
Mit der Dreiwellen-Bauart wird ein höheres Verdichtverhältnis (um 24) erzielt, als bei gleicher Stufenzahl mit einem Zweiwellentriebwerk. Die geringere Stufenzahl ergibt einen höheren Gesamtwirkungsgrad, da die Auslegung jedes einzelnen Verdichterteiles näher an seiner optimalen Drehzahl liegt. Außerdem wird auf eine aufwendige Leitschaufelverstellung verzichtet. Zum Ausgleich der Kreiselmomente sind Niederdruck- und Mitteldrucksystem zum Hochdrucksystem gegenläufig.
Zur Erreichung hoher Zuverlässigkeit wurden die Laufschaufeln des Niederdruckverdichters mit Dämpfungsanschlägen versehen, die z. B. bei Fremkörpereintritt, wie Vögel oder Hagel, Schwingungserscheinungen vermeiden sollen. Der Radialabstand der drei Rotorwellen ist so gewählt

Module (Baugruppen) des RB.199-34R-Triebwerkes. Die mit einem Stern bezeichneten Bauteile gehören zum MTU-Anteil an der Entwicklung und Produktion. Hersteller der Mitteldruck- und Hochdruck-Verdichterschaufeln ist die Nürnberger Spezialfirma Leistritz.

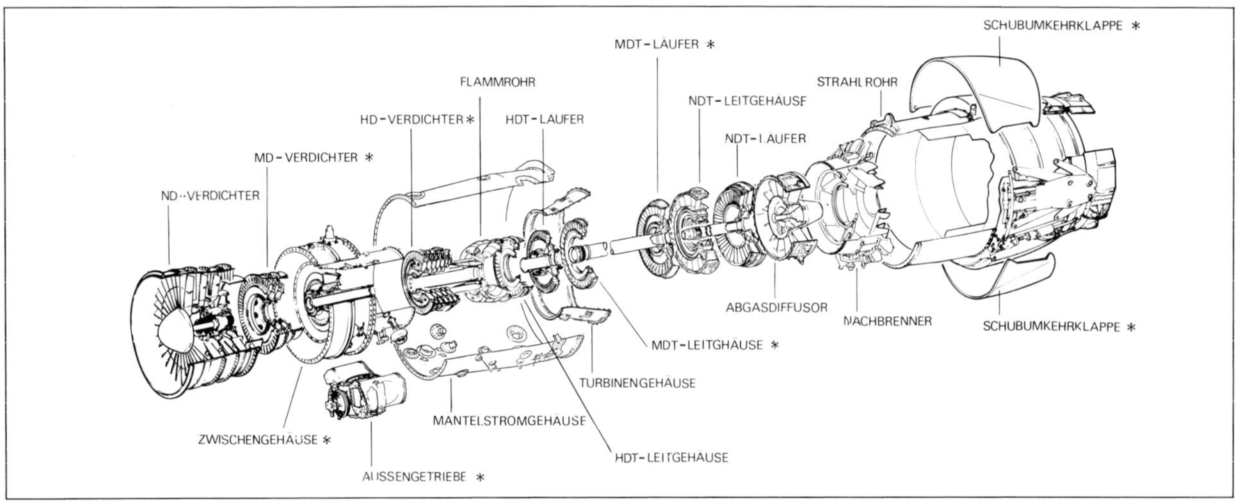

Längsschnitt des Dreiwellen-Strahltriebwerkes RB.199-34R mit Nachbrenner und Schubumkehr. Hauptdaten: Verdichter mit 3 Niederdruck-, 3 Mitteldruck- und 6 Hochdruckstufen. Luftdurchsatz über 70 kg/s, Druckverhältnis über 23, vierstufige Turbine, Turbineneintrittstemperatur über 1600 K, Durchmesser des Triebwerkes 870 mm, Länge mit Nachbrenner 3200 mm, Trockenmasse mit Schubumkehrer etwa 1000 kg.

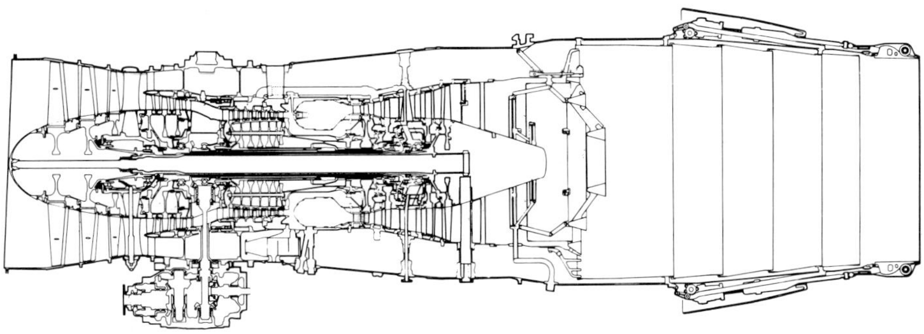

und abgestuft, daß bei auftretenden Lagerschäden die auf dem größten Durchmesser liegenden Rotorteile zuerst an den Statorteilen anlaufen.
Um geringe Wartungszeiten zu realisieren, ist für etwa die Hälfte der Module die Zustandskontrolle (»On Condition Monitoring«) anstelle von Grundüberholungsintervallen vorgesehen. Der Austausch erfolgt bei Abweichung von den Sollwerten. Nach Einbau eines neuen Moduls ist kein Prüfstandlauf erforderlich.
Der Abschluß der Projektdefinitionsphase erfolgte im Herbst 1969, rund zwei Jahre später lief ein erstes Triebwerk bei Rolls Royce in Bristol. Das Schubumkehrsystem wurde auf einem MTU-Freiprüfstand in Manching getestet. Ab April 1973 stand als Erprobungsträger ein Vulcan-Bombenflugzeug zur Verfügung, das bis 1979 über 285 Flugstunden zur Erprobung der RB.199-Triebwerke flog. Am 14. August 1974 fand der Erstflug der PANAVIA Tornado P 01 in Manching statt. Insgesamt sind 16 Entwicklungstriebwerke und 51 Prototypentriebwerke für die Prüfstandsversuche, den Flugerprobungsträger, die neun Prototypenflugzeuge und die sechs Vorserienflugzeuge gebaut worden.
Der 150-Stunden-Abnahmelauf (Formal Qualification Test) konnte im November 1978 erfolgreich abgeschlossen werden. Bis zum Mai 1980 wurden 30000 Triebwerkslaufstunden, darunter über 7000 Flugstunden registriert.
Entgegen den Erwartungen wurde nicht wegen der hohen Temperaturen in Brennkammer und Turbine, sondern wegen mechanischer Beanspruchungen an den Hochdruck-Turbinenlaufschaufeln Änderungen durch Verbesserung

Das Mehrzweck-Kampfflugzeug Panavia Tornado, angetrieben durch zwei Turbo Union RB.199-Strahltriebwerke, wird in einem europäischen Gemeinschaftsprogramm für die Streitkräfte der Bundesrepublik Deutschland, Großbritannien und Italien in Serie gebaut.

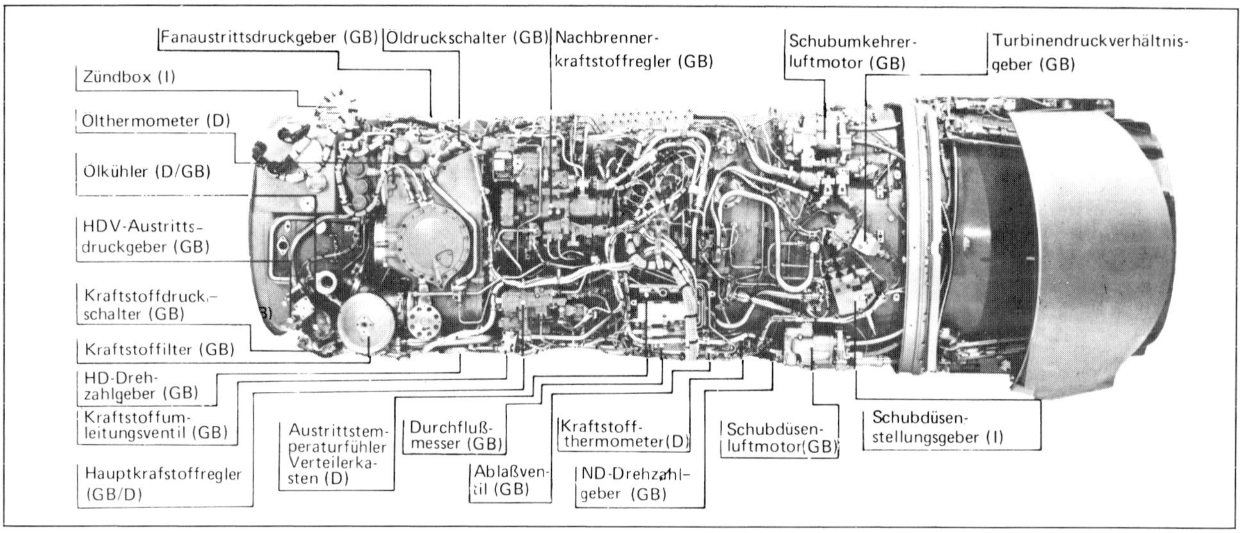

▲ Die Triebwerksgeräte des RB.199-34R mit Angabe der Herstellerländer: D = Bundesrepublik Deutschland, GB = Großbritannien, I = Italien.

◀ Der hydromechanische Hauptbrennstoffregler und die Brennstoffpumpe des RB.199-34R-Triebwerkes bilden eine Einheit, die von den Firmen Lucas und Pierburg gemeinsam entwickelt und von der Pierburg-Luftfahrtgeräte-Union (PLU) in Serie gefertigt wird. Die maximale Fördermenge beträgt 10000 l/h bei einem Druck von ca. 100 bar.

der Schaufelkühlung erforderlich. Die Brennkammer zeigte anfangs eine zu starke Rauchentwicklung, die durch konstruktive Maßnahmen weitgehend behoben werden konnte.

Das Turbo-Union RB.199-Projekt ist das größte Gemeinschaftsprogramm auf dem militärischen Triebwerksgebiet in Europa. Vorgesehen ist die Fertigung von zunächst über 2000 Einheiten durch die drei Partnerländer, allein für das Tornado-Programm. Die Zulieferindustrie in Deutschland partizipiert in großem Umfang an der Fertigung für dieses Programm.

Neue Verfahren und Technologien mußten vielfach erarbeitet werden, um die hohen Anforderungen zu erfüllen. Als Beispiel sei die Gußtechnik für Hochtemperaturwerkstoffe – Aluminium- und Titanlegierungen mit Wandstärken von zum Teil nur 1,6 mm sowie von dünnwandigen Turbinen-Hohlschaufeln aus Nickel-Legierungen mit Minimalwandstärken von 0,4 mm – angeführt. Der Hauptbrennstoffregler wurde von der englischen Firma Lucas und der Pierburg-Luftfahrtgeräte-Union gemeinsam entwickelt.

Mit einem sehr günstigen Schub/Masseverhältnis von 8:1, einem Durchmesser von 950 mm und einer Länge von nur 3,20 m, einschließlich Nachbrenner und Schubdüse, ist das RB.199-34 R Strahltriebwerk in seiner Schubklasse führend und gleichzeitig ein Musterbeispiel einer europäischen Gemeinschaftsentwicklung.

Das Konzept einer gemeinsamen Firma in Form der Turbo-Union zur Abwicklung der RB.199-Entwicklung hat sich während der Entwicklungszeit des Triebwerks bewährt. Der Erfolg der RB.199-Entwicklung hat auch bestätigt, daß bei entsprechender Organisation, einem geeigneten Kommunikationssystem und einem schnellen und leistungsfähigen Transportsystem für Mitarbeiter und Sachmittel, eine Aufteilung der technischen Verantwortung möglich ist.

Seit Beginn der Serienfertigung im Jahre 1979 werden auch von der Turbo-Union die Unteraufträge an die drei Partnerfirmen vergeben, wobei jede Firma, wie bereits in der Entwicklungszeit, für ihren Fertigungsanteil voll verantwortlich ist. Die Endmontage und Abnahme der ca. 2000 Serientriebwerke geschieht für die deutschen Triebwerke bei der MTU, die der englischen Triebwerke bei Rolls Royce in Bristol und die der italienischen bei FIAT in Turin. Jede der drei Firmen erhält die Module, für die sie nicht selbst verantwortlich ist und die sie nicht baut, von den beiden anderen Partnerfirmen fertig montiert für die Endmontage zugeliefert. Die Triebwerks-Serienfertigung, die vom Auftraggeber in Lose aufgeteilt wurde, soll Anfang 1986 abgeschlossen sein.

Deutsch-französische Gemeinschaftsentwicklung MTM 380

von Helmut Schubert

In Fortsetzung der Arbeiten an dem Hubschraubertriebwerk MTU 6022 arbeitet die MTU in Gemeinschaft mit der französischen Firma Turboméca seit 1976 an der Entwicklung eines neuen Hubschraubertriebwerks. Es trägt die Bezeichnung MTU-Turboméca MTM 380. Das Wellenleistungstriebwerk in der Leistungsklasse 800 kW (1100 PS) soll neben hoher Lebensdauer und Zuverlässigkeit ein günstiges Leistungsgewicht, niedrigen Teillast-Brennstoffverbrauch, geringe Schadstoffemission, einfache Wartbarkeit und hohe Leistungsreserven aufweisen. Die Triebwerksmasse beträgt 145 kg, der Luftdurchsatz ca. 3 kg/s und der spezifische Brennstoffverbrauch 295 g/kWh (217 g/PSh).
Das MTM 380-Triebwerk ist als Antrieb für den Panzerabwehrhubschrauber PAH-2/HAC vorgesehen, der als deutsch-französisches Gemeinschaftsprojekt von MBB und der Aérospatiale entwickelt wird. Der Entwicklungs- und Fertigungsanteil der MTU umfaßt den Heißteil mit Brennkammer, Gaserzeuger- und Arbeitsturbine. Im Rahmen des Vorentwicklungsprogramms ist im Dezember 1979 der Erstlauf des gemeinsam entwickelten Gasgenerators bei MTU in München erfolgt. Ein zweiter Gasgenerator wird seit Anfang 1980 bei der Turboméca in Bordes erprobt.
Das modular aufgebaute Zweiwellen-Triebwerk mit einem größten Außendurchmesser von 475 mm besitzt einen Kombinationsverdichter mit vier axialen und einer radialen Stufe mit Druckverhältnis 13, eine Umkehrringbrennkammer mit Brennstoffverdampfung und eine zweistufige, luftgekühlte Gaserzeugerturbine. Die Leitschaufeln der ersten beiden Verdichterstufen sind verstellbar. Zwei weitere Turbinenstufen, als freie Antriebsturbinen, arbeiten über eine koaxiale Welle auf das zellenseitige Rotorgetriebe. Das Triebwerk hat ein digitales elektronisches Regelsystem.

Das Wellenleistungstriebwerk MTM 380 ist eine Gemeinschaftsentwicklung von MTU und Turboméca. Das 800 kW (1100 PS)-Zweiwellentriebwerk ist speziell für den deutsch-französischen Panzerabwehrhubschrauber PAH-2 vorgesehen und steht zur Zeit noch in Entwicklung. Hauptdaten: Luftdurchsatz 3 kg/s, Druckverhältnis ca. 13, Durchmesser 475 mm, Trokkenmasse 145 kg. Das Bild zeigt ein sogenanntes Demonstrationstriebwerk.

Anhang

Abkürzungen*

APU	Auxiliary Power Unit = Hilfstriebwerk
AVGAS	Flugbenzin
AVTUR	Flugkerosin
B4	87 Oktan-Kraftstoff
Ba-Prüfung	Bauartenprüfung
BMVg	Bundesministerium der Verteidigung (bisher auch BMVtg)
BK	Brennkammer
BWB	Bundesamt für Wehrtechnik und Beschaffung
C2	Kraftstoff mit Alkoholanteil
C3	95/100 Oktan-Kraftstoff
DAL	Deutsche Akademie der Luftfahrtforschung
Delag	Deutsche Luftschiffahrts-Aktiengesellschaft
DLH	Deutsche Lufthansa
E-Stelle	Erprobungsstelle der Luftwaffe
FlaV	Flammenvernichter
GM1	Zusatzeinspritzung eines Sauerstoffträgers
Had	Adiabatische Förderhöhe des Verdichters bzw. Laders
HD	Hochdruck
Idflieg	Inspektion der Fliegertruppen, ab 1. 10. 1918 Insp. d. Fliegerwesens
INA	Internationale Normalatmosphäre
J2	Turbinen-Brennstoff (Dieselöl)
JP4	Turbinen-Brennstoff
KPrW	Kaiserpreis-Wettbewerb
LBA	Luftfahrt-Bundesamt
LG	Lilienthal-Gesellschaft für Luftfahrtforschung
LuFo	Luftfahrt-Forschung
MBL	Musterprüfstelle der Bundeswehr für Luftfahrtgerät
MD	Mitteldruck
ML	Motor-Luftstrahltriebwerk
MLStG	Motorluftschiff-Studiengesellschaft
MTZ	Motortechnische Zeitschrift
MW (50)	Zusatzeinspritzung von Methanol-Wassergemisch (je 50%)
NACA	National Advisory Committee for Aeronautics
NB	Nachbrenner
ND	Niederdruck
OZ	Oktanzahl
PrHV	Preussische Heeresverwaltung
PTL	Propeller-(Turbo-)Luftstrahltriebwerk
R	Raketen-Triebwerk
RLM	Reichsluftfahrtministerium
STOL	Short Takeoff and Landing = Kurzstart und -landung
TBO	Time between overhaul = Überholungsintervall
TL	Turbo-Luftstrahltriebwerk
TM	Turbomotor, Wellenleistungs(turbo)triebwerk
ü	überverdichtet (bei »Höhenmotoren«)
v	überbemessen, d. h. vergrößerter Hubraum
VAV	Versuchsanstalt der Verkehrstruppen
VTOL	Vertical Takeoff and Landing = Senkrechtstart und -landung
WGL	Wissenschaftliche Gesellschaft für Luftfahrt
ZTL	Zweistrom (Zweikreis)-(Turbo-)Luftstrahltriebwerk
ZVDI	Zeitschrift des Vereins Deutscher Ingenieure
ZWB	Zentrale für Wissenschaftliches Berichtswesen

* siehe auch Firmenverzeichnis

Begriffserläuterungen

Kolbenflugmotoren

Bis Anfang der Dreißiger Jahre wurde die Leistung von deutschen Flugmotoren vielfach mit einer Doppelzahl, z. B. 55/50 PS, bezeichnet. Der erste Wert war die *Höchstleistung*, die begrenzt für wenige Minuten vom Motor an den Propeller abgegeben wurde, der zweite Wert die Dauerleistung bei verminderter Drehzahl. Verschiedentlich wird auch eine *Auslegungsleistung* erwähnt, die sich auf die Leistungsklasse (z. B. 100 PS) bezog, für die der Motor konstruiert war. Die tatsächlichen Bau- und Betriebsdaten ergaben sich bei der Bauarten- bzw. Musterprüfung, die offiziell in Anwesenheit der Prüfstelle durchgeführt und protokolliert wurde. Die Leistungswerte der Motoren aus der Serienfertigung durften mit einer Toleranz von ± 3% von den Werksangaben bzw. den Vertrags- oder Lieferbedingungen abweichen. Vielfach wurde nur das Grundmuster einer vollständigen Musterprüfung unterzogen, bei den später gefertigten Baureihen und Varianten genügte oft ein abgekürztes Prüfprogramm.

Die Einführung der »Höhenmotoren« mit Überverdichtung und Überbemessung ab 1917 zwang vorübergehend zur Einführung einer rechnerischen Vergleichsleistung, weil für diese Motoren in Bodennähe bis zu einer festgelegten Höhe – also ihrer *Vollgashöhe* – eine Drosselung vorgeschrieben und unterhalb dieser Höhe Vollgasbetrieb höchstens sehr kurzzeitig als eine Art Notleistung zulässig war. Um solche »Höhenmotoren« gegenüber normalen »Bodenmotoren« nicht zu benachteiligen, gab man damals für sie eine *Ideelle Höhenleistung* an, auch *Spitzenleistung* genannt. Sie wurde aus Höhenprüfstandmessungen errechnet, indem man die gemessene Höchstleistung mit dem Dichteverhältnis korrigierte. Mit zunehmender Boden-Vollgasstandfestigkeit der Höhenmotoren entwickelte sich daraus die am Boden tatsächlich gemessene *Kurzleistung* oder *Startleistung*.

In den Dreißiger und Vierziger Jahren wurden auf Wunsch der Flugzeugprojektbüros die Betriebsdaten in einem frühen Entwicklungsstadium der Motoren mit Datenblättern angegeben, man sprach dann von *Projektleistungen*. Diese konnten bei den späteren Serienmotoren abweichen, besonders wenn die Serie infolge von Entwicklungsschwierigkeiten mit verringerter Leistung anlief.

Mit dem Wunsch nach Vergleichbarkeit kam mehr und mehr der Begriff der *Nennleistung* zur Einführung, der die zulässige Belastung des Motors in der *Nennhöhe* angab. Bei Motoren für Sport- und Reiseflugzeuge verwendete man heute noch übliche Begriffe wie *Startleistung*, *Steigleistung*, Höchstzulässige Dauerleistung und *Empfohlene Reiseleistung*.

Vor 1939 galten bei Flugmotoren für Verkehrs- und Militärflugzeuge folgende Ausdrücke:

Nennleistung	größte Kurzleistung meist für 5 min zulässig
Erhöhte Kurzleistung	Leistung bei 110% oder mehr der Nennbelastung für 1 min

Kurzleistung	Leistung bei 100%, d. h. Nennbelastung für 5 min
Erhöhte Dauerleistung	Leistung bei 90% Belastung für 30 min
Dauerleistung	Leistung bei 80% Belastung, zeitlich unbegrenzt
Reiseleistungen	Leistungen unter 80% Belastung, zeitlich unbegrenzt

Im Frühjahr 1939 kamen neue Leistungsbegriffe zur Einführung, die im Juli 1941 vom RLM in den Bauvorschriften für Flugmotoren (BVM, Heft 1) verbindlich festgelegt wurden:

Nennleistung	Betriebsleistung bei Nennbelastung, d. h. bei höchstzulässiger Belastung im Steig- und Kampfflug in der Nennhöhe
Start- und Notleistung	Betriebsleistung bei höchstzulässiger Belastung für begrenzte Zeit
Steig- und Kampfleistung	Betriebsleistung bei höchstzulässiger Belastung im Steig- und Kampfflug
Höchstzulässige Dauerleistung	Betriebsleistung bei höchstzulässiger Belastung für eine nicht begrenzte Zeit im Horizontalflug
Reiseleistungen	Betriebsleistungen unterhalb der höchstzulässigen Dauerleistung
Sparleistungen	Betriebsleistungen mit Spargemisch

Im zweiten Weltkrieg kam eine *Sondernotleistung* bei Zusatzeinspritzung von MW 50 bzw. GM 1 hinzu. Bei den Hochleistungsmotoren wurde der Schub der aus dem Motor austretenden Abgase optimal ausgenutzt und getrennt von der Wellenleistung des Motors ausgewiesen.
Durch das in der Bundesrepublik Deutschland 1969 eingeführte internationale Einheitensystem (SI) erfolgt jetzt die Angabe der Leistung in Kilo-Watt (kW), wobei übergangsweise die Werte in den alten Einheiten in Klammern hinzugefügt werden. Bei den Flugmotoren wird dementsprechend der spezifische Kraftstoffverbrauch in g/kWh angegeben, dazu der alte Wert in g/PSh mit Klammern.
Als *Trockenmasse* wird das Gewicht, also die Masse des nackten Motors ohne Ausstattung, Ausrüstung oder Zubehör im trockenen Zustand, d. h. ohne Öl und Kühlflüssigkeit bezeichnet. Die Toleranz beträgt + 3%.

Strahltriebwerke

Bei Strahltriebwerken wird die erzeugte Vortriebskraft als Schub bezeichnet und im SI-System in Kilo-Newton (kN) angegeben, dazu vielfach noch die alten Werte in Kilopond (kp) in Klammern.
Bei Turbotriebwerken mit Wellenleistungsabgabe, d. h. Propellerturbotriebwerken (PTL), Turbomotoren (TM) für Hubschrauber und Hilfstriebwerken (APU) erfolgt die Angabe der an der Welle verfügbaren Leistung in Kilo-Watt (kW), dazu in Klammern evtl. noch die PS-Zahl. Da Propellerturbotriebwerke (PTL) außer der *Wellenleistung* einen Düsen-Schub erzeugen, kennt man hier noch die *Wellenvergleichsleistung*, die so berechnet wird, als ob die gesamte Triebwerksleistung nur über den Propeller abgegeben würde, d. h. man addiert zur freien Wellenleistung den in Wellenleistung umgerechneten Restschub. Da bei dieser Umrechnung neben dem Propellerwirkungsgrad auch die Fluggeschwindigkeit eingeht, verwendet man für den Standfall, z. B. auch bei der Startleistung, einen Umrechnungsfaktor, der seinerzeit bei der DVL durch Messungen ermittelt wurde. Bei der Umrechnung in den alten Einheiten von Restschub (kp) in Wellenleistung (PS) beträgt der Faktor 0,85. Bei den SI-Einheiten (kN und kW) ist der Faktor 63,8 zu verwenden. Zur Unterscheidung zwischen *Wellenleistung* und *Wellenvergleichsleistung* verwendet man Zusatzbuchstaben wie W = Welle, ä = äquivalent oder WVL.

Die Angabe des schubbezogenen spezifischen Brennstoffverbrauchs erfolgt im SI-System in kg/kNh, evtl. mit den eingeklammerten Werten in den alten Einheiten (kg/kph) ergänzt. Bei Wellenleistungstriebwerken wird der spezifische Verbrauch in g/kWh und damit direkt vergleichbar zum Kolbenflugmotor angegeben. Der spezifische Verbrauch ergibt sich aus dem Stundenverbrauch (l/h), dividiert durch den Schub (kN) bzw. die Leistung (kW) und multipliziert mit der Dichte des Brennstoffes, z. B. für Kerosin im Mittel 0,80 g/cm^3.

Umrechnungsfaktoren der Einheiten

Bevorzugte Einheiten sind fett gedruckt.

Masse
SI : **kg** (Kilogramm), auch mg, g, t (Tonne)

Dichte
SI : kg/m^3, auch g/cm^3, **kg/dm^3**

Zeit
SI : s (Sekunde), auch min (Minute), h (Stunde)

Geschwindigkeit
SI : m/s, auch **km /h**

Drehzahl
SI : s^{-1}, auch **min^{-1}** oder 1/min

Kraft
SI : N (Newton), auch **kN**

1 kp	= 9,8066 N	1 N	= 0,1019 kp
1 kp	= 0,0098 kN	1 kN	= 101,9 kp
1 kp	= 0,98 daN	1 daN	= 1,019 kp

Druck
SI : Pa (Pascal), auch **bar**, mbar

1 kg/cm^2	= 0,9806 bar	1 bar	= 1,0197 kg/cm^2
1 ata	= 0,9806 bar abs.	1 bar abs.	= 1,0197 ata

Drehmoment
SI : Nm, auch kNm

1 mkg	=9,8066 Nm	1 Nm	=0,1020 mkg

Leistung
SI : W (Watt), auch **kW**, MW

1 kW	= 1,3596 PS	1 PS	= 0,7355 kW

Temperatur
SI : K (Kelvin), auch ° C (Abs. Nullpunkt T_0 = 273,15K)

Energie, Arbeit, Wärme
SI : J (Joule), auch **kJ**, MJ, kWh (1 J = 1 Ws = 1 Nm)

1 m kp	= 9,8066 J	1 J	= 0,1020 mkp
1 PS h	= 0,7355 kWh	1 kWh	= 1,3596 PSh
1 kWh	= 3600 kJ	1 kJ	= 0,000278 kWh
1 kcal	= 4,1868 kJ	1 kJ	= 0,2388 kcal

Massenstrom, Luftdurchsatz
SI : **kg/s**, auch g/s, g/h, kg/h

Schubbezogener Betriebsstoffverbrauch (Spezifischer Verbrauch)
SI : kg/Ns, auch g/kNs, **kg/kNh***

1 kg/kNh	= 0,009807 kg/kph	1 kg/kp h	= 101,972 kg/kNh
1 g/kNs	= 0,0353 kg/kph	1 kg/kp h	= 28,325 g/kNs
1 g/kNs	= 3,6 kg/kNh	1 kg/kNh	= 0,2777 g/kNs
1 kg/daNh	= 0,9807 kg/kph	1 kg/kph	= 1,0197 kg/daNh

* Die mathematisch korrekte Schreibweise ist: kg/kN · h, kg/kp · h, g/kN · s usw.

Leistungsbezogener Betriebsstoffverbrauch (Spezifischer Verbrauch)
SI : g/kJ, auch **g/kWh** (1 g/kJ = g/kWs)

1 g/kWh	= 0,7355 g/PSh	1 g/PSh	= 1,3596 g/kWh
1 g/kJ	= 2648 g/PSh	1 g/PSh	= 0,000377 g/kJ
1 g/kJ	= 3600 g/kWh	1 g/kWh	= 0,000278 g/kJ
1 g/kWh	= 0,2777 g/μJ	1 g/μJ	= 3,6 g/kWh

Zeittafel

1872 Erstfahrt des Luftschiffes von Paul Haenlein mit selbstentwickeltem 2,7 kW (3,6 PS)-Leuchtgasmotor, erstes Luftfahrzeug mit Antrieb durch Verbrennungskraftmaschine
1888 Luftschiff von Dr. H. Wölfert mit 1,5 kW (2 PS)-Daimler-Einzylinder-Benzinmotor macht Erstfahrt
1900 (6. März) Gottlieb Daimler gestorben
1900 (2. Juli) Aufstieg des ersten Zeppelin-Luftschiffes LZ 1 mit zwei 12 kW (16 PS)-Daimler-Motoren
1902 (Jan.) Bosch-Honold-Hochspannungsmagnetzündung mit Patent Nr. 156 117 angemeldet
1903 C. M. Manley baut in den USA den ersten Flugzeugmotor, einen 38 kW (50 PS)-Sternmotor für Langley's erfolgloses Fluggerät
1903 (17. Dez.) Erster Motorflug der Gebrüder Wright mit selbstentwickeltem 9 kW (12 PS)-Vierzylindermotor (USA)
1906 Erstfahrt des Zeppelin LZ 3 mit zwei 66 kW (90 PS)-Daimler-Motoren als erstes Heeresluftschiff Z I
1907 Junkers-Patent über luftlose Einspritzung mit Fördermengenregelung durch schräge Steuerkante
1907 Die Gebrüder Séguin beginnen in Frankreich die weittragende Entwicklung ihres Gnôme-Umlaufmotors
1909 (Jan.) Erste Ausschreibung der Versuchsabteilung der Verkehrstruppen für einen Flugzeugmotor
1909 (März) Gründung der Luftfahrt-Motorenbau GmbH, später Maybach-Motorenbau, als Tochterfirma des Luftschiffbau Zeppelin. Technische Leitung durch Karl Maybach
1909 (25. Juli) Louis Blériot überquert den Ärmelkanal mit 18 kW (25 PS)-Anzani-Dreizylindermotor (Frankreich)
1909 (Aug.) Katastrophe des LZ 4 bei Echterdingen führt zur »Zeppelin-Spende des deutschen Volkes«, die eine Fortsetzung des Zeppelinbaues ermöglicht
1909 (30. Okt.) Hans Grade gewinnt den »Lanz-Preis der Lüfte« mit selbstentwickeltem Leichtflugzeug und 12 kW (16 PS)-Zweitaktmotor
1909 (Nov.) Gründung der Delag als erste Luftreederei der Welt, die bis 1914 mit 7 Zeppelinen auf 1588 Fahrten 34 028 Personen ohne Unfall befördert
1909 Bau der ersten speziellen Flugzeugmotoren in Deutschland, der 38 bzw. 44 kW (52 PS bzw. 59 PS)-Vierzylinder von Argus und Daimler D4F
1911 (Juni) Hellmut Hirth gewinnt 50 000 Mark (Kathreiner-Preis) durch Flug München-Berlin in 5h 51min auf Rumpler-Taube mit 47 kW (64 PS)-Daimler-Mercedes-Motor E4F
1912 (Frühj.) Gründung der Deutschen Versuchsanstalt für Luftfahrt (DVL) in Berlin-Adlershof
1912 (Juni) W. Hirth gewinnt Fernflug Berlin-Wien über 600 km auf Rumpler mit 75 kW (100 PS)-Mercedes-Sechszylinder E6F
1913 (Jan.) Benz gewinnt mit dem von A. Berger konstruierten 77 kW (105 PS)-Vierzylinder-Typ FX den ersten »Kaiserpreis-Wettbewerb für den besten deutschen Flugmotor«
1913 (Sept.) Prévost (Frankreich) auf Deperdussin erzielt mit 203,8 km/h den letzten Geschwindigkeitsweltrekord vor dem 1. Weltkrieg
1913 (Okt.) Séguin (Frankreich) auf Farman fliegt mit 1021 km den letzten Streckenweltrekord vor dem 1. Weltkrieg
1913 Motorenfabrik Oberursel erwirbt Lizenz des Gnôme-Umlaufmotors
1913 Patentanmeldungen auf Staustrahltriebwerk durch Lorin (Frankreich)
1914 Benz und Daimler entwickeln Sechszylinder bis 120 kW (160 PS) als die Standardmotoren der deutschen Militärluftfahrt
1914 (Juli) R. Böhm fliegt auf Albatros BI mit 66 kW (90 PS)-Mercedes DF 80 den letzten Dauer-Weltrekord vor dem 1. Weltkrieg von 24h 12 min
1914 (Juli) H. Oelerich erzielt auf DFW BI mit 75 kW (100 PS)-Mercedes den letzten Höhenweltrekord vor dem 1. Weltkrieg von 8150 m
1914 (1. Aug.) Beginn des Ersten Weltkriegs
1915 (März) Vollastlauf des 180 kW (240 PS)-Zwölfzylinder-Benz Typ DV in V-Form als erster deutscher Großflugmotor
1915 (Sommer) Erfolgreicher Ersteinsatz des Fokker-Eindeckers EI mit 60 kW (80 PS)-Oberursel-Umlaufmotor U 0 als erster deutscher Jagdeinsitzer
1915 (Dez.) Einsatz des 160 kW (220 PS)-Mercedes-Achtzylinder-Reihenmotors D IV als erstes deutsches Triebwerk mit Propellergetriebe
1916 (Sommer) Einsatz der französischen Spad-Jagddoppeldecker mit dem neuen 110 bis 150 kW (150 bis 200 PS) Hispano Suiza-V8-Schnelläufermotor führt zur Luftüberlegenheit der Alliierten
1916 (Aug.) »Hindenburg-Programm« sieht infolge des stark angestiegenen Materialbedarfs eine Produktionssteigerung auf 1000 Flugzeuge und 1500 Motoren im Monat vor
1916 (Okt.) Umorganisation der Luftstreitkräfte, Aufstellung von Jagdstaffeln und -geschwadern
1916 (Nov.) Junkers-Patent erteilt für überbemessenen Höhenmotor und selbsttätige Regelung des Ansaugdrucks
1917 (8. März) Ferdinand Graf Zeppelin gestorben
1917 (Frühj.) Einsatz der Heeresluftschiffe infolge zu hoher Verluste eingestellt. Aufgabe des Bombenkrieges geht auf die Groß (G)- und Riesen (R)-Flugzeuge über, aber starker Mangel an 220 bis 370 kW (300 bis 500 PS)-Großmotoren
1917 (Frühsommer) Neuentwickelte Höhenmotoren mit Überverdichtung bzw. Überbemessung von Benz (Bz IIIaü, IVsü) bzw. Maybach (Mb IVa) werden erstmalig auf den Höhenprüfständen der Schneebergbahn bzw. des Wendelsteins bis 1800 m Höhe erprobt
1917 (Juni) Kriegseintritt der USA führt zum »Amerika-Programm« mit Produktionsziel von 2000 Flugzeugen und 2500 Motoren monatlich
1917 (Juli) Durch F. J. Popp werden die Rapp-Motorenwerke in die Bayerischen Motorenwerke (BMW) umgewandelt, mit M. Friz als Technischer Direktor
1917 (Nov.) Der 135 kW (185 PS)-BMW IIIa als leistungsfähigster Höhenmotor für Jagdflugzeuge absolviert 75-Stunden-Abnahmelauf
1918 (April) Viermotoriges Staaken-Riesenflugzeug R VI/30 erreicht 6000 m Rekordhöhe mit Aufladung durch zentrales BBC-Kreiselgebläse, von 90 kW (120 PS)-Flugmotor angetrieben
1918 (Mai) Fokker D VII kommt an die Front mit BMW IIIa-Motor und wird erfolgreichster Jagdeinsitzer des letzten Kriegsjahres
1918 (Juni) Bei General Electric (USA) beginnt Stanford Moss Versuche mit Abgas-Turbolader am 300 kW (400 PS)-Liberty-Motor
1918 (Juli) AEG-Großflugzeuge mit zwei durch AEG-Kreiselgebläse aufgeladene D IVa-Motoren erzielt 6100 m Rekordhöhe
1918 (11. Nov.) Waffenstillstand von Compiègne beendet den 1. Weltkrieg
1919 (Juni) F. Z. Diemer erzielt auf DFW C VII mit dem neuen 190 kW (260 PS)-BMW IV eine Rekordhöhe von 9 760 m
1919 (Juni) Erstflug des Ganzmetall-Tiefdeckers Junkers F13, erstes nur für den Luftverkehr entwickeltes und in Serie gebautes Flugzeug der Welt, zunächst mit Daimler DIIIa oder BMW IIIa ausgerüstet
1919 (28. Juni) Unterzeichnung des Friedensvertrages von Versailles. Auslieferung und Verbot der Luftstreitkräfte, Bauverbot für Luftfahrzeuge, Motoren und Gerät
1921 Höhen-Weltrekord von 12 000 m auf LaPere-Doppeldecker (USA) mit Liberty-Motor und General Electric-Moss-Abgasturbolader
1922 (Mai) Lockerung des Bauverbots, Baubeschränkungen durch »Begriffsbestimmungen« abgelöst u. a. Begrenzung der Gipfelhöhe auf 4000 m, Höchstgeschwindigkeit auf 170 km/h und Nutzlast auf 600 kg
1922 (Mai) Erstflug der Udet U1 und 22 kW (30 PS)-Haacke-Motor, das erste nach dem Krieg gebaute deutsche Sportflugzeug
1923 300 kW (400 PS)-Zwölfzylinder-Maybach-Motor VL1 für den Reparations-Zeppelin LZ 126 als damals größter deutscher Flugmotor gebaut
1924 (Sommer) Rhön-Leichtflugzeug-Wettbewerb, Beginn der erfolgreichen deutschen Leichtflugzeugentwicklung
1924 (Okt.) Zeppelin LZ 126 »Los Angeles« nach Lakehurst (USA) überführt
1924 Das Erscheinen des billigen zweisitzigen Klemm-Leichtflugzeuges L20 mit 18 kW (24 PS)-Mercedes-Boxermotor leitet den Beginn des international angesehenen deutschen Flugsports ein

1925 (Mai) Die erste dreimotorige Junkers G23 mit 170 kW (230 PS)-L2-Motoren im Luftverkehr eingesetzt
1925 (Mai/Juni) Deutscher Rundflug um den »BZ-Preis der Lüfte« regt den Flugzeug- und Motorenbau an
1926 (Jan.) Gründung der Deutschen Lufthansa (DLH)
1926 (Febr.) Musterprüfung des Zwölfzylinder BMW VI, des bis in die 30er Jahre stärksten deutschen Serienmotors
1926 (Sommer) China-Expeditionsflug der DLH mit zwei Junkers G24
1926 Als Folge des Locarno-Vertrages und der Aufnahme Deutschlands in den Völkerbund werden die zivilen Luftfahrt-Baubeschränkungen weitgehend aufgehoben. BMW und Siemens beginnen Lizenzverhandlungen mit Pratt & Whitney bzw. Gnôme-Rhône
1927 (Mai) Erste Atlantik-Überquerung im Alleinflug durch Ch. Lindbergh (USA) auf Ryan-Hochdecker mit 150 kW (200 PS)-Wright-Whirlwind-Sternmotor
1927 (Sommer) Rohrbach-Roland mit drei 265 kW (360 PS)-BMW IVa-Motoren erzielt 22 internationale Rekorde. Eine Junkers W33 fliegt Dauer-Weltrekord mit 52h 22 min
1928 (April) Erster Ost-West-Atlantikflug von Köhl, Fitzmaurice und von Hünefeld auf Junkers W33 »Bremen« mit 265 kW (360 PS)-Junkers L5-Motor
1928 Weltflug des Freiherr von König-Warthausen auf Klemm-Leichtflugzeug L 20B mit 18 kW (24 PS)-Mercedes-Motor
1928 (Juni) F. Stamer fliegt Segelflugzeug »Ente« mit zwei 0,2 kN Pulverraketen als erstes bemanntes Raketenflugzeug
1929 (Febr.) Erstflug mit 450 kW (600 PS)-Junkers-Doppelkolben-Dieselflugmotor Jumo 4 in Junkers F24
1929 (Juli) Erster Katapultstart des See-Postflugzeugs Heinkel He 12 vom Ozeandampfer »Bremen«
1929 (Juli) Erstflug des Dornier-Flugbootes DoX mit zwölf 390 kW (530 PS)-Siemens-Jupiter VI als größtes Wasserflugzeug der Welt
1929 (Aug.) Morzik siegt auf Messerschmitt M 23b mit 59 kW (80 PS)-Siemens Sh 13 im ersten Europa-Rundflug
1929 (Aug./Sept.) Erste Weltrundfahrt über 35200 km des Zeppelin LZ 127 »Graf Zeppelin« mit fünf 430 kW (580 PS)-Maybach VL2
1929 (Nov.) Erstflug der Junkers G38 mit je zwei L8 bzw. L88-Motoren von 1800 kW (2400 PS) Gesamtleistung als größtes Landflugzeug der Welt
1929 (29. Dez.) Wilhelm Maybach gestorben
1930 Erste Patentanmeldung von Whittle (England) für Turbostrahltriebwerk
1930 Paul Schmidt erhält Patent für sein Pulsostrahltriebwerk (Schmidt-Rohr)
1930 (April) Junkers G38 fliegt Rekord mit 5000 kg Nutzlast
1930 (Juli) Morzik siegt im zweiten Europa-Rundflug auf Messerschmitt M23C mit dem neuen 70 kW (95 PS)-Argus-Vierzylinder As 8 in hängender Bauart
1931 Entwicklungsbeginn des 500 kW (680 PS)-Zwölfzylinder Jumo 210 in hängender Bauart
1931 (Aug.) W. Hirth erzielt 2. Platz im Deutschlandflug auf Klemm L 25 bf VII mit dem neuen 50 kW (70 PS)-Hirt-Motor HM 60
1932 (Okt.) Prüfstandsversuche mit dem Jumo 210 beginnen
1932 Bristol (England) bringt mit dem von Fedden entwickelten 490 kW (665 PS)-»Perseus«-Sternmotor erstmals einen Schiebermotor in Serie, dem weitere erfolgreiche Muster z.B. Hercules folgen
1933 DLH beginnt Versuchsflüge für Luftpostdienst nach Südamerika auf Dornier »Wal«-Flugbooten mit zwei BMW VI-Motoren
1933 Musterprüfung des 440 kW (600 PS)-Flugdieselmotors Jumo 205, den die DLH ab 1934 im Verkehrs- und Frachtflugzeug Junkers Ju 86 erfolgreich erprobt
1933 Der 1000ste Junkers L5-Motor wird hergestellt
1933 900 kW (1200 PS)-Daimler-Benz-Sechszylinder-Dieselmotor DB 602 für die Zeppeline LZ 129 und 130 entwickelt
1933 Serienanlauf des 485 kW (660 PS)-Sternmotors BMW 132, damals stärkster luftgekühlter deutscher Flugmotor
1934 DLH setzt die dreimotorige Ju 52/3m mit Jumo 205 erstmals ein
1934 (Juni) Erstflug Messerschmitt Me 108 Taifun mit 175 kW (240 PS)-Argus As 10C als besonders fortschrittliches und schnelles viersitziges Kabinen-Reiseflugzeug
1934 (Okt.) Agello erreicht auf Macchi MC 72 mit 2600 kW (3100 PS) Fiat-Doppelmotor A.S.6 709 km/h, bis heute noch ungebrochener Weltrekord für Wasserflugzeuge
1935 (3. Febr.) Prof. Hugo Junkers gestorben
1935 AVA entwickelt vielstufigen Axialverdichter für Jumo 210 und schafft damit Basis für deutsche TL-Triebwerke
1935 Serienanlauf des Daimler-Benz.Zwölfzylinder DB 600 als erster deutscher Motor der 750 kW (1000 PS)-Klasse
1936/37 Serienanlauf der Großflugmotoren von Bayerischen Motorenwerke (BMW 132F), Daimler-Benz (DB 601A), Junkers (Jumo 210G) und Bramo (323 Fafnir) mit Direkteinspritzung, die ab 1938 bei allen deutschen Großmotoren eingeführt war
1937 (Jan.) Erstflug der Messerschmitt Me 109 mit Daimler-Benz-DB 601A als Standardjäger der Luftwaffe
1937 (März) Versuchsläufe des ersten Heinkel-Ohain-Strahltriebwerkes HeS 2A beginnen
1937 (April) Das erste Whittle-Strahltriebwerk (England) läuft auf dem Prüfstand
1937 (Mai) Explosion des LZ 129 in Lakehurst/USA beendet die Zeppelin-Ära
1937 (Juli) Große Erfolge beim Internationalen Flugmeeting in Dübendorf/Schweiz u.a. durch Dornier Do 17, Messerschmitt Me 109
1937 (Nov.) Schnellbomber Heinkel He 119 mit Daimler-Benz-Doppeltriebwerk DB 606 fliegt Rekord über 1000 km mit 504 km/h
1938 (Juli) DLH beginnt Versuchsflüge für Luftpostdienst über Nordatlantik mit Blohm & Voß-Schwimmerflugzeug Ha 139 mit vier Jumo 205C-Dieselmotoren
1938 (Okt.) Pezzi (Italien) auf Caproni 161bis erzielt den bis heute ungebrochenen Höhenweltrekord für Flugzeuge mit Kolbenmotoren mit 17083 m
1939 (März) Junkers Ju 88 mit Jumo 211 fliegt Rekord über 1000 km mit 517 km/h
1939 (März) Dieterle auf Heinkel He 100 V8 mit DB 601R fliegt Weltrekord mit 747 km/h
1939 (April) Wendel auf Messerschmitt Me 209 V1 verbessert Weltrekord auf 755 km/h, der bis 1969 bestehen bleibt
1939 (20. Juni) Erstflug der Heinkel He 176 mit Walter-Triebwerk HWK RI 203 von 5 kN (500 kp) Schub als erstes bemanntes Flugzeug mit Flüssig-Raketenantrieb
1939 (Juli) Beginn der Entwicklung des Junkers-Strahltriebwerkes Jumo 004
1939 (27. Aug.) Erstflug der Heinkel He 178 mit Heinkel-Ohain-Triebwerk HeS 3B von 4,5 kN (450 kp) Schub als erstes Flugzeug mit Turbo-Strahlantrieb
1939 (1. Sept.) Beginn des Zweiten Weltkrieges
1939 (5. Dez.) Prof. Claudius Dornier gestorben
1939 Der 10000ste Argus-V8-Motor As 10C ausgeliefert
1939/40 (Winter) Beginn der Versuchsflüge für GM1-Zusatzeinspritzung auf Me 109E mit DB 601A durch Erprobungsstelle Rechlin
1940 (März) Entwicklungsauftrag für Messerschmitt Me 262 erteilt
1940 (März) Jumo 222 erreicht 1500 kW (2000 PS) auf dem Prüfstand
1940 (13. Aug.) Beginn der Luftschlacht um England
1940 (Okt.) Prüfstandsläufe mit Jumo 004-TL-Triebwerk beginnen
1941 (Febr.) Beginn des Feldzuges in Nordafrika
1941 (April) Erstflug der Heinkel He 280 mit zwei HeS 8A
1941 (April/Mai) Flugerprobung des Caproni-Campini-Strahlflugzeuges CC2 (Italien) mit ML-Antrieb durch Kolbenmotor und dreistufigen Verdichter mit Nachverbrennung beginnt
1941 (19. Mai) Erster Flug mit Turbostrahlantrieb in England auf Gloster-Versuchsflugzeug E-28/39 mit Whittle-Triebwerk W-1 von 4,5 kN (450 kp) Schub
1941 (22. Juni) Beginn des Rußland-Feldzuges
1941 (Okt.) H. Dittmar überschreitet mit dem Raketenjäger Messerschmitt Me 163 erstmals die Geschwindigkeit von 1000 km/h

1941 (Okt.) Erstflug der Junkers Ju 288 V5 mit Jumo 222
1941 (7. Dez.) Japanischer Angriff auf Pearl Harbour
1942 (Jan.) Bei GM1-Versuchsflügen der Erprobungsstelle Rechlin auf Junkers Ju 86R mit Jumo 207 B2 werden Höhen bis 15000 m erreicht
1942 (März) P. Spremberg macht ersten Versuchsflug auf Dornier Do 17Z mit Sänger-Staustrahltriebwerk
1942 (18. Juli) Erstflug einer Messerschmitt Me 262 mit Jumo 004
1942 (1. Okt.) Erster Flug mit Turbostrahlantrieb in USA auf Bell P-59A mit zwei General Electric-Triebwerken von je 7,2 kN (730 kp) Schub
1943 (Juni) Erster Prüfstandlauf eines Jumo 004B-Triebwerks
1943 (Aug.) Serienauftrag für Messerschmitt Me 262 erteilt
1943 Daimler-Benz entwickelt erstmalig ein Zweistrom-Strahltriebwerk
1944 (Anfg.) Erstes Heinkel-Strahltriebwerk HeS 011 der 13 kN (1300 kp)-Klasse beginnt Prüfstandsläufe
1944 (Febr.) Serienanlauf des Junkers-Strahltriebwerks Jumo 004 B
1944 (Febr.) Schwere Luftangriffe der USAF gegen die deutsche Luftfahrtindustrie
1944 (April) Die ersten Strahljäger Me 262 an die Verbände geliefert
1944 (April) In einer Gloster Meteor beginnt Flugerprobung des Rolls Royce Derwent I als erstes englisches Strahltriebwerk der 10 kN (1000 kp)-Klasse
1944 (Juni) Erster V1-Abschuß gegen England
1944 (6. Juni) Landung der Alliierten in der Normandie beginnt
1944 (Juni/Juli) Erste Begegnungen zwischen Spitfire und Me 163-Raketenjäger sowie Mosquito mit Me 262 Turbostrahljäger
1944 (Sept.) Erster Abschuß einer V2 gegen England
1944 (9. Sept.) Prof. Otto Mader gestorben
1945 (9. Mai) Deutsche Kapitulation beendet den Zweiten Weltkrieg in Europa
1945 (15. Dez.) Paul Daimler gestorben
1945 (Okt.) In England beginnt die Flugerprobung des Propellerturboantriebs auf Gloster Meteor mit zwei Rolls Royce Trent-Triebwerken von je 620 kW (750 PS)
1947 (Okt.) Mit dem Raketenflugzeug Bell X1 (USA) wird erstmals die Schallgeschwindigkeit überschritten
1948 (Nov.) Forschungs-Raketenflugzeug Douglas Skyrocket (USA) erreicht doppelte Schallgeschwindigkeit
1949 (April) Erstflug des Staustrahl-Versuchsflugzeugs Leduc 010 (Frankreich)
1950 Prüfstandsversuche mit Bristol »Olympus«-TL-Triebwerk von 45 kN (4500 kp) Schub beginnen, erstes Serien-Zweiwellentriebwerk (England) und spätere Basis für den Überschalleinsatz der »Concorde«
1950 (Juli) Erster Passagierflug eines Flugzeugs mit PTL-Antrieb, der Vikkers Viscount (England) mit zwei Rolls Royce-Dart-Triebwerken der 10 kN (1000 kp)-Klasse von London nach Paris
1952 (Aug.) Prüfstandsläufe mit 42 kN (4300 kp)-Rolls-Royce RB 80 beginnen, Vorläufer des »Conway« und erstes Bypaß-Serientriebwerk (England)
1954 (Jan.) Gründung der BMW-Studiengesellschaft für Triebwerkbau, ab 1957 als BMW-Triebwerkbau
1954 (29. Juli) Franz J. Popp gestorben
1954 (Juli) Prototyp der Boeing 707 (USA), die das Jet-Zeitalter des Luftverkehrs einleitet, startet mit vier Pratt & Whitney JT3C-1-Triebwerken der 50 kN (5000 kp)-Klasse zum Erstflug
1957 Flugerprobung des ersten strahlgetriebenen V/Stol-Versuchsflugzeugs Bell X14 mit zwei 8,8 kN (900 kp)-Viper-Triebwerken und Drehdüsen zur Schubvektorsteuerung beginnt in den USA
1958 (30. Jan.) Prof. Ernst Heinkel gestorben
1958 (31. Jan.) Dr. Arthur Berger gestorben
1958 (Okt.) Gründung der MAN-Turbomotoren GmbH
1958 (Okt.) De Havilland Comet mit vier Rolls-Royce-Avon-Triebwerken der 30 kN (3000 kp)-Klasse leitet den planmäßigen Nordatlantik-Verkehr der Jet-Flugzeuge ein (England)
1958 (Okt.) Erste Senkrecht-Starts und -Landungen der englischen Short SC1 als erstes VTOL-Flugzeug mit 5 Hubtriebwerken Rolls Royce RB 108 von 9,4 kN (960 kp)
1959 (Okt.) Experimentalflugzeug Nord Griffon II (Frankreich) mit Turbo- und Staustrahl-Kombinationstriebwerk überschreitet die doppelte Schallgeschwindigkeit
1960 (9. Febr.) Karl Maybach gestorben
1960 (Sept.) Beginn der deutschen Lizenzproduktion des General Electric J79-GE-11A-Triebwerks der 70 kN (7000 kp)-Klasse für Lockheed F 104G-Starfighter
1960 (Nov.) Erster Schwebeflug des englischen V/Stol-Flugzeugs Hawker Kestrel P 1127 mit Schwenkdüsen-Triebwerk Bristol Pegasus der 70 kN-Klasse, dessen Weiterentwicklung »Harrier« als international erfolgreichster Kurz- und Senkrechtstarter eingesetzt wird
1962 (Jan.) Boeing B-52H Stratofortress-Großbomber (USA) mit acht Pratt & Whitney TF 33-Turbofan-Triebwerken der 75 kN-Klasse erzielt Langstrecken-Weltrekord ohne Auftanken in der Luft mit 20169 km
1962 (Juli) Raketen-Forschungsflugzeug North American X15A-3 erreicht nach Start vom Boeing B-52-Mutterflugzeug die Weltrekordhöhe von 95936 m
1963 (Okt.) Erster Senkrechtstart des EWR-V/STOL-Versuchsflugzeugs VJ101-X1 mit sechs Rolls Royce RB 145-Triebwerken der 16 kN-Klasse
1964 Erster Prüfstandslauf des Rolls Royce-MAN RB 153-Triebwerks der 25 kN-Schubklasse als Produkt der beginnenden deutsch-europäischen Gemeinschaftsentwicklung von Turbostrahltriebwerken
1964 (Juli) Erstflug des amerikanischen V/STOL-Versuchsflugzeugs Ryan XV-5A mit General Electric »Lift Fan«-Hubgebläsen, durch zwei J 85-5-Triebwerke der 12 kN-Klasse als Gaserzeuger angetrieben
1965 (Aug.) MAN übernimmt die BMW-Triebwerkbau, Fusion mit MAN-Turbomotoren und Umbenennung in MAN Turbo GmbH
1966 (9. Juni) Max Friz gestorben
1967 (Febr.) Erstflug des Dornier-Versuchsflugzeug Do 31E mit zwei Marschtriebwerken Rolls Royce RB-168-25 von je 65 kN und 14 Hubtriebwerken RB-162-81 von je 27 kN, mit 28 t-Fluggewicht der größte V/STOL-Transporter seiner Zeit
1967 (Juli) Erste Vorführung eines russischen Senkrechtstarters und von drei STOL-Jagdflugzeugen mit Hubtriebwerken in Domodjedowo
1967 (Okt.) Das von einer Boeing B-52 gestartete Forschungsflugzeug North American X15-A2 (USA) erreicht mit 7297 km/h (Mach 6,72) die höchste Absolutgeschwindigkeit für bemannte Flugzeuge
1968 (Dez.) Erstflug des Überschall-Verkehrsflugzeugs Tupolew Tu 144 (UdSSR)
1969 (Juli) Gründung der Motoren- und Turbinen-Union München (MTU) mit den Entwicklungskapazitäten von Daimler-Benz und MAN Turbo auf dem Gasturbinengebiet
1969 (Sept.) MTU, Rolls Royce und Fiat gründen die Turbo Union Ltd. zur Entwicklung des RB 199-Triebwerks für Panavia Tornado
1969 (März) Erstflug des BAC-SNIAS Überschall-Verkehrsflugzeugs »Concorde« mit vier Rolls Royce-SNECMA Olympus 593 der 170 kN-Schubklasse
1970 (Jan.) Erster Einsatz der Boeing 747 (USA) auf der Strecke New York – London eröffnet die Jumo Ära, vier Pratt & Whitney JT9D-3-Turbofan-Triebwerke der 200 kN-Klasse als erstes Großtriebwerk mit hohem Bypaß-Verhältnis von 5
1970 (Mai) Tupolew Tu 144 (UdSSR) überschreitet als erstes Verkehrsflugzeug die Geschwindigkeit von Mach 2
1971 (26. Dez.) Helmuth Sachse gestorben
1972 (Okt.) Erstflug des deutsch-französischen Großverkehrsflugzeugs Airbus A300 B1 mit zwei General Electric CF6-50A-Turbofan-Triebwerken von 4,4 Bypaßverhältnis
1973 (2. April) Dr. Hermann Oestrich gestorben
1974 (Aug.) Erstflug des Mehrzweck-Kampfflugzeugs Panavia Tornado mit zwei RB 199-Triebwerken der 70 kN-Klasse
1976 (Jan.) Das Überschall-Verkehrsflugzeug »Concorde« (England/Frankreich) eröffnet den regelmäßigen Passagier-Luftverkehr
1976 (Juli) Mit Lockheed SR-71A wird Geschwindigkeits-Weltrekord für selbststartende bemannte Flugzeuge und Luftstrahlantrieb von 3530 km/h aufgestellt (USA)

1976 (Juli) Mit Lockheed SR-71A wird Geschwindigkeits-Weltrekord für selbststartende bemannte Flugzeuge und Luftstrahlantrieb von 3530 km/h aufgestellt (USA)
1977 (Aug.) Mikoyan E-266 (UdSSR) fliegt Höhen-Weltrekord für Flugzeuge mit Luftstrahlantrieb von 37650 m
1978 (Nov.) 150 Stunden-Prüflauf des RB 199-Tornado-Triebwerks bei MTU abgeschlossen
1979 (Aug.) Auf North American Mustang P-51D mit Rolls Royce-Griffon von 2500 kW (3000 PS) wird in den USA Geschwindigkeits-Weltrekord für Kolbenmotor-Flugzeuge mit 803 km/h gebrochen
1979 (Herbst) Serienlauf des RB 199-Triebwerks für »Tornado«
1979 (Dez.) Beginn der Prüfstandläufe des MTM 380-Turbomotors, Gemeinschaftsentwicklung der MTU und Turboméca

Flugmotorenproduktion

1. Im Ersten Weltkrieg 1914 bis 1918/19[1]

Deutsche Gesamtproduktion etwa 43 500 Stück

dabei	Daimler	20 000 Stück
	Benz	11 500 Stück
	Oberursel	3 000 Stück
	Opel	2 300 Stück
	Argus	1 300 Stück
	Maybach	1 200 Stück

Vergleichsweise produzierten die Alliierten etwa 140 000 Stück

dabei	Frankreich	92 500 Stück
	England	41 000 Stück
	USA	6 500 Stück

2. Im Zweiten Weltkrieg 1938 bis 1945[2]

Deutsche Gesamtproduktion an **Kolbenmotoren** etwa 265 000 Stück

dabei	BMW mit Bramo	63 000 Stück
	Daimler-Benz	75 000 Stück
	Junkers	85 000 Stück
	Argus	30 000 Stück
	Hirth	10 000 Stück

Ferner an **Strahltriebwerken** etwa 7 000 Stück

dabei	Junkers	über 6 000
	BMW	etwa 750

Vergleichsweise wurde bei den Allierten 1939–1945 produziert:

Rolls Royce-Merlin	150 000 Stück (ohne USA)[3]
Bristol Hercules und Centaurus	60 000 Stück[4]
Wright Sternmotoren	über 200 000 Stück[4]

[1] nach [Gilles]
[2] nach Firmenangaben bzw. aus Flugzeug-Stückzahlen abgeleitet [Baumbach], [Greffrath]
[3] nach [Setright]
[4] nach [Jane's 1945/46]

Literaturverzeichnis

1. Nachschlagwerke und Übersichten über die Luftfahrt (mit Triebwerk)

Vorreiter, A.: Jahrbuch der Luftschiffahrt, 2. Jahrg. (1912), J. F. Lehmanns Verlag, München.
Langsdorff, W. v.: Fortschritte der Luftfahrt, Jahrg. 1926 u. 1927/28, Verlag Bechhold, Frankfurt a. M.
Zuerl, W.: Fortschritte in Luftfahrt und Flugtechnik (1938), Verlag Pechstein, München.
Schulz, R., Feuchter, G. u. Langsdorff, W. v.: Handbuch der Luftfahrt, Jahrg. 1936, 1937/38 u. 1939, J. F. Lehmanns Verlag, München.
Zuerl, W.: Deutsche Konstrukteure, Werdegang und Erfolge unserer Flugzeug- und Flugmotorenbauer (1941), Verlag Pechstein, München.
Bock, G.: Probleme des Flugzeugbaues in der Gegenwart, Luftwissen 1 (1942), S. 6–16.
Schneider, H.: Flugzeugtypenbuch (mit Teil Triebwerk), 5. Aufl. (1944), Verlag Beyer, Leipzig.
Green, W. u. Cross, R.: The Jet Aircraft of the World (1955), Macdonald, London, S. 11–56.
Wissmann, G.: Geschichte der Luftfahrt (1960), VEB Verlag Technik, Berlin.
Die Entwicklung der militärischen Luftfahrt in Deutschland, 1920 bis 1933 – Beiträge zur Militär- und Kriegsgeschichte (1962), Deutsche Verlagsanstalt, Stuttgart.
Greffrath, F.: Die deutsche Luftrüstung 1933–1945, Militärgeschichtliches Forschungsamt (1962), unveröffentlicht.
Völker, K. H.: Die Deutsche Luftwaffe 1933–1935, Beiträge zur Militär- und Kriegsgeschichte (1967), Deutsche Verlagsanstalt, Stuttgart.
Lange, B.: Das Buch der Deutschen Luftfahrttechnik (1970), Verlag Hoffmann, Mainz.*
Green, W.: The Warplanes of the Third Reich (1970), Macdonald and Jane's, London.
Smith, J. R. u. Kay, A.: German Aircraft of the Second World War (1972), Putmann, London.
Mason, H. M.: Die Luftwaffe – Aufbau, Aufstieg und Scheitern im Sieg (1973), Neff Verlag, Wien und Berlin.
Irving, D.: Die Tragödie der Deutschen Luftwaffe – Aus den Akten und Erinnerungen von Feldmarschall Erhard Milch (1975), Verlag Ullstein, Berlin.
Kens, K. H. u. Nowarra, H.: Die deutschen Flugzeuge 1933–1945, 5. Aufl. (1977), J. F. Lehmanns Verlag, München.
DMZ-Typentafeln von Flugzeugen und Flugmotoren 1925 u. 1926, Selbstverlag K. Grasmann (1977).
Jane's All the Worlds Aircraft, ab 1909 jährlich, letzte Ausgabe 1979/80, Macdonald and Jane's, London.
Supf, P.: Das Buch der deutschen Fluggeschichte, Band I (1952), Band II (1958), Band III (1979), G. Brütting, Drei Brunnen Verlag, Stuttgart.

* Besonders vollständig

2. Übergreifende Literatur über Triebwerke

(Bücher, Übersichten, Zusammenfassende Aufsätze, Berichte, Vorträge usw.)

2.1. Flugmotoren und Triebwerke

Vorreiter, A.: Motoren für Luftschiffe und Flugapparate (1910), R. C. Schmidt, Berlin.

Richardo, H. R.: Schnellaufende Verbrennungskraftmaschinen (1926), Verlag Springer, Berlin.
Katz, H.: Neuzeitliche Flugmotoren (1928), Verlag R. C. Schmidt, Berlin.
Oestrich, H.: Die Aussichten des Strahlantriebes für Flugzeuge unter besonderer Berücksichtigung des Abgasstrahlantriebes, DVL-Jahrbuch 1931 und DVL-Bericht 239.
Möller, W.: Der Flugmotor, Teil I: Grundlagen, Teil II: Konstruktion, Teil III: Moderne Flugmotoren (1927, 1927/28, u. 1931), Verlag Volckmann Nachf., Berlin.
Praktische allg. Flugmotorenkunde (1934), Techn. Schule Adlershof, Verlags-Ges. Athenaion, Potsdam.
Kurtz, O.: Überblick über den heutigen Stand der Flugmotorenentwicklung, VDI-Tagung vom 17. 3. 1934, S. 17–25.
Schaefer, K.: Flugmotorenkunde, Teil I: Grunds. Aufbau (1933), Teil II: Hilfseinrichtungen (1934), Verlag Volckmann Nachf., Berlin.
Eisenlohr, R.: Flugtechnisches Handbuch, Band III: Triebwerke (1936), Verlag de Gruyter, Berlin.
Gosslau, F.: Flugmotorenbau, VDI-Sonderheft Luftfahrt (1936), S. 107–116.
Droscha, H.: Der deutsche Flugmotorenbau 1938, Deutsche Motor-Zeitschrift 10 (1938), S. 322 ff.
Sondertagung Flugwerk und Triebwerk am 23. u. 24. 8. 1938, LG-Bericht Nr. 100.
Thor, W.: Flugmotorenkunde (1938), Verlag Dr. Matthiesen, Berlin.
Neugebauer, F.: Grenzen und Entwicklungsrichtungen der Flugmotoren, DAL H. 26 (1938).
Mader, O.: Über die Entwicklung des Flugmotors, DAL H. 1 (1938).
Merkle, F.: Handbuch für Flugmotorenkunde, 3. Aufl. (1939), Verlag Volckmann Nachf., Berlin.
Katz, H.: Der Flugmotor, Teil II: Wartung (1940), Verlag Dr. Matthiesen, Berlin.
Mitarbeiter berichten aus gemeinsamer Tätigkeit zum 60. Geburtstag von Prof. Otto Mader, als Manuskript gedruckt (1940).
Brode, K.: Die neueren deutschen Flugmotoren, MTZ 11 (1942), S. 416–430.
Katz, H.: Der Flugmotor, Teil I: Bauteile und Baumuster, 4. Aufl. (1943), Verlag de Gruyter, Berlin.
Begriffsbestimmungen für Flugmotoren, Heft 1 der Bauvorschriften für Flugmotoren, RLM (1944).
Schmidt, F. A. F.: Verbrennungsmotoren, 2. Aufl. (1945), Springer Verlag, Berlin.
Lloyd, P.: Gas Turbine Development BMW, Junkers, Daimler-Benz, CIOS-Report XXIV-6 (1945).
Adderley, J. W.: German Gas Turbine Development during the Period 1939–1945, BIOS-Overall Report No. 12 (1949).
Schlaifer, R. u. Heron: Development of Aircraft Engines and Fuels, Pergamon, N. Y. (1950).
Gersdorff, K. v.: Der Entwicklungsstand der Fluggasturbinen, WGL-Jahrbuch (1952), S. 119–127.
Vogelsang, C. W.: Fliegen in unserer Zeit – Neue Flugzeugtriebwerke und neue Flugzeuge (1953), Verlag H. F. Menk, Frankfurt a. M.
Vogelsang, C. W.: Die zweite Etappe – Die Geschichte der Flugzeugturbine und des Turbinenflugzeuges (1955), Astra Verlag, Lahr.
Smith, G.: Gas Turbines and Jet Propulsion, 6. Aufl. (1955), Verlag Iliffe & Sons, London.
Gersdorff, K. v.: Stand der Triebwerksentwicklung, Luftfahrttechnik 7 (1958), S. 185–194.
Löhner, K.: Die Brennkraftmaschine, 2. Aufl. (1963), VDI-Verlag, Düsseldorf.
Lutz, O.: Probleme der Luft- und Raumfahrtantriebe (1964), Westdeutscher Verlag, Köln.
Frötschel, J.: Flugzeugturbinen (1964), Holsten-Verlag, Hamburg.
Bonin, L. v. u. Grasmann, K.: Zukunftsaussichten der Kolbenmotoren und Turbotriebwerke für Leichtflugzeuge, WGL-Jahrbuch (1965), S. 337–352.
Lovesey, A. C.: Milestones and Memories from 50 Years of Aero Engine Development, RAS Lecture vom 7. 11. 1966.
Hufnagel, S.: Thermische Antriebe für Luftfahrzeuge (1970), Wehr und Wissen Verlag, Darmstadt.
Wilkinson, P. H.: Aircraft Engines of the World, Verlag Wilkinson, New York, 23. Aufl. bis 1970.
Taylor, C. F.: Aircraft Propulsion, Evolution of Aircraft Piston Engines (1971), Smithonian Inst. Press. Washington.
Setright, L. J. K.: The Power to Fly – Development of Piston Engines in Aviation (1971), Verlag Allen & Unwin, London.
Gilles, J. A.: Flugmotoren 1910 bis 1918 (1971), Verlag Mittler & Sohn, Frankfurt a. M.*
Münzberg, H. G.: Flugantriebe – Grundlagen, Systematik und Technik der Luft- und Raumfahrtantriebe (1972), Springer Verlag, Berlin.
Hünecke, K.: Flugtriebwerke (1976), Motorbuch Verlag, Stuttgart.
Hütten, H.: Schnelle Motoren, seziert und frisiert, 6. Aufl. (1977), Verlag R. C. Schmidt, Braunschweig.
Banks, F. R.: I kept no diary – 60 years with Marine Diesels, Automobile and Aero Engines (1978), Airlife Publ., Shrewsbury.
Grasmann, K.: Technische und wissenschaftliche Leistungen in der Entwicklung der deutschen Kolbenflugantriebe, DGLR-Jahrbuch 1978.
Baist, W.: Rechlin, Der Flieger 1–7 (1979).
Boyne, J. u. Lopez, D. S.: The Jet Age – Forty Years of Jet Aviation (1979), National Air and Space Museum, Washington.
Bodemer, A.: Les Turbomachines Aéronautiques Mondiales (1979), DOCAVIA, Edition Larivière, Paris.

2.2 Einheitstriebwerk und Triebwerkswechsel

Jellinghaus, W.: Das Einheitstriebwerk – Luftwissen (1939), S. 24–29.
– Das Einheitstriebwerk – Der Flieger (1941) H. 5/6, S. 151–152.
– Vom Motor zum Triebwerk – Der Flieger (1941) H. 5/6.

2.3. V/STOL-Antriebe

Grasmann, K.: Strahldeflexion zur S/VTOL-Schubvektorsteuerung, WGL-Jahrbuch 1962, S. 381–398.
Grasmann, K.: Stand und Möglichkeiten der VTOL-Antriebstechnik, Flugwelt 5 (1967), S. 298–301.
Grasmann, K.: Triebwerksanlagen für schnelle V/STOL-Senkrechtstart- und Kurzstartflugzeuge (Vorlesungsmanuskript für Akademie für Wehrverwaltung und Wehrtechnik Mannheim, Fassung 1970).

2.4. Zur Geschichte der Triebwerksfirmen

Zur Geschichte der Mercedes Benz-Flugmotoren – Luftwissen (1942), S. 44–47.
Scherenberg, H.: Die Flugmotoren-Entwicklung bei Daimler-Benz – Flugrevue 5 (1964), S. 57–64.
Eckert: Die Entwicklung der Flugantriebe bei der Daimler-Benz AG, MTU – heute, Nr. 40 (1978).
Blunk: „Hugo Junkers – Ein Leben für Technik und Luftfahrt" (1951), Econ Verlag, Düsseldorf.
H. Junkers-Ges.: Hugo Junkers – Pionier der industriellen Forschung. Festschrift zum 6. 5. 1968, H. Saade, Bremen (u. a. Lichte, A.: Die Entwicklung von Junkers-Motoren und Luftschrauben).
Zindel, E.: Hugo Junkers – Ein Pionier der Technik und Luftfahrt, DLR-Mitteilung Nr. 74–15 (1974).
Wagner, W.: Von der J1 bis zur F13, Leuchtturm Verlag (1976).
Gosslau, F.: Der luftgekühlte Sternmotor für Flugzeuge und seine Entwicklung bei der Siemens & Halske AG, Sonderheft der Siemens Zeitschrift (1925), S. 129–142.
Becker, E.: Die Entwicklung des Verbrennungsmotorenbaues bei der Siemens & Halske AG, Bericht vom 15. 3. 1932.
Voth, W.: Die Geschichte der Motorenentwicklung der BMW-Flugmotorenwerke Brandenburg GmbH, BMW-Werkzeitschrift Heft 4, 5 u. 6 (1942).
– Vom Sh1 bis zum Fafnir (über die Siemens- und Brama-Entwicklung), (Der Dtsch. Sportflieger 11 (1942), S. 231–233.

* Besonders vollständig

Löhner, H.: Flugmotorenentwicklung bei Siemens & Halske und BMW-Flugmotorenwerke Brandenburg – Luftwissen 3 (1943), S. 80–82.

2.5 Sondergebiete

Helmbold, Th.: Die Kühlung des Flugmotors, Bericht der BMW-Flugmotorenbau (1940), S. 22/23.

Seiler, E.: Luftkühlung der Brennkraftmaschine MTZ (1944), S. 72–74.

Schildberger, F.: Bosch und die Zündung, Bosch-Schriftenreihe Folge 5 (1952).

3. Bezogene Literatur

Luftschiffmotoren

von Schiller, H.: Zeppelin, Wegbereiter des Weltluftverkehrs (1966), Kirschbaum, Bad Godesberg.

Schmalenbach, P.: Die Deutschen Marine-Luftschiffe (1977), Koehlers Verlags-Ges. Herford.

Flugmotoren bis 1918

Bendemann, F., Seppeler, E.: Versuchsanlage für den Kaiserpreis-Wettbewerb, Durchführung des Kaiserpreis-Wettbewerbs und Ergebnis, DVL-Jahrbuch 1912/13, S. 125–223.

Bendemann, F. u. Seppeler E.: Durchführung und Ergebnis des Wettbewerbs um den Kaiserpreis für den besten deutschen Flugmotor, Ztschr. f. Flugtechnik u. Motorluftschiffahrt H. 10 (1913), S. 132–137.

Baumann, A.: Der Kaiserpreiswettbewerb, Motorwagen (1913), S. 112–116 ff. bis S. 426–433.

Hirth, H.: 20000 km im Luftmeer (1913), G. Braunbeck, Berlin.

Hirth, H.: Meine Flugerlebnisse (1913), F. Dümmler, Berlin.

Fokker, A. H. G. u. B. Gould: Der fliegende Holländer (1933), Rascher & Cie, Zürich.

Weyl, A. R.: Fokker The Creative Years (1965), Putnam, London.

Neumann, G. P.: Die deutschen Luftstreitkräfte im Weltkriege (1920), E. S. Mittler & Sohn, Berlin.

Offermann, E.: Riesenflugzeuge (1927), R. C. Schmidt, Berlin.

Nowarra, H.: Die Entwicklung der Flugzeuge 1914–1918 (1959), J. F. Lehmanns, München.

Gray, P., Thetford, O.: German Aircraft of the First World War (1962), Putnam, London.

Haddow, G. W.u. Groß P. M.: The German Giants. The story of the R-planes 1914–1919 (1962), Putnam, London.

Haenig: Luftschiff- und Flugmotoren, Jahrb. 1910 der Automobil- und Motorbootindustrie, S. 95–122, Boll u. Pickardt, Berlin.

Huth, F.: Motoren für Flugzeuge und Luftschiffe 1916 (2. Aufl.) und 1920 (3. Aufl.) R. C. Schmidt, Berlin.

Anacker, K.: Der Flugzeugmotor (1918), R. C. Schmidt, Berlin.

Schanzer, M.: Flugmotoren (1918), O. Klemm, Leipzig.

Schwager, O.: Neuere Bestrebungen und Erfahrungen im Flugmotorenbau, Techn. Berichte der Flugzeugmeisterei der Insp. der Fliegertruppen (1918), Bd. III, Heft 5, S. 133–151.

Schwager, O.: Anpassung des Flugmotors an seine Betriebsbedingungen, Motorwagen (1919), S. 456–463, 476–482, 502–506.

Noack, W. G.: Flugzeuggetriebe ZVDI (1920), S. 317–322, 347–350, 377–381.

Sass, F.: Geschichte des deutschen Verbrennungsmotorenbaues von 1860 bis 1918 (1962), Springer, Berlin.

Umlaufmotoren

Schendel, G.: Umlaufmotoren, Der Gnôme-Motor, Ztschr. f. Flugtechnik und Motorluftschiffahrt (1910), S. 250–252, 273–276, 300–302.

Valentin, E.: Umlaufmotoren für Flugapparate, Jahrb. der Auto- u. Motorbootindustrie (1911), S. 139–153.

Spiegel, J.: Über Rotationsmotoren (1913), Motorwagen, S. 815–820.

Praetorius: Die Steuerung der Umlaufmotoren (1919), Motorwagen, S. 603–605, 625–630, 661–664.

Schwager, O.: Der Siemens-Umlaufmotor (1919), Motorwagen, S. 542–549, 567–577.

Praetorius: Konstr. Einzelheiten an Umlaufmotoren (1920), Motorwagen, S. 22–24.

Praetorius: Zylinder luftgekühlter Motoren (1920), Motorwagen, S. 677–680.

Siemens-Gegenlaufmotoren Sh1 und 3 (1940), Flugsport, S. 431/32.

Ewald, G.: Umlaufmotoren (Gnôme, Oberursel und Goebel), Aerokurier, H. 3 und 5 (1972), S. 374/75.

Ewald, G.: Der gegenläufige Umlaufmotor der Siemens & Halske-Werke, Aerokurier H. 6, (1972), S. 495–496.

Ochs, P.: Motoren und Luftfahrtentwicklung in Oberursel (aus Mittlg. des Vereins f. Heimatkunde Oberursel Nov. 1979).

Motorenhandbücher:

Motorenfabrik Oberursel 80 HP »Gnom« Typ Lambda (4/1915), 100 PS Typ U1 (1916), 160 PS Typ U3 (1916), UR-Motoren (3/1918).

Standmotoren

Schwager, O.: Der 185 PS Bayern-Flugmotor BMW IIIa (1920), Motorwagen, S. 399–404, 421–425, 441–445.

Ewald, G.: Wie es zum BMW-Flugmotor kam, Aerokurier H. 1 (1972), S. 71.

Berger, A.: Solch ein Stachelschwein (über den Benz DV-Flugmotor), Der Flieger H. 5/6, (1941).

Ewald, G.: Mercedes-Flugmotoren 1909–1918, Aerokurier H. 3, (1972), S. 223–224.

Schwager, O.: 260 PS-Maybach-Flug- und Luftschiffmotor (1920), Motorwagen, S. 107–112, 130–137, 176–179.

Maybach-Flugmotor Mb IVa 260 PS, Luftf. International, H. 5 (1974), S. 793–799.

Motorenhandbücher:

Bayern-Flugmotoren Typ BMW IIIa und BMW IV.

Bayernmotor BMW IV 250 PS, Der Argus Sechszylinder-Flugmotor (ca. 1915), Benz-Flugmotoren 110, 150 und 200 PS (ca. 1915), 150 PS-Benz-Flugmotor (1917), 200 PS-Benz-Flugmotor (1917), Mercedes Daimler-Sechszylinder-Flugmotor 80, 100 und 120 PS (1915), 160 PS-Daimler-Sechszylinder-Flugmotor (1915), Daimler-Sechszylinder-Flugmotor D III (1916), 220 PS-Achtzylinder-Mercedes Daimler-Flugmotor (1915), Daimler-Sechszylinder-Flugmotor Type D IVa (1917).

Maybach-Flugmotor, Bauart Mb IVa 260 PS überverdichtet (ca. 1918).

Rapp: 150 PS-Sechszylinder-Flugmotor (5/1915).

Siemens/Bramo und BMW-Flugmotoren

Krieger, K.: SAM 322, Band 19 der »Luftfahrt-Lehrbücherei« (1940), Dr. M. Matthiesen, Berlin.

Bramo, Fafnir, Der Flieger (1940), S. 154.

Flugmotor Bramo Fafnir, Baumuster 323P, Der deutsche Sportflieger Nr. 8 (1941), S. 193/94.

Brode, K.: Die Baumuster des Hochleistungs-Einspritzmotors Bramo Fafnir 323, Luftwissen Nr. 6 (1942), S. 189–193.

Motorenhandbücher: Siemens Sh 14 A (12/1934).

Die Flugdiesel von Siemens und BMW

Becker, E.: Die Entwicklung des Verbrennungsmotorenbaues bei Siemens & Halske AG, Bericht v. 15. 3. 1932, S. 97–101.

Kamm, W.: Beurteilung der Ergebnisse der BMW-Lanova-Flugdieselmotoren-Entwicklung, BMW-Bericht v. 28. 3. 1938.

Die Luftgekühlten von BMW

BMW-Sternmotor Muster X, Zeitschr. für Flugtechnik und Motorluftschiffahrt Nr. 22 (1929), S. 601.

Der neue Flugmotor BMW 132L, Der Flieger Nr. 13 (1939), S. 439.

BMW Motoren 132K u. N, Der Flieger Nr. 5/6 (1941), S. 132–134.

Brode, K.: Drei neue Flugmotoren aus der Musterreihe BMW 132, Luftwissen Nr. 2 (1941), S. 57–59.

BMW-Motoren 132 F, K u. N, Der deutsche Sportflieger Nr. 5 (1941), S. 120.
Flugmotoren BMW 132 F, K u. N, Flugsport Nr. 7 (1941), S. 133–135.
Motorenhandbücher: BMW Hornet (1930), BMW 132 A, T, Z Baur. 3 u. E, Baur. 2 (9/1941).

Die Flüssigkeitsgekühlten von BMW

Oefele, H.: BMW Motoren, Muster BMW IIIa und BMW IV, Zeitschr. f. Flugtechnik und Motorluftschiffahrt Nr. 11 (1925), S. 231.
Krieger, K.: Die deutschen Flugmotoren – BMW 6, Verlag Matthiesen (1940), Berlin.
Motorenhandbücher: BMW IIIa u. BMW IV, BMW IV (250 PS), BMW VI (3/1930), BMW VI Serie 5/1 (10/1933).

BMW-Entwicklungen nach 1938

Prestel, K.: Die Steuerung des Motors BMW 801 (Kommandogerät), BMW-Bericht v. 10. 4. 1942.
Baumann, K.: BMW-Flugmotoren-Projekte, BMW-Bericht v. 10. 4. 1942.
Müller-Berner, A.: Der Abgasturbolader des BMW 801 J-Motors, Bericht Nr. 172 (1943) der Lilienthalgesellschaft.
Beschreibung für Fliegertechnische Schule – Triebwerke BMW 801 mit den Motoren BMW 801 L.D, u. G v. 20. 5. 1944.
Krauter: BMW-Flugmotoren und Triebwerke 801, Bericht v. 25. 7. 1945.
Ammann, R., Willich, Leibach, H.: Fuel System, Lubrication System, Cooling System, Power plant, Singel lever Control and Regulation System, Accessories (BMW 801) (1945).
Ammann, R., Willich: Chronological Report on non – finalized Developments considered by BMW 1925–1945, Technical Report Nr. 4 (1945).
Motorenhandbücher: BMW 801 A, C, D, G, Kommandogerät (4/1943), BMW 801 MA, ML, C u. D. Baur. 1 u. 2 (5/1942).

Die Entwicklung der Junkers-Flugmotoren

Die Junkers-Vergasermotoren

Böhm, A. R.: Junkers-Frachtflugzeug W 33 als Transozeanflugzeug »Bremen«, Z.VDI v. 6. 10. 1928.
Bielitz, F.: Die ersten Fernantriebe für Luftschrauben, Mitarbeiter berichten zum 60. Geb. von Prof. Mader (1940).
Wagner, W.: Junkers Ju 49, Schrittmacher im Höhenflugzeugbau, Aerokurier Nr. 10 u. 11 (1968).
Meier, H. J., Schulze, H. J.: Dokumentation »Atlantikflug der Bremen«, Flughafen Bremen (1978).
Sachsenberg, W.: Herman Köhl – Unser Ozeanflug, Luftfahrt-Verlag Walter Zuerl (1978).
Motorenhandbücher: Junkers L2 und L5 (ca. 1926), Junkers L88a (ca. 1932).

Jumo 210 und 211

Kratz, P.: Aus der Geschichte der Junkers-Motorenfabrikation, Der Propeller, Junkers-Werkzeitung Juni/Juli (1936), S. 85–90.
Benzin-Flugmotor ohne Vergaser, Kölnische Zeitung v. 8. 10. 1938.
Erfurth, K.: Betrachtungen zur Konstruktionsarbeit am Flugmotor, Mitarbeiter berichten zum 60. Geb. v. Prof. Mader (1940).
Scheibe, A.: Die Laufbüchse – Werdegang eines Maschinen-Elementes, Mitarbeiter berichten zum 60. Geb. v. Prof. Mader (1940).
Wesentliche Unterschiede an Jumo 211-Motoren, JFM-Prüfwesen v. 15. 7. 1942.
Jumo 210, 211, 213 – 85 000 Stück, Junkers-Nachrichten Nr. 3 (1973), S. 6/7.
Motorenhandbücher und Betriebsanweisungen: Jumo 211 F und J, N u. P, Baur. 1 (4/1944), Jumo 211 A (7/1939), Jumo 211 B/H (3/1941).

Der Hochleistungsmotor Jumo 213

Brandner, F.: Nachruf auf August Lichte, Junkers Nachrichten Nr. 3/4 (1978), S. 8.
Motorenhandbücher und Betriebsanweisungen: Jumo 213 Motorbediengetriebe (1943), Jumo 213 AO (8/1942), Jumo 213 A1 (5/1943), Jumo 213 AO/CO (5/1944).

Der Reihen-Sternmotor Jumo 222

Brandner, F.: Das stärkste Kolbentriebwerk der Kriegsjahre 1939/45 – Jumo 222, Aerokurier Nr. 10 (1970).
Brandner, F.: Ein Leben zwischen den Fronten, Verlag Wesermühl (1973).

Die Zweitakt-Diesel von Junkers

Böhle, W.: Junkers-Schweröl-Flugmotoren, Der Propeller, Junkers-Werkzeitung Juni/Juli (1936).
Gasterstädt, J.: Vom Junkers-Flugdieselmotor, Luftwissen Nr. 10 (1936) und Junkers Sonderdruck JFM 3708 (1936).
Stüssel, R.: Betriebsergebnisse mit Junkers-Schwerölflugmotoren der Deutschen Lufthansa, Junkers-Nachrichten (1938).
Leib, O.: Der deutsche Flugmotor Jumo 205, Verlag Matthiesen (1940).
Grimm, A.: Der Dieselmotor wurde Wirklichkeit, Mitarbeiter berichten zum 60. Geb. v. Prof. Mader (1940).
Pezza, J. J.: Outstanding features of Junkers Jumo 205 C and Jumo 207 Diesel Engines, Air Material Command, Dayton v. 7. 6. 1946.
Fensterer, K. H.: 50 Jahre Junkers Flug-Diesel, Junkers-Nachrichten Nr. 3/4 (1978), S. 3.
Motorenhandbücher: Jumo 205 (1936 u. 1938), 205 D (1941), 207 C (9/1943).

Daimler-Benz-Flugmotorenentwicklung

Daimler-Benz DB 600 ein Vorläufer des DB 601

Krieger, K.: Die deutschen Flugmotoren, Bd. 21, DB 600 (601), Verlag Matthiesen (1940).

Der Einspritzer DB 601 und die Rekordmotoren

Mercedes-Benz-Weltrekord-Flugmotor DB 600, Interavia v. 11. 10. 1938, S. 1–3.
Mercedes Flugmotor DB 601, Luftwissen Nr. 4 (1941), S. 126/27.
Wagner, W.: Weltrekordflugzeug Me 209, Aerokurier Nr. 6 (1973), S. 478–485.
Daimler-Benz-Flugmotor DB 601, Luftfahrt international Nr. 7 u. 8 (1975), S. 1033–1050 u. 1183–1202.
Heimann, E.: Die schnellsten Flugzeuge der Welt – 1906 bis heute – Motorbuch Verlag (1978), S. 126–127.
Dieterle, H.: Weltrekord vor 40 Jahren – Heinkel He 100 – Flugrevue Nr. 3 (1979), S. 64–66.
Motorenhandbücher: DB 601 E-G, Baur. 0 u. 1 (5/1941).

DB 603 – der große Mercedes-Benz-Flugmotor

Daimler-Benz 9-8603 B1, Luftfahrt international Nr. 3 (1974), S. 467–478.
Motorenhandbücher: DB 603 A u. D. Baur. 1 u. 2 (11/1943).

DB 605 – der kleine Mercedes-Benz-Flugmotor

Redemann, H.: Dornier Do 217 P – die Höhenversion einer berühmten Flugzeugfamilie, Flug Revue Nr. 4 (1980), S. 62–65.
Griehl, M.: Dornier 217 u. 317 – die Höhenflugzeuge der Do 217-Reihe. Luftfahrt international Nr. 11 (1979), S. 459–466.
Motorenhandbücher: DB 605 A-B, Baur. 0 u. 1 (11/1942).

Doppelmotoren DB 606, 610 u. 613

Baist, W.: Rechlin-Erinnerungen (He 177, DB 606/610), Der Flieger Nr. 4 (1979), S. 151.

Argus-Motoren

Krieger, K.: As 10C, E und 401. Band 20 der »Luftfahrt-Lehrbücherei« (1940), Dr. M. Matthiesen, Berlin.

Argus Einheitstriebwerk As 411, Luftwissen (1944), S. 171–172.
Flugmotor As 410A-1 und A-2, Luftf. International H. 12, (1975), S. 1883–1906.
Argus Flugmotor As10, Baureihe 3, Luftf. International H. 14, (1976), S. 2179–2194.
Motoren-Handbücher: Argus As 6/6a (ca. 1928), As 10C Baur. 1 und 2 (10/1935), As 10C Baur, 3 (6/1936), As 10 Durchsichtbilddarstellung, As 410 Aa-1 (1940), As 410 A-1 Durchsichtbilddarstellung, As 411 TA (4/1943).

Hirth-Motoren

Hirth HM60-Flugmotor, Neue Kraftfahrer Zeitung v. 1. 9. 1932, S. 409–410.
Hirth, HM 515 Kleinflugmotor, Luftwissen (1940), S. 181.
Zuerl, W.: Hirth – Der Flieger H. 5/6 (1941).
Rees, F.: Hirth-Motoren – Motorschau (1944), S. 25–28.
Rees, F.: Hirth-Flugmotor HM 500, Luftwissen Nr. 5, (1944), S. 132–134.
Heiß, L.: Hirth/Vater – Hellmuth – Wolf (1949), R. A. Müller, Stuttgart.
Flugmotor HM 500, Luftfahrt International H. 6, (1974), S. 875–886.
Motoren-Handbücher: Hirth-Motor HM 60R (ca. 1934), HM 504 A-2 (10/1940), HM 500A (8/1940), HM 500A Durchsichtbilddarstellung.

Kleinflugmotoren

Die Motoren im Deutschen Rundflug 1925 (aus: Die Lehren des Deutschen Rundfluges 1925, S. 75–92, Herausgeber Aero-Club von Deutschland).
Bericht über Tagung ›Kleinflugmotoren‹ am 20. 8. 1937, LG-Bericht 083/007.
Zündapp-Flugmotor Z9-092, 50 PS Luftf. International H. 13 (1976), S. 1997–2010.
Rauch, S.: 60 Jahre Zündapp-Technik (auch über Flugmotor), J. Roth sel. Wwe, München 1977.
Motorenhandbücher: Zündapp-Flugmotor 9-092, Baur. 1 (ca. 1939).

Sonderbauarten

Rumpler, E.: Der 1000 PS-Flugmotor (Stand Juli 1920), R. Oldenbourg, München-Berlin (1921).
Bensinger, W. D.: Aussichten der Schiebersteuerung für Flugmotoren, Ringbuch der Luftfahrttechnik, RLM Nr. IIIA2 (1937).
Bensinger, W. D.: Studien der DVL über die Verringerung der Motorstirnquerschnitte, aus LG-Bericht 100 (1938), S. 77–78.
Berger, A.: Die äußere Gestaltung der Flugmotoren in der nächsten Zeit, Vortrag 19. 7. 40, DAL-Schriften Nr. 1029–40 u. Luftwissen Nr. 7 (1944), S. 186–188.
Kamm, W.: Beitrag zur Entwicklung starker Motoreinheiten, Vortrag 2. 10. 1942, DAL-Schriften Nr. 1056–42.
Kamm, W.: Entwicklung eines Zweitaktmotors für ein ML-Triebwerk, Vortrag 2. 7. 1943, DAL-Schriften Nr. 1066–43.
Riedel, W.: Schiebergesteuerte Verbrennungskraftmaschinen im R. Bussien Automobiltechnisches Handbuch, 16. Auflage (1945), S. 1115–1174, H. Cram, Berlin.
Der Riedel-Anlasser für TL-Triebwerke, Luftf. International H. 25 (1978), S. 3993–4000.

Steigerung der Höhenleistung

Eisenlohr, R.: Kampf um den Höhen-Weltrekord (1919), Motorwagen, S. 636–638.
Noack, W. G.: Die Flugzeuggebläse, Flugsport (1919), S. 603–618.
Noack, W. G.: Flugzeuggebläse, ZVDI (1919), Nr. 41, S. 995–1002 und Nr. 42, S. 1026–1032.
Dechamps, H. und K. Kutzbach: Prüfung, Wartung und Weiterentwicklung von Flugmotoren (1921), R. C. Schmidt, Berlin.
Kamm, W.: Entwicklungsfragen für Flugmotoren, bes. der Höhenmotoren, DVL-Jahrbuch (1928), S. 183–199.
von der Nüll, W.: Gestaltung von Flugmotorenladern, Luftf. Forschung Bd. 14 (1937), S. 244–253.
Tagung Lader und Ladermotoren am 28. 2./1. 3. 1938, LG-Bericht 090/008.
Daimler, P.: Der Kompressor, Motorschau H. 1 (1939).
Kollmann, K.: Grenzen zur einstufigen Verdichtung in Schleuderladern für Flugmotoren, Luftwissen Nr. 3, (1940), S. 54–61.
Größtmögliche Förderhöhe einstufiger Radiallader an Flugmotoren, Luftwissen Nr. 5, (1940), S. 174–180.
Nallinger, F.: Entwicklung der Höhenleistungen der Daimler-Benz-Flugmotoren 1935–1941, Vortrag 15. 9. 1941, DAL-Bericht Nr. 1043–1041.
Scherenberg, H.: Entwicklung des günstigsten Steuerdiagrammes für Viertakt-Höhenflugmotor mit Benzineinspritzung (Dissertation 1941).
Wolff, H.: Leistungssteigerung des Flugtriebwerkes, DAL-Bericht Nr. 1034–1041.
Zuerl, W.: Der Lader im Flugmotorenbau, Der Flieger H. 5/6 (1941), S. 157–162.
Franz, A.: Die Höhenleistung des Flugmotors, eine Frage des Luftdurchsatzes, MTZ 4 (1942), S. 116–122.
Nallinger, F.: Entwicklung der Höhenleistung von Flugmotoren, MTZ (1943), S. 344–349.
von der Nüll, W.: Stratosphärenflug und Höhentriebwerk, Luftwissen (1943), S. 212–221 und 247–253.
von der Nüll, W.: Triebwerk und Höhenflug, Motorschau H. 11/12/13 (1943), S. 214–221.
Schwager, O.: Der Weg zum Höhenflugmotor, Luftwissen Nr. 5 (1943), S. 136–144.
Kollmann, K.: Flugmotorenlader (Nomographie XI-13, bearbeitet i. A. der Britischen Militär-Regierung) 31. 3. 1947.

Abgasausnutzung

Leist, K.: Laderantrieb durch Abgasturbinen, Luftfahrtforschung Bd. 14 (1937), S. 238–243.
Schmidt, F. A. F.: Thermodynamische Untersuchungen über Abgasaufladung, Luftfahrtforschung Bd. 14 (1937), Lfg. 4/5, S. 233–237.
Franz, A.: Möglichkeiten des Turbinenbetriebs und Vergleich mit Abgas-Strahlantrieb, Vortrag 12. 12. 1940, Tagg. der Lil. Gesellschaft.
Grasmann, K.: Erprobung von Abgasanlagen (Flammenvernichter), Teilber. 6/Erprob. Nr. 2364 der E'Stelle Rechlin (10. 2. 1942).
Abgasturbinentagung (1943), LG-Bericht Nr. 172.
Kärcher, A. u. Grasmann K.: Bordheizgeräte der deutschen Luftwaffe, Firmenbericht, Mai 1947.
Flammenvernichtungsanlagen, Luftf. International H. 3 (1974), S. 461–465.
Focke-Wulf Fw 190, Höhenjäger 2 (u. a. über Hirth-Abgaslader), Luftf. International H. 10 (1975), S. 1535–1568.
Infrarot-Nachtjagdgerät »Spanner«, Luftf. International H. 18 (1976), S. 2769–2797.
Heinkel, He 111 mit 2 DB 601U-Motoren mit Abgasladern, Luftf. International H. 21 (1977), S. 3337–3346.
Lange, B.: Entwicklung von Abgasanlagen mit Flammenvernichtern, Modell-Magazin Nr. 3 (1979), S. 18–19.

Zusatzeinspritzung

Lutz, O.: Leistungssteigerung von Flugmotoren durch Zugabe von Sauerstoffträgern (Verschiedene Vorträge und Unterlagen der Schraubenkolben GmbH um 1940 bis 1942.
Handbuch mit Betriebsanweisung für GM1-Kaltstoffgerägte (Firmenausgabe Juli 1943).
GM1-Sonderstoff-Anlagen, Geräte-Handbuch D. (Luft), T.5308, (Stand Nov. 1944).
Mühlenhardt: Leistungssteigerung am DB 605 A5-Motor durch Zusatz von flüssigem Sauerstoff. DVL-Bericht Nr. 2669, ZWB-UM 1270 (1944).
Triebnigg, H.: Leistungssteigerung von Luftfahrttriebwerken durch Wasser-Methanoleinspritzung, Luftfahrttechnik Nr. 6 (1955), S. 30–35.
Leistungssteigerung durch Zusatzeinspritzung, (Luftf. International H. 1 (1974), S. 139–148.
Klein, R.: Das GM1-Verfahren (im Manuskript 1980).

Vergaser

Beschreibungen und Bedienungsvorschrift zum BMW-Höhenvergaser des Bayern-Flugmotors Type BMW IIIa (Ausgabe 1. 5. 1918).

Kemper, A.: Flugvergaser, Bericht Nr. IIIA29, im RLM-Ringbuch der Luftfahrttechnik.

Löhner, K., Müller, H.: Gemischbildung und Verbrennung im Ottomotor (über Vergaser und Einspritzsysteme) (1967), Springer, Wien.

Einspritzung

Heinrich, H.: Gestaltungs- und Betriebsgrundlagen von Einspritzpumpen und Düsen für Diesel- und Otto-Flugmotoren, RLM-Ringbuch der Luftfahrttechnik Nr. III A22 (ca. 1938).

Ammann, R., Willich, N., Beer, H.: Regelgesetze für die Gemischregelung von Einspritz-Zündermotoren, RLM-Ringbuch der Luftfahrttechnik, Nr. IVB8 (ca. 1938).

Lichte, A.: Probleme der Entwicklung der direkten Kraftstoffeinspritzung (über Arbeiten der Junkers-Forschungsanstalt, beginnend vor dem 1. Weltkrieg), Luftfahrtforschung 1940, S. 291–296.

Lichte, A.: Rückblick auf die Entwicklung der Elemente zur direkten Kraftstoffeinspritzung, Mitarbeiter berichten zum 60. Geb. v. Prof. Mader (1940).

Zuerl, W.: Einspritzpumpe ersetzt Vergaser, Der Flieger H. 5/6 (1941), S. 144–146.

Schmidt, F. A. F.: Benzinmotoren mit Kraftstoffeinspritzung und Funkenzündung, MTZ Nr. 6 (1950), S. 137–145.

Scherenberg, H.: Rückblick über 25 Jahre Benzin-Einspritzung in Deutschland, MTZ (1955), S. 245–255.

Lehr, W.: Von Flugmotoren und Einspritzungen (Starten und Fliegen, Bd. I/1956, S. 120–134), Dtsch. Verlags Anstalt, Stuttgart.

Bedienung und Regelung

Flugtriebautomat Jumo 211, Luftwissen (1942), S. 238–241.

Scherenberg, H.: Stellungnahme zur Füllungswahl, Daimler-Benz-Vortragsniederschrift, Juli 1943.

Das Rechlin-Kaltstartverfahren

Das Anlassen von Flugmotoren im Winter. Geräte-Handbuch D. Luft T. 3870 (Ausgabe Oktober 1944).

Strahltriebwerksentwicklung von 1936 bis 1945

Strahltriebwerksentwicklung von 1936 bis 1945

Leist, K.: Gasturbinen als Haupttriebwerk für Flugzeuge, Nr. 100 (1938), S. 38–44.

Madelung, G.: Einteilung der an die Motorenentwicklung zu stellenden Anforderungen in Gruppen je nach Aufgabe der Flugzeuge, LG Nr. 100 (1938), S. 86/87, von der Sondertagung »Flugwerk und Triebwerk« am 23. u. 24. 8. 1938 in München.

Eisenlohr, W.: Probleme der Triebwerksgestaltung insbesondere für Schnell- und Langstreckenflug, Arbeitstagung der DAL am 31. 1. 1941, S. 9–15.

Lusser, R.: Die Rolle des Strahltriebwerkes im Flugzeugbau, Arbeitstagung der DAL am 31. 1. 1941, S. 83–96.

Lutz, O.: Grundlagen zur Beurteilung von Luftstrahltriebwerken, Arbeitstagung der DAL am 31. 1. 1941.

Schelp, H.: Luftstrahltriebwerke für Schnellflugzeuge, Arbeitstagung der DAL am 31. 1. 1941, S. 17–37.

Kamm, W.: Der Stand der Entwicklung der Luftstrahltriebwerke in Deutschland, 2. Wissenschaftstagung am 25. 4. 1941 (DAL 1038/41).

Eisenlohr, W.: Grundzüge der Entwicklungsplanung, Sitzung Triebwerksplanung in Berlin am 4. 11. 1942, S. 7–12.

Schelp, H.: Entwicklungsplanung für Triebwerke, Sitzung Triebwerksplanung in Berlin am 4. 11. 1942, S. 14–77.

Schelp, H.: Hochleistungstriebwerke, Vortrag auf der 5. Wissenschaftssitzung am 2. 7. 1943, DAL Nr. 1066/43, S. 3–25.

Entwicklungsplanung für Sondertriebwerke, Stand vom 20. 7. 1944, RLM (1944).

Heinkel-Triebwerke

Ohain, H. H. v.: Besonderheiten der Strahltriebwerke radialer Bauart, Arbeitstagung Strahltriebwerke der DAL am 31. 1. 1941.

Ernst Heinkel Strahltriebwerke, Heinkel-Broschüre 1940.

Müller, M. A.: TL-Triebwerke in axialer Bauweise und Motor-Luftstrahltriebwerke, Arbeitstagung Strahltriebwerke der DAL am 31. 1. 1941.

Technische Unterlagen zum Strahltriebwerk 109-011 A-O (Dez. 1944).

Adderley, J. W., Saddler, K. u. Robinson, S. T.: Heinkel-Hirth TL-Gas-Turbine Engines, CIOS Report XXI-5 (1945).*

Bamford, L. P. u. Robinson, S. T.: Turbine Engine Activity at Erst Heinkel AG, CIOS Report XXIII-14 (1945).

Adderley, J. W.: German Gas Turbine development during the period 1939–1945, BIOS Report No. 12 (1949).**

Gundermann, W.: Das erste Düsenflugzeug der Welt, Z.VDI Nr. 20 vom 11. 7. 1952, S. 693–695.

Heinkel, Ernst (Thorwald, J., als Herausgeber): Stürmisches Leben, Mundus Verlag, Stuttgart 1953.

Green, W. u. Ziegler F.: World's first Jet, Royal Air Force Flying Review Nr. 7 (1954), S. 17–19 u. 38.

Vogelsang, D. W.: Die 2. Etappe – Die Arbeiten Heinkels auf dem Gebiet der Gasturbine, Astra Verlag, S. 15–30.

Gundermann, W.: Gasturbinen mit Zentripetalräder, Luftfahrttechnik Nr. 11 (1955), S. 125–127.

Gundermann, W.: Zwanzig Jahre Turbo-Düsenflugzeuge, MTZ Nr. 9 (1959), S. 348–351.

Die Entwicklung der Heinkel-Strahltriebwerke bis 1945, Heinkel-Werkzeitung Nr. 1 (1962), S. 55.

Leist, K. u. Wiening, H. G.: Enzyklopädische Abhandlung über ausgeführte Strahltriebwerke, Westdeutscher Verlag Köln (1963), Heinkel, S. 365–374.

Gundermann, W.: Turbinen-Luftstrahltriebwerke HeS3b, Flug-Revue Nr. 5 (1966).

Smith, J. R. u. Kay, A. L.: German Aircraft of the Second World War, Putmann London 1972, S. 290–298.

Dörpinghaus, R.: Heinkel He 178 – Verkannter Vorläufer der Jet-Epoche, Aerokurier No. 1 (1975), S. 75/76.

Heinkel He 280, Luftfahrt international Nr. 7 (1975), S. 1071–1099.

Nowarra, H.: Heinkel und seine Flugzeuge – Die Entwicklung der Heinkel Strahltriebwerke, J. F. Lehmanns Verlag, München (1975), S. 135–137.

Ohain, H. J. v.: The Evolution and Future of Aeropropulsion Systems, The Jet Age – Forty Years of Jet Aviation, National Air and Space Museum Washington (1979), S. 25–46.

BMW-Triebwerke

Oestrich, H.: Die Entwicklung der TL-Triebwerke bei BMW-Spandau, Vortrag 1939.

Löhner, K.: Vorbereitungsarbeiten an TL-Triebwerken bei den Bayerischen Motorenwerken München, Vortrag 1939.

Oestrich, H.: Die Entwicklung der L-Triebwerke bei BMW-Spandau, Arbeitstagung Strahlantriebe der DAL am 31. 1. 1941.

Löhner, K.: Vorentwicklungsarbeiten an TL-Triebwerken bei BMW-München, Arbeitstagung am 31. 1. 1941.

Gegenwärtiger Stand der Schaufelentwicklung bei den Geräten 004, 011 und Entwicklungsrichtung für 003, Bericht v. 3. 8. 1945.

Entwicklung der TL-Triebwerke 003 A, C, D, E bei den Bayerischen Motorenwerken, BMW-Bericht vom 18. 6. 1945 mit Beiträgen von Oestrich, Hagen, Sawert, Müller, Ziegler, Kappus.

Geschichte der TL-Entwicklung bei BMW, Bericht v. 19. 7. 1945.

Price, R. R.: Gas Turbine development by BMW, CIOS Report No. 5/2 u. 5/74 (1945).

* CIOS = Combined Intelligence Objection Sub-Committee, Britisch-amerikanische Interrogationsberichte (1945/46).

** BIOS = British Intelligence Objections Sub-Committee, British Interrogationsberichte (1945 bis 1949).

Fedden, R.: German Jet Development, Flight 13. 12. 45, S. 626–629.
Schuldte, R.: Design Analysis of BMW 003 Turbojet, Aviation Nr. 3 (1946), S. 55–68.
BMW 003 Engine, Aircraft Engineering 2/1946.
Lundquist, W. G. u. Cole, R. W.: BMW 003 Turbojet Engine compared with the Jumo 004, SAE-Journal Nr. 9 (1946), S. 503–510.
LLoyd, P.: Gas Turbine Development BMW, Junkers, Daimler-Benz, CIOS-Report XXIV-6 (1946).
Oestrich, H.: Die Entwicklung der Fluggasturbine bei den Bayerischen Motorenwerken während des Krieges 1939/45, Flugwelt Nr. 4 (1950), S. 69–71.
Hagen, H.: Höhenprüfstandversuche an der Fluggasturbine BMW 003 A, MTZ Nr. 7 (1955), S. 199–202.
Burkhard, A. u. Beisswänger, H.: Über die Herstellung von Verdichterschaufeln aus Leichtmetall, Werkstatttechnik Nr. 9 (1960), S. 483–490 u. Nr. 4 (1961), S. 178–182.
Burkhard A. u. Beisswänger H.: Hohlschaufeln für Abgas- und Gasturbinen, Werstattechnik Nr. 8 (1961), S. 413–418 u. Nr. 11 (1961), S. 584–590.
Münzberg, H. G.: Einsatz von Modellstudien von Turbostrahltriebwerken (Hermann-Oestrich Vorlesung in Paris am 26. 4. 1979), S. 197–203.
Münzberg, H. G.: Nachruf auf Hermann Oestrich, Jahrbuch der DGLR (1973), S. 274–276.
Streit, K. W. u. Taylor, W. R.: Geschichte der Luftfahrt, Sigloch Service Edition 1975, Die Entwicklung des Strahltriebwerkes BMW 003, S. 349–351.

Daimler-Benz-Triebwerke

Leist, K.: Zweikreis-Triebwerke, Arbeitstagung Strahltriebwerke der DAL am 31. 1. 1941.
Scherenberg, H.: Die Flugmotorenentwicklung bei Daimler-Benz, Flug-Revue Nr. 5 (1964), S. 59/60.
Leist, K. u. Wiening H. G.: Enzyklopädische Abhandlung über ausgeführte Strahltriebwerke, Westdeutscher Verlag (1963), S. 356–363.

Junkers-Triebwerke

Franz, A.: TL-Triebwerksentwicklung bei Junkers, Bericht von der Arbeitssitzung Strahltriebwerke der DAL am 31. 1. 1941.
Jumo Sondertriebwerke 004, JFM-Ausbildungswesen, Lehrmittelzentrale Dessau (1944).
Hinweise für Technische Außenstellen – Jumo Sondertriebwerk 109-004 B-1 (1944).
Gerler, W. C.: The German Jumo 004 Engine, SAE Preprint, SAE Annual Meeting am 7. 11. 1946.
The Junkers Jumo 004 Engine, Aircraft Engineering, Dez. 1945 u. Jan. 1946.
Constant, H.: Research and development on Gas Turbine at Junkers Motoren Werke, CIOS Report XXVI-29 (1946).
Fay, C. L.: Junkers Aircraft and Engine Facilities, CIOS Report XXXI-36 (1946).
The Jumo Jet Engine, Power Jets Report No. R. 1089 (1945).
Walker, D. N., Pickles, F. E.: Aircraft Gas Turbine engine Development at Junkers Dessau and associated Factories, CIOS Report XXXI-66 (1946).
Adderley, J. W.: German Gas Turbine Development during the period 1939–1945, BIOS Overall Report No. 12 (1949).
Decher, S.: Die Entwicklung des Triebwerkes Jumo 004 bei den Junkers Flugzeug- und Motorenwerke in Dessau, Flugwelt Nr. 2 (1951), S. 41–46.
Lichte, A.: Die Regelung der Strahlturbine Jumo 004, Flugwelt Nr. 10 (1955), S. 519/520.
Lichte, A., Böttger, F.: Die Entwicklung des Flugstrahltriebwerkes in der Junkers-Forschnung, Junkers-Nachrichten Nr. 2 (1964).
Franz, A.: Das Junkers Strahltriebwerk Jumo 004, Festschrift Hugo Junkers – Pionier der industriellen Forschung (1968), S. 59–63.
Franz, A.: Die Entwicklung der Jumo 004-Strahlturbine, Zeitschrift der Messerschmitt-Gruppe Nr. 2 (1967), S. 7–9.
Flugerprobung Jumo 109-004 V 11, Luftfahrttechnik international Nr. 4 (1974), S. 553–559.
Franz, A.: The Development of the Jumo 004 Turbojet Engine, The Jet Age – Forty Years of Jet Aviation (1979), S. 69–74.

Raketenantrieb für Flugzeuge

Stemmer, J.: Raketenantriebe, Schweizer Druck- und Verlagshaus Zürich (1952).
Walter, H.: Development of Hydrogen Peroxide Rockets in Germany, AGARDograph No. 20 (1957), S. 263–280.
Zborowski, H. v.: BMW-Developments, AGARDograph Nr. 20 (1957), S. 297–324.
Ziegler, M.: Das Kraftei und ich, Flug-Revue Nr. 12 (1956) bis Nr. 12 (1957).
Kruska, E.: Das Walter-Verfahren, ein Verfahren zur Gewinnung von Antriebsenergie, Z.VDI Nr. 3 (1955), S. 65–70, Nr. 9 (1955), S. 271–277, Nr. 21 (1955), S. 709–713, No. 24 (1955), S. 823–829.
Fuchs, R.: Hypergole Rakteten-Treibstoffe mit Salpetersäure als Sauerstoffträger ..., Explosivstoffe Nr. 5 (1958), S. 89–97.
Opels Raketenflug in Frankfurt am Main, Flugkörper 3 (1960), S. 98/99.
Junkers W 34 – Wasserflugzeug mit Zusatzraketen, Flugkörper 8 (1960).
Brandecker, W. G.: Ein Leben für eine Idee – Der Raketenpionier Max Valier, Union Verlag Stuttgart (1961).
Ristau, Wessel, Schneider, H.: Die Entwicklung der Raketentriebwerke bei BMW, Der Flieger 3 (1965), S. 66–71.
Opel, F. v.: Die Geschichte der Raketenentwicklung, Vortrag vom 3. 4. 1968, Sonderdruck des Deutschen Museums (1968).
Die Pioniere des Raketenfluges, Der Flieger 5 (1975), S. 195.
Wasserstoffsuperoxyd als Kraftquelle, Der Flieger 10, 11 u. 12 (1975), S. 430/31, 466/67, 516/17.
Heinkel He 176 V1 – Dr. Wernher von Braun zum Gedenken, Luftfahrt international 23 (1977), S. 3653–3661.
Büdeler, W.: Geschichte der Raumfahrt, Raketenautos, Raketenschlitten, Raketenflugzeuge u. Der Wettlauf zwischen Opel und Valier, Sigloch Edition (1979), S. 221–231.
Max Valier, Kurzbiographie, DGLR-Mitteilung 2 (1979).

Staustrahlantriebe

Sänger-Bredt, I.: History of the Air-Borne Towing Experiments with Large Size Ram-Jet Ducts in Germany during 1941/45, AGARDgraph Nr. 20 (1957) S. 323–351.
Spremberg, P.: Entwicklungsgeschichte des deutschen Staustrahltriebwerkes, Krausskopf-Flugwelt-Verlag (1963).
Streit, K. W., Taylor, W. R.: Das Staustrahltriebwerk, Geschichte der Luftfahrt, Sigloch Service Edition (1975), S. 426–435.
Pabst, O.: Entwicklungsarbeiten an einem Lorin-Triebwerk, Zeitschrift für Flugwissenschaften 2 (1954), S. 29–40.

Pulso-Strahltriebwerke

Gosslau, F.: Verpuffungs-Strahlrohre, Arbeitstagung Strahlantriebe der DAL vom 31. 1. 1941.
Gosslau, F.: Bericht über das Triebwerk der V 1 vom 14. 12. 1945.
Diedrich, G.: Entwicklung des V 1-Triebwerkes, MTZ Nr. 5 (1954), S. 139–147.
Gosslau, F. Development of the V 1-Pulso-Jet, AGARDograph No. 20 (1957), S. 400–418.
Schmidt, P.: On the History of the Development of the Schmidtrohr, AGARDograph No. 20 (1957), S. 375–399.
Dr.-Ing. Fritz Gosslau – Flugmotorenkonstrukteur und Schöpfer der V 1, Der Flieger Nr. 4 u. 5 (1966).

Vergleich der Strahltriebwerke 1945

Schlaifer, R.: Development of Aircraft Engines, German Aircraft Gas Turbines, S. 377–428, The Results of German and British Turbojet development compared, S. 429–439, Haward University, Andover Press Ltd. (1950).
Whittle, F.: The Birth of Jet Engine in Britain, The Jet Age – Forty Years of Jet Aviation, Air and Space Museum Washington (1979), S. 3–24.
Ohain, H. v.: The Evolution and Future of Aeropropulsion Systems, The Jet Age – Forty Years of Jet Aviation, Air and Space Museum Washington (1979), S. 25–46.
Green, W., Cross, R.: The Jet Aircraft of the World, Macdonald, London (1955), S. 11–55.

Deutsche Ingenieure im Ausland

Bei der SNECMA in Decize, Paris und Villaroche

Oestrich, H.: Vom BMW 003 zum ATAR 101, Teil II: Der ATAR, Aufbau, Funktion, Fertigung, Interner Bericht (1948).
Die Strahlturbine ARAR 101 B, Interavia Nr. 6 (1949), S. 345–348.
Oestrich, H.: Wege zur Leistungssteigerung von Strahltriebwerken, Interavia Nr. 8 (1949), S. 484–488.
Oestrich, H.: Aus der Entwicklung des Strahltriebwerkes ATAR 101, WGL-Jahrbuch (1954), S. 135–139.
Münzberg, H. G.: Höhenflugprobleme der Strahlturbine, WGL-Jahrbuch (1954), S. 140–145.
Richter, G.: Beiträge zur Gestaltung von Lufteintritt und Strahlaustritt, WGL-Jahrbuch (1954), S. 146–149.
Eggers, G.: Beitrag zum Thema Senkrechtstart, WGL-Jahrbuch (1954), S. 126–131.
Constant, R.: Zehn Jahre ATAR, Interavia Nr. 4 (1956).
Borsdorff, H.: Fliegende Prüfstände, Starten u. Fliegen I (1956), Deutsche Verlagsanstalt Stuttgart, S. 206–221.
Gersdorff, K. v.: Wie eine Strahlturbine entsteht, Starten u. Fliegen I (1956), Deutsche Verlagsanstalt Stuttgart, S. 9–25.
Der Fliegende ATAR der SNECMA, Luftfahrttechnik Nr. 2 (1957), S. 30–32.
Luksch, W.: Anlagen für die Untersuchung von Strahltriebwerkselementen, Luftfahrttechnik Nr. 5 (1958), S. 155–160.
Münzberg, H. G.: Nachruf auf Dr. Oestrich, DGLR-Jahrbuch (1973), S. 274–276.
Münzberg, H. G.: Einsatz von Modellstudien bei der Entwicklung von Turbostrahltriebwerken, Hermann Oestrich Vorlesung in Paris v. 24. 4. 1979, Zeitschr. f. Flugwissenschaft und Weltraumforschung Nr. 4 (1979), Historischer Teil S. 197–203.
Münzberg, H. G., David O.: Versuchsaufgaben bei der Entwicklung von Turbinentriebwerken, Luftfahrttechnik Nr. 6 (1960), S. 171–180.

Bei Turboméca am Rande der Pyrenäen

Eckert, B.: Gasturbinen, Bauart Turboméca, MTZ Nr. 9/10 (1949), S. 105/106.
Eckert, B.: Das Zweikreis-Strahltriebwerk Aspin I, MTZ Nr. 1/2 (1951), S. 6–9.
Trente année de progrés dans le dévelopement de la turbine à gaz – Vorträge und Veröffentlichungen von J. Szydlowski (1976), insbes. S. 65–112, 157–182 u. 213–227.

Bei der SEPR in Villaroche

Schneider, H.: Die Raketentriebwerke der SEPR, Flugwelt Nr. 7 (1957), S. 522–524.
Schneider, H.: Einige Ergebnisse der französischen Raketentechnik, Luftfahrttechnik Nr. 5 (1958), S. 148–155.
Schneider, H.: Das Raketentriebwerk SEPR 841 als Zusatztriebwerk des Abfangjägers Mirage IIIA bzw. III C, Luftfahrttechnik Nr. 10 (1959), S. 347–349.
Schneider, H.: Nicht-autonome Raketenmotoren, Starten u. Fliegen V (1960), Deutsche Verlagsanstalt Stuttgart, S. 221–237.
Gueguen: Motor fusée du Mirage III E, Forces Aériennes Française No. 11 (1971), S. 353–365.

Deutsche Spezialisten in der Sowjetunion

Die sowjetische Flugmotorenindustrie, Flugwelt Nr. 2 (1950), S. 157–162.
Waffenschau in Ost – Sowjetrusslands neuzeitliche Luftwaffe, Interavia Nr. 10 (1950), S. 511–516.
Brandner, F.: Die Propellerturbienentwicklung in der Sowjet-Union, Vortrag vor der ETH in Zürich am 6. 2. 1957, Sonderdruck (1957).
Jumo 022 K – das Triebwerk der Bear, Flugwelt Nr. 4 (1957), S. 258/259.
Brandner, F.: Die Propellerturbine – Entwicklung in der Sowjet-Union, Motor u. Gasturbine Nr. 6/7 (1958), S. 76–82
Ritchie, D. J.: The historical development of turbojet and ramjet engines in the Sovietunion, Aero-Space Engineering Nr. 10 (1959), S. 45–50.
Brandner, F.: Ein Leben zwischen den Fronten, Verlag Welsermühl (1973).
Brandner, F.: Die Entwicklung der Propellerturbine in der Sowjetunion, MTZ Nr. 8 (1975), S. 261.
Pfügel, K.: Schicksale deutscher Luftfahrtingenieure, Selbstverlag, Diesen (1975).

Am Wüstenrand entsteht ein Strahltriebwerk

Geisenheyner, S.: Flugzeugwerke am Nil, Flugwelt Nr. 5 (1964).
Goepfert, G.: EGAO E 300, Aerokurier Nr. 9 (1968), S. 554.
Brandner, F.: Meine Tätigkeit in Ägypten, Der Flieger Nr. 12 (1969), S. 451–462.
Brandner, F.: Ein Leben zwischen den Fronten, Verlag Welsermühl (1973).

Mit der Aktion »Paperclip« nach USA

Lycoming T 55, eine robuste Turbine für Starrflügelflugzeuge und Hubschrauber, Flugwelt Nr. 6 (1957), S. 417.
Montgomery, J. E., Schelp, H. R. u. Furst, D. G.: 200-300 HP Gasturbine Engine Family for the US Army, SAE Journal Nr. 3 (1964).
Bruensicke, W., Cholvin, R. L.: The turbocharger function in Light Aircraft Field, AIAA-Paper No. 64/191 (1964).
Die Propellerturbine Garrett TPE 331, Interavia Nr. 6 (1968), S. 774/775.
Turbofan-Triebwerk Garrett-AiResearch TFE 731, Wehr u. Wirtschaft Nr. 7/8 (1969), S. 413.
Castor, J. G.: Garrett TSE 36-1, Turbinentriebwerk für Leichthubschrauber, Flug-Revue Nr. 2 (1970), S. 29–37.
Garrett-Flugtriebwerke, Der Flieger Nr. 4 (1970), S. 134/135.
Franz, A.: Avco-Lycoming-Gasturbinen und ihre Anwendung, MTZ Nr. 5 (1970).
Geddes, J. P.: Gasturbinenbau in Phoenix, Interavia Nr. 11 (1972), S. 1218–1220.
Die Bläser-Suite von Lycoming, Interavia Nr. 2 (1973), S. 122.

Triebwerksentwicklungen der Nachkriegszeit

Der Wiederbeginn in Deutschland

Neues Triebwerk für deutsche Starfighter J 79-MTU-J1K, Wehr u. Wirtschaft 3 (1970), S. 134/135.
Deissinger, E. A.: J 79-Story, MTU-heute 20 (1976), S. 20/21.
Zweistromtriebwerk SNECMA/Turboméca M 49 Larzac, Wehr u. Wirtschaft 7 (1969), S. 411.
Vogt, D.: Gnome und Orpheus aus Oberursel im Taunus – Vom Einzylinder zum Düsentriebwerk, Frankfurter Allg. Zeitung v. 1. 4. 1970.
Das Strahltriebwerk J 79 – Geschichte eines Großauftrages, MTU-heute März (1971), S. 5–9.
Tätigkeit der KHD-Gruppe auf dem Luftfahrtsektor, Interavia-Luftpost v. 9. 9. 1972.
Deissinger, E. A.: Tyne Story, MTU-heute 3 (1978), S. 6/7.
Deissinger, E. A.: Hubschrauber-Gasturbine T 64, MTU-heute Nov. (1972), S. 3–5.

Kleingasturbinen vom BMW

Deinhardt, H.: Die Kleingasturbine BMW-6002, MTZ Nr. 6 (1959), S. 203–205.
Laußermair, F.: Dynamisches Verhalten schnellaufender Gasturbinenrotoren, Jahrbuch der WGL 1959, S. 184–189.
Deutschland hat einen Turbinen-Segler – H-30 TS mit BMW-Strahlturbine geht in die Flugerprobung, Flugwelt Nr. 7 (1960), S. 267–269.
Deinhardt, H.: Die Gasturbine BMW 6012 und ihre Einsatzmöglichkeiten, MTZ Nr. 10 (1961), S. 401–404.
Schröder, H. J.: Der Gasturbinen-Luftlieferer BMW 6012 L treibt den Ein-Mann-Hubschrauber Do 32, MTZ 25 (1964), S. 33–36.

Hagen, H.: Versuchsergebnisse der Brennkammer des Triebwerkes BMW 6012, DLR-Mitt. 64-09 (1964), S. 126–135.
Herrmann, B.: Neue Luftfahrt-Gasturbinen kleiner Leistung, WGLR-Jahrbuch (1965), S. 353–357.
Deinhardt, H.: Gasturbine M.A.N. Turbo 6022, MTZ Nr. 3 (1966), S. 113–115.
Hagen, H.: Entwicklung der Brennkammer der Gasturbine M.A.N. Turbo 6022, DLR-Mitt. 69-23 (1969), S. 217–229.
Besser, R.: Zehn Jahre Bo 105. Der Weg zur Hubschrauber-Familie, Luftfahrt International (1980), H. 2, S. 55–58 und H. 3, S. 98–100.

Entwicklungen der Klöckner-Humboldt-Deutz
Vogts, J.: Eine neue Hilfsgasturbine für die Luftfahrt – 100 kW-Gasturbine T 112 der Klöckner-Humboldt-Deutz AG, MTZ 31 (1970), S. 226–228.
Schnell, E.: Analysis of Small Gas Turbine Engine Components in: Small Gas Turbine for Helicopters and Surface Transport, AGARD-LS-46-71 (1971), S. 1–23.

Die kleinen Flugmotoren nach 1945
Grasmann, K.: Deutsche Kleinflugmotoren einst und jetzt, Deutscher Aeroclub H. 4 (1959), S. 58–62.
Grasmann, K.: Zur Frage eines deutschen Flugmotors für Schul- und Übungsflugzeuge, Deutscher Aeroclub H. 9 (1959), S. 189–190.
Grasmann, K.: Triebwerke der Motorsegler, Deutscher Aeroclub H. 4 (1960), S. 374–376.
Löhner, K.: Gedanken über ein Triebwerk für Schul- und Sportflugzeuge, Dtsch. Forsch. Anstalt f. Luftfahrt, DFL-Bericht 124 (1960).
Grasmann, K.: Entwicklungsstand der Triebwerke für Reise- und Sportflugzeuge sowie Motorsegler, Flugwelt H. 3 (1961), S. 153–162.
Grasmann, K.: Stand der Triebwerksentwicklung für Sportflugzeuge und Motorsegler, Der Adler Nr. 1, (1962), S. 15.
Eisleben, F.: Der Kolbenmotor als Antrieb für Leichtflugzeuge, Dtsch. Forsch. Anstalt f. Luftfahrt, DFL-Bericht (1965). (Auch im WGL-Jahrbuch 1965 enthalten.)
Grasmann, K.: Neue Generation von Kolbenflugmotoren. Gemeinsame Lycoming-Porsche-Entwicklungen, Aerokurier Nr. 8 (1969).
Motorsegler mit Wankel-Motor K8B/KM 914 und SF-24/KM 29, Aerokurier Nr. 2 (1971), S. 88/89.
Lärmminderung bei Limbach-Motoren, Aerokurier Nr. 11 (1975), S. 854–855.
Motorenhandbücher: Porsche-Flugmotor 678/0 (1/1958), 678/1 (8/1957), 678/3 (11/1957), 678/4 (6/1959), Hirth-Flugmotor F 10A (7/1965), Limbach SL 1700E, SL 1700 EA, SL 1700 EA I (5/1972).

Strahltriebwerksentwicklungen bei Heinkel und Junkers
Die Turbostrahlturbine He S-053 der Ernst Heinkel AG, MTZ Nr. 6 (1959), S. 209–210.
Strahltriebwerk He S-053, Heinkel-Werkzeitung Nr. 1 (1962), S. 56.
Dr.-Ing. Fritz Gosslau, Flugmotoren-Konstrukteur und Schöpfer der V-1, Flieger Nr. 4 (1966), S. 88–91 und Nr. 6 (1966), S. 153–156.

Der Wiederbeginn bei Daimler-Benz
Scherenberg, H.: Die Flugmotoren-Entwicklung bei Daimler-Benz Flugrevue Nr. 5 (1964), S. 57–64.
Eckert, B.: Das Triebwerk Daimler-Benz PTL 6 Interavia Nr. 9 (1964), S. 1383–1386.
Eckert, B.: Das Daimler-Benz-Triebwerk PTL 6/DB 720, MTZ Nr. 4 (1964), S. 172–184.
Bock, E.: Versuche an einer Ringbrennkammer für Fluggasturbinen, DLR-Mitt. Nr. 9 (1964), S. 105–125.
Eckert, B., Bock, E.: Untersuchungen an einer Ringbrennkammer für Luftfahrtgasturbinentriebwerke MTZ Nr. 7 (1961), S. 292–371.
Grieb, H.: Vorschlag einer Hub-Schub-Triebwerkskombination für VTOL-Überschallflugzeuge, DLR-Mitt. Nr. 9 (1964), S. 73–96.
Eckert, B.: Die Entwicklung der Flugzeugantriebe bei der Daimler-Benz AG, MTU-heute Nr. 40 (1979), S. 24–27.

Drei Etappen der Zusammenarbeit mit Rolls Royce
Steinberger, M.: Die Entwicklung des ersten deutschen Nachkriegs-Strahltriebwerkes MAN-RB. 153, Luftfahrttechnik-Raumfahrttechnik Nr. 12 (1965), S. 319–324.
Riemerschmid, F., Prechter, H.: Aerodynamische und konstruktive Fragen der Schubvektorsteuerung mittels Schubstrahlumlenkung, Luftfahrttechnik-Raumfahrttechnik Nr. 12 (1965), S. 335–341.
Kohler, G., Schubert, H.: Deutsche Beiträge zur Entwicklung von VTOL-Antriebsanlagen, Luftfahrttechnik-Raumfahrttechnik Nr. 4 (1968), S. 104–113.
Rolls Royce-M.A.N. le RB. 153, Air et Cosmos v. 16. 4. 1966, S. 24–25.
The MTU RB. 193 – 12 Engines and RB. 162, Aircraft Engineering Nr. 7 (1973), S. 17–19.

Turbo Union RB. 199 – Europas größtes Triebwerksprogramm
NKF oder MRA-75, Wehr und Wirtschaft 5 (1968), S. 222–223.
NKF in Zeitnot? Wehr und Wirtschaft 2 (1969), S. 81–83.
Die Stunde der Wahrheit? Wehr und Wirtschaft 5 (1969), S. 129–132.
Startschuß für MRCA/Panther? Wehr und Wirtschaft 4 (1969), S. 177–178.
MRCA-75: BRD + GB + IT – NE – CA – BE(+ US?), Wehr und Wirtschaft 7/8 (1969), S. 386–387.
Neubauer, G.: Triebwerke für neue Kampfflugzeuge in: Jahrbuch der Wehrtechnik, Folge 4 (1969), S. 112–120, Wehr und Wissen, Darmstadt.
MRCA-75 Definition mit RR-Triebwerk Wehr und Wirtschaft 9 (1969), S. 472–475.
Conway, H. G.: Europäisches Triebwerk für europäisches Kampfflugzeug, Wehr und Wirtschaft 2 (1979), S. 73–75.
Ramsden, J. M.: Turbo-Union RB. 199, Flight International v. 25. 10. 1973, S. 725–727.
Foulton, U. T.: MRCA Progress Report Aircraft Engineering Nr. 11 (1973), S. 17–19.
Die Entwicklung des RB. 199 schreitet voran – langsam aber sicher, Interavia 4 (1975), S. 339–341.
Die MTU und das Triebwerk RB. 199, Interavia 4 (1975), S. 363–370. (Sonderbeilage Flugtriebwerke von MTU.)
Lemmin, J.: Regelungskonzept des RB. 199 für MRCA unter besonderer Berücksichtigung des Nachbrenner-Systems, Vortrag bei der Bundesakademie für Wehrverwaltung und Wehrtechnik, 67. Arbeitstagung Wehrtechnik, Mannheim 29. 9.–1. 10. 1975.
Allan, J. C.: Powerplant for Tornado – The RB. 199, Aerospace (1976), S. 19–22.
Gothsche, F.: Turbo-Union RB. 199 – Das Triebwerk der Tornado, Jahrbuch der Wehrtechnik, Folge 10 (1976/77), S. 94–103, Mönch Verlag, Bonn.
Gothsche, F.: RB. 199. Der Antrieb der Tornado, Wehrtechnik 7 (1976), S. 16–21.
Programm RB. 199, in: Schmitz, A. L. »Take Off – Das Buch der deutschen Luft- und Raumfahrt«, (1978), S. 40–43, Mönch Verlag, Bonn.
RB.199, Europas größtes Triebwerksprogramm, Interavia 2 (1979), S. 145–146.
Gegenwärtiger Stand und weitere Entwicklung des RB.199, Internationale Wehrrevue 6 (1979), S. 1049.
Tartaglia, P., Lauer, W.: Stand der Entwicklung des Triebwerkes RB.199 für MRCA, DGLR-Pap. 79-057 (1979).
RB.199 Peak Production Rate Seen, Aviation Week 21. 4. 80, S. 99 u. 102.
Fortschritte mit dem Turbo-Union RB.199, Interavia 5 (1980), S. 418.

Deutsch-Französische Gemeinschaftentwicklung MTM 380
Morisset, J.: Turboméca dévoile le futur MTM 380, Air et Cosmos No. 769 (1979), S. 105.
French, Germans develop PAH 2 Helicopter Engine, Aviation Week & Space Technology v. 19. 5. 80, S. 113.
MTU et Turboméca présentent le futur moteur de l'hélicoptére armé de comat, Air et Cosmos (1980), No. 810 v. 26. 4. 80, S. 32.

Die angeführte Literatur und viele andere Unterlagen standen in dankenswerter Weise insbesondere in folgenden Archiven zur Verfügung: Deutsches Museum (München), Daimler-Benz (Stuttgart), M.A.N. (Augsburg), MTU (München und Friedrichshafen), KHD (Köln) und Siemens (München).

Firmenverzeichnis

Die fortlaufenden Nummern beziehen sich auf den Lageplan auf dem linken Vorsatz, die weiteren Ziffern beziehen sich auf die Textseiten.

A. Entwicklungs- und Hersteller-Firmen von Luftfahrttriebwerken

* Die Jahreszahlen geben Aktivitäten auf dem Gebiet der Luftfahrtantriebe an

87 Siemens & Halske Blockwerk S & H (Sh), 1912–1919, Tochterfirma von Siemens, Berlin-Siemensstadt 26–31, 35–40
Siemens & Halske AG Flugmotorenwerk, ab ca. 1920–1934, Spandau b. Berlin 42–52, 57, 62, 103, 107, 116, 123, 126, 127, 130, 132, 148, 165, 166, 169, 172, 181, 196
Siemens Apparate und Maschinenbau GmbH, SAM 1934–1936
Brandenburgische Motorenwerke GmbH (Bramo), 1936–1939
1939 wurde Bramo durch BMW übernommen
88 Waffenfabrik Simson & Co., Im 1. Weltkrieg Nachbauten, Suhl/Thür.
89 Motorenfabrik Sirius, ca. 1912/13, Motorenentwicklung, Nürnberg
90 Solo-Kleinmotoren GmbH, 1959–1965, Kleinstflugmotor für Motorsegler, Maichingen b. Stuttgart 130, 258, 260
– Stahlherz → siehe Otto Schwade & Co.
91 Stahlwerk Mark AG, ca. 1924–1926, Breslau 132
92 Stark Flugzeugbau KG (Stamo), ab 1958, siehe auch Kühn und Sohn bzw. Pieper-Stark & Co., MindenWestf. 258
93 Stoewer-Automobilwerke, ca. 1909–1919, Eigenentwicklung ca. 1909 bis 1912, Stettin 20, 27
Im 1. Weltkrieg Nachbauten, 1917–1919, siehe auch Pomo
94 Karl Strack, ca. 1911, Umlaufmotoren, Duisburg 20
95 Süddeutsche Automobilfabrik, ca. 1906–1908, von Benz ca. 1908 als Werk Benz-Gaggenau übernommen, Gaggenau 11
– Sylphe → siehe BMFW
96 Union-Werke AG, ca. 1916 von Benz & Cie. übernommen, ca. 1917 von Rhemag-Rhenania gekauft, im 1. Weltkrieg Nachbauten, Mannheim 38
97 Oscar Ursinus, um 1928/29, Entwicklung von Zweizylinder-Zweitakt-Boxermotoren bis 15 kW (20 PS), FrankfurtM. 135
98 Volt-Motor, ca. 1911/12, Entwicklung von Fächer- und Umlaufmotoren, Köln 15, 20
99 Hellmuth Walter Kommand. Ges. (HWK), im 2. Weltkrieg Flüssigraketentriebwerke, Kiel 128, 214–217, 223, 231
100 Westfälisch Anhaltische Sprengstoff AG (Wasag), im 2. Weltkrieg Feststoffraketentriebwerke, Reindorf b. Wittenberg 214
101 Hans Windhoff – Maschinenfabrik, Wassergek. Umlaufmotoren für 1. KPrW 1912/13, Berlin 20
– Wodan → siehe Bernh. Escher
102 C. Wunderlich – Motorenbau, ca. 1911/12, Motorenentwicklung bis 35 kW (50 PS), Berlin 15, 20
103 Zündapp-Werke GmbH, 1937–1939, Kleinflugmotor, Nürnberg 132–135

B. Forschungs- und Erprobungsstellen für Luftfahrtantriebe

01 Motorluftschiff Studiengesellschaft (MStG), Göttingen 1907–1918, umbenannt in
Aerodynamische Versuchsanstalt (AVA) 1918–1945, 1953–1969, dann Fusion mit DFVLR, Göttingen 183, 184, 203, 207, 208, 214
02 Deutsche Forschungsanstalt für Luftfahrt (DFL), 1936–1938, Braunschweig, Trauen 160, 181, 220–223
umbenannt in Luftfahrt-Forschungsanstalt H. Göring (LFA), 1938 bis 1945, Wiederbeginn als Deutsche Forschungsanstalt für Luftfahrt (DFL), 1953 bis 1961
umbenannt in Deutsche Forschungsanstalt für Luft- und Raumfahrt (DFLR), 1961–1969, dann Fusion mit AVA und DVLR zur DFVLR
03 Deutsche Versuchsanstalt für Luftfahrt (DVL), 1912–1945, Berlin-Adlershof 17, 43, 46, 47, 62, 116, 120, 135, 139–141, 151–159, 169, 181, 186, 196, 203, 240, 242
dann verlegt 1954–1961, dann umbenannt in Deutsche Versuchsanstalt für Luft- und Raumfahrt (DVLR), 1961–1969, dann Fusion mit DFVLR und AVA zur DFVLR, Köln-Porz, Stuttgart, Lampoldshausen, München
04 Deutsche Forschungs- und Versuchsanstalt für Luft- und Raumfahrt (DFVLR), ab 1969 als Fusion von AVA, DFLR und DVLR, Göttingen, Braunschweig, Köln-Porz, usw. (wie oben)
08 Luftfahrt-Forschungsanstalt München (LFM), 1945 noch im Aufbau, Ottobrunn b. München
05 Erprobungsstelle der Luftwaffe (E-Stelle), Rechlin/Müritz in Meckl. 107, 110, 111, 114, 160, 161, 179, 192, 208, 214
Als »Abteilung M« der DVL um 1925/26 gegründet. 1929 umbenannt in Erprobungsabteilung des Reichsverbandes der deutschen Luftfahrtindustrie und erhielt 1933 den endültigen Namen bis zur Auflösung 1945
07 Versuchsstelle der Luftwaffe, ab ca. 1936, Peenemünde 214
1943 umbenannt bis zur Auflösung 1945 in Erprobungsstelle der Luftwaffe Peenemünde-West
06 Forschungsinstitut für Kraftfahrwesen und Fahrzeugmotoren der TH (FKFS), Leitung Prof. W. Kamm, ca. 1938–1945, Weiterführung nach 1945, Stuttgart 135–139, 194
09 Triebwerks-Höhenprüfstand der Technischen Universität Stuttgart, seit 1962, Stuttgart 267

Personenregister

Sachregister

Die Autoren

Kyrill von Gersdorff, geboren 1916, studierte nach einem Praktikum bei Siemens an der Ingenieurschule in Weimar. Von 1941 bis zum Kriegsende, zuletzt als Referent für Triebwerke des Auslandes, war er im Reichsluftfahrtministerium in Berlin tätig. Der Verfasser ging 1946 nach Frankreich, wo er im Rahmen der ATAR-Strahlturbinenentwicklung, zuletzt als Leiter der Abteilung Information und Dokumentation bei der SNECMA in Villaroche arbeitete. In dieser Zeit erschienen von ihm zahlreiche Aufsätze auf dem Triebwerksgebiet. Im Frühjahr 1958 kam er zur Bölkow Entwicklungen KG, zuerst nach Stuttgart, dann nach Ottobrunn bei München, wo er von 1961 bis 1965 die Hubschrauberaktivitäten und von 1963 bis 1965 die Entwicklung der Leichtflugzeuge leitete. Als Unternehmensbereichsleiter war er später bei der Messerschmitt-Bölkow-Blohm GmbH für den Ausbau des Werkes Ottobrunn verantwortlich. Seit 1973 als geschäftsführender Fachbeirat beim Deutschen Museum tätig, wurde er dort 1977 Berater für die Planung der Sammlungserweiterung in der neuen Luft- und Raumfahrthalle.

Kurt Grasmann, geboren 1913 in Berlin, studierte an der TH Berlin und München. Nach Diplom (1936) sowie RLM-Ausbildung als Flugbaumeister und Flugzeugführer war er von 1938 bis Kriegsende bei der Erprobungsstelle der Luftwaffe Rechlin zur Entwicklung und Erprobung von Triebwerksanlagen eingesetzt. 1946 wurde er Assistent bei Prof. Löhner an der TH Braunschweig (Verbrennungskraftmaschinen) und leitete bis 1956 die Motorradversuchsabteilung der Adlerwerke, Frankfurt. In der Wiederaufbauphase der deutschen Luftfahrt war er bei der Deutschen Forschungsanstalt für Luftfahrt (DFL) bis 1958 für die Triebwerks-Musterprüfung verantwortlich. Danach arbeitete er dort als stellvertretender Leiter des Instituts für Strahlantriebe (Prof. Lutz) an V/STOL-Antriebssystemen, die Planung des Versuchsgeländes Trauen für Luftstrahl- und Raketenantriebe gehörte zu seinen weiteren Aufgaben. Ab 1966 bereitete er beim Entwicklungsring Süd (EWR) für das bilaterale AVS-Projekt die Versuchsintegration der Bodenversuche vor und übernahm 1969 bis 1978 bei MBB Planung und Kontrolle für den gesamten MRCA-Tornado-Bodenversuch. Daneben war er seit 1957 in der Technischen Kommission des Deutschen Aero Clubs tätig und leitete diese bis 1976. Von den 50er Jahren an hat er Berichte und Aufsätze über Flugantriebsfragen veröffentlicht. Er setzt dies jetzt mit Arbeiten zur historischen und modernen Triebwerksentwicklung, u. a. im Rahmen einer DGLR-Fachgruppe und eines Fachbeirates des Deutschen Museums fort.

Karl Prestel, geboren 1906, legte an der HTL-Augsburg 1928 die Ingenieurprüfung ab. Bis 1934 war er im Schiffsdieselmotorenbau der MAN-Werke Augsburg als Konstrukteur tätig. Danach wechselte er zur BMW-Flugmotoren GmbH nach München mit den Tätigkeiten als Versuchsingenieur für Flugdieselmotoren und für Benzineinspritzung, dann im Versuch Gruppen- und Abteilungsleiter für Regelungen und Geräte für Kolbenflugmotoren (Kommandogerät). Ab 1944 in gleicher Eigenschaft für Strahltriebwerke im BMW-Entwicklungswerk Berlin-Spandau tätig, mit BMW 1945 nach Staßfurt verlagert. Dort wurde er nach Wiederaufnahme der Arbeiten von den Russen zum Leiter des Werkes Staßfurt eingesetzt. Von 1946 bis 1954 unfreiwillig in einem Entwicklungswerk der UdSSR als Leiter der BMW-Gruppe bzw. des Versuchs und des Prüffeldes tätig. Nach der Rückkehr ging er wieder nach München zur BMW-Studiengesellschaft für Triebwerksbau, bzw. BMW-Triebwerksbau mit der Aufgabe, eine Versuchsabteilung und ein Entwicklungsprüffeld aufzubauen. Die gleiche Aufgabe übernahm er 1959 bei der MAN-Turbomotoren GmbH, später MTU-München. Dort war er bis 1972 als Leiter des Versuchs und des Entwicklungsprüffeldes tätig. Nach seiner aktiven Dienstzeit hat er bei MTU mit der Sammlung historischer Unterlagen begonnen. Er ist Mitglied des Fachbeirates beim Deutschen Museum.

Helmut Schubert, geboren 1935 in Nürnberg, studierte an der Technischen Universität in Berlin und in München Fachrichtung Allgemeiner Maschinenbau. Während des Studiums Praktikum bei den Firmen MAN, Siemens und Kabelmetall in Nürnberg. Anschließend Absolvierung eines Arbeits- und Wirtschaftswissenschaftlichen Aufbaustudiums (AWA) an der Technischen Universität München.
Eintritt in die MAN-Turbomotoren GmbH als Berechnungsingenieur in der Ingenieurwissenschaftlichen Abteilung im Jahre 1964. Mitarbeit bei der Entwicklung der Triebwerke RB. 153-61, RB. 193-12 und RB. 199-34 R. Seit 1973 innerhalb des Entwicklungsbereiches der MTU-München Leiter der Stabsstelle Information und Dokumentation. Mehrere Veröffentlichungen über Strahltriebwerksentwicklungen in Fachzeitschriften. Seit 1979 Mitglied des Fachbeirates des Deutschen Museums. Leiter der DGLR-Fachgruppe Dokumentation.

In gleicher Ausstattung bereits erschienen:

Wagner, Wolfgang

Kurt Tank – Konstrukteur und Testpilot bei Focke-Wulf

Die deutsche Luftfahrt
Band 1

1980, 272 Seiten,
130 Bilder, 56 Tabellen,
76 Zeichnungen,
ISBN 3-7637-5271-4,
geb.

Das Lebenswerk eines der großen deutschen Flugzeugkonstrukteure mit Bildern, Tabellen, Zeichnungen und eigenen Berichten über die Flugerprobung seiner Flugzeuge.

Tank berichtet über das Werden der Focke-Wulf-Flugzeuge, die Ideen und Gedanken, die seinen Konstruktionen zugrunde lagen, über seine Meisterwerke auf dem Gebiete des Langstrecken- und Hochgeschwindigkeitsfluges und über die Ergebnisse der Flugerprobung.

Der Leser erlebt das Werden eines Flugzeuges vom ersten Strich am Reißbrett bis zum rasenden schallnahen Sturzflug während der Flugerprobung. Nur Flugzeuge, von deren guten Flugeigenschaften, hohen Stabilität, einwandfreiem Trudelverhalten er sich selbst am Steuerknüppel überzeugt hat, vertraut er zivilen Piloten, Militärfliegern und den Kapitänen der Lufthansa an. Die Mischung aus Technik-Geschichte, Tanks eigenen Berichten über die Flugerprobungen und aus bisher unveröffentlichten Daten lassen die Lektüre dieses Buches zum faszinierenden Erlebnis der Entwicklungsgeschichte der Flugzeuge der dreißiger und vierziger Jahre werden, nicht zu vergessen die hervorragenden Konstruktionen, die Tank nach dem Kriege im Ausland schuf.

Bernard & Graefe Verlag

Bedeutende deutsche Flugmotorenhersteller

1909 bis 1918
3 Argus (Berlin)
6 BMW (München)
7 Benz (Mannheim)
13 Daimler (Stuttgart)
52 Maybach (Friedrichshafen)
58 NAG (Berlin)
60 Oberursel (Oberursel)
61 Opel (Rüsselsheim)
87 Siemens & Halske (Berlin)

1921 bis 1945
3 Argus (Berlin)
6 BMW (München)
14 Daimler-Benz (Stuttgart)
34 Hirth (Stuttgart)
40 Junkers (Dessau)
87 Siemens & Halske (Berlin)
103 Zündapp (Nürnberg)

1945 bis 1980
42 KHD (Oberursel)
57 MTU (München)
48 Limbach (Sassenberg)

Forschungs- und Erprobungsstellen

02 DFL (Braunschweig)
03 DVL (Berlin-Adlershof, nach 1945 Köln u.a.)
Beide ab 1969 als DFVLR fusioniert
05 E-Stelle Rechlin (Mecklenburg)
07 E-Stelle Peenemünde (Insel Usedom)

Siehe dazu vollständiges Firmenverzeichnis im Anhang.